U0422750

面向新工科的电工电子信息基础课程系列教材

教育部高等学校电工电子基础课程教学指导分委员会推荐教材

电路分析基础

许宏吉　主　编

王德强　副主编

吴晓娟　王书鹤　编　著

清華大学出版社

北　京

内容简介

本书主要介绍电路的基本概念、基本定律和定理以及基本分析方法。全书共10章，内容涉及电路的基本概念和基本定律、线性电阻电路的分析方法、电路基本定理、动态元件与动态电路方程、一阶电路与二阶电路、正弦交流电路、交流电路的频率特性、含有耦合电感的电路、三相电路、非正弦周期电流电路的分析。附录A主要阐述电路的计算机辅助分析，重点介绍基于Multisim的电路仿真与应用实例。附录B为习题参考答案。

本书可作为高等学校电子信息与电气工程类专业的教材，也可供相关学科的工程技术人员参考。

图书在版编目(CIP)数据

电路分析基础/许宏吉主编. —北京：清华大学出版社，2023.6
面向新工科的电工电子信息基础课程系列教材
ISBN 978-7-302-63293-1

Ⅰ. ①电… Ⅱ. ①许… Ⅲ. ①电路分析－高等学校－教材 Ⅳ. ①TM133

中国国家版本馆CIP数据核字(2023)第059293号

责任编辑：文 怡
封面设计：王昭红
责任校对：李建庄
责任印制：沈 露

出版发行：清华大学出版社
网 址：http://www.tup.com.cn，http://www.wqbook.com
地 址：北京清华大学学研大厦A座 **邮 编**：100084
社 总 机：010-83470000 **邮 购**：010-62786544
投稿与读者服务：010-62776969，c-service@tup.tsinghua.edu.cn
质量反馈：010-62772015，zhiliang@tup.tsinghua.edu.cn
课件下载：http://www.tup.com.cn，010-83470236
印 装 者：三河市天利华印刷装订有限公司
经 销：全国新华书店
开 本：185mm×260mm **印 张**：23.25 **字 数**：540千字
版 次：2023年7月第1版 **印 次**：2023年7月第1次印刷
印 数：1～1500
定 价：69.00元

产品编号：092709-01

序言

“电路分析基础”作为电子信息与电气工程类所有专业重要的首门工程基础类课程，在整个电子信息与电气工程类专业的人才培养和课程体系中起着承前启后的重要作用。同时，该课程也是学生从科学训练转向工程设计的过渡课程。因此，为这样一门课程编写出既传承传统理论，又结合实际工程需求并反映最新科技进步的教材就成为课程建设的首要任务。

该《电路分析基础》教材是全国高校精品课程建设工作和构建21世纪高等教育立体化精品教材体系工作的成果之一，也是面向新工科的电工电子信息基础课程系列教材和教育部高等学校电工电子基础课程教学指导分委员会推荐教材。编者根据二十余年的教学研究和教学实践，结合教学改革需求和发展趋势，考虑电子信息与电气工程类各专业教学内容的交叉与融合，优化了课程的教学目标和内容，使之更加符合电子信息与电气工程类专业的人才培养方案和教学体系。

编者在编写过程中根据教育部高等学校电工电子基础课程教学指导分委员会制定的相关基础课程教学要求，本着深入浅出、力求简洁的原则，进行了内容整合和完善，做到重点突出、概念清晰、简明扼要、便于自学。在结构上，编者对传统教学内容进行了优化和精选，合理规划了各章节的前后顺序，突出了各章内涵，纳入了一些近代电路理论内容，增加了与“模拟电子线路”等后续电路类课程的知识承接以及反映当代信息技术发展和前沿动态的应用拓展模块，并结合各章典型的定理、原理和例题，配套了虚拟仿真案例解析，同时，也具有激发学生批判性思维和开拓创新意识等方面的课程思政体现。

该教材立意新颖、内容全面、难度适中，反映了学科发展前沿和教学改革成果，体现了教育创新和立体化精品教材体系建设的精神，值得推荐为电子信息与电气工程类各专业电路相关课程的教材。通过对该教材的学习，可以使学生掌握电路的基本理论与分析方法、初步的实验技能和基本电路的制作方法，为进一步学习后续课程奠定基础。

目前，为了推动新工科教育改革，提高教学质量，电工电子基础课程教学领域正在推出一批新的、有特色的教材。本书内容符合新的教学体系和教学改革方向，希望在今后的教学实践中不断完善。

王志功

教育部高等学校电工电子基础课程教学指导分委员会 主任委员

东南大学信息科学与工程学院 教授

前言

“电路分析基础”是普通高等学校电子信息与电气工程类专业的学科基础课。它既是专业课程体系中“数学”“物理学”等基础课的后续课程，又是“模拟电子线路”“信号与系统”等专业课的前导课程。在整个电子信息与电气工程类专业人才培养和课程体系中起着承前启后的重要作用。“电路分析基础”课程理论严密、逻辑性强，有着广阔的工程背景。通过对本课程的学习，使学生掌握电路的基本理论、基本分析方法和初步的实验技能，对培养学生严肃认真的科学态度和理论联系实际的工程意识，以及科学的思维能力、归纳能力、分析能力和探究能力都有重要的作用。我们依据教育部颁发的《“电路分析基础”课程教学基本要求》，兼顾21世纪高等学校新工科人才培养目标，并根据长期的教学实践编成此书。

本书在编写过程中始终坚持“保证基础、加强概念、精选内容、贴近前沿、推陈出新”的原则，力求重点突出、概念清晰、简明扼要、深入浅出，便于自学。

本书对“电路分析基础”课程的结构进行了优化和精选，合理划分了各章节的前后顺序和内涵，尽量避免同一内容在不同章节中不必要的重复，合并了一些联系密切的内容，删去了一些陈旧的内容，纳入了部分近代电路理论，适当采用拓宽思路的实例讲授经典内容；本书设计了“知识点承接”模块，将“电路分析基础”的课程内容与“模拟电子线路”“数字电路”“信号与系统”“通信原理”等后续课程进行衔接，建立专业课程体系中典型知识点的串联与承接，便于学生领会专业知识的前后联系；结合各个章节的知识点添加了“应用拓展”模块，反映当代信息技术的发展，使学生了解电路分析理论的典型应用场景，便于理论联系实际，增强工程实践意识；设置了基于Multisim的电路虚拟仿真介绍和实例分析，使学生掌握电路计算机辅助分析和设计的基本方法，增强实践应用能力并为后续课程奠定基础。

每章开头都有本章所讨论的知识要点、重点和难点的说明，便于学生掌握；每节都有思考与练习，每章安排有习题，便于学生复习。

本书共分为10章和2个附录，适用于48～72学时的授课内容。

本书由许宏吉设计整体框架和编写思路，同时负责全书的统稿工作。许宏吉和王德强负责部分章节的编写以及全书内容的完善和校对。吴晓娟和王书鹤负责部分章节的编写工作，何波和朱雪梅对习题进行了补充和完善。

本书得到教育部第二批新工科研究与实践项目(No. E-CXCYYR20200935)的支持，

前言

在此表示感谢。

本书在编写过程中得到了很多专家、学者、朋友的支持和帮助，在此一并表示感谢。

由于编者水平有限，书中难免存在不当之处，敬请广大读者和同行批评指正。

编　者

2023 年 6 月于青岛

目录

目录

目录

目录

目录

第1章 电路的基本概念和基本定律

内容提要：本章主要讨论电路模型，电压、电流的参考方向，以及独立源、受控源等电路元件的基本概念。着重阐述集总参数电路中电压和电流之间的约束关系，这是分析集总参数电路的基本依据。

重点：电路模型，电压、电流的参考方向，基尔霍夫定律，独立源。

难点：电压、电流的实际方向与参考方向的区别与联系，独立源与受控源的区别与联系，运算放大器。

1.1 电路和电路模型

1.1.1 电路

电流的通路称为电路。它是由若干电气设备或器件按照一定方式组合起来的。图 1-1-1 是人们熟悉的荧光灯电路,它由电源、镇流器、启辉器、灯管和导线连接而成。

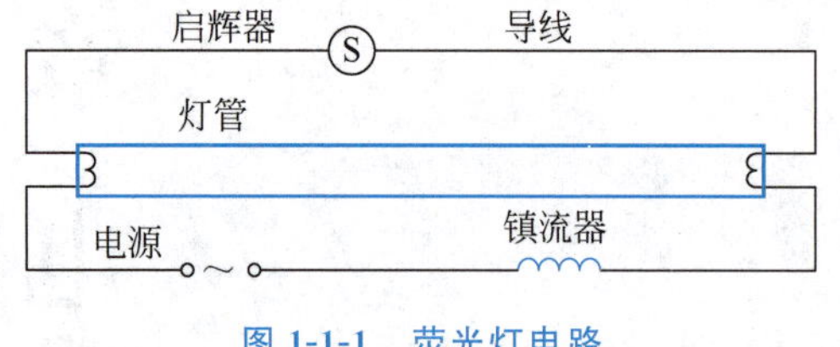

图 1-1-1 荧光灯电路

大至电力系统、小到芯片中的微观电路,它们都是由电源、负载和中间连接部分组成的。电源是提供电能的装置,它可以将其他形式的能量转换为电能,如蓄电池等;负载是将电能转换为其他形式能量的装置,如电动机和荧光灯等;中间连接部分是将电源和负载连接起来的装置,如输电线和导线等。电源是产生电压和电流的原因,称为激励;由激励引起的而在电路中产生的电压和电流称为响应。激励和响应满足因果关系。电路分析是在已知电路结构和元件参数的条件下讨论电路的激励与响应之间关系的科学。

电路的作用可以分为两方面:一是实现电能的传输和转换,例如电力系统,通过发电设备将其他形式的能量转换为电能,再通过变电和输电设备将电能传输至用电设备,用电设备又将电能转换为机械能、热能、光能和化学能等;二是传递和处理信息,例如,打电话是将一个用户的信息传送给另一个用户的过程,其利用通信系统完成信息的传递和转换,所使用的结构如图 1-1-2 所示。此外,在收音机、电视机、机器人和很多自动控制系统中的电路也属于这种类型。

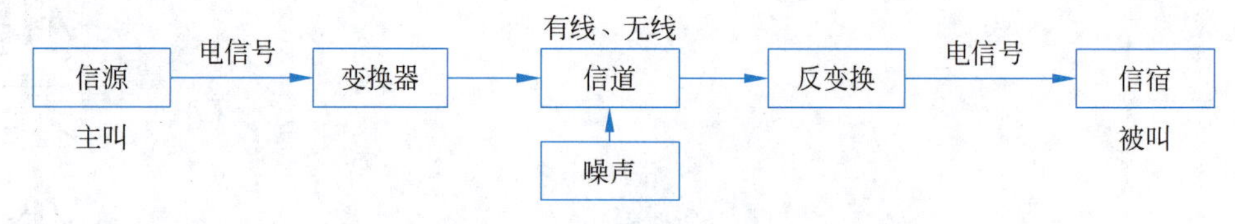

图 1-1-2 通信系统示例

1.1.2 理想元件与电路模型

实际的电路通常由电源、电阻器、电容器、线圈等各类不同元器件相互连接而成,然而,同一元件在不同条件下会表现出不同的性质。例如,一个线圈,在直流条件下主要表现为电阻性;在较低频率下通常表现为电阻性和电感性;而在较高频率下,涉及导体表面的电荷作用,又要考虑其电容性。可见,在不同条件下,同一实际元件要用不同模型表示。为了便于对实际电路进行分析和研究,将实际元件理想化,在一定条件下,即实际元件的尺寸(d)远小于其工作信号波长(λ)($d \ll \lambda$)时,可以用其主要电磁性质表示。例如,电阻元件用 R 表示;电容元件用 C 表示;电感元件用 L 表示。实际元件经理想化,忽略其次要因素，称为理想元件或集总参数元件。由一些理想元件构成的电路称为实际电路的电路模型或集总参数电路，简称集总电路。与之对应的电路称为分布参数电路。

表 1-1-1 列举了我国国家标准中的部分电气图形符号。

表 1-1-1 部分电气图形符号

名称	符号	名称	符号	名称	符号
导线		传声器		可变电阻器	
连接的导线		扬声器		电容器	
接地		二极管		电感器、绕组	
接机壳		稳压二极管		变压器	
开关		隧道二极管		铁芯变压器	
熔断器		晶体管		直流发电机	G
电压表	V	电池	+ −	直流电动机	M
电流表	A	电阻器		灯	

由这些电气图形符号可绘出表示实际电路中各器件连接关系的电气图。根据工作条件，将实际器件用理想元件代替，得到对应的电路模型，并可以用电路图呈现。例如，图 1-1-3 是人们所熟悉的手电筒电路。其中，图 1-1-3(a)为表示手电筒中实际器件连接关系的电气图，图 1-1-3(b)为用理想元件表示的电路模型图。

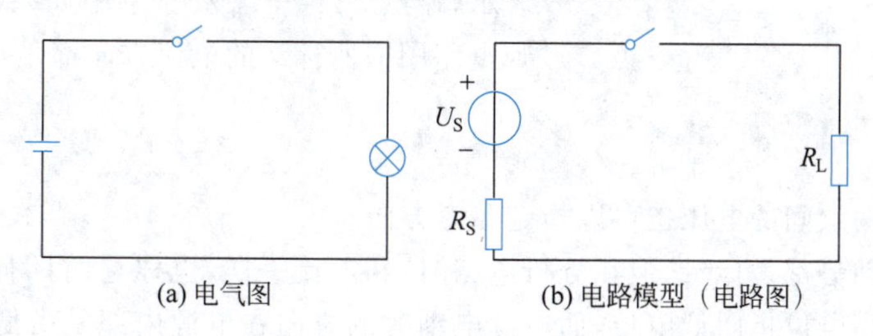

(a) 电气图　　(b) 电路模型（电路图）

图 1-1-3 手电筒电路

本书重点对各类电路模型进行分析和讨论。

【思考与练习】

1-1-1 试列举常用的元器件并用电路符号表示。

1-1-2 假设某晶体管收音机的最高工作频率为 108MHz，试判断该收音机电路是集总参数电路还是分布参数电路。

1-1-3 假设某手机的最高工作频率为 3.5GHz，试判断该手机的射频电路是集总参数电路还是分布参数电路。

1.2 电流、电压的参考方向及功率

电路的基本物理量是电流、电压和功率，而电路分析的主要任务就是计算电路中的这些基本物理量。通常它们都是时间的函数，可以用 $i(t)$、$u(t)$ 和 $p(t)$ 表示，有时为简化表示，可省去时间变量 t，用小写字母 i、u 和 p 表示。对于直流电路则可用大写字母 I、U 和 P 表示。

1.2.1 电流

电流是由带电粒子(电子、离子)的定向移动形成的。正电荷运动的方向规定为电流的方向。

在复杂的直流电路中，有时某一支路电流的实际方向很难确定，如图 1-2-1 中右边支路电流的实际方向。而时变电流的实际方向又随时间不断变化，无法用一个固定的箭头表示，为此，引入参考方向的概念。

电流的参考方向是指在分析和计算电路时事先选定某一方向为电流正方向，参考方向选定后，在整个计算过程中不得任意改动。当计算结果为“正”时，表示其实际方向与参考方向相同；当计算结果为“负”时，表示其实际方向与参考方向相反。

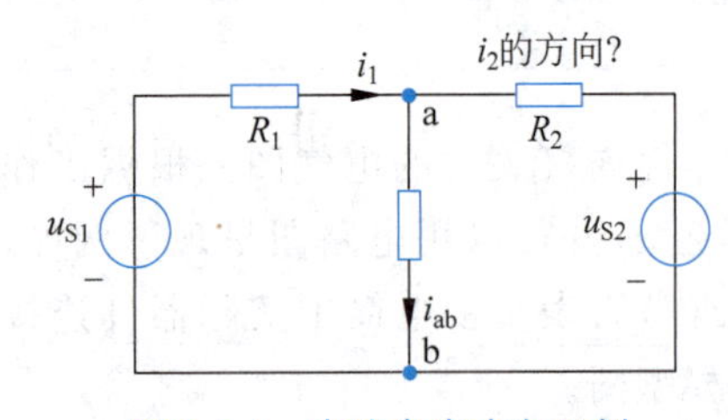

图 1-2-1 电流参考方向示例

在图 1-2-1 中，如果规定 i_2 的参考方向是由左指向右，当计算结果为“正”时，表示电流的实际方向是从左指向右；当计算结果为“负”时，表示电流的实际方向是从右指向左。

电流参考方向一般用箭头表示，也可用双下标表示，显然 $i_{ab}=-i_{ba}$。本书中如果没有特别说明，则电路图中所标注的电流方向都是指参考方向。

1.2.2 电压

对电路中两点间的电压也可以指定参考方向。

电压和电动势都是标量，但在分析电路时，和电流一样，也称它们具有方向。规定电压的方向是由高电位指向低电位，而电源电动势的方向在电源内部是由低电位指向高电位(即电位升的方向)。电压的参考方向是指电位下降的方向。两点间电压的参考方向可用“+”“−”极性表示。“+”极表示高电位，“−”极表示低电位，如图 1-2-2 所示。

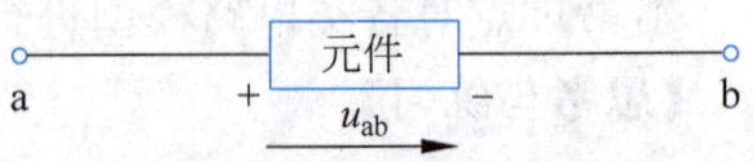

图 1-2-2 电压参考方向示例

指定电压的参考方向后，电压 u 本身就成为一个代数量。图 1-2-2 中，若电压的实际方向为 a 点的电位高于 b 点的电位，即与参考方向一致，则 $u>0$；若电压的实际方向与参考方向相反，即 b 点的电位高于 a 点的电位，则 $u<0$。

电压的参考方向除了用“+”“−”极性表示外，也可用双下标表示。例如，u_{ab} 表示电

压的参考方向由 a 指向 b，即 a 点的参考极性为“+”，b 点的参考极性为“−”；参考方向也可以由 b 指向 a，则表示为 u_{ba}，显然 $u_{ab}=-u_{ba}$。另外，电压的参考方向也可用箭头表示，箭头由高电位指向低电位。

同样，电压的参考方向与电流一样，一经选定不得随意改动。

同一个元件的电流或电压的参考方向可以独立地任意选定，二者可以一致，也可以不一致。若电流和电压的参考方向一致，则称它们为关联参考方向，如图 1-2-3(a)所示；若二者不一致，则称它们为非关联参考方向，如图 1-2-3(b)所示。本书中如果没有特别说明，均采用关联参考方向。

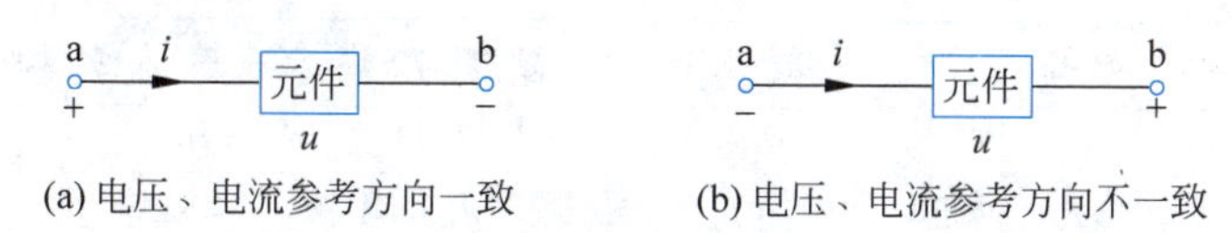

图 1-2-3 电压、电流的参考方向

1.2.3 功率

电路在工作状态下总伴随有能量的流动。电路吸收或提供能量的速率称为功率，用符号 P 表示。如图 1-2-4 所示的方框，它可能是一个元件、一个电源，或是电路中的某一部分，可能发出功率也可能吸收功率。

根据电压的定义，a、b 两点间的电压在量值上等于电场力将单位正电荷由 a 点移动到 b 点时所做的功，即 $u(t)=\frac{\mathrm{d}W}{\mathrm{d}q}$。根据电流的定义，电流为单位时间内通过导体横截面的电荷量，即 $i(t)=\frac{\mathrm{d}q}{\mathrm{d}t}$。

为此，当指定电压和电流为关联参考方向时，元件所吸收的瞬时功率为

$$P(t)=\frac{\mathrm{d}W}{\mathrm{d}t}=\frac{\mathrm{d}W}{\mathrm{d}q}\frac{\mathrm{d}q}{\mathrm{d}t}=u(t)i(t) \tag{1-2-1}$$

与电压、电流是代数量一样，功率 $P(t)$ 也是一个代数量。

当 $P(t)>0$ 时，表明在 t 时刻该元件吸收功率，消耗能量；当 $P(t)<0$ 时，表明在 t 时刻该元件发出功率，提供能量。

由 u 和 i 的实际方向也可以判定某一元件是发出功率(相当于电源)还是吸收功率(相当于负载)。当 u 和 i 的实际方向相反时，电流从“+”极流出，则该元件发出功率，起电源的作用；当 u 和 i 的实际方向相同时，电流从“+”端流入，则该元件吸收功率，起负载的作用。如图 1-2-5 所示，利用前面的分析结果可知，左端方框相当于电源，右端方框相当于负载。

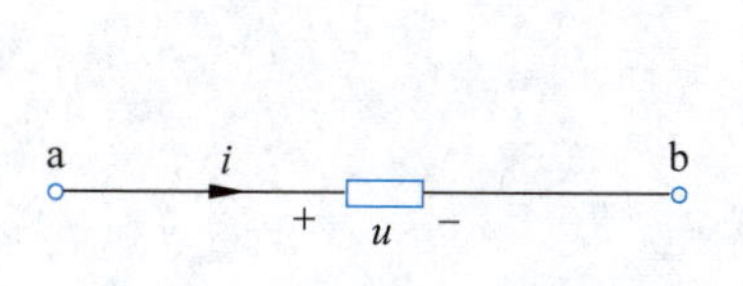

图 1-2-4 任意元件方框图

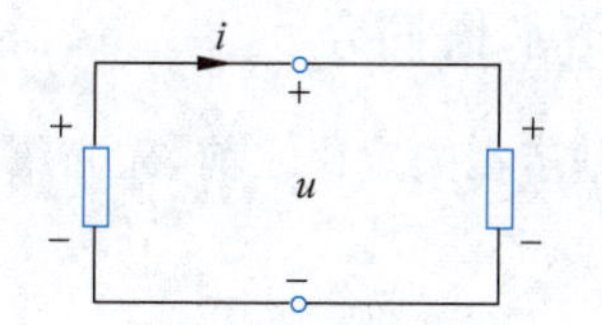

图 1-2-5 电源与负载判定示例图

根据能量守恒定律，一个完整的电路在任意时刻，所有元件吸收的功率之和必然为零。当电压和电流为关联参考方向时，从 t_0 到 t 时刻，任意部分电路吸收的能量为

$$W(t_0,t)=\int_{t_0}^{t} p(\zeta)\mathrm{d}\zeta=\int_{t_0}^{t} u(\zeta)i(\zeta)\mathrm{d}\zeta \tag{1-2-2}$$

表 1-2-1 中列出了部分国际单位制规定的单位。另外，国际单位制词头表示单位的倍数和分数，表 1-2-2 中列出了部分国际单位制词头，利用其可以方便数值表示。例如，$1\mathrm{mA}=1\times10^{-3}\mathrm{A}$，$2\mu\mathrm{s}=2\times10^{-6}\mathrm{s}$，$3\mathrm{kW}=3\times10^{3}\mathrm{W}$。

表 1-2-1　部分国际单位制单位

量的名称	单位名词	单位符号	量的名称	单位名词	单位符号
长度	米	m	电荷[量]	库[仑]	C
时间	秒	s	电位、电压	伏[特]	V
电流	安[培]	A	电容	法[拉]	F
频率	赫[兹]	Hz	电阻	欧[姆]	Ω
能量、功	焦[耳]	J	电导	西[门子]	S
功率	瓦[特]	W	电感	亨[利]	H

表 1-2-2　部分国际单位制词头

因数		10^9	10^6	10^3	10^{-3}	10^{-6}	10^{-9}	10^{-12}
名称	英文	giga	mega	kilo	milli	micro	nano	pico
	中文	吉	兆	千	毫	微	纳	皮
符号		G	M	k	m	μ	n	p

【思考与练习】

1-2-1　在分析电路时，为什么需要规定电压和电流的参考方向？参考方向与实际方向有什么关系？

1-2-2　某元器件是吸收功率还是发出功率与其电压和电流的参考方向有什么关系？

1.3　基尔霍夫定律

元件的电压和电流之间的约束关系以及基尔霍夫定律构成了集总参数电路分析的基础。基尔霍夫定律描述了元件在连接时支路电压和支路电流所满足的约束关系，其与元件本身无关。基尔霍夫定律包括电流定律和电压定律。

1.3.1　电路术语简介

在介绍基尔霍夫定律之前，先介绍几个术语。

1. 支路

支路的含义有 2 种：

(1) 一个二端元件视为一条支路。如图 1-3-1 所示电路有 5 条支路，即 ab、ac、ad、

bd、cd。这种定义非常适用于电路的计算机辅助分析。

(2) 电路中的每个分支为一条支路，一条支路流过同一个电流，按此种定义，如图 1-3-1 所示电路有 3 条支路，即 abd、ad、acd。本书中如果没有特别说明，一般采用这种定义。

2. 节点

按支路的第一种含义，支路的连接点称为节点，或两个及两个以上支路的连接点称为节点。如图 1-3-1 所示，电路有 4 个节点，即 a、b、c、d。通常把仅仅关联两个元件的节点称为简单节点，如 b、c 就是简单节点。若简单节点不包括在内，如图 1-3-1 所示电路，只有 2 个节点(3 条或 3 条支路以上的连接点)。

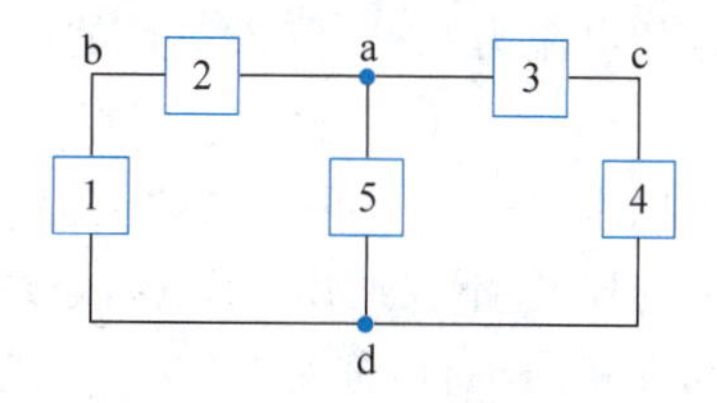

图 1-3-1 电路中的支路

3. 回路

电路中任一闭合的路径称为回路。如图 1-3-1 所示电路有 3 个回路，即 abda、acda、acdba。

4. 网孔

平面电路中不含支路的回路称为网孔。如图 1-3-1 所示电路有两个网孔，即 abda、acda。

1.3.2 基尔霍夫电流定律[①]

基尔霍夫电流定律(Kirchhoff's Current Law，KCL)是用来确定一个节点上各支路电流间相互约束关系的定律。其描述为：“对于集总参数电路中的任一节点，在任一时刻，流出(或流入)该节点的所有电流的代数和恒等于零。”其数学表达式为

$$\sum_{k=1}^{n} i_k(t)=0 \quad \text{或简写为} \quad \sum_{k=1}^{n} i_k=0 \tag{1-3-1}$$

式中，i_k 为第 k 条支路的电流，n 为电路中与某节点相连的支路数。式(1-3-1)称为基尔霍夫电流方程，又称为节点电流方程或 KCL 方程。建立该方程时，就参考方向而言，要注意根据各支路电流是流出节点还是流入节点来决定在它的前面取“+”号或“−”号。

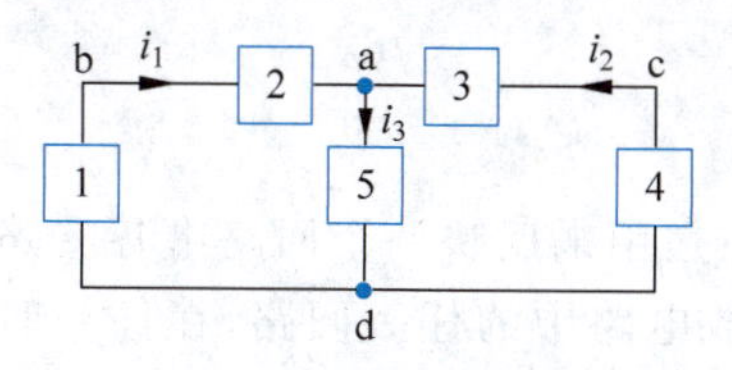

图 1-3-2 KCL 示例图

若规定流出节点的电流为“+”，流入节点的电流为“−”，则对于图 1-3-2 所示电路的节点 a 满足

$$-i_1-i_2+i_3=0$$

移项后可得

$$i_3=i_1+i_2$$

由此获得了 KCL 定律的另一种描述方式：“对于集总参数电路中的任一节点，在任一时刻，流出该节点的电流之和必等于流入该节点的电流之和。”其数学表达式为

$$\sum i_{出}=\sum i_{入} \tag{1-3-2}$$

① 基尔霍夫电流定律的 Multisim 仿真实例参见附录A 例 2-1。

KCL 的上述两种描述方式和表达式是完全等价的。

建立 KCL 方程时要注意电流的正、负取决于电流参考方向与节点的对应关系。流入节点的电流为“+”，还是流出节点的电流为“+”，是可以任意指定的，本书选择流出节点的电流为“+”，流入节点的电流为“−”。

KCL 方程表示同一节点上各支路电流之间的线性约束关系，已知某些支路的电流，可以求出另外一些支路的电流。

KCL 不仅适用于节点，也适用于任一假想的闭合面，由假想的闭合面包围着的节点和支路的集合，称为“广义节点”。具体看以下两个例子。

【例 1-3-1】 对于例图 1-3-1 所示的晶体三极管电路，可以将虚线内部的三极管视为一个广义节点，则对于三极管的发射极电流 i_E、基极电流 i_B 和集电极电流 i_C 而言，满足以下关系：

$$i_E = i_B + i_C$$

【例 1-3-2】 如例图 1-3-2 所示，三角形连接的电动机三相绕组对 A′、B′、C′每一个节点来说均满足 KCL，例如对节点 A′，满足 $i_{A'} = i_{A'B'} - i_{C'A'}$。虚线包围的整个闭合面（广义节点）也满足 KCL，即 $i_{A'} + i_{B'} + i_{C'} = 0$。

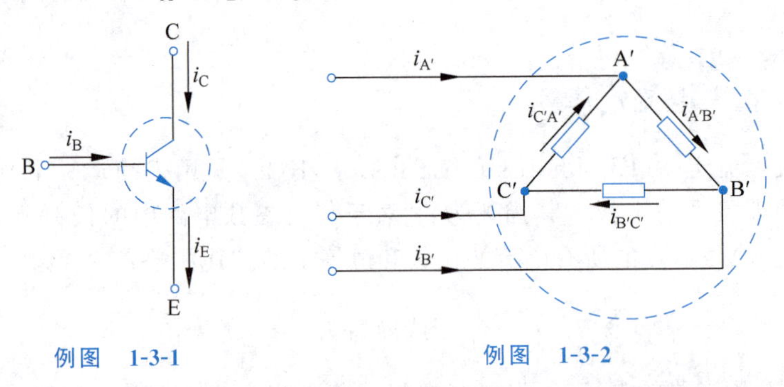

例图 1-3-1　　例图 1-3-2

KCL 揭示了电路中任一节点处电流必须服从的规律，是电荷守恒定律的体现。KCL 与元件的性质无关，KCL 方程的具体形式仅依赖于支路与节点的连接关系和支路电流的参考方向。

1.3.3 基尔霍夫电压定律[①]

基尔霍夫电压定律（Kirchhoff's Voltage Law，KVL）是用来反映一个回路中各支路电压间相互约束关系的定律。其描述为：“对于集总参数电路中的任一回路，在任一时刻，所有支路电压的代数和恒等于零。”其数学表达式为

$$\sum_{k=1}^{n} u_k(t) = 0 \quad \text{或简写为} \quad \sum_{k=1}^{n} u_k = 0 \tag{1-3-3}$$

式中，u_k 为该回路中第 k 条支路的电压，n 为该回路中的支路数。式(1-3-3)称为基尔霍夫电压方程，又称为回路电压方程或 KVL 方程。在计算该式时，需要注意各支路电压的

① 基尔霍夫电压定律的 Multisim 仿真实例参见附录A 例 2-1。

参考方向。

对于任意规定的各支路电压参考方向，需要首先指定回路的绕行方向。求支路电压代数和时，凡支路电压参考方向与绕行方向一致的，取"+"号；支路电压参考方向与绕行方向相反的，取"−"号。如图 1-3-3 所示，以电路中的大回路为例，指定回路的绕行方向为顺时针方向(如图中虚线箭头所示)，各支路电压参考方向如图 1-3-3 所示，根据 KVL 可得

$$-u_1+u_2-u_3+u_4=0 \quad (1\text{-}3\text{-}4)$$

移项整理可得

$$u_1=u_2-u_3+u_4$$

若 $u_1=140\text{V}$，$u_2=80\text{V}$，$u_3=30\text{V}$，$u_4=90\text{V}$，$u_5=60\text{V}$，则代入上式得

$$u_1=(80-30+90)\text{V}=140\text{V}$$

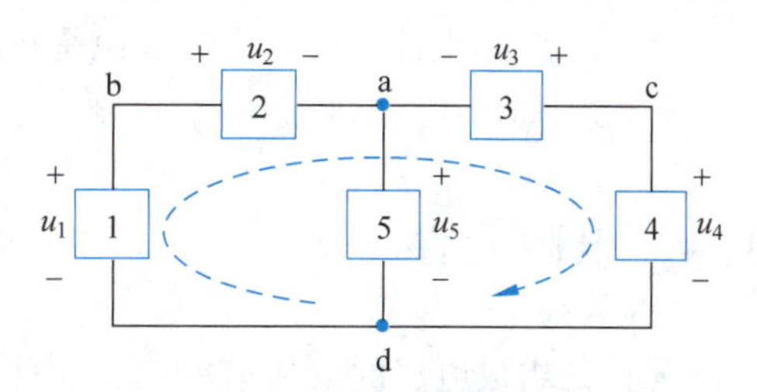

图 1-3-3　电路中各支路电压参考方向

由此可见，b、d 之间的电压无论是沿左边支路还是沿 bacd 构成的路径进行计算，其电压计算结果是相等的，沿路径 bad 也可得到同样的结论。KVL 实际上是集总参数电路中任意两点间的电压与路径无关这一性质的体现。

再将式(1-3-4)作另外一种移项处理，可得

$$u_2+u_4=u_1+u_3 \quad (1\text{-}3\text{-}5)$$

将数值代入，得到(80+90)V=(140+30)V，即 170V=170V，等式两边相等。

这体现了 KVL 的另一种表示形式：

$$\sum u_{降}=\sum u_{升} \quad (1\text{-}3\text{-}6)$$

即在集总参数电路中，沿任一闭合回路绕行一周，电压降的代数和等于电压升的代数和。

KVL 不仅适用于由若干支路构成的具体回路，也适用于不完全是由支路构成的假想回路。

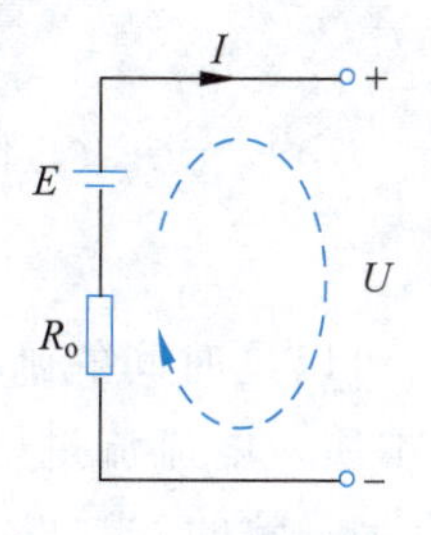

图 1-3-4　直流电源电路模型

例如，直流电源电路模型如图 1-3-4 所示，其端电压可通过内部各部分电压直接求代数和，可得 $U=E-IR_o$。若用 KVL 求解，假设右侧端口处有一元件，其端电压为 U，从而构成假想闭合回路，选定顺时针方向为回路绕行方向(如图中虚线箭头所示)，则有

$$U+IR_o-E=0$$

整理可得

$$U=E-IR_o$$

由此可见，两种方法结论相同。

需要强调的是，KCL 是电荷守恒的结果，是任一节点处电流必须服从的约束关系；KVL 是能量守恒的结果，是任意两点间电压与路径无关这一性质的体现，是任一回路内电压必须服从的约束关系。两个定律仅与元件的相互连接关系有关，而与元件的性质无关，这种约束关系称为"拓扑"约束。无论是线性电路还是非线性电路，时变电路还是非时变电路，只要是集总参数电路，则 KCL 与 KVL 均适用。

【思考与练习】

1-3-1　简述 KCL 及 KVL，并说明它们在电路分析中的意义。

1-3-2　判断下列说法是否正确：

(1) 在节点处，各支路电流的参考方向不能均设为流向节点，否则将只有流入节点的电流而无流出节点的电流。

(2) KCL 对电流的实际方向来说是正确的，对电流的参考方向来说也是正确的。

1-3-3　如图 1-3-3 所示电路，已知 $u_1=1\text{V}$，$u_3=3\text{V}$，$u_4=4\text{V}$，求电压 u_2 和 u_5。

1.4　电阻元件

元件是组成电路的最基本单元。元件根据其与外部电路连接的端子数可分为二端元件、三端元件和四端元件等。电路元件还可分为无源元件和有源元件、时不变元件和时变元件等。

元件两端的电压和通过其电流的关系称为电压-电流关系（Voltage Current Relation，VCR）。

电阻元件常简称为电阻，用以模拟电阻器和其他实际部件对电流呈现阻碍作用的能力。电阻元件按其 VCR 特性可分为线性电阻和非线性电阻，按其特性是否随时间变化又可分为时变电阻元件和非时变电阻元件。本书主要讨论线性、非时变电阻元件。

电阻和电导是反映同一电阻元件性能而互为倒数的两个参数。

线性电阻元件是一个二端元件，其 VCR 服从欧姆定律，数学表达式为

$$u(t)=Ri(t) \tag{1-4-1}$$

或

$$i(t)=Gu(t) \tag{1-4-2}$$

式中，R 为电阻，G 为电导，两者之间的关系为

$$G=\frac{1}{R} \tag{1-4-3}$$

R 的单位是欧姆，简称欧(Ω)；G 的单位是西门子，简称西(S)。

对于时不变电阻而言，R 和 G 均为常量，则 u 与 i 成正比。u、i 可以是时间的函数，也可以是常量(直流)。欧姆定律体现了电阻器对电流呈现阻力的本质。电流流过电阻必然要消耗能量，就会出现电压降，由于电流与电压降的真实方向总是一致的，式(1-4-1)只有在电压与电流取关联参考方向时才成立，当它们取非关联参考方向时，式(1-4-1)和式(1-4-2)应变为

$$u(t)=-Ri(t) \tag{1-4-4}$$

和

$$i(t)=-Gu(t) \tag{1-4-5}$$

线性电阻在 u-i 平面上的关系曲线是一条通过原点且斜率为 R 的直线(若只考虑电阻为正值的情况，则该直线位于一、三象限)，如图 1-4-1 所示，该曲线称为线性电阻元件

的伏安特性曲线或 u-i 特性曲线。

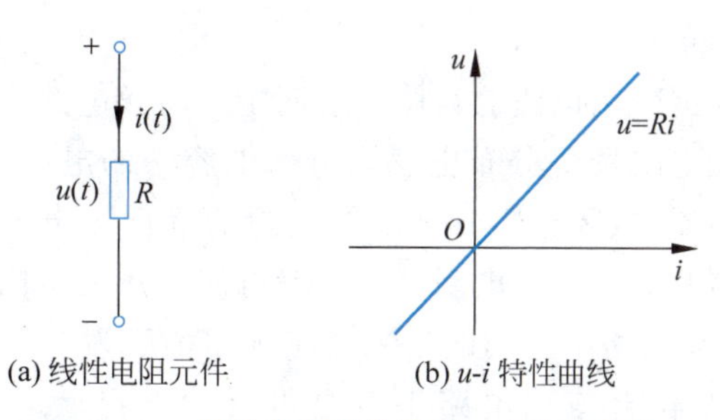

图 1-4-1　线性电阻元件及其 u-i 特性曲线

当电压和电流取关联参考方向时，电阻元件消耗的瞬时功率为

$$P(t)=u(t)i(t)=Ri^2(t)=\frac{u^2(t)}{R}=Gu^2(t) \tag{1-4-6}$$

当电压和电流取非关联参考方向时，电阻元件消耗的瞬时功率为

$$P(t)=-u(t)i(t)=Ri^2(t)=\frac{u^2(t)}{R}=Gu^2(t) \tag{1-4-7}$$

由式(1-4-6)和式(1-4-7)可知，当电压和电流取关联或非关联参考方向时，电阻元件消耗的瞬时功率相同。

一般情况下 R 和 G 都是正实常数，故 $P(t)\geqslant 0$，表明正电阻总是吸收功率，所以线性电阻元件是一种耗能元件。

电阻元件从 t_0 时刻到 t 时刻吸收的能量可以表示为

$$W(t_0,t)=\int_{t_0}^{t}Ri^2(\zeta)\mathrm{d}\zeta \tag{1-4-8}$$

电阻元件把吸收的电能消耗掉，转换为热能、光能等其他形式的能量。

【应用拓展】

电阻器是采用各种电阻材料和工艺制成的、有一定结构形式、能在电路中起限制电流通过作用的电子元件，是电子电路中应用数量最多的元件。阻值不能改变的称为固定电阻器，阻值可变的称为电位器或可变电阻器。图 1-4-2 为几种常用电阻元件。实际的电阻器除电阻外，还拥有微量的电感或电容，使其表现与理想电阻元件有所差异。一些特殊电阻器，如热敏电阻器、压敏电阻器，其电压-电流关系是非线性的。

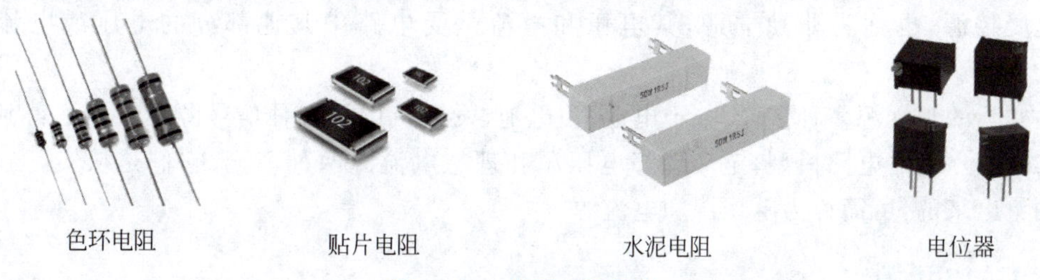

图 1-4-2　常用电阻元件

电阻器在电路中主要用来调节和稳定电流与电压，可作为分流器和分压器，也可作电路匹配负载。根据电路需求，还可用作放大电路的负反馈或正反馈、电压-电流转换、输

入过载时的电压或电流保护元件，又可组成 RC 电路作为振荡、滤波、旁路、微分、积分和时间常数元件等。

电阻器的选择应根据应用电路的具体要求而定。高频电路应选用碳膜电阻器、金属膜电阻器和金属氧化膜电阻器等分布电感和分布电容小的电阻器。高增益小信号放大电路应选用金属膜电阻器、碳膜电阻器和线绕电阻器等低噪声电阻器，而不能使用噪声较大的合成碳膜电阻器和有机实心电阻器。一般电路使用的电阻器允许误差为±5%～±10%，精密仪器及特殊电路中使用的电阻器应选用精度为1%以内的精密电阻器。所选电阻器的额定功率要符合应用电路中对电阻器功率容量的要求，如1/8W、1/4W、1/2W等。

20世纪初，科学家发现某些物质在很低的温度时，如铝在1.39K(−271.76℃)以下，铅在7.20K(−265.95℃)以下，电阻会变成零，这就是超导现象。在发电设备、电力输送、电力储存等方面采用超导材料，可以降低由于电阻引起的电能消耗，提升能量利用效率。如果用超导材料制造电子元件，由于没有电阻，不必考虑散热问题，元件尺寸可以大大缩小，这将促进电子设备的微型化。这些优势对于降低碳排放、改善地球生态环境大有益处。

【思考与练习】

1-4-1 $R=0$ 时伏安特性曲线(该曲线称为"短路特性"曲线)是怎样的？$R=\infty$ 时(该曲线称为"开路特性"曲线)又如何？

1-4-2 一个40kΩ、10W的电阻，使用时允许流过的最大电流是多少？

1-4-3 一个电加热器，连接220V的电源时，功率为1000W，如将它连接到110V的电源上，功率为多少？

1.5 独立源

独立源(也称激励源)是为电路注入能量和信息的元件，电路中的能量均由独立源提供，所处理的信息也来自独立源。电路中的其余元件依赖独立源提供的能量，对信息进行处理、转换、传输，并转换成某种形式的物理量(如光、热、影像、声音等)。

电路中的电源可以分成两类：一类是独立源，其电压和电流是独立存在的；另一类是受控源，也称为非独立源，其电压和电流是受电路中其他部分的电压或电流控制的。

实际的独立源多种多样，如干电池、蓄电池、发电机以及各种信号源等。为了得到各种实际独立源的电路模型，定义理想电压源和理想电流源两种模型，它们是从实际独立源抽象出来的，可简称为电压源和电流源。

1.5.1 电压源

电池的模型是电动势与内阻 R_o 的串联组合，如图1-5-1所示。其端电压 $U=E-IR_o$，一般 $U<E$，其特性曲线是一条倾斜于电流轴的直线。当 $R_o=0$(理想状态)时，其伏

安特性曲线是一条平行于电流轴的直线，其端电压不因流过其电流的改变而改变，恒等于电动势，即 $U \equiv E$，此时的电池就可以称为理想电压源。

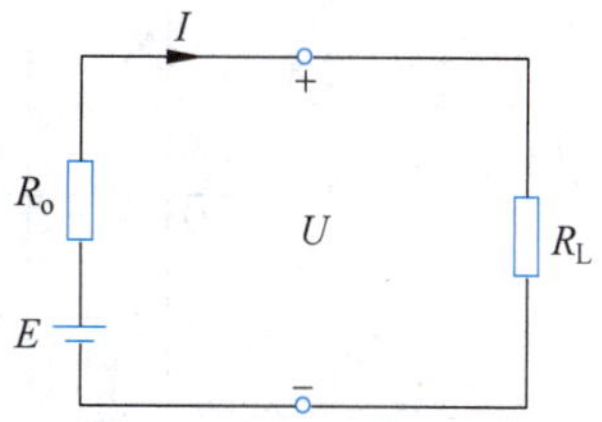

电压源是一个有源二端元件，其端电压在任意瞬时与其端电流无关，或者恒定不变（直流情况），或者按照某一固有的函数规律变化。流过电压源的电流是任意的，是由与其相连接的外电路决定的。

图 1-5-1 电池的模型

电压源的特性为

$$u(t)=u_S(t) \tag{1-5-1}$$

式中，$u_S(t)$为电压源的电压。

电压源任意时刻的 VCR 特性曲线在 u-i 平面上是一条平行于横轴（电流轴）的直线，如图 1-5-2 所示。它的表示符号如图 1-5-3 所示。

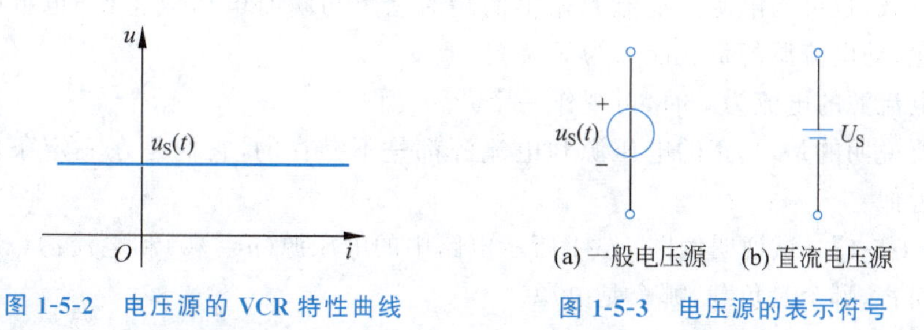

图 1-5-2 电压源的 VCR 特性曲线　　图 1-5-3 电压源的表示符号

当电压源的电压和电流采用关联参考方向时，其吸收的功率为

$$P(t)=u(t)i(t)=u_S(t)i(t) \tag{1-5-2}$$

当 $P(t)>0$ 时，电压源吸收功率；当 $P(t)<0$ 时，电压源发出功率。这就是说电压源既可当负载，也可当电源。电压源输出的瞬时功率与瞬时电流成正比，也可以在无限范围内变化，即电压源的负载能力为无穷大。

当电压源的电压为 0 时，可视作一个短路元件。

1.5.2 电流源

电流源是从实际电源抽象出来的另一种模型，它是一种能产生电流的装置。在一定的电压范围内，光电池被光线照射时，就被激发产生电流，这时电流与照度成正比。当照度为定值时，光电池就产生一定值的电流，此时光电池可以近似地看成一个电流源。

电流源也是一个有源二端元件，其端电流在任意瞬时与其端电压无关，或者恒定不变（直流情况），或者按照某一固有的函数规律变化。电流源的端电压是任意的，是由与其相连接的外部电路决定的。

电流源的特性为

$$i(t)=i_S(t) \tag{1-5-3}$$

式中，$i_S(t)$为电流源的电流。电流源任意时刻的 VCR 特性曲线在 u-i 平面上是一条平行于纵轴（电压轴）的直线，如图 1-5-4 所示。它的表示符号如图 1-5-5 所示。

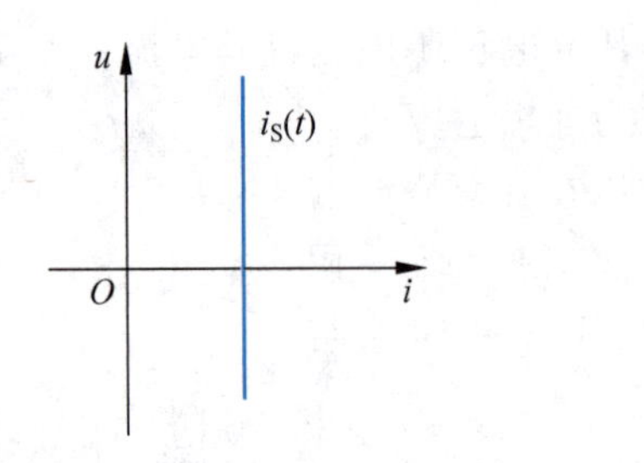

图 1-5-4 电流源的 VCR 特性曲线

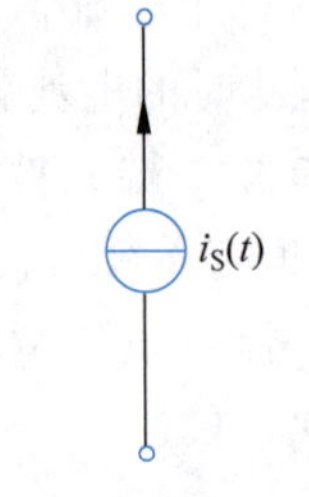

图 1-5-5 电流源的表示符号

当电压源的电压和电流采用关联参考方向时,其吸收的功率为

$$P(t)=u(t)i(t)=u(t)i_S(t) \tag{1-5-4}$$

当 $P(t)>0$ 时,电流源吸收功率;当 $P(t)<0$ 时,电流源发出功率,这就是说电流源既可当负载,也可当电源。电流源输出的瞬时功率与瞬时电压成正比,也可以在无限范围内变化,即电流源的负载能力为无穷大。

当电流源的电流为 0 时,可视作一个开路元件。

需要说明的是,真正的电压源和电流源都是不存在的,它们是在一定条件下对实际电源的近似。

【例 1-5-1】 试说明例图 1-5-1 所示电路中的电压源($u_S>0$)和电流源($i_S>0$),就实际功能而言,哪个是负载,哪个是电源。

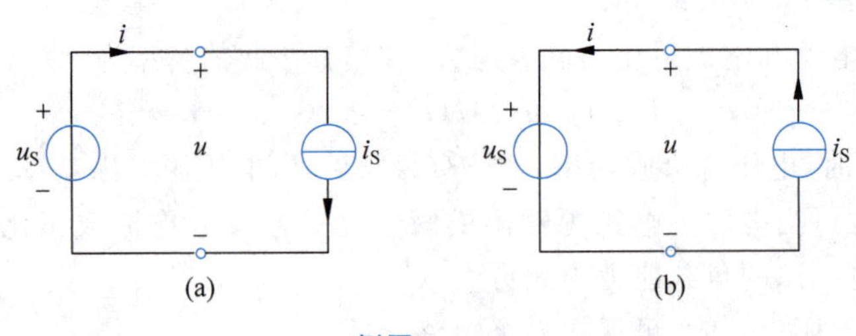

例图 1-5-1

解:在图示电路中,电流 i 是由电流源决定的,电压 u 是由电压源决定的,即 $i=i_S$,$u=u_S$。

在例图 1-5-1(a)所示电路中,电流 i 从电压源的正端流出而流进电流源,对电压源而言,u、i 的参考方向为非关联参考方向,电压源发出的功率为 $P=ui=u_Si_S>0$,所以电压源处于电源状态;对电流源而言,u、i 的参考方向为关联参考方向,电流源吸收的功率为 $P=ui=u_Si_S>0$,所以电流源处于负载状态。

在例图 1-5-1(b)所示电路中,对电压源而言,u、i 的参考方向为关联参考方向,电压源吸收的功率为 $P=ui=u_Si_S>0$,所以电压源处于负载状态;对电流源而言,u、i 的参考方向为非关联参考方向,电流源发出的功率为 $P=ui=u_Si_S>0$,所以电流源处于电源状态。

【例 1-5-2】 在例图 1-5-2 所示电路中:

(1) 负载 R_L 中的电流 i 及其两端的电压 u 各为多少?

(2) 分析功率平衡关系。

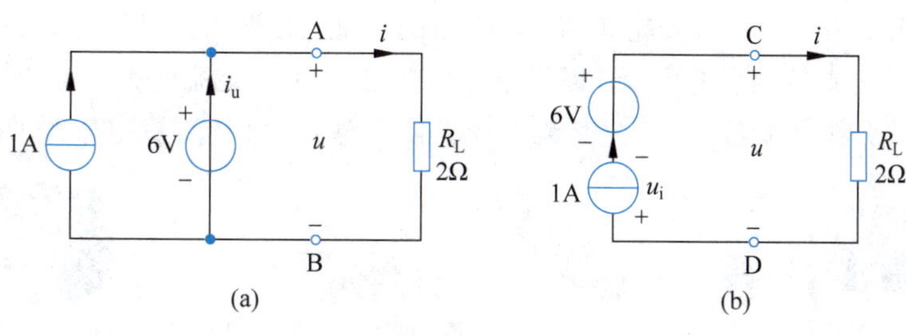

例图 1-5-2

解：在例图 1-5-2(a)所示电路中，根据电压源的特性，在电压源旁边并联电阻或其他元件并不影响其电压输出，所以

$$u=6\mathrm{V},\quad i=\frac{u}{R_L}=\frac{6}{2}\mathrm{A}=3\mathrm{A}$$

电流源的电流不受外电路影响，恒为 1A，设电压源支路电流 i_u 的参考方向向上，根据 KCL，电压源支路的电流为

$$i_u=i-1=(3-1)\mathrm{A}=2\mathrm{A}$$

所以，电压源与电流源均发出功率，二者发出的总功率为

$$P_e=(6\times1+6\times2)\mathrm{W}=18\mathrm{W}$$

负载 R_L 吸收的功率为

$$P_{R_L}=i^2R_L=9\times2\mathrm{W}=18\mathrm{W}$$

由此可知

$$P_e=P_{R_L}$$

即电压源和电流源发出的功率和负载吸收的功率平衡。

在例图 1-5-2(b)所示电路中，根据电流源的特性，在电流源支路中串联电阻或其他元件并不影响其电流输出，所以

$$i=1\mathrm{A},\quad u=iR_L=1\times2\mathrm{V}=2\mathrm{V}$$

对电压源而言，电压、电流为非关联参考方向，其吸收的功率为

$$P_{eu}=-6i=-6\times1\mathrm{W}=-6\mathrm{W}$$

根据 KVL，电流源两端电压为

$$u_i=6-u=(6-2)\mathrm{V}=4\mathrm{V}$$

对电流源而言，电压、电流为关联参考方向，其吸收的功率为

$$P_{ei}=u_i i=4\times1\mathrm{W}=4\mathrm{W}$$

负载 R_L 吸收的功率为

$$P_{R_L}=i^2R_L=1^2\times2\mathrm{W}=2\mathrm{W}$$

由此可知，电路吸收的总功率为

$$P_{eu}+P_{ei}+P_{R_L}=0$$

即电压源发出的功率和电流源吸收的功率以及负载所吸收的功率平衡。

【应用拓展】

现实生活中常见的电源为负载提供稳定的电压，可用电压源描述，例如，手电筒、收

音机、手机使用的电池，电动三轮车、汽车使用的电瓶，工业、办公以及家庭使用的 220V 交流电。电池、电瓶为直流电压源，提供恒定的电压，220V 交流电为交流电压源，提供有效值为 220V、频率为 50Hz 的正弦交流电压。图 1-5-6 为常用直流电压源。

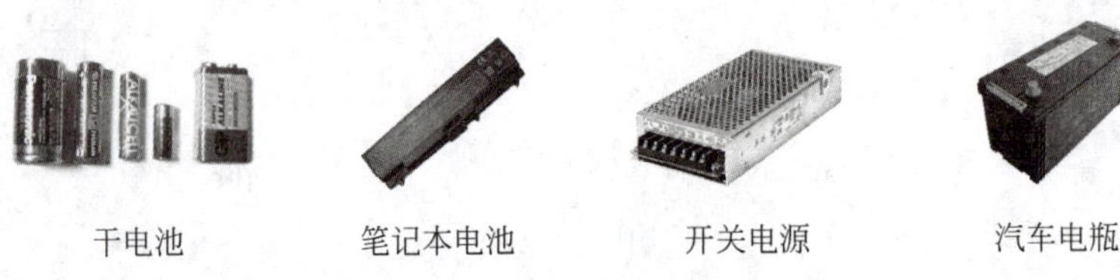

图 1-5-6　常用直流电压源

电流源亦称恒流电源，为负载提供恒定的电流，在现实世界中大量存在，不可或缺。例如，电焊设备采用恒流电源时，点弧容易，电弧稳定；激光器工作时，要求电源提供恒定的电流，以保证激光器输出稳定的光功率；有线通信远端供电系统，常采用恒定电流供电，以保证通信终端得到稳定的电压，不受线路压降的影响；目前广泛应用的热敏、力敏、光敏、磁敏、湿敏等传感器，常常采用恒流源供电，以保证良好的线性特征。图 1-5-7 为典型的直流电流源。

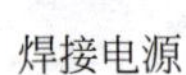

图 1-5-7　典型直流电流源

除了为电路提供能量的电源外，承载信息的信号源也可以用电压源或电流源来描述。目前，数字家居、智能交通、智慧城市等物联网和人工智能系统中存在着各种各样的传感器，它们将压力、温度、湿度、流量等各种物理量转换为电信号，以便自动化、智能化的信息系统进行信息采集、存储、处理和应用。这些传感器的输出信号可分为电压信号、电流信号两种形式，电压、电流的取值可反映物理量大小，根据传感器输出信号的形式，可以采用电压源或电流源进行描述。图 1-5-8 为测量光强度、火焰、倾斜、振动等物理量的典型传感器模块。

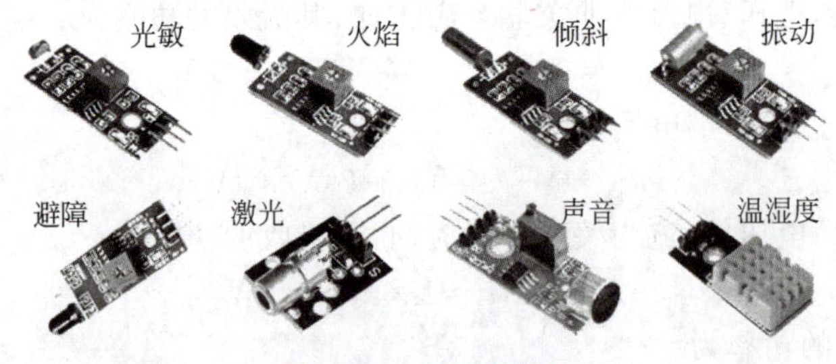

图 1-5-8　传感器模块

【思考与练习】

1-5-1　独立电压源能否短路，独立电流源能否开路？

1-5-2　试绘出理想电压源与理想电流源的伏安特性曲线，说明它们是否是线性元件，并解释原因。

1.6 受控源

受控源是一种非独立源，其电压或电流受电路中某一部分的电压或电流控制，当控制电压或电流消失或等于零时，受控源的电压或电流也等于零。为与独立源区别，受控源用菱形符号表示。

根据受控源是电压源还是电流源，以及是受电压控制还是受电流控制，受控源可分为电压控制电压源（VCVS）、电压控制电流源（VCCS）、电流控制电压源（CCVS）和电流控制电流源（CCCS）四种类型，如图 1-6-1 所示。

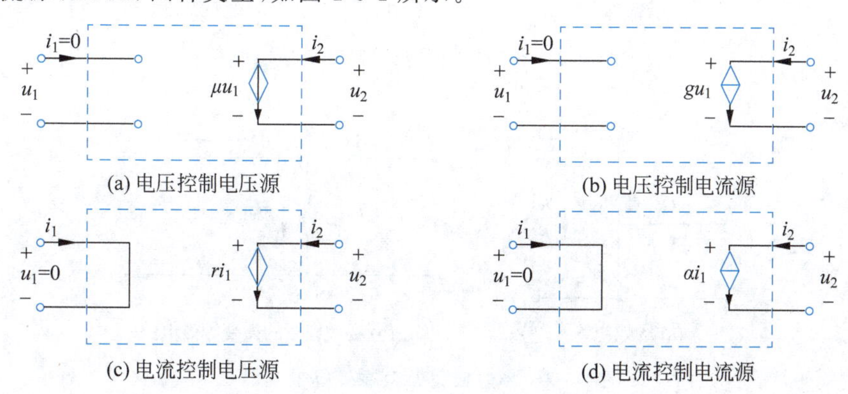

图 1-6-1 四种受控源

由图可知，受控源是一种双口（二端口）元件，也称四端元件。一个线性受控源可由两个线性方程来描述，四种受控源分别描述为

$$\text{VCVS}: i_1=0, u_2=\mu u_1 \tag{1-6-1}$$

$$\text{VCCS}: i_1=0, i_2=g u_1 \tag{1-6-2}$$

$$\text{CCVS}: u_1=0, u_2=r i_1 \tag{1-6-3}$$

$$\text{CCCS}: u_1=0, i_2=\alpha i_1 \tag{1-6-4}$$

式中，μ 为转移电压比，g 为转移电导，r 为转移电阻，α 为转移电流比。这些参数均为常量且不随时间变化。本书研究的受控源均为线性时不变双口元件。

受控源的作用与独立源完全不同。独立源代表外界电路施加的影响或约束，起激励的作用；而受控源常用来描述电子器件内部所发生的物理过程，或表示同一电路内部两条支路之间电流或电压的控制关系。

【应用拓展】

受控源与独立源不同，并不具备持续提供能量的能力，是电路理论中用于描述某些二端口无源元件的理想模型，它通过简单的数学模型反映端口间的控制关系，为实际电路建模和分析计算提供了便利。变压器可以等效为一个电压控制电压源，次级线圈的电压受初级线圈电压控制，其中次级线圈匝数与初级线圈匝数之比可视为控制系数，参见图 8-3-5。晶体三极管有基极 B、发射极 E 和集电极 C 三个极，其工作在放大区时，集电极的微变电流 i_c 为基极电流 i_b 的 β 倍，因此晶体三极管可以等效为一个电流控制电流源，其中集电极电流 i_c 受基极电流 i_b 控制，参见图 1-6-2。场效应管有栅极 G、源极 S 和漏极 D，栅源电压 u_{gs} 对漏极电流 i_d 有近似线性的控制作用，因此场效应管可以等效为一种电压控制电流源。图 1-6-3 为场效应管及其微变等效电路。

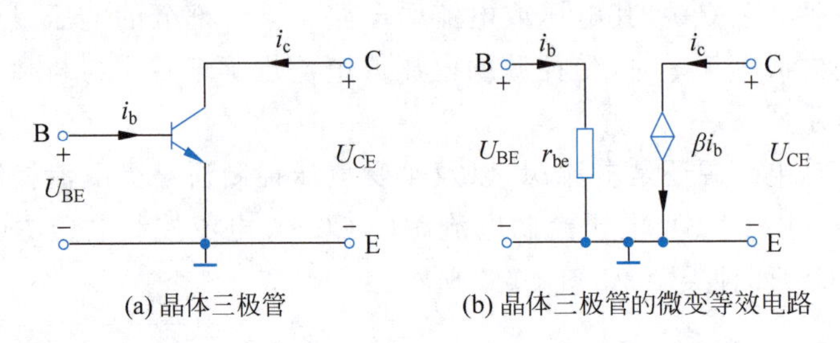

(a) 晶体三极管　　(b) 晶体三极管的微变等效电路

图 1-6-2　晶体三极管及其微变等效电路

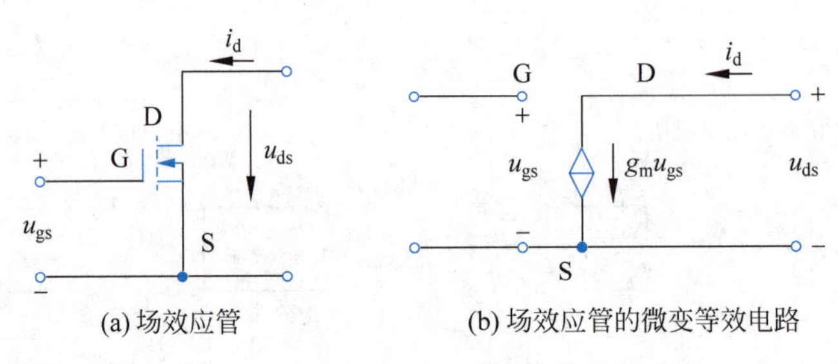

(a) 场效应管　　(b) 场效应管的微变等效电路

图 1-6-3　场效应管及其微变等效电路

【思考与练习】

1-6-1　试说明受控源与独立源的区别。

1-6-2　参照图 1-6-1，写出四种受控源的功率表达式。

1-6-3　对于某一受控源，若其控制变量取值为零，则受控变量取值为多少？若为受控电压源，则相当于短路还是开路？若为受控电流源，情况如何？

1.7　运算放大器

1.7.1　运算放大器简介

运算放大器简称运放，是一种多端集成器件，早期应用于模拟信号的运算。随着集成电路技术的发展，目前已有成千上万种不同型号的集成运放。因此，集成运放的应用已远远超出了数学运算的范围，而广泛应用于信号的产生、处理和测量等方面。

本书对运放的介绍侧重于分析其端口上简单的 VCR 特性，阐述如何利用电路模型和电路分析的方法来分析运放电路。

运放的图形符号如图 1-7-1 所示。

运算放大器具有一个反相输入端、一个同相输入端和一个输出端。信号从标有“−”号的输入端进入，输出端的信号就会倒相，故名为“反相输入端”；信号从标有“+”号的输入端进入，输出端信号的相位不变，故名为“同相输入端”。运放正常工作时，运放的 $+E$ 和 $-E$ 接到一个直流正电源和一个直流负电源上，以便给运放内部的晶体管建立适当的

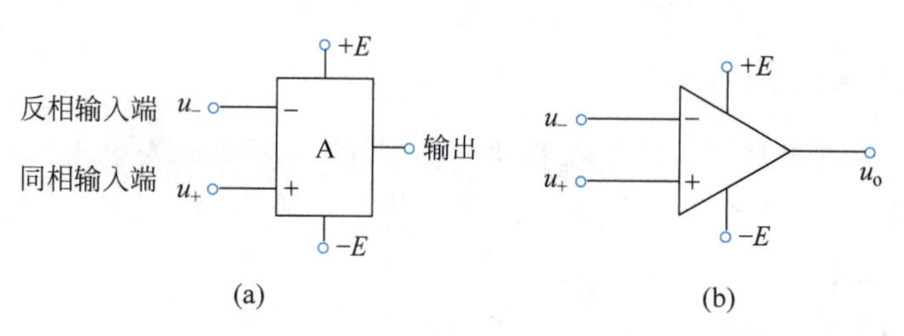

图 1-7-1 运放的图形符号

工作点，两个电源的公共端构成运放的外部接地端，如图 1-7-2 所示。u_-、u_+ 和 u_o 分别表示反向输入端、同相输入端和输出端相对接地端的电压。$u_d=u_+-u_-$ 称为差动输入电压，$A\overset{\text{def}}{=\!=}\dfrac{u_o}{u_d}$ 称为开环电压放大倍数(增益)。实际运算放大器的开环增益为 $10^5\sim10^8$。

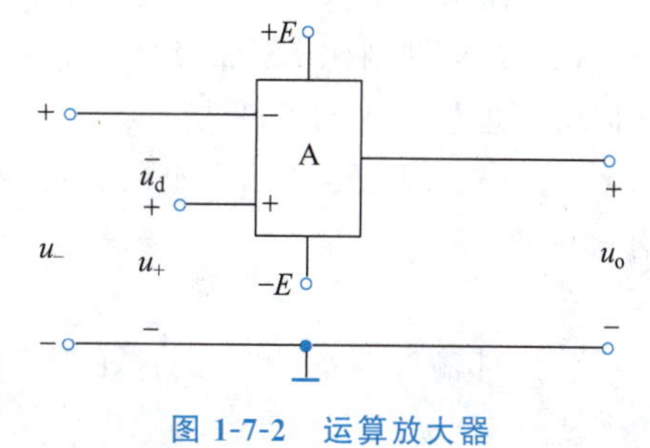

图 1-7-2 运算放大器

1.7.2 集成运算放大器的电压传输特性和电路模型

集成运放的电压传输特性(即转移特性)是指开环时输出电压 u_o 与差分输入电压 u_d 的关系曲线，即 $u_o=f(u_d)$，如图 1-7-3 所示，它有一个线性区和两个饱和区。

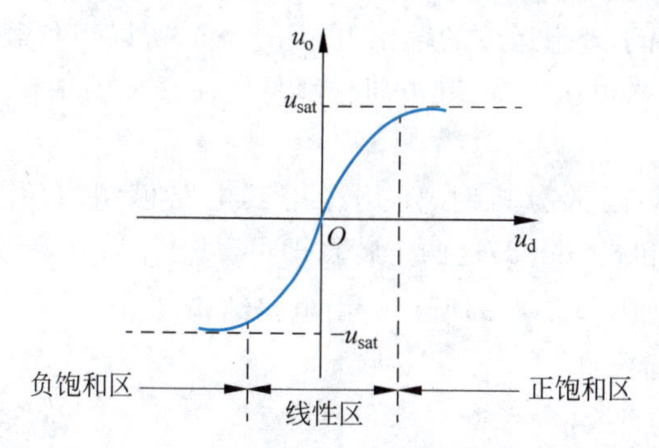

图 1-7-3 集成运放的电压传输(转移)特性

在线性区工作时，输出电压 u_o 与差分输入电压 u_d 呈线性关系，即

$$u_o=A_ou_d=A_o(u_+-u_-) \quad (1\text{-}7\text{-}1)$$

在饱和区工作时，输出电压 $u_o=u_{sat}$(正饱和电压)或 $u_o=-u_{sat}$(负饱和电压)，u_{sat} 和 $-u_{sat}$ 的绝对值分别略低于正、负电源电压。

由于集成运放的开环电压增益很大，而输出电压为有限值，因此传输特性中线性区很窄。

有限增益运算放大器工作在线性区的模型可用受控电压源表示，如图 1-7-4 所示。图中的 R_i 为运放的输入电阻，R_o 为输出电阻，受控源则表明运放的电压放大作用。若电压从同相端进入，反相端接地，则受控源的电压为 Au_+；若电压从反相端进入，而把同相端接地，则受控源的电压为 $-Au_-$(“−”号表示反相端的倒相作用)。当 R_o 可忽略不计时(一般 R_o 仅为 10～100Ω，R_i 为 $10^6\sim10^{13}$Ω)，则受控源的电压即为运放的输出电压。实际上运算放大器是一个具有高电压增益、高输入电阻和低输出电阻的多端有源器件。

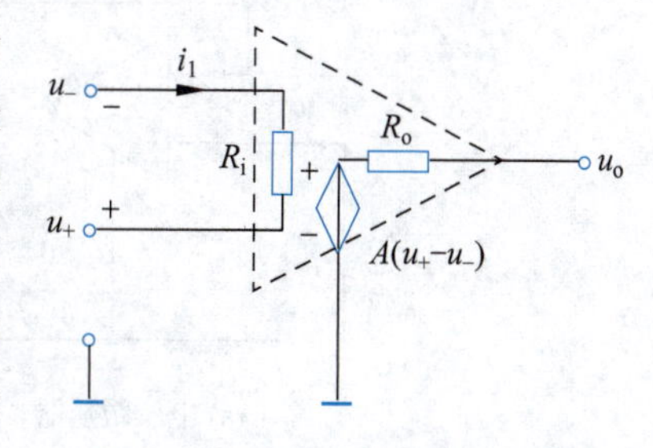

图 1-7-4 集成运放的电路模型

1.7.3 理想集成运算放大器

常用集成运放有很高的开环增益和共模抑制比，很大的输入电阻，很小的输出电阻。因此，在实际应用中可将集成运放理想化，即认为

(1) 开环电压增益 $A_o \to \infty$。

(2) 输入电阻 $R_i \to \infty$。

(3) 输出电阻 $R_o \to 0$。

(4) 共模抑制比 $K_{CMR} \to \infty$。

从而得到理想运放的条件为

(1) 由于理想运放输入电阻 $R_i \to \infty$，从而反相输入端电流 i_- 和同相输入端电流 i_+ 均为 0，即

$$i_- = i_+ = 0 \tag{1-7-2}$$

从元件输入端看进去，元件相当于开路，称为"虚断"。

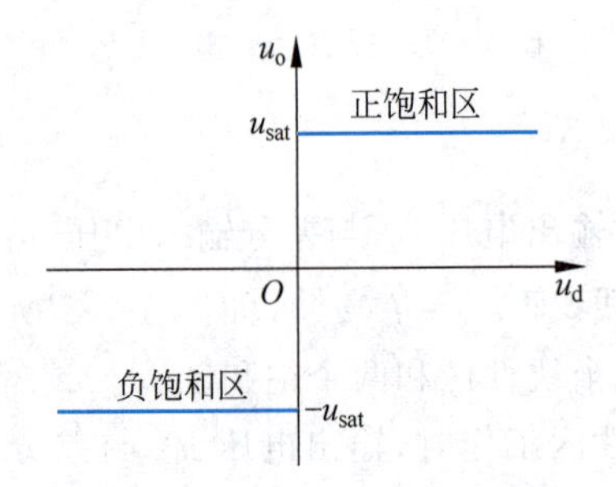

图 1-7-5 理想运放的转移模型

(2) 理想运放的开环增益 $A_o \to \infty$，而输出电压 u_o 为有限值，因而 $u_d = 0$，即

$$u_+ = u_- \tag{1-7-3}$$

两输入端之间相当于短路，称为"虚短"。

(3) 由于理想运放的输出电阻 $R_o \to 0$，所以当负载变化时，输出电压不变，其电压转移特性曲线如图 1-7-5 所示。

按理想运放分析时，不用考虑其电路模型，仅用式(1-7-2)和式(1-7-3)这两个特点即可。

电压跟随器是集成运放最简单的运用，如图 1-7-6(a)所示。由电路结构可得

$$\begin{cases} u_- = u_o \\ u_- = u_d + u_i \end{cases} \tag{1-7-4}$$

因为 $u_d = 0$，所以

$$u_o = u_i \tag{1-7-5}$$

即输出电压等于输入电压。其等效于增益为 1 的 VCVS，相应的等效模型如图 1-7-6(b)所示。

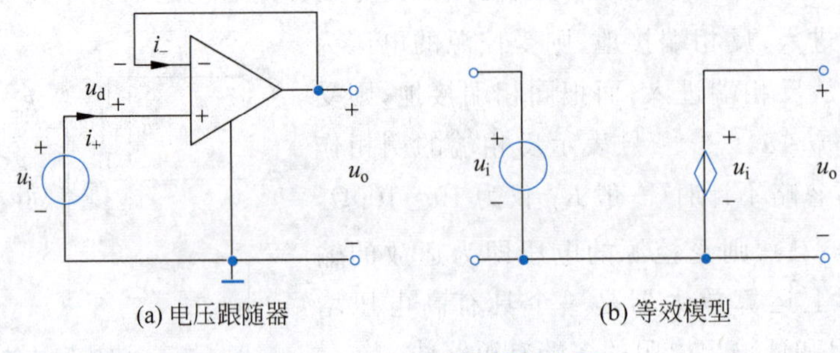

(a) 电压跟随器　　(b) 等效模型

图 1-7-6 电压跟随器电路图

因为该电路的输出电压始终等于输入电压，而与外接负载无关，故称为电压跟随器。它常应用于两个单口网络之间，起隔离作用，又称为缓冲器。

【后续知识串联】

◇ 运算放大器电路及其受控源模型

运算放大器是一类十分重要的器件，将在后续的“模拟电子技术基础”课程中予以更为详细的阐释。此处，结合运算放大器的几种反馈模式简单介绍其等效受控源模型。

在实际电路中，通常要引入反馈来改善电路某些方面的性能，即将输出量（输出电流或输出电压）的一部分或者全部通过一定的电路形式作用到输入回路，用来影响其输入量，从而达到想要的效果。

任何负反馈放大电路都可以看作由基本放大电路和反馈网络两部分组成，可以用图 1-7-7 所示的结构图表示，图中模块 $\dot{A}$ 表示基本放大电路，模块 $\dot{F}$ 表示反馈网络。负反馈放大电路根据基本放大电路和反馈网络的不同连接方式分为四种反馈组态：电压串联、电压并联、电流串联和电流并联，如图 1-7-8 所示。从输入端看：若反馈的结果是减小净输入电压，则为串联反馈，控制量为电压；若反馈的结果是减小净输入电流，则为并联反馈，控制量为电流。从输出端看：若反馈的结果是稳定输出电压，则为电压反馈，电路等效时，可看作受控电压源；若反馈的结果是稳定输出电流，则为电流反馈，电路等效时，可看作受控电流源[①]。

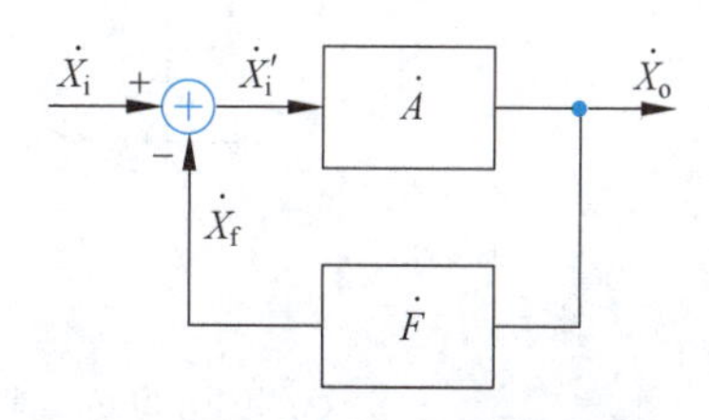

图 1-7-7 负反馈放大电路的结构图

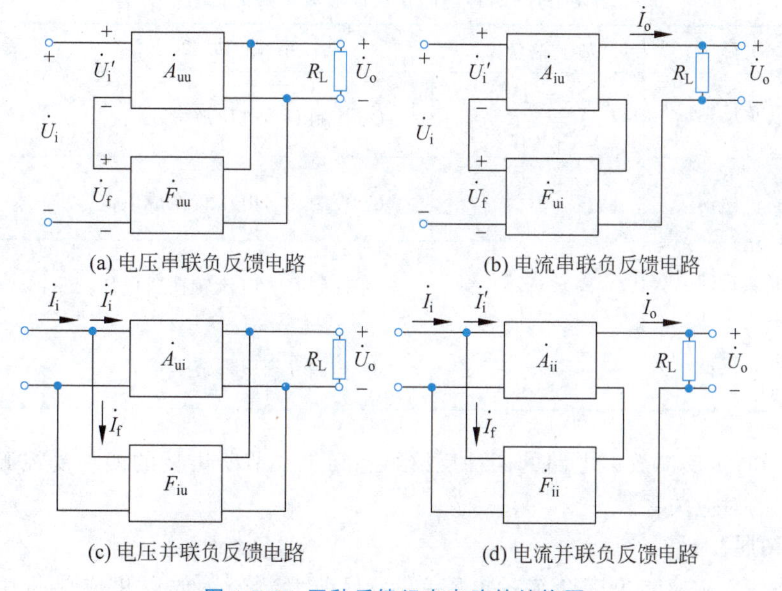

图 1-7-8 四种反馈组态电路的结构图

① 童诗白，华成英. 模拟电子技术基础[M]. 5 版. 北京：高等教育出版社，2015：230-231.

如图 1-7-9(a)所示电路为最简单的电压串联负反馈电路，其中放大器起放大作用，R_1、R_2 组成反馈网络，其输出为

$$u_2=\left(1+\frac{R_2}{R_1}\right)u_1$$

该电路可等效为增益为$\left(1+\frac{R_2}{R_1}\right)$的电压控制电压源，其等效受控源模型如图 1-7-9(b)所示。

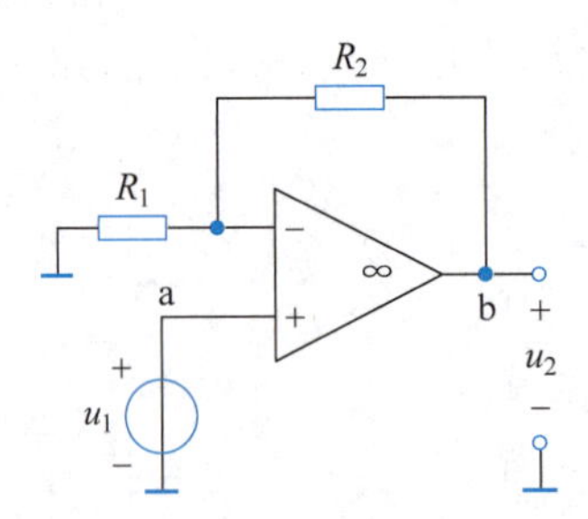

(a) 电压串联负反馈电路

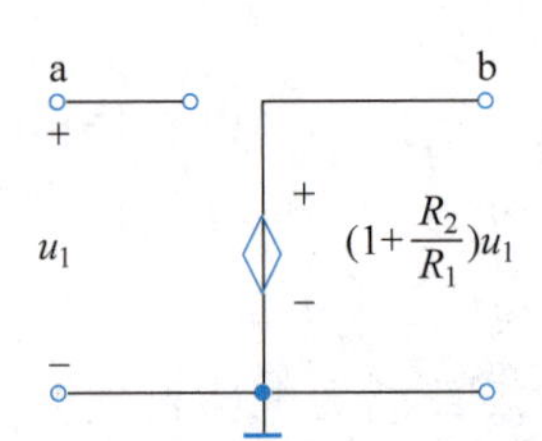

(b) 电压串联负反馈电路等效受控源模型

图 1-7-9　电压串联负反馈放大电路及其等效受控源模型

串联负反馈控制量为电压，并联负反馈控制量为电流；电压负反馈电路输出量为电压，电流负反馈电路输出量为电流。不同的反馈组态实现的控制关系不同，因此功能不同，如表 1-7-1 所示。其中 $\dot{A}_f$ 表示负反馈放大电路的放大倍数，不同的反馈组态 $\dot{A}_f$ 的量纲不同，体现了输入量对输出量不同的控制关系。

表 1-7-1　四种组态负反馈放大电路的比较

反馈组态	放大倍数$\dot{A}_f$	电路功能	受控源模型
电压串联负反馈	$\dot{A}_{uuf}=\frac{\dot{U}_o}{\dot{U}_i}$	$\dot{U}_i$ 控制 $\dot{U}_o$，电压放大	VCVS
电流串联负反馈	$\dot{A}_{iuf}=\frac{\dot{I}_o}{\dot{U}_i}$	$\dot{U}_i$ 控制 $\dot{I}_o$，电压转换成电流	VCCS
电压并联负反馈	$\dot{A}_{uif}=\frac{\dot{U}_o}{\dot{I}_i}$	$\dot{I}_i$ 控制 $\dot{U}_o$，电流转换成电压	CCVS
电流并联负反馈	$\dot{A}_{iif}=\frac{\dot{I}_o}{\dot{I}_i}$	$\dot{I}_i$ 控制 $\dot{I}_o$，电流放大	CCCS

由此可知，负反馈放大电路的四种反馈组态和 1.6 节所讲授的四种受控源模型之间存在着一定的对应关系。

【应用拓展】

运放是一个从功能角度命名的电路单元，目前大部分运放以集成单芯片的形式存在。运放的种类繁多，广泛应用于电子产品中，图 1-7-10 为典型的集成运放芯片。通用型运算放大器的主要特点是价格低廉、产品量大面广，其性能指标适合于一般性应用。

LM358、LM324和LF356是典型的通用型运算放大器。高阻型运算放大器的特点是差模输入阻抗非常高，输入偏置电流非常小，常见的集成器件有LF355、LF347和CA3140等。低温漂型运算放大器失调电压小且不随温度变化，适用于精密仪器、弱信号检测等自动控制仪表，常用的高精度、低温漂运算放大器有OP07、AD508和ICL7650等。高速型运算放大器具有高的转换速率和宽的频率响应，适用于快速模/数和数/模转换器、视频放大器，常用的型号有LM318、μA715等。低功耗型运算放大器使用低电源电压供电、消耗电流极低，功耗可达μW级，适用于便携式仪器等产品，常用的型号有TL-022C、ICL7600等。高压大功率运算放大器可输出高电压和大电流，例如D41集成运放的电源电压可达±150V，μA791集成运放的输出电流可达1A。可编程控制型运算放大器可通过编程灵活改变放大倍数，特别适用于解决仪器仪表中涉及的量程调整问题。

通用型运放LM324

高阻型运放CA3140

低温漂运放OP07

图1-7-10 典型集成运放芯片

【思考与练习】

1-7-1 理想运算放大器有何特性？

1-7-2 画出集成运放的电压传输(转移)特性图，并说明主要参数的意义。

1-7-3 电压跟随器有何特性，主要用途是什么？

习题

1-1 各二端元件的电压、电流和吸收功率如题图1-1所示，试确定图中的未知量。

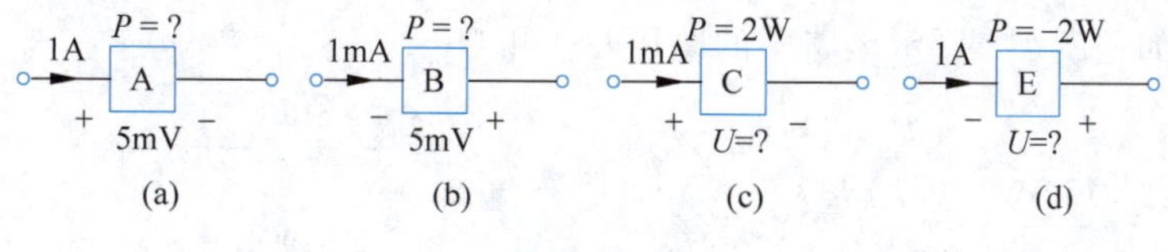

题图 1-1

1-2 如题图1-2(a)所示节点，已知$i_2(t)$和$i_3(t)$的波形图如题图1-2(b)、(c)所示，求$i_1(t)$的波形图。

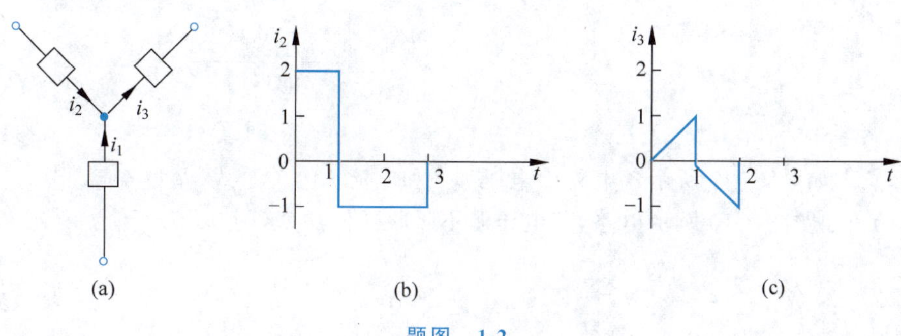

题图 1-2

1-3　如题图 1-3 所示电路，求电路中的电流 i。

1-4　如题图 1-4 所示电路，求元件 a 及元件 b 的吸收功率。

1-5　如题图 1-5 所示电路，求电路中每条支路上的电流。

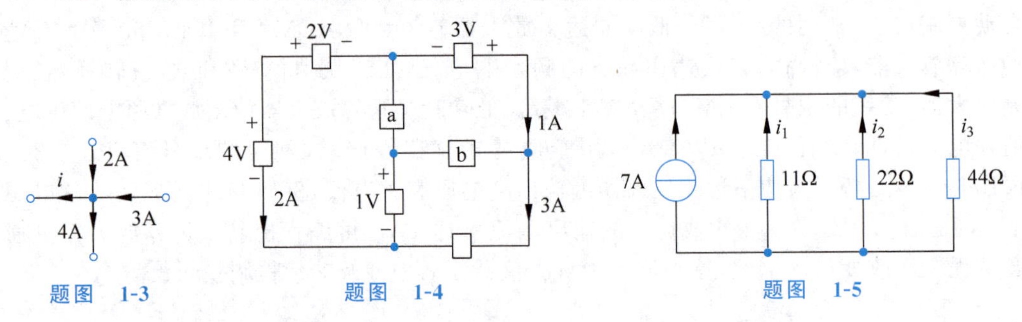

题图　1-3　　题图　1-4　　题图　1-5

1-6　求解题图 1-6 所示的各个题目(设电流表内阻为零)。

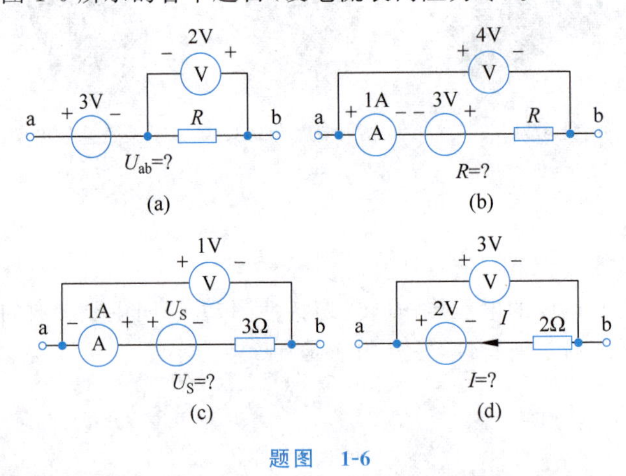

题图　1-6

1-7　求如题图 1-7 所示电路中的电压 U_{gf}、U_{ag}、U_{db} 和电流 I_{cd}。

1-8　求如题图 1-8 所示电路中的电压 U_{ac} 和 U_{ad}。

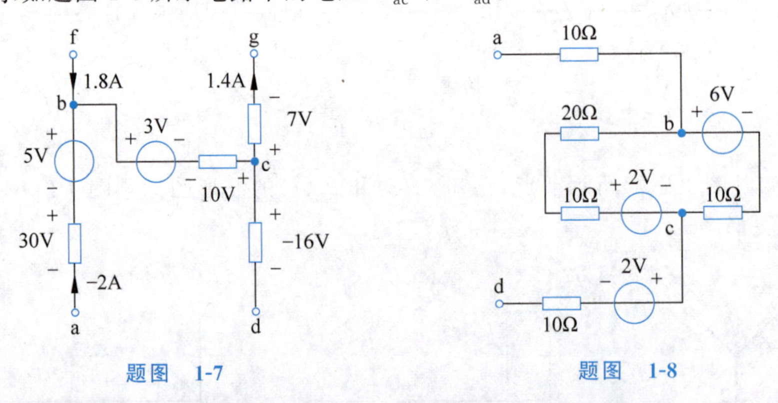

题图　1-7　　题图　1-8

1-9　求如题图 1-9 所示各电路中电压 u_{ab} 和电流 i 的关系式。

1-10　如题图 1-10 所示电路，若电压源不吸收任何功率，则 u_S 为何值？

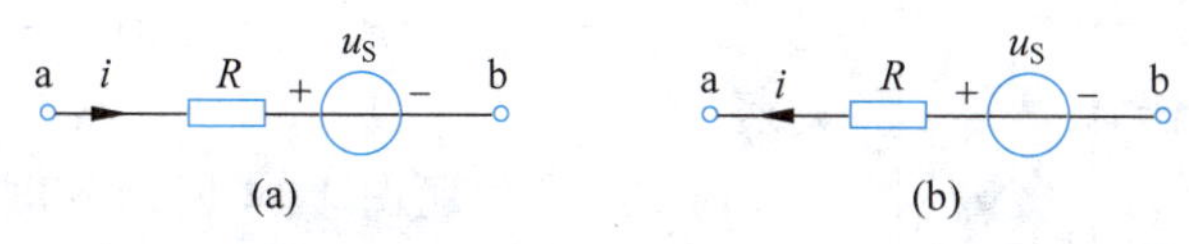

题图 1-9

1-11 如题图 1-11 所示电路,(1)求−5V 电压源提供的功率;(2)如果要使−5V 的电压源提供的功率为零,4A 电流源应改变为多大的电流?

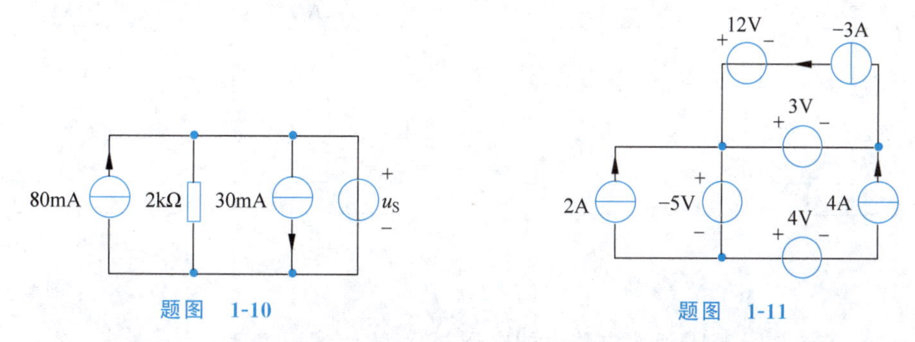

题图 1-10　　　　题图 1-11

1-12 如题图 1-12 所示电路,求各电阻上的电压。

1-13 如题图 1-13 所示电路,已知电阻 $R_1=R_2=R_3=R_4=1\Omega$,求电路中各电阻的电流、电压及吸收的功率。

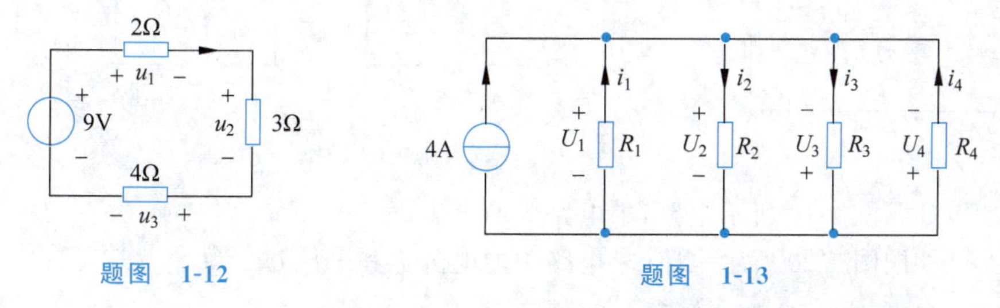

题图 1-12　　　　题图 1-13

1-14 如题图 1-14 所示电路,求电路中各电阻的电压和电流,并讨论该电路的功率平衡关系。

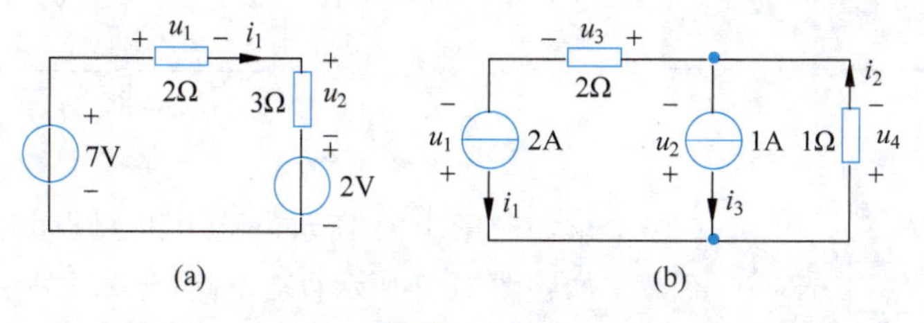

题图 1-14

1-15 电路如题图 1-15 所示。

(1) 当 N_1、N_2 为任意网络时,u_2 与 u_1 的关系以及 i_2 与 i_1 的关系如何?

(2) 当 $i_2=0$ 时,u_2 与 u_1 关系如何?

(3) 当 $i_1=0$ 时,u_2 与 u_1 关系如何?

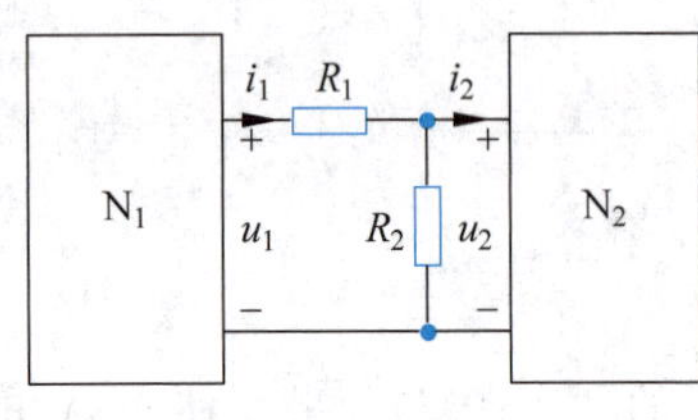

题图 1-15

(4) 当 $u_2=0$ 或 $u_1=0$ 时，分别说明 i_2 与 i_1 的关系。

1-16 求如题图 1-16 所示各电路中的电压 U，并讨论该电路的功率平衡关系。

1-17 求如题图 1-17 所示电路中的控制量 I_1 和 U_o。

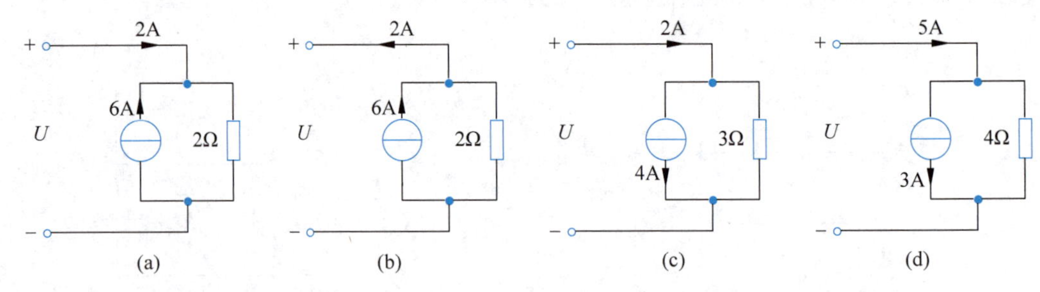

题图 1-16

1-18 求如题图 1-18 所示电路中的电压 U 和 U_1。

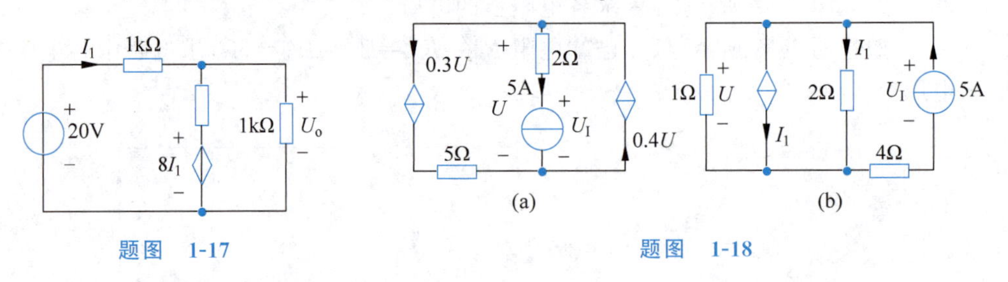

题图 1-17

题图 1-18

1-19 如题图 1-19 所示电路，求电路中的电流 I。

1-20 如题图 1-20 所示电路，求电路中的电流 I 和电压 U_{ab}。

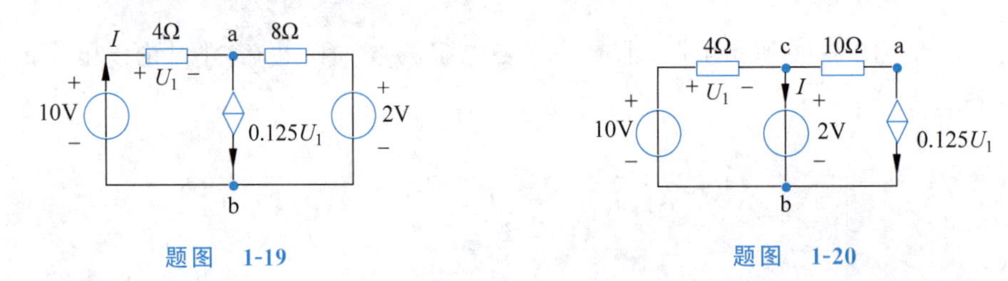

题图 1-19

题图 1-20

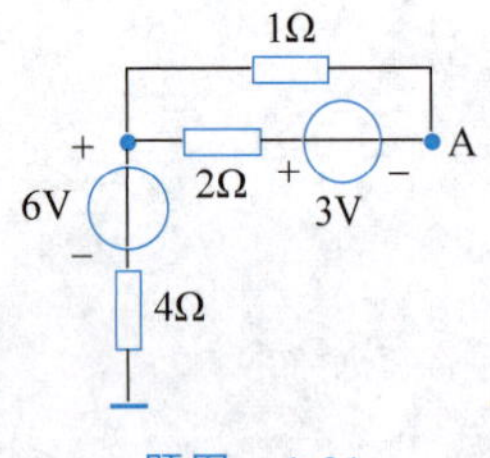

题图 1-21

1-21 求如题图 1-21 所示电路中的 A 点电位。

1-22 如题图 1-22 所示直流电路，已知方程：$U_2-R_2I_1=0$，$U_4+R_4I_2=0$，$U_3-R_3I_2=0$，$U_2+U_x=10$，若要求解 6 个未知量 U_2、U_3、U_4、U_x、I_1、I_2，则试列出所需的另外两个方程。

1-23 如题图 1-23 所示电路，求：(1)电压 U 和电流 I；(2)2A 电流源的吸收功率；(3)8V 电压源的发出功率。

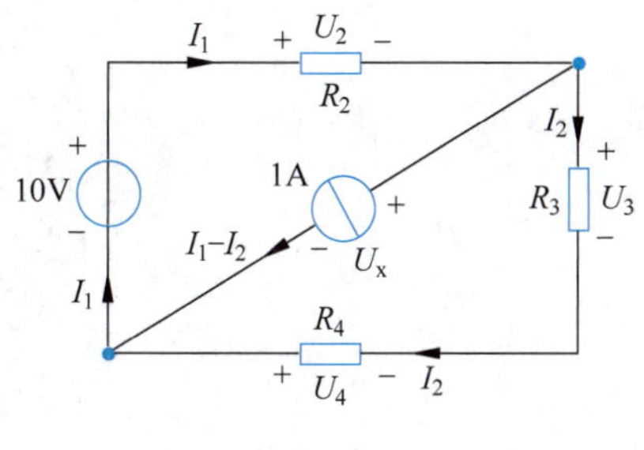

题图 1-22

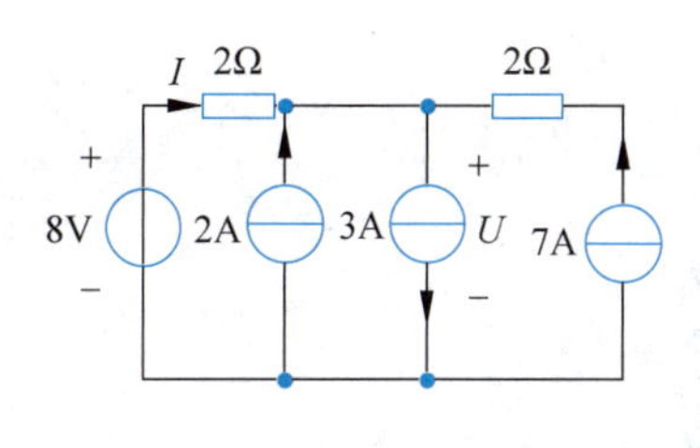

题图 1-23

1-24 如题图 1-24 所示电路，求：(1)在开关 S 断开的条件下，电源送出的电流和开关两端的电压 U_{ab}；(2)在开关 S 闭合后，此时电源送出的电流和通过开关的电流。

1-25 如题图 1-25 所示运放电路，求电路中的电流 i。

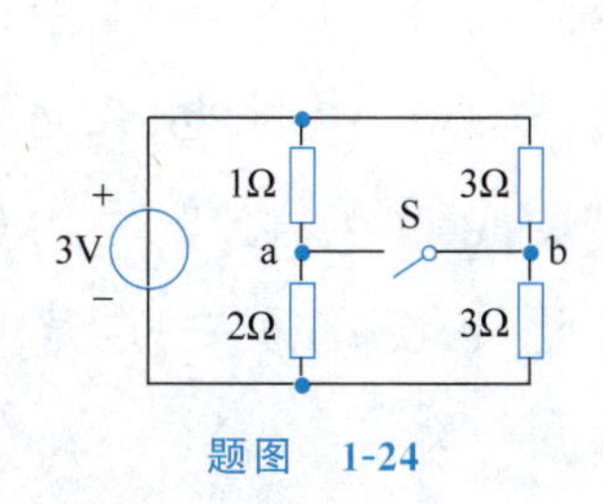

题图 1-24

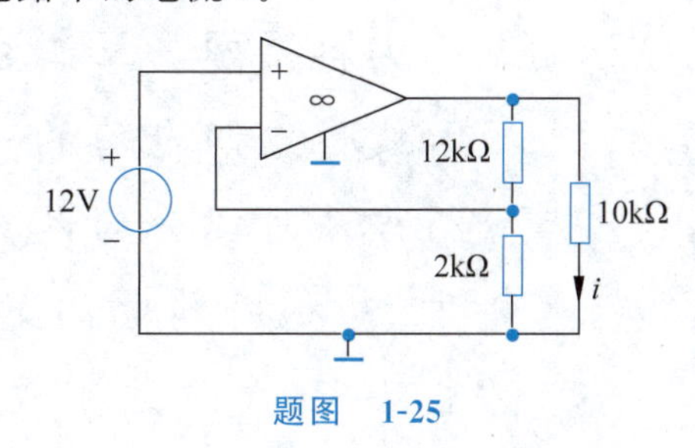

题图 1-25

1-26 如题图 1-26 所示运放电路，已知 $R_1=R_2$、$R_4=R_5$，试证明 $u_o=-\dfrac{R}{R_1}u_S$，其中 $\dfrac{1}{R}=\dfrac{2R_3}{R_1R_4}+\dfrac{2}{R_4}+\dfrac{R_3}{R_4^2}$。

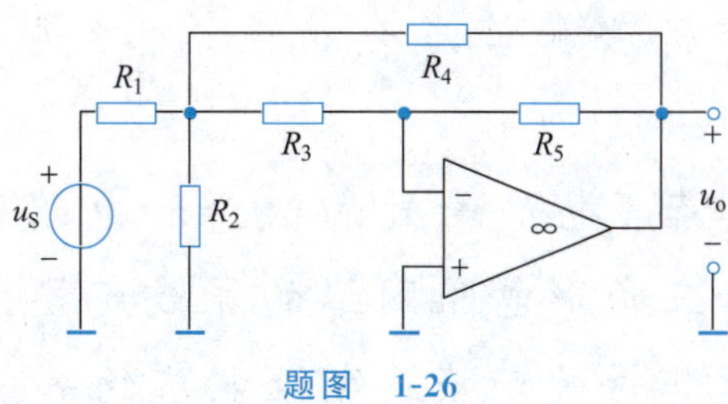

题图 1-26

第2章 线性电阻电路的分析方法

内容提要：本章主要介绍简单电阻电路的等效变换和线性电阻电路的一般分析方法。线性电阻电路的分析方法可以分为两大类：一类是改变电路结构的分析方法，要用到电路的各种等效变换；另一类是电路方程法，这类方法不改变电路的结构。

本章主要讨论星形和三角形电阻网络的等效变换以及实际电源的两种等效模型；从KCL、KVL及欧姆定律出发得出电路分析的基本方法——支路分析法、回路分析法和节点分析法；非线性电阻电路的分析方法。

重点：电路等效的概念和电路等效变换的方法；星形和三角形电阻网络的等效变换；实际电源的两种模型及其等效变换；线性电路的一般分析方法：支路分析法、回路分析法和节点分析法。

难点：等效变换的条件和等效变换的目的；回路分析法中独立回路的确定，含独立电流源和受控电流源电路的回路电流方程的列写，含独立电压源和受控电压源电路的节点电压方程的列写；简单非线性电阻电路的图解法。

2.1 电路的等效变换

本节介绍以下几个概念。

(1) 线性电路：由时不变线性无源元件、线性受控源和独立源组成的电路，称为时不变线性电路，简称线性电路。本章主要研究线性电路的分析方法。

(2) 复杂电路：实际电路的结构形式是多种多样的。最简单的电路只有一个回路，有的电路虽然有多个回路，但是能够用串、并联的方法简化为单个回路，这种电路称为简单电路。然而，有的多回路电路无论如何也不能用串、并联的方法化简为单回路电路，称为复杂电路。从本章起，将讨论复杂电路的各种分析方法。

(3) 单口网络(二端网络)：只有两个端子与其他电路相连接的网络，称为二端网络。当仅强调其端口特性，而不关心网络内部的结构时，此二端网络称为单口(或一端口)网络。

(4) 单口网络的等效性：当两个单口网络端口的电压-电流关系完全相同时，称这两个单口网络是互相等效的。将电路中的某些单口网络用其等效电路替代时，不会影响电路中其余部分的支路电压和电流，这样往往可以简化电路的分析和计算。

线性电阻的串、并联等效变换方法是一种基础的变换方法，本章将介绍其他有关等效变换的方法。

例如，如图 2-1-1 所示电路，右边虚线框中由几个电阻构成的电路可以用一个电阻 R_{eq} 代替，从而使整个电路得到简化。进行替代的条件是使图 2-1-1(a)、(b)中端子 1-1′ 右端部分有相同的伏安特性。

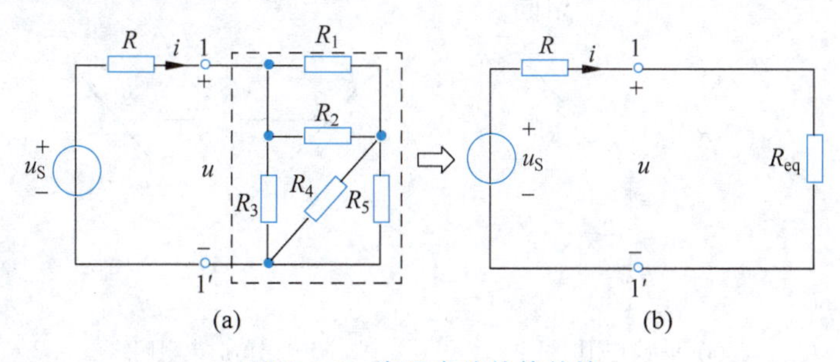

图 2-1-1 电阻电路的等效性

【应用拓展】

电路中的等效(或等价)关系在现实生活中应用广泛。以计算机为例，如图 2-1-2 所示，如果主机电源出现故障，导致计算机不能工作，此时可以选择多个品牌的兼容电源替换故障电源，虽然各品牌电源设计方案不同、采用的器件不同，但只要接口标准和电气参数一致即可进行替换，修复故障并使计算机恢复正常工作。如果计算机网卡出现故障导致无法上网，同样可以选择不同品牌、采用不同核心芯片的兼容网卡替换故障网卡，使计算机重回网络世界。类似的例子不胜枚举，从功能的角度看，替换品与原装品功能相同；从电路分析的角度看，替换品与原装品对外部电路的影响是“等效”的。

(a) 台式机电源　　(b) 台式机PCI网卡

图 2-1-2　可等效互换的计算机配件

【思考与练习】

2-1-1　在居民家中，电灯开得越多，总负载电阻越大还是越小？

2-1-2　两个单口网络满足什么条件时是互相等效的？为什么要进行等效变换？

2.2　星形电阻网络与三角形电阻网络的等效变换

在电路分析中，经常会遇到如图 2-2-1 所示的电路，其既不能用串联的方法化简，又不能用并联的方法化简，大部分这样的电路可以用三端等效网络来化简。三端等效网络有星形（Y 形）电阻网络[图 2-2-2(a)]和三角形（△形）电阻网络[图 2-2-2(b)]。

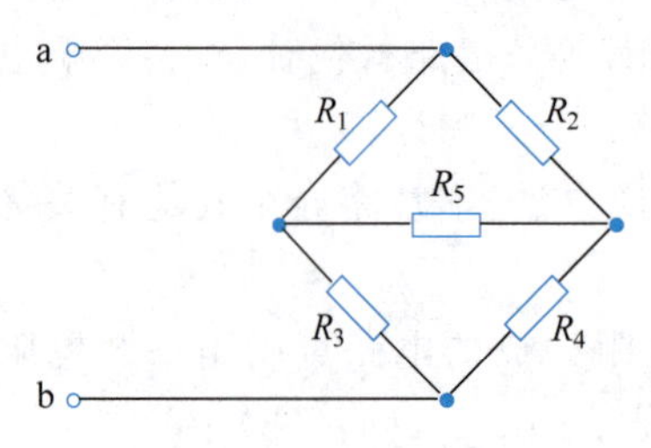

图 2-2-1　常见电路

星形电阻网络（也称为 T 形网络）与三角形电阻网络（也称为 π 形网络）可以根据需要进行等效变换。等效变换的条件是：在两个网络中，当任一对应端开路（如③端开路）时，其余的一对对应端（如①、②两端）的端口等效电阻必须相等，即两个网络的外特性必须相同。

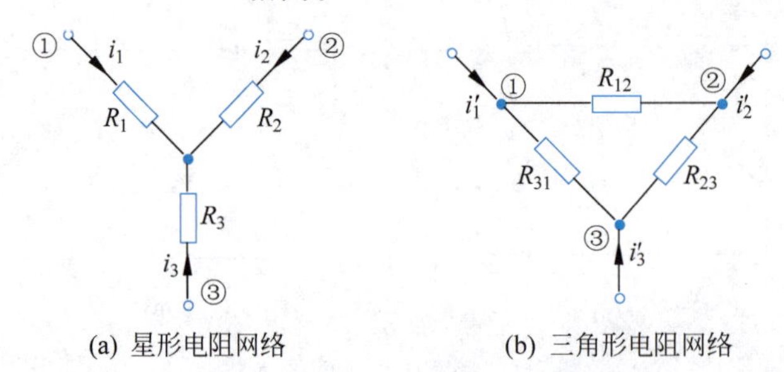

(a) 星形电阻网络　　(b) 三角形电阻网络

图 2-2-2　星形电阻网络和三角形电阻网络

2.2.1　由三角形电阻网络变换为等效星形电阻网络

在如图 2-2-2 所示的星形电阻网络中，若设③端开路，则①、②两端间的端口等效电阻由 R_1 与 R_2 串联组成，三角形电阻网络中①、②两端间的等效电阻由 R_{23} 与 R_{31} 串联后再与 R_{12} 并联组成。令两等效电阻相等，可得

$$R_1 + R_2 = \frac{R_{12}(R_{23} + R_{31})}{R_{12} + R_{23} + R_{31}} \quad (③ \text{ 端开路}) \tag{2-2-1}$$

同理

$$R_2+R_3=\frac{R_{23}(R_{31}+R_{12})}{R_{12}+R_{23}+R_{31}} \quad (①\text{端开路}) \tag{2-2-2}$$

$$R_3+R_1=\frac{R_{31}(R_{23}+R_{12})}{R_{12}+R_{23}+R_{31}} \quad (②\text{端开路}) \tag{2-2-3}$$

由式(2-2-1)～式(2-2-3)联立得

$$\begin{cases} R_1=\dfrac{R_{12}R_{31}}{R_{12}+R_{23}+R_{31}} \\ R_2=\dfrac{R_{23}R_{12}}{R_{12}+R_{23}+R_{31}} \\ R_3=\dfrac{R_{31}R_{23}}{R_{12}+R_{23}+R_{31}} \end{cases} \tag{2-2-4}$$

式(2-2-4)是由三角形电阻网络变换为等效星形电阻网络时计算星形网络电阻的公式。为了便于记忆,可归纳为

$$\text{Y 连接电阻}=\frac{\triangle\text{连接相邻电阻的乘积}}{\triangle\text{连接电阻之和}} \tag{2-2-5}$$

2.2.2 由星形电阻网络变换为等效三角形电阻网络

将式(2-2-4)对 R_{12}、R_{23} 和 R_{31} 联立求解,可得

$$\begin{cases} R_{12}=\dfrac{R_1R_2+R_2R_3+R_3R_1}{R_3} \\ R_{23}=\dfrac{R_1R_2+R_2R_3+R_3R_1}{R_1} \\ R_{31}=\dfrac{R_1R_2+R_2R_3+R_3R_1}{R_2} \end{cases} \tag{2-2-6}$$

这是由星形电阻网络变换为等效三角形电阻网络时计算三角形网络电阻的公式。为了便于记忆,可归纳为

$$\triangle\text{连接电阻}=\frac{\text{Y 连接相邻电阻两两乘积之和}}{\text{Y 连接不相邻电阻}} \tag{2-2-7}$$

2.2.3 对称三端网络

三个电阻相等的三端网络称为对称三端网络。

对于对称三端网络,若已知三角形电阻网络的电阻为

$$R_{12}=R_{23}=R_{31}=R_{\triangle} \tag{2-2-8}$$

由式(2-2-4)可知,将三角形电阻网络变换为等效星形电阻网络后,对应的等效电阻为

$$R_1=R_2=R_3=R_Y=\frac{1}{3}R_{\triangle} \tag{2-2-9}$$

反之亦然

$$R_{\triangle}=3R_{Y} \tag{2-2-10}$$

因此，对称三角形电阻网络变换为等效星形电阻网络时，这个等效星形电阻网络也是对称的，其中各个电阻等于原对称三角形电阻网络每边电阻的1/3；对称星形电阻网络变换为等效三角形电阻网络时，这个等效三角形电阻网络也是对称的，其中各边电阻等于原对称星形电阻网络每个电阻的3倍。

【例2-2-1】 计算如例图2-2-1(a)所示电路中的电流I_1。

解：将连成三角形abc的电阻变换为星形连接的等效电阻，其电路如例图2-2-1(b)所示。应用式(2-2-4)，可得

$$R_a=\frac{4\times 8}{4+4+8}\Omega=2\Omega$$

$$R_b=\frac{4\times 4}{4+4+8}\Omega=1\Omega$$

$$R_c=\frac{8\times 4}{4+4+8}\Omega=2\Omega$$

例图2-2-1(b)所示电路可进一步化简为例图2-2-1(c)所示电路，其中

$$R_{dao}=(4+2)\Omega=6\Omega$$

$$R_{dbo}=(5+1)\Omega=6\Omega$$

于是可得

$$I=\frac{12}{\frac{6\times 6}{6+6}+2}\text{A}=2.4\text{A},I_1=2.4\times\frac{1}{2}\text{A}=1.2\text{A}$$

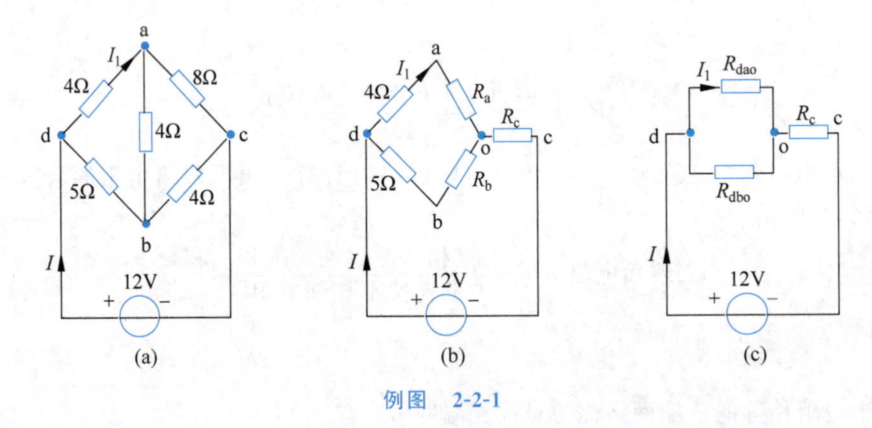

例图　2-2-1

【思考与练习】

2-2-1　什么是对称三端网络？对称三角形电阻网络如何变换为等效的星形电阻网络？

2-2-2　三角形电阻网络与星形电阻网络互换的依据是什么？为什么要进行等效变换？

2.3 实际电源的等效变换

2.3.1 实际电源的两种模型

实际的直流电源，在一定电流范围内电压和电流的关系近似为直线，根据此伏安特性，可以用电压源和电阻的串联组合或电流源和电阻的并联组合作为实际电源的电路模型，如图 2-3-1 所示。

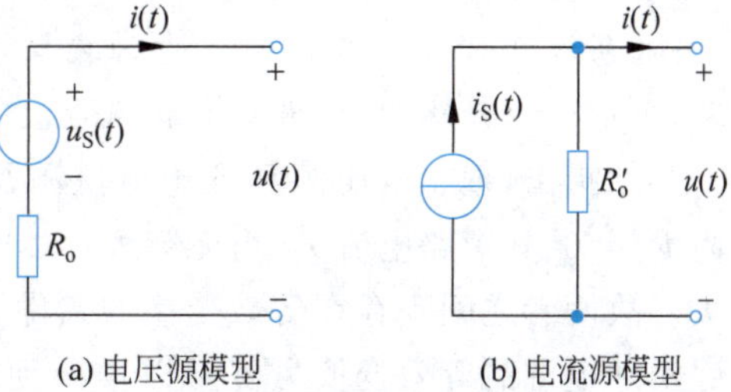

图 2-3-1 实际电源的两种电路模型

对于如图 2-3-1(a)所示电压源模型，其端口伏安特性为

$$u(t)=u_S(t)-R_oi(t) \quad (2\text{-}3\text{-}1)$$

对于如图 2-3-1(b)所示电流源模型，其端口伏安特性为

$$i(t)=i_S(t)-\frac{u(t)}{R'_o} \quad (2\text{-}3\text{-}2)$$

2.3.2 两种模型的等效变换

实际电源的两种模型对于电路的其余部分而言，是可以等效转换的。对于如图 2-3-2 所示电路，当满足一定条件时，电压源和电流源对外电路而言表现出同样的性质，即这两个电路的外特性相同。

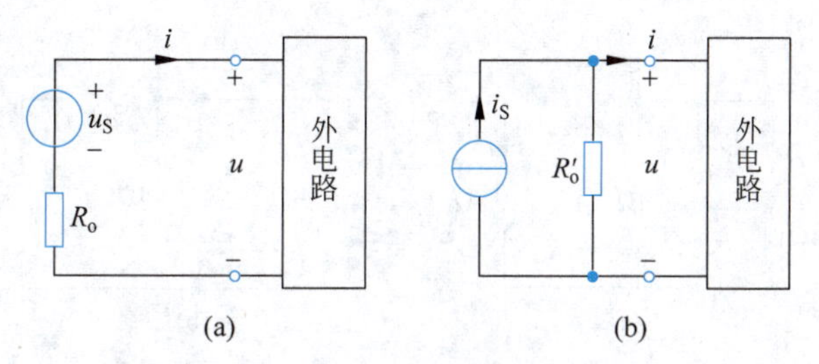

图 2-3-2 电压源与电流源的等效性

现在讨论电压源和电流源等效互换的条件。对于如图 2-3-2(a)所示电路，可得

$$u=u_S-R_oi \quad (2\text{-}3\text{-}3)$$

保持外电路不变，用 R_o 去除方程的两边，得到

$$\frac{u}{R_o}=\frac{u_S}{R_o}-i$$

即

$$i_S=\frac{u_S}{R_o}=\frac{u}{R_o}+i \quad (2\text{-}3\text{-}4)$$

式中，$i_S=\dfrac{u_S}{R_o}$为电压源的短路电流，i 为外电路(负载)电流，$\dfrac{u}{R_o}$为其他某个电流。

由式(2-3-4)可推出如图 2-3-2(b)所示电路，而外电路并没有任何改变。如图 2-3-2(a)

所示电路左端部分的电压源模型换成了如图 2-3-2(b)所示电路左端的电流源模型，这两种模型对外电路而言是相同的。因此，电压源和电流源等效互换的条件是：

(1) 必须满足外特性相同，吸收和发出的功率一样；

(2) 参数间满足：$R_o'=R_o$；

(3) 电流源 i_S 的方向与电压源 u_S 电压升的方向一致。

注意：这两种电路模型对电源内部是不等效的。不难发现，在外部电路相同的条件下，这两种电源模型内阻损耗的功率不同(读者可自行分析)。例如，如图 2-3-2(a)所示电路，当电压源开路时，电流 $i=0$，电源内阻 R_o 上不损耗功率；但对于如图 2-3-2(b)所示电路，当电流源开路时，电源内部仍有电流，内阻 R_o 上有功率损耗。

必须指出，理想电压源和理想电流源是不能等效互换的。因为对理想电压源而言，内阻 $R_o=0$，其短路电流 i_S 为无穷大；对理想电流源而言，$R_o=\infty$，其开路电压 u_o 为无穷大。故两者之间不存在等效变换的条件。

实际电源的等效变换方法可以推广到有伴电源的等效互换，使电路分析得到简化。有伴电源有两种形式：一种形式为电压源与某个电阻的串联，称为有伴电压源；另一种形式为电流源与某个电阻的并联，称为有伴电流源。在电路分析中，如果遇到某种形式的有伴电源，只要有利于简化电路分析，都可以利用实际电源的等效变换方法，转换为另一种形式。上述方法也适用于受控源的等效互换，但在变换过程中，控制变量必须保持完整，不能因为电路变换而导致控制变量受到影响。

【例 2-3-1】 求如例图 2-3-1(a)所示电路中的电流 i。

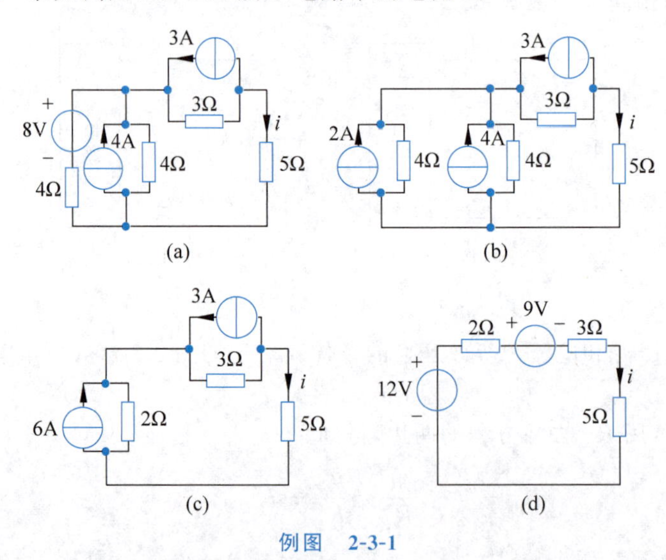

例图 2-3-1

解：利用电压源模型和电流源模型的等效变换方法，将原始电路经过几次变换后化简为一个串联电路。变换过程如例图 2-3-1(b)、(c)、(d)所示。每次变换都保持了对待求电流支路的等效性。按照最后得到的串联等效电路算出待求电流，即

$$i=\frac{12-9}{2+3+5}\text{A}=0.3\text{A}$$

当遇到受控电压源和电阻的串联组合及受控电流源与电阻的并联组合时，在变换过程中要注意始终保留受控源的控制变量，不能予以消除。

【例 2-3-2】 试用实际电源的电压源模型和电流源模型的等效变换方法，求如例图 2-3-2(a)所示电路中的电压 u。

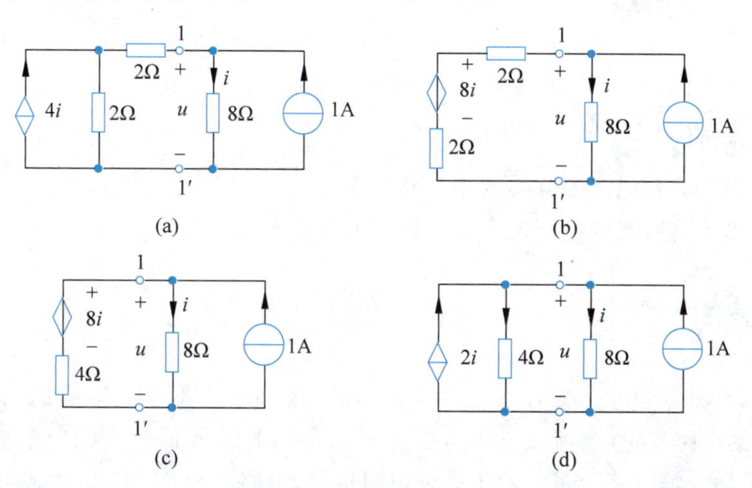

例图 2-3-2

解：对于例图 2-3-2(a)所示电路，保持受控源控制支路不变，经过几次等效变换后可得图 2-3-2(d)所示电路。

对该电路的节点 1 列 KCL 方程，可得

$$2i+1=\frac{u}{4}+i$$

因为 $i=\frac{u}{8}$，代入上式解得

$$u=8\text{V}$$

【应用拓展】

现实中的电源与理想电源有着显著的差异。以智能手机电池为例，一方面，电池容量通常为几千毫安时(mAh)。例如，iPhone 14 手机的电池容量为 3279mAh，华为 P50 手机的电池容量为 4100mAh，华为 Mate50 手机的电池容量为 4460mAh，其仅能维持有限的工作时长；另一方面，当手机连续运行大型程序时电池会发烫。前一种现象表明，实际电源的带负载能力是有限的，难以持续维持恒定的电能供给；后一种现象表明，实际电源内部有消耗电能的电阻(内阻)，内阻会将电能转换为热能。因此，对实际电源进行建模时，需要考虑内阻的影响。根据电源的形式，可以建立实际电源的电压源模型与电流源模型，当满足一定条件时，两种实际电源之间可以进行等效互换。

目前的电池材料和生产工艺仍是限制电池容量、体积和重量的主要因素，为了提高笔记本电脑、智能手机等便携式电子产品的有效工作时长，往往采用多组电池并联的形式，以便在保证额定电压的情况下尽量提高电源容量，笔记本电池和手机充电宝是最为典型的实例。图 2-3-3 为采用电池为供电核心的电源实例。体积小、重量轻、容量大、绿

色环保的便携式电源仍是具有挑战性的产品研发方向。

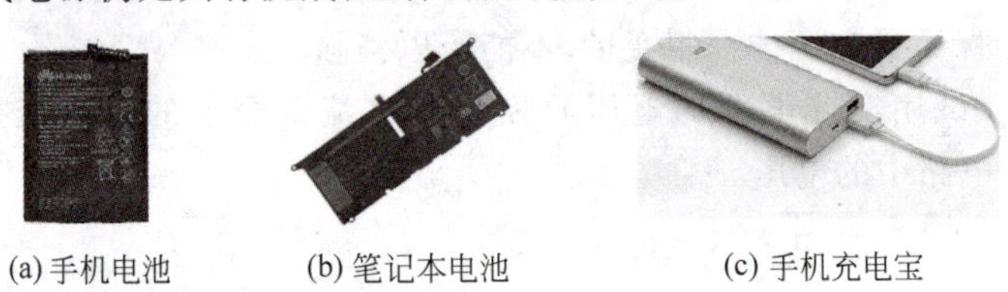

(a) 手机电池　(b) 笔记本电池　(c) 手机充电宝

图 2-3-3　以电池为核心的电源

【思考与练习】

2-3-1　电压源和电流源互换的条件是什么?

2-3-2　是不是所有的电压源和电流源都能等效互换?为什么?

2.4　电路的“图”及 KCL、KVL 的独立方程数

从本节起,将介绍电路方程法求解复杂电路,这种方法不改变电路的结构。首先选择一组合适的电路变量(电流或电压),根据 KCL、KVL 及元件的 VCR 建立一组独立的电路方程,然后求解电路变量。对于线性电阻电路,电路方程是一组线性代数方程。

2.4.1　电路的“图”

为了分析方便,首先介绍电路的“图”的概念。对于任何一个由集总参数元件组成的电路,可以不考虑元件的性质,只考虑元件之间的连接关系,而将电路中的每个元件用一条线段代替,仍称为支路,此线段可以是直线也可以是曲线;将每个元件的端点或若干元件相连接的点(即节点)用一个圆点表示,仍称为节点。将电路元件抽去,把每条支路画成抽象的线段,仅由节点和支路的集合组成的电路图称为电路的“图”。

例如,图 2-4-1(a)所示电路是一个具有 6 个电阻元件、2 个独立源的电路。把元件的串联组合作为一条支路处理。以此为根据,画出电路的“图”,如图 2-4-1(b)所示,还可以把 i_{S2} 和 R_2 的并联组合等效转换为串联组合,这样图 2-4-1(b)将变为图 2-4-1(c)所示的形式。

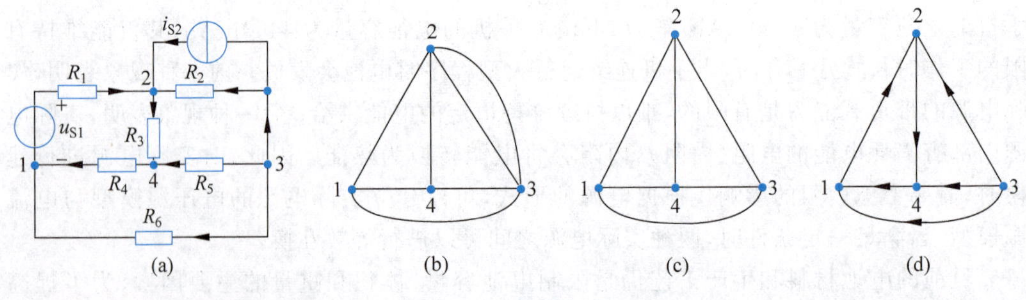

图 2-4-1　电路的“图”

在电路中,经常要指定每条支路的电流参考方向,而支路电压取关联参考方向。标明各支路参考方向的“图”称为“有向图”,未标明各支路参考方向的“图”称为“无向图”。

图 2-4-1(b)和图 2-4-1(c)为无向图,图 2-4-1(d)为有向图。

2.4.2 KCL、KVL 的独立方程数

1. KCL 的独立方程数

图 2-4-2 是某电路的有向图,该电路有 4 个节点、6 条支路,编号如图所示。

对节点 1、2、3、4 分别列出 KCL 方程:

节点 1: $i_1-i_4-i_6=0$ ①

节点 2: $-i_1+i_2+i_3=0$ ②

节点 3: $-i_2+i_5+i_6=0$ ③

节点 4: $-i_3+i_4-i_5=0$ ④

不难发现,对于上述 4 个方程:如果将方程①+②+③,可得到方程④;如果将方程①+②+④,可得到方程③;以此类推,每个方程都能由其余 3 个方程推导得到,即在这 4 个方程中只有 3 个方程是彼此独立的。这是因为 3 个方程中任何一个均包含其余两个方程没有涉及的支路电流,所以这 3 个方程中的任何一个都不可能由另外两个方程导出,而第 4 个方程并没有其余 3 个方程未涉及的新的支路出现。由此可见,具有 4 个节点的电路只能得到 3 个独立的 KCL 方程。可以证明,对于有 n 个节点的电路,独立节点方程数恒等于节点数减 1,即$(n-1)$个,相应地$(n-1)$个节点就称为独立节点。

2. KVL 的独立方程数

图 2-4-2 具有 7 个回路,现选择如图 2-4-3 所示的 4 个回路,均按顺时针方向列出 KVL 方程:

左: $u_1+u_3+u_4=0$ ①

右: $u_2+u_5-u_3=0$ ②

下: $-u_4-u_5+u_6=0$ ③

大: $u_1+u_2+u_6=0$ ④

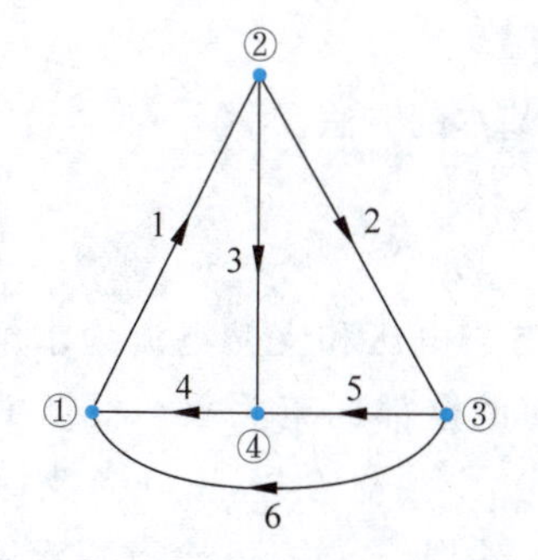

图 2-4-2 KCL 的独立方程数

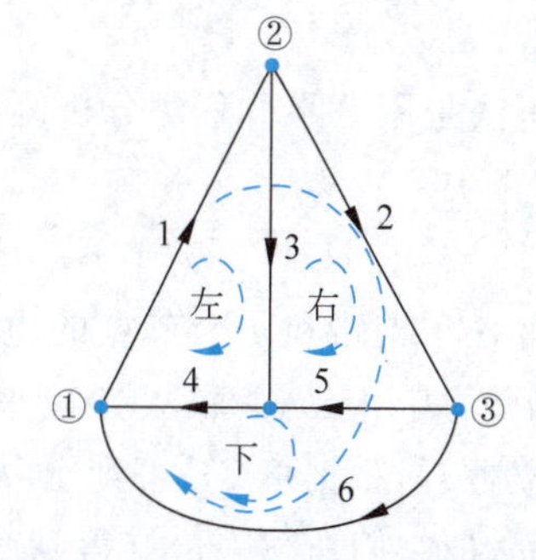

图 2-4-3 KVL 的独立方程数

不难发现,对于上述四个方程:如果将方程①+②+③,可得到方程④;如果将方程①+②-④,可得到方程③;以此类推,每个方程都能由其他 3 个方程得到。即在这 4 个方程中只有 3 个方程是相互独立的。这是因为只有相互独立的回路列出的 KVL 方程才是相互独立的。所谓回路间相互独立,是指选出的一组回路中,任意一个回路必包含一

条支路未出现在其他回路中。对于图 2-4-3 选中的 4 个回路，任选 3 个即可覆盖全部 6 条支路，不可能找出第 4 个独立回路，因此只能列出 3 个独立的 KVL 方程。所以对于上述具有 6 条支路、4 个节点的复杂电路，虽然有 7 个回路，但相互独立的回路数只有 3 个。

可以证明：对于具有 b 条支路、n 个节点的电路，应用 KVL 所能得到的独立回路方程数为$[b-(n-1)]$，恰好等于一个平面电路[①]的网孔数。而平面电路中每个网孔必然是一个独立回路，也就是说应用 KVL 列出的独立回路方程数恒等于支路数减独立节点数，即等于网孔数。

综上所述，根据基尔霍夫电流定律和电压定律所列出的独立方程数恰好等于支路数，即$(n-1)+[b-(n-1)]=b$。

【应用拓展】

电路的"图"与"有向图"是数学中图论知识在电路分析中的具体应用。"图"与"有向图"，仅考虑节点、节点间连接关系以及参考方向，忽略了所有支路上的具体元件，通过对实际电路图的高度抽象，实现了从个性到共性的升华。凝练出的"图"与"有向图"代表了具有相同拓扑结构和参考方向的电路群的共性知识，结合基尔霍夫定律，可列写出独立节点方程组和独立回路方程组，为一大类电路的定量分析提供了方法论。

在现代通信网络中，图论同样发挥着巨大作用。通过建立通信网络的"图论"模型，可以采用矩阵描述方法实现通信网络的数学描述，为通信网络路由选择、网络规划和资源优化等问题提供有力的支撑。

【思考与练习】

2-4-1　什么是电路的"图"？

2-4-2　对于有 n 个节点的电路，其独立节点方程数是多少？若某电路有 b 条支路和 n 个节点，则应用 KVL 所能得到的独立回路方程数是多少？

2.5　支路分析法

支路分析法是用电路方程法分析复杂电路最基本的方法。

2.5.1　2*b* 法

一个含有 b 条支路和 n 个节点的电路，当以支路电压和支路电流为求解变量时，共有 $2b$ 个未知量，需用 $2b$ 个联立方程来反映它们的全部约束关系。根据 KCL 可列出$(n-1)$个独立方程，根据 KVL 可列出$[b-(n-1)]$个独立方程，由 b 条支路的 VCR 可列出 b 个方程，把它们加起来恰好得到 $2b$ 个方程。因此，可由 $2b$ 个方程求解出 $2b$ 个支路电压和支路电流，这种方法称为 $2b$ 法。

$2b$ 法从概念上讲是十分重要的，它是所有其他电路分析方法的基础。特别在计算机

① 平面电路：可以画在一个平面上而又不使任何两条支路在非节点处交叉的电路。

辅助电路分析中，这一方法具有易于形成方程式的优点，因而受到重视[①]。但是 $2b$ 分析法往往涉及求解大量联立方程的问题，计算复杂度高。

然而，在大多数情况下，不需要同时求解支路电压和支路电流，而是可以先求得支路电流或支路电压，再求解支路电压或支路电流，这样可以减少求解方程的个数，涉及的联立方程数就等于支路数 b，这种方法称为支路分析法。

支路分析法包括支路电流法和支路电压法。

2.5.2 支路电流法

支路电流法是以支路电流为求解变量，以基尔霍夫电流定律和基尔霍夫电压定律为依据列出独立节点方程和独立回路方程，再根据元件性质建立元件方程以求得其他变量的求解方法。

下面以如图 2-5-1 所示电路为例具体说明这种方法的求解步骤。

(1) 选定各支路电流的参考方向，如图 2-5-1 所示。

(2) 根据基尔霍夫电流定律列出 $(n-1)$ 个独立节点方程。

该电路共有 2 个节点（简单节点不计算在内），所以只能列出 1 个独立节点方程。

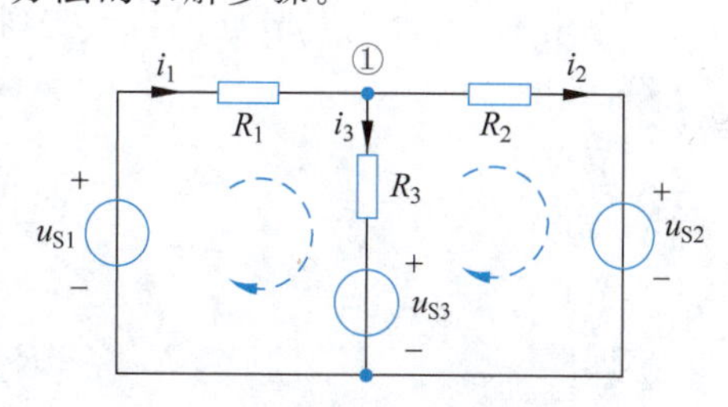

图 2-5-1 支路电流法

对节点①列 KCL 方程：

$$-i_1+i_2+i_3=0 \tag{2-5-1}$$

(3) 根据基尔霍夫电压定律列出 $(b-n+1)$ 个独立回路方程。

该电路有 3 条支路，所以还需列出 2 个独立回路方程。一般选择网孔为独立回路（特殊情况除外），并要指定绕行方向。

选取绕行方向的原则是以减少“负”号为宜。对该电路选左右两网孔为独立回路，同时选顺时针为绕行方向，如图 2-5-1 所示。

对左边回路列 KVL 方程：

$$R_1i_1+R_3i_3=u_{S1}-u_{S3} \tag{2-5-2}$$

对右边回路列 KVL 方程：

$$R_2i_2-R_3i_3=u_{S3}-u_{S2} \tag{2-5-3}$$

应用基尔霍夫电流定律和电压定律共可列出 $(2-1)+(3-2+1)=3$ 个独立方程。

(4) 联立式(2-5-1)～式(2-5-3)即可解出各支路电流 i_1～i_3。

【例 2-5-1】 用支路电流法求解如例图 2-5-1(a)所示电路中各支路的电流。

解：把如例图 2-5-1(a)所示电路中右边电流源 i_{S5} 和电阻 R_5 的并联组合等效为电压源 $u_{S5}=i_{S5}R_5$ 和电阻 R_5 的串联组合，作为一条支路来处理，如例图 2-5-1(b)所示。这样该电路共有 6 条支路、4 个节点和 3 个网孔。所以，共需列出 6 个方程，即可解出

① 如计算机辅助分析中的表格分析，即是由 $2b$ 法发展而来的。

此题。

选定各个支路电流的参考方向和回路的绕行方向，如例图 2-5-1(b)所示。

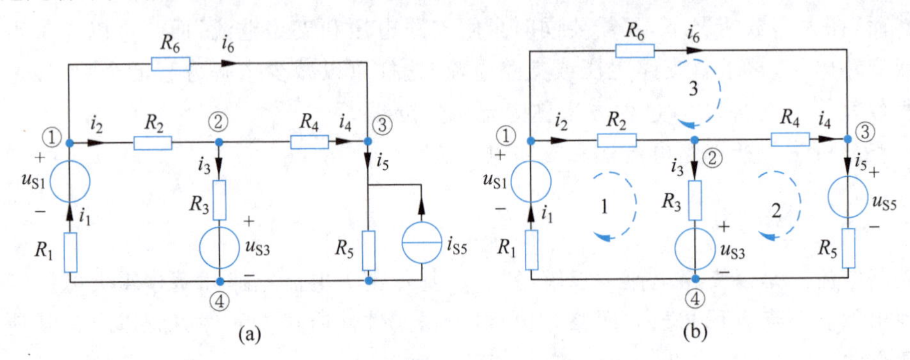

例图 2-5-1

应用 KCL 分别对节点①、②、③列节点方程，应用 KVL 分别对 3 个网孔列回路电压方程，可得

节点①：$$-i_1+i_2+i_6=0$$

节点②：$$-i_2+i_3+i_4=0$$

节点③：$$-i_4+i_5-i_6=0$$

回路 1：$$R_1i_1+R_2i_2+R_3i_3=u_{S1}-u_{S3}$$

回路 2：$$-R_3i_3+R_4i_4+R_5i_5=u_{S3}-u_{S5}$$

回路 3：$$-R_2i_2+R_6i_6-R_4i_4=0$$

联立上述 6 个方程便可求出各支路的电流。

【例 2-5-2】 用支路电流法求解如例图 2-5-2 所示电路中各支路电流和输出电压 u_o，已知 $R_1=3\Omega, R_2=R_3=1\Omega, \alpha=2, u_S=6V$。

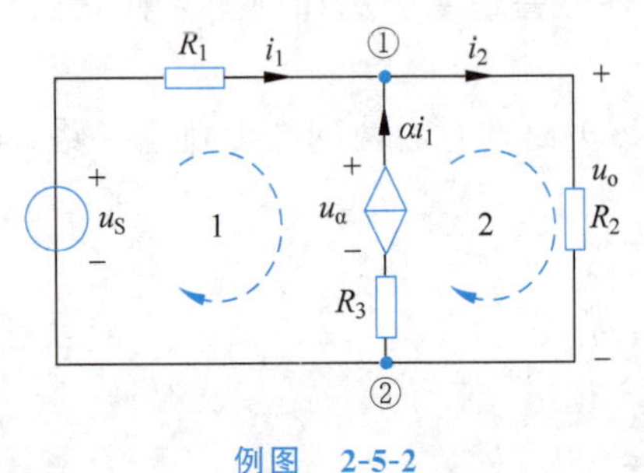

例图 2-5-2

解：该电路具有 3 条支路、2 个节点(简单节点不计算在内)，可应用基尔霍夫定律列出一个独立节点方程和两个独立回路方程。如例图 2-5-2 所示，选定各支路电流的参考方向和两个回路的绕行方向，应该注意回路方程是电压方程，所以还应设定受控电流源端电压 u_α 的参考方向。列出节点方程和回路方程：

节点①：$$-i_1+i_2-\alpha i_1=0$$

回路 1：$$R_1i_1+u_\alpha-R_3\alpha i_1=u_S$$

回路 2：$$R_2i_2+R_3\alpha i_1=u_\alpha$$

代入已知数据，可得

$$\begin{cases}-i_1+i_2-2i_1=0\\3i_1+u_\alpha-1\times 2i_1=6\\1\times i_2+1\times 2i_1=u_\alpha\end{cases}$$

解得：$i_1=1\text{A}$，$i_2=3\text{A}$，$u_o=i_2R_2=(3\times1)\text{V}=3\text{V}$。

如果要判断结果是否正确，可以进行验算。验算一般有下列两种方法：

(1) 选用求解时未用过的回路，应用基尔霍夫电压定律进行验算。

(2) 用电路中功率平衡关系进行验算。

读者可自行进行分析和验证。

2.5.3 支路电压法

如果将支路电压作为求解变量，将电阻元件的 VCR 方程 $i=\dfrac{U}{R}$代入 KCL 方程，将支路电流转换为支路电压，得到$(n-1)$个以支路电压为变量的 KCL 方程，加上以支路电压为变量的$(b-n+1)$个 KVL 方程，就构成 b 个以支路电压作为变量的方程，这种方法称为支路电压法。其分析和求解方法与支路电流法类似，区别主要在于求解变量不同，本书不再赘述。

【思考与练习】

2-5-1 试总结用支路电流法和支路电压法求解复杂电路的步骤和异同。

2-5-2 试用支路电压法求解例 2-5-2。

2.6 回路分析法及网孔分析法

2.6.1 回路分析法

电路中的 b 个支路电流是受基尔霍夫电流定律约束的。然而，在这 b 个支路电流中，只有一部分电流是独立的，另一部分电流则可由这些独立电流来确定，这给寻求某种方法使所需联立方程的个数进一步减少提供了依据。本节所要介绍的回路分析法就是此类方法之一。

按回路分析法，图 2-5-1 所示电路的等效电路如图 2-6-1 所示。

设想有两个电流 i_{m1}、i_{m2} 分别沿着左右两个回路的边界连续流动，若把 i_{m1} 和 i_{m2} 求出，则所有支路的电流均能以这两个电流表示，这就是回路分析法的基本思路。i_{m1}、i_{m2} 称为回路电流，则支路电流就可以表示为

$$i_1=i_{m1},\quad i_2=i_{m2},\quad i_3=i_{m1}-i_{m2}$$

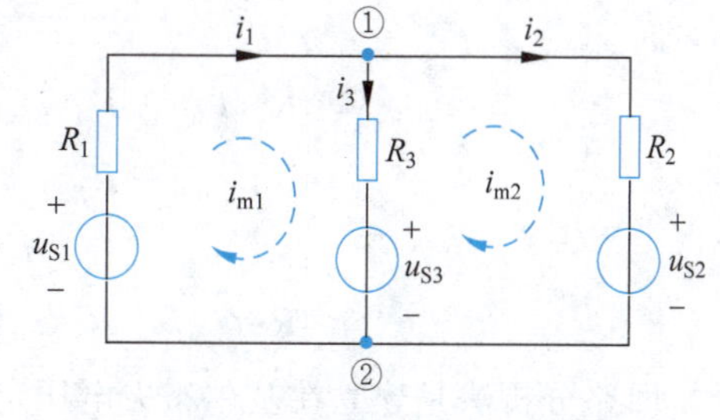

图 2-6-1 回路分析法示例

下面将推导回路分析法的一般形式。

如图 2-6-1 所示电路有 2 个节点、3 条支路、3 个回路和 2 个网孔，为了建立回路方程，选择如图所示的两个回路作为研究对象。首先选定各回路电流的参考方向，并以此作为建立 KVL 方程时的绕行方向，然后以回路电流为变量建立回路方程。按照此原则，如图 2-6-1 所示电路可得

$$\text{左回路：}R_1i_{m1}+R_3(i_{m1}-i_{m2})=u_{S1}-u_{S3}\tag{2-6-1a}$$

$$\text{右回路：} R_2 i_{m2} + R_3 (i_{m2} - i_{m1}) = u_{S3} - u_{S2} \tag{2-6-1b}$$

整理式(2-6-1a)和式(2-6-1b)可得

$$\begin{cases} (R_1 + R_3) i_{m1} - R_3 i_{m2} = u_{S1} - u_{S3} & \text{(2-6-2a)} \\ -R_3 i_{m1} + (R_2 + R_3) i_{m2} = u_{S3} - u_{S2} & \text{(2-6-2b)} \end{cases}$$

式(2-6-2a)和式(2-6-2b)是以回路电流为求解变量的回路电流方程。求解式(2-6-2a)和式(2-6-2b)可得到回路电流 i_{m1}、i_{m2}，进而可得到各支路电流 i_1、i_2、i_3。所以，只需求解两个联立方程便可计算出 3 个未知的支路电流。

可见，以回路电流为变量可以减少联立方程的个数，方程的数目等于独立回路数。简便之处不仅在于此，更重要的是，应用观察法即可列出回路电流方程。

观察式(2-6-2a)和式(2-6-2b)所示方程可得到如下规律。

(1) 式(2-6-2a)中 i_{m1} 和式(2-6-2b)中 i_{m2} 前面的系数分别是它们各自所在回路中所有电阻之和，称为自电阻，用 R_{11} 和 R_{22} 表示。自电阻恒为正值。

(2) 式(2-6-2a)中 i_{m2} 和式(2-6-2b)中 i_{m1} 前面的系数为两回路的共有电阻，称为互电阻，用 R_{12} 和 R_{21} 表示。当两回路电流流过互电阻的流向相反时，互电阻为负；反之，互电阻为正。

(3) 式(2-6-2a)和式(2-6-2b)右边为各回路所有电压源电压升的代数和，用 u_{S11} 和 u_{S22} 表示。当电压升与回路电流绕行方向一致时取正值；反之，取负值。如在式(2-6-2a)中有 $u_{S11} = u_{S1} - u_{S3}$，式(2-6-2b)中有 $u_{S22} = u_{S3} - u_{S2}$。

对于图 2-6-1 所示电路，若用通式表示，则有

$$\begin{cases} R_{11} i_{m1} + R_{12} i_{m2} = u_{S11} \\ R_{21} i_{m1} + R_{22} i_{m2} = u_{S22} \end{cases} \tag{2-6-3}$$

此处为了形式统一，将式(2-6-2)中互电阻前的“+”“−”号包含在互电阻中了。因此，很容易将式(2-6-3)推广为一般形式。

对一个具有 n 个独立回路的电路，回路电流方程的一般式可以由式(2-6-3)推广得到，即

$$\begin{cases} R_{11} i_{m1} + R_{12} i_{m2} + \cdots + R_{1n} i_{mn} = u_{S11} \\ R_{21} i_{m1} + R_{22} i_{m2} + \cdots + R_{2n} i_{mn} = u_{S22} \\ \qquad\vdots \\ R_{n1} i_{m1} + R_{n2} i_{m2} + \cdots + R_{nn} i_{mn} = u_{Snn} \end{cases} \tag{2-6-4}$$

回路分析法是建立在基尔霍夫电压定律和元件方程基础上的，它对于平面和非平面电路均适用。

2.6.2 网孔分析法

与回路分析法类似，对于平面电路可以按网孔取独立回路，以网孔电流为变量，按 KVL 和元件方程列网孔方程，这种方法称为网孔分析法。

2.6.3 应用示例

【例 2-6-1】 如例图 2-6-1 所示电路，试选择一组独立回路，列出回路电流方程，并解出各支路电流。

解法一：此电路为平面电路，可选三个网孔为独立回路。步骤如下：

(1) 选择三个网孔为独立回路，设各网孔电流为 i_{m1}、i_{m2}、i_{m3}，其绕行方向如例图 2-6-1(a)所示。

(2) 据 KVL 得到网孔电流方程，自电阻 R_{11}、R_{22}、R_{33} 均为"+"值，互电阻 R_{12}、R_{23}、R_{31} 均为"−"值，因为两个相邻网孔电流流过互电阻时方向相反。所列方程如下：

$$\begin{cases}(R_1+R_4+R_6)i_{m1}-R_4i_{m2}-R_6i_{m3}=-u_{S1}\\-R_4i_{m1}+(R_2+R_4+R_5)i_{m2}-R_5i_{m3}=u_{S5}\\-R_6i_{m1}-R_5i_{m2}+(R_3+R_5+R_6)i_{m3}=-u_{S5}-u_{S3}\end{cases}$$

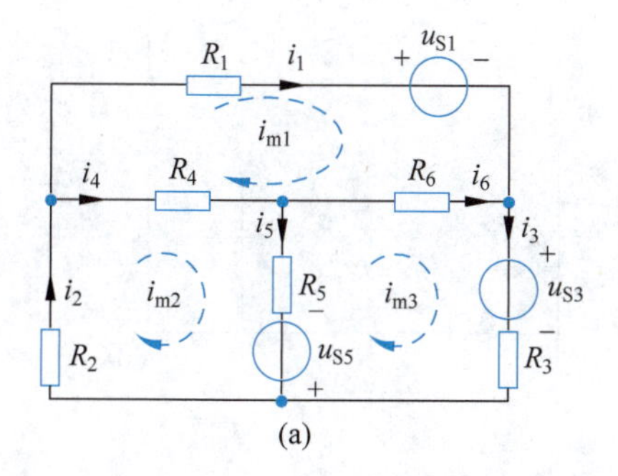

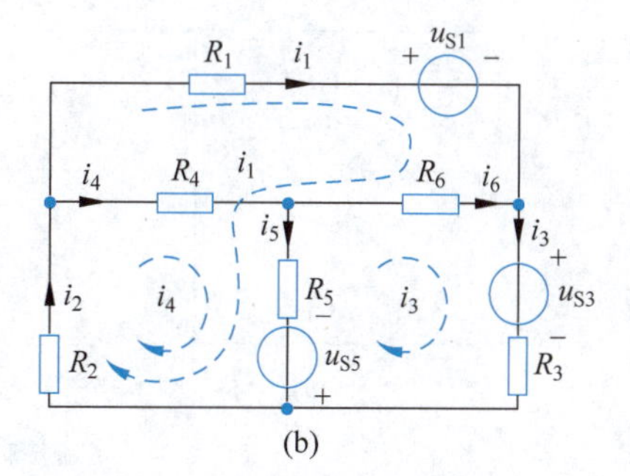

例图 2-6-1

(3) 代入数据解方程可得 i_{m1}、i_{m2}、i_{m3}，进而可得

$$i_1=i_{m1},\quad i_2=i_{m2},\quad i_3=i_{m3}$$

$$i_4=i_{m2}-i_{m1},\quad i_5=i_{m2}-i_{m3},\quad i_6=i_{m3}-i_{m1}$$

由以上解题步骤可知：

(1) 一般尽量选择网孔电流等于某一支路电流。

(2) 列网孔电流方程时不必考虑支路电流方向。

(3) 当选择各网孔电流方向一致(同为顺时针或逆时针)时，可以很方便地得出互电阻的符号。

解法二：用一般的回路分析法求解。

(1) 选择如例图 2-6-1(b)所示的三个独立回路，回路 1、2、3 的回路电流分别等于支路 1、4、3 的电流，可以用 i_1、i_4、i_3 表示。

(2) 列回路电流方程：

$$\begin{cases}(R_1+R_2+R_5+R_6)i_1+(R_2+R_5)i_4-(R_5+R_6)i_3=-u_{S1}+u_{S5}\\(R_2+R_5)i_1+(R_2+R_4+R_5)i_4-R_5i_3=u_{S5}\\-(R_5+R_6)i_1-R_5i_4+(R_3+R_5+R_6)i_3=-u_{S5}-u_{S3}\end{cases}$$

解出 i_1、i_4、i_3，即可计算出其余各支路电流：

$$i_2 = i_1 + i_4$$

$$i_5 = i_1 + i_4 - i_3$$

$$i_6 = i_3 - i_1$$

由解法二可见，这样选择回路求解比解法一复杂，且在确定互电阻的符号时不如解法一方便。所以，通常情况下，应尽量选择网孔为独立回路，且选择绕行方向一致。

2.6.4 几个特殊问题的处理

1. 含有电流源问题的处理

(1) 选取回路时只让一个回路电流通过含有电流源的支路。

【例 2-6-2】 列出例图 2-6-2 所示电路的回路方程。

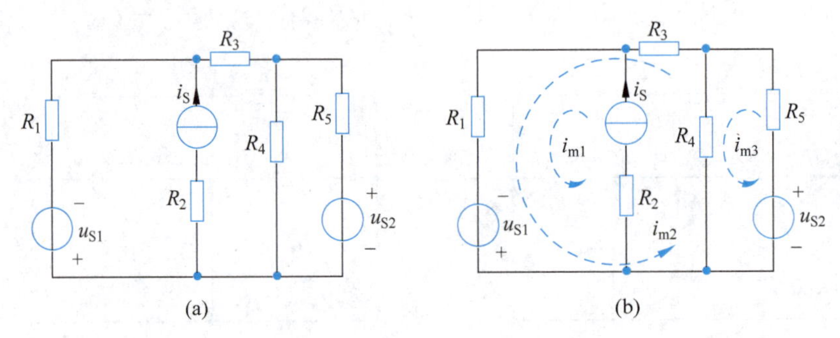

例图 2-6-2

解：本题电路含有电流源。因为电流源不存在戴维南模型，其端电压需视外部电路而定。而回路电流方程本质上是电压方程，在列方程时必须考虑电流源的电压，很难一下子列出。而在含有电流源的支路中，电流源的电流即为该支路的电流，所以在选择独立回路时可以只让一个回路电流通过含电流源的支路，这个回路的电流就是该电流源的电流，这样就可以少列一个回路方程。在该例中，如例图 2-6-2(b)所示，左边回路 1 的方程就可省去，于是可以直接得到 $i_{m1} = i_S$，而 2、3 两回路的方程为

$$\begin{cases} R_1 i_{m1} + (R_1 + R_3 + R_4) i_{m2} - R_4 i_{m3} = u_{S1} \\ -R_4 i_{m2} + (R_4 + R_5) i_{m3} = u_{S2} \end{cases}$$

(2) 把电流源的电压 u 设为变量。

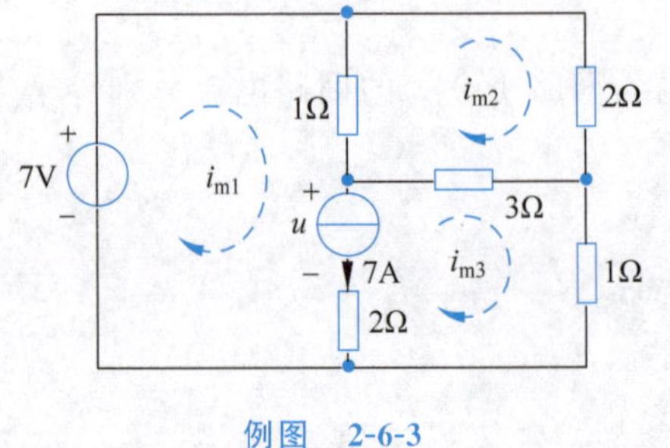

例图 2-6-3

【例 2-6-3】 列出例图 2-6-3 所示电路的网孔电流方程。

解：网孔电流方程实质上是 KVL 方程，应将电流源的电压考虑在内。

选择 3 个网孔为独立回路。网孔的电流绕行方向如图所示，并设电流源两端的电压为 u，按一般的回路分析法求解，各网孔方程为

$$\begin{cases}(1+2)i_{m1}-i_{m2}-2i_{m3}=7-u & ①\\ -i_{m1}+(1+2+3)i_{m2}-3i_{m3}=0 & ②\\ -2i_{m1}-3i_{m2}+(1+2+3)i_{m3}=u & ③\\ i_{m1}-i_{m3}=7 & ④\end{cases}$$

在3个网孔电流方程中有4个未知量,所以增加了方程④才能解出4个未知量。注意这个方程的未知量也是回路电流,并未引入新的未知量。

(3) 当电路中含有电流源与电阻的并联组合时,可用有伴电流源与有伴电压源等效互换,将电流源与电阻的并联组合结构转换为一个等效的电压源与电阻串联组合结构,然后再用回路分析法求解。读者可自行练习。

2. 含有受控源问题的处理

(1) 含有受控电压源。首先把受控电压源当成独立电压源处理,列出回路方程,再把受控电压源的控制量用回路电流表示,以减少未知量的个数。

(2) 含有受控电流源。首先把受控电流源当成独立电流源处理,再利用受控电流源与其所涉及的回路电流的关系列联立方程。

【例 2-6-4】 求例图 2-6-4 所示电路中各支路的电流。

解:此电路既含有独立电流源,又含有受控电流源。取如图所示3个回路作为独立回路,让回路电流仅通过独立电流源和受控电流源一次。这样只需对回路2建立一个KVL方程,再列一个受控电流源与其所涉及回路电流间关系的方程即可。

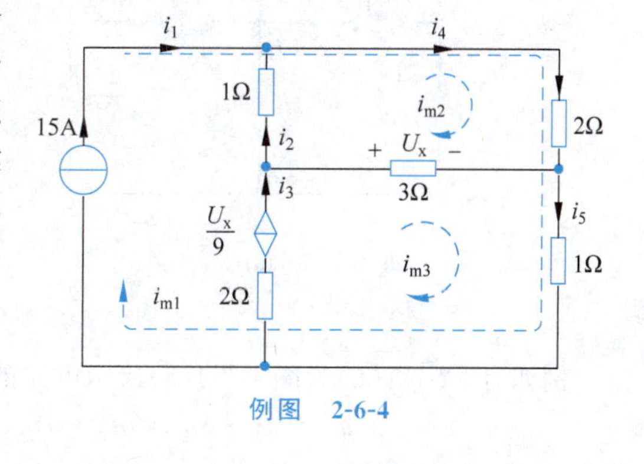

例图 2-6-4

这两个方程为

$$\begin{cases}2i_{m1}+(1+2+3)i_{m2}-3i_{m3}=0\\ i_3=i_{m3}=\frac{1}{9}u_x=\frac{1}{9}\times3(i_{m3}-i_{m2})\end{cases}$$

其中

$$i_1=i_{m1}=15\text{A}$$

整理上述方程得

$$\begin{cases}6i_{m2}-3i_{m3}=-30\\ 3i_{m3}=i_{m3}-i_{m2}\end{cases}$$

解出各回路电流及支路电流为

$$i_{m1}=i_1=15\text{A},\quad i_{m2}=i_2=-4\text{A},\quad i_{m3}=i_3=2\text{A}$$

$$i_4=i_{m1}+i_{m2}=11\text{A}$$

$$i_5=i_{m1}+i_{m3}=17\text{A}$$

$$i_6=i_{m3}-i_{m2}=6\text{A}$$

回路分析法相对于支路分析法能减少联立方程的个数,适合于独立回路少而独立节点多的平面、非平面电路,网孔分析法仅适用于平面电路。

【思考与练习】

2-6-1 如何列出含电流源网孔的网孔方程?

2-6-2　对于含有受控源的电路，如果利用回路分析法求解，列写方程时其受控源的控制量如何处理？

2.7　节点分析法

节点分析法是以节点电压为独立变量的分析方法，所以也称为节点电压法。其利用未知的节点电压代替未知的支路电压来建立电路方程，以减少联立方程的个数。

在电路中任意选择某一节点为参考节点，其他节点与此节点之间的电压称为节点电压。例如，如图 2-7-1(a)所示电路，共有 4 个节点，选节点 0 作基准，用接地符号表示，其余 3 个节点电压分别为 u_{10}、u_{20}、u_{30}。将基准节点作为电位参考点或零电位点，各节点电压就等于各节点电位，即 $u_{10}=v_1$，$u_{20}=v_2$，$u_{30}=v_3$。任一支路电压是其两端节点电位之差或节点电压之差，由此可利用节点电压求得全部支路电压。

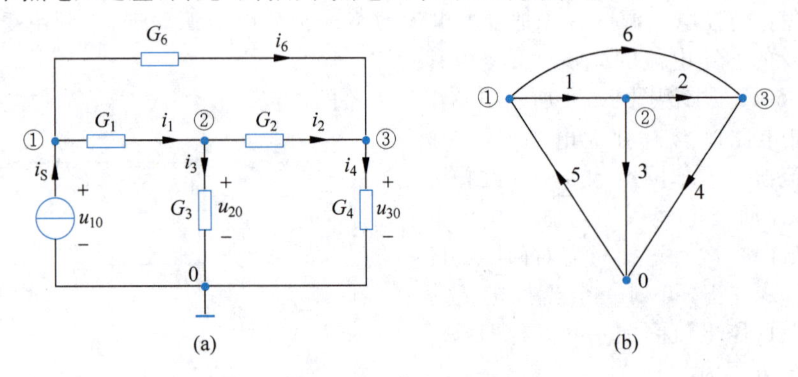

图 2-7-1　节点电压法

例如，图 2-7-1(b)为图 2-7-1(a)所示电路的有向图，据此各支路电压可表示为

$$u_1=v_1-v_2,\quad u_3=u_{20}=v_2$$

$$u_2=v_2-v_3,\quad u_4=u_{30}=v_3$$

$$u_6=u_{10}-u_{30}=v_1-v_3,\quad u_5=-u_{10}=-v_1$$

下面以图 2-7-1 所示电路为例，说明如何建立节点方程。

对 3 个独立节点列 KCL 方程得

$$\begin{cases} i_1-i_5+i_6=0 \\ -i_1+i_2+i_3=0 \\ -i_2+i_4-i_6=0 \end{cases} \tag{2-7-1}$$

由欧姆定律可得

$$\begin{cases} i_1=G_1(v_1-v_2) \\ i_2=G_2(v_2-v_3) \\ i_3=G_3v_2 \\ i_4=G_4v_3 \\ i_6=G_6(v_1-v_3) \end{cases} \tag{2-7-2}$$

将式(2-7-2)代入式(2-7-1),经过整理后得到

$$\begin{cases}(G_1+G_6)v_1-G_1v_2-G_6v_3=i_S \\ -G_1v_1+(G_1+G_2+G_3)v_2-G_2v_3=0 \\ -G_6v_1-G_2v_2+(G_2+G_4+G_6)v_3=0\end{cases} \tag{2-7-3}$$

这就是图 2-7-1 所示电路的节点方程。

可以把式(2-7-3)概括为如下形式:

$$\begin{cases}G_{11}v_1+G_{12}v_2+G_{13}v_3=i_{S11} \\ G_{21}v_1+G_{22}v_2+G_{23}v_3=i_{S22} \\ G_{31}v_1+G_{32}v_2+G_{33}v_3=i_{S33}\end{cases} \tag{2-7-4}$$

其中,G_{11}、G_{22}、G_{33} 分别为节点 1、节点 2、节点 3 的自电导,它们分别是各节点上所有电导的总和。$G_{ij}(i\neq j)$称为节点 i 和 j 的互电导,是节点 i 和 j 之间电导总和的负值,且满足 $G_{ij}=G_{ji}(i\neq j)$。方程右边的 i_{S11}、i_{S22}、i_{S33} 是流入该节点全部电流源电流的代数和。可以很方便地将式(2-7-4)推广到具有$(n-1)$个独立节点的电路,则得到

$$\begin{cases}G_{11}v_1+G_{12}v_2+\cdots+G_{1(n-1)}v_{n-1}=i_{S11} \\ G_{21}v_1+G_{22}v_2+\cdots+G_{2(n-1)}v_{n-1}=i_{S22} \\ \vdots \\ G_{(n-1)1}v_1+G_{(n-1)2}v_2+\cdots+G_{(n-1)(n-1)}v_{n-1}=i_{S(n-1)(n-1)}\end{cases} \tag{2-7-5}$$

用节点电压法时可以先算出各个自电导、互电导和流入每个节点的各电流源电流的代数和,然后再写出节点方程组。

列写方程时的符号规律如下。

(1) 自电导恒正,互电导恒负,出现“$-$”号是因为所有节点电压均假定为电压降(即认为所有节点电位均高于参考点的电位)。自电导和互电导均为与本节点有直接联系的电导。

(2) 等式右端为“电流源”流入该节点的电流的代数和。流入为“$+$”,流出为“$-$”。

需要指出的是:

(1) 在列节点方程时,可不必事先指定各支路电流的参考方向,在需要求解该支路电流时再指定。

(2) 节点方程的本质是电流方程。

(3) 如果电路只有两个节点,如图 2-7-2 所示,求各支路电流时,可以选 B 点为参考节点,即令 $u_B=0$,此时电路只有一个独立节点,其节点方程为

$$\left(\frac{1}{R_1}+\frac{1}{R_2}+\frac{1}{R_3}\right)u_A=\frac{u_1}{R_1}+\frac{u_2}{R_2} \tag{2-7-6}$$

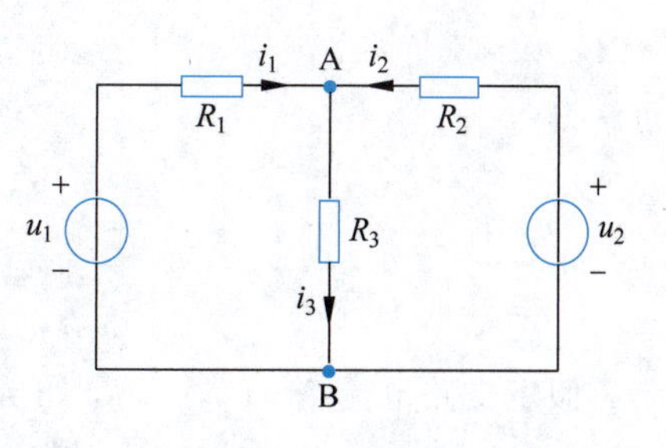

图 2-7-2 节点电压法

则推导后可得

$$u_A=\frac{\dfrac{u_1}{R_1}+\dfrac{u_2}{R_2}}{\dfrac{1}{R_1}+\dfrac{1}{R_2}+\dfrac{1}{R_3}}=\frac{\sum\limits_k\dfrac{u_k}{R_k}}{\sum\limits_k\dfrac{1}{R_k}}=\frac{\sum i_{Sk}}{\sum G_k} \tag{2-7-7}$$

此式称为弥尔曼公式。

节点电压法适用于计算节点少而回路多的电路。对于非平面电路，因其独立回路不如平面电路的独立回路那样容易选择，建立回路方程时可能会遇到困难；而用节点电压法求解，则可避免选择独立回路的困难。所以，节点电压法又常用于非平面电路的分析。

【例 2-7-1】 用节点电压法求如例图 2-7-1 所示电路中各支路电流和输出电压 U_o。

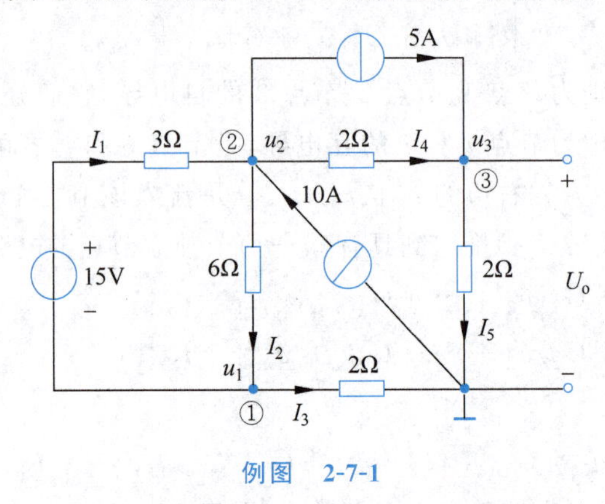

例图 2-7-1

解：取参考节点如例图 2-7-1 所示，其他 3 个节点的节点电压为 u_1、u_2、u_3。则节点电压方程为

$$\begin{cases}\left(\dfrac{1}{2}+\dfrac{1}{3}+\dfrac{1}{6}\right)u_1-\left(\dfrac{1}{3}+\dfrac{1}{6}\right)u_2=-\dfrac{15}{3}\\-\left(\dfrac{1}{3}+\dfrac{1}{6}\right)u_1+\left(\dfrac{1}{2}+\dfrac{1}{3}+\dfrac{1}{6}\right)u_2-\dfrac{1}{2}u_3=\dfrac{15}{3}-5+10\\-\dfrac{1}{2}u_2+\left(\dfrac{1}{2}+\dfrac{1}{2}\right)u_3=5\end{cases}$$

整理得

$$\begin{cases}u_1-0.5u_2=-5\\-0.5u_1+u_2-0.5u_3=10\\-0.5u_2+u_3=5\end{cases}$$

可解得

$$\begin{cases}u_1=5\text{V}\\u_2=20\text{V}\\u_3=15\text{V}\end{cases}$$

假定支路电流 $I_1,I_2,\cdots,I_5$ 如例图 2-7-1 所示，则可得

$$
\begin{cases}
I_1=\dfrac{15-(u_2-u_1)}{3}=\dfrac{15-(20-5)}{3}\text{A}=0\text{A} \\
I_2=\dfrac{u_2-u_1}{6}=\dfrac{20-5}{6}\text{A}=2.5\text{A} \\
I_3=\dfrac{u_1}{2}=\dfrac{5}{2}\text{A}=2.5\text{A} \\
I_4=\dfrac{u_2-u_3}{2}=\dfrac{20-15}{2}\text{A}=2.5\text{A} \\
I_5=\dfrac{u_3}{2}=\dfrac{15}{2}\text{A}=7.5\text{A}
\end{cases}
$$

因此，输出电压为

$$U_o=u_3=15\text{V}$$

【例 2-7-2】 用节点电压法求如例图 2-7-2 所示电路中各未知的支路电流。

解：选节点②为参考节点，用弥尔曼公式，可得

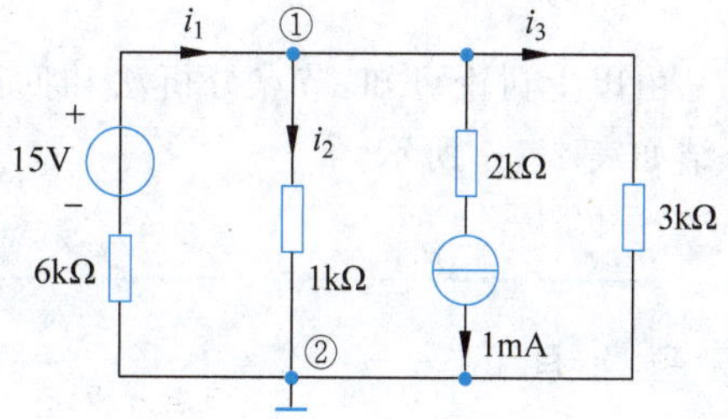

$$
u_1=\frac{\sum_k \dfrac{u_k}{R_k}}{\sum_k \dfrac{1}{R_k}}=\frac{\dfrac{15}{6\times 10^3}-1\times 10^{-3}}{\dfrac{1}{6\times 10^3}+\dfrac{1}{1\times 10^3}+\dfrac{1}{3\times 10^3}}\text{V}
$$

$$=1\text{V}$$

例图 2-7-2

则

$$
\begin{cases}
i_1=\dfrac{15-u_1}{6}=\dfrac{15-1}{6}\text{mA}\approx 2.33\text{mA} \\
i_2=\dfrac{u_1}{1}=\dfrac{1}{1}\text{mA}=1\text{mA} \\
i_3=\dfrac{u_1}{3}=\dfrac{1}{3}\text{mA}\approx 0.33\text{mA}
\end{cases}
$$

注意：1mA 电流源支路中的串联电阻 2kΩ 不应该计入节点电导。这是因为用节点电压表示支路电流时才会出现电导，而电流源支路的电流是固定不变的，与所串联电阻无关。

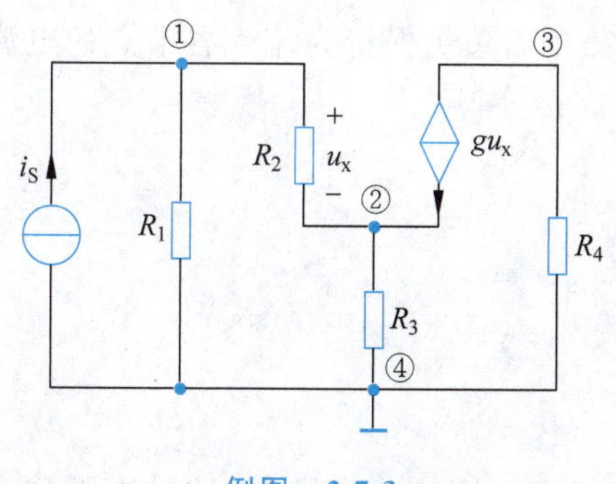

例图 2-7-3

【例 2-7-3】 试列出如例图 2-7-3 所示电路的节点方程。

解：这是一个共发射极晶体管放大电路的微变等效电路。此电路有一个恒流源和一个电压控制的电流源，把受控源看作独立源，选择节点 4 为参考节点。列出其余 3 个节点的方程如下：

$$\begin{cases} \text{节点 1：} & \left(\dfrac{1}{R_1}+\dfrac{1}{R_2}\right)u_1-\dfrac{1}{R_2}u_2=i_S \\ \text{节点 2：} & -\dfrac{1}{R_2}u_1+\left(\dfrac{1}{R_2}+\dfrac{1}{R_3}\right)u_2=gu_x \\ \text{节点 3：} & \dfrac{1}{R_4}u_3=-gu_x \end{cases} \tag{2-7-8}$$

将受控源的控制量用节点电压表示：$u_x=u_1-u_2$

将其代入式(2-7-8)并整理可得

$$\begin{cases} \left(\dfrac{1}{R_1}+\dfrac{1}{R_2}\right)u_1-\dfrac{1}{R_2}u_2=i_S \\ -\left(\dfrac{1}{R_2}+g\right)u_1+\left(\dfrac{1}{R_2}+\dfrac{1}{R_3}+g\right)u_2=0 \\ gu_1-gu_2+\dfrac{1}{R_4}u_3=0 \end{cases} \tag{2-7-9}$$

由以上讨论可知，节点分析法和回路分析法是完全对偶的方法，其基本概念和性质总结如表 2-7-1 所示。

表 2-7-1 节点分析法与回路分析法比较

项　目	方　法	
	节点分析法	回路分析法
1. 求解对象	节点电压	回路电流
2. 求解依据	KCL	KVL
3. 适用范围	平面、非平面电路	平面、非平面电路
4. 求解方法	列节点电压的电流方程	列回路电流的电压方程
等式左边	自电导：恒“正”	自电阻：恒“正”
	互电导：恒“负”	互电阻：通过互电阻的回路电流方向相反为“负”，相同为“正”
等式右边	流入节点的电流源电流的代数和	各回路电压源电压升的代数和
5. 结论	根据节点电压求支路电流	根据回路电流求支路电压

【思考与练习】

2-7-1 对于含有受控源的电路，若其节点方程组的右边仍保持为流入各节点的电流源电流的代数和，式(2-7-5)中互电导 G_{12} 和 G_{21} 还能相等吗？

2.8 简单非线性电阻电路分析

2.8.1 非线性电阻元件

1. 非线性电阻

电阻两端的电压与通过它的电流成比例，即它们的比值是一个常数，这种电阻称为线性电阻。其伏安特性是一条通过坐标原点的直线。线性电阻两端的电压与通过它的电流服从欧姆定律。如果电阻的阻值不是一个常数，而是随电压或电流波动，遵循某种特定的函数关系，这种电阻就称为非线性电阻。其伏安特性一般是曲线，不再服从欧姆定律。非线性电阻在电路中的符号如图 2-8-1 所示。

若加在非线性电阻两端的电压随通过它的电流而变化，则称为流控电阻，其伏安特性用 $u=f(i)$ 表示，相应的伏安特性曲线类似 S 形，如图 2-8-2(a)所示。若电流随电压而变化，则称为压控电阻，其伏安特性用 $i=f(u)$ 表示，相应的伏安特性曲线类似 N 形，如图 2-8-2(b)所示。

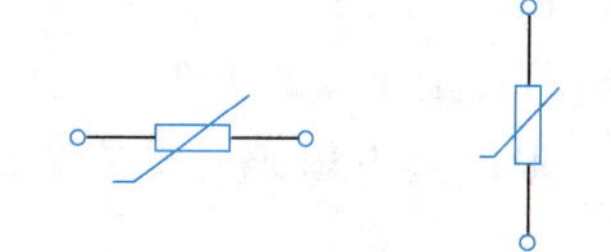

图 2-8-1　非线性电阻的表示符号

普通二极管的伏安特性曲线如图 2-8-2(c)所示。它既是流控又是压控，有时又把它称为单调型电阻。

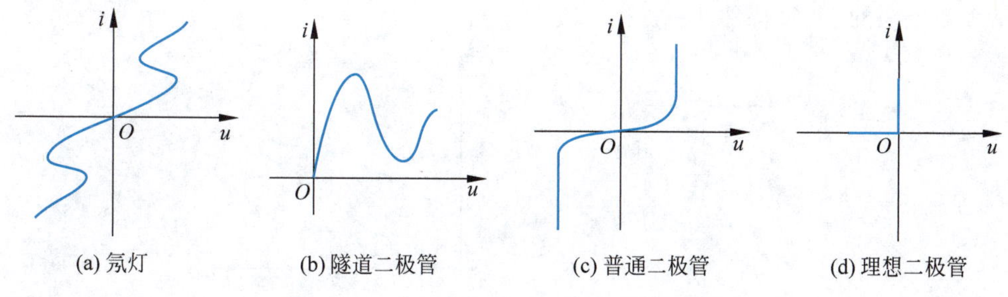

(a) 氖灯　(b) 隧道二极管　(c) 普通二极管　(d) 理想二极管

图 2-8-2　典型非线性电阻的伏安特性曲线

理想二极管是常用的非线性电阻元件，其伏安特性曲线如图 2-8-2(d)所示。它既不是流控也不是压控。在 $u<0$ 时，阻值是无限大，$i=0$ 时相当于开路；在 $i>0$ 时，其阻值为零，$u=0$，相当于短路。这种特性类似一个开关，所以它常用于开关电路。

非线性电阻元件是构成电子电路的重要组成部分，应用非常广泛。

2. 非线性电阻元件阻值的表示方法

1）工作点

非线性电阻元件的 VCR 特性表现为一条曲线，在其通过不同数值的电流（或电压）时，电阻数值也不同，计算它的电阻必须指明它的工作电流（或工作电压）。

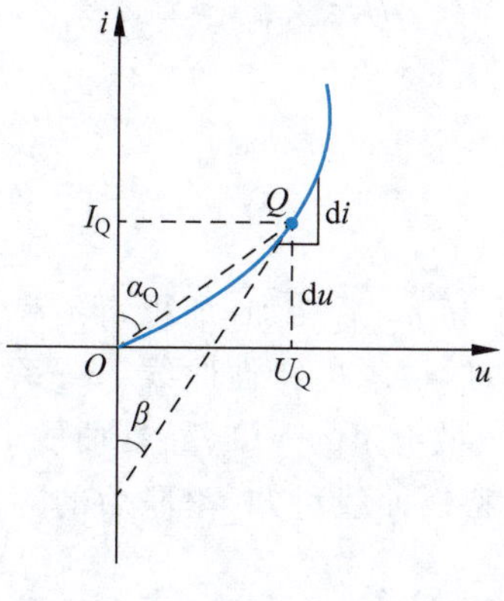

非线性元件由规定的工作电流 I_Q（或工作电压 U_Q）所确定的工作状态称为非线性元件的工作点。

2）非线性电阻元件的阻值表示

非线性电阻元件的阻值有两种表示方法。

（1）静态电阻：也称为直流电阻，它等于直流工作点 Q 的电压 U_Q 与电流 I_Q 之比，即 $R_Q=U_Q/I_Q=\tan\alpha_Q$，其中，α_Q 为坐标原点与工作点 Q 的连线和纵坐标的夹角。由图 2-8-3 可见，静态电阻 R_Q 正比于 $\tan\alpha_Q$。

图 2-8-3　静态电阻与动态电阻

(2) 动态电阻：也称为交流电阻，它等于当非线性电阻电路加交流信号开始工作时，在工作点附近电压微变量 du 和电流微变量 di 的比值，即

$$r=\frac{\mathrm{d}u}{\mathrm{d}i}=\tan\beta$$

需要指出：由于非线性电阻的 VCR 特性曲线不是直线，计算静态电阻和动态电阻时必须选择工作点，当所选的工作点变化时，静态电阻和动态电阻的数值也随之改变，即非线性电阻的静态电阻和动态电阻随工作点的变化而动态变化。

2.8.2 非线性电阻元件的串联与并联

1. 非线性电阻元件的串联

图 2-8-4(a)所示为两个流控非线性电阻的串联电路，其解析形式为 $u_1=f(i_1)$和 $u_2=f(i_2)$，它们的 VCR 特性曲线如图 2-8-4(b)中曲线①、②所示。求它们的串联单口网络等效电阻的 VCR 特性曲线。

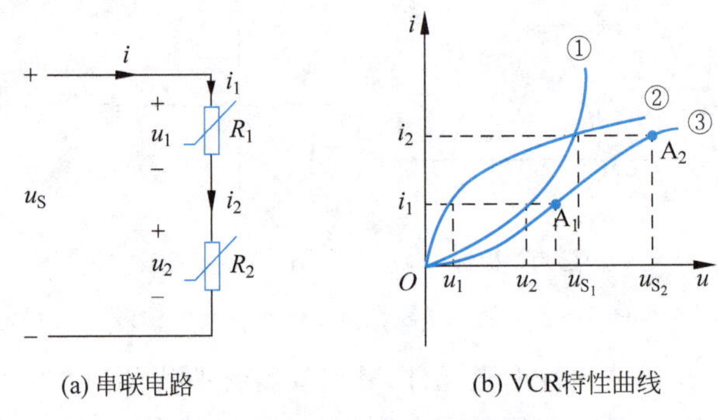

(a) 串联电路　　(b) VCR特性曲线

图 2-8-4　非线性电阻的串联

由于 KCL 和 KVL 适合于线性和非线性电路，所以可以列出图 2-8-4(a)所示电路的 KCL 和 KVL 方程。

由于电阻串联，可得

$$i=i_1=i_2$$

相应的 KVL 方程为

$$u_S=u_1+u_2$$

将 $u_1=f(i_1)$和 $u_2=f(i_2)$代入上式，得

$$u_S=f(i)=f(i_1)+f(i_2) \tag{2-8-1}$$

即为两串联非线性电阻单口网络的 VCR 特性公式。

给定一电流值 i，找出其在曲线①、②上相应的电压值 u_1 和 u_2 后相加，即可得到串联单口网络等效电阻 VCR 特性曲线上的一个点 A。以此类推，可求出特性曲线上一系列点 A_1，A_2，…，将这些点连接起来，就可得到串联单口网络等效电阻的 VCR 特性曲线，如图 2-8-4(b)中曲线③所示。由单口网络等效电阻的 VCR 特性曲线可知，串联后的等效电阻仍为非线性电阻。

该方法可以扩展到 n 个非线性电阻相串联的情况，其端口特性等效于一个非线性电

阻，而 VCR 特性曲线可用上述同一坐标中电压坐标相加的方法求得。

如果已知各非线性电阻的解析式，可以给定一系列电流值，用各解析式求得各电压值，然后将同一点得到的电压值相加得到一系列等效电压值。在 u-i 坐标系中画出等效电阻值的点，连接这一系列点，就可得到等效非线性电阻的 VCR 特性曲线。

2. 非线性电阻元件的并联

与非线性电阻元件的串联相对偶，非线性电阻元件的并联可以用同一电压坐标下电流坐标相加的方法求解。下面说明该方法的应用。

图 2-8-5(a)所示为两个压控非线性电阻的并联电路，其解析式为 $i_1=g(u_1)$和 $i_2=g(u_2)$，它们的 VCR 特性曲线如图 2-8-5(b)中曲线①、②所示。求它们的并联单口网络等效电阻的 VCR 特性曲线。

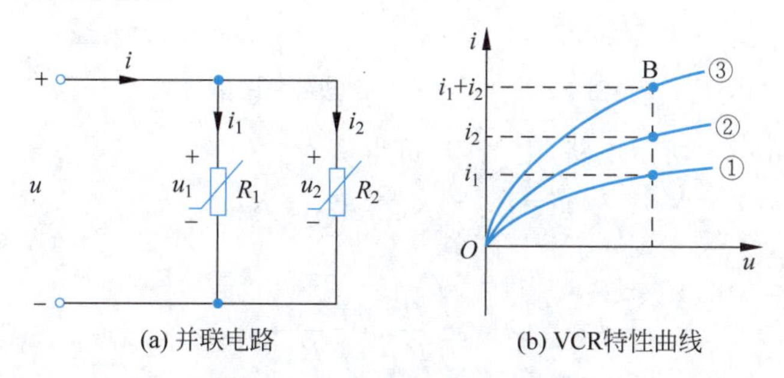

(a) 并联电路　　(b) VCR特性曲线

图 2-8-5　非线性电阻的并联

由于电阻并联，可得

$$u=u_1=u_2$$

相应的 KCL 方程为

$$i=i_1+i_2$$

将 $i_1=g(u_1)$和 $i_2=g(u_2)$代入上式，得

$$i=g(u)=g(u_1)+g(u_2) \tag{2-8-2}$$

即为两并联非线性电阻单口网络的 VCR 特性公式。

仿照作串联非线性电阻等效电阻 VCR 特性曲线的方法，给定一系列电压值，找到其在曲线①、②上相应的电流值 i_1 和 i_2 后相加，即可得到并联单口网络等效电阻 VCR 特性曲线上一系列的点 B_1，B_2，…，连接这一系列的点就得到特性曲线，如图 2-8-5(b)中曲线③所示。

该方法可以扩展到 n 个非线性电阻相并联的情况，可求得其端口非线性等效电阻的 VCR 特性曲线。

2.8.3 简单非线性电阻电路的计算

非线性电阻电路只是非线性电路的一种，可用下述两种方法分析：

(1) 若已知非线性元件的伏安特性解析式，可按照线性电路的分析方法列方程求解，只是代入的是非线性的伏安特性。

(2) 若已知伏安特性曲线，则可用图解法分析。

以下用如图 2-8-6(a)所示的非线性电阻电路来说明图解法。如图 2-8-6(a)所示电路，线性电阻 R_1 和非线性电阻 R 串联，非线性电阻元件 R 的伏安特性曲线如图 2-8-6(b)所示。

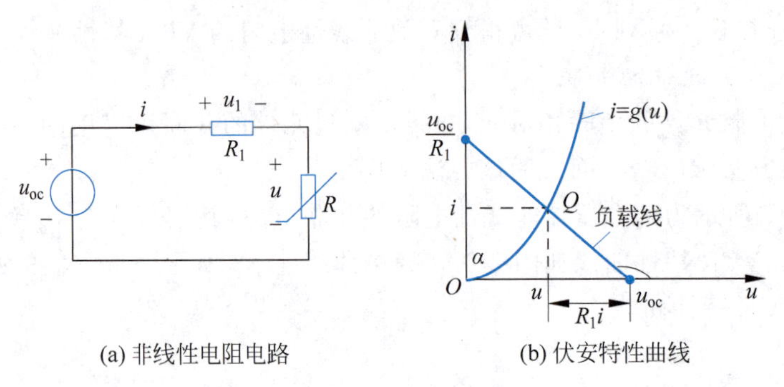

图 2-8-6　非线性电阻电路的图解法

对于如图 2-8-6(a)所示电路，由 KVL 可得

$$u=u_{oc}-u_1=u_{oc}-R_1 i \tag{2-8-3}$$

化简得

$$i=-\frac{1}{R_1}u+\frac{u_{oc}}{R_1} \tag{2-8-4}$$

通过分析可知，这是一个直线方程，其斜率为 $\tan\alpha=-1/R_1$，其在横轴上的截距为 u_{oc}，在纵轴上的截距为 u_{oc}/R_1，在表示非线性电阻元件 R 伏安特性 $i=g(u)$ 的坐标系中作出该直线，如图 2-8-6(b)所示，该直线称为“负载线”。

电路的工作情况由该直线与非线性电阻元件 R 的 VCR 特性曲线的交点 Q 确定。Q 点对应的电压与电流的值即为电路的工作电压和电流。因为两者的交点，既表示了非线性电阻元件 R 上电压与电流的关系，同时也符合电路中电压与电流的关系。

讨论如下：

(1) u 一定：R_1 越大，即 $R_1\uparrow\rightarrow\frac{u}{R_1}\downarrow$——直线趋于与横轴平行；

R_1 越小，即 $R_1\downarrow\rightarrow\frac{u}{R_1}\uparrow$——直线陡峭，趋于与横轴垂直。

(2) R_1 一定：u 不同——直线平移，斜率不变，不随 u 的不同而不同，如图 2-8-7 所示。

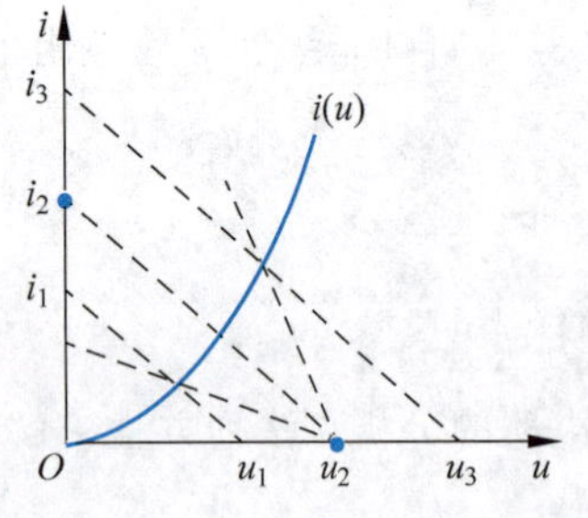

图 2-8-7　不同 u 和 i 的讨论

上述图解法具有普遍适用的意义。

图 2-8-8(a)表示一个含非线性电阻的网络，它可以看作一个线性含源单口网络和一个简单非线性电阻电路相连接的形式，如图 2-8-8(b)所示。

可将含源线性单口网络用戴维南(或诺顿)等效电路来代替，非线性电阻网络用 2.8.2 节介绍的非线性电阻元件的串、并联方法求得其单口网络等效非线性电阻 R，如

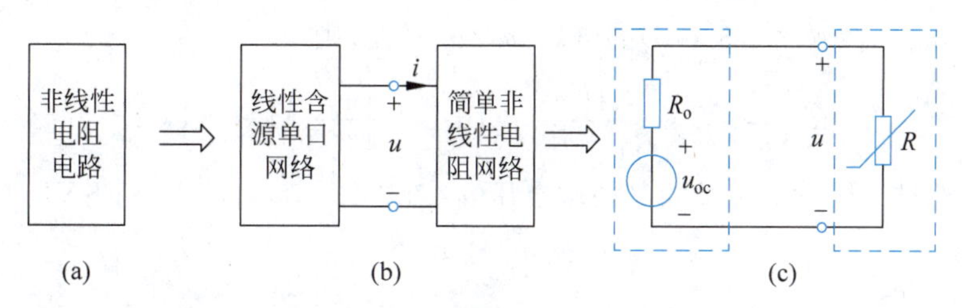

图 2-8-8　含非线性电阻的网络

图 2-8-8(c)所示，然后用以上介绍的方法求解。

【例 2-8-1】 如例图 2-8-1(a)所示电路，已知 $R_1=R_2=1\text{k}\Omega$，$R_3=0.5\text{k}\Omega$，$u_1=6\text{V}$，$u_2=2\text{V}$，VD 是普遍晶体二极管，其伏安特性曲线如例图 2-8-1(b)所示，求通过二极管的电流 i_3 及其两端电压 u。

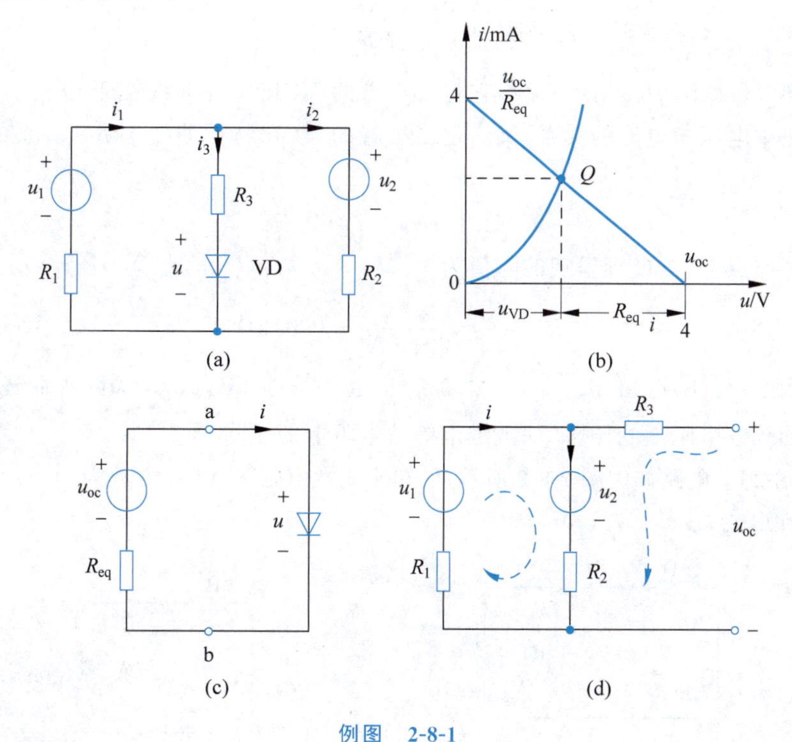

例图　2-8-1

解：二极管是一个非线性元件，其阻值不定，要求通过二极管的电流及其两端的电压必须用求解非线性电阻电路的图解法。

(1) 先将二极管两端断开，其余部分是一个含源单口网络，可用戴维南定理将其化简成戴维南模型，如例图 2-8-1(c)所示。

(2) 求 u_{oc}：在例图 2-8-1(d)中利用 KVL 可得

$$i=\frac{u_1-u_2}{R_1+R_2}=\frac{(6-2)\text{V}}{(1+1)\text{k}\Omega}=2\text{mA}$$

$$u_{oc}=u_2+R_2i=(2+1\times10^3\times2\times10^{-3})\text{V}=4\text{V}$$

(3) 求 R_{eq}：将例图 2-8-1(d)的电源 u_1、u_2 短路，则

$$R_{eq}=R_3+\frac{R_1R_2}{R_1+R_2}=\left(0.5+\frac{1\times1}{1+1}\right)\text{k}\Omega=1\text{k}\Omega$$

(4) 求通过二极管的电流及其两端电压 u：在例图 2-8-1(c)中，列 KVL 方程：

$$u=u_{oc}-R_{eq}i$$

$$\frac{u}{R_{eq}}=\frac{u_{oc}}{R_{eq}}-i$$

$$i=-\frac{u}{R_{eq}}+\frac{u_{oc}}{R_{eq}}$$

这是一个关于 $i=g(u)$ 的直线方程。这条直线的斜率为 $\tan\alpha=-1/R_{eq}$；直线在横轴上的截距为 $u_{oc}=4\text{V}$，在纵轴上的截距为 $\frac{u_{oc}}{R_{eq}}=\frac{4\text{V}}{1\text{k}\Omega}=4\text{mA}$。

在例图 2-8-1(b)中作出此直线，它与二极管的 VCR 特性曲线交于 Q 点。Q 点就是既满足电路中电压与电流的关系，又满足二极管的 VCR 特性曲线上 u-i 关系的工作点。其坐标为

$$i=2.1\text{mA},\quad u=1.7\text{V}$$

在此工作点上，二极管呈现的阻值为

$$R=\frac{u}{i}=\frac{1.7\text{V}}{2.1\text{mA}}\approx0.81\text{k}\Omega$$

由例图 2-8-1(b)可知，$u_{VD}=1.7\text{V}$，$u_{VD_{oc}}=R_{eq}i=2.1\text{V}$，$u_{VD_{oc}}$ 为除去非线性电阻的压降以外的等效电阻上的压降，即戴维南等效电阻上的压降。

【例 2-8-2】 电路如例图 2-8-2 所示，已知非线性电阻的 VCR 方程为 $i_1=u^2-3u+1$，求电压 u 和电流 i。

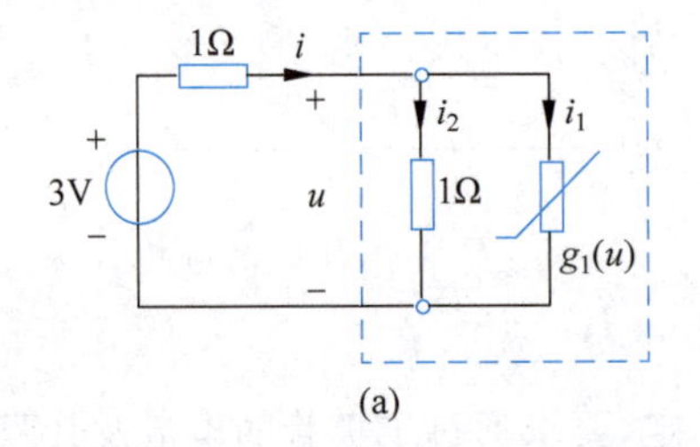

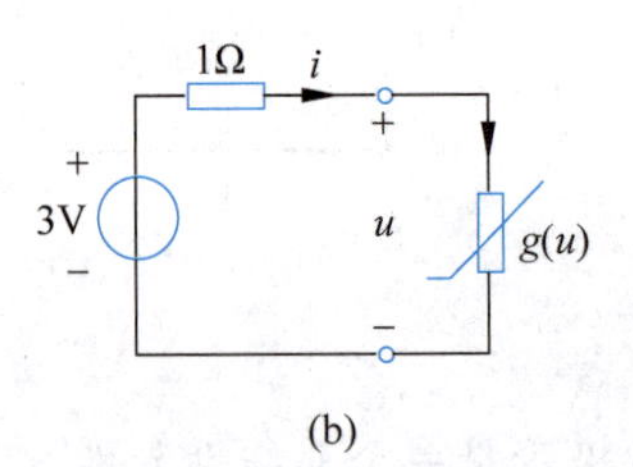

例图 2-8-2

解：已知非线性电阻特性的解析表达式，可以用解析法求解。由 KCL 列出 1Ω 电阻和非线性电阻并联单口网络的 VCR 方程：

$$i=i_1+i_2=u^2-2u+1$$

写出 1Ω 电阻和 3V 电压源串联电路的 VCR 方程：

$$i=3-u$$

由以上两式可得

$$u^2-u-2=0$$

求解此方程，得

$$u=2\text{V},\quad i=1\text{A}$$

$$u=-1\text{V},\quad i=4\text{A}$$

必须指出：非线性电阻电路不能用叠加性和比例性来简化分析，因此，在非线性电阻电路的解析过程中至今尚未找到一种统一的解析方法，只能针对每个具体问题用近似方法求解，而求解的过程也较为复杂。

但是，正是由于叠加性和比例性的不适用，导致非线性电路具有重要的频谱变换能力，因而在电信号的产生和变换中有着重要的应用，如各种波形的产生、调制、变频、检波和同步等，都离不开非线性电路。

【后续知识串联】

◇ 二极管的交流等效模型

本节所介绍的非线性电阻元件的工作点及动态电阻在后续"模拟电子技术基础"课程中二极管的交流等效模型计算中有所应用[①]。

二极管是用半导体材料(硅、硒、锗等)制成的一种电子器件。它具有单向导电性能，即给二极管阳极和阴极加上正向电压时，二极管导通；给阳极和阴极加上反向电压时，二极管截止。因此，二极管的导通和截止，相当于开关的接通与断开。二极管应用非常广泛，利用二极管和电阻、电容、电感等元器件可以构成不同功能的电路，实现对交流电整流，对调制信号检波、限幅和钳位，以及对电源电压的稳压等多种功能，在收音机等家用电器产品和工业控制电路中，都可以找到二极管的踪迹。二极管典型的伏安特性曲线如图2-8-9所示，二极管正向导通时，流经二极管的电流与二极管两端的电压呈指数关系，具有非线性。为了便于分析，常在一定条件下用线性元件所构成的电路来近似模拟二极管的特性，从而获得二极管的等效电路。

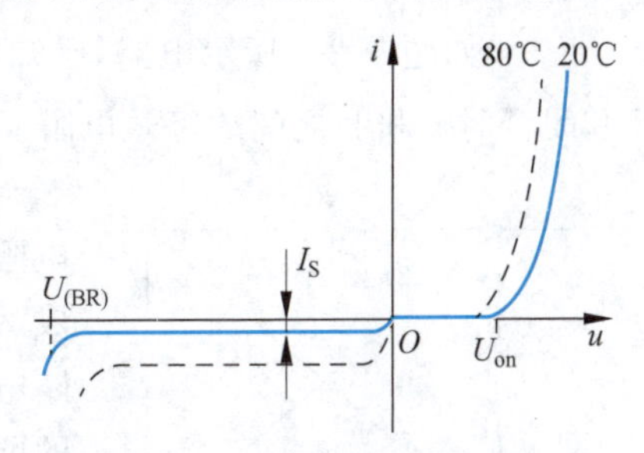

图 2-8-9 二极管的伏安特性曲线

当二极管外加直流正向电压达一定数值时，将有一直流电流，该电压和电流在伏安特性曲线上所对应的点称为静态工作点，如图2-8-10(a)中所标注的Q点。在Q点电压的基础上叠加一微小的变化量时，可用以Q点为切点的直线来近似微小变化时的曲线，此时可将二极管等效为一个动态电阻，且有

$$r_d=\frac{\Delta u_D}{\Delta i_D}\approx\frac{du_D}{di_D}$$

由此可得出二极管的交流等效模型如图2-8-10(b)所示。从二极管伏安特性曲线可以看出，Q点越高，r_d数值越小。

---

① 童诗白，华成英. 模拟电子技术基础[M]. 5版. 北京：高等教育出版社，2015：19.

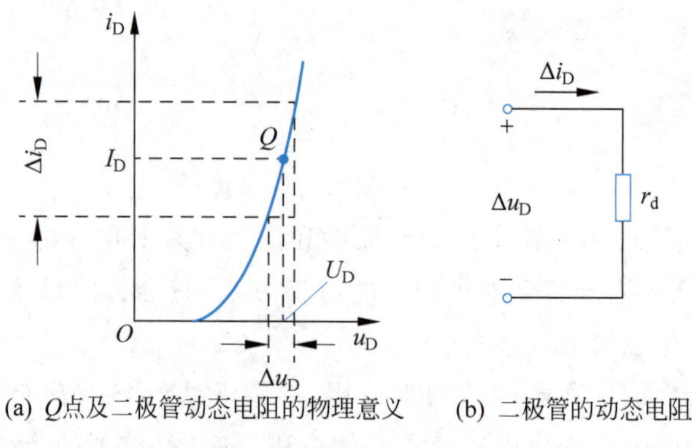

(a) Q点及二极管动态电阻的物理意义　　(b) 二极管的动态电阻

图 2-8-10　二极管的交流等效电路图

计算二极管的交流等效电阻时应首先选择合适的静态工作点。二极管的静态工作点改变时,其等效动态电阻也将随之改变。

【思考与练习】

2-8-1　列举常见的非线性电阻器件,并说明为什么需要非线性的电阻器件。

2-8-2　已知与电压源 u_S 并联的非线性电阻的伏安特性为 $i=7u+u^2$,求 $u_S=1$V 和 $u_S=2$V 时的电流 i。

习题

2-1　如题图 2-1 所示电路,已知 $R_1=R_2=R_3=R_4=300\Omega$,$R_5=600\Omega$,求开关 S 断开和闭合时 a 和 b 之间的等效电阻。

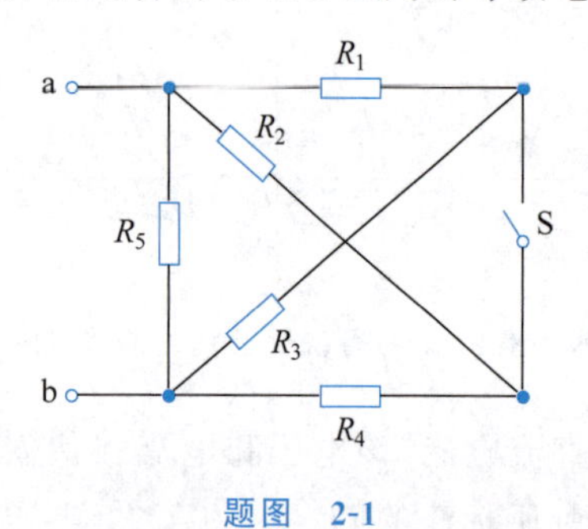

题图　2-1

2-2　如题图 2-2 所示无限梯形网络,求其端口等效电阻 R(提示:这一网络由无限多个完全相同的环节组成,每一环节包括两个 1Ω 的串联电阻和一个 2Ω 的分路电阻。显然,在输入端去掉或增加若干环节后所得到的网络仍旧是一个无限梯形网络,其端口等效电阻仍等于 R)。

2-3　如题图 2-3 所示电路,(1)若电阻 $R=8\Omega$,求等效电阻 R_{eq};(2)若等效电阻 $R_{eq}=10\Omega$,求电阻 R。

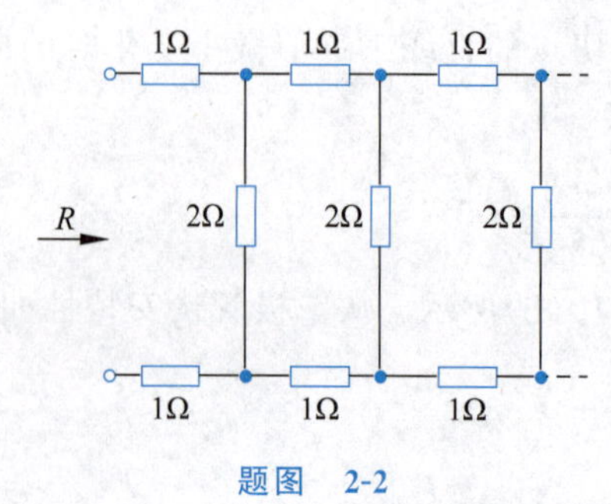

题图　2-2

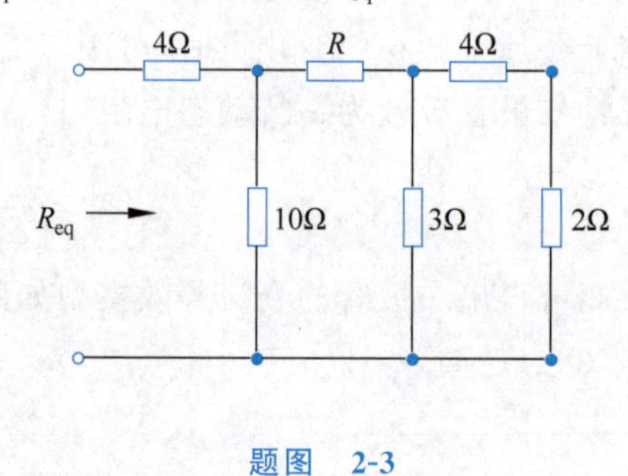

题图　2-3

2-4 试对如题图 2-4 所示各电路进行 Y-△变换。

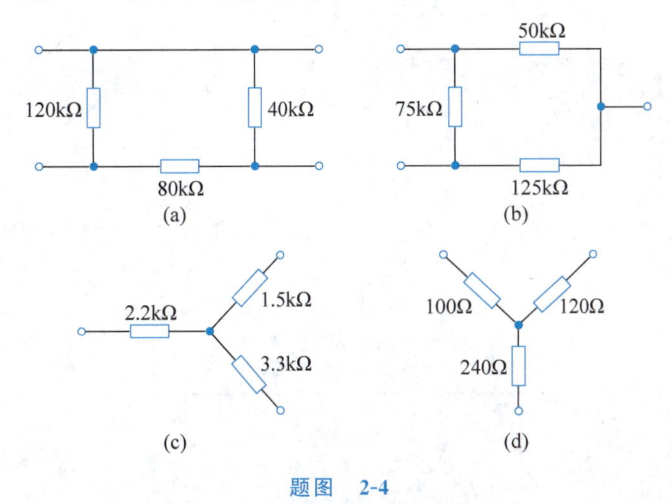

题图 2-4

2-5 试用三端电阻网络的 Y-△等效变换法求如题图 2-5 所示电路的端口等效电阻 R。

2-6 某实际电路的原理图如题图 2-6 所示，对于该电路，若电源电流 I 超过 6A 时保险丝会烧断，试问哪个电阻因损坏而短路时，会烧断保险丝？

2-7 求如题图 2-7 所示电路中各电源发出的功率。

2-8 如题图 2-8 所示两个电路，试分别画出各电路的图，并说明其节点数和支路数以及 KCL、KVL 的独立方程数各为多少？注：(1)每个元件作为一条支路处理；(2)电压源(独立源或受控源)和电阻的串联组合，电流源和电阻的并联组合作为一条支路处理。

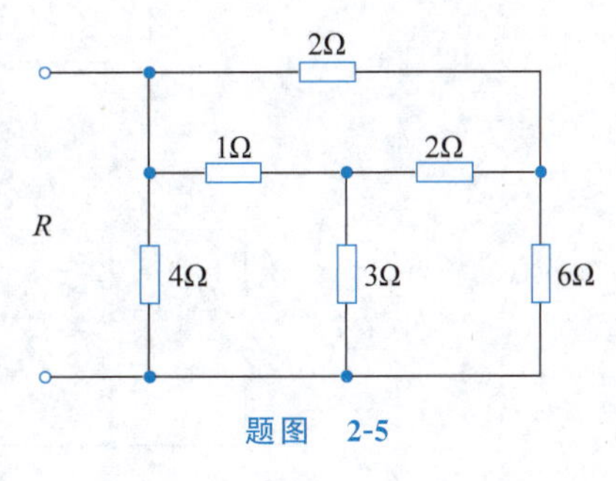

题图 2-5

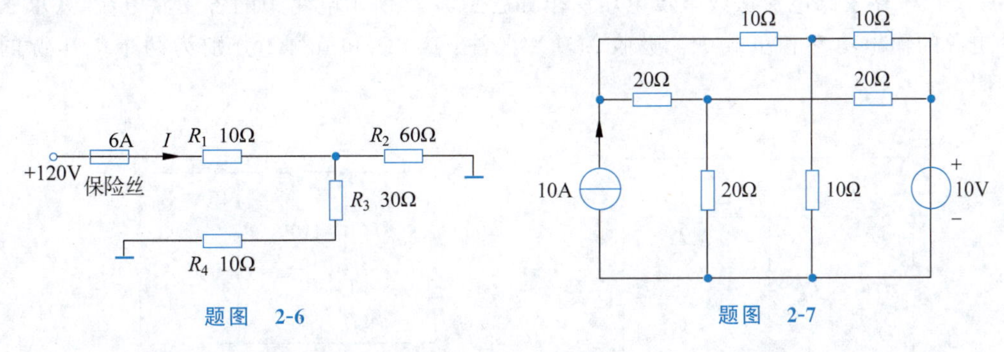

题图 2-6　　题图 2-7

2-9 如题图 2-9 所示电路，已知 $R_1=R_2=10\Omega$，$R_3=4\Omega$，$R_4=R_5=8\Omega$，$R_6=2\Omega$，$u_{S3}=20\text{V}$，$u_{S6}=40\text{V}$，用支路电流法求解电流 i_5。

2-10 如题图 2-10 所示电路，用支路电压法求各支路电压。

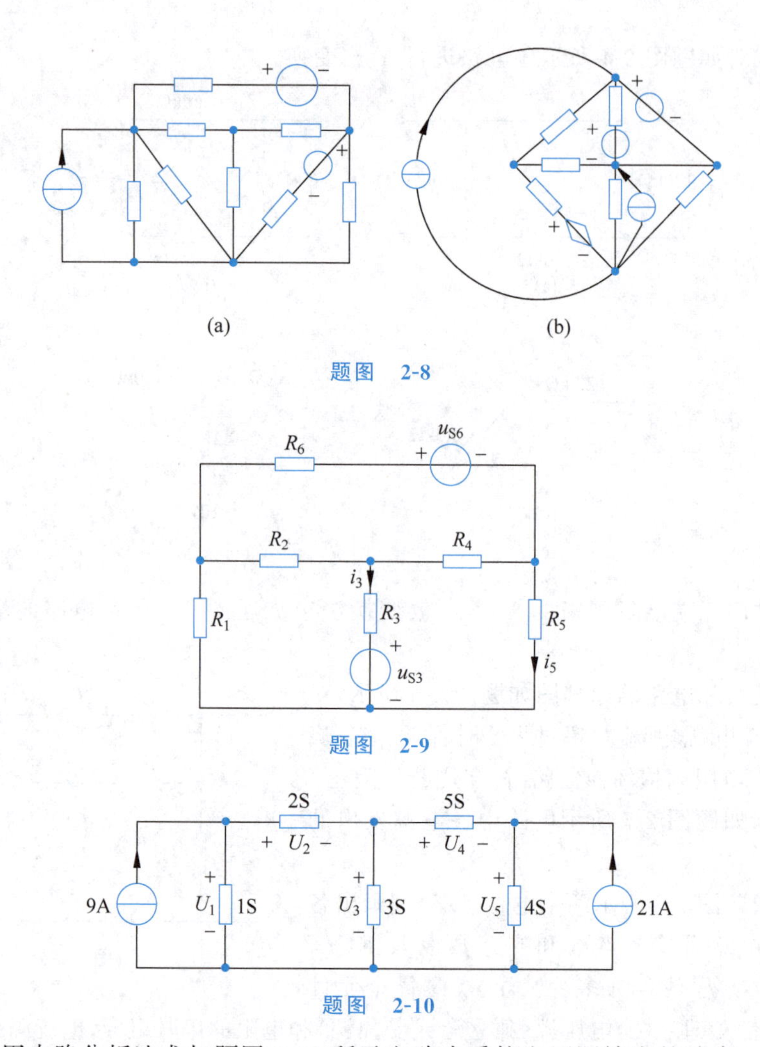

题图 2-8

题图 2-9

题图 2-10

2-11 用支路分析法求如题图 2-11 所示电路中受控电压源输出的功率。

2-12 用支路电流法或节点电压法求如题图 2-12 所示电路中的各支路电流，并求三个电源的输出功率和负载 R_L 吸收的功率。注：0.8Ω 和 0.4Ω 分别为两个电压源的内阻。

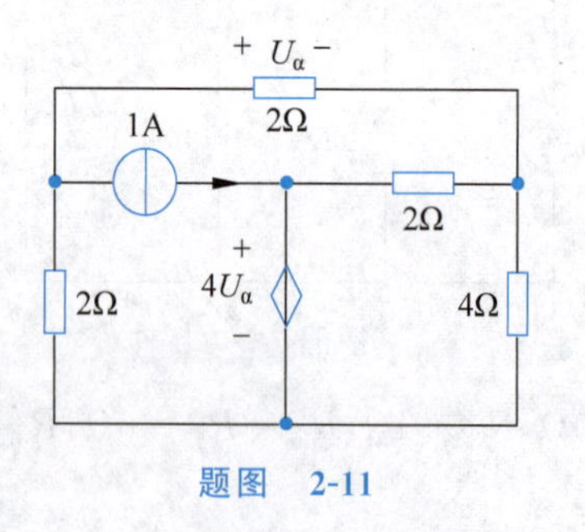

题图 2-11

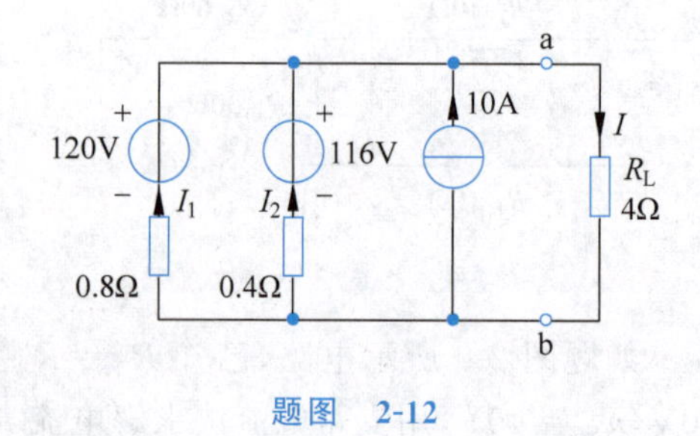

题图 2-12

2-13 如题图 2-13 所示电路,用网孔分析法求 i_A,并求受控源提供的功率。

2-14 用回路分析法求如题图 2-14 所示电路中的网孔电流和电压 U。

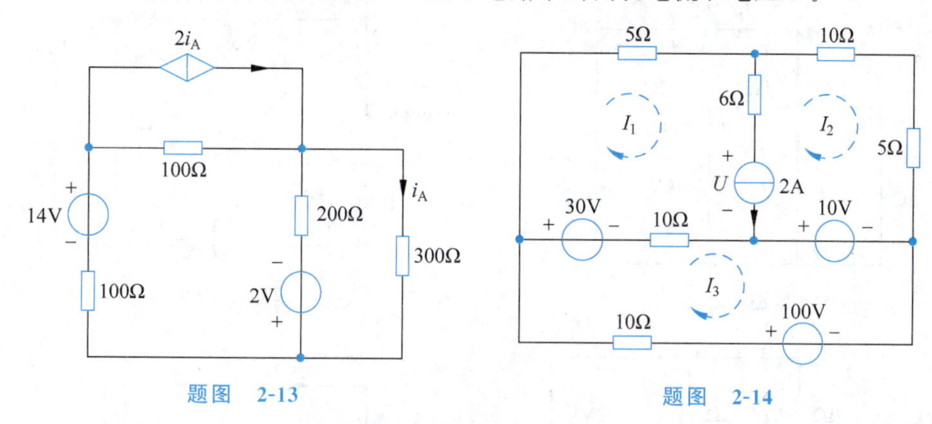

题图 2-13　　题图 2-14

2-15 用回路分析法求如题图 2-15 所示电路中每个元件的功率,并做功率平衡检验。

2-16 用节点分析法求如题图 2-16 所示电路中的节点电压。

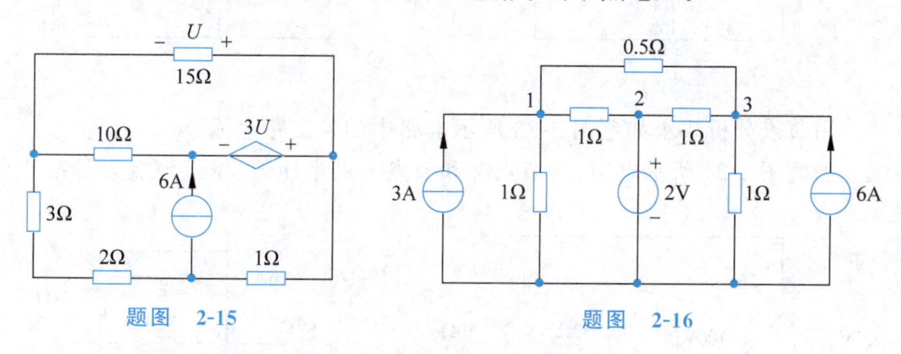

题图 2-15　　题图 2-16

2-17 用节点分析法求如题图 2-17 所示电路中的电压 U。

2-18 用节点分析法求如题图 2-18 所示电路中的电压 U_1 和 U_2。

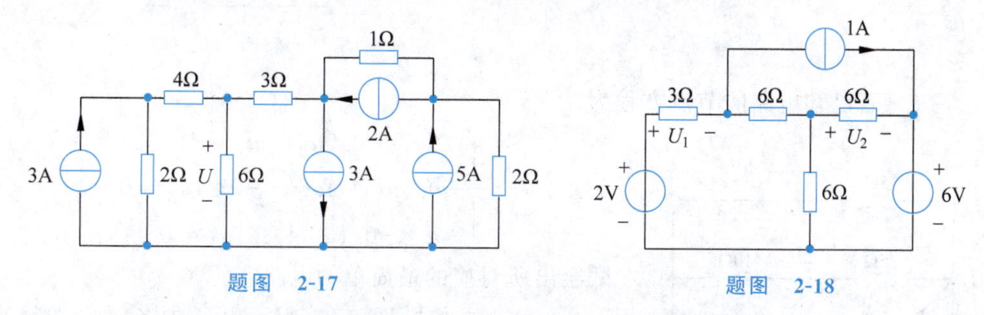

题图 2-17　　题图 2-18

2-19 用节点分析法求如题图 2-19 所示电路的电压 u_1 和电流 i_2。

2-20 用节点分析法求如题图 2-20 所示电路的节点电压。

2-21 求如题图 2-21 所示电路中受控源吸收的功率。

2-22 求如题图 2-22 所示电路中的 U_a。

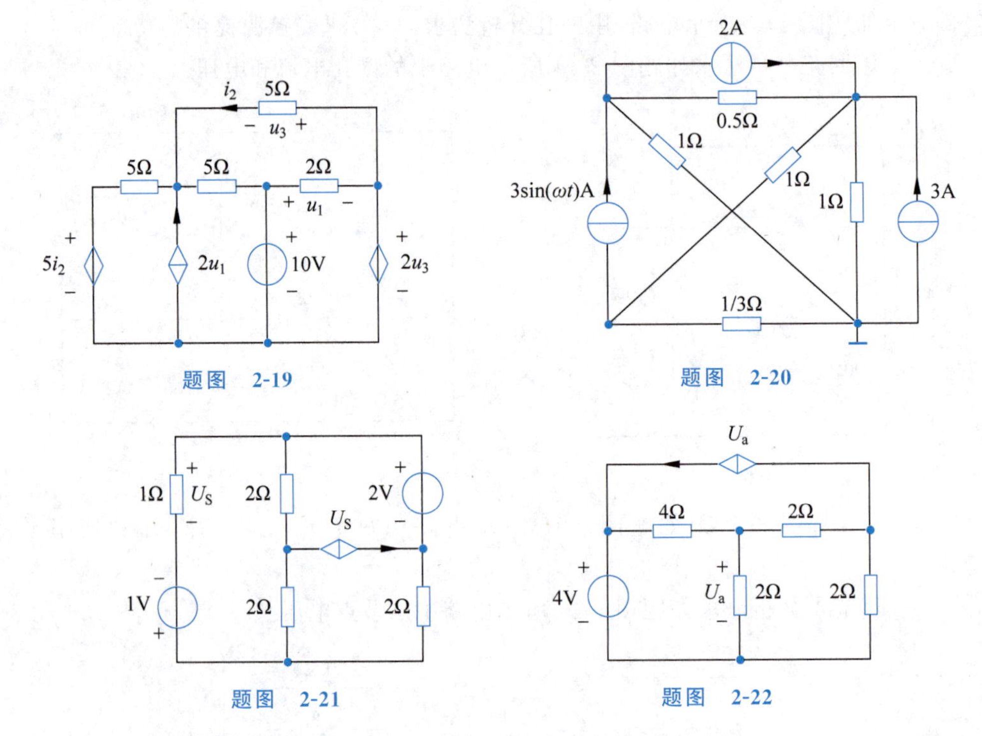

题图 2-19

题图 2-20

题图 2-21

题图 2-22

2-23 用节点分析法求如题图 2-23 所示电路中的各支路电流。

2-24 如题图 2-24 所示电路，求节点 a 和节点 b 的电压值（设接地点为参考节点）。

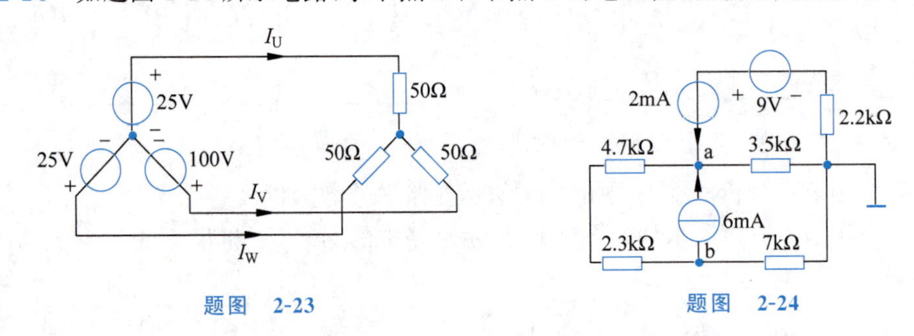

题图 2-23

题图 2-24

2-25 若已知电路的节点方程为

$$\begin{cases}1.6u_1-0.5u_2-u_3=1\\-0.5u_1+1.6u_2-0.1u_3=0\\-u_1-0.1u_2+3.1u_3=0\end{cases}$$

试绘出所对应的最简单的电路。

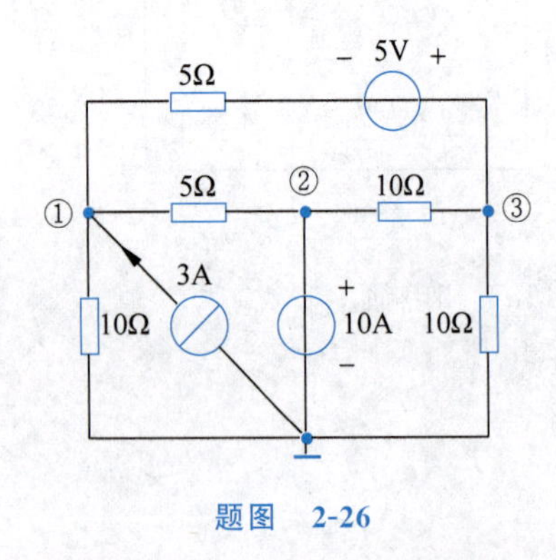

题图 2-26

2-26 求如题图 2-26 所示电路中各激励源输出功率的总和。

2-27 为求无源单口网络的端口等效电阻，可在输入端施加一个电流源 I，用节点分析法求出输入端电压 U，然后按 $R=U/I$ 来求解，如题图 2-27 所示，求此电阻网络的端口等效电阻 R。

2-28　如题图 2-28 所示电路为共基双极连接晶体管放大器电路，(1)采用回路分析法求解电流 I_x；(2)采用节点分析法求解电流 I_x 以验证结果；(3)解释 U_S/I_x 的物理意义。

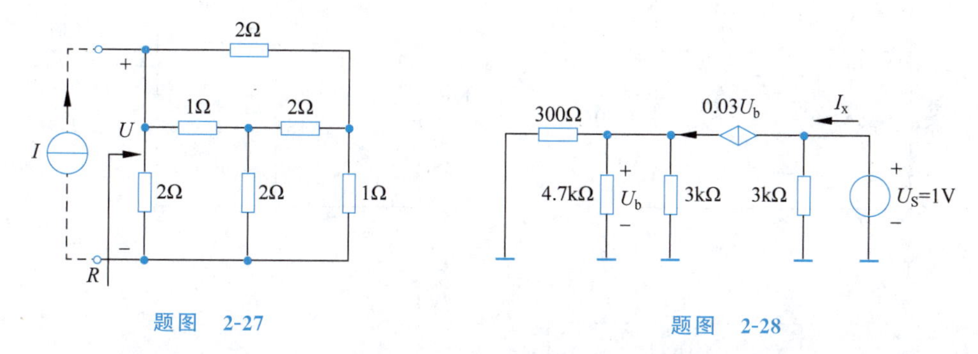

题图　2-27　　　题图　2-28

2-29　如题图 2-29 所示电路，求当电路中三个电压源的电压设为何值(非零值)时，流经 70Ω 电阻的电流为 0。

2-30　如题图 2-30 所示电路，(1)若回路电流 $i_1=1\text{A}$，求电阻 R 的值；(2)讨论电阻 R 的取值是否唯一，并分析原因。

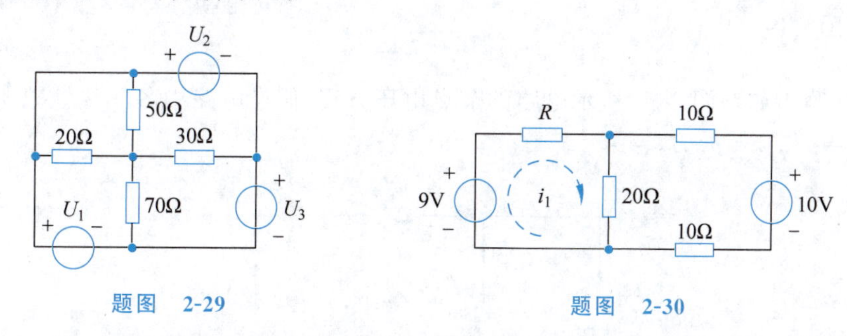

题图　2-29　　　题图　2-30

2-31　无源单口网络的端口等效电阻可采用在输入端施加电压源，求输入端电流响应的方法来求得，如题图 2-31 所示，求图中所示的端口等效电阻。

2-32　求如题图 2-32 所示电路中受控源输出的功率。

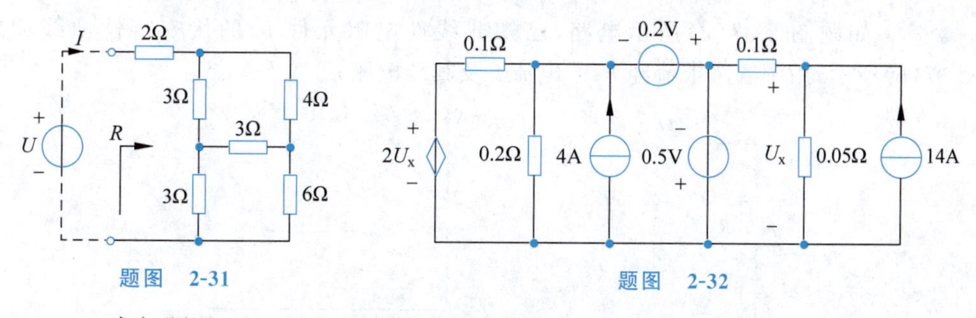

题图　2-31　　　题图　2-32

2-33　求如题图 2-33 所示电路中的支路电流 I_1、I_2、I_3。

2-34　求如题图 2-34 所示电路中 8A 电流源的端电压 U。

2-35　若作用于如题图 2-35(a)所示电路的电压源 $u(t)$ 的波形为如题图 2-35(b)所示的周期性方波，求流过 R_5 的电流 $i(t)$。已知 $R_1=R_2=R_3=R_4=1\Omega$，$R_5=2\Omega$。

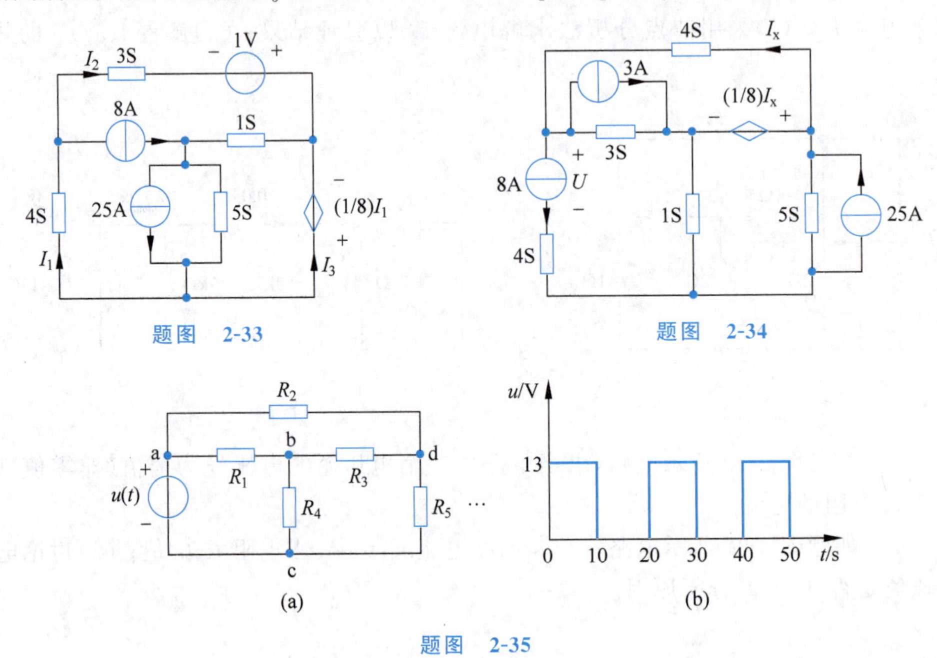

题图　2-33

题图　2-34

(a)

(b)

题图　2-35

2-36　写出如题图 2-36 所示电路的节点电压方程，假设电路中各非线性电阻的伏安特性为 $i_1=u_1^3, i_2=u_2^2, i_3=u_3^{3/2}$。

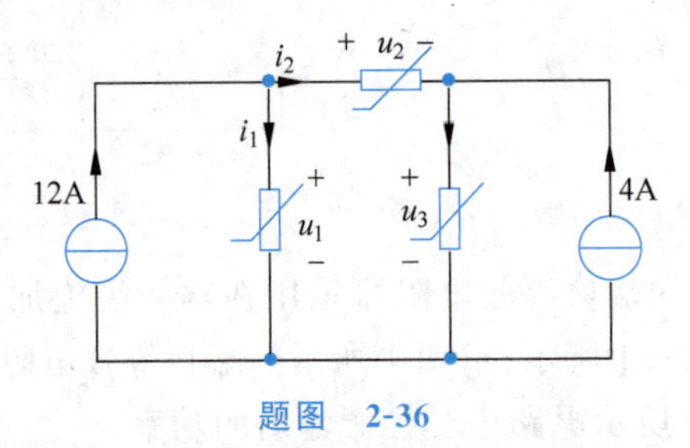

题图　2-36

2-37　如题图 2-37(a)所示电路，已知非线性电阻元件 R 的伏安特性曲线如题图 2-37(b)所示，用图解法求流经 R 的电流 i 及其端电压 u。

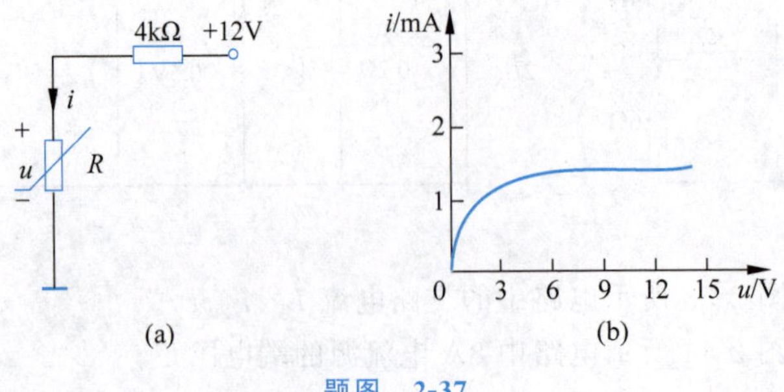

(a)

(b)

题图　2-37

2-38 如题图 2-38 所示电路，已知非线性电阻的伏安特性为 $i_1 = -0.25u + 0.25u^2$，试分别利用图解法和解析法求 u 和 i。

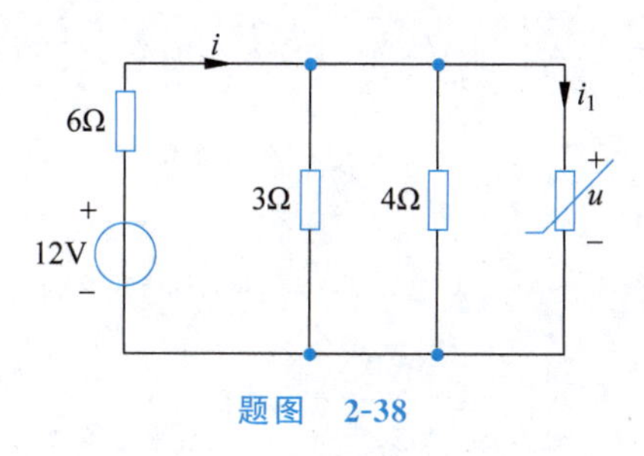

题图 2-38

第3章 电路基本定理

内容提要：本章主要介绍线性网络的相关定理，其指出了线性电路的基本性质，是分析线性电路的重要依据。本章首先介绍叠加定理和替代定理，然后运用这两个定理推导出戴维南定理和诺顿定理，进而介绍特勒根定理和互易定理，最后简单介绍对偶原理的概念。

重点：叠加定理、戴维南定理和诺顿定理。

难点：各电路定理应用的条件；电路定理应用中受控源的处理；含有受控源的一端口电阻网络的输入电阻的求解。

3.1 线性电路的比例性

由线性元件(包括线性受控源)和独立源组成的电路称为线性电路。独立源是电路的输入,对电路起激励的作用,而电路中其他元件(或者其他部分)的电压和电流是激励引起的响应。在线性电路中,响应和激励之间存在线性关系。

例如,对于如图 3-1-1 所示单一激励的线性电路,可得

$$i_1=\frac{R_2+R_3}{R_1R_2+R_2R_3+R_3R_1}u_S \quad (3\text{-}1\text{-}1)$$

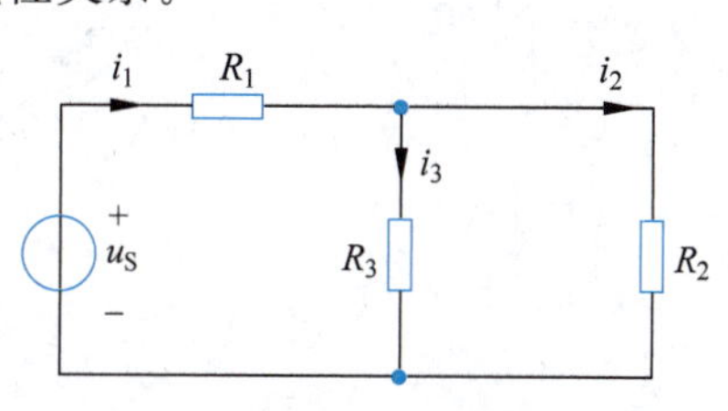

图 3-1-1 比例性示例

由式(3-1-1)可知,因为 R_1、R_2、R_3 均为常数,所以 i_1 正比于 u_S。显然,若 u_S 变为原来的 K 倍,i_1 也变为原来的 K 倍。在该电路中,其他任何一处的电压和电流与激励 u_S 都存在这种线性关系,称为线性电路的比例性或齐次性。

对于含有多个激励源的线性电阻电路,设电路由 m 个电压源和 n 个电流源共同激励,则任一响应电流(或电压)A 的数学表达式有如下一般化形式:

$$A=\sum_{k=1}^{m}\alpha_k u_{Sk}+\sum_{q=1}^{n}\beta_q i_{Sq} \quad (3\text{-}1\text{-}2)$$

其中,α_k、β_q 是由电路结构和元件参数决定的常数,u_{Sk} 是第 k 个电压激励,i_{Sq} 是第 q 个电流激励。线性电路的比例性或齐次性可描述为:当所有激励同时变为原来的 K 倍时,响应也相应地变为原来的 K 倍,即

$$B=\sum_{k=1}^{m}\alpha_k(Ku_{Sk})+\sum_{q=1}^{n}\beta_q(Ki_{Sq})=K\left(\sum_{k=1}^{m}\alpha_k u_{Sk}+\sum_{q=1}^{n}\beta_q i_{Sq}\right)=KA \quad (3\text{-}1\text{-}3)$$

需要注意的是:

(1) 激励是指独立源,且是所有激励同时变为原来的 K 倍;

(2) 当只有一个激励时,响应与激励成正比。

该性质提供了解决节点数很多的梯形网络问题的简单方法,即倒退法。下面用示例说明这种方法的应用。

【例 3-1-1】 对于如例图 3-1-1 所示的电路,(1)当端口电压 $U_{ab}=50\text{V}$ 时,求输出电压 u_{fg};(2)计算端口等效电阻 R_{ab}。

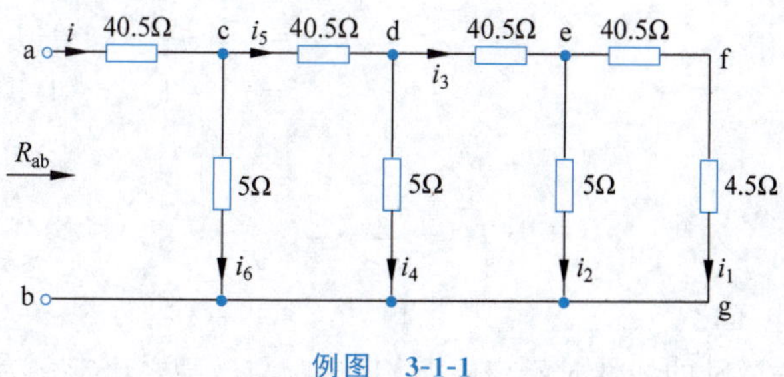

例图 3-1-1

解：(1) 由电路结构可知，该电路有 4 个节点(不考虑简单节点)、4 个网孔，能用前两章学过的各种方法求解，但却很复杂。此处尝试利用线性电路的齐次性求解。

先假定 $i_1=1\text{A}$，根据电路的结构和特点，则可以依次计算得到

$$u'_{\text{fg}}=4.5\text{V},\quad u'_{\text{eg}}=45\text{V},\quad i_2=\frac{u'_{\text{eg}}}{5}=\frac{45}{5}\text{A}=9\text{A},\quad i_3=i_1+i_2=10\text{A}$$

$$u'_{\text{dg}}=40.5i_3+45=(40.5\times10+45)\text{V}=450\text{V},\quad i_4=\frac{u'_{\text{dg}}}{5}=\frac{450}{5}\text{A}=90\text{A}$$

$$i_5=i_3+i_4=(10+90)\text{A}=100\text{A},\quad u'_{\text{cg}}=40.5i_5+450=(40.5\times100+450)\text{V}=4500\text{V}$$

$$i_6=\frac{u'_{\text{cg}}}{5}=\frac{4500}{5}\text{A}=900\text{A},\quad i=i_5+i_6=(100+900)\text{A}=1000\text{A}$$

$$u'_{\text{ab}}=40.5i+4500=(40.5\times1000+4500)\text{V}=45000\text{V}$$

而实际端口电压 $u_{\text{ab}}=50\text{V}$，则 $K=\frac{50}{45000}=\frac{1}{900}$。

所以，由线性电路的齐次性可得

$$u_{\text{cg}}=Ku'_{\text{cg}}=\frac{1}{900}\times4500\text{V}=5\text{V},\quad u_{\text{dg}}=Ku'_{\text{dg}}=\frac{1}{900}\times450\text{V}=0.5\text{V}$$

$$u_{\text{cg}}=Ku'_{\text{eg}}=\frac{1}{900}\times45\text{V}=0.05\text{V},\quad u_{\text{fg}}=Ku'_{\text{fg}}=\frac{1}{900}\times4.5\text{V}=0.005\text{V}$$

(2) 端口等效电阻为

$$R_{\text{ab}}=\frac{u'_{\text{ab}}}{i}=\frac{45000}{1000}\Omega=45\Omega$$

本题所用的方法称为倒退法。

【例 3-1-2】 求如例图 3-1-2 所示梯形网络的输出电压 u_{o} 与输入电压 u_{S} 的比值。

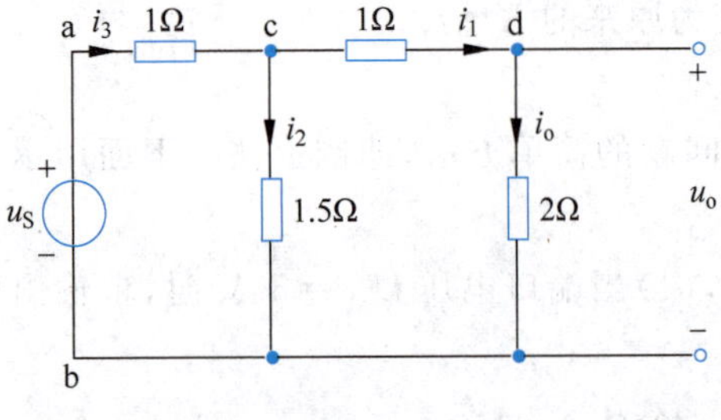

例图 3-1-2

解：本题仅求 u_{o} 与 u_{S} 的比值，所以用倒退法即可。设 $u_{\text{o}}=1\text{V}$，则

$$i_{\text{o}}=i_1=\frac{1}{2}\text{A}$$

$$u_{\text{cb}}=u_{\text{cd}}+u_{\text{o}}=1\times i_1+u_{\text{o}}=1.5\text{V}$$

$$i_2=\frac{u_{\text{cb}}}{1.5}=\frac{1.5}{1.5}\text{A}=1\text{A}$$

$$i_3=i_2+i_1=(1+0.5)\text{A}=1.5\text{A}$$

$$u_{\text{S}}=i_3+1.5=(1.5+1.5)\text{V}=3\text{V}$$

所以

$$H=\frac{u_{\text{o}}}{u_{\text{S}}}=\frac{1}{3}$$

其中，H 称为转移电压比。

通常，对于单一激励的线性时不变电路，其响应与激励之比定义为网络函数，即

$$H=\frac{响应}{激励}$$

网络函数可以认为是表征给定电路由输入端到某一指定输出端之间电路整体性质的参数。随着电路向集成化发展，人们关心的往往不是单个元件的性质，而是电路整体特性的表现。

【应用拓展】

线性电路的比例性(或称齐次性)反映的是支路电压或支路电流与电路中独立源取值的关系。假设电路中有 n 个独立源，取值分别为 $x_1,x_2,\cdots,x_n$，令 y 表示电路中任一支路电压或支路电流，则 y 可以表示为 $x_1,x_2,\cdots,x_n$ 的函数，即

$$y=f(x_1,x_2,\cdots,x_n)$$

对于线性电路而言，比例性是指函数 $f(\cdot)$ 满足性质：

$$f(kx_1,kx_2,\cdots,kx_n)=kf(x_1,x_2,\cdots,x_n)$$

对于单一独立源($n=1$)的情形，可简化为

$$f(kx)=kf(x)$$

其物理意义为：当电路中所有独立源的取值变为原来的 k 倍时，电路中各支路电压和支路电流将按比例变为原取值的 k 倍。利用线性电路这一性质，可以有效提高电路分析的效率。

【思考与练习】

3-1-1 在第1、2章中各找出一个例子用以表明只含电阻元件时转移电压比总小于1，含有受控源或运放时转移电压比则可能大于1。

3-1-2 判断下面说法是否正确：

(1) 所有的电路都具有比例性。

(2) 激励包括独立源和受控源，且比例性是指所有激励同时增大 K 倍。

(3) 线性电路中响应和激励成正比。

3.2 线性电路的叠加性及叠加定理

3.2.1 叠加性

线性电路的另一个性质是叠加性，即在若干激励共同作用的线性电路中，任一元件上的响应(电流或电压)等于各个激励源单独作用时在该元件上响应(电流或电压)的代数和。

现在通过一个示例来说明这一性质。如图3-2-1所示电路，求电流 i_1。

根据支路电流法可得

$$\begin{cases}\text{对节点①列 KCL 方程：}-i_1-i_2+i_3=0\\ \text{对左回路列 KVL 方程：}R_1i_1+R_3i_3=u_1\\ \text{对右回路列 KVL 方程：}R_2i_2+R_3i_3=u_2\end{cases}\tag{3-2-1}$$

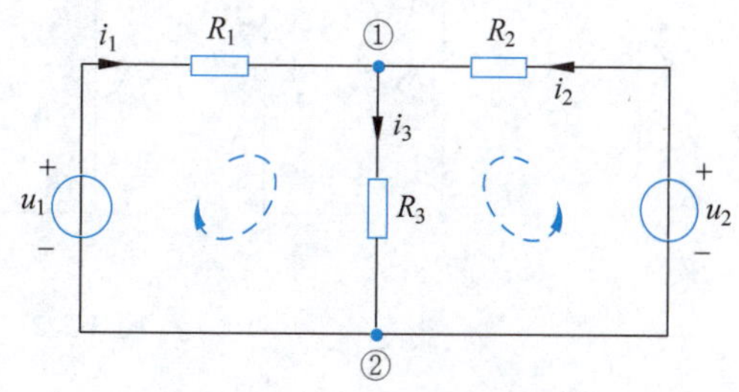

图3-2-1 线性电路叠加性

用行列式求解上述方程组，得

$$\Delta=\begin{vmatrix}1 & 1 & -1\\ R_1 & 0 & R_3\\ 0 & R_2 & R_3\end{vmatrix}=-R_1R_2-R_2R_3-R_1R_3$$

$$\Delta i_1=\begin{vmatrix}0 & 1 & -1\\ u_1 & 0 & R_3\\ u_2 & R_2 & u_1\end{vmatrix}=-u_1R_2+u_2R_3-u_1R_3$$

$$i_1=\frac{\Delta i_1}{\Delta}=\frac{R_2+R_3}{R_1R_2+R_2R_3+R_3R_1}u_1-\frac{R_3}{R_1R_2+R_2R_3+R_3R_1}u_2$$

可以看出，i_1 由两项组成，而每一项只与一个激励有关。

若将式中第一项设为

$$i'_1=\frac{R_2+R_3}{R_1R_2+R_2R_3+R_3R_1}u_1$$

第二项设为

$$i''_1=\frac{R_3}{R_1R_2+R_2R_3+R_3R_1}u_2$$

则

$$i_1=i'_1-i''_1$$

由分析可知，i'_1是该电路在 $u_2=0$，即将 u_2 短路，而由 u_1 单独作用时，在 R_1 中产生的电流[如图 3-2-2(b)所示]；i''_1是该电路在 $u_1=0$，即将 u_1 短路，而由 u_2 单独作用时，在 R_1 中产生的电流[如图 3-2-2(c)所示]。由于 i''_1的方向与 i_1 的参考方向相反，所以带负号。同理，可推出

$$i_2=i''_2-i'_2$$

$$i_3=i'_3+i''_3$$

这一示例说明了线性电路满足叠加性。

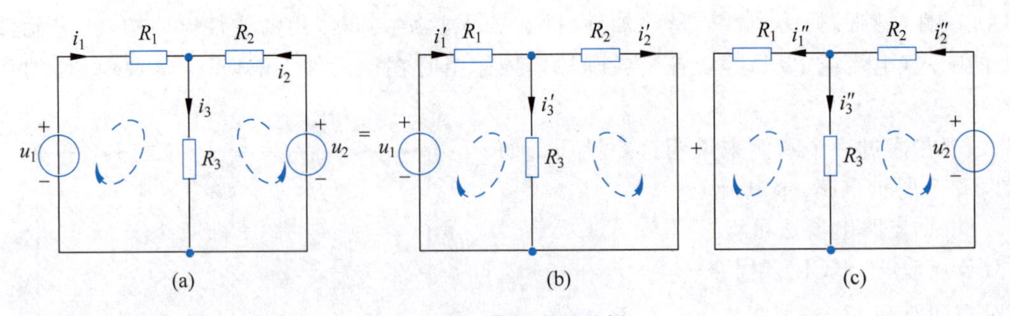

图 3-2-2 叠加定理示例

3.2.2 叠加定理[①]

在含有 n 个独立源的线性电路中，在电路中任何一处的电流或电压都可以看成由电路中各个独立源（电压源、电流源）分别作用时，在该处所产生的电流或电压的代数和，这就是叠加定理。

叠加定理在线性电路的分析中起着重要作用，它是分析线性电路的基础。线性电路中很多定理都与叠加定理有关。应用叠加定理计算和分析电路时，可以把一个复杂的多电源电路分解为几个简单的单电源电路的叠加，也可以把所有的电源分成电源组的叠加，使复杂电路问题简单化。

应用叠加定理分析支路电流（或电压）的求解步骤如下：

(1) 设原电路各支路电流（或电压）的参考方向。

(2) 将多电源电路转换为单电源电路（或电源组）的叠加。除源的方法是把理想电压源短路，理想电流源开路，受控源保留。

(3) 求出单电源电路中各支路电流（或电压）。

(4) 由单电源电路中各支路电流（或电压）的代数和求各支路总电流（或电压）。当单电源电流（或电压）与原电流（或电压）参考方向相同时，取正值；反之，取负值。

应用叠加定理时应注意以下几点：

(1) 叠加定理只适用于线性电路，不适用于非线性电路。

(2) 让一个独立源单独作用时，其余独立源全部置零。除此之外，所有元件的参数和连接方式均不能改动。

(3) 叠加定理只适用于电流和电压的分析计算，而不适用于功率，因为功率和电流或电压的关系不是线性的函数关系。

【例 3-2-1】 如例图 3-2-1(a)所示电路，已知 $R_1=6\Omega$，$R_2=4\Omega$，试用叠加定理求图示电路中的电压 u，并计算电源向电路提供的总功率。

解：(1) 用叠加定理求电压 u。

① 将例图 3-2-1(a)所示电路分解为例图 3-2-1(b)和例图 3-2-1(c)所示电路。

② 当电压源单独作用时，电流源应开路，如例图 3-2-1(b)所示。

这时各支路电流分别为

$$i'_1=i'_2=\frac{10}{6+4}\text{A}=1\text{A}$$

u' 为受控电压源电压与 R_2 上的电压的代数和，即

$$u'=-10i'_1+4i'_2=(-10+4)\text{V}=-6\text{V}$$

③ 当电流源单独作用时，电压源应短路，如例图 3-2-1(c)所示。

这时各支路电流分别为

$$i''_1=-\frac{4}{6+4}\times 4\text{A}=-1.6\text{A}$$

① 叠加定理的 Multisim 仿真实例参见附录 A 例 2-2。

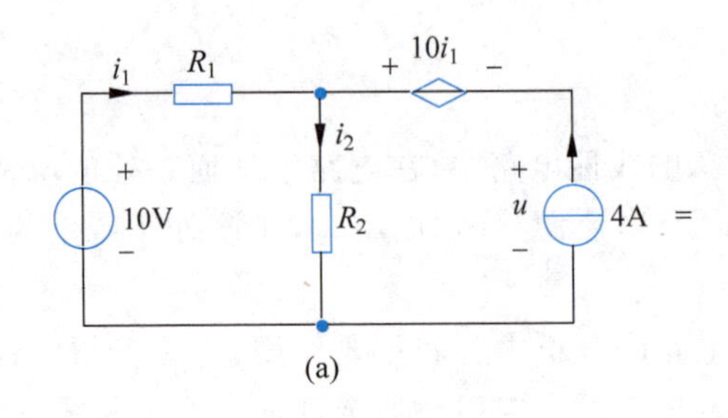

(a)

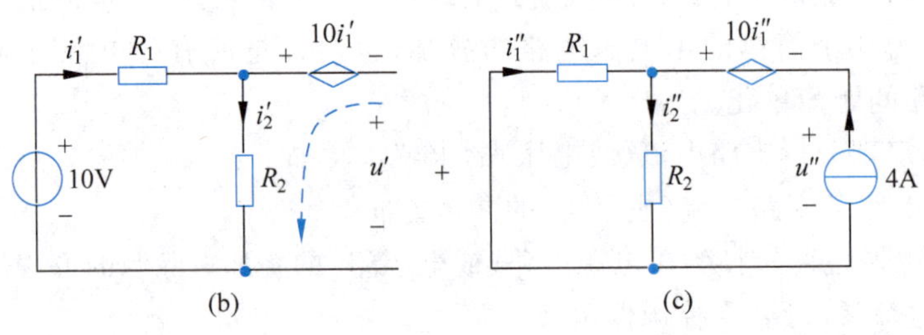

(b) (c)

例图 3-2-1

$$i''_2=\frac{6}{6+4}\times 4\text{A}=2.4\text{A}$$

u''仍为受控电压源电压与R_2上的电压的代数和，即

$$u''=-10i''_1+4i''_2=(16+9.6)\text{V}=25.6\text{V}$$

故两激励源共同作用时，如例图 3-2-1(a)所示，电压为

$$u=u'+u''=(-6+25.6)\text{V}=19.6\text{V}$$

(2) 计算电源向电路提供的总功率。

电压源支路的电流为

$$i_1=i'_1+i''_1=(1-1.6)\text{A}=-0.6\text{A}$$

电压源消耗的功率为

$$P_\text{U}=-10i_1=-10\times(-0.6)\text{W}=6\text{W}$$

电压源消耗的功率为 6W，即提供功率−6W(由于电压和电流为非关联参考方向，所以计算消耗功率时公式前带“−”号)。

电流源消耗的功率为

$$P_\text{I}=-4u=-4\times 19.6\text{W}=-78.4\text{W}$$

即电流源提供的功率为 78.4W。

所以，两电源向电路提供的总功率为

$$P=(78.4-6)\text{W}=72.4\text{W}$$

【例 3-2-2】 将例图 3-2-1(a)所示电路中的电阻 R_2 处再串接一个 2V 的电压源，得到如例图 3-2-2(a)所示电路，利用例 3-2-1 的结果重新求解 u_3。

解： 将例图 3-2-2(a)所示电路分解为例图 3-2-2(b)和例图 3-2-2(c)所示电路。

例图 3-2-2(b)中的 u_3'已由例 3-2-1 求出，例图 3-2-2(c)中的 u_3''为 2V 电压源作用的结果。

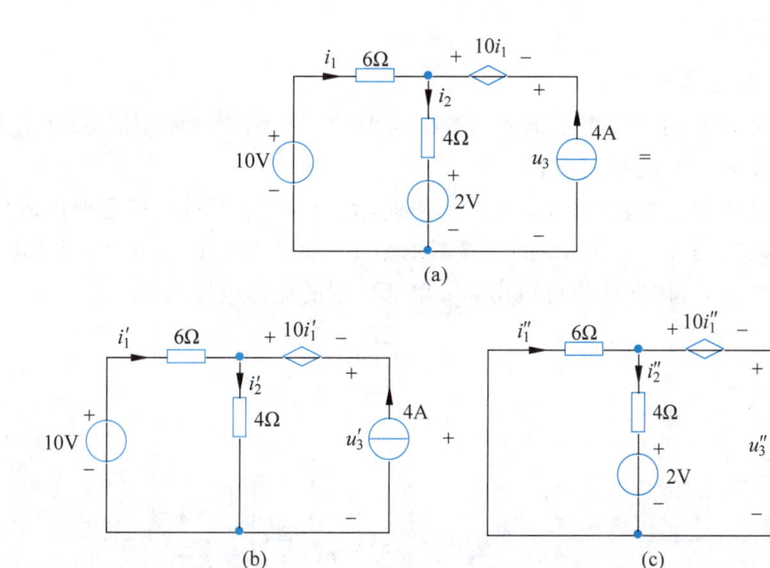

例图 3-2-2

对于例图 3-2-2(c)所示电路,可得

$$i''_1=i''_2=-\frac{2}{6+4}\text{A}=-0.2\text{A}$$

$$u''_3=-10i''_1+4i''_2+2=[-10\times(-0.2)+4\times(-0.2)+2]\text{V}=3.2\text{V}$$

所以

$$u_3=u'_3+u''_3=(19.6+3.2)\text{V}=22.8\text{V}$$

【例 3-2-3】 将例图 3-2-2(a)所示电路中 2V 的电源增至 8V,利用叠加定理计算电压 u_3 的变化(相对于 2V 时的 u_3)。

解:u_3 的变化为电压源从 2V 增至 8V 所致,所以只要把例图 3-2-2(c)中的电源 2V 改为 6V,计算此时的 u''_3 即可,即

$$i''_1=i''_2=-\frac{6}{6+4}\text{A}=-0.6\text{A}$$

$$u''_3=-10i''_1+4i''_2+6=9.6\text{V}$$

所以,u_3 增加了 9.6V。

【后续知识串联】

◇ 运放构成的求和与加减运算电路

本节所介绍的叠加定理在后续"模拟电子技术基础"课程中集成运放构成的基本运算电路的分析中有所应用。

对于电路形式而言,接入反馈的电路称作闭环电路。处于闭环状态下的运算放大器,可以通过变换反馈回路来改变输出量和输入量之间的运算关系。当多个信号同时作用于集成运放的输入端时,可以首先分别求出各输入电压单独作用时的输出电压,再利用叠加定理将它们的结果相加,便可以得到所有信号共同作用时的输出电压。下面以反

向求和运算电路和加减运算电路为例加以阐释[1]。

1. 反向求和运算电路

当多个输入信号同时作用于集成运算放大器的反相输入端时(如图 3-2-3 所示),通过该电路可以实现信号的反向求和。

设 u_{i1} 单独作用,此时应将 u_{i2} 和 u_{i3} 接地,如图 3-2-4 所示。根据理想运算放大器虚短、虚断的条件,可得 R_2 和 R_3 的一端是"地",一端是"虚地",流经它们的电流为零。根据反馈回路中 R_1 和 R_f 的值可得出 u_{i1} 单独作用的输出电压为

$$u_{o1}=-\frac{R_f}{R_1}u_{i1} \tag{3-2-2}$$

即实现了反相比例运算。

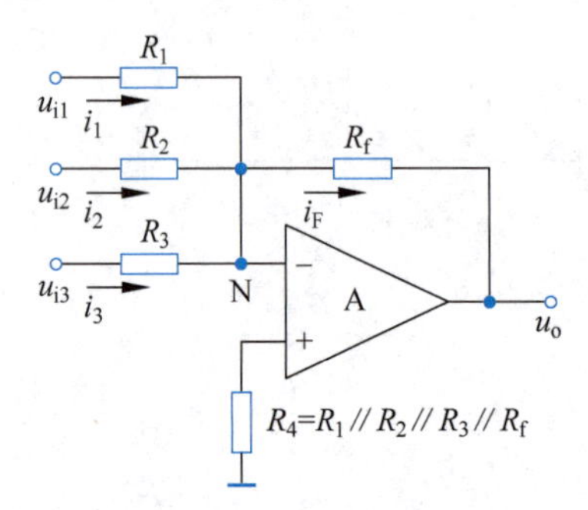

图 3-2-3 反向求和运算电路

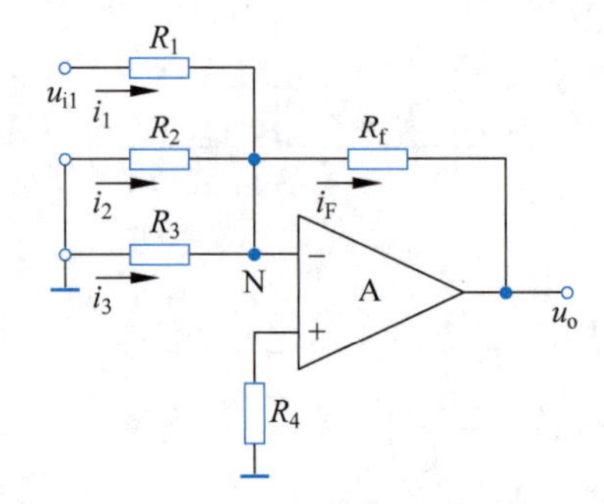

图 3-2-4 输入信号源单独作用时的等效电路

同理,可得出 u_{i2} 和 u_{i3} 单独作用时的输出电压

$$u_{o2}=-\frac{R_f}{R_2}u_{i2},\quad u_{o3}=-\frac{R_f}{R_3}u_{i3} \tag{3-2-3}$$

最后,利用叠加定理可得到三者共同作用时的输出电压

$$u_o=u_{o1}+u_{o2}+u_{o3}=-\frac{R_f}{R_1}u_{i1}-\frac{R_f}{R_2}u_{i2}-\frac{R_f}{R_3}u_{i3} \tag{3-2-4}$$

即为各信号源单独作用时的输出电压之和,从而实现了求和功能。

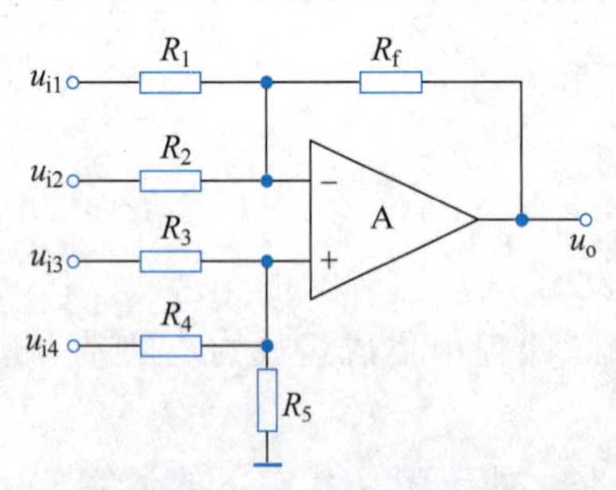

图 3-2-5 加减运算电路

2. 加减运算电路

当多个信号分别同时作用于集成运算放大器的同相端和反相端时,如图 3-2-5 所示,可实现信号的比例加减。

首先计算 4 个输入电压分别单独作用时的输出电压,再分别计算部分输入信号加在反相输入端时的输出电压

$$u_{o1}=-\left(\frac{R_f}{R_1}u_{i1}+\frac{R_f}{R_2}u_{i2}\right) \tag{3-2-5}$$

① 童诗白,华成英. 模拟电子技术基础[M]. 5 版. 北京:高等教育出版社,2015:281-285.

和其他输入信号加在同相输入端时的输出电压

$$u_{o2}=\frac{R_f}{R_3}u_{i3}+\frac{R_f}{R_4}u_{i4} \tag{3-2-6}$$

电路连接形式如图 3-2-6 所示。

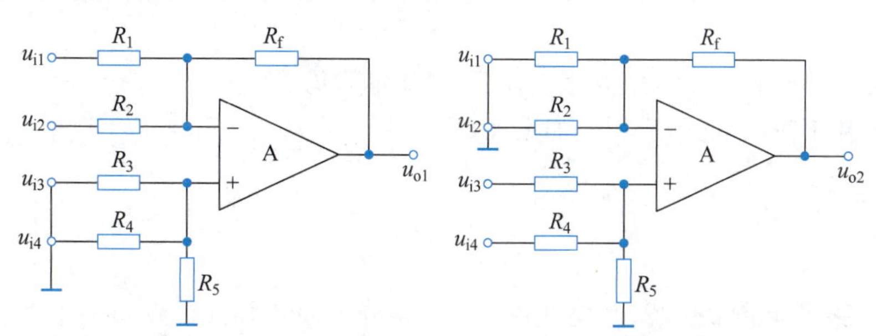

(a) 反相输入端各信号作用时的等效电路　　(b) 同相输入端各信号作用时的等效电路

图 3-2-6　利用叠加原理求解时的等效电路

因此,所有输入信号共同作用时的输出电压

$$u_o=u_{o1}+u_{o2}=\left(\frac{R_f}{R_3}u_{13}+\frac{R_f}{R_4}u_{14}\right)-\left(\frac{R_f}{R_1}u_{i1}+\frac{R_f}{R_2}u_{i2}\right) \tag{3-2-7}$$

即为各信号源单独作用时的输出电压之和,并且实现了加减运算。

【应用拓展】

线性电路的叠加性(叠加定理)是线性电路的一个重要性质。假设电路中任一支路电压或支路电流 y 与 n 个独立源 $x_1,x_2,\cdots,x_n$ 的函数关系为

$$y=f(x_1,x_2,\cdots,x_n)$$

对于线性电路而言,叠加性(叠加定理)是指函数 $f(\cdot)$满足性质:

$$f(x_1,x_2,\cdots,x_n)=f(x_1,0,\cdots,0)+f(0,x_2,\cdots,0)+\cdots+f(0,0,\cdots,x_n)$$

其物理意义为,电路中所有独立源共同作用的结果等价于每个独立源单独作用结果的叠加。利用线性电路这一性质,可以将一个含有多个独立源的复杂线性电路分解为多个仅含单一独立源的简单线性电路,达到“化繁为简”和“化整为零、各个击破”的目的。

在线性时不变系统的分析过程中,齐次性和叠加性同样有着重要的应用价值。对于系统分析而言,重点关注的是输出端口响应信号 $y(t)$与输入端口激励信号 $x(t)$的关系,二者之间同样可以描述为某个函数关系 $y(t)=f[x(t)]$,函数 $f[\cdot]$反映了对应系统的功能和特征。线性时不变系统满足如下性质:

$$f[\alpha x_1(t)+\beta x_2(t)]=\alpha f[x_1(t)]+\beta f[x_2(t)]$$

即同时满足齐次性和叠加性。可见,齐次性和叠加性为线性时不变系统中各种组合激励信号的响应信号分析提供了便利。

【思考与练习】

3-2-1　试说明叠加定理的内容,并总结应用叠加定理分析电路的步骤。

3-2-2　应用叠加定理分析电路时,若某个独立源单独作用,其余的电压源应该开路

还是短路？其余的电流源应该开路还是短路？

3-2-3　试判断下列说法是否正确：

（1）叠加定理适用于所有电路。

（2）让一个独立源单独作用时，其余独立源应该全部置零，但元件的参数和连接方式均不能变动。

（3）若电路中有一个电阻改为二极管，叠加定理仍然成立。

（4）求功率时，也能够应用叠加定理，即 $P=P_1+P_2+\cdots$。

3.3　替代定理

实际电路可能非常复杂，假设可将整体电路分成两个相连的单口网络 N、M。其中，N 是要分析的目标网络，M 不是分析重点，如图 3-3-1 所示。若已知网络 M 的端口电压 $u(t)$或电流 $i(t)$，可否用简单的激励源或等效阻抗替代复杂网络 M？替代后是否会影响对网络 N 的分析结果？若可以替代且不影响目标网络的分析结果，则可以大大简化电路分析。替代定理主要用于解决这类问题。

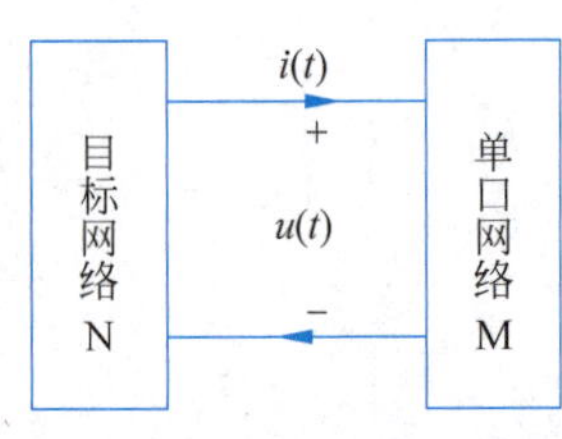

图 3-3-1　两个单口网络组成的实际电路

替代定理具有广泛的应用范围，也可以推广到非线性电路，其表述如下：给定任一线性或非线性电路，已知第 k 条支路的电压 u_k 和电流 i_k，只要该支路不是受控源支路，则可以用下列三种元件之一替代：

（1）电压值为 u_k 的理想电压源。

（2）电流值为 i_k 的理想电流源。

（3）电阻值为 $R_k=u_k/i_k$ 的电阻（如果网络为电阻性网络）。

这种替代不改变电路结构和 KCL、KVL 的约束关系，对整个电路的电压、电流不产生任何影响。

如图 3-3-2(a)所示电路，已知 $u_1=20\text{V}$，$u_2=4\text{V}$，$R_1=6\Omega$，$R_2=4\Omega$，$R_3=8\Omega$，根据前面的知识可求得 $i_1=2\text{A}$，$i_2=-1\text{A}$，$i_3=1\text{A}$，$u_2=8\text{V}$。

根据替代定理可用以下两种元件替代：

（1）$u_\text{S}=u_2=8\text{V}$ 的电压源代替支路 2，如图 3-3-2(b)所示，分析可知替代后原电路工作状态不变。

（2）用电流 $i_\text{S}=i_2=-1\text{A}$ 的电流源替代支路 2，如图 3-3-2(c)所示，分析可知替代后原电路工作状态不变。

替代定理的正确性可用电压源、电流源的性质来说明：

当第 k 条支路被一个电压源 u_k 所替代，由于改变后的新电路和原电路的连接是完全相同的，所以两个电路的 KCL 和 KVL 方程也相同。两个电路的全部支路的约束关系，除了第 k 条支路外，也是完全相同的。替代后新电路的第 k 条支路的电压为 $u_\text{S}=u_k$，即等于原电路的第 k 条支路电压，而它的电流可以是任意的（电压源的特点）。据假

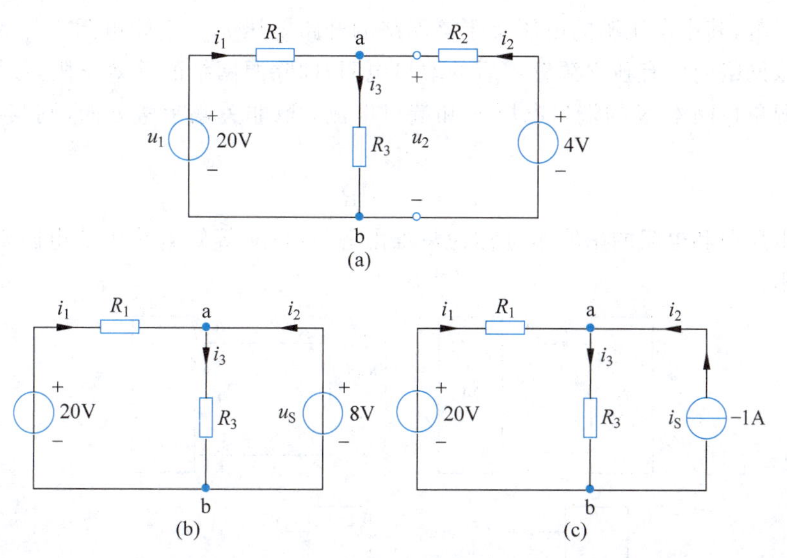

图 3-3-2　替代定理示例

定，电路在改变前后的各支路电压和电流均应是唯一的，而原电路的全部电压和电流又将满足新电路的全部约束关系，也是新电路的唯一解。

根据电流源的特点，其两端电压可以是任意的，第 k 条支路如被一个电流源所替代，原电路的解也将是新电路的唯一解。

【思考与练习】

3-3-1　什么是替代定理？为什么要对某一支路进行替代？

3-3-2　替代定理适用于所有类型的电路还是仅适用于线性电路？应用替代定理的前提条件是什么？

3.4　戴维南定理和诺顿定理

叠加定理可使多个激励或复杂激励电路的求解问题转化为简单激励电路的求解问题，但叠加定理只适用于线性电路。本节提出电路分析中广泛应用的另一类重要定理——戴维南定理和诺顿定理，它们可使结构复杂电路的求解问题转化为结构简单电路的求解问题，对于线性、非线性电路均适用。

在 2.1 节电路的等效变换中，讨论了单口网络的等效性，这类单口网络(或称二端网络)可以用一个电阻支路等效变换。而对于一个既含独立源又含受控源的单口网络，它的等效电路是什么？本节介绍的这两个定理就能解决这一问题。为了叙述方便，将此类单口网络称为含源单口网络。

3.4.1　戴维南定理

1. 戴维南定理的表述

任何一个含源单口网络，不论其结构多么复杂，都可以用一个电压源和电阻的串联组合等效代替,其中电压源的电压等于该网络的开路电压 u_{oc},串联电阻 R_{eq} 等于将外电路断开后该网络内所有独立源置零后的端口电阻,即除源网络的等效电阻,如图 3-4-1 所示。若含源单口网络 N 的端口电压 u 和端口电流 i 取非关联参考方向,则其 VCR 可表示为

$$u = u_{oc} - R_{eq} i \tag{3-4-1}$$

上述电压源和电阻的串联组合称为戴维南等效电路,等效电路中的电阻常称为戴维南等效电阻。

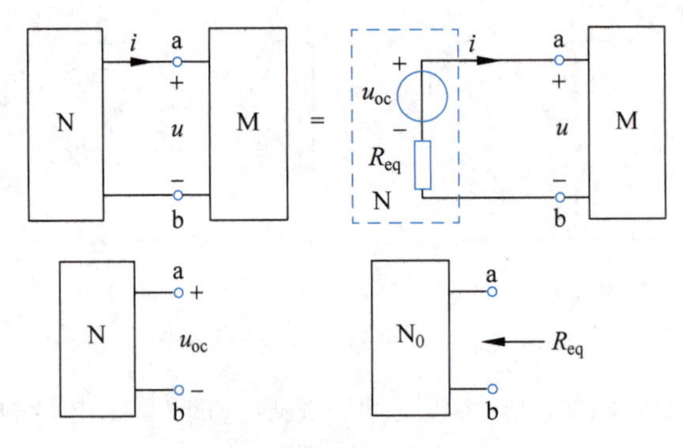

图 3-4-1 戴维南定理

除源的方法:将独立电压源短路,将独立电流源开路。

一般设定 N 为含源单口网络;M 为任意外电路;N_0 为除源单口网络。

2. 戴维南定理的证明

戴维南定理可以用叠加定理和替代定理来证明。设一线性含源单口网络 N 与任意外电路 M 相连,如图 3-4-2(a)所示。

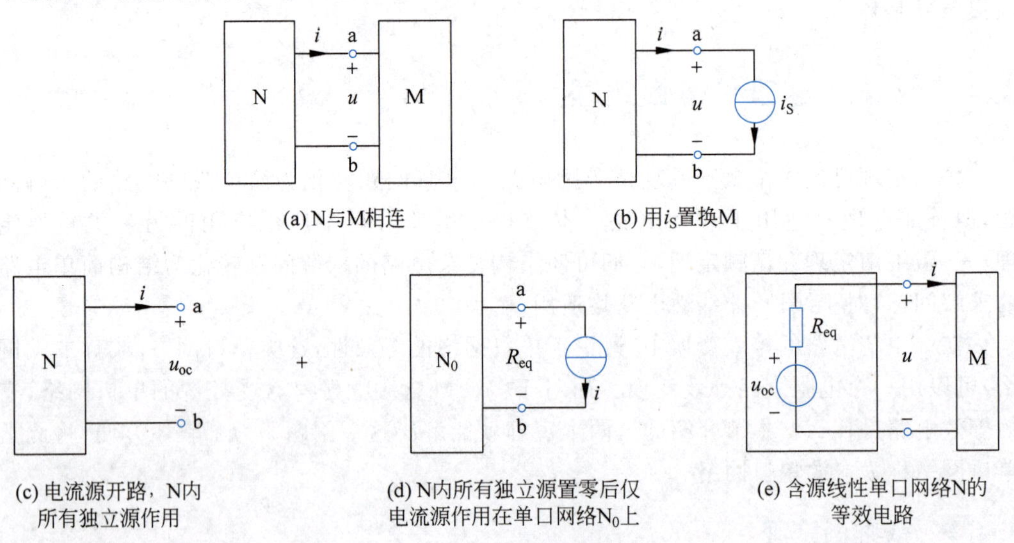

图 3-4-2 戴维南定理的证明

根据替代定理，用 $i_S=i$ 的电流源替代 M，如图 3-4-2(b)所示。由叠加定理可知，图 3-4-2(b)所示电路可以分解为图 3-4-2(c)和图 3-4-2(d)所示电路的叠加。由图可知，含源单口网络的端口电压 u 可以看成电流源 i_S 开路时网络 N 的开路电压 u_{oc} 和网络 N 中所有独立源置零后，仅由电流源 i_S 作用时在网络 N_0 处产生的端口电压 $R_{eq}i$ 的叠加，即 $u=u_{oc}-R_{eq}i$。

根据该表达式可以得出，含源单口网络 N 可用电压源与电阻的串联组合来等效，如图 3-4-2(e)所示，这就是戴维南定理。

戴维南定理常用以简化一个复杂电路中不需要进行研究的含源网络部分。在有些情况下只需计算一个复杂电路中某一支路(或某一部分)的电压或电流。可以把这个支路(或部分)划出，而把其余部分看成一个含源单口网络，这个含源单口网络对于此支路(或部分)仅相当于一个电源。只要将这个网络用电压源与电阻的串联组合等效代替就可以使问题简单化。

求解含源单口网络的戴维南等效电路，关键是求开路电压 u_{oc} 和等效电阻 R_{eq}。

求开路电压 u_{oc} 时，可以根据具体电路，选择支路分析法、回路分析法、节点分析法、叠加定理和等效变换等各种方法。

求等效电阻 R_{eq} 时，需要观察含源单口网络是否含有受控源。对于不含受控源的情形，除源后的单口网络仅由电阻元件构成，等效电阻可以通过电阻串联、并联和网络等效变换等方法求出。对于含受控源的情形，要用外施电压法或者短路电流法来求等效电阻。当然，外施电压法和短路电流法同样适用于不含受控源的情形。

【例 3-4-1】 如例图 3-4-1(a)所示电路，已知 $u_{S1}=40\text{V}$，$u_{S2}=40\text{V}$，$R_1=4\Omega$，$R_2=2\Omega$，$R_3=5\Omega$，$R_4=10\Omega$，$R_5=8\Omega$，$R_6=2\Omega$，求流过 R_3 的电流 i_3。

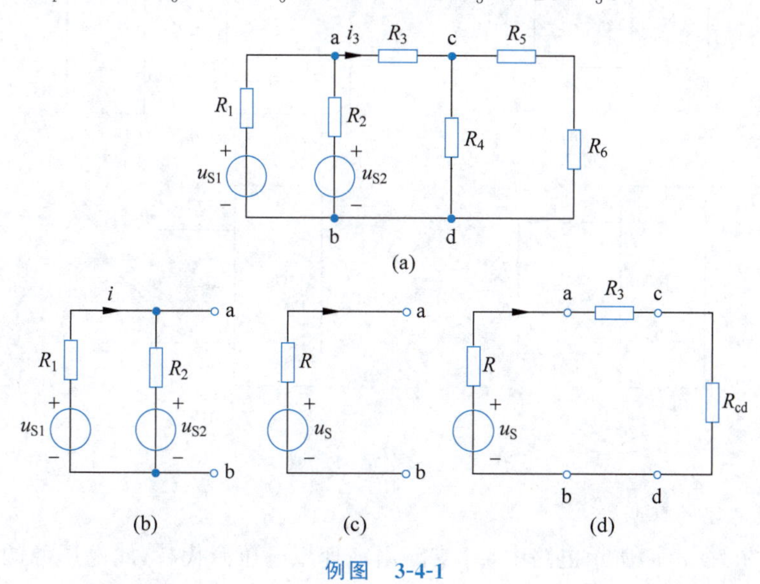

例图 3-4-1

解：首先应用戴维南定理把左侧两条支路组成的一个含源单口网络，如例图 3-4-1(b)所示，用戴维南等效电路替代，如例图 3-4-1(c)所示。

其中

$$R = R_{eq} = \frac{R_1 R_2}{R_1 + R_2} = \frac{4 \times 2}{4+2}\Omega \approx 1.33\Omega$$

$$u_S = u_{oc} = R_2 i + u_{S2} = \frac{u_{S1} - u_{S2}}{R_1 + R_2} R_2 + u_{S2} = \left(\frac{40-40}{4+2} \times 2 + 40\right)\text{V} = 40\text{V}$$

其次,求右边由电阻 R_4、R_5、R_6 组成的一端口网络的等效电阻 R_{cd},即

$$R_{cd} = \frac{R_4(R_5 + R_6)}{R_4 + R_5 + R_6} = \frac{10 \times (8+2)}{10+8+2}\Omega = 5\Omega$$

于是例图 3-4-1(a)可以化简为例图 3-4-1(d)所示电路,则通过电阻 R_3 的电流为

$$i_3 = \frac{u_S}{R + R_3 + R_{cd}} = \frac{40}{1.33+5+5}\text{A} \approx 3.53\text{A}$$

3.4.2 诺顿定理

1. 诺顿定理的表述

诺顿定理是关于线性含源单口网络的并联型等效电路的定理。任何一个含源单口网络都可以用一个电流源和电阻的并联组合代替,如图 3-4-3(b)所示。其中,电流源的电流等于该含源单口网络的短路电流,如图 3-4-3(c)所示;电阻等于该网络中所有独立源置零后的端口等效电阻,如图 3-4-3(d)所示。

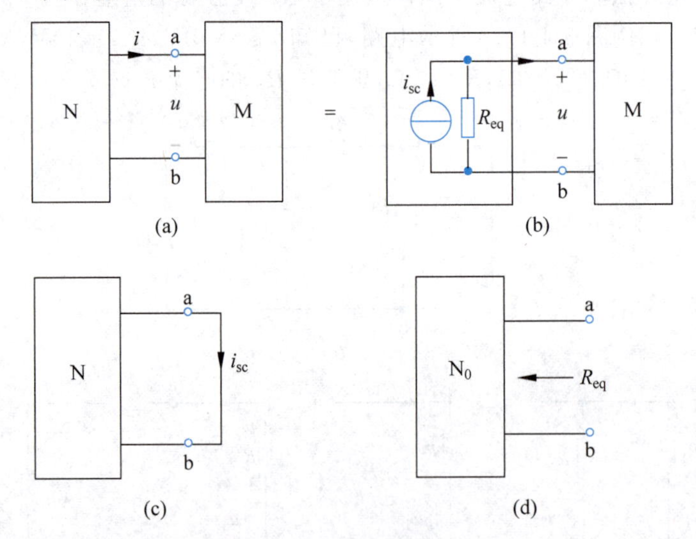

图 3-4-3 诺顿定理

2. 诺顿定理的证明

(1) 如图 3-4-3(a)所示电路中,M 支路用一理想电压源代替,此电压源的电压 u_S 等于被代替的单口网络的端口电压 u,二者的参考方向也相同,如图 3-4-4(a)所示。

(2) 根据叠加定理,线性含源单口网络 N 的端口电流 i 可以看成两个分量叠加的结

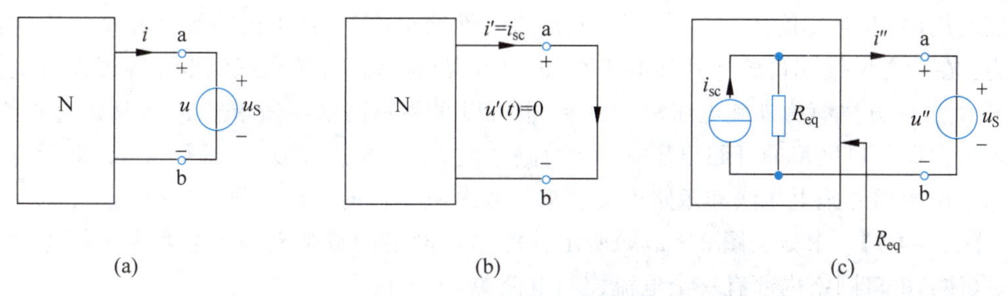

图 3-4-4 诺顿定理的证明

果：一个分量是当该网络内部所有独立源共同作用时在网络端口处产生的电流，即端口短路电流 $i'=i_{sc}$，如图 3-4-4(b)所示；另一个分量是仅由该网络外部的电压源单独作用时在同一端口处产生的电流，如图 3-4-4(c)所示，此时无源网络的等效电阻为 R_{eq}，有

$$i''=-\frac{u_S}{R_{eq}}=-\frac{u}{R_{eq}}$$

根据叠加定理，可以确定原线性含源单口网络的端口电流为

$$i=i'+i''=i_{sc}-\frac{u}{R_{eq}} \tag{3-4-2}$$

根据式(3-4-2)可以得出含源单口网络 N 可用电流源与电阻的并联组合来等效，如图 3-4-4(c)所示。其中，电流源的电流等于含源单口网络的短路电流 i_{sc}，电阻等于该网络除源(受控源保留)后的等效电阻 R_{eq}。

3.4.3 戴维南定理和诺顿定理的转换[①]

含源单口网络的戴维南定理与诺顿定理是互为对偶的网络定理，含源单口网络的戴维南等效电路与诺顿等效电路也是互为对偶的，它们可以相互转换。

对于同一个线性电阻性含源单口网络而言，戴维南等效电路和诺顿等效电路的电阻 R_{eq} 相等，而激励之间存在如下关系：

$$i_{sc}=\frac{u_{oc}}{R_{eq}} \tag{3-4-3}$$

或

$$u_{oc}=R_{eq}i_{sc} \tag{3-4-4}$$

从而

$$R_{eq}=\frac{u_{oc}}{i_{sc}} \tag{3-4-5}$$

这说明，除去独立源的线性电阻性单口网络的端口等效电阻等于原含源单口网络的开路电压与短路电流之比，这是短路电流法求等效电阻 R_{eq} 的依据。利用三个参数 u_{oc}、i_{sc} 和 R_{eq} 之间的关系，可以在戴维南等效电路与诺顿等效电路之间灵活转换。

当含源单口网络内存在受控源时，除源后网络呈现电阻性特征，但求解等效电阻 R_{eq}

① 戴维南/诺顿定理的 Multisim 仿真实例参见附录 A 例 2-3。

不能使用串、并联化简法。此时，可以利用电阻性网络的 VCR 求出等效电阻 R_{eq}，具体过程为：在除源网络端口施加外部电压源，再求解端口电流，外施电压源电压除以端口电流即得 R_{eq}，此方法简称外施电压法。另外，也可以采用短路电流法求解 R_{eq}，具体过程为：先求出含源单口网络的开路电压 u_{oc} 和短路电流 i_{sc}，用 u_{oc} 除以 i_{sc} 即得 R_{eq}。下面将通过例题说明用外施电压法和短路电流法求等效电阻 R_{eq} 的具体步骤。

【例 3-4-2】 求如例图 3-4-2(a)所示含源单口网络的戴维南等效电路和诺顿等效电路。(注：单口网络内部有一个电流控制电流源：$i_c=0.75i_1$。)

解：(1) 求开路电压 u_{oc}。

如例图 3-4-2(a)所示，当端口 1-1′开路时，根据 KCL 得

$$i_2=i_1+i_c=1.75i_1$$

对网孔 1 列 KVL 方程得

$$5\times10^3\times i_1+20\times10^3\times i_2=40$$

代入 $i_2=1.75i_1$，可求得 $i_1=1\text{mA}$。因此，$i_2=1.75\text{mA}$。

而开路电压为

$$u_{oc}=20\times10^3\times i_2=35\text{V}$$

(2) 求短路电流 i_{sc}。

如例图 3-4-2(b)所示，当端口 1-1′短路时，可求得短路电流 i_{sc}，即

$$i_1=\frac{40}{5\times10^3}\text{A}=8\text{mA}$$

$$i_{sc}=i_1+i_c=1.75i_1=1.75\times8\text{mA}=14\text{mA}$$

因此

$$R_{eq}=\frac{u_{oc}}{i_{sc}}=\frac{35}{14}\text{k}\Omega=2.5\text{k}\Omega$$

对应的戴维南等效电路和诺顿等效电路分别如例图 3-4-2(c)和例图 3-4-2(d)所示。

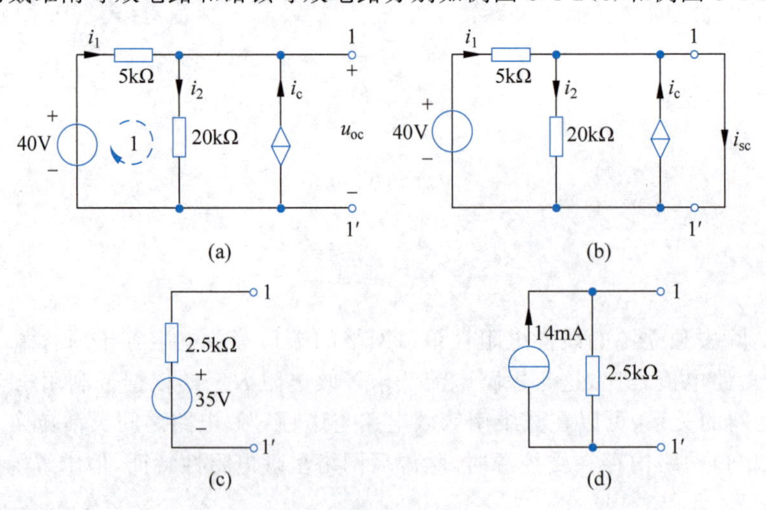

例图 3-4-2

【例 3-4-3】 求如例图 3-4-3(a)所示二端网络的戴维南等效电路,其中 $R_1=R_2=1\text{k}\Omega$,电流控制电流源的控制系数 $\beta=0.5$。

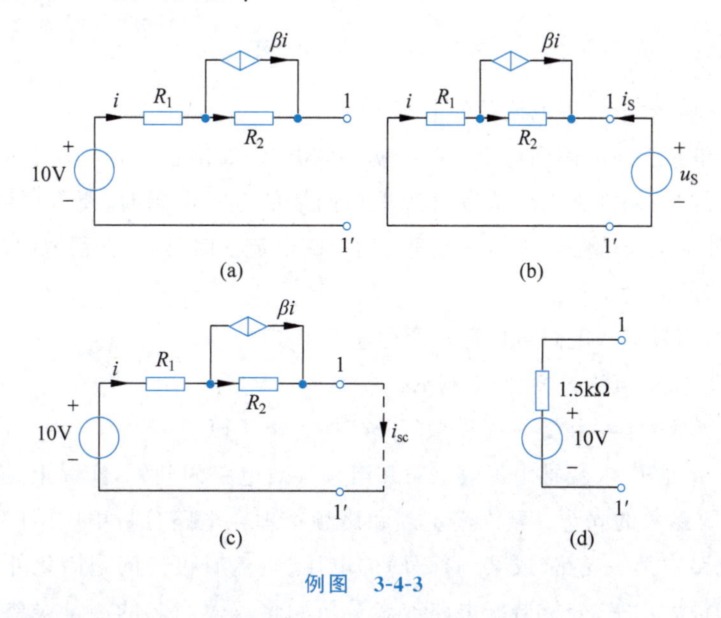

例图 3-4-3

解:(1) 求开路电压 u_{oc}:如例图 3-4-3(a)所示,开路状态下,电流 $i=0\text{A}$,所以电阻 R_1 和 R_2 上的电压均为 0V,故 $u_{oc}=u_{11'}=10\text{V}$。

(2) 求等效电阻 R_{eq}:因为网络内含有受控源,不能用串、并联化简法,而可以用外施电压法和短路电流法,分析如下:

① 外施电压法:如例图 3-4-3(b)所示,将 10V 电压源短路,在 1-1′端加电压源 u_S,产生电流 i_S。由图可知

$$i_S=-i$$

根据 KVL 列出回路方程

$$\begin{aligned} u_S &= -R_1 i - R_2(i-\beta i) = -i[1+(1-0.5)]\times 10^3 \\ &= -1.5\times 10^3 i = 1.5\times 10^3 i_S \quad (\text{因为 } i_S=-i) \end{aligned}$$

根据电阻性网络 VCR,可得

$$R_{eq}=\frac{u_S}{i_S}=1500\Omega$$

② 短路电流法:如例图 3-4-3(c)所示,将 1-1′短路,求短路电流 i_{sc},注意此时网络内部所有独立源均应保留。显然,$i_{sc}=i$。

根据 KVL,列出回路方程:

$$10=R_1 i_{sc}+(i_{sc}-\beta i_{sc})R_2=1.5\times 10^3 i_{sc}$$

所以

$$i_{sc}=\frac{1}{150}\text{A}$$

$$R_{eq}=\frac{u_{oc}}{i_{sc}}=1500\Omega$$

其中,i_{sc} 为诺顿等效电路中电流源的电流。

求出 u_{oc} 和 R_{eq} 即可得到对应的戴维南等效电路,如例图 3-4-3(d)所示。

需要强调的是,用外施电压法求含源单口网络的等效电阻时,要将原网络内的所有独立源去掉,外施电压源是该网络的激励;用短路电流法时,则要保留原网络内所有独立源,它们是网络的激励。

综上所述,诺顿等效电路可以通过两种途径求得。

(1) 应用短路电流法:求出 i_{sc} 与 R_{eq}。

(2) 利用等效变换:将戴维南模型等效变换为诺顿模型。

由以上分析可知,求戴维南等效电路和诺顿等效电路的问题,实际上是求 u_{oc}、i_{sc} 和 R_{eq} 这三个重要参数的问题。戴维南定理和诺顿定理在电路分析中应用广泛,除前面介绍的求复杂电路中某一支路(或某一部分)的电压、电流时可使问题简化外,在分析电路中负载获得的最大功率、分析谐振电路或者分析测量仪器引起的测量误差等问题时,这两个定理也尤为适用。

【思考与练习】

3-4-1　运用外施电压法和短路电流法求戴维南等效电阻时,对原网络内部电源的处理是否相同?为什么?

3-4-2　测得一个含源单口网络的开路电压 $u_{oc}=8\text{V}$,短路电流 $i_{sc}=0.5\text{A}$,试计算外接电阻为 24Ω 时的电流及电压。

3-4-3　某含源单口网络的开路电压为 u_{oc},接上负载 R_L 后,其电压为 u_1,试证明该网络的戴维南等效电阻为

$$R_o=\left(\frac{u_{oc}}{u_1}-1\right)R_L$$

3-4-4　戴维南和诺顿定理是否适用于非线性电路?为什么?

3.5　最大功率传输定理

在信息工程、通信工程和电子测量中,常常遇到电阻负载能从电路中获得最大功率的问题,这类问题可抽象为图 3-5-1(a)所示的电路模型来分析。其中,N 为供给电阻负载能量的含源单口网络,可用戴维南或诺顿等效电路代替,如图 3-5-1(b)、(c)所示。需要讨论的问题是:负载电阻 R_L 为何值时,可以从含源单口网络获得最大功率?由图 3-5-1(b)可知,负载 R_L 为任意值时吸收功率的表达式为

$$P = i^2 R_L = \left(\frac{u_{oc}}{R_{eq} + R_L}\right)^2 R_L \tag{3-5-1}$$

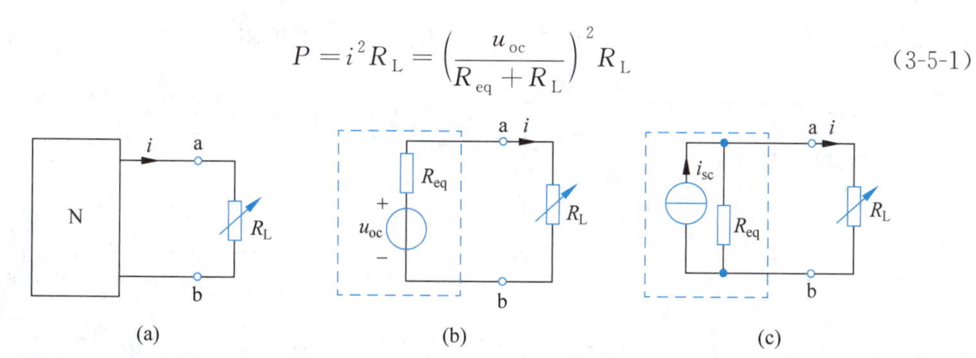

图 3-5-1　最大功率传输定理

显然，当$\frac{dP}{dR_L}=0$时，P 获得极值，即

$$\frac{dP}{dR_L} = \frac{(R_{eq} - R_L)u_{oc}^2}{(R_{eq} + R_L)^3} = 0$$

由此求得 P 获得极值的条件为

$$R_L = R_{eq} \tag{3-5-2}$$

由于

$$\left.\frac{d^2 P}{dR_L^2}\right|_{R_L = R_{eq}} = -\frac{u_{oc}^2}{8R_{eq}^3} < 0$$

所以，式(3-5-2)是负载电阻 R_L 从单口网络获得最大功率的条件。

最大功率传输定理：含源线性单口网络传递给可变电阻负载 R_L 最大功率的条件是负载 R_L 应与单口网络的端口等效电阻 R_{eq} 相等。满足条件 $R_L = R_{eq}$ 时，称为最大功率匹配，此时负载获得的最大功率为

$$P_{max} = \frac{u_{oc}^2}{4R_{eq}} \tag{3-5-3}$$

对于图 3-5-1(c)所示的诺顿等效电路，令 $G_{eq} = \frac{1}{R_{eq}}$，则有

$$P_{max} = \frac{i_{sc}^2}{4G_{eq}} \tag{3-5-4}$$

需要指出的是，最大功率传输定理是在含源网络 N 固定，而 R_L 可变的条件下得出的。若含源网络 N 内阻 R_0（即 R_{eq}）可变，而 R_L 固定，则应使 R_0 尽量减小，才能使 R_L 获得更大功率。当 $R_0 = 0$ 时，R_L 获得最大功率，当然这是一种理想状态。

不难发现，满足最大功率匹配条件时，R_{eq} 与 R_L 吸收的功率相等，对电压源而言，功率传输效率 $\eta = 50\%$。在信息工程、通信工程和电子测量中，常常着眼于提取微弱信号并获得最大功率，而不看重效率的高低，所以最大功率匹配是以上各领域非常关注的问题。在电力系统中，则要求尽可能提高效率，以便充分地利用能源。

【例 3-5-1】 如例图 3-5-1(a)所示电路,已知 $r=2\Omega$,求电阻 R_L 获得的最大功率。

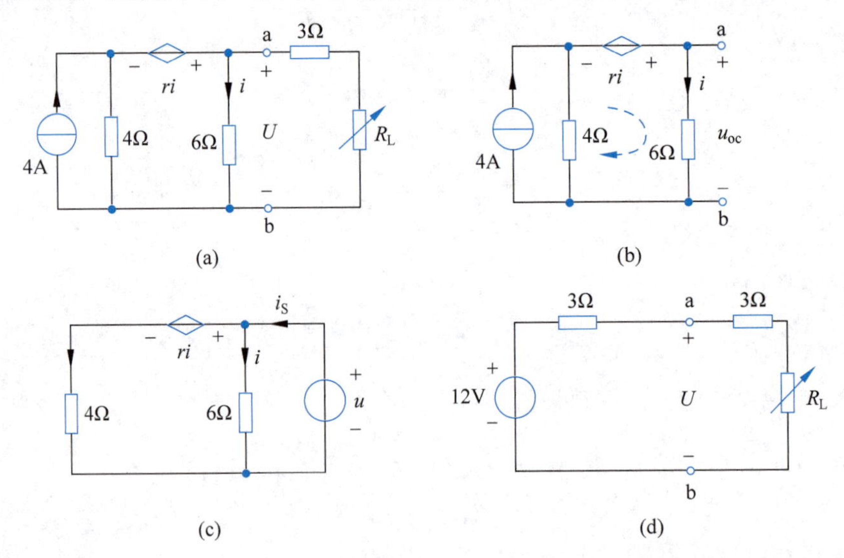

例图 3-5-1

解:求 ab 左端单口网络的戴维南等效电路,问题即可解决。

(1) 如例图 3-5-1(b)所示,断开 a、b 右侧支路,求开路电压 u_{oc}。

列出中间网孔的 KVL 方程

$$6\times i+4\times(i-4)-2\times i=0$$

解得

$$i=2\text{A}$$

所以,开路电压为

$$u_{oc}=6\times i=6\times 2\text{V}=12\text{V}$$

(2) 如例图 3-5-1(c)所示,断开 4A 电流源,用外施电压法求端口等效电阻 R_{eq}。显然,$i=\frac{u}{6}$。根据 KCL,列出节点电流方程

$$i_S=i+\frac{u-ri}{4}=0.5i+\frac{u}{4}=0.5\times\frac{u}{6}+\frac{u}{4}=\frac{u}{3}$$

求得

$$R_{eq}=\frac{u}{i_S}=3\Omega$$

因此,戴维南等效电路如例图 3-5-1(d)所示。所以,当 $R_L=6\Omega$ 时获得最大功率,最大功率为

$$P_{max}=\frac{12^2}{4\times 6}\text{W}=6\text{W}$$

【例 3-5-2】 如例图 3-5-2(a)所示电路,已知 $r=3\Omega$,求电阻 R_L 为何值时可获得最大功率?

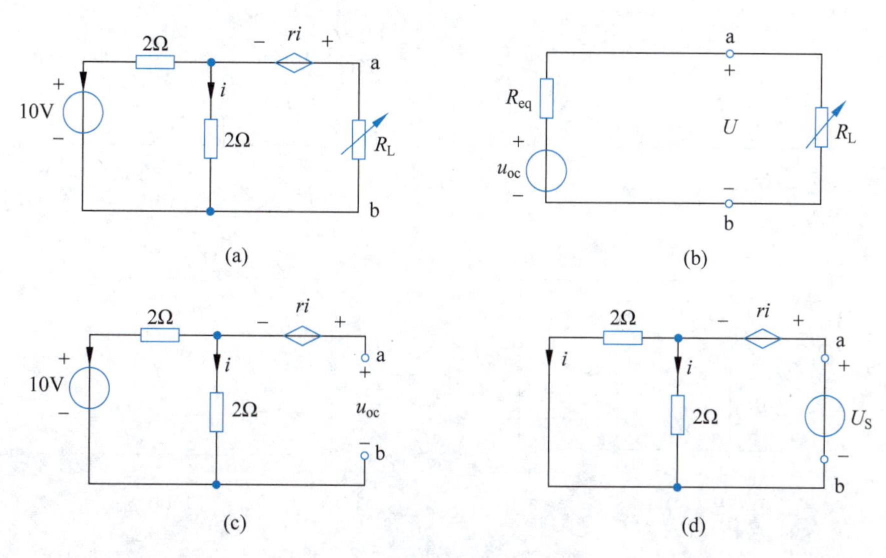

例图 3-5-2

解:根据题意,在如例图 3-5-2(a)所示电路的节点 a、b 处断开负载电阻 R_L,求出含源单口网络的戴维南等效电路,可得如例图 3-5-2(b)所示的等效电路。

如例图 3-5-2(c)所示,可求得开路电压

$$u_{oc}=ri+2i=3i+2i=5i=5\times\frac{10}{2+2}\text{V}=12.5\text{V}$$

如例图 3-5-2(d)所示,采用外施电压法求等效电阻 R_{eq}。

根据 KVL,右侧网孔电压方程为

$$U_S=ri+2i$$

根据 KCL,显然电压源 U_S 的输出电流为 $2i$。

所以,可求出等效电阻为

$$R_{eq}=\frac{U_S}{2i}=\frac{ri+2i}{2i}=\frac{r+2}{2}=\frac{3+2}{2}\Omega=2.5\Omega$$

显然,当 $R_L=R_{eq}=2.5\Omega$ 时获得最大功率,最大功率为

$$P_{max}=\frac{u_{oc}^2}{4R_{eq}}=\frac{12.5^2}{4\times2.5}\text{W}=15.625\text{W}$$

【例 3-5-3】 如例图 3-5-3(a)所示电路,已知 $r=3\Omega$,求该单口网络向外传输的最大功率。

解:根据题意,首先建立如例图 3-5-3(a)所示含源单口网络的戴维南等效电路。

如例图 3-5-3(b)所示,选定回路并设定回路电流的参考方向,应用回路电流法求 u_{oc}。

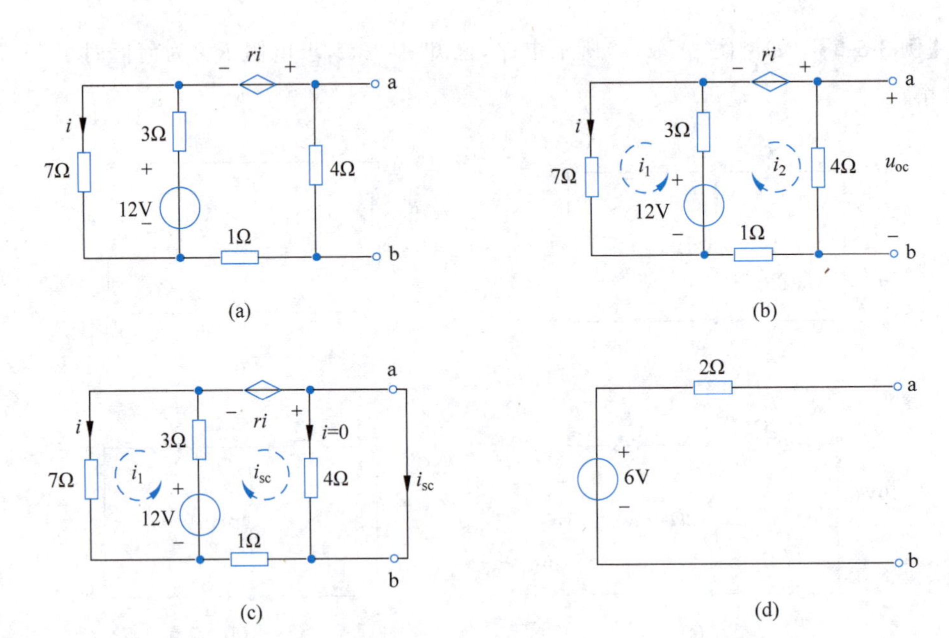

例图 3-5-3

列出回路方程

回路 1：$$(7+3)i_1+3i_2=12$$

回路 2：$$3i_1+(3+4+1)i_2=12+3i_1$$

整理得

回路 1：$$10i_1+3i_2=12$$

回路 2：$$8i_2=12$$

解得 $$i_1=0.75\text{A},\quad i_2=1.5\text{A}$$

开路电压为 $$u_{oc}=4i_2=4\times1.5\text{V}=6\text{V}$$

如例图 3-5-3(c)所示，连接 a、b，应用短路电流法求 R_{eq}。

由图可知，此时 4Ω 电阻支路被短路，无电流流过。根据两网孔电流的参考方向，列出网孔方程：

网孔 1：$$(7+3)i_1+3i_{sc}=12$$

网孔 2：$$3i_1+(3+1)i_{sc}=12+3i_1$$

整理得

网孔 1：$$10i_1+3i_{sc}=12$$

网孔 2：$$4i_{sc}=12$$

解得 $$i_{sc}=3\text{A}$$

所以，等效电阻为

$$R_{eq}=\frac{u_{oc}}{i_{sc}}=\frac{6}{3}\Omega=2\Omega$$

原含源单口网络的戴维南等效电路如例图 3-5-3(d)所示，该单口网络向外输出的最大功率为

$$P_{\max}=\frac{u_{\mathrm{oc}}^2}{4R_{\mathrm{eq}}}=\frac{6^2}{4\times 2}\mathrm{W}=4.5\mathrm{W}$$

【应用拓展】

现实生活中，最大功率传输具有重要意义。在电影院、音乐厅、会议室等场景，通过选配合适的功率放大设备与音箱组成适用的音响系统。此时，功率放大设备的输出阻抗与音箱的输入阻抗应该满足匹配条件，以便使音箱发出大音量、高保真度的声音，同时也保证功率放大设备和音箱的安全。图 3-5-2 为典型的音响系统。

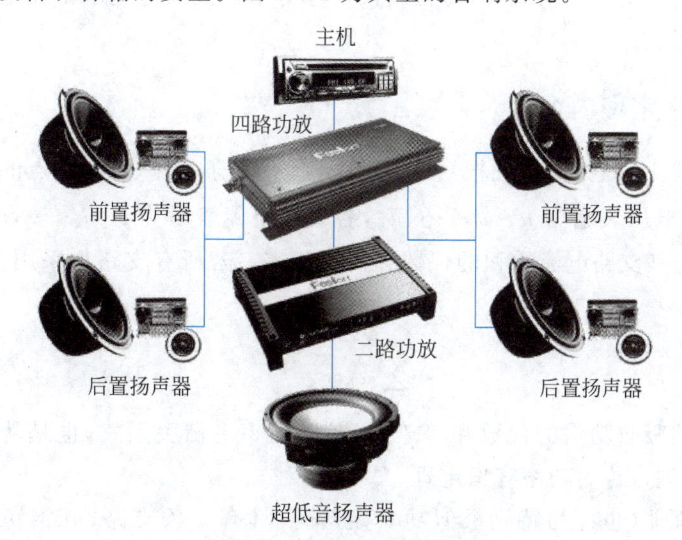

图 3-5-2 典型音响系统

在无线通信系统中，发射机将信息调制到高频电磁波上并进行功率放大，高频电磁波信号通过天线发射出去。如图 3-5-3 所示，发射机的电磁波传输电路必须实现输出阻抗与负载阻抗的“完美”匹配，才能保证电磁波信号无反射传输，实现功率最大化利用。若阻抗不匹配，则会引起严重的反射现象，传输线上将形成驻波，大量的功率消耗在反射功率上，使得能量利用率降低，并因反射功率过大将造成元器件的损坏，引起发射机故障。

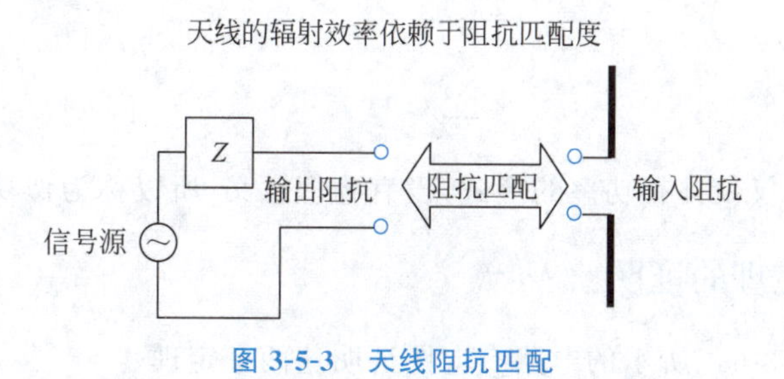

图 3-5-3 天线阻抗匹配

【思考与练习】

3-5-1　若负载 R_L 固定不变，试问单口网络的输出电阻 R_o 为何值时，R_L 可获得最大功率？

3-5-2　当负载 R_L 获得最大功率时，功率传输效率也是最大吗？为什么？

3.6　特勒根定理

特勒根定理是电路理论中一个重要的定理，其适用于任何集总参数电路，且只与电路的结构有关而与支路性质无关，即特勒根定理适用的范围与基尔霍夫定律相同。特勒根定理有两种形式。

3.6.1　特勒根定理内容

特勒根定理Ⅰ（也称为特勒根功率定理）：具有 b 条支路、n 个节点的任一集总参数电路 N，各支路电压表示为 $u_1, u_2, \cdots, u_b$，各支路电流表示为 $i_1, i_2, \cdots, i_b$，在任一时刻 t，各支路电压与其支路电流乘积的代数和恒等于零。若所有支路均采用关联参考方向，则有

$$\sum_{k=1}^{b} u_k i_k = 0 \tag{3-6-1}$$

该式说明各支路吸收功率的代数和等于零，其是功率平衡关系式，也是功率守恒的具体体现，所以此定理也称为功率守恒定理。

特勒根定理Ⅱ（也称为特勒根似功率定理）：具有 b 条支路、n 个节点的两个任意集总参数电路 N 和 $\hat{\mathrm{N}}$，它们具有相同的有向图。N 的各支路电压表示为 $u_1, u_2, \cdots, u_b$，各支路电流表示为 $i_1, i_2, \cdots, i_b$；$\hat{\mathrm{N}}$ 的各支路电压表示为 $\hat{u}_1, \hat{u}_2, \cdots, \hat{u}_b$，各支路电流表示为 $\hat{i}_1, \hat{i}_2, \cdots, \hat{i}_b$。在任一时刻 t，网络 N 的各支路电压（或电流）与网络 $\hat{\mathrm{N}}$ 对应支路的电流（或电压）乘积的代数和恒等于零。若所有支路均采用关联参考方向，可表示为

$$\sum_{k=1}^{b} u_k \hat{i}_k = 0 \tag{3-6-2}$$

$$\sum_{k=1}^{b} i_k \hat{u}_k = 0 \tag{3-6-3}$$

式中，$u_k \hat{i}_k$ 和 $i_k \hat{u}_k$ 仅仅具有功率的形式，没有物理意义，所以称为似功率。

3.6.2　特勒根定理的证明

下面通过如图 3-6-1 所示的电路有向图证明这两个定理。

特勒根定理Ⅰ证明如下：

图 3-6-1 是某电路的有向图。该电路有 4 个节点、6 条支路。以节点④为参考节点，设 u_{10}、u_{20}、u_{30} 分别表示节点①、②、③的节点电压，根据 KVL 可得出各支路电压与节点电压的关系为

$$\begin{cases} u_1 = u_{10} - u_{20} \\ u_2 = u_{20} - u_{30} \\ u_3 = u_{20} \\ u_4 = -u_{10} \\ u_5 = u_{30} \\ u_6 = -u_{10} + u_{30} \end{cases} \tag{3-6-4}$$

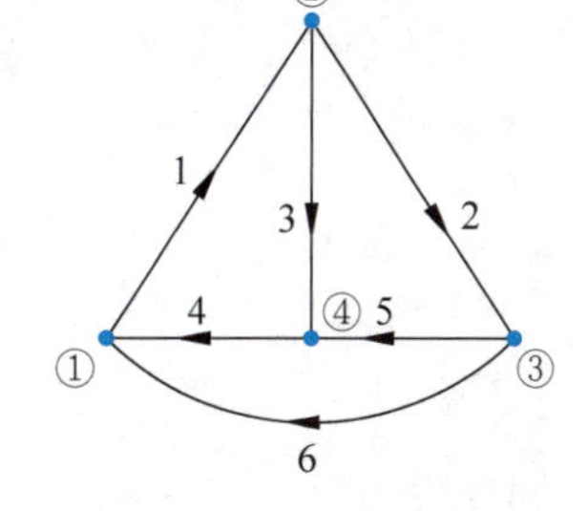

图 3-6-1 特勒根定理的证明

根据 KCL 可得节点①、②、③的方程为

$$\begin{cases} i_1 - i_4 - i_6 = 0 \\ -i_1 + i_2 + i_3 = 0 \\ -i_2 + i_5 + i_6 = 0 \end{cases} \tag{3-6-5}$$

而各支路吸收功率的代数和为

$$\sum_{i=1}^{6} u_k i_k = u_1 i_1 + u_2 i_2 + u_3 i_3 + u_4 i_4 + u_5 i_5 + u_6 i_6 \tag{3-6-6}$$

把式(3-6-4)代入式(3-6-6)，整理得

$$\sum_{k=1}^{6} u_k i_k = u_{10}(i_1 - i_4 - i_6) + u_{20}(-i_1 + i_2 + i_3) + u_{30}(-i_2 + i_5 + i_6) \tag{3-6-7}$$

把式(3-6-5)代入式(3-6-7)，可知式(3-6-7)等于 0，即

$$\sum_{k=1}^{6} u_k i_k = 0 \tag{3-6-8}$$

将这一结论推广到任一具有 n 个节点、b 条支路的电路，则有

$$\sum_{k=1}^{b} u_k i_k = 0 \tag{3-6-9}$$

特勒根定理Ⅱ证明如下：

设有两个由不同性质的二端元件组成的电路 N 和 $\hat{\mathrm{N}}$，两电路各元件间的连接情况以及相应支路的参考方向均相同，即二者的有向图完全相同，如图 3-6-1 所示。令电路 N 的各支路电压、电流分别为 u_1、u_2、u_3、u_4、u_5、u_6 和 i_1、i_2、i_3、i_4、i_5、i_6；电路 $\hat{\mathrm{N}}$ 的各支路电压、电流分别为 $\hat{u}_1$、$\hat{u}_2$、$\hat{u}_3$、$\hat{u}_4$、$\hat{u}_5$、$\hat{u}_6$ 和 $\hat{i}_1$、$\hat{i}_2$、$\hat{i}_3$、$\hat{i}_4$、$\hat{i}_5$、$\hat{i}_6$。

对于电路 N，根据 KVL，可写出式(3-6-4)，对电路 $\hat{\mathrm{N}}$ 应用 KCL 可得

$$\begin{cases} \hat{i}_1 - \hat{i}_4 - \hat{i}_6 = 0 \\ -\hat{i}_1 + \hat{i}_2 + \hat{i}_3 = 0 \\ -\hat{i}_2 + \hat{i}_5 + \hat{i}_6 = 0 \end{cases} \tag{3-6-10}$$

将式(3-6-4)代入 $\sum_{k=1}^{6} u_k \hat{i}_k$，可得

$$\sum_{k=1}^{6} u_k \hat{i}_k = u_{10}(\hat{i}_1 - \hat{i}_4 - \hat{i}_6) + u_{20}(-\hat{i}_1 + \hat{i}_2 + \hat{i}_3) + u_{30}(-\hat{i}_2 + \hat{i}_5 + \hat{i}_6) \tag{3-6-11}$$

由式(3-6-10)可知，式(3-6-11)等于 0，即

$$\sum_{k=1}^{6} u_k \hat{i}_k = 0 \tag{3-6-12}$$

同理可得

$$\sum_{k=1}^{6} i_k \hat{u}_k = 0 \tag{3-6-13}$$

将以上结论推广到任意两个具有 n 个节点、b 条支路的电路 N 和 $\hat{\text{N}}$，当它们所含二端元件的性质各异但有向图完全相同时，则有

$$\sum_{k=1}^{b} u_k \hat{i}_k = 0 \tag{3-6-14}$$

和

$$\sum_{k=1}^{b} i_k \hat{u}_k = 0 \tag{3-6-15}$$

特勒根似功率定理仅仅表明了有向图相同的两个电路的似功率必然遵循的数学关系，没有物理意义，不能用功率守恒解释。似功率定理也适用于同一电路在不同时刻相应支路的电压和电流。该定理要求 u(或 $\hat{u}$)和 i(或 $\hat{i}$)应分别满足 KVL 和 KCL。

特勒根定理Ⅱ比定理Ⅰ更引人关注，因为定理Ⅱ把看上去没有直接联系的一个网络的电流(或电压)，与另一个网络的电压(或电流)用数学形式联系了起来。

如图 3-6-2 所示为两个有向图相同的电路，各支路的元件不同，这两个电路不仅功率守恒，且似功率也是守恒的。读者可自行验证。

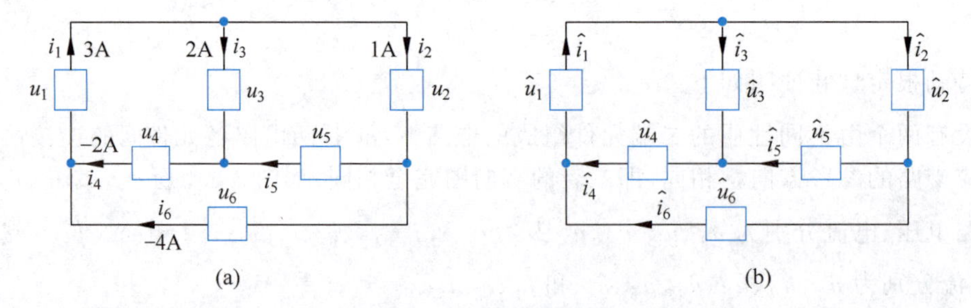

图 3-6-2 特勒根定理

【思考与练习】

3-6-1 叙述特勒根定理的内容，并说明它的两种具体表现形式。

3-6-2 什么是似功率？它有实际的物理意义吗？

3.7 互易定理

互易特性是网络具有的重要性质之一。一个具有互易性质的网络，在单一激励的情况下，当激励端口和响应端口互换而电路的几何结构不变时，同一数值激励所产生的响应在数值上将不会改变。并非任意网络都具有互易性，一般只有那些不含受控源和独立源的线性非时变网络才具有这种性质，因此，互易定理的适用范围比较窄。互易定理具有三种形式，下面分别予以介绍和证明。

3.7.1 互易定理的第一种形式

在图 3-7-1(a)所示方框中，是不含独立源和受控源的线性电阻网络 N_R，左侧支路 1 接入理想电压源 u_S，则在右侧支路 2 产生电流 i_2；如图 3-7-1(b)所示，若在支路 2 中接入相同数值的电压源，即 $\hat{u}_S=u_S$，则在支路 1 中产生相同的电流，即 $\hat{i}_1=i_2$，此为互易定理Ⅰ。

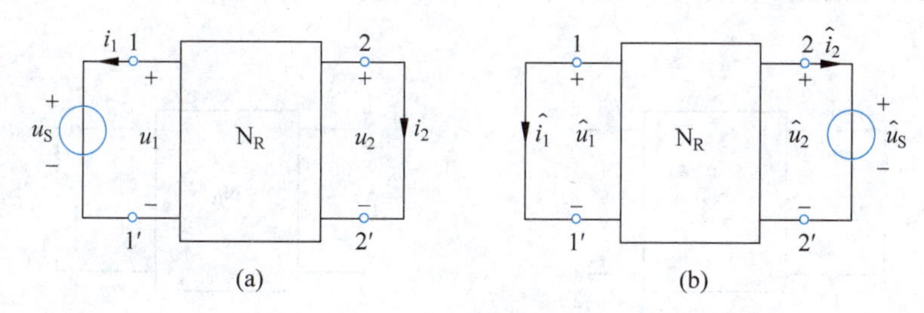

图 3-7-1 互易定理的第一种形式

互易定理Ⅰ的证明：

设网络 N_R 中含有 $b-2$ 条支路，记为支路 $3\sim b$，加上激励支路和响应支路，此网络共有 b 条支路。由于图 3-7-1(a)和图 3-7-1(b)具有相同的有向图，根据特勒根定理Ⅱ必然可得

$$u_1\hat{i}_1+u_2\hat{i}_2+\sum_{k=3}^{b}u_k\hat{i}_k=0 \tag{3-7-1}$$

$$\hat{u}_1 i_1+\hat{u}_2 i_2+\sum_{k=3}^{b}\hat{u}_k i_k=0 \tag{3-7-2}$$

由于网络 N_R 是电阻网络，由支路约束关系可得

$$u_k=R_k i_k,\quad \hat{u}_k=R_k\hat{i}_k,\quad k=3,\cdots,b$$

故得

$$u_k\hat{i}_k=R_k i_k\hat{i}_k=R_k\hat{i}_k i_k=\hat{u}_k i_k$$

于是，根据式(3-7-1)和式(3-7-2)，得到

$$u_1\hat{i}_1+u_2\hat{i}_2=\hat{u}_1 i_1+\hat{u}_2 i_2 \tag{3-7-3}$$

由图 3-7-1 可知，$u_1=u_S$，$u_2=0$，$\hat{u}_1=0$，$\hat{u}_2=\hat{u}_S$，代入式(3-7-3)得

$$u_S\hat{i}_1=\hat{u}_S i_2$$

因为

$$\hat{u}_S=u_S$$

所以

$$\hat{i}_1=i_2 \tag{3-7-4}$$

即电压源激励端口与短路端口互换位置时，得到的响应电流不变。

由此互易定理的第一种形式得证。

3.7.2 互易定理的第二种形式

在如图 3-7-2(a)所示方框中，是不含独立源和受控源的线性电阻网络 N_R，左侧支路 1 中接入理想电流源 i_S，则在右侧支路 2 中产生电压 u_2；如图 3-7-2(b)所示，若在支路 2 中接入相同的电流源，即 $\hat{i}_S=i_S$，则在支路 1 中产生相同的电压，即 $\hat{u}_1=u_2$。此为互易定理Ⅱ。

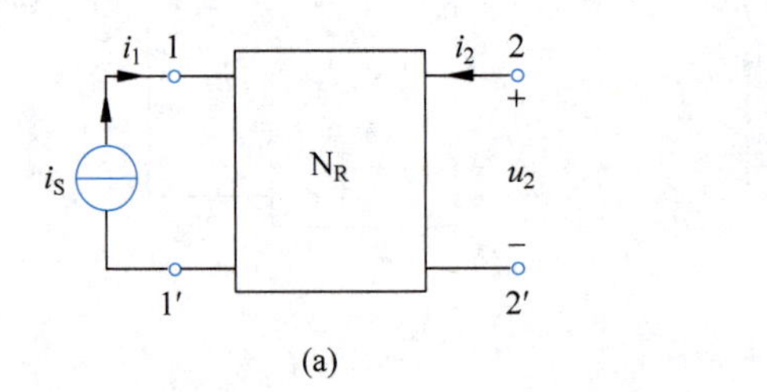

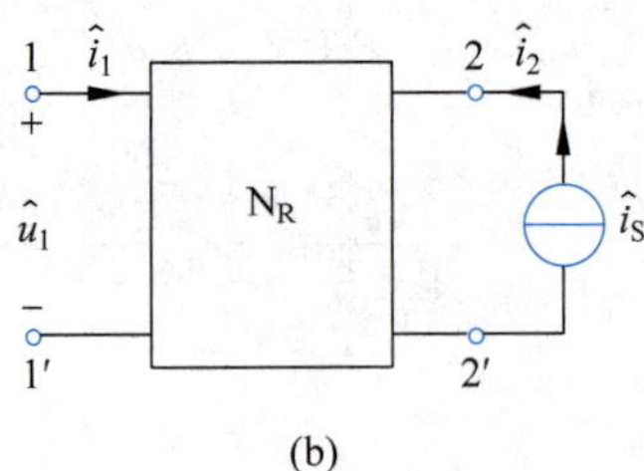

图 3-7-2 互易定理的第二种形式

互易定理Ⅱ的证明：

对图 3-7-2(a)和图 3-7-2(b)所示电路，应用特勒根定理可得到与式(3-7-3)相同的关系式

$$u_1\hat{i}_1+u_2\hat{i}_2=\hat{u}_1 i_1+\hat{u}_2 i_2$$

由图 3-7-2 可知，$i_2=\hat{i}_1=0$，$i_1=i_S$，$\hat{i}_2=\hat{i}_S$，代入上式，可得

$$u_2\hat{i}_S=\hat{u}_1 i_S$$

因为

$$\hat{i}_S=i_S$$

所以

$$\hat{u}_1=u_2 \tag{3-7-5}$$

即电流源激励端口与开路端口互换位置时，得到的响应电压不变。

由此互易定理的第二种形式得证。

3.7.3 互易定理的第三种形式

在如图 3-7-3(a)所示方框中，是不含独立源和受控源的线性电阻网络 N_R，左侧支路 1 接入理想电流源 i_S，则在右侧支路 2 产生电流 i_2；如图 3-7-3(b)所示，若在支路 2 中接入与图 3-7-3(a)中 i_S 数值相同的电压源 $\hat{u}_S$，则在支路 1 中产生的电压 $\hat{u}_1$ 在数值上与图 3-7-3(a)中支路 2 的电流 i_2 相同，即在数值上满足 $\hat{u}_1=i_2$，此为互易定理Ⅲ。

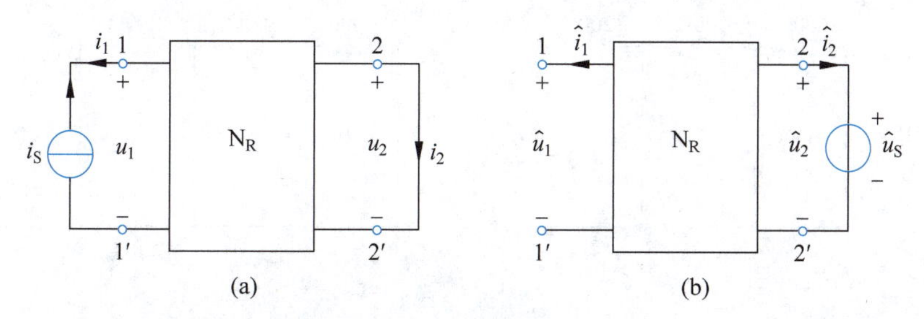

图 3-7-3 互易定理的第三种形式

互易定理Ⅲ的证明：

对图 3-7-3(a)和图 3-7-3(b)所示电路，应用特勒根定理同样可得到与式(3-7-3)相同的关系式

$$u_1\hat{i}_1+u_2\hat{i}_2=\hat{u}_1 i_1+\hat{u}_2 i_2$$

由图 3-7-3 可知，$i_1=-i_S$，$u_2=0$，$\hat{i}_1=0$，$\hat{u}_2=\hat{u}_S$，代入上式，可得

$$\hat{u}_1 i_S=\hat{u}_S i_2$$

因为

$$\hat{u}_S=i_S$$

所以

$$\hat{u}_1=i_2 \tag{3-7-6}$$

即以激励电压源 $\hat{u}_S$ 取代激励电流源 i_S 并交换位置，且数值上 $\hat{u}_S=i_S$ 时，短路端口的响应电流与开路端口的响应电压数值相等。

由此互易定理的第三种形式得证。

互易定理是有关单一激励的定理。应用互易定理时，必须注意网络 N 外部支路中电压、电流的参考方向，此时利用特勒根定理来判别会很方便。各相应支路的电压与电流，在关联方向下乘积为正，反之乘积为负。对含多个独立源，但不含受控源的线性网络，可将叠加定理和互易定理联合运用，即独立源单独作用，利用互易定理分别求响应，然后再叠加，以求出总响应。

【例 3-7-1】 求如例图 3-7-1(a)所示电路中的电流 i_2。

解：可用叠加定理和互易定理联合求解。

可首先将例图 3-7-1(a)所示电路分解为例图 3-7-1(b)和例图 3-7-1(c)所示电路相叠

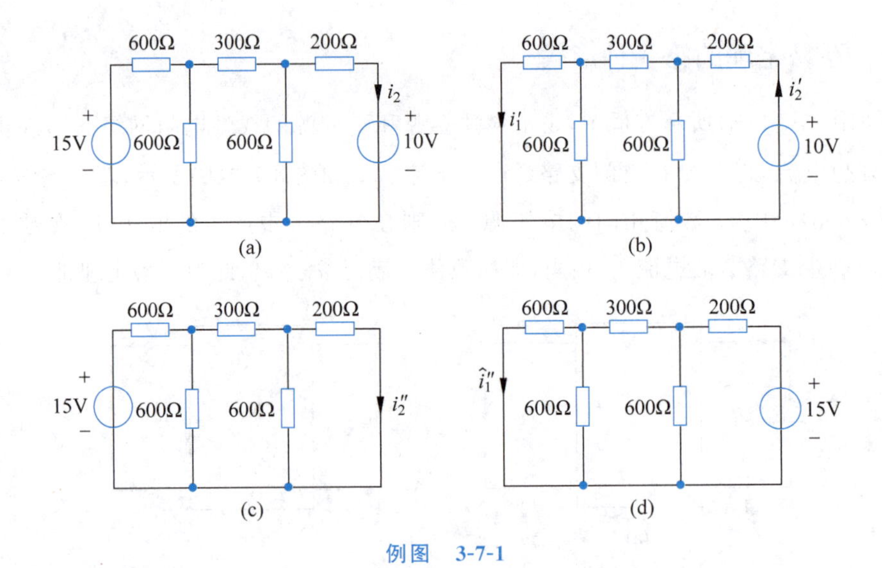

例图　3-7-1

加的形式。

(1) 10V 电压源单独作用时，如例图 3-7-1(b)所示，可得

$$i'_2=\frac{10}{200+300}\text{A}=20\text{mA}$$

$$i'_1=\left(\frac{1}{2}\right)^2\times i'_2=\frac{1}{4}\times 20\text{mA}=5\text{mA}$$

(2) 15V 电压源单独作用时，如例图 3-7-1(c)所示，应用互易定理求 i_2''，互易后的网络如例图 3-7-1(d)所示。比较例图 3-7-1(b)和例图 3-7-1(d)可知，只是电压源的电压增大了 1.5 倍，所以利用线性电路的比例性可得

$$i''_2=1.5i'_1=1.5\times 5\text{mA}=7.5\text{mA}$$

(3) 10V 和 15V 两电压源共同作用时，可得

$$i_2=i''_2-i'_2=(7.5-20)\text{mA}=-12.5\text{mA}$$

【应用拓展】

对于满足互易性质的双口网络，互易定理提供了一种便捷、高效的分析思路。同时，互易定理的思想也在许多领域得到推广和应用。如图 3-7-4 所示，在蜂窝移动通信系统中，移动终端(例如手机)通过基站与外界联系，由于移动终端与基站之间的信道条件会随两者之间的距离、障碍物和周围环境而变化。为保证稳定的通信质量，移动终端需要不断测量信道参数并据此调整发射功率等指标，信道测量与计算工作将消耗可观的移动终端电池能量，不利于维持移动终端的待机时长。基于移动终端与基站之间信道的对称特征，采用互易思想，实际蜂窝移动通信系统中信道测量任务由能量充足且算力强大的基站设备完成，可以

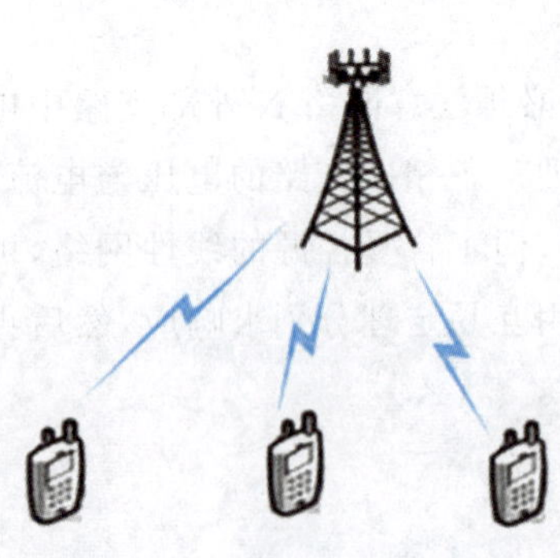
图 3-7-4　蜂窝移动通信系统

达到相同的目的，同时也保证了移动终端的正常待机时长。

【思考与练习】

3-7-1 分别叙述互易定理的三种形式，并说明区别与联系。

3.8 对偶原理

一一对应、成双成对出现的事物可以称为对偶事物。例如，电场和磁场是互为对偶的物理场，电压和电流是互为对偶的物理量，电阻元件和电导元件是互为对偶的元件。为了阐释对偶原理的内涵，先来看一个示例。

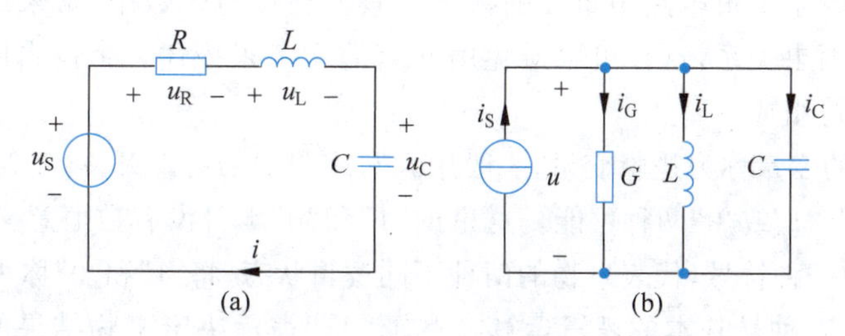

图 3-8-1 对偶电路

对于图 3-8-1(a)所示的串联 RLC 电路而言，由 KVL 可得

$$u_S(t)=Ri(t)+L\frac{\mathrm{d}i(t)}{\mathrm{d}t}+\frac{1}{C}\int_{-\infty}^{t}i(\xi)\mathrm{d}\xi \tag{3-8-1}$$

对于图 3-8-1(b)所示的并联 GCL 电路而言，由 KCL 可得

$$i_S(t)=Gu(t)+C\frac{\mathrm{d}u(t)}{\mathrm{d}t}+\frac{1}{L}\int_{-\infty}^{t}u(\xi)\mathrm{d}\xi \tag{3-8-2}$$

将式(3-8-1)和式(3-8-2)加以比较可以看出，若将两式中的电路变量 u 和 i 互换，电路元件 R 和 G 互换，L 和 C 互换，其中的一个公式就可以变换为另一个公式。这种关系(方程)之所以能彼此转换，是因为它们的数学表达形式完全相似。电路中某些元素之间的关系(方程)用它们的对偶元素对应地置换后，所得新关系也一定成立，后者和前者互为对偶，这就是对偶原理。

根据对偶原理，如果导出了某一关系式或结论，就相当于解决了和它对偶的另一个关系式和结论。若两个电路对偶且对偶元件的参数值相等，则两者对偶变量的关系式(即方程)及对偶变量的值(响应)一定相等。

现已学过的对偶关系如表 3-8-1 所示。

表 3-8-1 对偶关系

对偶名称	原电路	对偶电路	对偶名称	原电路	对偶电路
电路变量	电压 u	电流 i	电路元件及元件方程	电阻 R $u=Ri$	电导 G $i=Gu$
	网孔电流	独立节点电位		VCVS $u_2=\mu u_1$	CCCS $i_2=\beta i_1$
	开路电压	短路电流		VCCS $i_1=gu_1$	CCVS $u_2=ri_1$

续表

对偶名称	原电路	对偶电路	对偶名称	原电路	对偶电路
电路结构	串联	并联	电路基本定律和定理	KVL	KCL
	开路	短路		戴维南定理	诺顿定理
	节点	回路		网孔方程	节点方程

【后续知识串联】

◇ 数字逻辑运算中的对偶原理

本节所介绍的对偶原理在后续"数字电子技术基础"课程中有所应用。

逻辑代数是数字逻辑电路中重要的数学工具。在逻辑代数中，常采用逻辑函数表达式来描述事物的因果关系，这样可以避免用冗繁的文字来描述一个逻辑问题。函数表达式由变量和运算符组成。

逻辑代数中的变量称为逻辑变量，一般用大写字母 A、B、C、X、Y、Z 等表示，并规定逻辑变量的取值只有"1"或"0"两种可能。这里的"1"和"0"本身没有数值意义，并不代表数量的大小，而仅作为一种符号，代表事物的两种不同逻辑状态，将"1"和"0"称为逻辑常量[①]。

与、或、非是三种最基本的逻辑运算。逻辑"与"表示决定事物结果的全部条件同时具备时，结果发生，以"·"表示"与"运算，通常写表达式时"·"可以省略不写；逻辑"或"表示决定事物的诸多条件中只要有任何一个满足，结果发生，以"+"表示"或"运算；逻辑"非"表示条件不具备时，结果发生，以变量右上角的"′"表示"非"运算[②]。

因此，两个逻辑变量 A、B 进行"与"逻辑运算可表示为

$$Y = A \cdot B = AB$$

两个逻辑变量 A、B 进行"或"逻辑运算可表示为

$$Y = A + B$$

逻辑变量 A 进行"非"逻辑运算可表示为

$$Y = A'$$

下面以一个例子来具体解释。图 3-8-2 给出了三个指示灯的控制电路，并分别用 A、B 表示两个开关闭合的状态("1"表示闭合，"0"表示断开)，用 Y 表示指示灯亮的状态("1"表示灯亮，"0"表示灯灭)。

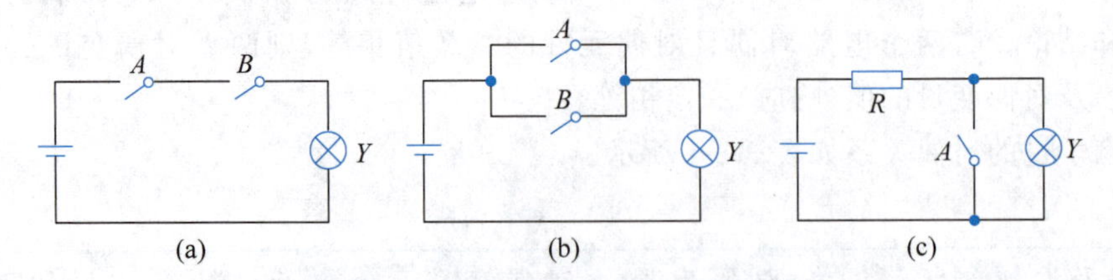

图 3-8-2 逻辑"与""或""非"的电路模型

① 罗杰. Verilog HDL 与 FPGA 数字系统设计[M]. 2 版. 北京：机械工业出版社，2022：11-14.

② 阎石. 数字电子技术基础[M]. 6 版. 北京：高等教育出版社，2016：28.

图 3-8-2(a)中，只有两个开关同时闭合时指示灯才会亮，即

$$Y=AB$$

图 3-8-2(b)中，两个开关只要有一个闭合指示灯就会亮，即

$$Y=A+B$$

图 3-8-2(c)中，只有开关断开时指示灯才会亮，即

$$Y=A'$$

对于一个逻辑式 Y，将式中的"·"换成"+"，"+"换成"·"，"0"换成"1"，"1"换成"0"，得到一个新的逻辑式 Y^*，称 Y^* 为 Y 的对偶式，或者说 Y 和 Y^* 互为对偶式。例如，

若 $Y=A+BC$，则 $Y^*=A(B+C)$

若 $Y=(A+B)'+CD$，则 $Y^*=(AB)'(C+D)$

若 $Y=(AB+C)'$，则 $Y^*=[(A+B)(C+D)]'$

若两个逻辑式相等，则它们的对偶式相等，这就是逻辑代数中的对偶原理。

【例 3-8-1】 试证明以下等式成立。

$$(A+B)(A+C)=A+BC$$

解：首先写出等式两边的对偶式分别为

$$AB+AC \text{ 和 } A(B+C)$$

根据乘法分配律可得 $A(B+C)=AB+AC$，因此，以上两对偶式相等。根据对偶原理可得原来两式相等，等式得证。

【思考与练习】

3-8-1 除了已经列举的例子外，思考常用的对偶量还有哪些。

3-8-2 什么是对偶原理？若两个电路对偶且对偶元件的参数值相等，则两者对偶变量的关系式(即方程)及对偶变量的值(响应)一定相等吗？

习题

3-1 用叠加定理求如题图 3-1 所示电路中的电流 I 和电压 U。

3-2 用叠加定理求如题图 3-2 所示单口网络的电压-电流关系。

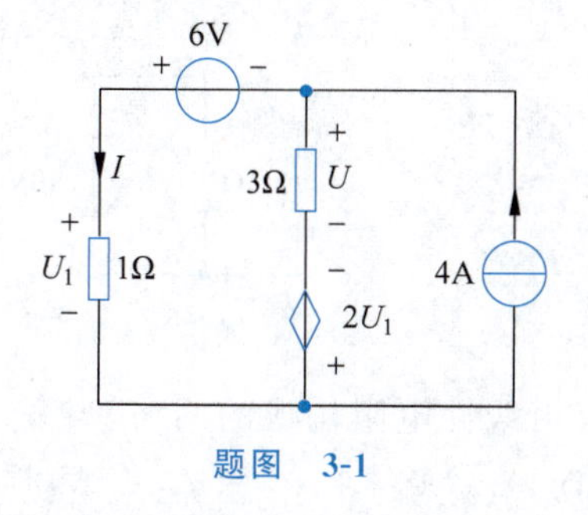

题图 3-1

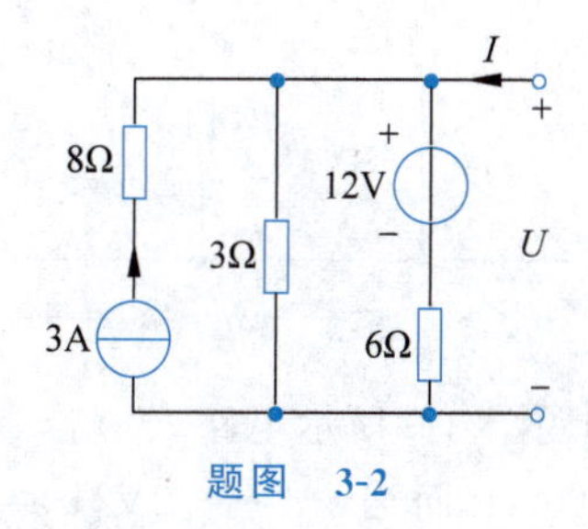

题图 3-2

3-3 如题图 3-3 所示电路，(1)当将开关 S 合在 a 点时，求电流 I_1、I_2 和 I_3；(2)当将开关 S 合在 b 点时，利用(1)的结果，用叠加定理计算电流 I_1、I_2 和 I_3。

3-4　试用叠加定理计算如题图 3-4 所示电路中各支路的电流和各元件(电源和电阻)两端的电压,并分析功率平衡关系。

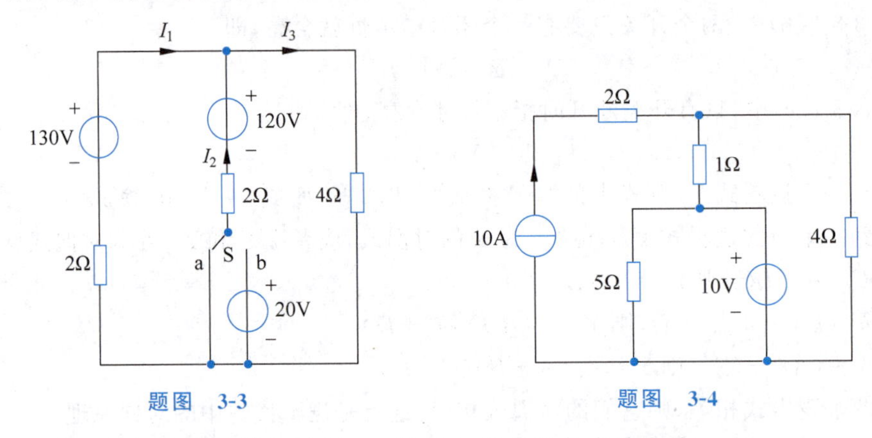

题图　3-3　　　　题图　3-4

3-5　利用叠加定理计算如题图 3-5 所示电路中的各支路电流。

3-6　利用叠加定理求如题图 3-6 所示电路中的电流 I 和电压 U。

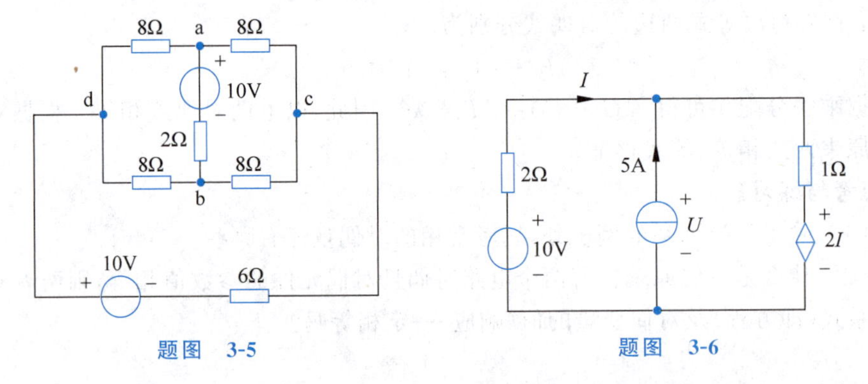

题图　3-5　　　　题图　3-6

3-7　利用叠加定理求如题图 3-7 所示电路中的电压 u 和受控源吸收的功率。

3-8　利用节点电压法和戴维南定理求如题图 3-8 所示电路中流过 1Ω 电阻的电流。

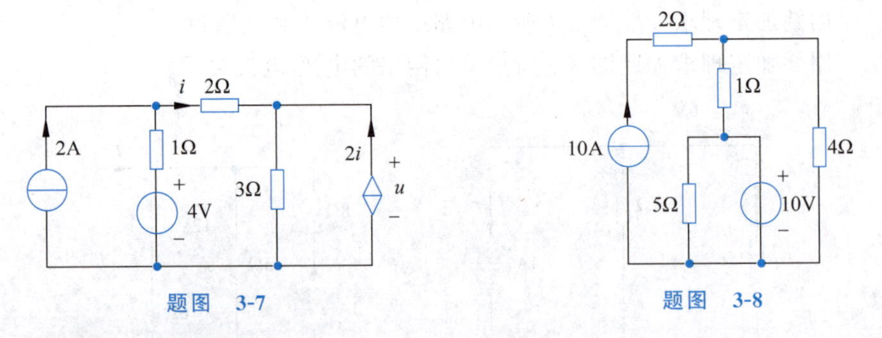

题图　3-7　　　　题图　3-8

3-9　如题图 3-9 所示电路,(1)若 N 为仅由线性电阻构成的网络,当 $u_1=2\text{V}, u_2=3\text{V}$ 时,$i_x=20\text{A}$;而当 $u_1=-2\text{V}, u_2=1\text{V}$ 时,$i_x=0$。求 $u_1=u_2=5\text{V}$ 时的电流 i_x;(2)若将 N 换为含有独立源的网络,当 $u_1=u_2=0$ 时,$i_x=-10\text{A}$,且上述已知条件仍然适用,求当 $u_1=u_2=5\text{V}$ 时的电流 i_x。

3-10 已知如题图 3-10 所示电路中的网络 N 是由线性电阻组成，当 $i_S=1\text{A}$，$u_S=2\text{V}$ 时，$i=5\text{A}$；当 $i_S=-2\text{A}$，$u_S=4\text{V}$ 时，$u=24\text{V}$。求 $i_S=2\text{A}$，$u_S=6\text{V}$ 时的电压 u。

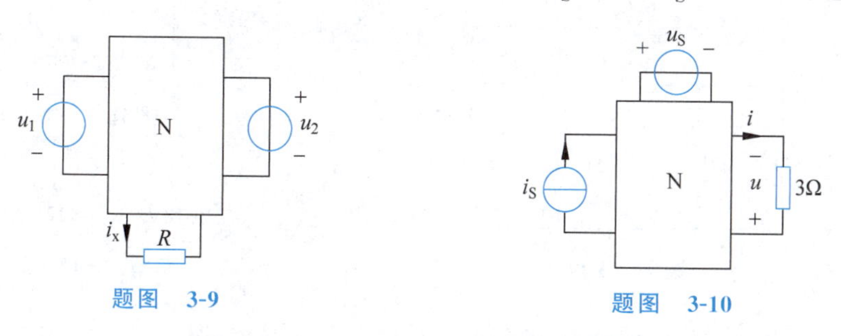

题图 3-9　　题图 3-10

3-11 如题图 3-11 所示电路，(1)求虚线右边部分电路的端口等效电阻；(2)求图示电流 I；(3)用替代定理求图示电流 I_o。

3-12 用戴维南定理计算如题图 3-12 所示电路中的电流 I。

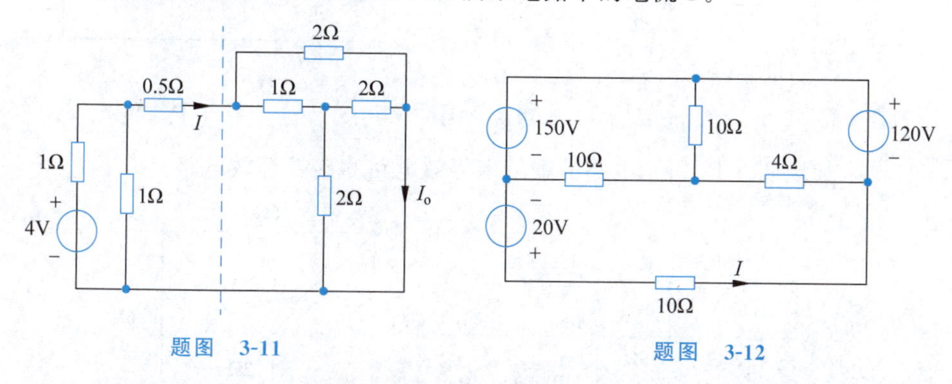

题图 3-11　　题图 3-12

3-13 求如题图 3-13 所示两个含源电路的戴维南等效电路及诺顿等效电路。

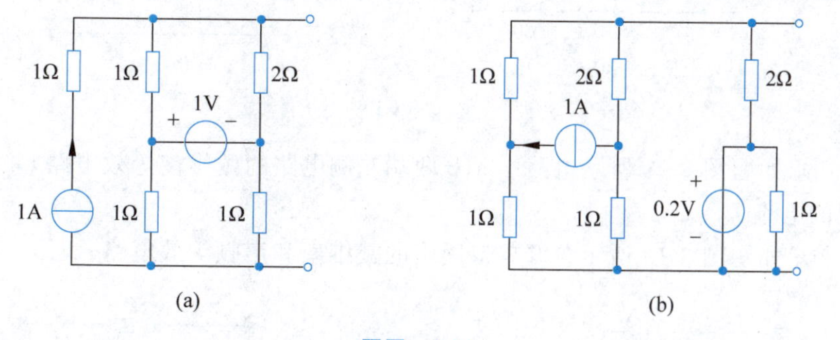

题图 3-13

3-14 如题图 3-14 所示电路，已知 R_x 支路的电流为 0.5A，求 R_x。

3-15 在分析含理想二极管电路时，需要先确定二极管是否导通，运用戴维南定理可以很方便地解决这一问题。当理想二极管导通时，其电阻可视为零；当截止时，其电阻可视为无穷大。设含理想二极管的电路如题图 3-15 所示，求电流 i。

3-16 如题图 3-16 所示电路，设元件 N 分别为(a)、(b)、(c)三种情况，求以上三种不同情况下的电压 U_x。

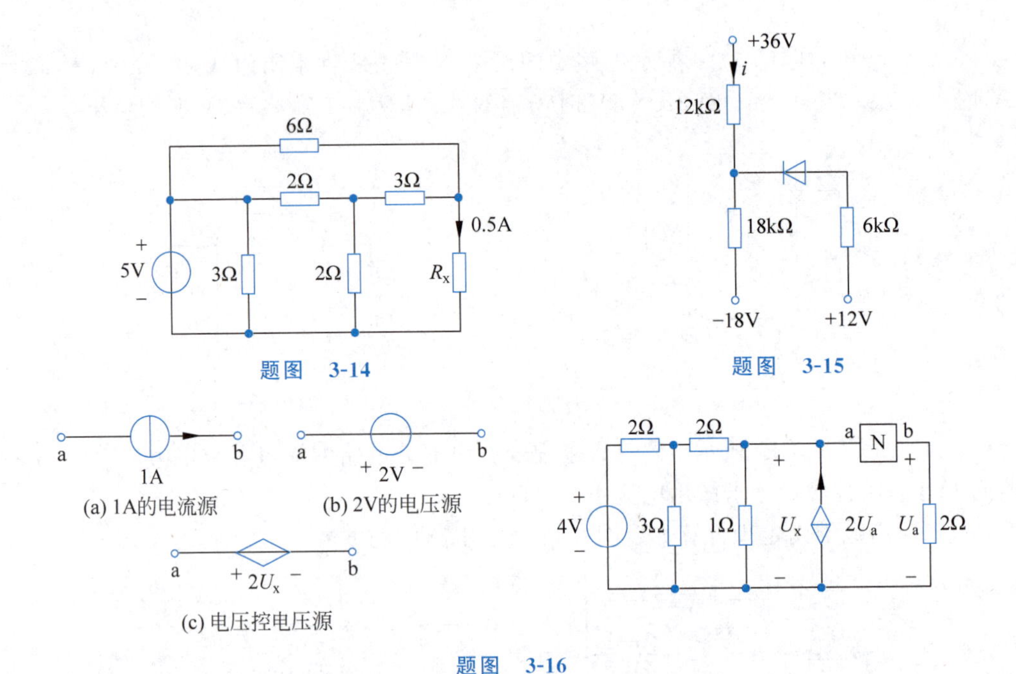

题图 3-14

题图 3-15

题图 3-16

3-17 求如题图 3-17 所示电路的戴维南等效电路和诺顿等效电路。

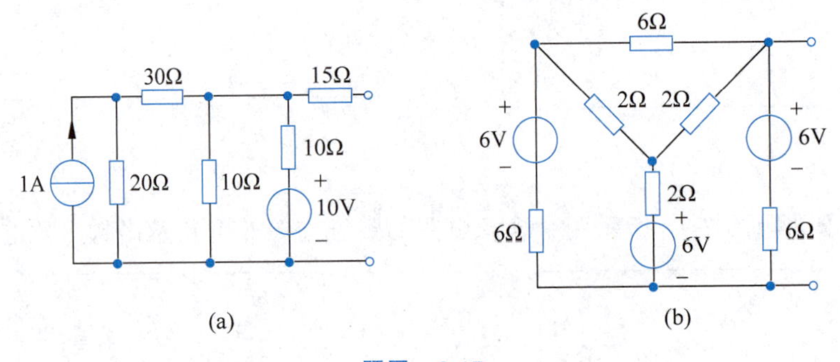

题图 3-17

3-18 求如题图 3-18 所示电路中 a、b 两端左侧电路的戴维南等效电路，并求解流过右侧电阻的电流 I_x。

3-19 求如题图 3-19 所示含源单口网络的戴维南和诺顿等效电路。

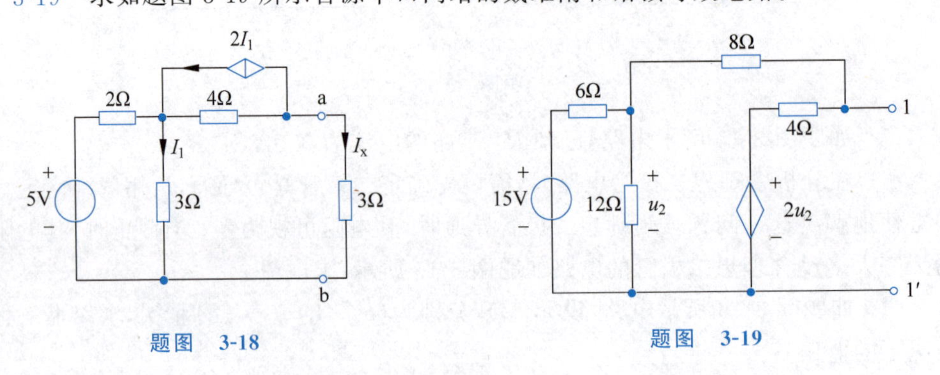

题图 3-18

题图 3-19

3-20 用戴维南定理求解如题图 3-20 所示电路中的电压 u。

3-21 求如题图 3-21 所示含源网络的戴维南等效电路。

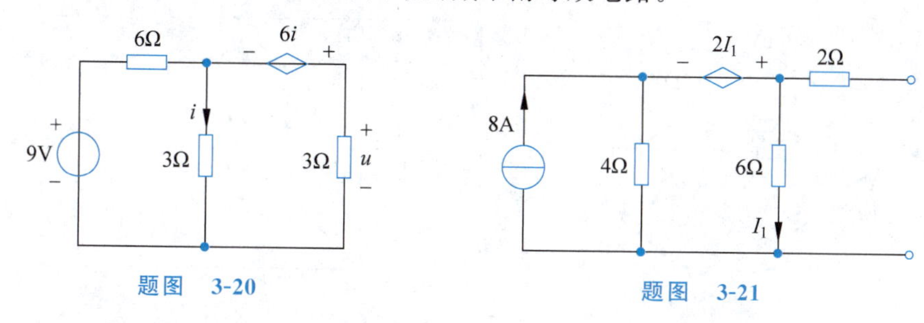

题图 3-20　　　　题图 3-21

3-22 用戴维南定理求如题图 3-22 所示电路中的电流 I。

3-23 如题图 3-23 所示电路，已知线性网络 N 的端口电压-电流关系式为 $I=(-3U+6)$A，求支路电流 I_x。

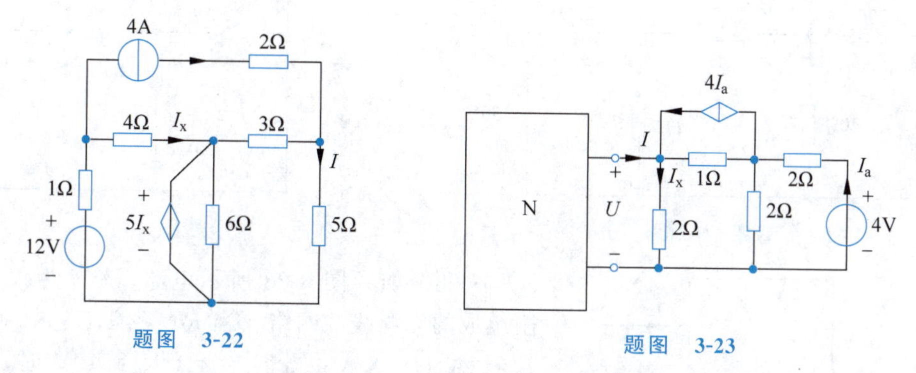

题图 3-22　　　　题图 3-23

3-24 如题图 3-24 所示电路，(1)若 $R=3\Omega$，试用戴维南定理求电流 i；(2)若使 R 获得最大功率，则 R 的取值应为多少？

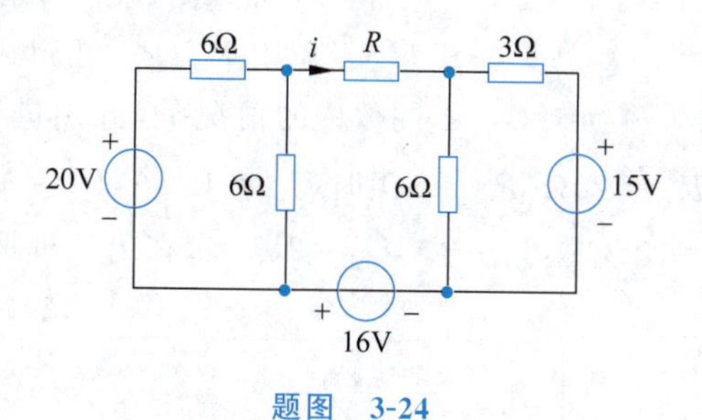

题图 3-24

3-25 求如题图 3-25(a)所示电路中电阻 R_L 获得的最大功率；对于题图 3-25(b)所示电路，电阻 R_L 可变，试问 R_L 取何值时可以获得最大功率？

3-26 如题图 3-26 所示电路，

(1) R 取何值时，其吸收的功率最大？求此最大功率。

(2) 若 $R=80\Omega$，欲使 R 中电流为零，则 a、b 间应并接什么元件，其参数是什么？

3-27 如题图 3-27 所示电路，求：(1)R 获得最大功率时的阻值；(2)在此情况下，R 获得的功率；(3)100V 电源对电路提供的功率；(4)受控源的功率；(5)R 所得功率占电源产生功率的百分比。

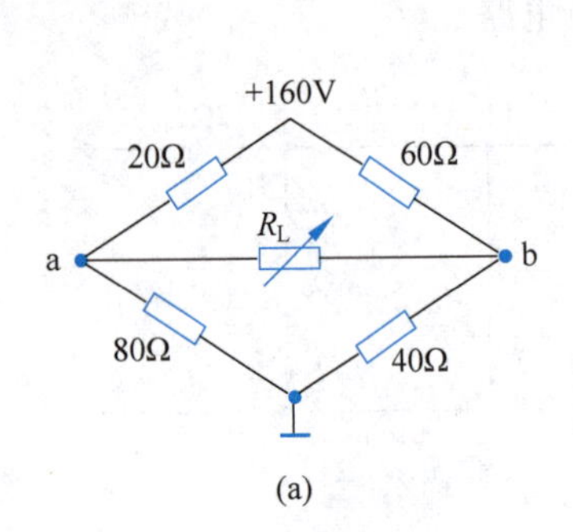

(a)

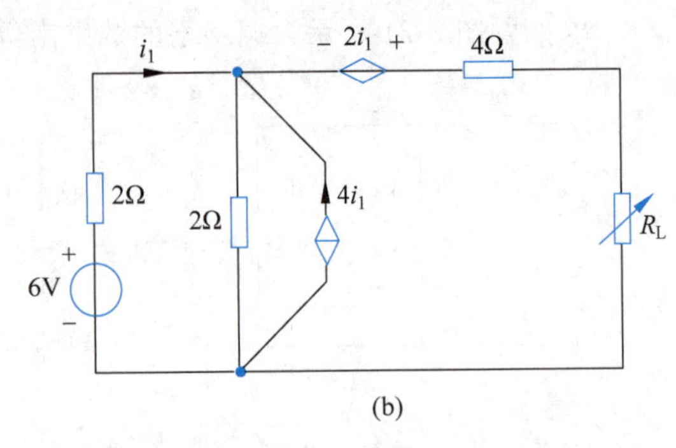

(b)

题图 3-25

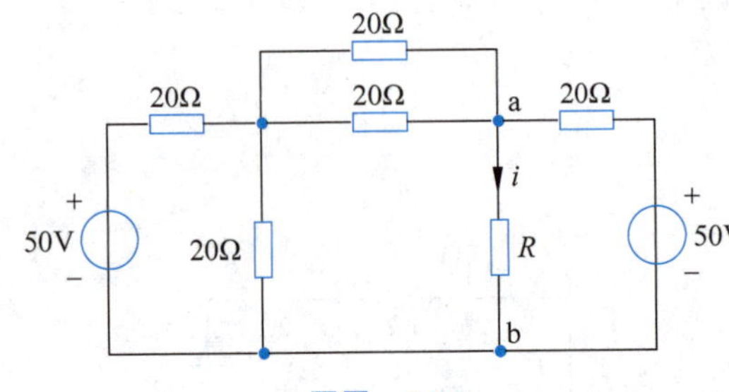

题图 3-26

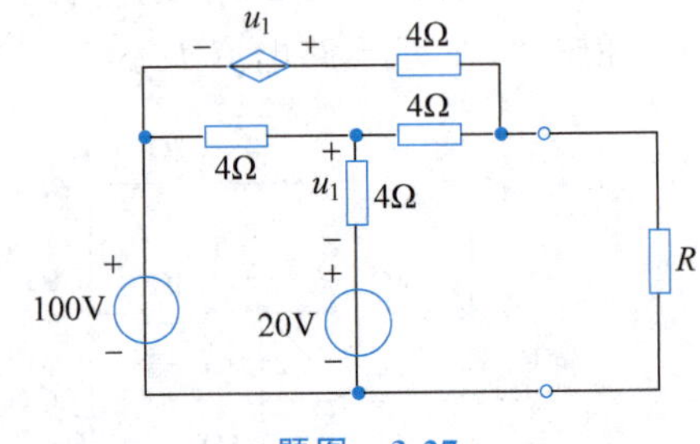

题图 3-27

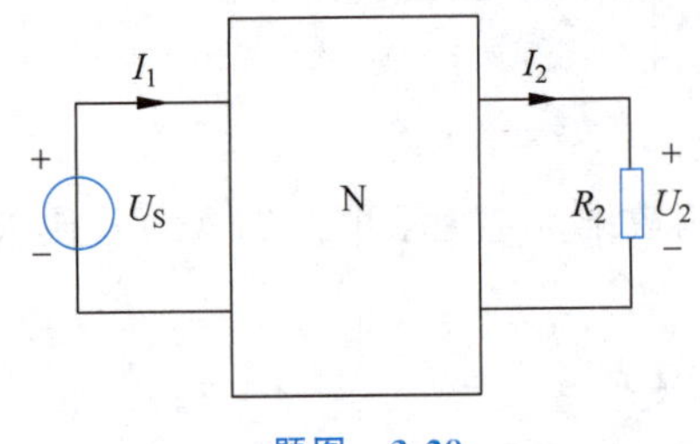

题图 3-28

3-28 如题图 3-28 所示电路，设 N 为仅由电阻组成的无源线性网络。当 $R_2=2\Omega$，$U_S=6\text{V}$ 时，$I_1=2\text{A}$，$U_2=2\text{V}$；当 $R_2'=4\Omega$，$U_S'=10\text{V}$ 时，$I_1'=3\text{A}$。试根据上述数据求 U_2'。

3-29 如题图 3-29 所示电阻网络，电压源的电压 U_S 及电阻 R_2、R_3 可调。在 U_S、R_2、R_3 为两组不同数值的情况下，分别进行两次测量，测得数据如下：(1)当 $U_S=3\text{V}$，$R_2=20\Omega$，$R_3=5\Omega$ 时，$I_1=1.2\text{A}$，$U_2=2\text{V}$，$I_3=0.2\text{A}$；(2)当 $U_S=5\text{V}$，$R_2=10\Omega$，$R_3=10\Omega$ 时，$I_1=2\text{A}$，$U_3=2\text{V}$。求在第二种情况下的电流 I_2。

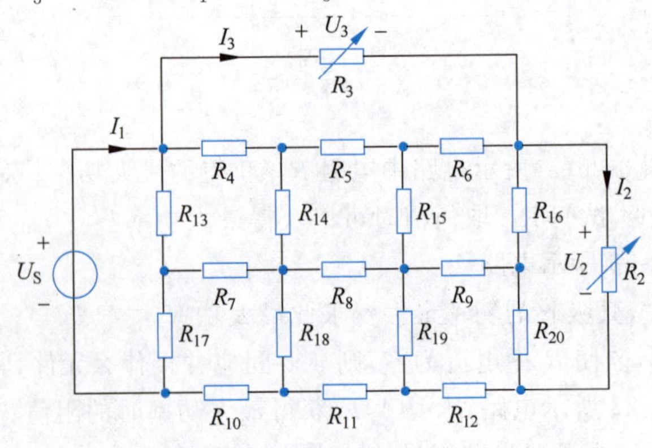

题图 3-29

3-30 对如题图 3-30 所示电阻网络进行两次测量。第一次在 1、1′端间加上电流源 i_S,2、2′端开路[题图 3-30(a)],测得 $i_5=0.1i_S$,$i_6=0.4i_S$；第二次以同一电流源接到 2、2′端,1、1′端开路[题图 3-30(b)],测得 $i_4=0.1i_S$,$i_6=0.2i_S$。求电阻 R_1。

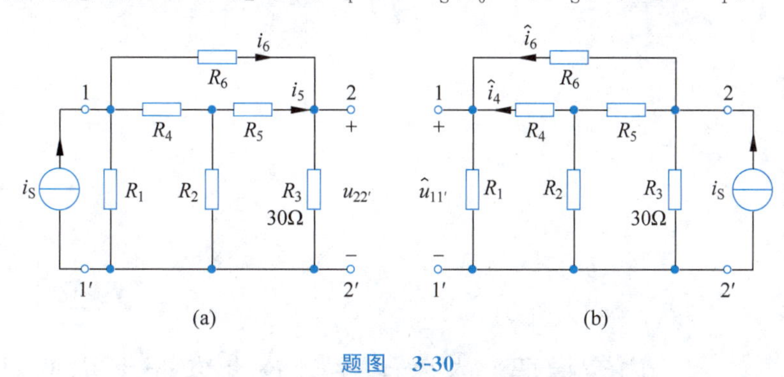

题图 3-30

3-31 用互易定理求如题图 3-31 所示电路中的电流 i。

3-32 用互易定理的第三种形式求出如题图 3-32 所示直流电阻网络中电流表的读数(注：电流表的内阻可忽略不计)。

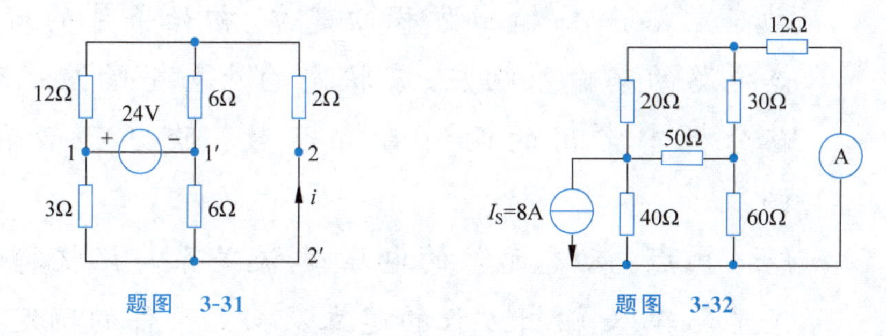

题图 3-31　　　　题图 3-32

3-33 如题图 3-33 所示,网络 N 仅由电阻组成,端口电压和电流之间的关系可表示为

$$i_1=G_{11}u_1+G_{12}u_2$$

$$i_2=G_{21}u_1+G_{22}u_2$$

试证明 $G_{12}=G_{21}$。如果 N 内部含独立源或受控源,上述结论是否成立？为什么？

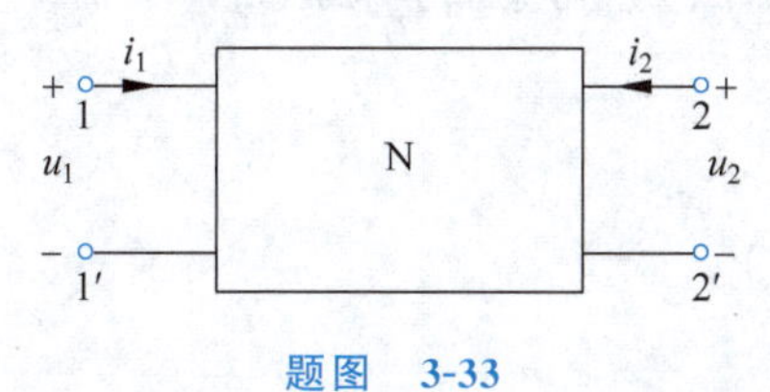

题图 3-33

第4章 动态元件与动态电路方程

内容提要：本章主要讨论电容和电感两种动态元件的基本约束关系，包括电压-电流关系、记忆特性、瞬时储能等；线性动态电路时域分析的一般方法，包括动态电路输入-输出方程的建立、初始条件的确定、动态电路的零输入响应、零状态响应与全响应；动态电路分析中常用的两种奇异函数：阶跃函数和冲激函数。

重点：动态元件的电压-电流关系与记忆特性；动态电路输入-输出方程的建立及初始条件的确定；零输入响应与零状态响应的概念及求解方法；全响应的分解；阶跃函数与冲激函数的属性及相互关系。

难点：动态电路输入-输出方程的建立；初始条件的确定；强迫响应的求解。

4.1 电容元件

4.1.1 电容器概述

在生产活动与科学实验中，电容器的应用极为广泛。从电力系统中采用的庞大电力电容器到电子设备中使用的微型电容器，种类繁多。电容器按电容量能否改变可分为可变电容器(如收音机中用来选择电台的单连电容器和双连电容器)和固定电容器；按结构材料分有薄膜电容器、云母电容器、纸质电容器、金属化纸介电容器、电解电容器、聚苯乙烯电容器、瓷介电容器、钽电容器等。除了上述有特定用途和目的的电容器之外，在实际电路中还存在各种分布电容。例如，架空输电线之间就存在电容，这是因为输电线可看作两个极板，它们中间的介质则为空气，这就形成了电容。又如，晶体三极管的发射极、基极和集电极之间也都存在电容。低频情况下，这些电容一般可以忽略不计，但在高频情况下则不能忽视它们的作用。

电容器虽然种类繁多，但就其构成原理来说基本上是相同的，它由两个金属板(极板)中间隔着不同的介质(如云母、绝缘纸、电解质等)组成，它是存放电荷的容器。当外部电路对电容器充电时，电容器极板之间储存的正、负电荷(数量相等的正、负电荷分别储存在两个极板上)在极板之间形成电场，电荷量越大，电场越强。可见，电容器是一种以电场形式储存能量的元件。当电容器对外部电路放电时，极板之间电荷量不断减小，内部电场逐渐减弱，放电结束时，电荷量为零，内部电场消失。可见，电容器储存的电场能量可以重新释放出来，而不是像电阻元件那样将吸收的能量全部消耗掉。实际电容器的填充介质往往会产生一定的损耗，电容器极板之间有漏电流存在。因此，对于实际的电容器而言，其释放的能量总是小于其吸收的能量，相当于电容器尚具有一定的电阻。

在电路理论中，为了抓住电容器的电场储能特征这一主要问题，忽略实际电容器的损耗，定义一种不耗能的理想电容元件，简称电容元件，并通过严格的数学模型进行描述。利用理想电容元件，可以对实际电容器及其他元件的电容特性进行建模和分析。对于实际电容器的损耗，可以利用电阻元件进行建模和分析。

4.1.2 电容元件特性

电容元件是一种理想二端元件，它仅反映电场储能这一基本物理现象。电容元件的基本约束关系可以通过电容所储电荷量与电容端电压的关系进行描述。通常，电容元件所储电荷量 $q(t)$ 可以表示为电容端电压 $u(t)$ 的函数：

$$q(t)=f[u(t)] \tag{4-1-1}$$

式中，电荷量的国际标准单位是库仑，简称库(C)；电压的国际标准单位是伏特，简称伏(V)。

以电荷量 q 为纵坐标，端电压 u 为横坐标，按式(4-1-1)绘制二者关系曲线，称为电容元件的库-伏特性(q-u 特性)。按照电容元件的 q-u 特性，可以将电容元件分为线性电容元件和非线性电容元件。线性电容元件的 q-u 特性是经过坐标原点的直线[图 4-1-1(a)]。

非线性电容元件的 q-u 特性是经过坐标原点的曲线[图 4-1-1(b)]。按照电容元件 q-u 特性与时间的关系,可以将电容元件分为非时变电容元件和时变电容元件。非时变电容元件的 q-u 特性不随时间变化,而时变电容元件的 q-u 特性随时间的变化而变化[图 4-1-1(c)]。

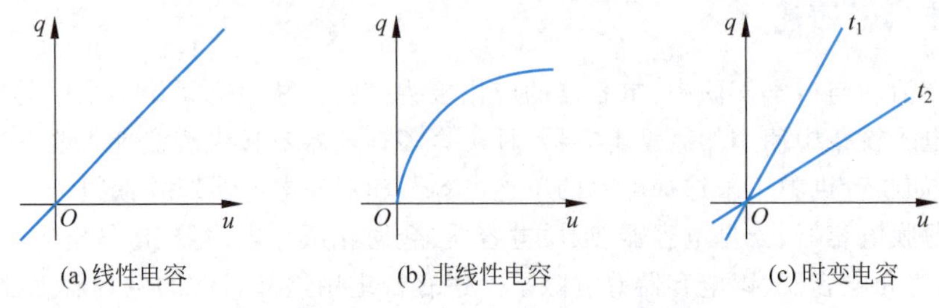

图 4-1-1 几种电容元件的 q-u 特性曲线

工程应用中的电容器除了具有一定损耗外,一般也不是理想线性的,随着使用时间的增加,q-u 特性也会逐渐改变。例如,当电压超过耐压值时电容会被击穿;随着使用时间的增加电容介质特性发生变化,会改变 q-u 特性。但在一定的工作环境和工作时间内,大部分电容器均可以用线性非时变电容元件来描述。因此,本书重点讨论线性非时变电容元件,其他类型的电容元件不在讨论范围内。本书后续内容所提电容元件如不做特别说明均指线性非时变电容元件。

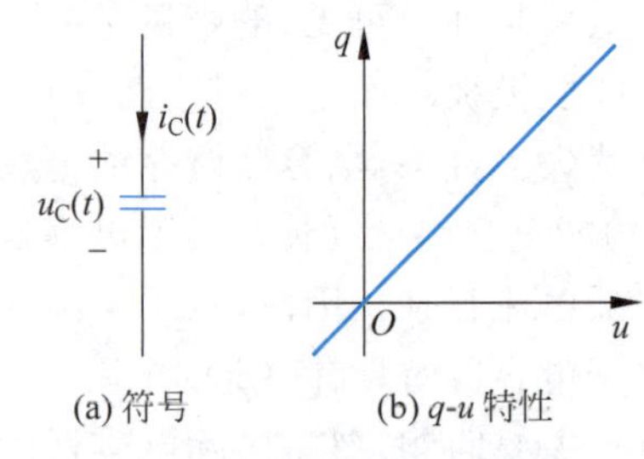

图 4-1-2 线性电容元件的符号及 q-u 特性曲线

线性电容元件的符号及其 q-u 特性如图 4-1-2 所示。可见,线性电容元件的 q-u 特性是位于第一、三象限通过坐标原点且斜率为 C 的直线。由线性电容 q-u 特性可知,在任意瞬时,电容储存电荷量与端电压之间的关系可以描述为

$$q(t)=Cu(t) \tag{4-1-2}$$

或

$$u(t)=\frac{q(t)}{C} \tag{4-1-3}$$

式中,C 为线性电容元件的电容,反映电容元件的容量,其国际标准单位为法拉第,简称法(F)。当表示小电容容量时,常采用微法(μF)或皮法(pF)为单位,即 $1\mu\text{F}=10^{-6}\text{F}$,$1\text{pF}=10^{-12}\text{F}$。

当电容元件与外部电路连接成回路时,会发生充电过程和放电过程。此时,电容元件的引线上会产生传导电流(即电容元件的端口电流,简称电容电流),由于内部电场的变化,电容元件极板间的电介质中会产生位移电流,二者取值相等,保证了电容电路中电流的连续性。电容电流的产生必然引起电容元件极板上电荷量的变化和电容电压的变化。

1. 电容元件的电压-电流关系

电容元件极板上电荷量在单位时间内的增减必等于通过引线界面的电荷量,即等于传导电流。用数学关系描述为

$$i(t)=\frac{dq(t)}{dt} \tag{4-1-4}$$

对于线性电容，将式(4-1-2)代入式(4-1-4)，则有

$$i(t)=C\frac{du(t)}{dt} \tag{4-1-5}$$

式中，电容电压与电容电流取关联参考方向。此式即为线性电容元件的电压-电流关系。显然，电容电流与电容电压的变化率成正比。当$\frac{du(t)}{dt}>0$时，$i(t)>0$，电容电流方向与参考方向相同；当$\frac{du(t)}{dt}<0$时，$i(t)<0$，电容电流方向与参考方向相反；当$\frac{du(t)}{dt}=0$时，$i(t)=0$，电容支路无电流，反映了电容元件"阻直流"的特点。

对式(4-1-5)两边求不定积分，可以得到线性电容元件电压-电流关系的另一种形式：

$$u(t)=\frac{1}{C}\int_{-\infty}^{t}i(t')dt'=u(t_0)+\frac{1}{C}\int_{t_0}^{t}i(t')dt' \tag{4-1-6}$$

式中，$u(t_0)$为电容电压在t_0时刻的取值。

式(4-1-6)的物理意义为：电容电压在t时刻的取值等于其在t_0时刻的取值加上$t_0\sim t$时刻电容电流累积作用的结果。

2. 电容元件的动态特性

对于电阻元件，其电压-电流关系通过欧姆定律来确定，在任意瞬时，电压即可决定电流，反之亦然。而电容元件的电压-电流关系通过微分式(4-1-5)和积分式(4-1-6)来确定，由此可见，无法通过电流瞬时值确定电压瞬时值，也无法通过电压瞬时值确定电流瞬时值，瞬时电压和瞬时电流之间呈动态关系。因此，电容元件是一种动态元件。

3. 电容元件的记忆特性

由式(4-1-6)可见，电容电压$u(t)$的取值不仅取决于电容电流$i(t)$在$t_0\sim t$的取值，还与过去时刻t_0的电容电压取值$u(t_0)$有关。因此，电容元件是一种有"记忆"元件。与之相比，电阻元件的瞬时电压仅取决于瞬时电流，与过去时刻的电压取值无关，是无"记忆"元件。

进一步，若$t\to t_0$，且电容电流$i(t)$为有限取值，根据定积分性质必有

$$\lim_{t\to t_0}\frac{1}{C}\int_{t_0}^{t}i(t')dt'=0$$

则式(4-1-6)变为

$$u(t)=u(t_0)+\lim_{t\to t_0}\frac{1}{C}\int_{t_0}^{t}i(t')dt'=u(t_0) \tag{4-1-7}$$

可见，当电容元件的充电电流或放电电流为有限值时，电容电压的变化是连续的，不会发生突变。这是电容元件记忆特性的集中体现，是动态电路分析的重要依据。

4. 电容元件的瞬时能量

电容元件是一种电场储能元件。当电容电压与电容电流取关联参考方向时，线性电容元件吸收的瞬时功率为

$$p(t)=u(t)i(t)=Cu(t)\frac{\mathrm{d}u(t)}{\mathrm{d}t} \tag{4-1-8}$$

从 $t=t_0$ 到当前时刻 t，电容元件吸收的能量为

$$\begin{aligned}W_C&=\int_{t_0}^{t}p(t')\mathrm{d}t'=\int_{t_0}^{t}u(t')i(t')\mathrm{d}t'=\int_{t_0}^{t}Cu(t')\mathrm{d}t'\frac{\mathrm{d}u(t')}{\mathrm{d}t'}\mathrm{d}t'\\&=C\int_{u(t_0)}^{u(t)}u(t')\mathrm{d}u(t')=\frac{1}{2}Cu^2(t)-\frac{1}{2}Cu^2(t_0)\end{aligned} \tag{4-1-9}$$

假设 $t=t_0$ 时电容元件未充电，则电容极板的电荷量 $q(t_0)=0$，电容电压 $u(t_0)=0$。由于无内部电场，电场能量必为零。可见，电容元件在时刻 t 储存的电场能量 $W_C(t)$ 等于它吸收的能量，可以写为

$$W_C(t)=\frac{1}{2}Cu^2(t) \tag{4-1-10}$$

通常，电容元件在任意时刻 t_1 与 t_2 储存的电场能量的变化量为

$$\Delta W_C=W_C(t_2)-W_C(t_1)=\frac{1}{2}Cu^2(t_2)-\frac{1}{2}Cu^2(t_1) \tag{4-1-11}$$

当电容元件充电时，$|u(t_2)|>|u(t_1)|$，$W_C(t_2)>W_C(t_1)$，在此时间内电容元件吸收电能并以电场能量储存；当电容元件放电时，$|u(t_2)|<|u(t_1)|$，$W_C(t_2)<W_C(t_1)$，在此时间内电容元件将电场能量转变成电能释放出来。注意，电容元件不耗能，但也不会释放出比其吸收的能量更多的能量，所以它是一种无源元件。

4.1.3 电容的串联和并联

设 n 个电容元件相串联，如图 4-1-3 所示，流过各电容的电流为 $i(t)$，各电容电压为 $u_1(t),u_2(t),\cdots,u_n(t)$，则电容串联后总的端电压为

$$\begin{aligned}u(t)&=u_1(t)+u_2(t)+\cdots+u_n(t)\\&=\frac{1}{C_1}\int_{-\infty}^{t}i(t')\mathrm{d}t'+\frac{1}{C_2}\int_{-\infty}^{t}i(t')\mathrm{d}t'+\cdots+\frac{1}{C_n}\int_{-\infty}^{t}i(t')\mathrm{d}t'\\&=\left(\frac{1}{C_1}+\frac{1}{C_2}+\cdots+\frac{1}{C_n}\right)\int_{-\infty}^{t}i(t')\mathrm{d}t'\end{aligned} \tag{4-1-12}$$

设串联等效电容为 C_{eq}，则

$$u(t)=\frac{1}{C_{\mathrm{eq}}}\int_{-\infty}^{t}i(t')\mathrm{d}t'=\left(\frac{1}{C_1}+\frac{1}{C_2}+\cdots+\frac{1}{C_n}\right)\int_{-\infty}^{t}i(t')\mathrm{d}t' \tag{4-1-13}$$

因此

$$\frac{1}{C_{\mathrm{eq}}}=\frac{1}{C_1}+\frac{1}{C_2}+\cdots+\frac{1}{C_n}\quad \text{或}\quad C_{\mathrm{eq}}=\frac{1}{\dfrac{1}{C_1}+\dfrac{1}{C_2}+\cdots+\dfrac{1}{C_n}}$$

设 n 个电容相并联，如图 4-1-4 所示，电容端电压为 $u(t)$，各电容电流为 $i_1(t)$，$i_2(t),\cdots,i_n(t)$，则电容并联后的总电流为

$$i(t)=i_1(t)+i_2(t)+\cdots+i_n(t)=C_1\frac{\mathrm{d}u(t)}{\mathrm{d}t}+C_2\frac{\mathrm{d}u(t)}{\mathrm{d}t}+\cdots+C_n\frac{\mathrm{d}u(t)}{\mathrm{d}t}$$

$$=(C_1+C_2+\cdots+C_n)\frac{\mathrm{d}u(t)}{\mathrm{d}t} \tag{4-1-14}$$

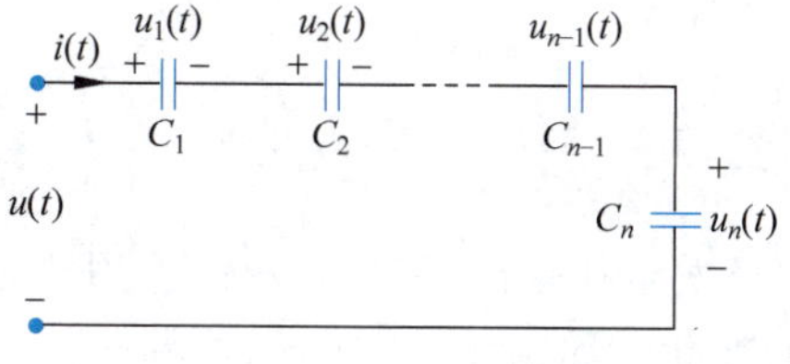

图 4-1-3　电容的串联

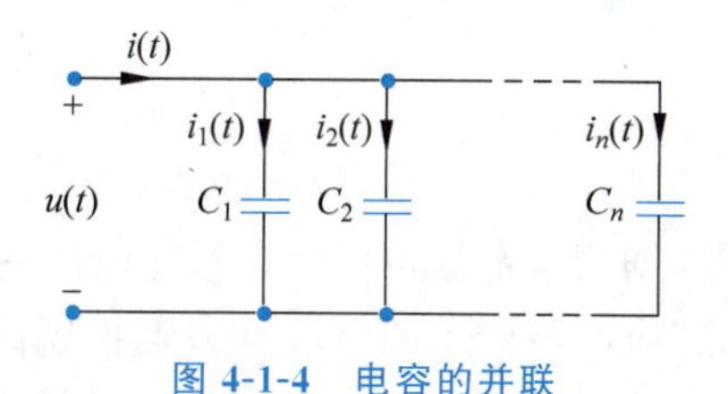

图 4-1-4　电容的并联

设并联等效电容为 C_{eq}，则

$$i(t)=C_{\mathrm{eq}}\frac{\mathrm{d}u(t)}{\mathrm{d}t}=(C_1+C_2+\cdots+C_n)\frac{\mathrm{d}u(t)}{\mathrm{d}t} \tag{4-1-15}$$

因此

$$C_{\mathrm{eq}}=C_1+C_2+\cdots+C_n$$

【思考与练习】

4-1-1　某线性电容元件在两个时刻的端电压满足关系：$u(t_1)>u(t_2)$，试问对应时刻的电容电流 $i(t_1)$ 与 $i(t_2)$ 之间满足何种关系？为什么？

4-1-2　已知两个电容器满足 $C_1=2C_2$，二者储存的电荷量均为 q，计算两个电容器储存的电场能量，比较二者之间的大小关系。

4.2　电感元件

4.2.1　电感线圈概述

在工程中经常用到导线绕制的线圈，如电机的转子、电磁铁、变压器、空心或带有铁芯的高频线圈等。线圈的主要物理属性表现为电磁感应。当一个线圈有电流通过时就会产生磁场，当穿过线圈的磁通量发生变化时就会产生感应电压。工程应用中，主要利用线圈的电磁感应现象来达到不同的目的。例如，变压器利用线圈磁路耦合实现电气隔离和电压调整，镇流器利用线圈的电磁感应产生高压启辉信号等。除上述具有特定用途的线圈外，电磁感应现象在电子电路中普遍存在，具体表现为分布电感。当工作频率很低或线路较短时，分布电感的作用非常微弱，可以忽略不计，在高频电路和线路较长时，分布电感的作用则不可忽视。

图 4-2-1 表示一个匝数为 N 的线圈，流过线圈的电流 $i(t)$ 产生的磁通 $\phi_{\mathrm{L}}(t)$ 与 N 匝线圈交链，则磁通链 $\psi_{\mathrm{L}}(t)=N\phi_{\mathrm{L}}(t)$。由于磁通 $\phi_{\mathrm{L}}(t)$ 和磁通链 $\psi_{\mathrm{L}}(t)$ 都是由线圈本身的电流产生的，所以称为自感磁通和自感磁通链。$\phi_{\mathrm{L}}(t)$ 和 $\psi_{\mathrm{L}}(t)$ 的方向与 $i(t)$ 的参考方向满足右手螺旋关系。磁通和磁通链的国际标准单位为韦伯，简称韦(Wb)，1Wb＝1V・s。

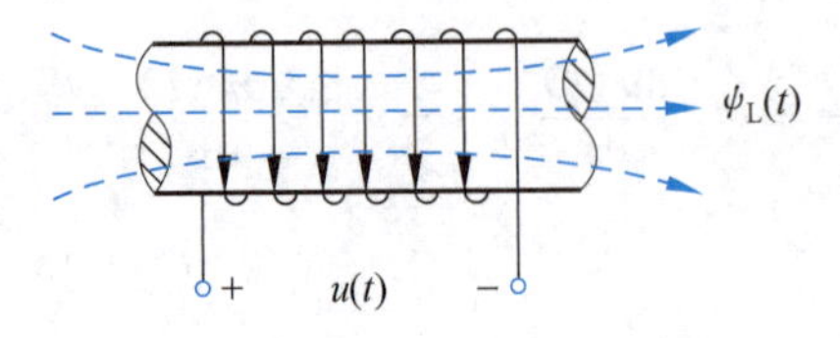

图 4-2-1 线圈的磁通链与感应电压

根据法拉第电磁感应定律,当通过线圈的磁通链 ψ_L 随时间变化时,在线圈端子间将产生感应电压。若线圈与外部电路形成电流通路,则感应电压就会在该电路中引起感应电流。感应电压的大小为

$$|u(t)|=\left|\frac{d\psi_L(t)}{dt}\right| \tag{4-2-1}$$

根据楞次定律可以确定感应电压的方向。楞次定律指出,感应电压的作用总是试图利用感应电流产生的磁通量去阻止原磁通量的变化。如图 4-2-1 所示,按标定的电流参考方向和磁通参考方向,二者是一致的,即符合右手螺旋关系。若按图中标定的感应电压参考方向,则感应电压与线圈电流的参考方向是一致的,同时感应电压的实际方向也与楞次定律相吻合。此时,感应电压的表达式为

$$u(t)=\frac{d\psi_L(t)}{dt} \tag{4-2-2}$$

由上述内容可见,电感线圈是一种磁场储能元件,流入线圈的电流产生磁场形式的能量,线圈产生的感应电压又可以通过感应电流对外部释放电能。但实际的线圈都是由金属导线绕制而成的,因此必定存在一定的线圈电阻,同时线圈的匝与匝之间还存在一定的分布电容。

在电路理论中,为了抓住电感线圈的磁场储能特征这一主要矛盾,忽略实际电感线圈的电阻和分布电容,定义了一种不耗能的理想电感元件(简称电感元件),并通过严格的数学模型进行描述。利用理想电感元件,可以对实际电感线圈及其他元件的电感特性进行建模和分析。对于实际电感线圈的损耗和分布电容,可以利用电阻元件和电容元件进行建模和分析。

4.2.2 电感元件特性

电感元件是一种理想二端元件,它仅反映磁场储能这一基本物理现象。电感元件的基本约束关系可以通过电感线圈的磁通链与流过电感线圈的电流(简称电感电流)进行描述。通常,电感元件的磁通链 $\psi_L(t)$ 可以表示为电感电流 $i(t)$ 的函数:

$$\psi_L(t)=f[i(t)] \tag{4-2-3}$$

以磁通链 ψ_L 为纵坐标,电感电流 i 为横坐标,按式(4-2-3)绘制二者关系曲线,称为电感元件的韦-安特性(ψ_L-i 特性)。按照电感元件的 ψ_L-i 特性,可以将电感元件分为线性电感元件和非线性电感元件。线性电感元件的 ψ_L-i 特性是经过坐标原点的直线[图 4-2-2(a)];非线性电感元件的 ψ_L-i 特性是经过坐标原点的曲线[图 4-2-2(b)]。按照电感元件 ψ_L-i 特性与时间的关系,可以将电感元件分为非时变电感元件和时变电感元件。非时变电感元件的 ψ_L-i 特性不随时间变化,而时变电感元件的 ψ_L-i 特性随时间的变化而变化[图 4-2-2(c)]。

工程应用中的电感线圈在一定时间范围内均可近似地认为是非时变的,空心线圈的

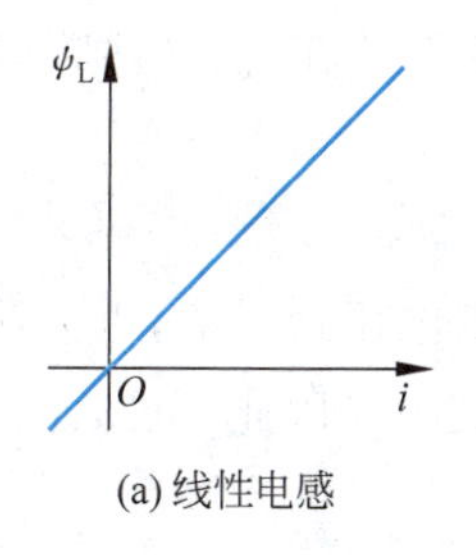

(a) 线性电感

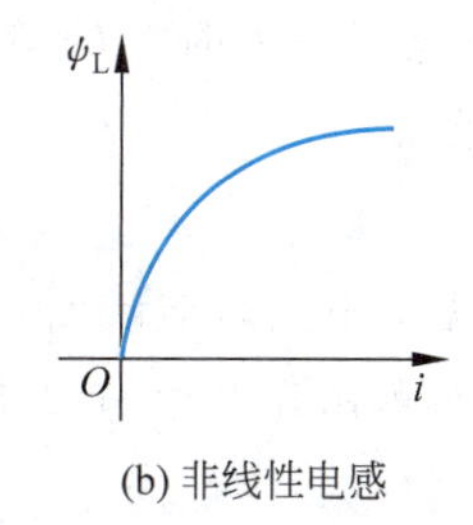

(b) 非线性电感

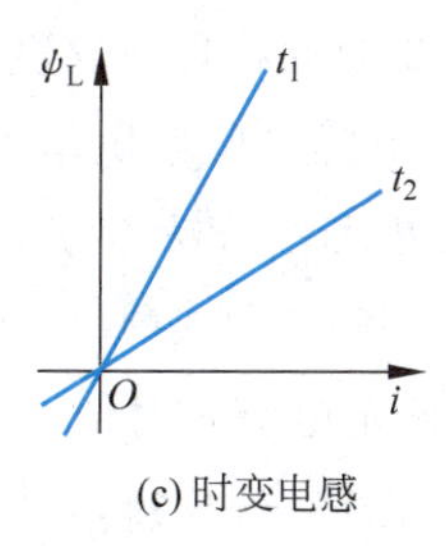

(c) 时变电感

图 4-2-2　电感元件的ψ_L-i 特性曲线

特性非常接近线性电感元件，而带铁芯的线圈是典型的非线性电感元件。但当铁磁材料处于非饱和状态时，铁芯线圈仍可近似地当作线性电感元件处理。本书重点讨论非时变线性电感元件，其他类型的电感元件不在讨论范围内。本书后续内容所提电感元件如不做特别说明均指线性非时变电感元件。

线性电感元件的符号及ψ_L-i 特性如图 4-2-3 所示。图中已规定线圈磁通方向与电流方向符合右手螺旋关系，感应电压 $u(t)$与电感电流 $i(t)$取关联参考方向。显然，线性电感元件的自感磁通链 $\psi_L(t)$与电感电流 $i(t)$之间满足线性关系

$$\psi_L(t)=Li(t) \tag{4-2-4}$$

(a) 符号　(b) ψ_L-i特性

图 4-2-3　线性电感元件及其ψ_L-i 特性曲线

式中，L 为线性电感元件的自感系数(简称自感或电感)，是一个正实数。自感或电感的国际标准单位是亨利，简称亨(H)，$1\text{H}=\dfrac{1\text{Wb}}{1\text{A}}=\dfrac{1\text{V}\cdot\text{s}}{1\text{A}}=1\Omega\cdot\text{s}$。当电感较小时，常采用毫亨(mH)或微亨($\mu$H)为单位，即 $1\text{mH}=10^{-3}\text{H}$，$1\mu\text{H}=10^{-6}\text{H}$。

1. 电感元件的电压-电流关系

将式(4-2-4)代入式(4-2-2)，得到线性电感元件的感应电压(即电感电压)为

$$u(t)=L\frac{\mathrm{d}i(t)}{\mathrm{d}t} \tag{4-2-5}$$

此式即为线性电感元件在关联参考方向时的电压-电流关系。显然，电感元件的感应电压与电流变化率成正比。当$\dfrac{\mathrm{d}i(t)}{\mathrm{d}t}>0$ 时，$u(t)>0$，感应电压方向与参考方向相同；当$\dfrac{\mathrm{d}i(t)}{\mathrm{d}t}<0$ 时，$u(t)<0$，感应电压方向与参考方向相反；当$\dfrac{\mathrm{d}i(t)}{\mathrm{d}t}=0$ 时，$u(t)=0$，即电感元件对直流信号相当于"短路"元件，不产生感应电压。

对式(4-2-5)两边取不定积分，得到线性电感元件电压-电流关系的另一种形式：

$$i(t)=\frac{1}{L}\int_{-\infty}^{t}u(t')\mathrm{d}t'=i(t_0)+\frac{1}{L}\int_{t_0}^{t}u(t')\mathrm{d}t' \tag{4-2-6}$$

式中，$i(t_0)=\dfrac{1}{L}\displaystyle\int_{-\infty}^{t_0}u(t')\mathrm{d}t'$ 为电感电流在某个初始时刻 t_0 的取值。

式(4-2-6)的物理意义为：电感电流在 t 时刻的取值等于其在 t_0 时刻的取值加上 $t_0 \sim t$ 时刻电感电压累积作用的结果。

2. 电感元件的动态特性

由式(4-2-5)和式(4-2-6)可知，无法根据电流瞬时值确定电压瞬时值，也无法根据电压瞬时值确定电流瞬时值。电感元件的电压和电流呈动态关系。因此，电感元件与电容元件类似，也是一种动态元件。

3. 电感元件的记忆特性

由式(4-2-6)可见，电感电流 $i(t)$ 的取值不仅取决于电感电压 $u(t)$ 在 $t_0 \sim t$ 的取值，还与过去时刻 t_0 的电感电流取值 $i(t_0)$ 有关。因此，电感元件是一种有"记忆"的元件。

进一步，若 $t \to t_0$，且电感电压 $u(t)$ 为有限取值，根据定积分性质必有

$$\lim_{t \to t_0} \frac{1}{L}\int_{t_0}^{t} u(t')\mathrm{d}t' = 0$$

则式(4-2-6)变为

$$i(t) = i(t_0) + \lim_{t \to t_0} \frac{1}{L}\int_{t_0}^{t} u(t')\mathrm{d}t' = i(t_0) \tag{4-2-7}$$

可见，当电感元件的端电压为有限值时，电感电流的变化是连续的，不会发生突变。这是电感元件记忆特性的集中体现，也是动态电路分析的重要依据。

4. 电感元件的瞬时能量

电感元件是一种磁场储能元件。当电感电压与电感电流取关联参考方向时，线性电感元件吸收的瞬时功率为

$$p(t) = u(t)i(t) = Li(t)\frac{\mathrm{d}i(t)}{\mathrm{d}t} \tag{4-2-8}$$

从 $t = t_0$ 到当前时刻 t，电感元件吸收的能量为

$$\begin{aligned} W_{\mathrm{L}} &= \int_{t_0}^{t} p(t')\mathrm{d}t' = \int_{t_0}^{t} u(t')iu(t')\mathrm{d}t' = \int_{t_0}^{t} Li(t')\frac{\mathrm{d}i(t')}{\mathrm{d}t'}\mathrm{d}t' \\ &= L\int_{t_0}^{t} i(t')\mathrm{d}i(t') = \frac{1}{2}Li^2(t) - \frac{1}{2}Li^2(t_0) \end{aligned} \tag{4-2-9}$$

假设 $t = t_0$ 时电感电流 $i(t_0) = 0$，则电感线圈的磁通链 $\psi_{\mathrm{L}}(t_0) = Li(t_0) = 0$。由于无内部磁场，电感元件磁场能量必为零。可见，电感元件在时刻 t 储存的磁场能量 $W_{\mathrm{L}}(t)$ 等于它吸收的能量，可以写为

$$W_{\mathrm{L}}(t) = \frac{1}{2}Li^2(t) \tag{4-2-10}$$

通常，电感元件在任意时刻 t_1 与 t_2 储存的磁场能量的变化量为

$$\Delta W_{\mathrm{L}} = W_{\mathrm{L}}(t_2) - W_{\mathrm{L}}(t_1) = \frac{1}{2}Li^2(t_2) - \frac{1}{2}Li^2(t_1) \tag{4-2-11}$$

当电感元件吸收电能时，$|i(t_2)|>|i(t_1)|$，$W_L(t_2)>W_L(t_1)$，在此时间内电感元件将吸收的电能以磁场形式储存；当电感元件释放电能时，$|i(t_2)|<|i(t_1)|$，$W_L(t_2)<W_L(t_1)$，在此时间内电感元件将磁场能量转变成电能释放出来。注意，电感元件不耗能，但也不会释放出比其吸收的能量更多的能量，所以它是一种无源元件。

4.2.3 电感的串联和并联

设 n 个电感元件相互串联，如图 4-2-4 所示，流过各电感的电流为 $i(t)$，各电感电压为 $u_1(t),u_2(t),\cdots,u_n(t)$，则电感串联后总的端电压为

$$\begin{aligned} u(t) &= u_1(t)+u_2(t)+\cdots+u_n(t)=L_1\frac{\mathrm{d}i(t)}{\mathrm{d}t}+L_2\frac{\mathrm{d}i(t)}{\mathrm{d}t}+\cdots+L_n\frac{\mathrm{d}i(t)}{\mathrm{d}t} \\ &= (L_1+L_2+\cdots+L_n)\frac{\mathrm{d}i(t)}{\mathrm{d}t} \end{aligned} \tag{4-2-12}$$

设串联等效电感为 L_{eq}，则

$$u(t)=L_{\mathrm{eq}}\frac{\mathrm{d}i(t)}{\mathrm{d}t}=(L_1+L_2+\cdots+L_n)\frac{\mathrm{d}i(t)}{\mathrm{d}t} \tag{4-2-13}$$

因此

$$L_{\mathrm{eq}}=L_1+L_2+\cdots+L_n$$

设 n 个电感相互并联，如图 4-2-5 所示，电感端电压为 $u(t)$，各电感电流为 $i_1(t)$，$i_2(t),\cdots,i_n(t)$，则电感并联后的总电流为

$$\begin{aligned} i(t) &= i_1(t)+i_2(t)+\cdots+i_n(t) \\ &= \frac{1}{L_1}\int_{-\infty}^{t}u(t)\mathrm{d}t+\frac{1}{L_2}\int_{-\infty}^{t}u(t)\mathrm{d}t+\cdots+\frac{1}{L_n}\int_{-\infty}^{t}u(t)\mathrm{d}t \\ &= \left(\frac{1}{L_1}+\frac{1}{L_2}+\cdots+\frac{1}{L_n}\right)\int_{-\infty}^{t}u(t)\mathrm{d}t \end{aligned} \tag{4-2-14}$$

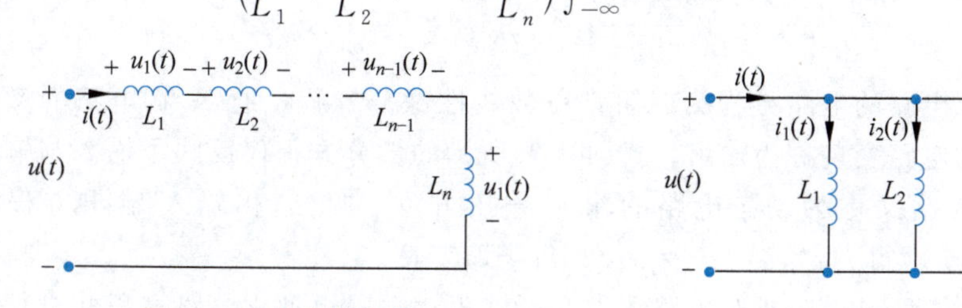

图 4-2-4 电感的串联

图 4-2-5 电感的并联

设并联等效电感为 L_{eq}，则

$$i(t)=\frac{1}{L_{\mathrm{eq}}}\int_{-\infty}^{t}u(t)\mathrm{d}t=\left(\frac{1}{L_1}+\frac{1}{L_2}+\cdots+\frac{1}{L_n}\right)\int_{-\infty}^{t}u(t)\mathrm{d}t \tag{4-2-15}$$

因此

$$\frac{1}{L_{\mathrm{eq}}}=\frac{1}{L_1}+\frac{1}{L_2}+\cdots+\frac{1}{L_n} \quad 或 \quad L_{\mathrm{eq}}=\frac{1}{\dfrac{1}{L_1}+\dfrac{1}{L_2}+\cdots+\dfrac{1}{L_n}}$$

【思考与练习】

4-2-1　对于线性电感元件，其感应电压是否与储存的磁场能量成正比关系？

4-2-2　在直流稳压电源供电的电器设备中，通常在电源线上串接电感以防止来自电源电路的高频干扰，为什么？

4.3　动态电路及其电路方程

4.1 节与 4.2 节分别介绍了电容元件和电感元件，二者的 VCR 特性均为微分或积分关系，即为动态元件。含有动态元件的电路称为动态电路。对动态电路进行分析时，仍然可以采用支路分析法、回路分析法和节点分析法，但依据 KCL/KVL 所得的电路方程不再是线性代数方程，而是常系数线性微分方程。此时，电路方程的求解过程需要借助经典的微分方程求解方法，这种分析方法称作动态电路的时域分析。

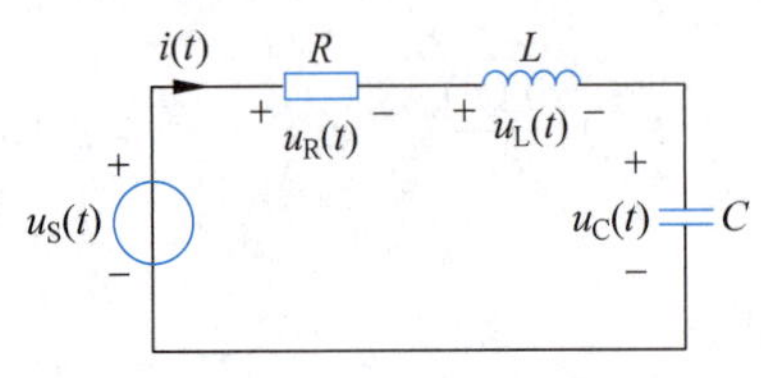

图 4-3-1　简单动态电路

首先分析一个简单的动态电路。如图 4-3-1 所示，电路包含 1 个独立源、2 个动态元件，但仅有 1 个网孔。因此，分析该电路仅需列写 1 个独立方程。按图中选定的参考方向，利用 KVL 可以列出电路方程为

$$u_R(t)+u_L(t)+u_C(t)=u_S(t) \tag{4-3-1}$$

若以电容电压 $u_C(t)$ 为待求变量，利用各元件的 VCR，即

$$i(t)=C\frac{\mathrm{d}u_C(t)}{\mathrm{d}t},\quad u_R(t)=i(t)R=RC\frac{\mathrm{d}u_C(t)}{\mathrm{d}t},\quad u_L(t)=L\frac{\mathrm{d}i(t)}{\mathrm{d}t}=LC\frac{\mathrm{d}^2u_C(t)}{\mathrm{d}t^2}$$

化简式(4-3-1)，整理可得

$$\frac{\mathrm{d}^2u_C(t)}{\mathrm{d}t^2}+\frac{R}{L}\frac{\mathrm{d}u_C(t)}{\mathrm{d}t}+\frac{1}{LC}u_C(t)=\frac{1}{LC}u_S(t) \tag{4-3-2}$$

可见，该动态电路的电路方程为二阶常系数线性微分方程。通常，将电路的激励称为输入，将待求的电路变量称为输出。式(4-3-2)所示的微分方程仅反映了输入与输出之间的约束关系，因此又称为动态电路的输入-输出方程。显然，由输入-输出方程求得 $u_C(t)$，就可进一步求得 $i(t)$、$u_R(t)$ 及 $u_L(t)$ 等电路变量。

对于较复杂的动态电路，求解电路输出变量需要建立一组独立电路方程并进行联立求解。为了获得输入-输出方程，需要较为复杂的数学推导。下面以如图 4-3-2 所示电路为例，讨论复杂动态电路输入-输出方程的建立过程。

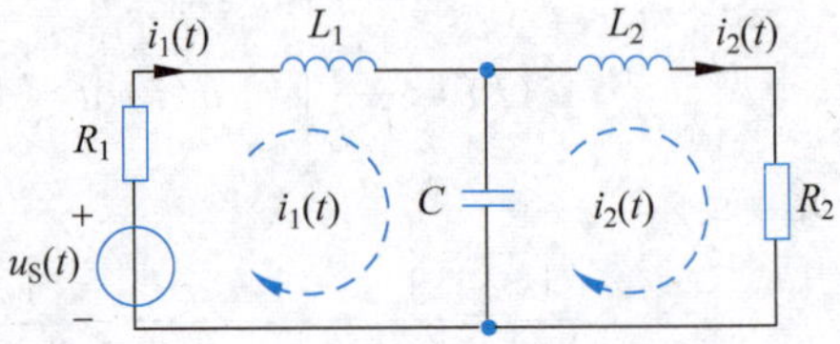

图 4-3-2　复杂动态电路

由图 4-3-2 可知，该电路有 3 个动态元件，包含 2 个网孔。若采用回路分析法，需要建立 2 个独立回路方程。对图示电路中 2 个网孔分别利用 KVL 建立方程如下：

回路 1： $$i_1(t)R_1+L_1\frac{\mathrm{d}i_1(t)}{\mathrm{d}t}+\frac{1}{C}\int_{-\infty}^{t}[i_1(t)-i_2(t)]\mathrm{d}t=u_S(t) \tag{4-3-3}$$

回路 2： $$i_2(t)R_2+L_2\frac{\mathrm{d}i_2(t)}{\mathrm{d}t}+\frac{1}{C}\int_{-\infty}^{t}[i_2(t)-i_1(t)]\mathrm{d}t=0 \tag{4-3-4}$$

可见，所建立的电路方程是一组联立的积分微分方程。为求解回路电流 $i_1(t)$ 和 $i_2(t)$，需要首先利用消元法消去一个待求变量，得到仅包含一个待求输出变量和输入变量的输入-输出方程。下面以消去回路电流 $i_2(t)$ 为例进行说明。

将式(4-3-3)与式(4-3-4)相加，得

$$i_1(t)R_1+i_2(t)R_2+L_1\frac{\mathrm{d}i_1(t)}{\mathrm{d}t}+L_2\frac{\mathrm{d}i_2(t)}{\mathrm{d}t}=u_S(t) \tag{4-3-5}$$

式(4-3-3)两侧对时间 t 求导，得

$$R_1\frac{\mathrm{d}i_1(t)}{\mathrm{d}t}+L_1\frac{\mathrm{d}^2i_1(t)}{\mathrm{d}t^2}+\frac{1}{C}[i_1(t)-i_2(t)]=\frac{\mathrm{d}u_S(t)}{\mathrm{d}t} \tag{4-3-6}$$

由此解得

$$i_2(t)=R_1C\frac{\mathrm{d}i_1(t)}{\mathrm{d}t}+L_1C\frac{\mathrm{d}^2i_1(t)}{\mathrm{d}t^2}+i_1(t)-C\frac{\mathrm{d}u_S(t)}{\mathrm{d}t} \tag{4-3-7}$$

将式(4-3-7)代入式(4-3-5)，整理可得

$$\begin{aligned}&\frac{\mathrm{d}^3i_1(t)}{\mathrm{d}t^3}+\frac{R_2L_1+R_1L_2}{L_1L_2}\frac{\mathrm{d}^2i_1(t)}{\mathrm{d}t^2}+\frac{R_1R_2C+L_1+L_2}{L_1L_2C}\frac{\mathrm{d}i_1(t)}{\mathrm{d}t}+\frac{R_1+R_2}{L_1L_2C}i_1(t)\\&=\frac{1}{L_1}\frac{\mathrm{d}^2u_S(t)}{\mathrm{d}t^2}+\frac{R_2}{L_1L_2}\frac{\mathrm{d}u_S(t)}{\mathrm{d}t}+\frac{u_S(t)}{L_1L_2C}\end{aligned} \tag{4-3-8}$$

式(4-3-8)即以回路电流 $i_1(t)$ 为输出变量的输入-输出方程。这是一个三阶常系数线性微分方程。利用同样的方法可以得到以回路电流 $i_2(t)$ 为输出变量的输入-输出方程。

由以上分析可以看出，对一般动态电路建立的电路方程是一组联立的微分方程或积分微分方程。由此联立方程组出发，总可以求出对应于电路中任一输出变量的输入-输出方程。一般情况下，这是一个高阶的常系数线性微分方程。电路越复杂，所含动态元件越多，方程的阶数就越高。

图 4-3-1、图 4-3-2 两个动态电路中仅包含一个独立源(单输入)。对于单输入动态电路，其输入-输出方程的一般形式可以写成如下形式：

$$\begin{aligned}&\frac{\mathrm{d}^nr(t)}{\mathrm{d}t^n}+a_{n-1}\frac{\mathrm{d}^{n-1}r(t)}{\mathrm{d}t^{n-1}}+\cdots+a_1\frac{\mathrm{d}r(t)}{\mathrm{d}t}+a_0r(t)\\&=b_m\frac{\mathrm{d}^mf(t)}{\mathrm{d}t^m}+b_{m-1}\frac{\mathrm{d}^{m-1}f(t)}{\mathrm{d}t^{m-1}}+\cdots+b_1\frac{\mathrm{d}f(t)}{\mathrm{d}t}+b_0f(t)\end{aligned} \tag{4-3-9}$$

式中，$r(t)$ 为电路的输出，$f(t)$ 为电路的输入。

一般情况下，若动态电路的输入-输出方程是一阶微分方程，则称电路为一阶电路。若输入-输出方程是 n 阶微分方程，则相应的电路称为 n 阶电路。因此，如图 4-3-1 所示电路为二阶电路，如图 4-3-2 所示电路为三阶电路。

对于包含多个独立源的动态电路，根据线性电路的性质，可以利用叠加定理分别让每个独立源单独作用，求得每个独立源对应的输出后，取代数和即可。当每个独立源单独作用时，所得到的输入-输出方程同样具有式(4-3-9)的一般形式。

【思考与练习】

4-3-1 若某动态电路中包含 2 个电容与 2 个电感，试问其输入-输出方程可能的阶数有哪些？

4-3-2 写出如图 4-3-1 所示的动态电路以 $i(t)$ 为待求变量的输入-输出方程。

4.4 动态电路的初始状态与初始条件

由 4.3 节可知，动态电路的分析过程就是建立和求解输入-输出方程的过程。动态电路的输入-输出方程具有 n 阶常系数线性微分方程的形式。由高等数学知识可知，n 阶常系数线性微分方程的通解中包含 n 个待定的积分常数，这些常数要由微分方程的初始条件来确定。动态电路的 n 阶输入-输出方程的初始条件是指该方程中输出变量的初始值及其 1 阶至$(n-1)$阶导数的初始值。本节主要讨论动态电路中的响应(电压或电流)及其各阶导数的初始值的计算。

电路分析中，把电路与电源的接通、切断，电路参数的突然改变，电路连接方式的突然改变，电压源的电压或电流源的电流的突然改变等，统称为换路。

发生换路时，动态电路会由一种工作状态经过一个过渡过程后转变为另一种工作状态。为便于分析，一般规定换路时刻为 $t=0$，且换路在瞬间完成(换路所需时间为 0)，把换路前的最终时刻记作 $t=0_-$，把换路后的最初时刻记作 $t=0_+$。基于这种规定，动态电路的分析就是求解 $t=0_+$ 以后各支路电压、电流的变化规律，而输入-输出方程的初始条件，就是 $t=0_+$ 时输出变量及其 $1\sim(n-1)$阶导数的取值。

把动态电路中各独立电容电压(或电荷量)和各独立电感电流(或磁通链)在 $t=0_+$ 时的数值的集合称为电路的初始状态，简称初态；把各独立电容电压(或电荷量)和各独立电感电流(或磁通链)在 $t=0_-$ 时的数值的集合称为电路的原始状态。若在 $t=0_-$ 时，各电容电压和电感电流均为零，则称为零原始状态，简称零状态。根据电路结构明确原始状态，并根据动态元件属性和激励源确定初始状态是确定输入-输出方程初始条件的基础。

由线性电容元件的记忆特性可知，在电容电流取有限值的条件下，电容电压和电荷量不会发生跳变。因此，电容电流取有限值时，换路前后有以下关系成立：

$$u_C(0_+)=u_C(0_-) \tag{4-4-1}$$

$$q(0_+)=q(0_-) \tag{4-4-2}$$

由线性电感元件的记忆特性可知，在电感电压取有限值的条件下，电感电流和磁通链不会发生跳变。因此，电感电压取有限值时，换路前后有以下关系成立：

$$i_L(0_+)=i_L(0_-) \tag{4-4-3}$$

$$\psi(0_+)=\psi(0_-) \tag{4-4-4}$$

由式(4-4-1)～式(4-4-4)，可以得出这样的结论：换路时，若电容电流或电感电压为有限取值，则“初始状态＝原始状态”，这也称为动态电路的“换路定则”。电路的初始状态在一般情况下可以根据电路的原始状态应用式(4-4-1)～式(4-4-4)求出。对于电路中其他电压、电流的初始值(例如，电阻中的电压和电流、电感电压、电容电流等变量的初始值)，可根据换路后的电路和电容电压、电感电流的初始值，以及独立源在 $t=0_+$ 时的激励值，应用电路的基尔霍夫定律和元件的 VCR 求出。

【例 4-4-1】 如例图 4-4-1(a)所示电路，求开关闭合后电容电压的初始值 $u_C(0_+)$ 及各支路电流的初始值 $i_1(0_+)$、$i_2(0_+)$、$i_C(0_+)$。假设开关闭合前，电路已经工作了很长时间。

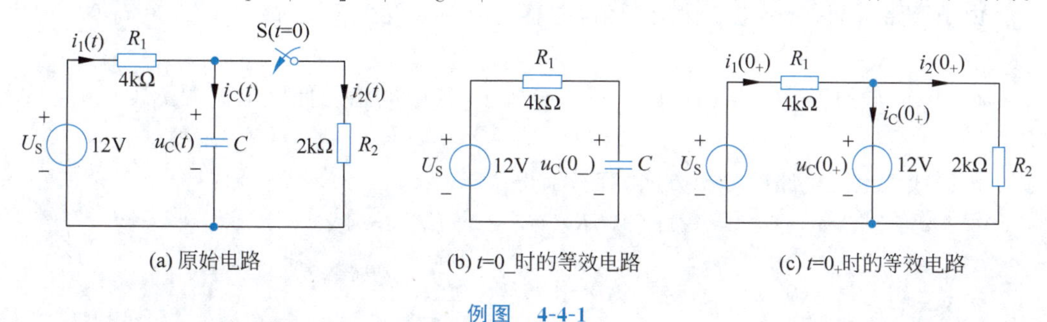

例图 4-4-1

解：首先确定电路原始状态，即求出 $t=0_-$ 时的电容电压 $u_C(0_-)$。由于开关闭合前电路已工作了很长的时间，因此 $t=0_-$ 时的电路是直流电路，如例图 4-4-1(b)所示。

由于直流电路中电容相当于开路，电阻 R_1 上压降为 0，故 $u_C(0_-)=U_S=12\text{V}$。

由于换路瞬间电容电流为有限值，电容电压不会发生突变，故 $u_C(0_+)=u_C(0_-)=12\text{V}$。

换路后，$t=0_+$ 时的等效电路如例图 4-4-1(c)所示。其中，电容元件以电压源 $u_C(0_+)$ 替代。

按照线性电阻电路的分析方法，容易求得

$$i_1(0_+)=\frac{U_S-u_C(0_+)}{R_1}=\frac{12-12}{4\times10^3}\text{A}=0\text{A}$$

$$i_2(0_+)=\frac{u_C(0_+)}{R_2}=\frac{12}{2\times10^3}\text{A}=6\times10^{-3}\text{A}$$

$$i_C(0_+)=i_1(0_+)-i_2(0_+)=-6\times10^{-3}\text{A}$$

【例 4-4-2】 如例图 4-4-2 所示电路，求开关闭合后电感电流的初始值 $i_L(0_+)$、电感电压的初始值 $u_L(0_+)$ 以及其他两个支路电流的初始值 $i(0_+)$ 和 $i_S(0_+)$。假设开关闭合前，电路已工作了很长时间。

解：首先确定原始状态，即求出 $t=0_-$ 时的电感电流 $i_L(0_-)$。由于开关闭合前电路已工作了很长时间，因此换路前 $t=0_-$ 时的电路是直流电路，电感元件相当于短路，如例图 4-4-2(b)所示。此时，电感电流为

$$i_L(0_-)=\frac{U_S}{R_1+R_2}=\frac{10}{6+4}\text{A}=1\text{A}$$

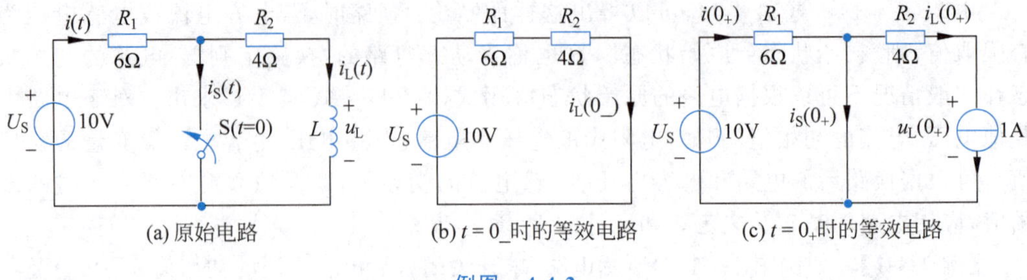

(a) 原始电路　　(b) $t=0_$时的等效电路　　(c) $t=0_+$时的等效电路

例图　4-4-2

由于换路瞬间,电感电压为有限值,电感电流不会发生突变,故 $i_L(0_+)=i_L(0_-)=1\text{A}$。

$t=0_+$ 时刻的等效电路如例图 4-4-2(c)所示,其中电感元件以电流源 $i_L(0_+)=1\text{A}$ 替代。

按照线性电阻电路的分析方法,容易求得

$$u_L(0_+)=-i_L(0_+)R_2=-1\times 4\text{V}=-4\text{V}$$

$$i(0_+)=\frac{U_S}{R_1}=\frac{10}{6}\text{A}\approx 1.67\text{A}$$

$$i_S(0_+)=i(0_+)-i_L(0_+)=(1.67-1)\text{A}=0.67\text{A}$$

【例 4-4-3】 如例图 4-4-3 所示电路,$R=5\Omega$,$L=1\text{H}$,$C=\frac{1}{6}\text{F}$,电压源电压 $u_S(t)=\text{e}^{-t}\text{V}$,开关在 $t=0$ 时刻闭合。已知 $i(0_-)=0$,$u_C(0_-)=6\text{V}$,求以 $i(t)$ 为输出变量的输入-输出方程及其初始条件。

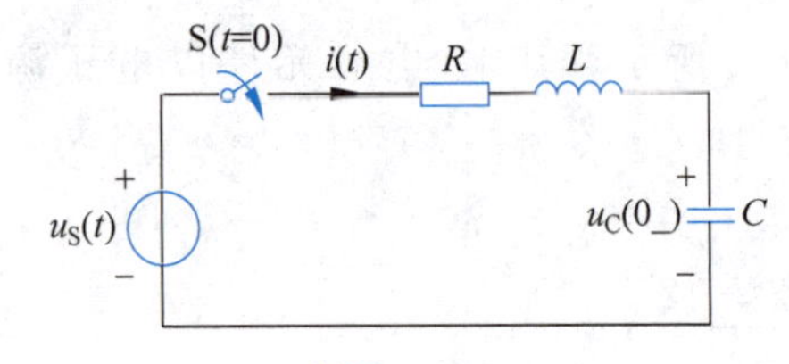

例图　4-4-3

解:根据基尔霍夫电压定律和元件的 VCR,可得换路后电路的积分微分方程为

$$\frac{\text{d}i(t)}{\text{d}t}+5i(t)+u_C(0_+)+6\int_{0_+}^{t}i(t')\text{d}t'=\text{e}^{-t} \tag{4-4-5}$$

两边同时对时间 t 求导,得到以 $i(t)$ 为输出变量的输入-输出方程:

$$\frac{\text{d}^2i(t)}{\text{d}t^2}+5\frac{\text{d}i(t)}{\text{d}t}+6i(t)=-\text{e}^{-t}$$

显然,该输入-输出方程为二阶微分方程,需要确定两个初始条件:$i(0_+)$与 $i'(0_+)$。由于换路瞬间电感电流、电容电压均不会发生突变,故

$$i(0_+)=i(0_-)=0\text{A}$$

$$u_C(0_+)=u_C(0_-)=6\text{V}$$

在 $t=0_+$ 时刻,式(4-4-5)可写成

$$i'(0_+)+5i(0_+)+u_C(0_+)=1$$

将 $i(0_+)$、$u_C(0_+)$代入,解得

$$i'(0_+) = -5\text{A/s}$$

【思考与练习】

4-4-1 动态电路的初始状态是确定输入-输出方程初始条件的依据，而动态元件的记忆特性将初始状态与原始状态联系起来。试问在什么前提条件下动态元件的初始状态等于原始状态？

4-4-2 "换路定则"适用的条件是什么？

4.5 动态电路的零输入响应

动态电路中至少含有一个动态元件，如果动态元件储存了一定量的能量(电场能量或磁场能量)，即使换路后电路中没有输入激励(独立源)，电路中也会产生电流。这体现了动态元件通过耗能元件进行电磁能量释放的物理过程。电路在无输入激励情况下，仅由动态元件原始储能引起的响应称为零输入响应。零输入响应可以是动态电路中任意支路的电压或电流。

如图4-5-1所示电路，在$t=0_-$时，$i_L(0_-)=I_0$。在开关闭合后的初始时刻，即$t=0_+$时，有$i_L(0_+)=i_L(0_-)=I_0$，电感元件储存的磁场能量为$\frac{1}{2}LI_0^2$。当开关闭合后，RL串联电路无激励源作用，电感中的磁场能量将逐步释放直至被电阻R消耗完毕为止。在此过程中出现的电感电流i_L、电阻电压u_R和电感电压u_L即为电路的零输入响应。

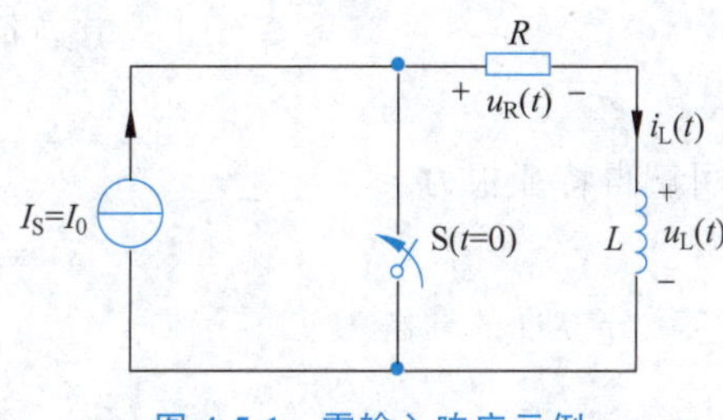

图 4-5-1 零输入响应示例

对一个n阶动态电路，若换路后电路中无输入激励，则其输入-输出方程为齐次微分方程，具体形式为

$$\frac{\mathrm{d}^n r(t)}{\mathrm{d}t^n} + a_{n-1}\frac{\mathrm{d}^{n-1} r(t)}{\mathrm{d}t^{n-1}} + \cdots + a_1\frac{\mathrm{d}r(t)}{\mathrm{d}t} + a_0 r(t) = 0 \tag{4-5-1}$$

式中，$r(t)$为待求的输出变量。

可见，动态电路的零输入响应即齐次微分方程的解。

根据高等数学知识，求解式(4-5-1)中的n阶齐次微分方程，可以先列出其特征方程：

$$s^n + a_{n-1}s^{n-1} + \cdots + a_1 s + a_0 = 0 \tag{4-5-2}$$

设此特征方程的n个特征根分别为$s_1, s_2, \cdots, s_n$，且所有的特征根互不相等，则式(4-5-1)的通解为

$$r(t) = A_1\mathrm{e}^{s_1 t} + A_2\mathrm{e}^{s_2 t} + \cdots + A_n\mathrm{e}^{s_n t} = \sum_{i=1}^{n} A_i\mathrm{e}^{s_i t} \tag{4-5-3}$$

这就是n阶动态电路零输入响应的一般形式。其中，$A_1, A_2, \cdots, A_n$是由式(4-5-1)的n个初始条件$r(0_+), r^{(1)}(0_+), r^{(2)}(0_+), \cdots, r^{(n-1)}(0_+)$决定的待定常数。

由式(4-5-3)可以看出,特征根 $s_1,s_2,\cdots,s_n$ 决定了动态电路零输入响应的性质。若特征根都是负实根,则响应随时间的增长而衰减,且特征根的绝对值越大,衰减越快;若特征根中有复数根,则将出现振荡现象。在物理上,特征根 $s_1,s_2,\cdots,s_n$ 取决于电路的拓扑结构及电路中元件参数的取值情况。因此,特征根 $s_1,s_2,\cdots,s_n$ 又称为电路零输入响应的固有频率或自然频率。

【例 4-5-1】 求如例图 4-5-1 所示电路的零输入响应 $i(t)$,已知 $R=5\Omega,L=1\text{H},C=\dfrac{1}{6}\text{F},i_L(0_-)=0\text{A},u_C(0_-)=6\text{V}$。

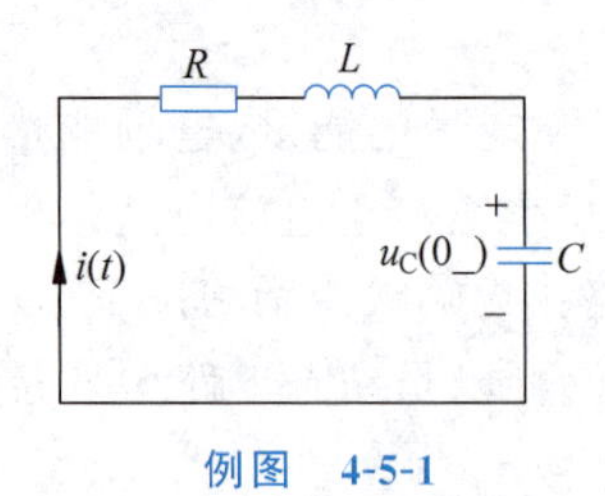

例图 4-5-1

解:如例图 4-5-1 所示电路在无输入激励情况下的积分微分方程和微分方程分别为

$$\frac{\mathrm{d}i(t)}{\mathrm{d}t}+5i(t)+u_C(0_+)+6\int_{0_+}^{t}i(t')\mathrm{d}t'=0 \tag{4-5-4}$$

$$\frac{\mathrm{d}^2i(t)}{\mathrm{d}t^2}+5\frac{\mathrm{d}i(t)}{\mathrm{d}t}+6i(t)=0 \tag{4-5-5}$$

其特征方程为

$$s^2+5s+6=0$$

可解得特征根为

$$s_1=-2,\quad s_2=-3$$

该微分方程的通解为

$$i(t)=A_1\mathrm{e}^{-2t}+A_2\mathrm{e}^{-3t}$$

确定常数 A_1、A_2 需要初始条件 $i(0_+)$、$i'(0_+)$。根据题设,易知

$$i(0_+)=i_L(0_-)=0,\quad u_C(0_+)=u_C(0_-)=6\text{V}$$

在 $t=0_+$ 时刻,将 $i(0_+)$、$u_C(0_+)$ 代入式(4-5-4),可得

$$i'(0_+)+5i(0_+)+u_C(0_+)=0$$

解得

$$i'(0_+)=-u_C(0_+)=-6\text{A/s}$$

利用两个初始条件,可得

$$i(0_+)=A_1+A_2=0,\quad i'(0_+)=-2A_1-3A_2=-6$$

联立求解可得

$$A_1=-6,\quad A_2=6$$

所以,电路的零输入响应为

$$i(t)=(-6\mathrm{e}^{-2t}+6\mathrm{e}^{-3t})\text{A},\quad t\geqslant 0_+$$

【思考与练习】

4-5-1 动态电路零输入响应的函数形式取决于哪些因素?与动态元件的原始储能大小有无必然联系?为什么?

4-5-2 求解如例图 4-5-1 所示电路的零输入响应 $u_C(t)$。

4.6 动态电路的零状态响应

当动态电路中所有储能元件都没有原始储能(处于零状态)时，换路后仅由输入激励(独立源)产生的响应称为零状态响应。此时，电路的输入-输出方程为 n 阶非齐次微分方程：

$$\frac{\mathrm{d}^n r(t)}{\mathrm{d}t^n}+a_{n-1}\frac{\mathrm{d}^{n-1}r(t)}{\mathrm{d}t^{n-1}}+\cdots+a_1\frac{\mathrm{d}r(t)}{\mathrm{d}t}+a_0 r(t)$$
$$=b_m\frac{\mathrm{d}^m f(t)}{\mathrm{d}t^m}+b_{m-1}\frac{\mathrm{d}^{m-1}f(t)}{\mathrm{d}t^{m-1}}+\cdots+b_1\frac{\mathrm{d}f(t)}{\mathrm{d}t}+b_0 f(t) \tag{4-6-1}$$

因此，零状态响应即为非齐次微分方程的解。

根据高等数学知识可知，非齐次微分方程的解为两部分之和：

$$r(t)=r_{\mathrm{t}}(t)+r_{\mathrm{f}}(t) \tag{4-6-2}$$

式中，$r_{\mathrm{t}}(t)$为齐次微分方程

$$\frac{\mathrm{d}^n r(t)}{\mathrm{d}t^n}+a_{n-1}\frac{\mathrm{d}^{n-1}r(t)}{\mathrm{d}t^{n-1}}+\cdots+a_1\frac{\mathrm{d}r(t)}{\mathrm{d}t}+a_0 r(t)=0$$

的通解；$r_{\mathrm{f}}(t)$为式(4-6-1)非齐次微分方程的特解。

齐次微分方程的通解 $r_{\mathrm{t}}(t)$取决于特征根的取值情况，若特征方程无重根，则

$$r_{\mathrm{t}}(t)=\sum_{i=1}^{n}B_i\mathrm{e}^{s_i t} \tag{4-6-3}$$

式中，$s_1,s_2,\cdots,s_n$ 为特征根，$B_1,B_2,\cdots,B_n$ 为待定常数，需要根据初始条件确定。

特解 $r_{\mathrm{f}}(t)$的函数形式与输入函数 $f(t)$的形式有关，一般可凭观察先假设一个含有待定系数的与非齐次微分方程右端的函数式相似的特解 $r_{\mathrm{f}}(t)$，然后代入非齐次微分方程，用比较系数法(比较方程两端各对应项的系数)确定 $r_{\mathrm{f}}(t)$。可见，零状态响应可表示为

$$r(t)=r_{\mathrm{t}}(t)+r_{\mathrm{f}}(t)=\sum_{i=1}^{n}B_i\mathrm{e}^{s_i t}+r_{\mathrm{f}}(t) \tag{4-6-4}$$

求解零状态响应的一般步骤可归纳如下：

(1) 根据换路后动态电路得到输入-输出方程(n 阶非齐次微分方程)。

(2) 根据对应的 n 阶齐次微分方程列出特征方程，求得特征根 $s_1,s_2,\cdots,s_n$。

(3) 写出包含待定常数的齐次微分方程的通解：$r_{\mathrm{t}}(t)=\sum\limits_{i=1}^{n}B_i\mathrm{e}^{s_i t}$。

(4) 根据输入-输出方程右边输入激励的函数形式写出含待定系数的特解 $r_{\mathrm{f}}(t)$。

(5) 将特解代入输入-输出方程，利用比较系数法确定特解 $r_{\mathrm{f}}(t)$。

(6) 写出零状态响应：$r(t)=\sum\limits_{i=1}^{n}B_i\mathrm{e}^{s_i t}+r_{\mathrm{f}}(t)$。

(7) 根据原始状态(零状态)和输入激励确定初始条件：$r(0_+),r^{(1)}(0_+),r^{(2)}(0_+),\cdots,$

$r^{(n-1)}(0_+)$。

(8) 根据初始条件$r(0_+), r^{(1)}(0_+), r^{(2)}(0_+), \cdots, r^{(n-1)}(0_+)$确定常数$B_1, B_2, \cdots, B_n$。

(9) 最终得到动态电路零状态响应的完整表达式。

零状态响应由两部分组成,其中特解部分$r_f(t)$的函数形式完全取决于输入激励的函数形式,因此称为强制分量或强迫响应;通解部分$r_t(t)$的函数形式仅取决于电路的拓扑结构和元件参数,与输入激励的函数形式无关,输入激励仅影响其待定常数的取值,因此称为自由分量或自然响应。与之相比,零输入响应仅包含自由分量,且待定常数的取值由原始状态决定。

【例 4-6-1】 如例图 4-6-1 所示电路,已知$R=5\Omega, L=1\text{H}, C=\frac{1}{6}\text{F}$,电压源电压$u_S(t)=e^{-t}\text{V}$,开关在$t=0$时刻闭合,求零状态响应$i(t)$。

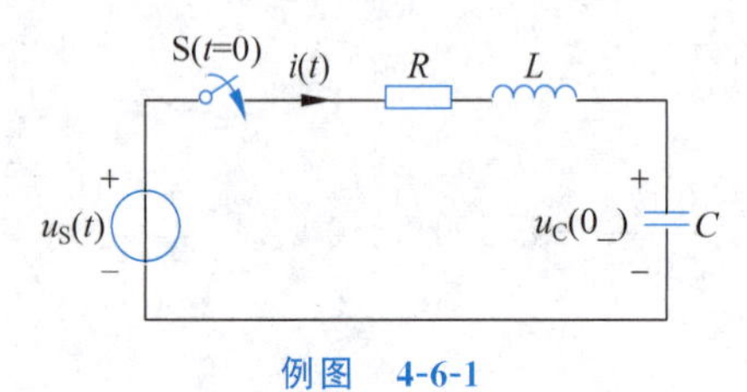

例图 4-6-1

解:根据基尔霍夫电压定律和元件的 VCR,可得换路后电路的积分微分方程为

$$\frac{di(t)}{dt}+5i(t)+u_C(0_+)+6\int_{0_+}^{t} i(t')dt'=e^{-t} \tag{4-6-5}$$

两边同时对时间t求导,得到以$i(t)$为输出变量的输入-输出方程:

$$\frac{d^2i(t)}{dt^2}+5\frac{di(t)}{dt}+6i(t)=-e^{-t} \tag{4-6-6}$$

所以,齐次微分方程的特征方程为

$$s^2+5s+6=0$$

解得特征根

$$s_1=-2, \quad s_2=-3$$

齐次微分方程的通解写成

$$i_1(t)=B_1e^{-2t}+B_2e^{-3t}$$

根据输入-输出方程右侧的函数形式,设特解为

$$i_f(t)=Ke^{-t}$$

将$i_f(t)=Ke^{-t}$代入式(4-6-6),比较两边系数可得

$$K=-\frac{1}{2}$$

所以

$$i_f(t)=-\frac{1}{2}e^{-t}$$

电路的零状态响应可表示为

$$i(t)=B_1e^{-2t}+B_2e^{-3t}-\frac{1}{2}e^{-t}$$

为了求解常数 B_1、B_2，需要确定两个初始条件：$i(0_+)$与$i'(0_+)$。

由于换路瞬间电感电流、电容电压均不会发生跳变，故

$$i(0_+)=i(0_-)=0$$

$$u_C(0_+)=u_C(0_-)=0$$

在 $t=0_+$ 时刻，式(4-6-5)可写为

$$i'(0_+)+5i(0_+)+u_C(0_+)=1$$

将 $i(0_+)$、$u_C(0_+)$代入上式，解得 $i'(0_+)=1\text{A/s}$。

利用初始条件可得

$$i(0_+)=B_1+B_2-\frac{1}{2}=0,\quad i'(0_+)=-2B_1-3B_2+\frac{1}{2}=1$$

联立求解可得

$$B_1=2,\quad B_2=-\frac{3}{2}$$

因此，电路的零状态响应为

$$i(t)=\left(2\mathrm{e}^{-2t}-\frac{3}{2}\mathrm{e}^{-3t}-\frac{1}{2}\mathrm{e}^{-t}\right)\text{A},\quad t\geqslant 0_+$$

【思考与练习】

4-6-1 试比较零输入响应与零状态响应的异同，思考动态电路响应的内在规律。

4-6-2 求解如例图4-6-1所示电路的零状态响应 $u_C(t)$。

4.7 动态电路的全响应

4.5节、4.6节分别讨论了动态电路的零输入响应和零状态响应及其求解方法，二者可以看作动态电路分析的两种特殊情形。一般情况下，发生换路时，动态电路往往处于非零状态，同时电路中会有输入激励(独立源)。此时，响应信号是由动态元件原始储能和输入激励共同作用的结果，称为动态电路的全响应。

动态电路全响应的求解可以采用直接求解非齐次微分方程的方法，具体方法和步骤与零状态响应相同，区别仅在于初始条件不同。因此，对式(4-6-1)输入-输出方程求解全响应可以表示成与式(4-6-4)零状态响应相似的形式

$$r(t)=\sum_{i=1}^{n}K_i\mathrm{e}^{s_it}+r_f(t) \tag{4-7-1}$$

式中，强制分量 $r_f(t)$仅与输入激励有关，与零状态响应中的强制分量完全相同；自由分量 $r_t(t)$的常数 $K_1,K_2,\cdots,K_n$ 与零状态响应中的常数 $B_1,B_2,\cdots,B_n$ 不同，由原始状态与输入激励共同决定。

叠加定理同样适用于线性动态电路的分析。为求解线性动态电路的全响应，可以将电路中动态元件原始储能和输入激励看作两组激励，分别求解两组激励对应的响应信号，然后求代数和。当动态元件原始储能单独作用时，响应信号即零输入响应。当输入激励单独作用时，响应信号即零状态响应。因此，线性动态电路的全响应可以表示为零

输入响应与零状态响应之和。

由式(4-5-3)可知,零输入响应为

$$r_{zi}(t)=\sum_{i=1}^{n}A_i e^{s_i t}$$

由式(4-6-4)可知,零状态响应为

$$r_{zs}(t)=\sum_{i=1}^{n}B_i e^{s_i t}+r_f(t)$$

因此,全响应可以写成

$$r(t)=r_{zi}(t)+r_{zs}(t)=\sum_{i=1}^{n}(A_i+B_i)e^{s_i t}+r_f(t) \tag{4-7-2}$$

可见,全响应的自由分量为零输入响应与零状态响应的自由分量之和,全响应的强制分量即零状态响应的强制分量。

综上所述,可以将线性动态电路的全响应作如下分解:

全响应＝零输入响应＋零状态响应

＝自然响应＋强迫响应

4.8　单位阶跃函数与单位冲激函数

在线性动态电路分析中,输入信号的函数形式丰富多样,虽然可以通过建立输入-输出方程来求解对应的输出信号,但求解过程往往非常复杂。若明确了动态电路对某些基本信号函数的响应,则一方面可以掌握电路的工作特性,另一方面可以利用线性电路的性质(齐次性和叠加性)方便地求得任意输入信号的响应。本节将介绍两种非常有用的基本函数:单位阶跃函数和单位冲激函数。后续章节将介绍动态电路的单位阶跃响应与单位冲激响应,以及二者在动态电路分析中的应用。

4.8.1　单位阶跃函数

单位阶跃函数为奇异函数,其定义为

$$\varepsilon(t)=\begin{cases}0, & t<0\\ 1, & t>0\end{cases} \tag{4-8-1}$$

注意,函数在 $t=0$ 处是不连续的,取值无明确定义。该函数的图形如图 4-8-1 所示。

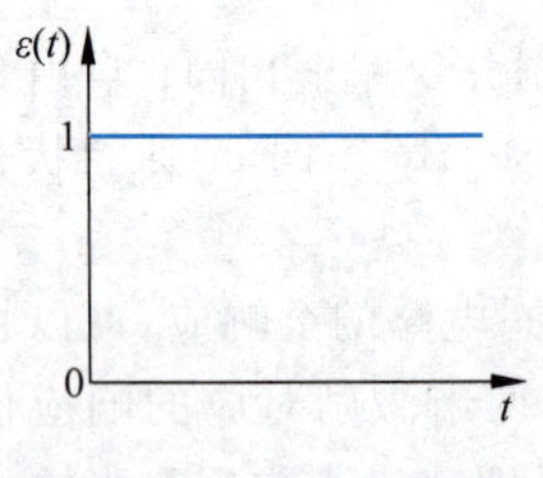

图 4-8-1　单位阶跃函数

单位阶跃函数经平移后的表达式为

$$\varepsilon(t-t_0)=\begin{cases}0, & t<t_0\\ 1, & t>t_0\end{cases} \tag{4-8-2}$$

根据平移偏移量 t_0 的性质,可以得到图 4-8-2 所示的函数图形。

1. 单位阶跃函数的开关功能

利用单位阶跃函数,可以对任意信号进行开关控制,这方

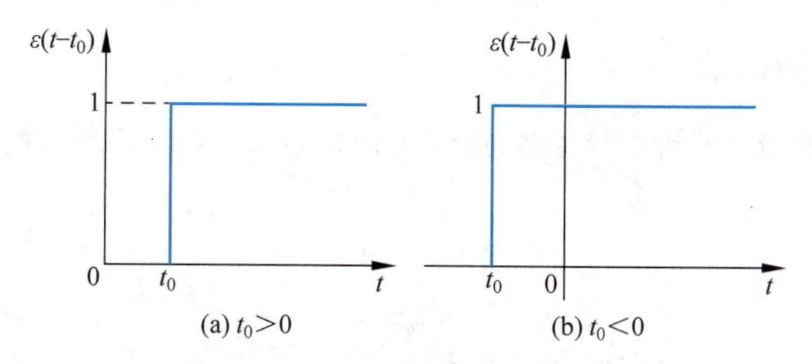

图 4-8-2　平移后的单位阶跃函数

便了电路模型的数学描述。例如，对任意函数 $f(t)$ 可以利用单位阶跃函数控制其在任意时刻 t_0 的通断：

$$f(t)\varepsilon(t-t_0)=\begin{cases}f(t), & t>t_0\\ 0, & t<t_0\end{cases} \tag{4-8-3}$$

由式(4-8-3)可知，如图 4-8-3(a)所示电路模型可以等效地用图 4-8-3(b)表示。图 4-8-3(b)利用单位阶跃函数的开关功能取代了图 4-8-3(a)中的换路开关。

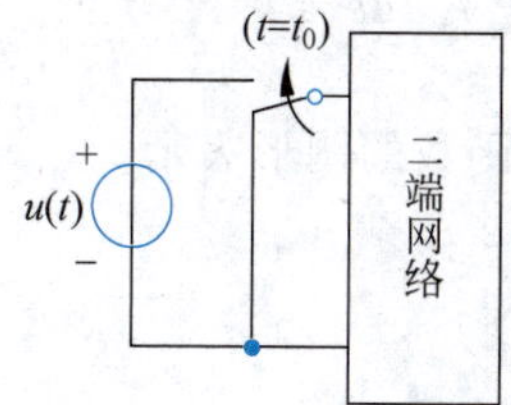

(a) 含有换路开关的电路模型

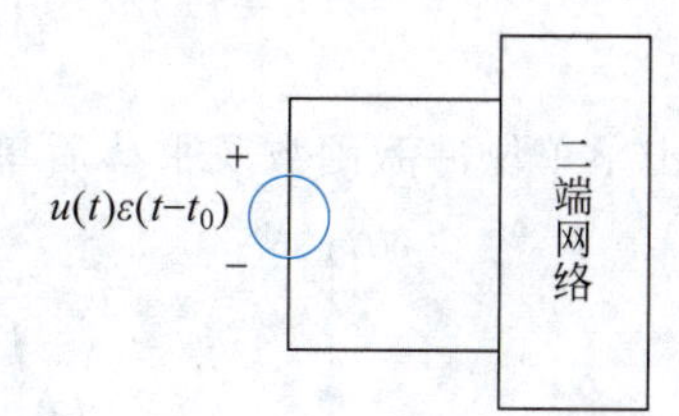

(b) 用单位阶跃函数表示的等效电路模型

图 4-8-3　单位阶跃函数在电路模型中的应用

2. 特殊分段函数的阶跃函数表示

利用单位阶跃函数进行线性叠加，可以表示很多常用的分段函数，如矩形脉冲函数、阶梯函数等。如图 4-8-4 所示的矩形脉冲函数可以表示为

$$p(t)=k_0\varepsilon(t)-k_0\varepsilon(t-t_0) \tag{4-8-4}$$

如图 4-8-5 所示的阶梯函数可以表示为

$$s(t)=\sum_{i=0}^{n}\varepsilon(t-i) \tag{4-8-5}$$

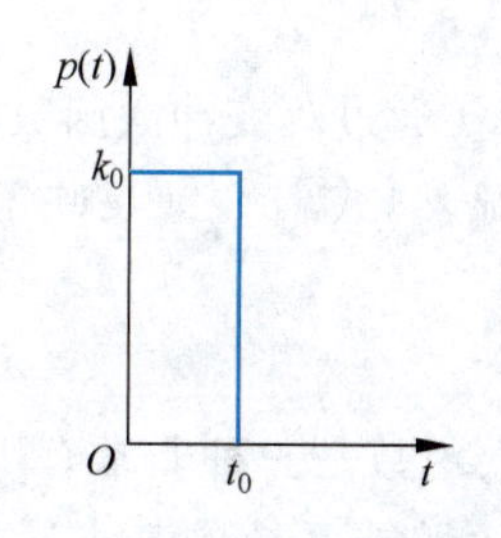

图 4-8-4　矩形脉冲函数

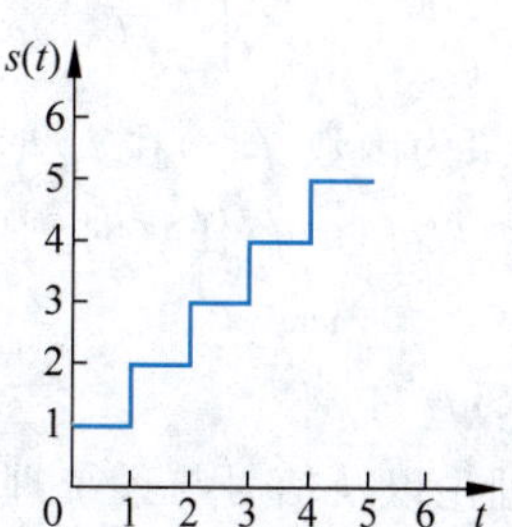

图 4-8-5　阶梯函数

4.8.2 单位冲激函数

单位冲激函数也是一种奇异函数，通常用$\delta(t)$表示。单位冲激函数$\delta(t)$的基本属性可以描述为

$$\begin{cases}\delta(t)=0, & t\neq 0\\ \int_{-\infty}^{+\infty}\delta(t)\mathrm{d}t=1\end{cases} \tag{4-8-6}$$

即单位冲激函数$\delta(t)$仅在$t=0$处取值不为0，其与t轴之间覆盖的面积为1。

根据式(4-8-6)，还可以得到

$$\int_{-\infty}^{+\infty}\delta(t)\mathrm{d}t=\int_{0_-}^{0_+}\delta(t)\mathrm{d}t=1$$

不难想象，单位冲激函数$\delta(t)$在$t=0$处取值为无穷大。

经平移后的单位冲激函数$\delta(t-t_0)$具有如下属性：

$$\begin{cases}\delta(t-t_0)=0, & t\neq t_0\\ \int_{-\infty}^{+\infty}\delta(t-t_0)\mathrm{d}t=\int_{t_{0_-}}^{t_{0_+}}\delta(t-t_0)\mathrm{d}t=1\end{cases} \tag{4-8-7}$$

图 4-8-6 给出了单位冲激函数及平移后单位冲激函数的图形表示。

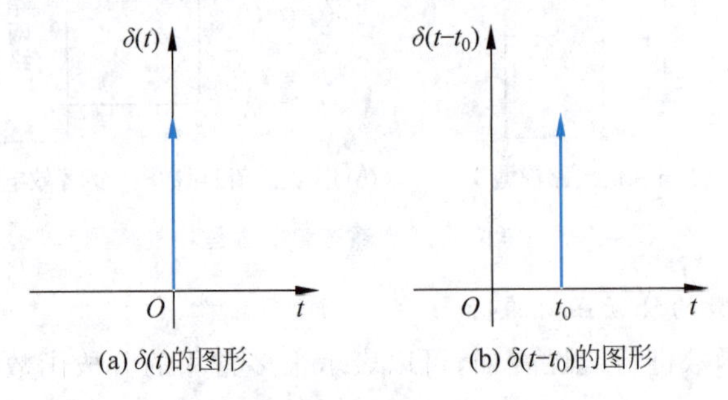

(a) $\delta(t)$的图形　　(b) $\delta(t-t_0)$的图形

图 4-8-6　单位冲激函数的图形表示

1. 单位冲激函数的抽样功能

若函数$f(t)$处处连续且有界，将$f(t)$与$\delta(t-t_0)$相乘并进行积分运算，则根据单位冲激函数的属性可得

$$\int_{-\infty}^{+\infty}f(t)\delta(t-t_0)\mathrm{d}t=f(t_0) \tag{4-8-8}$$

可见，积分结果为函数$f(t)$在t_0时刻的样值。通过改变冲激函数的平移量t_0，即可由式(4-8-8)得到函数$f(t)$在任意时刻的取值。显然，式(4-8-8)反映了冲激函数的抽样功能。

2. 冲激函数的应用

在电路分析理论以及信号与系统理论中，冲激函数是一种非常有用的信号模型。借助冲激函数进行建模和理论分析，不但可以掌握电路或系统的基本属性，还可以非常方便地分析电路或系统对任意激励信号的零状态响应。

4.8.3 单位阶跃函数与单位冲激函数的关系

在数学上，单位阶跃函数 $\varepsilon(t)$ 与单位冲激函数 $\delta(t)$ 存在的关系是：单位阶跃函数 $\varepsilon(t)$ 对时间变量求导数即得单位冲激函数 $\delta(t)$；单位冲激函数 $\delta(t)$ 对时间变量积分即得单位阶跃函数 $\varepsilon(t)$。上述关系可以表示为

$$\delta(t)=\frac{\mathrm{d}\varepsilon(t)}{\mathrm{d}t} \tag{4-8-9}$$

$$\varepsilon(t)=\int_{-\infty}^{t}\delta(t')\mathrm{d}t' \tag{4-8-10}$$

式(4-8-9)与式(4-8-10)为互逆关系，下面仅对式(4-8-9)进行证明。

为证明式(4-8-9)，首先构造具有单位面积的矩形脉冲函数，如图 4-8-7 所示。图中矩形脉冲可以用单位阶跃函数进行描述：

$$p(t)=\frac{1}{\tau}[\varepsilon(t)-\varepsilon(t-\tau)] \tag{4-8-11}$$

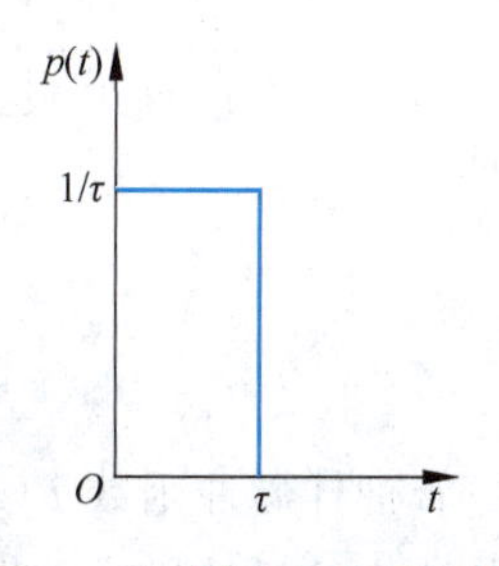

图 4-8-7　具有单位面积的矩形脉冲

令脉冲宽度趋近于 0，即 $\tau\to0$，则式(4-8-11)表示的矩形脉冲具有如下属性：

$$\begin{cases} p(t)=\lim\limits_{\tau\to0}\dfrac{1}{\tau}[\varepsilon(t)-\varepsilon(t-\tau)]=0, & t\neq0 \\ \displaystyle\int_{-\infty}^{+\infty}p(t)\mathrm{d}t=\int_{-\infty}^{+\infty}\lim_{\tau\to0}\frac{1}{\tau}[\varepsilon(t)-\varepsilon(t-\tau)]\mathrm{d}t=1 \end{cases} \tag{4-8-12}$$

对比式(4-8-12)与式(4-8-6)可见，$\tau\to0$ 时，图 4-8-7 所示单位面积矩形脉冲演化为单位冲激函数，即

$$\delta(t)=\lim_{\tau\to0}\frac{1}{\tau}[\varepsilon(t)-\varepsilon(t-\tau)] \tag{4-8-13}$$

根据导数的定义可知，式(4-8-13)右边即为单位阶跃函数的导数。故

$$\delta(t)=\frac{\mathrm{d}\varepsilon(t)}{\mathrm{d}t}$$

至此，式(4-8-9)证明成立。利用式(4-8-9)与式(4-8-10)的互逆关系，容易证明式(4-8-10)也是成立的。

【后续知识串联】

◇ 信号的抽样原理

本节讨论了单位冲激函数的抽样功能，这个概念在后续“信号与系统”课程中经常用到，下面以利用单位冲激序列对连续信号进行抽样的典型例子进行简要说明①。

首先介绍冲激函数的乘积特性。单位冲激信号 $\delta(t)$ 与一个连续时间信号 $f(t)$ 相

① 孙国霞. 信号与系统[M]. 北京：高等教育出版社，2016：178-184.

乘,可得

$$f(t)\delta(t)=f(0)\delta(t) \tag{4-8-14}$$

$$f(t)\delta(t-t_0)=f(t_0)\delta(t-t_0) \tag{4-8-15}$$

即任意连续时间信号与冲激信号的乘积仍然是冲激信号,冲激信号的强度为冲激时刻 t_0 对应的连续信号函数值 $f(t_0)$。

抽样是将时间上连续的模拟信号变成一系列离散抽样值的过程,可以看作将连续时间信号 $f(t)$与一个抽样脉冲函数 $p(t)$相乘,从而得到一个时间离散的样本信号 $f_s(t)$,如图 4-8-8、图 4-8-9 所示。

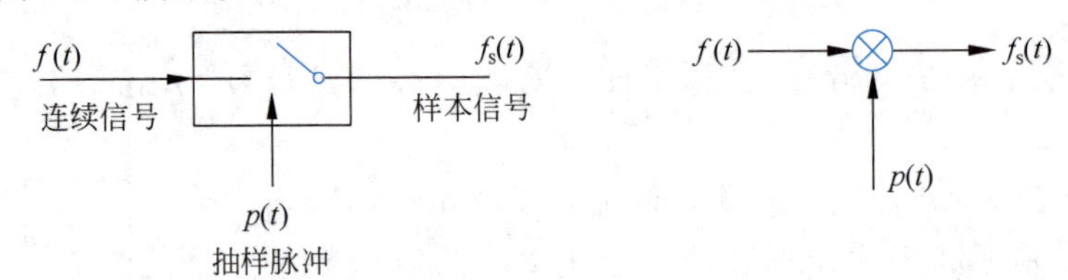

图 4-8-8　信号抽样过程　　图 4-8-9　抽样实现框图

若抽样脉冲函数 $p(t)$为周期是 T_s 的单位冲激序列 $\delta_{T_s}(t)$(如图 4-8-10 所示),则称此脉冲为冲激抽样或理想抽样。

设一个连续时间信号 $f(t)$,将它与单位冲激序列 $\delta_{T_s}(t)$相乘,根据式(4-8-14)可得

$$\begin{aligned} f_s(t) &= f(t)p(t)=f(t)\delta_{T_s}(t) \\ &= f(t)\sum_{n=-\infty}^{\infty}\delta(t-nT_s)=\sum_{n=-\infty}^{\infty}f(nT_s)\delta(t-nT_s) \end{aligned} \tag{4-8-16}$$

因此,$f(t)$在 $t=nT_s$(n 为整数)处的值便被抽样出来了。冲激抽样的波形如图 4-8-11 所示。

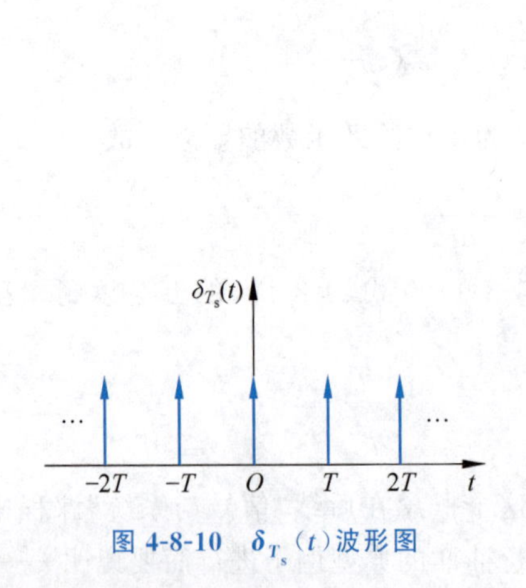

图 4-8-10　$\delta_{T_s}(t)$波形图

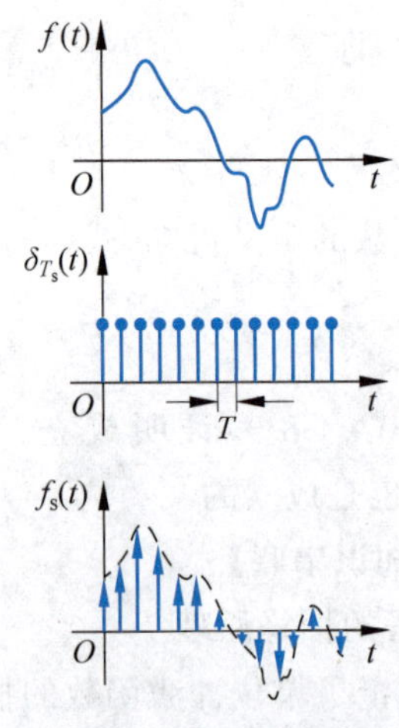

图 4-8-11　冲激抽样波形图

信号的抽样能够将一个信号(时间或空间上的连续函数)转换成一个数值序列(时间或空间上的离散函数)。20 世纪 40 年代,香农、奈奎斯特证明了“抽样定理”:在一定条件下,一个连续信号完全可以用等时间间隔点上的离散样本值表示。这些样本值包含了

该连续信号的全部信息，利用这些样本值可以恢复原信号。“抽样定理”是信号分析中最重要的结论之一，在数字式遥测系统、时分制遥测系统、信息处理、数字通信和采样控制理论等领域得到广泛的应用。

【思考与练习】

4-8-1 求解图 4-8-4 所示矩形函数的导数，并画出示意图。

4-8-2 调研单位阶跃函数的开关特性和单位冲激函数的抽样特性在电路分析和信号处理方面的应用实例。

习题

4-1 如题图 4-1(a)所示电路，设流经电容的电流(即电流源输出的电流)$i(t)$是一个幅值为 10mA、持续时间为 10ms 的矩形脉冲，如题图 4-1(b)所示，且电容电压初始值 $u_C(0_+)$为零，$C=1\mu F$。求电容电压 $u_C(t)$，并绘出波形图。

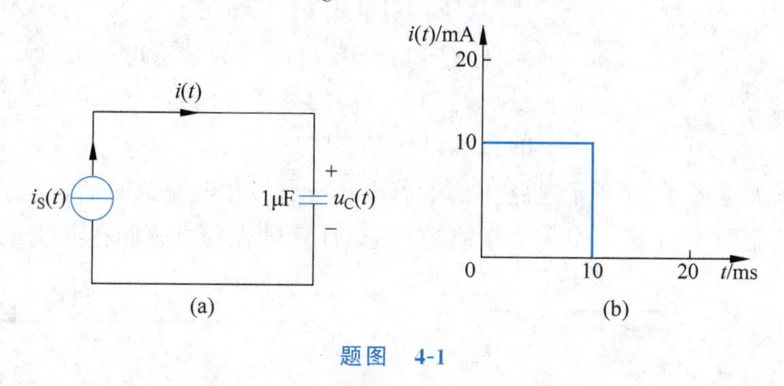

题图 4-1

4-2 有一个原来未曾带电的 1μF 电容，由如题图 4-2 所示电压予以激励，求 0.015s 和 0.035s 时的电容电流，并绘出电容电流 $i(t)$的波形图。

4-3 试绘出一个原来未曾带电的 0.1μF 电容在如题图 4-3 所示电压作用下的电流 $i(t)$的波形图。

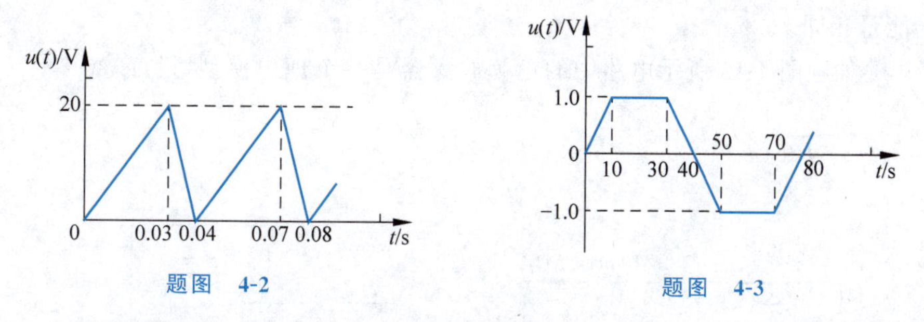

题图 4-2　　题图 4-3

4-4 一个原来不带电的电容元件由电压 $u(t)=10\sin 100\pi t$ V 予以激励，若 $t=0.0025$s 时的电容电流为 1A，则 $t=0.012$s 时的电容电流应为多少?

4-5 求如题图 4-5 所示电路中的电流 $i_C(t)$和 $i(t)$。

4-6 如题图 4-6 所示电路，设电容的初始电压 $u_C(0)=-10$V，求开关由位置 1 移到位置 2 后电容电压上升到 90V 所需要的时间。

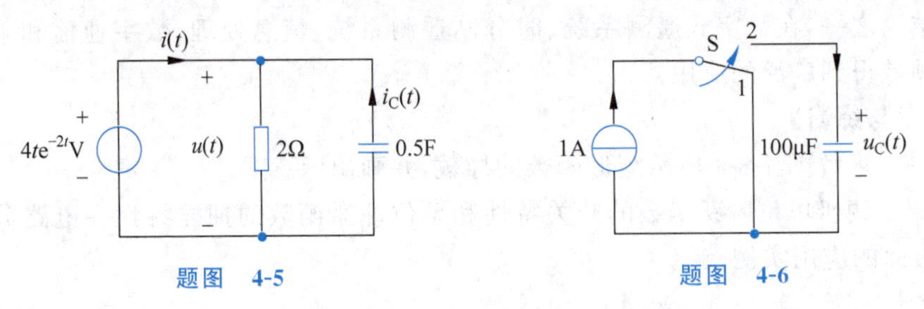

题图 4-5　　题图 4-6

4-7　已知电感 $L=0.5\text{H}$ 上的电流波形如题图 4-7 所示，求电感电压，并画出波形图。

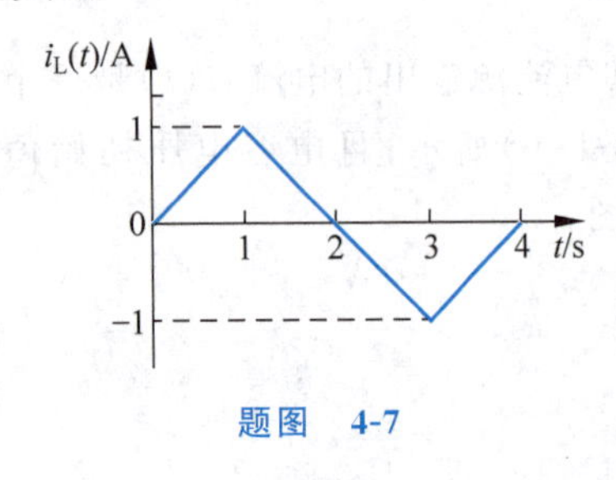

题图 4-7

4-8　一个 0.5H 的电感元件，当其中流过变化率为 20A/s 的电流时，该元件的端电压是多少？若电流的变化率为 −20A/s，该元件的端电压有何变化？

4-9　用电流 $i(t)=(0.5\mathrm{e}^{-10t}-0.5)\text{A}$ 激励一电感元件，已知 $t=0.005\text{s}$ 时的自感电压 $u_{\text{L}}(t)$ 为 −1V。假设 $i(t)$ 与 $u_{\text{L}}(t)$ 的参考方向是一致的，试问 $t=0.01\text{s}$ 时的自感电压是多少？

4-10　求如题图 4-10 所示电路中的电感电压 $u_{\text{L}}(t)$ 和电流源的端电压 $u(t)$。

4-11　如题图 4-11 所示电路处于直流稳态，计算电容和电感储存的能量。

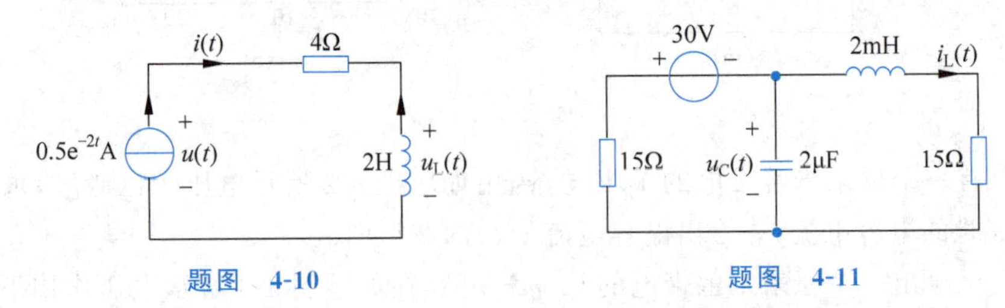

题图 4-10　　题图 4-11

4-12　如题图 4-12 所示电路处于直流稳态，试选择电阻 R 的阻值，使得电容和电感储存的能量相同。

4-13　如题图 4-13 所示电路中的运算放大器是一个理想模型，设 $u_{\text{C}}(0_{-})=0$，试证明：$u_{\text{o}}(t)=-\dfrac{1}{RC}\int_{0}^{t}u_{\text{i}}(t')\mathrm{d}t'$。

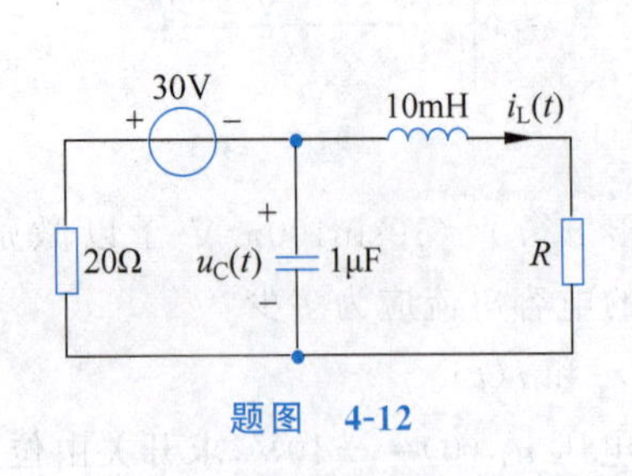

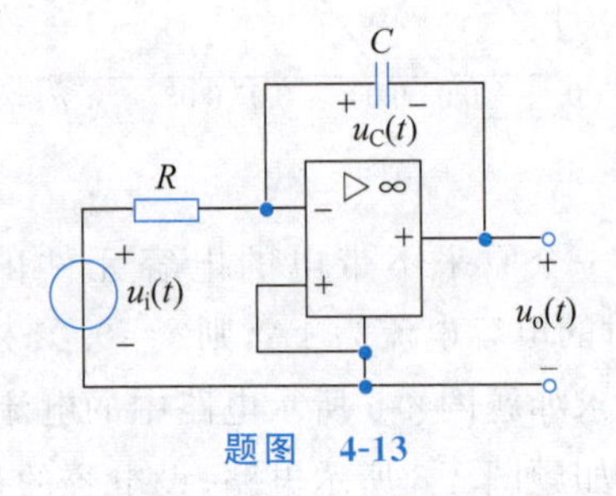

题图 4-12　　题图 4-13

4-14 如题图 4-14 所示电路中的运算放大器是一个理想模型，试证明：$u_{\mathrm{o}}(t)=-RC\dfrac{\mathrm{d}u_{\mathrm{i}}(t)}{\mathrm{d}t}$。

4-15 如题图 4-15 所示电路，求当 $i_{\mathrm{L}}(0)=0$ 时电压源输出的电流 $i(t)$。

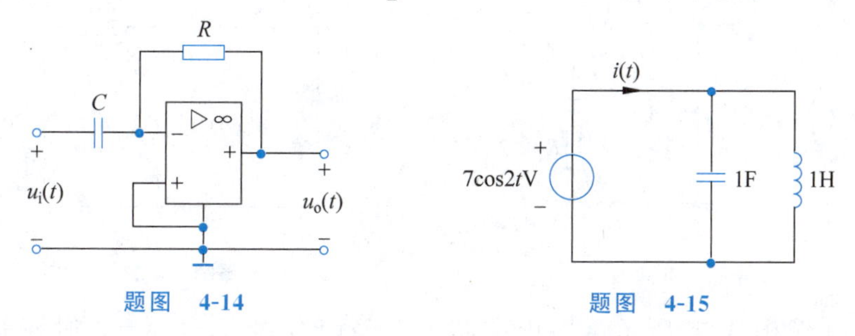

题图 4-14　　题图 4-15

4-16 电路如题图 4-16 所示，试列出以电感电压为变量的一阶微分方程。

4-17 电路如题图 4-17 所示，试列出以电感电流为变量的一阶微分方程。

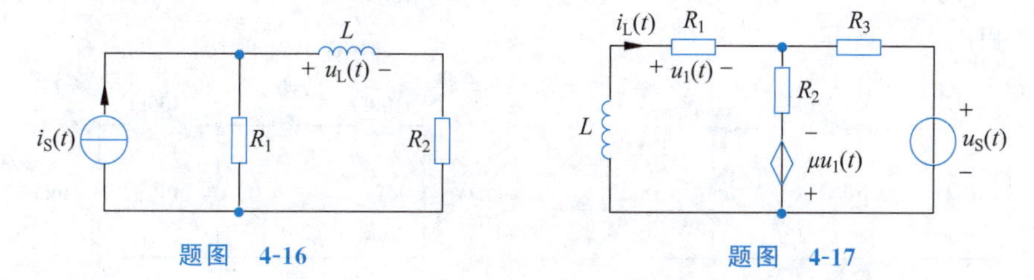

题图 4-16　　题图 4-17

4-18 电路如题图 4-18 所示，试列出以电容电流为变量的一阶微分方程。

4-19 电路如题图 4-19 所示，试列出以电容电压为变量的二阶微分方程。

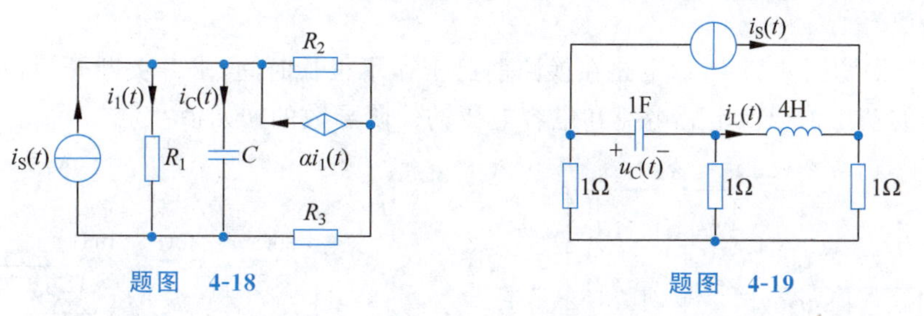

题图 4-18　　题图 4-19

4-20 电路如题图 4-20 所示，分别以电容电压和电感电流为变量列出二阶微分方程。

4-21 电路如题图 4-21 所示，写出以 $i_2(t)$ 为输出变量的输入-输出方程。

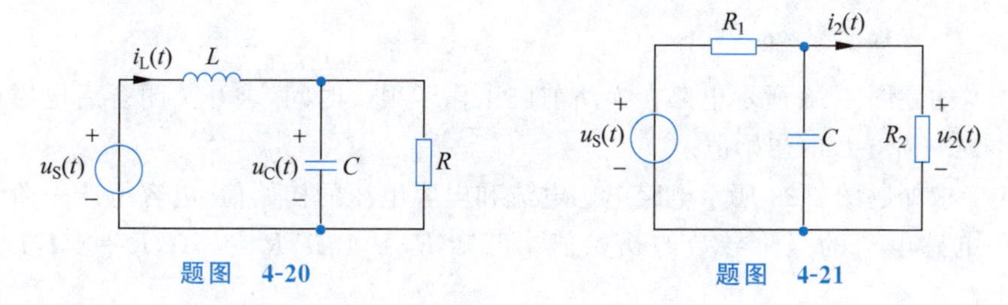

题图 4-20　　题图 4-21

4-22　电路如题图 4-22 所示，写出以 $u_C(t)$ 为输出变量的输入-输出方程。

4-23　如题图 4-23 所示电路中的开关已经闭合很久，当 $t=0$ 时断开开关，求 $u_C(0_+)$ 和 $u(0_+)$。

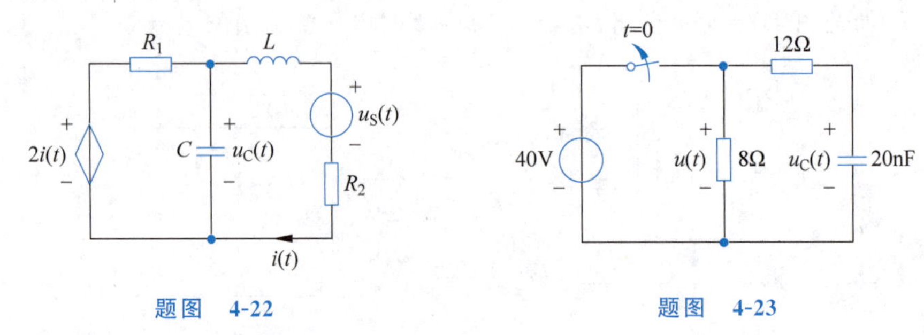

题图　4-22　　　　题图　4-23

4-24　如题图 4-24 所示电路中的开关已经闭合很久，当 $t=0$ 时断开开关，求 $i_L(0_-)$ 和 $i_L(0_+)$。

4-25　如题图 4-25 所示电路中的开关已经闭合很久，当 $t=0$ 时断开开关，求 $u_C(0_+)$ 和 $i_L(0_+)$。

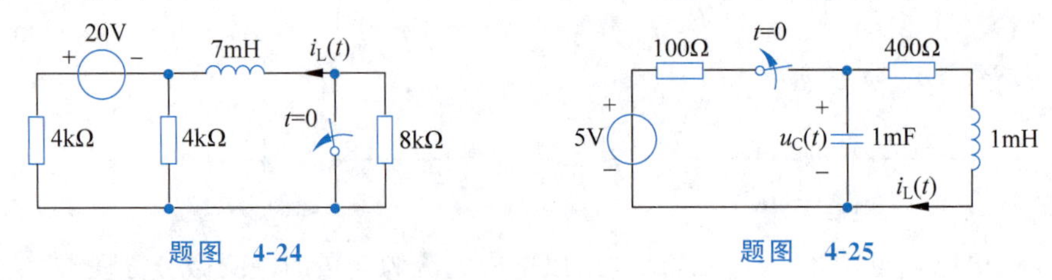

题图　4-24　　　　题图　4-25

4-26　如题图 4-26 所示电路在换路前已工作了很长时间，求换路后 30Ω 电阻支路电流的初始值。

4-27　如题图 4-27 所示电路在换路前已工作了很长时间，求开关断开后电感电流和电容电压的初始值以及电感电流和电容电压的一阶导数的初始值。

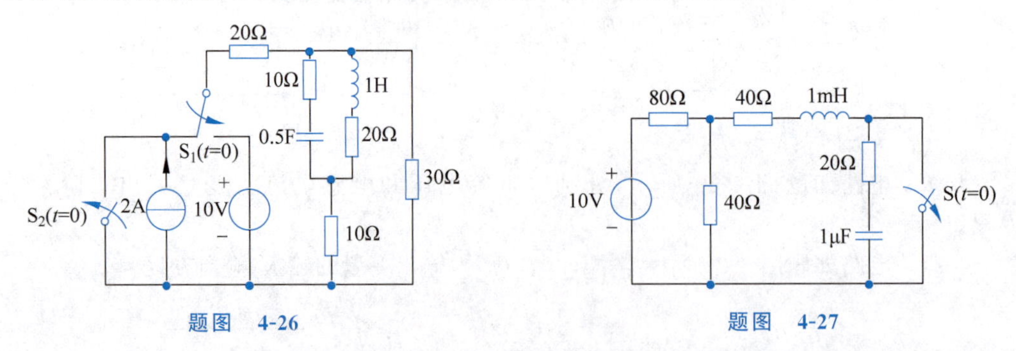

题图　4-26　　　　题图　4-27

4-28　如题图 4-28 所示电路在换路前已工作了很长时间，求开关闭合后电感电流和电容电压的一阶导数的初始值。

4-29　求如题图 4-29 所示电路电感电流和电容电压的初始值、电容电压一阶导数的初始值和电感电流的一阶导数的初始值。已知 $R_1=15\Omega$，$R_2=5\Omega$，$R=5\Omega$，$L=1\text{H}$，$C=10\mu\text{F}$。

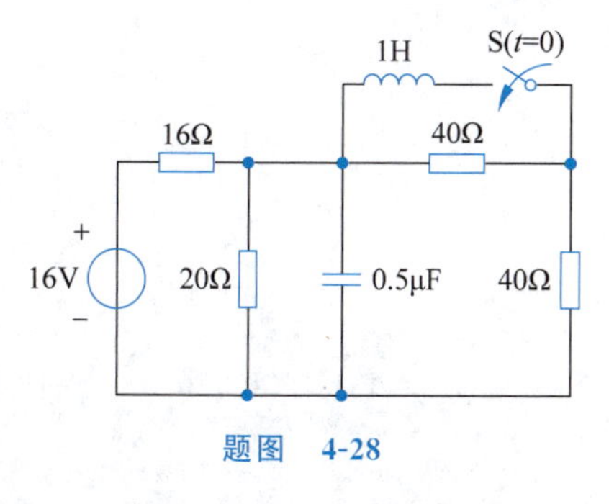

题图 4-28

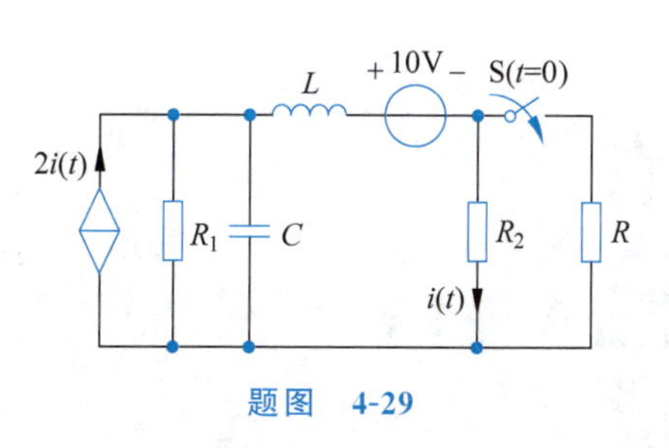

题图 4-29

4-30 求如题图 4-30 所示电路换路后电感电流的初始值 $i_L(0_+)$ 及电感电流一阶导数的初始值 $i_L'(0_+)$。

4-31 求如题图 4-31 所示电路换路后电感电流的初始值 $i_L(0_+)$、电容电压的初始值 $u_C(0_+)$ 以及电感电流的一阶导数的初始值 $i_L'(0_+)$ 和电容电压的一阶导数的初始值 $u_C'(0_+)$。

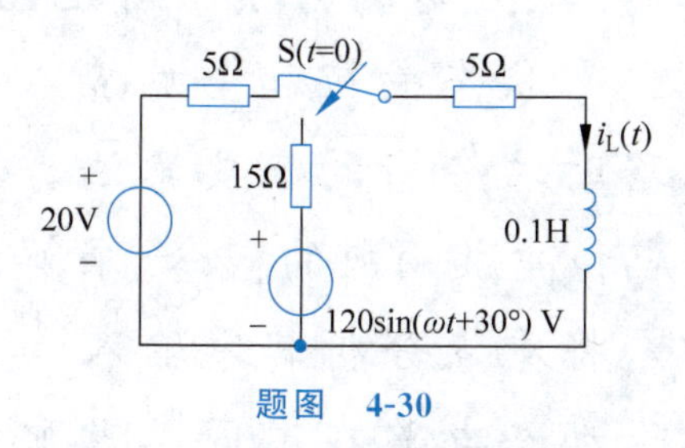

题图 4-30

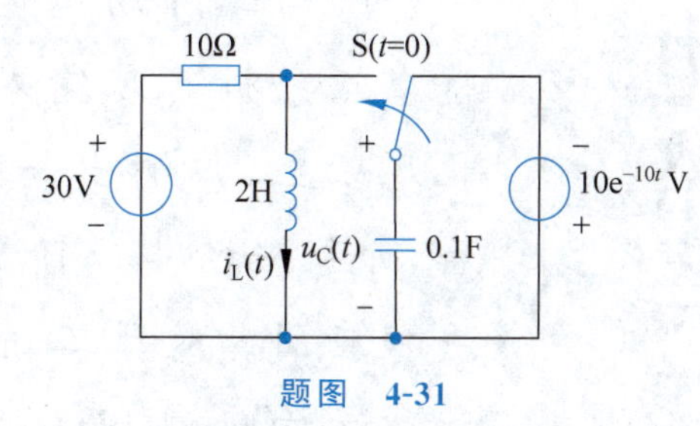

题图 4-31

4-32 如题图 4-32 所示电路在换路前已工作了很长时间，求换路(S 闭合)后的初始值 $i(0_+)$ 及 $i'(0_+)$。

4-33 画出下列函数的波形图：(1) $\varepsilon(t-2)+\varepsilon(t+2)$；(2) $\varepsilon(1-t)+\varepsilon(1+t)$；(3) $\varepsilon(t-1)+\varepsilon(t+2)$。

4-34 如题图 4-34 所示电路中开关 S_1 在 $t=0$ 时闭合，开关 S_2 在 $t=1\mathrm{s}$ 时闭合，试用阶跃函数表示电流 $i(t)$。

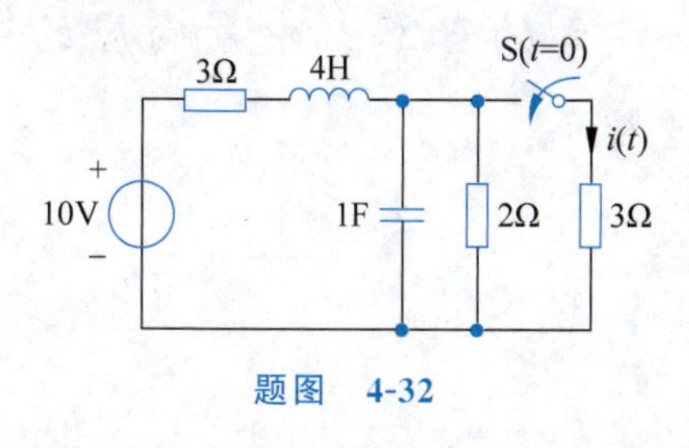

题图 4-32

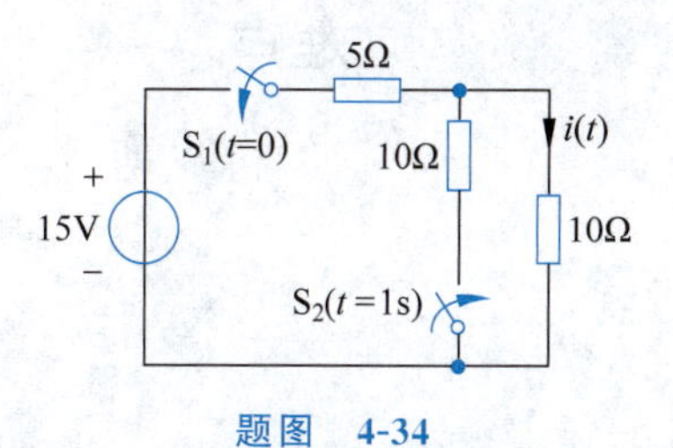

题图 4-34

第5章 一阶电路与二阶电路

内容提要：本章在第4章内容的基础上进一步讨论一阶与二阶动态电路的时域分析。对于一阶电路，将重点分析其零输入响应、零状态响应和全响应。在此基础上，归纳出一阶电路时域分析的三要素法。然后，介绍一阶电路阶跃响应和冲激响应的概念、求解方法和应用。对于二阶电路，将重点分析其零输入响应和冲激响应，从而掌握二阶动态电路在不同参数配置条件下响应信号的特征。

重点：一阶电路的时间常数；稳态响应与暂态响应的概念；一阶电路分析的三要素法；阶跃响应与冲激响应；二阶电路的过渡过程。

难点：一阶电路三要素的计算；冲激响应的分析；二阶电路的能量交互过程。

5.1 一阶电路及其特征

若动态电路的输入-输出方程为一阶线性微分方程，则称为一阶电路。一阶电路在物理上可以包含若干电阻元件、独立源和受控源，但动态元件仅有一种（电容元件或电感元件）。若电路中仅包含一个动态元件，则电路必为一阶电路。若电路中仅含有一种动态元件（电容元件或电感元件），但数量在两个以上，则需要根据它们之间的连接关系方可确定动态电路是否为一阶电路。以包含多个电容元件的动态电路为例，若电容元件之间构成串联或并联关系，则对应的输入-输出方程必为一阶线性微分方程，该电路为一阶电路。

本章后续内容将重点研究仅包含一个动态元件的一阶电路，在此基础上归纳出具有普遍意义的结论和分析方法。

5.2 一阶电路的零输入响应

由第4章的知识可知，在无输入激励的情况下，仅由动态元件原始储能引起的响应称为零输入响应。此时，电路中没有任何独立源，电路的动态过程体现为动态元件通过电阻、受控源等耗能元件构成的回路进行电磁能量释放的物理过程。本节将重点分析 *RC* 和 *RL* 两种一阶电路的零输入响应。其中，*RC* 电路是指由电阻元件和电容元件组成的一阶电路，*RL* 电路是指由电阻元件和电感元件组成的一阶电路。

5.2.1 *RC* 电路的零输入响应

首先，考虑一个最简单的 *RC* 电路。如图 5-2-1(a)所示电路，换路前($t<0$)，S_1 闭合，S_2 断开，电路由电容 C 与电压源 $U_S=U_0$ 组成，直流电压源将向电容充电，$t=0_-$ 时，电容电压充至电源电压，即 $u_C(0_-)=U_0$；当 $t=0$ 时发生换路，S_1 断开，S_2 闭合，使电容脱离电源而改接于电阻上；此后($t>0$)，电容 C 通过电阻 R 放电。求换路后，电容电压 $u_C(t)$ 和放电电流 $i(t)$ 随时间的变化规律，即零输入响应。

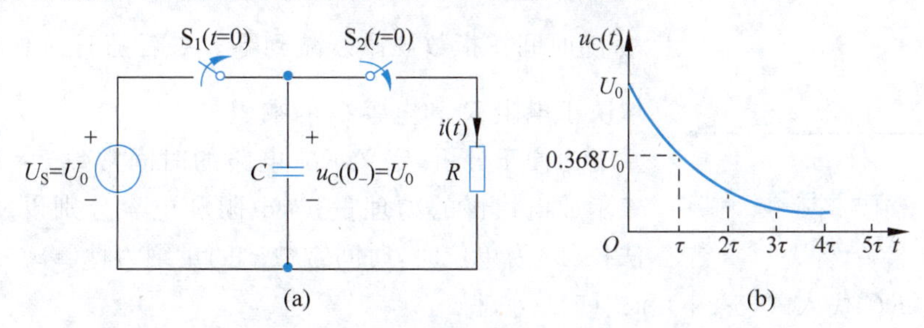

图 5-2-1 *RC* 电路的零输入响应示例

换路后，根据 KVL 列回路方程，可得

$$u_C(t)-i(t)R=0 \tag{5-2-1}$$

将 $i(t)=-C\dfrac{\mathrm{d}u_C(t)}{\mathrm{d}t}$（注意 u_C，i 取非关联参考方向）代入式(5-2-1)，得

$$RC\frac{\mathrm{d}u_C(t)}{\mathrm{d}t}+u_C(t)=0 \tag{5-2-2}$$

式(5-2-2)即以电容电压 $u_C(t)$ 为输出变量的电路方程，为一阶线性微分方程。

由高等数学知识可知，式(5-2-2)的特征方程为

$$RCs+1=0 \tag{5-2-3}$$

其特征根为

$$s=-\frac{1}{RC}$$

所以，电路方程的通解有如下形式：

$$u_C(t)=A\mathrm{e}^{-\frac{t}{RC}} \tag{5-2-4}$$

由此可知，仅需根据初始条件 $u_C(0_+)$ 确定待定常数 A，即可求得零输入响应 $u_C(t)$。

根据电容元件特性可知

$$u_C(0_+)=u_C(0_-)=U_0$$

代入式(5-2-4)，得

$$u_C(0_+)=A\mathrm{e}^{-\frac{0}{RC}}\Rightarrow A=U_0$$

故

$$u_C(t)=U_0\mathrm{e}^{-\frac{t}{RC}},\quad t\geqslant 0_+ \tag{5-2-5}$$

放电时电容电压 $u_C(t)$ 随时间的变化规律如图 5-2-1(b)所示。

进一步，可求得放电电流

$$i(t)=\frac{u_C(t)}{R}=\frac{U_0}{R}\mathrm{e}^{-\frac{t}{RC}},\quad t\geqslant 0_+ \tag{5-2-6}$$

放电电流 $i(t)$ 随时间的变化规律如图 5-2-2 所示。

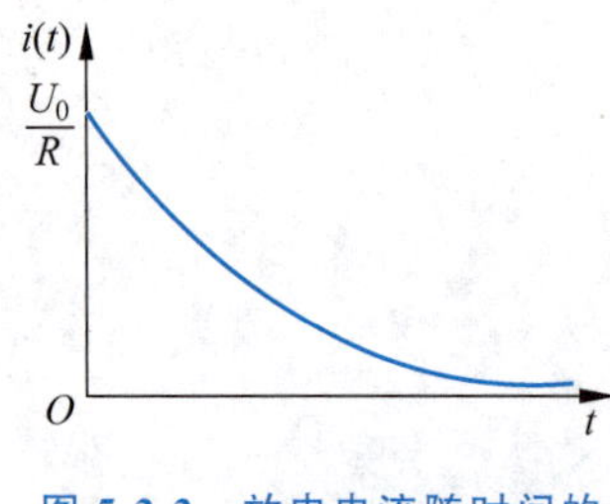

图 5-2-2　放电电流随时间的变化规律

由式(5-2-5)和式(5-2-6)可见，电容两端电压 $u_C(t)$ 由初始值 U_0 随时间按指数规律衰减到零，放电电流 $i(t)$ 由 $\dfrac{U_0}{R}$ 随时间按指数规律衰减到零。二者随时间衰减的速度取决于电阻 R 和电容 C 的乘积。

为便于分析，定义 RC 电路的时间常数 $\tau=RC$，它是表示放电快慢的物理量，当电阻和电容分别以欧姆(Ω)、法拉(F)为单位时，时间常数 τ 的量纲为秒(s)。

将 $\tau=RC$ 代入式(5-2-5)和式(5-2-6)，得

$$u_C(t)=U_0\mathrm{e}^{-\frac{t}{\tau}},\quad t\geqslant 0_+ \tag{5-2-7}$$

$$i(t)=\frac{u_C(t)}{R}=\frac{U_0}{R}\mathrm{e}^{-\frac{t}{\tau}},\quad t\geqslant 0_+ \tag{5-2-8}$$

可见，时间常数 τ 越大，电容放电速度越慢；反之，则放电速度越快。定性地看，时间常数 τ 与电阻 R 和电容 C 的取值成正比关系，其物理意义在于：当 R 增大时，放电电流减小，电容放电时间增长；当 C 增大时，在相同电容电压前提下储存电荷量 q 增大，放电时间变长。

令 $t=\tau$，则

$$u_C=U_0\mathrm{e}^{-\frac{t}{\tau}}=U_0\mathrm{e}^{-1}\approx\frac{U_0}{2.718}\approx 0.368U_0$$

由此可知，放电时间 $t=\tau$ 时，电容电压 u_C 衰减到初始值 U_0 的 36.8%，如图 5-2-1(b)；同理，放电时间 $t=3\tau$ 时，电容电压 u_C 衰减到初始值 U_0 的 5%；放电时间 $t=5\tau$ 时，电容电压 u_C 衰减到初始值 U_0 的 0.67%。理论上讲，$t\to\infty$时，电容放电过程才能结束，达到稳态，即 $u_C=0$。一般认为，$t=5\tau$ 时放电过程基本结束，电路进入稳态。工程上认为，$t=3\tau$ 时电路进入稳态。放电电流的变化具有相同的规律。

5.2.2 RL 电路的零输入响应

考虑一个最简单的 RL 电路。如图 5-2-3 所示电路，换路前($t<0$)，电流源 I_S 给电感 L 建立了磁场，$t=0_-$ 时，$i_L(0_-)=I_0$；$t=0$ 时，S 闭合，电感 L 通过电阻 R 释放磁场能量。求换路后($t>0$)电感上的电流 $i_L(t)$和电压 $u_L(t)$。注意，电感释放出磁场能量时电流方向不变。

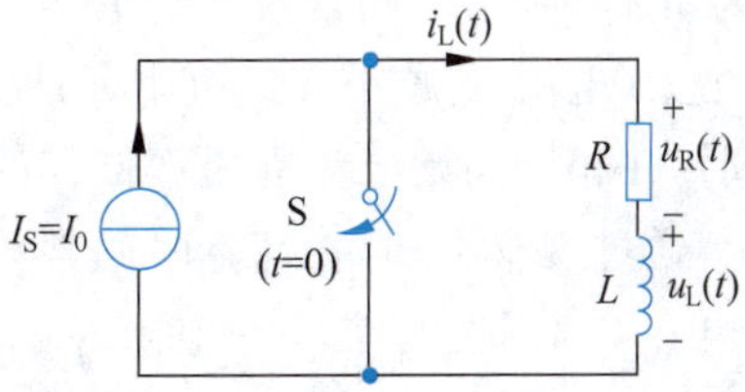

换路后，根据 KVL 列回路方程，可得

$$u_R(t)+u_L(t)=i_L(t)R+L\frac{\mathrm{d}i_L(t)}{\mathrm{d}t}=0$$

整理可得以电感电流为输出变量的输入-输出方程：

$$L\frac{\mathrm{d}i_L(t)}{\mathrm{d}t}+i_L(t)R=0 \tag{5-2-9}$$

图 5-2-3　*RL* 电路的零输入响应示例

其特征方程为

$$Ls+R=0 \tag{5-2-10}$$

特征根为

$$s=-\frac{R}{L}$$

所以，电路方程的通解有如下形式：

$$i_L(t)=A\mathrm{e}^{-\frac{R}{L}t} \tag{5-2-11}$$

由此可知，仅需根据初始条件 $i_L(0_+)$确定待定常数 A，即可求得零输入响应 $i_L(t)$。

根据电感元件的特性可知

$$i_L(0_+)=i_L(0_-)=I_0$$

代入式(5-2-11)，得

$$i_L(0_+)=A\mathrm{e}^{-\frac{R}{L}\times 0}=A=I_0$$

故

$$i_{\mathrm{L}}(t)=I_0\mathrm{e}^{-\frac{R}{L}t},\quad t\geqslant 0_+ \tag{5-2-12}$$

进一步,可求得电感电压为

$$u_{\mathrm{L}}(t)=L\,\frac{\mathrm{d}i_{\mathrm{L}}(t)}{\mathrm{d}t}=-RI_0\mathrm{e}^{-\frac{R}{L}t},\quad t\geqslant 0_+ \tag{5-2-13}$$

电感电流 $i_{\mathrm{L}}(t)$与电感电压 $u_{\mathrm{L}}(t)$随时间的变化规律如图 5-2-4 所示。

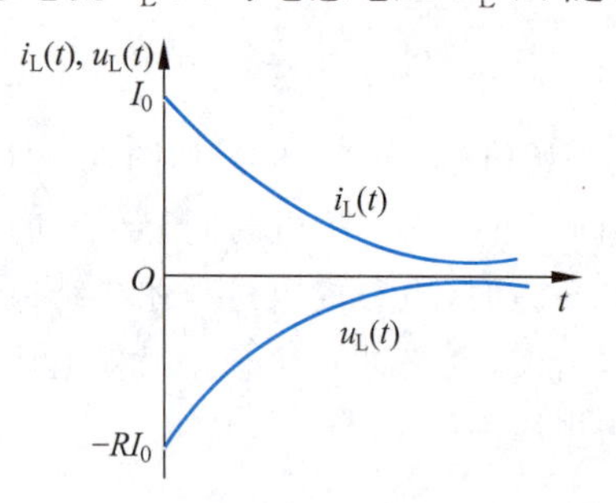

图 5-2-4　电感电流和电压的变化规律

与 RC 电路的放电过程相似,RL 电路中电感 L 释放磁场能量的速度与电阻 R 和电感 L 的取值有关。定义 RL 电路的时间常数 $\tau=L/R=LG$。若电感 L 和电导 G 分别以亨利(H)和西门子(S)为单位,则时间常数的量纲为秒(s)。时间常数 τ 越大,电感 L 释放磁场能量的速度越慢;反之,则越快。

根据时间常数 τ 的定义,式(5-2-12)和式(5-2-13)可以表示为

$$i_{\mathrm{L}}(t)=I_0\mathrm{e}^{-\frac{t}{\tau}},\quad t\geqslant 0_+ \tag{5-2-14}$$

$$u_{\mathrm{L}}(t)=L\,\frac{\mathrm{d}i_{\mathrm{L}}(t)}{\mathrm{d}t}=-RI_0\mathrm{e}^{-\frac{R}{L}t},\quad t\geqslant 0_+ \tag{5-2-15}$$

定性地看,时间常数 τ 与电导 G 和电感 L 的取值呈正比关系。其物理意义在于:当 G 增大(电阻 R 减小)时,电阻元件消耗功率减小,电感释放能量时间增长;当电感 L 增大时,在相同初始电流前提下储存的磁场能量增大,放电时间变长。

通过观察可知,在计算时间常数 τ 时,RL 电路与 RC 电路具有强烈的对偶性,电感 L 与电容 C 对偶,电导 G 与电阻 R 对偶。

5.2.3　一阶电路零输入响应的简化分析方法[①]

对前面讨论的简单 RC 电路和 RL 电路零输入响应的分析结果归纳如下。

RC 电路:

$$u_{\mathrm{C}}(t)=U_0\mathrm{e}^{-\frac{t}{\tau}},\quad i_{\mathrm{C}}(t)=\frac{U_0}{R}\mathrm{e}^{-\frac{t}{\tau}},\quad t\geqslant 0_+$$

其中,$\tau=RC$。

RL 电路:

$$i_{\mathrm{L}}(t)=I_0\mathrm{e}^{-\frac{t}{\tau}},\quad u_{\mathrm{L}}(t)=-RI_0\mathrm{e}^{-\frac{t}{\tau}},\quad t\geqslant 0_+$$

其中,$\tau=\dfrac{L}{R}=LG$。

由以上分析可知,对于仅包含一个动态元件的一阶电路,无论是 RC 电路,还是 RL

① 一阶电路零输入响应的 Multisim 仿真实例参见附录 A 例 2-4。

电路，任一零输入响应均可表示为统一的表达式：

$$零输入响应=初始值\times e^{-\frac{t}{\tau}},\quad t\geqslant 0_+ \tag{5-2-16}$$

因此，为求解零输入响应，仅需要求出相应电路变量的初始值和电路时间常数τ即可。这就避免了线性微分方程的建立和求解过程，简化了分析。具体求解过程可归纳为三个步骤：

（1）根据电路模型、元件属性和原始状态确定待求电路变量的初始值。

（2）根据换路后的电路模型确定电路时间常数τ。

（3）根据式(5-2-16)写出零输入响应。

【例5-2-1】 如例图5-2-1所示电路，开关长期合在位置1上，如在$t=0$时把它合到位置2上，求换路后电容的电压$u_C(t)$及放电电流$i(t)$。已知$R_1=1\text{k}\Omega$，$R_2=2\text{k}\Omega$，$R_3=3\text{k}\Omega$，$C=1\mu\text{F}$，电流源$I=3\text{mA}$。

解：(1) 由$t=0_-$时的电路求$u_C(0_-)$，此时电容C开路，可得

$$u_C(0_-)=IR_2=3\times10^{-3}\times2\times10^3\text{V}=6\text{V}$$

由换路定则可得

$$u_C(0_+)=u_C(0_-)=6\text{V}$$

(2) $t=0_+$时，电容C通过电阻R_3放电，可得

$$\tau=R_3C=3\times10^3\times1\times10^{-6}\text{s}=3\times10^{-3}\text{s}$$

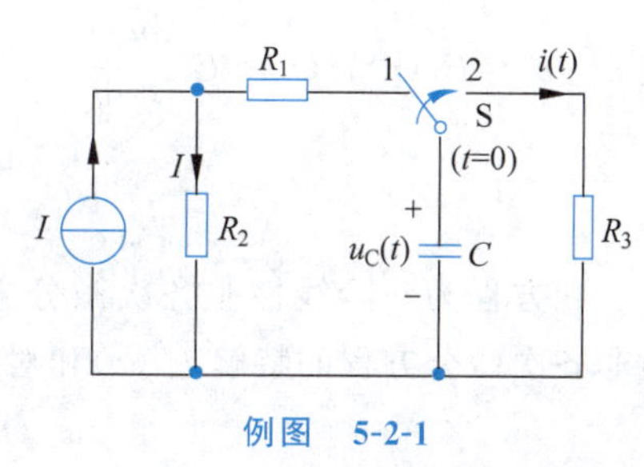

例图 5-2-1

(3) 根据式(5-2-16)写出零输入响应。换路后，电容的电压$u_C(t)$及放电电流$i(t)$为

$$u_C(t)=6e^{-\frac{t}{\tau}}\text{V}=6e^{-\frac{1}{3}\times10^3t}\text{V},\quad t\geqslant 0_+$$

$$i(t)=-C\frac{du_C}{dt}=\frac{u_C(0_+)}{R_3}e^{-\frac{t}{\tau}}=2\times10^{-3}\times e^{-\frac{1}{3}\times10^3t}\text{A},\quad t\geqslant 0_+$$

【思考与练习】

5-2-1 证明图5-2-1中RC一阶电路换路后的能量守恒性，即电容放电过程结束后，电阻元件消耗的总能量等于电容元件在0时刻储存的电场能量。

5-2-2 证明图5-2-3中RL一阶电路换路后的能量守恒性，即电感放电过程结束后，电阻元件消耗的总能量等于电感元件在0时刻储存的磁场能量。

5.3 一阶电路的零状态响应

当动态电路中所有储能元件都没有原始储能(电容元件的电压为0，电感元件的电流为0)时，换路后仅由输入激励(独立源)产生的响应称为零状态响应。本节将分析简单一阶电路的零状态响应。

5.3.1 *RC*电路的零状态响应

*RC*电路的零状态响应是指换路前电容元件未储存能量，在此条件下，仅由独立源激

励所产生的电路响应。分析 RC 电路的零状态响应，实际上是分析电容元件的充电过程。

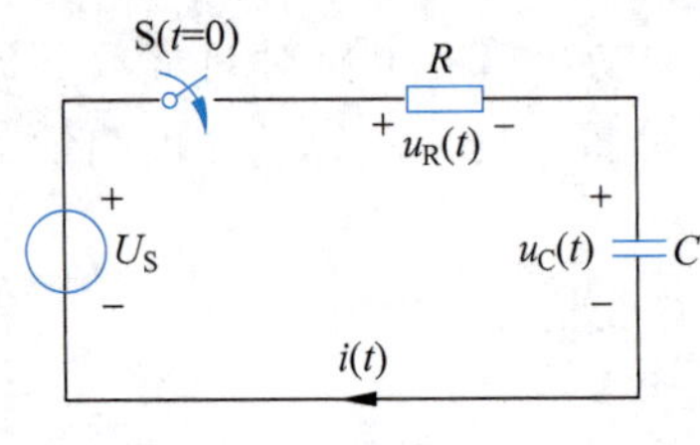

图 5-3-1　RC 电路的零状态响应

如图 5-3-1 所示 RC 电路，$t=0_-$ 时，开关断开，电路处于零初始状态；$t=0$ 时开关闭合。其物理过程为：开关闭合瞬间，电容电压不能跃变，电容相当于短路，此时 $u_R(0_+)=U_S$，充电电流 $i(0_+)=U_S/R$，为最大值；随着电源对电容充电，u_C 增大，电流逐渐减小；当 $u_C=U_S$ 时，$i=0$，$u_R=0$，充电过程结束，电路进入另一种稳态。

换路后，根据 KVL 列回路方程，可得

$$u_R(t)+u_C(t)=U_S$$

把 $u_R(t)=Ri(t)$，$i(t)=C\dfrac{\mathrm{d}u_C(t)}{\mathrm{d}t}$代入上式，得

$$RC\frac{\mathrm{d}u_C(t)}{\mathrm{d}t}+u_C(t)=U_S \tag{5-3-1}$$

此方程为一阶线性非齐次微分方程，初始条件为 $u_C(0_+)=u_C(0_-)=0$。方程的解由非齐次微分方程的特解 $u_C'(t)$和对应齐次微分方程的通解 $u_C''(t)$组成，即

$$u_C(t)=u_C'(t)+u_C''(t) \tag{5-3-2}$$

不难求得其特解为

$$u_C'=U_S \tag{5-3-3}$$

而对应的齐次微分方程

$$RC\frac{\mathrm{d}u_C(t)}{\mathrm{d}t}+u_C(t)=0$$

的通解为

$$u_C''(t)=A\mathrm{e}^{-\frac{t}{RC}}=A\mathrm{e}^{-\frac{t}{\tau}} \tag{5-3-4}$$

式中，A 为待定常数，τ 为 RC 电路的时间常数。

故

$$u_C(t)=U_S+A\mathrm{e}^{-\frac{t}{\tau}} \tag{5-3-5}$$

代入初始条件 $u_C(0_+)=u_C(0_-)=0$，可得 $A=-U_S$。

所以

$$u_C(t)=U_S-U_S\mathrm{e}^{-\frac{t}{\tau}}=U_S(1-\mathrm{e}^{-\frac{t}{\tau}}),\quad t\geqslant 0_+ \tag{5-3-6}$$

进一步，可求得电路中的电流

$$i(t)=C\frac{\mathrm{d}u_C(t)}{\mathrm{d}t}=\frac{U_S}{R}\mathrm{e}^{-\frac{t}{\tau}},\quad t\geqslant 0_+ \tag{5-3-7}$$

$u_C(t)$和 $i(t)$的零状态响应波形如图 5-3-2 所示。可见，在直流电压源激励下，电容电压不会突变，须经历一个动态的充电过程，充电速度取决于时间常数 τ，当电容电压达

到电源电压 U_S 时充电结束，电路进入稳态；电容电流 $i(t)$ 换路瞬间发生突变，随充电过程的进行逐渐下降，下降速度取决于时间常数 τ，充电结束后，电流为零，电路进入稳态。电容元件获得的能量为 $\frac{1}{2}CU_S^2$，以电场能量形式储存。

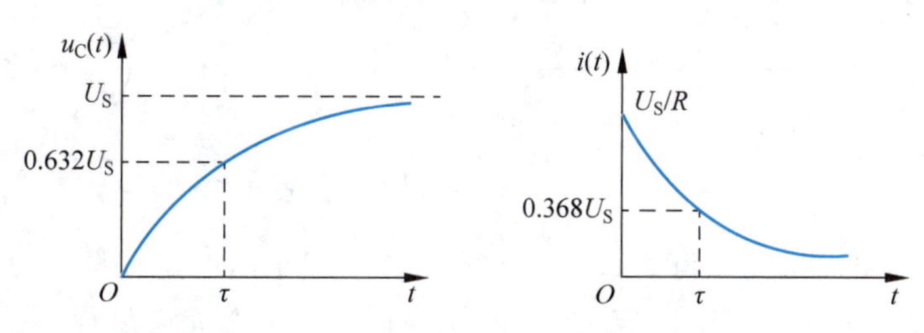

图 5-3-2 $u_C(t)$ 和 $i(t)$ 的零状态响应波形

5.3.2 *RL* 电路的零状态响应

如图 5-3-3 所示 *RL* 电路，在换路前 $(t<0)$ 开关处于断开状态，电感元件 L 处于零原始状态，即 $i_L(0_-)=0$；$t=0$ 时刻开关闭合瞬间，电路与一电压恒定为 U_S 的电压源接通，此时相当于接入一个阶跃电压。

换路后，根据 KVL 列回路方程，可得

$$u_R(t)+u_L(t)=U_S$$

把 $u_R(t)=Ri_L(t)$，$u_L(t)=L\dfrac{\mathrm{d}i_L(t)}{\mathrm{d}t}$ 代入上式，整理得

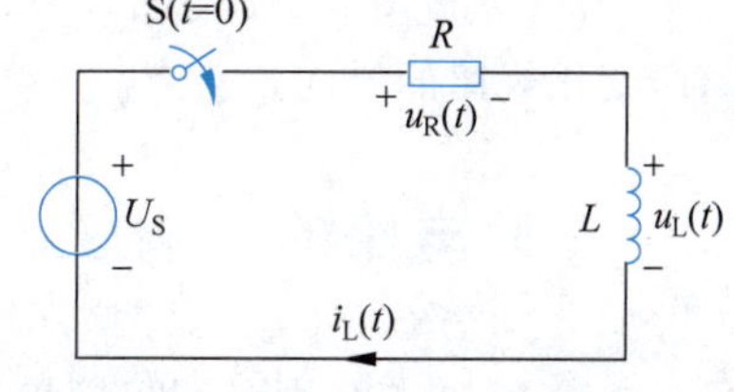

图 5-3-3 *RL* 电路的零状态响应

$$\frac{L}{R}\frac{\mathrm{d}i_L(t)}{\mathrm{d}t}+i_L(t)=\frac{U_S}{R} \tag{5-3-8}$$

这也是一个一阶非齐次微分方程，其初始条件为 $i_L(0_+)=i_L(0_-)=0$。

与 *RC* 电路类似，电流 $i_L(t)$ 的解可分为微分方程的特解 $i_L'(t)$ 和通解 $i_L''(t)$ 两部分。容易求得特解 $i_L'(t)=\dfrac{U_S}{R}$，通解可表示为 $i_L''(t)=A\mathrm{e}^{-\frac{R}{L}t}$，其中 A 为待定常数。故

$$i_L(t)=i_L'(t)+i_L''(t)=\frac{U_S}{R}+A\mathrm{e}^{-\frac{R}{L}t}=\frac{U_S}{R}+A\mathrm{e}^{-\frac{t}{\tau}}$$

代入初始条件 $i_L(0_+)=0$，得 $A=-\dfrac{U_S}{R}$。

所以

$$i_L(t)=\frac{U_S}{R}-\frac{U_S}{R}\mathrm{e}^{-\frac{t}{\tau}}=\frac{U_S}{R}(1-\mathrm{e}^{-\frac{t}{\tau}}),\quad t\geqslant 0_+ \tag{5-3-9}$$

进一步，可求得电感两端的电压为

$$u_L(t)=L\frac{\mathrm{d}i_L(t)}{\mathrm{d}t}=U_S\mathrm{e}^{-\frac{t}{\tau}},\quad t\geqslant 0_+ \tag{5-3-10}$$

电感电流 $i_L(t)$ 与电感电压 $u_L(t)$ 的零状态响应随时间的变化规律如图 5-3-4 所示。

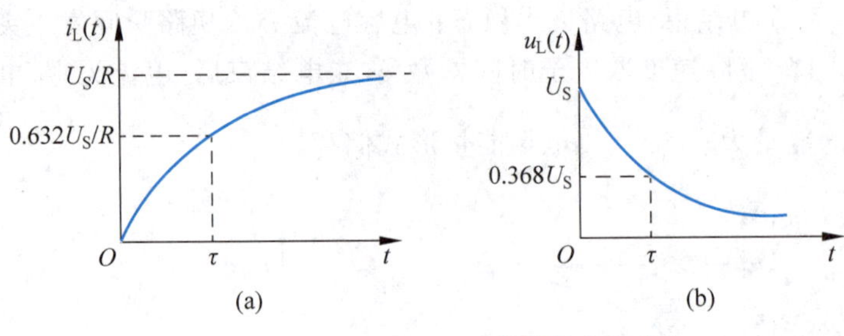

图 5-3-4　$i_L(t)$和 $u_L(t)$的零状态响应

对比图 5-3-2 与图 5-3-4 可见，一阶 RC 电路与一阶 RL 电路有强烈的对偶性：在直流电压源激励下，电感电流 $i_L(t)$不会突变，须经历一个动态充电过程，变化速度取决于时间常数 τ，当电感电流达到$\frac{U_S}{R}$时电路进入稳态；电感电压 $u_L(t)$换路瞬间发生突变，随充电过程的进行逐渐下降，下降速度取决于时间常数 τ，充电结束后，电压为零，电路进入稳态。充电过程中，电感元件获得的能量为$\frac{1}{2}L\left(\frac{U_S}{R}\right)^2$，以磁场能量形式储存。

【思考与练习】

5-3-1　分析图 5-3-1 与图 5-3-3 中电阻元件的端电压 $u_R(t)$，对比两种一阶电路中 $u_R(t)$变化规律的异同。

5.4　一阶电路的全响应

5.2 节、5.3 节分别介绍了简单一阶电路的零输入响应与零状态响应的求解过程，并分析了响应信号的特征。实际应用中，往往动态元件在换路前并不处于零状态，会具有一定的原始储能，同时电路中会存在独立源。此时，希望分析一阶电路在动态元件原始储能和独立源共同作用下电路的响应，即一阶电路的全响应。

由第 4 章知识可知，利用线性电路的叠加定理，求解一阶电路的全响应时，可以将动态元件原始储能和独立源看作两组激励，分别求解其零输入响应和零状态响应，二者的代数和即为全响应。本节将通过对一阶线性电路的分析进一步阐明求全响应的线性叠加方法，并对一阶电路全响应进行深入剖析。下面以一阶 RC 电路为例，一阶 RL 电路具有相似的结论。

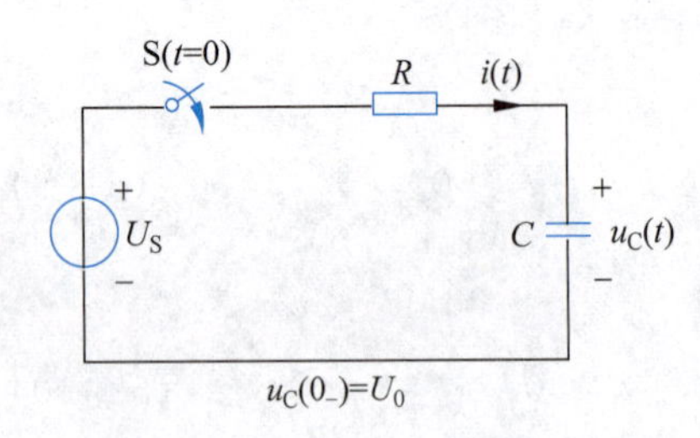

图 5-4-1　一阶 RC 电路的全响应

如图 5-4-1 所示电路，设电容的初始电压为 $u_C(0_-)=U_0$，在 $t=0$ 时开关 S 闭合。分析响应电压 $u_C(t)$与响应电流 $i(t)$。

首先，求零输入响应，即 $U_S=0$ 时的电路响应。此时，图 5-4-1 与图 5-2-1(a)换路后的状态完全等效，故其零输入响应为

$$u_{zi}(t)=U_0\mathrm{e}^{-\frac{t}{\tau}},\quad t\geqslant 0_+ \tag{5-4-1}$$

$$i_{zi}(t)=-\frac{U_0}{R}e^{-\frac{t}{\tau}}, \quad t\geqslant 0_+ \tag{5-4-2}$$

其次，求电路的零状态响应，即 $u_C(0_-)=0$ 时的响应。此时，图 5-4-1 与图 5-3-1 相同，故其零状态响应为

$$u_{zs}(t)=U_S-U_Se^{-\frac{t}{\tau}}=U_S(1-e^{-\frac{t}{\tau}}), \quad t\geqslant 0_+ \tag{5-4-3}$$

$$i_{zs}(t)=\frac{U_S}{R}e^{-\frac{t}{\tau}}, \quad t\geqslant 0_+ \tag{5-4-4}$$

最后，根据叠加定理可知，图 5-4-1 中 RC 电路的全响应为

$$u_C(t)=u_{zi}(t)+u_{zs}(t)=U_S+(U_0-U_S)e^{-\frac{t}{\tau}}, \quad t\geqslant 0_+ \tag{5-4-5}$$

$$i(t)=i_{zi}(t)+i_{zs}(t)=0+\left(\frac{U_S}{R}-\frac{U_0}{R}\right)e^{-\frac{t}{\tau}}, \quad t\geqslant 0_+ \tag{5-4-6}$$

至此，利用叠加定理求得了一阶 RC 电路的全响应。这种方法同样适用于一阶 RL 电路全响应的分析。

观察式(5-4-5)和式(5-4-6)，不难发现，一阶电路的全响应由两部分组成，其中一部分与电路时间常数 τ 无关，不会随时间的推移而消逝，而另一部分则随时间的推移以指数形式不断衰减，衰减速度取决于电路时间常数 τ，当时间趋于无穷大时将变为零。将前一部分称为稳态分量或稳态响应；将后一部分称为暂态分量或暂态响应。与动态电路的状态过渡过程相联系，可知，换路后，动态电路脱离原先的稳定状态(简称稳态)，进入一个渐变的动态过程(简称暂态)。在暂态过程中，由于稳态分量与暂态分量同时存在，响应信号不稳定，当时间足够长时，暂态分量消逝，响应信号中仅剩稳态分量，电路再次进入稳态。一般认为，换路后经过 $3\tau\sim5\tau$ 的过渡时间，电路达到基本稳定。

根据上述分析，可以给出一阶电路全响应的另一种分解方式：

全响应 = 稳态分量 + 暂态分量

结合第 4 章内容，可以将动态电路全响应的几种分解方式归纳如下：

全响应 = 零输入响应 + 零状态响应
= 自然响应 + 强迫响应
= 稳态响应 + 暂态响应

上述几种分解方式从不同角度对动态电路的全响应进行了诠释：根据线性电路的叠加性，将动态元件原始储能和独立源看作两组独立的激励信号，则分别得到零输入响应和零状态响应；根据动态电路响应信号与电路结构的关系，以及响应信号与独立源之间关系，可以得到自然响应和强迫响应；根据动态电路响应信号中各部分的变化趋势，可以得到稳态响应和暂态响应。

【思考与练习】

5-4-1 归纳零输入响应、零状态响应、自然响应、强迫响应、稳态响应及暂态响应之间的相互关系。

5.5 一阶电路分析的三要素法

5.2 节～5.4 节对简单一阶电路的分析方法进行了全面的介绍，其基本出发点仍然建立在基尔霍夫定律和线性电路叠加定理的基础之上，通过建立与求解微分方程的方法获得电路响应。虽然主要针对简单 RC 电路和 RL 电路进行了分析，但所得结论对于一般的一阶电路具有普遍意义。本节将对上述分析结果进行归纳总结，导出更为简洁的一阶电路分析方法，即三要素法。采用三要素法分析一阶电路，可以省去建立和求解微分方程的复杂过程，使电路分析更为方便和高效。

5.5.1 适用于直流激励的三要素法

仍以简单一阶 RC 电路为出发点。由 5.4 节结论可知，如图 5-4-1 所示 RC 电路的全响应结果如下：

$$u_C(t)=u_{zi}(t)+u_{zs}(t)=U_S+(U_0-U_S)e^{-\frac{t}{\tau}},\quad t\geqslant 0_+ \tag{5-5-1}$$

$$i(t)=i_{zi}(t)+i_{zs}(t)=\left(\frac{U_S}{R}-\frac{U_0}{R}\right)e^{-\frac{t}{\tau}},\quad t\geqslant 0_+ \tag{5-5-2}$$

由图 5-4-1 可知，电容电压 $u_C(t)$ 的初值 $u_C(0_+)=u_C(0_-)=U_0$，电容电压的终值 $u_C(\infty)=U_S$；而电流 $i(t)$ 的初值 $i(0_+)=\frac{U_S}{R}-\frac{U_0}{R}$，电流 $i(t)$ 的终值 $i(\infty)=0$。

观察式(5-5-1)和式(5-5-2)可见，一阶电路中任意电路变量的全响应具有如下的统一形式：

$$f(t)=f(\infty)+[f(0_+)-f(\infty)]e^{-\frac{t}{\tau}},\quad t\geqslant 0_+ \tag{5-5-3}$$

由此可知，为了求解一阶电路中任一电路变量的全响应，仅须知道三个要素：电路变量的初值 $f(0_+)$、电路变量的终值 $f(\infty)$ 以及一阶电路的时间常数 τ。式(5-5-3)称为一阶电路分析的三要素法。不难验证，三要素法同样适用于一阶 RL 电路。注意，此处归纳的三要素法仅适用于一阶电路，二阶以上动态电路不可采用此方法。

5.5.2 推广的三要素法

在前面分析一阶电路时，采用的独立源具有共同的特点，即所有独立源均为直流(直流电压源或直流电流源)。对于直流激励电路，换路前电路变量为稳定的直流量，换路后经历一个动态过程，电路变量过渡到另外一个稳定的直流量，容易根据电路的原始状态和电路结构确定电路变量的初值 $f(0_+)$、电路变量的终值 $f(0_+)$ 以及一阶电路的时间常数 τ。若电路的激励源不是直流，而是符合一定变化规律的交流量(如正弦交流信号)，则换路后电路经历一个动态过程再次进入稳态，此时的稳态响应不再是直流形式，而依赖于激励源的信号形式(如正弦交流信号)。此时，无法确定电路变量的终值 $f(\infty)$，故无法采用式(5-5-3)所给出的三要素法确定一阶电路的全响应。对于这类一阶电路，可以采用推广的三要素法：

$$f(t)=f_{w}(t)+[f(0_{+})-f_{w}(0_{+})]e^{-\frac{t}{\tau}},\quad t\geqslant 0_{+} \tag{5-5-4}$$

式中，$f(0_{+})$为全响应的初值，$f_{w}(t)$为电路的稳态响应，τ 为电路的时间常数，$f_{w}(0_{+})$为全响应稳态解的初始值。

在实际应用中，直流激励电路和正弦交流激励电路是两类重要的电路类型，对于直流激励电路注重其换路后的动态过渡过程，而对于正弦交流激励电路更为注重其换路后的稳态响应。对于交流激励电路的稳态响应，采用后续章节中的相量分析法更为方便。因此，本节后续内容重点针对直流激励一阶电路的三要素法进行分析。

5.5.3 三要素的计算与应用

利用三要素法分析一阶电路的全响应时，必须首先计算出电路变量的初值 $f(0_{+})$、电路变量的终值 $f(\infty)$以及一阶电路的时间常数 τ。本节对三要素的计算进行简单归纳，并结合例题对三要素法的应用加以阐释。假设激励源为直流电压源或直流电流源。

1. 初值 $f(0_{+})$的计算

换路前，一般认为电路已进入稳态。根据电路结构以及元件属性，不难确定动态元件的原始状态[电容元件的电压 $u_{C}(0_{-})$或电感元件的电流 $i_{L}(0_{-})$]。在有限激励的作用下，电容元件的电压或电感元件的电流不会发生突变。因此，在 $t=0_{+}$ 时刻，电容元件的电压 $u_{C}(0_{+})$或电感元件的电流 $i_{L}(0_{+})$维持原始状态不变。可以用一个电压源 $U_{S}=u_{C}(0_{+})$取代电容元件，或用一个电流源 $I_{S}=i_{L}(0_{+})$取代电感元件。此时，电路被转换为电阻电路，借助电阻电路的支路分析法、回路分析法、节点分析法、戴维南定理等即可计算出响应信号的初值 $f(0_{+})$。

2. 终值 $f(\infty)$的计算

换路后，动态电路经过一个过渡过程，再次进入稳态。在直流激励情况下，$t=\infty$时，电容电压和电感电流维持某个不变的取值。电容元件电流为零，可以用开路元件取代，电感元件电压为零，可以用短路元件取代。与初值的计算方法类似，电路可被转换为电阻电路，借助电阻电路的分析方法即可计算出响应信号的终值 $f(\infty)$。

3. 时间常数 τ 的计算

实际的一阶电路可能元件数量较大，结构较复杂，电路中包含多个电阻元件、独立源、受控源和多个电容或电感。若电路满足一阶电路的条件，则其中的电容元件或电感元件之间必有强烈的相关性，表现在电路连接上为串联、并联或混联关系。此时，换路后的电路模型可以看作由某个电容网络或电感网络与一个含源电阻网络相连组成，如图 5-5-1(a)所示。对电路中电容网络或电感网络进行串、并联计算，得到一个等效电容 C_{eq} 或一个等效电感 L_{eq}，将含源电阻网络进行诺顿等效或戴维南等效，得到如图 5-5-1(b)所示的等效一阶电路，则一阶电路的时间常数 τ 可表示为

$$\tau=R_{eq}C_{eq}\quad 或\quad \tau=\frac{L_{eq}}{R_{eq}} \tag{5-5-5}$$

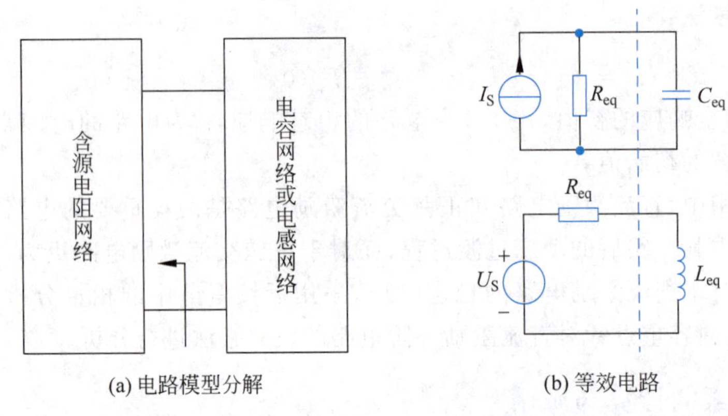

(a) 电路模型分解　　(b) 等效电路

图 5-5-1　一阶电路的电路模型分解与等效

【例 5-5-1】 如例图 5-5-1(a)所示电路，已知 $U=10\text{V}$，$R_1=R_2=30\Omega$，$R_3=20\Omega$，$L=1\text{H}$，设换路前电路已工作了很长时间，试用三要素法求换路后各支路的电流。

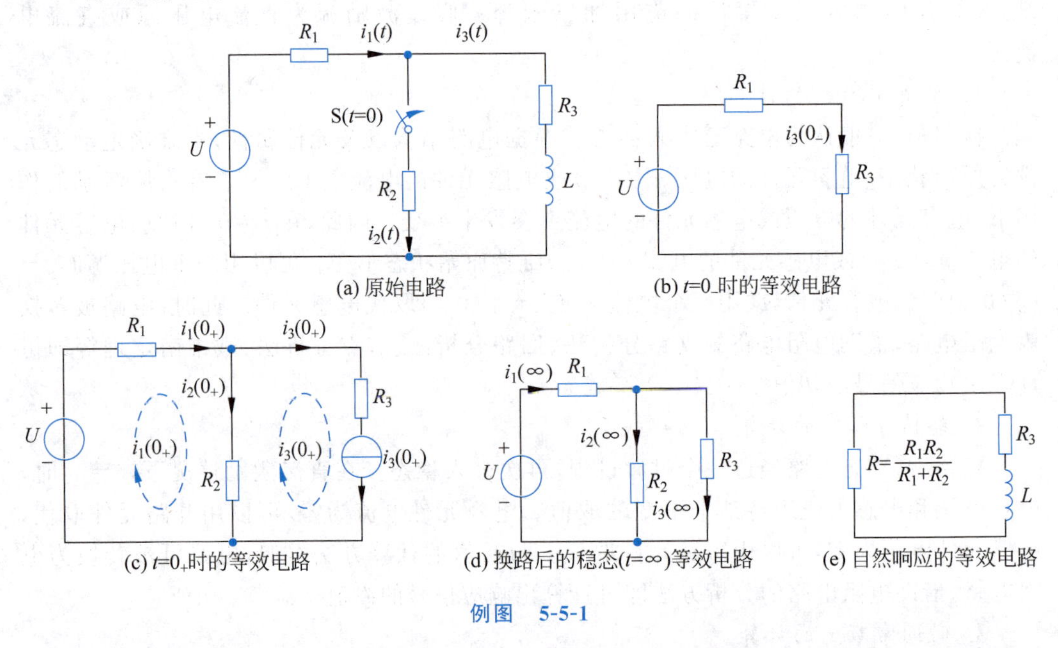

(a) 原始电路　　(b) $t=0_-$时的等效电路

(c) $t=0_+$时的等效电路　　(d) 换路后的稳态($t=\infty$)等效电路　　(e) 自然响应的等效电路

例图　5-5-1

解：(1) 开关闭合前，电路为稳定状态，如例图 5-5-1(b)所示，所以 $t=0_-$ 时刻电感中的电流为

$$i_3(0_-)=\frac{U}{R_1+R_3}=\frac{10}{30+20}\text{A}=0.2\text{A}$$

开关闭合后，$t=0_+$ 时刻电感中的电流未发生跳变，即

$$i_3(0_+)=i_3(0_-)=0.2\text{A}$$

(2) 用等效电流源 $i_3(0_+)$ 代替电感元件，得到换路后 $t=0_+$ 时刻的等效电路，如例图 5-5-1(c)所示，并按网孔分析法列出以网孔电流 $i_1(0_+)$ 为未知量的网孔方程：

$$(R_1+R_2)i_1(0_+)-R_2i_3(0_+)=U$$

代入已知条件得

$$60i_1(0_+) - 30 \times 0.2 = U$$

从而解得

$$i_1(0_+) = \frac{16}{60}\text{A} \approx 0.267\text{A}$$

根据换路后的稳态等效电路，如例图 5-5-1(d)所示，求出电流 $i_1(t)$ 和 $i_3(t)$ 的稳态分量为

$$i_1(\infty) = \frac{U}{R_1 + \dfrac{R_2R_3}{R_2+R_3}} = \frac{10}{30 + \dfrac{30 \times 20}{30+20}}\text{A} = \frac{10}{30+12}\text{A} \approx 0.238\text{A}$$

$$i_3(\infty) = \frac{R_2}{R_2+R_3} i_1(\infty) = \frac{30}{30+20} \times 0.238\text{A} \approx 0.143\text{A}$$

时间常数按自然响应的等效电路，如例图 5-5-1(e)所示，计算，为

$$\tau = \frac{L}{R+R_3} = \frac{1}{15+20}\text{s} = \frac{1}{35}\text{s}$$

因此，利用三要素法公式可得各支路的电流为

$$\begin{aligned} i_1(t) &= i_1(\infty) + [i_1(0_+) - i_1(\infty)]e^{-\frac{t}{\tau}} = [0.238 + (0.267 - 0.238)e^{-35t}]\text{A} \\ &= (0.238 + 0.029e^{-35t})\text{A}, \quad t \geqslant 0_+ \end{aligned}$$

$$\begin{aligned} i_3(t) &= i_3(\infty) + [i_3(0_+) - i_3(\infty)]e^{-\frac{t}{\tau}} = [0.143 + (0.2 - 0.143)e^{-35t}]\text{A} \\ &= (0.143 + 0.057e^{-35t})\text{A}, \quad t \geqslant 0_+ \end{aligned}$$

$$i_2(t) = i_1(t) - i_3(t) = (0.095 - 0.028e^{-35t})\text{A}, \quad t \geqslant 0_+$$

【例 5-5-2】 如例图 5-5-2 所示电路，原来处于稳定状态，$t=0$ 时闭合开关，求 $t>0$ 时的 $i_1(t)$、$i_2(t)$。

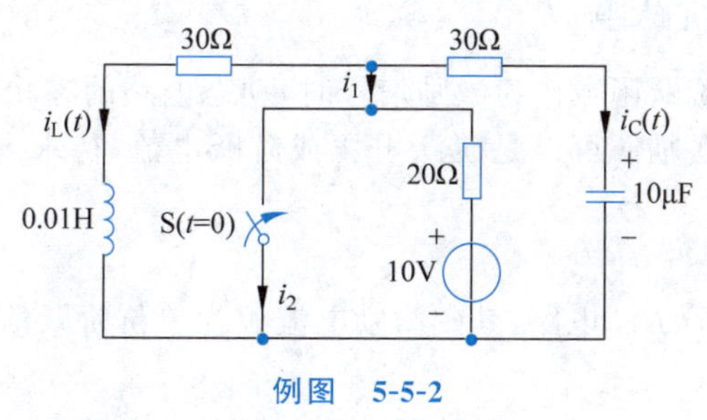

例图 5-5-2

解：根据题设可知，开关闭合后形成三个独立回路。

对于左侧回路，易得

$$i_L(0_+) = i_L(0_-) = \frac{10}{50}\text{A} = 0.2\text{A}, \quad i_L(\infty) = 0\text{A}, \quad \tau_1 = \frac{0.01}{30}\text{s} = \frac{1}{3} \times 10^{-3}\text{s}$$

根据三要素法，可得

$$i_L(t) = 0.2e^{-3\times10^3 t}\text{A}, \quad t \geqslant 0_+$$

对于右侧回路，易得

$$u_C(0_+)=u_C(0_-)=6\text{V},\quad u_C(\infty)=0\text{V},\quad \tau=3\times10^{-4}\text{s}$$

根据三要素法,可得

$$u_C(t)=6\text{e}^{-\frac{1}{3}\times10^4 t}\text{V},\quad t\geqslant 0_+$$

$$i_C(t)=C\frac{\text{d}u}{\text{d}t}=-0.2\text{e}^{-\frac{1}{3}\times10^4 t}\text{A},\quad t\geqslant 0_+$$

因此

$$i_1(t)=-i_L(t)-i_C(t)=(-0.2\text{e}^{-3\times10^3 t}+0.2\text{e}^{-\frac{1}{3}\times10^4 t})\text{A},\quad t\geqslant 0_+$$

$$i_2(t)=\frac{10}{20}\text{A}+i_1(t)=(0.5+0.2\text{e}^{-\frac{1}{3}\times10^4 t}-0.2\text{e}^{-3\times10^3 t})\text{A},\quad t\geqslant 0_+$$

【思考与练习】

5-5-1　在三要素中,“初值”即对应电路变量的初始状态,“终值”即对应电路变量的稳态响应。试问上述论断是否正确?

5-5-2　试说明三要素法的适用条件是什么,其是否适用于二阶电路?

5.6　一阶电路的阶跃响应和冲激响应

对于线性动态电路而言,零输入响应仅取决于动态元件的原始储能,零状态响应则由外部激励决定。在求解线性动态电路的零状态响应时,可以借助线性电路的叠加定理,只要知道动态电路对某些基本激励信号的响应,即可掌握该动态电路的基本属性并通过线性运算得到动态电路对其他激励信号的响应。第 4 章已经讲述了单位阶跃函数和单位冲激函数两种非常重要的奇异函数。本节将分析一阶电路对这两种基本函数的响应,并结合例题阐释二者在动态电路分析中的作用。

5.6.1　一阶电路的阶跃响应

阶跃响应,即单位阶跃函数作为激励信号时,动态电路的零状态响应。此时,假设动态元件中无原始储能,激励源可以是阶跃电压或阶跃电流,待求电路变量可以是电路中的任意支路电压或电流。

1. *RC* 电路的阶跃响应

如图 5-6-1 所示一阶 *RC* 电路,其中激励电流源为单位阶跃信号 $\varepsilon(t)$,下面分析 *RC* 电路的阶跃响应 $u_C(t)$。

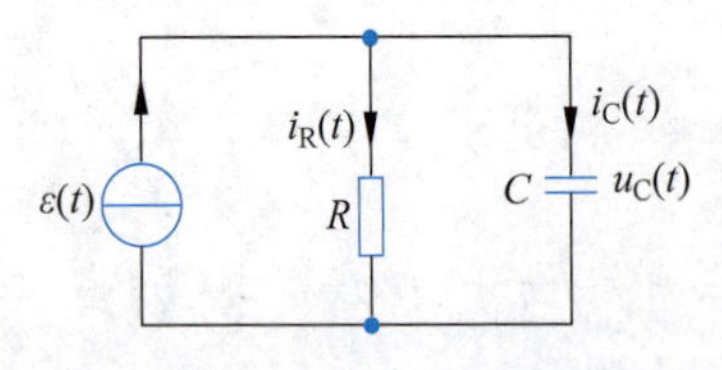

图 5-6-1　*RC* 电路的阶跃响应

阶跃电流 $\varepsilon(t)$ 可以表示为

$$\varepsilon(t)=\begin{cases}0, & t<0\\ 1, & t>0\end{cases}$$

根据 KCL,可得

$$i_C(t)+i_R(t)=\varepsilon(t)$$

将电容和电阻的 VCR

$$i_C(t)=C\frac{\text{d}u_C(t)}{\text{d}t},\quad i_R(t)=\frac{u_C(t)}{R}$$

代入上式，得

$$C\frac{\mathrm{d}u_{\mathrm{C}}(t)}{\mathrm{d}t}+\frac{u_{\mathrm{C}}(t)}{R}=\varepsilon(t) \tag{5-6-1}$$

整理得

$$\frac{\mathrm{d}u_{\mathrm{C}}(t)}{\mathrm{d}t}+\frac{1}{RC}u_{\mathrm{C}}(t)=\frac{1}{C}\varepsilon(t) \tag{5-6-2}$$

该微分方程的解可表示为

$$u_{\mathrm{C}}(t)=u_{\mathrm{Ct}}(t)+u_{\mathrm{Cf}}(t) \tag{5-6-3}$$

式中，$u_{\mathrm{Ct}}(t)$为齐次微分方程的通解，$u_{\mathrm{Cf}}(t)$为非齐次微分方程的特解。其可表示为

$$\begin{cases}u_{\mathrm{Ct}}(t)=B\mathrm{e}^{-\frac{t}{RC}}\\ u_{\mathrm{Cf}}(t)=K\end{cases} \tag{5-6-4}$$

将 $u_{\mathrm{Cf}}(t)=K$ 代入式(5-6-2)，得

$$\frac{K}{RC}=\frac{1}{C}\quad\Rightarrow\quad K=R$$

故

$$u_{\mathrm{Cf}}(t)=R$$

则非齐次微分方程的解为

$$u_{\mathrm{C}}(t)=B\mathrm{e}^{-\frac{t}{RC}}+R$$

将初始条件 $u_{\mathrm{C}}(0+)=u_{\mathrm{C}}(0-)=0$ 代入上式，得

$$B=-R$$

所以，阶跃响应

$$u_{\mathrm{C}}(t)=-R\mathrm{e}^{-\frac{t}{RC}}\varepsilon(t)+R\varepsilon(t)=R\varepsilon(t)-R\varepsilon(t)\mathrm{e}^{-\frac{t}{RC}}=R(1-\mathrm{e}^{-\frac{t}{RC}})\varepsilon(t) \tag{5-6-5}$$

由此，可以进一步求出阶跃响应 $i_{\mathrm{C}}(t)$和阶跃响应 $i_{\mathrm{R}}(t)$为

$$i_{\mathrm{C}}(t)=C\frac{\mathrm{d}u_{\mathrm{C}}(t)}{\mathrm{d}t}=\mathrm{e}^{-\frac{t}{RC}}\varepsilon(t),\quad i_{\mathrm{R}}(t)=\frac{u_{\mathrm{C}}(t)}{R}=(1-\mathrm{e}^{-\frac{t}{RC}})\varepsilon(t)$$

$u_{\mathrm{C}}(t)$、$i_{\mathrm{C}}(t)$和 $i_{\mathrm{R}}(t)$的响应曲线如图 5-6-2 所示。

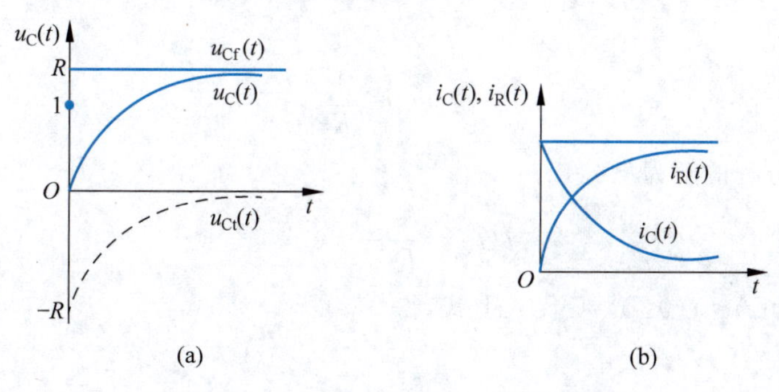

图 5-6-2 $u_{\mathrm{C}}(t)$、$i_{\mathrm{C}}(t)$和 $i_{\mathrm{R}}(t)$的响应曲线

2. RL 电路的阶跃响应

如图 5-6-3(a)所示一阶 RL 电路，其中电压源 $u_S(t)$ 的电压为 1V，开关 S 闭合前电感线圈中无电流。$t=0$ 时刻，开关闭合，分析开关闭合后的回路电流 $i(t)$、电阻电压 $u_R(t)$ 及电感电压 $u_L(t)$。

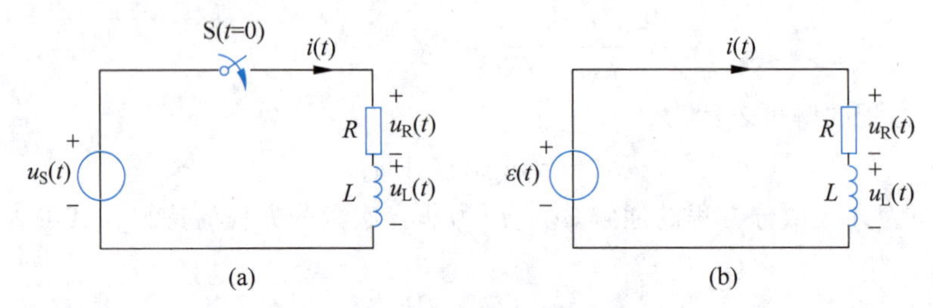

图 5-6-3　RL 电路的阶跃响应

当 $t=0_-$ 时，RL 支路上的电流等于零，即 $i(0_-)=0$；当 $t=0$ 时，开关闭合，电压源 $u_S(t)$ 作用在 RL 支路上。因此，如图 5-6-3(a)所示的一阶 RL 电路可以等效为图 5-6-3(b)。

对如图 5-6-3(b)所示电路列 KVL 方程，可得

$$u_L(t)+u_R(t)=\varepsilon(t)$$

将 $u_R(t)=i(t)R, u_L(t)=L\dfrac{\mathrm{d}i(t)}{\mathrm{d}t}$ 代入上式，得

$$\frac{\mathrm{d}i(t)}{\mathrm{d}t}+\frac{R}{L}i(t)=\frac{1}{L}\varepsilon(t) \tag{5-6-6}$$

该微分方程的解可表示为

$$i(t)=i_t(t)+i_f(t) \tag{5-6-7}$$

式中，$i_t(t)$ 为齐次微分方程的通解，$i_f(t)$ 为非齐次微分方程的特解。其可表示为

$$\begin{cases} i_t(t)=B\mathrm{e}^{-\frac{R}{L}t} \\ i_f(t)=K \end{cases} \tag{5-6-8}$$

将 $i_f(t)=K$ 代入式(5-6-6)，得

$$\frac{R}{L}K=\frac{1}{L} \quad\Rightarrow\quad K=\frac{1}{R}$$

故

$$i_f(t)=\frac{1}{R}$$

则非齐次微分方程的解为

$$i(t)=\frac{1}{R}+B\mathrm{e}^{-\frac{R}{L}t} \tag{5-6-9}$$

将初始条件 $i(0_+)=i(0_-)=0$ 代入上式，得

$$B=-\frac{1}{R}$$

所以，回路电流

$$i(t)=\left(\frac{1}{R}-\frac{1}{R}\mathrm{e}^{-\frac{R}{L}t}\right)\varepsilon(t)=\frac{1}{R}(1-\mathrm{e}^{-\frac{R}{L}t})\varepsilon(t) \tag{5-6-10}$$

由此，可以进一步求出电阻电压 $u_{\mathrm{R}}(t)$ 和电感电压 $u_{\mathrm{L}}(t)$ 为

$$u_{\mathrm{R}}(t)=i(t)R=(1-\mathrm{e}^{-\frac{R}{L}t})\varepsilon(t),\quad u_{\mathrm{L}}(t)=L\frac{\mathrm{d}i(t)}{\mathrm{d}t}=\mathrm{e}^{-\frac{R}{L}t}\varepsilon(t)$$

5.6.2 一阶电路阶跃响应的一般分析方法与应用

5.6.1 节介绍了阶跃响应的概念，并分析了最基本的一阶 RC 电路与一阶 RL 电路的阶跃响应。在实际的一阶线性电路中，电路结构可能比较复杂，电路的激励源也可能不是单位阶跃函数。但借助最基本的一阶 RC 电路与一阶 RL 电路的单位阶跃响应，可以非常方便地分析其零状态响应。本节将给出一阶电路阶跃响应的一般分析方法，并结合示例分析其应用。

一阶电路可以分为两个基本类型：RC 一阶电路和 RL 一阶电路。若电路中激励源为直流信号（直流电压源或直流电流源），无论电路如何复杂，RC 一阶电路可以由一个等效的电容元件和一个含源电阻网络组成，RL 一阶电路可以由一个等效的电感元件和一个含源电阻网络组成，如图 5-6-4(a)所示。经诺顿等效或戴维南等效后，可以得到图 5-6-4(b)所示的电路模型。利用 5.6.1 节的知识，容易得到两种等效电路的单位阶跃响应：

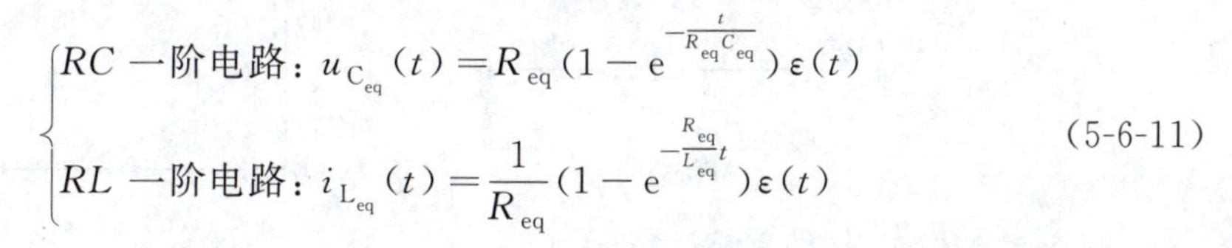

$$\begin{cases}RC\text{ 一阶电路：}u_{C_{\mathrm{eq}}}(t)=R_{\mathrm{eq}}(1-\mathrm{e}^{-\frac{t}{R_{\mathrm{eq}}C_{\mathrm{eq}}}})\varepsilon(t)\\ RL\text{ 一阶电路：}i_{L_{\mathrm{eq}}}(t)=\dfrac{1}{R_{\mathrm{eq}}}(1-\mathrm{e}^{-\frac{R_{\mathrm{eq}}}{L_{\mathrm{eq}}}t})\varepsilon(t)\end{cases} \tag{5-6-11}$$

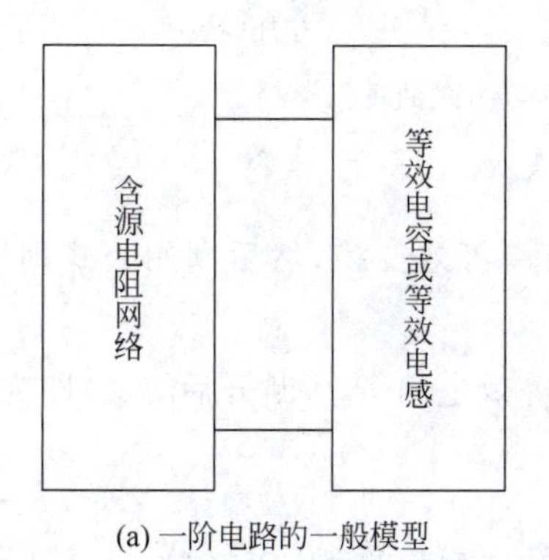

(a) 一阶电路的一般模型

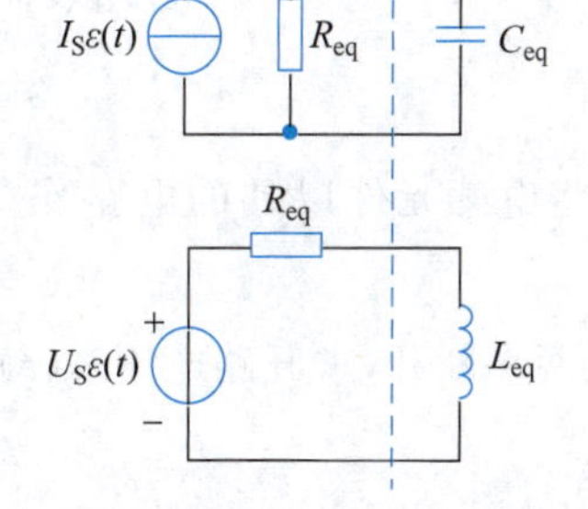

(b) 一阶电路的诺顿/戴维南等效

图 5-6-4 一阶电路的一般模型和诺顿/戴维南等效

利用线性电路的齐次性，可以得到两种等效电路的零状态响应：

$$\begin{cases}RC\text{ 一阶电路：}u_{C_{\mathrm{eq}}}(t)=I_{\mathrm{S}}R_{\mathrm{eq}}(1-\mathrm{e}^{-\frac{t}{R_{\mathrm{eq}}C_{\mathrm{eq}}}})\varepsilon(t)\\ RL\text{ 一阶电路：}i_{L_{\mathrm{eq}}}(t)=\dfrac{U_{\mathrm{S}}}{R_{\mathrm{eq}}}(1-\mathrm{e}^{-\frac{R_{\mathrm{eq}}}{L_{\mathrm{eq}}}t})\varepsilon(t)\end{cases} \tag{5-6-12}$$

一阶电路对移位的(或称延迟的)单位阶跃函数 $\varepsilon(t-t_0)$ 的响应(即换路时刻为 t_0 的单位阶跃函数),可以利用线性电路的时移不变性直接给出:

$$\begin{cases} RC\text{ 一阶电路}:u_{C_{eq}}(t-t_0)=I_S R_{eq}(1-e^{-\frac{t-t_0}{R_{eq}C_{eq}}})\varepsilon(t-t_0) \\ RL\text{ 一阶电路}:i_{L_{eq}}(t-t_0)=\dfrac{U_S}{R_{eq}}(1-e^{-\frac{R_{eq}}{L_{eq}}(t-t_0)})\varepsilon(t-t_0) \end{cases} \tag{5-6-13}$$

【例 5-6-1】 如例图 5-6-1(a)所示电路,已知 $R_1=8\Omega, R_2=8\Omega, R_3=6\Omega, L=1H$,求在单位阶跃电压激励下的阶跃响应 $i_L(t)$ 与 $u_L(t)$。

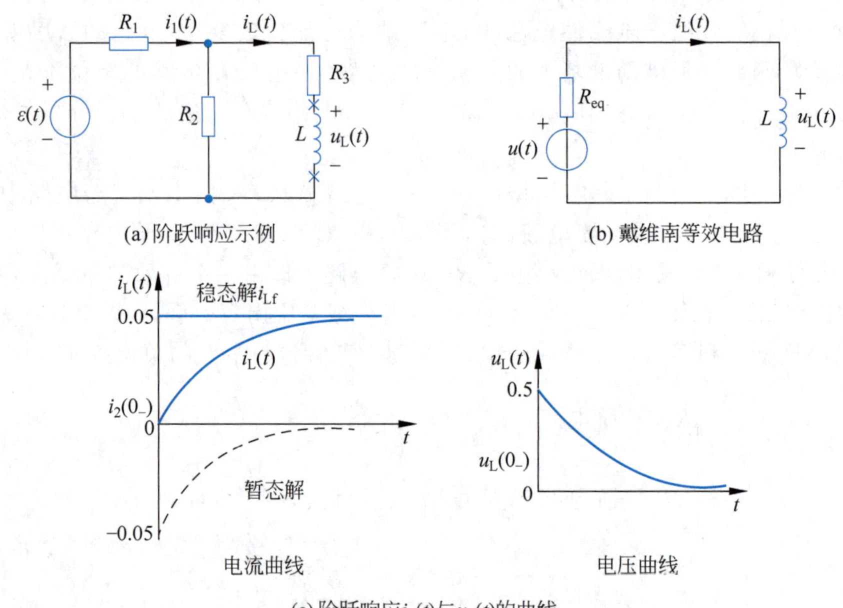

例图 5-6-1

分析:可将电感元件以外的电路作戴维南等效变换,然后利用公式即可直接写出答案。

解:将 L 两端断开,求开路电压 $u(t)$ 和等效电阻 R_{eq},断开后 $u(t)$ 即为 $\varepsilon(t)$ 在 R_2 上的分压

$$u(t)=\frac{R_2}{R_1+R_2}\varepsilon(t)=\frac{8}{8+8}\varepsilon(t)\mathrm{V}=0.5\varepsilon(t)\mathrm{V}$$

$$R_{eq}=R_3+(R_1 /\!/ R_2)=\left(6+\frac{8\times 8}{8+8}\right)\Omega=10\Omega$$

戴维南等效电路如例图 5-6-1(b)所示。

时间常数

$$\tau=\frac{L}{R_{eq}}=0.1\mathrm{s}$$

从而，阶跃响应 $i_L(t)$ 与 $u_L(t)$ 为

$$i_L(t)=\frac{0.5}{R_{eq}}(1-e^{-\frac{t}{\tau}})\varepsilon(t)=0.05(1-e^{-10t})\varepsilon(t)\text{A}$$

$$u_L(t)=L\frac{di_L}{dt}=0.5e^{-10t}\varepsilon(t)\text{V}$$

$i_L(t)$ 与 $u_L(t)$ 的曲线如例图 5-6-1(c)所示。

【例 5-6-2】 如例图 5-6-2 所示 RC 一阶电路，已知电流源 $i_S(t)=2\varepsilon(t)-2\varepsilon(t-5)$，求电路的零状态响应 $u_C(t)$。

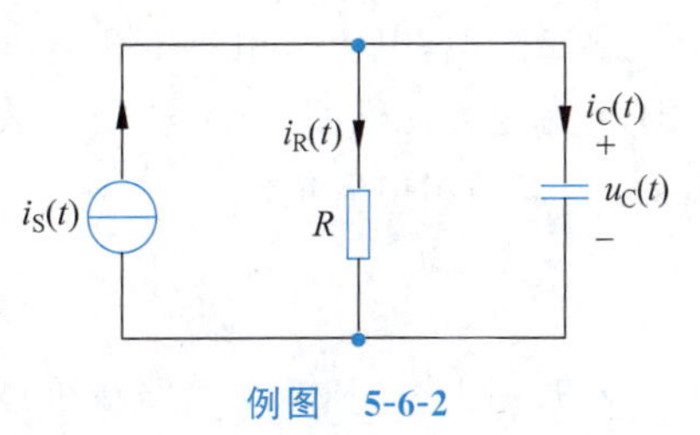

例图 5-6-2

解：利用 RC 一阶电路的单位阶跃响应公式，结合线性电路的齐次性和时移不变性，可以方便地求得电路的零状态响应。

RC 一阶电路对单位阶跃函数 $\varepsilon(t)$ 的响应

$$u_C(t)=R(1-e^{-\frac{t}{RC}})\varepsilon(t)$$

RC 一阶电路对移位的单位阶跃函数 $\varepsilon(t-5)$ 的响应

$$u_C(t)=R(1-e^{-\frac{t-5}{RC}})\varepsilon(t-5)$$

利用齐次性和叠加性，可得电路的零状态响应

$$u_C(t)=2R(1-e^{-\frac{t}{RC}})\varepsilon(t)-2R(1-e^{-\frac{t-5}{RC}})\varepsilon(t-5)$$

5.6.3 一阶电路的冲激响应

第 4 章已经讲述了冲激函数 $\delta(t)$ 的定义和基本属性。本节将给出冲激响应的基本概念，然后分析典型一阶电路的冲激响应。

电路在单位冲激电压或单位冲激电流激励下的零状态响应称为冲激响应。注意，冲激响应与阶跃响应均为零状态响应，其前提条件是动态元件无储能。

1. RC 电路的冲激响应

如图 5-6-5(a)所示一阶 RC 电路，电流源为单位冲激函数 $\delta(t)$，电容元件 C 无原始储能，即 $u_C(0_-)=0$。分析电容电压 $u_C(t)$、电阻电流 $i_R(t)$ 及电容电流 $i_C(t)$。

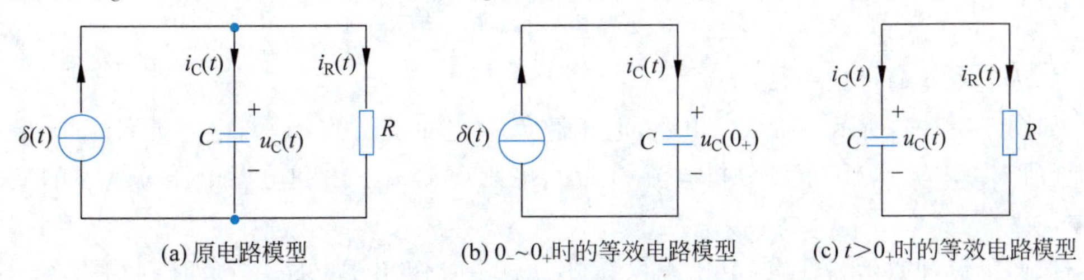

图 5-6-5 一阶 RC 电路的冲激响应

根据单位冲激函数的性质，电流源仅在 $0_-\sim0_+$ 时作用于电路，其余时刻均为零。而 0_- 时刻电容元件 C 的电压 $u_C(0_-)=0$，为短路状态。电路可以分两个阶段进行分析，第

一阶段为 $0_-\sim0_+$ 时刻，第二阶段为 $t\geqslant0_+$。

第一阶段，由于 $u_C(0_-)=0$，电容为短路状态，电流源的电流全部流过电容支路，电阻支路无电流流过。因此，电路可等效为图 5-6-5(b)。$0_-\sim0_+$ 时刻，单位冲激电流对电容充电，由于冲激电流取值无穷大，电容电压将发生突变。

$t=0_+$ 时，电容电压

$$u_C(0_+)=u_C(0_-)+\frac{1}{C}\int_{0-}^{0+}\delta(t)\mathrm{d}t=\frac{1}{C} \tag{5-6-14}$$

可见，在第一阶段，电容通过冲激电流建立了电场，获得了能量。

第二阶段，电流源相当于开路，电路可等效为图 5-6-5(c)。$t\geqslant0_+$ 时，电路的状态变化体现为电容元件 C 通过电阻 R 放电的过程，其分析方法与零输入响应完全相同。因此，可直接写出电容电压

$$u_C(t)=u_C(0_+)\mathrm{e}^{-\frac{t}{RC}}\varepsilon(t)=\frac{1}{C}\mathrm{e}^{-\frac{t}{RC}}\varepsilon(t) \tag{5-6-15}$$

式(5-6-15)即为一阶 RC 电路在单位冲激电流激励下的冲激响应电压。由此，可直接得到电阻支路的冲激响应电流

$$i_R(t)=\frac{u_C(t)}{R}=\frac{u_C(0_+)}{R}\mathrm{e}^{-\frac{t}{RC}}\varepsilon(t)=\frac{1}{RC}\mathrm{e}^{-\frac{t}{RC}}\varepsilon(t) \tag{5-6-16}$$

由图 5-6-5(a)，利用 KCL 可得到电容电流的冲激响应

$$i_C(t)=\delta(t)-i_R(t)=\delta(t)-\frac{1}{RC}\mathrm{e}^{-\frac{t}{RC}}\varepsilon(t) \tag{5-6-17}$$

各冲激响应信号的曲线如图 5-6-6 所示。

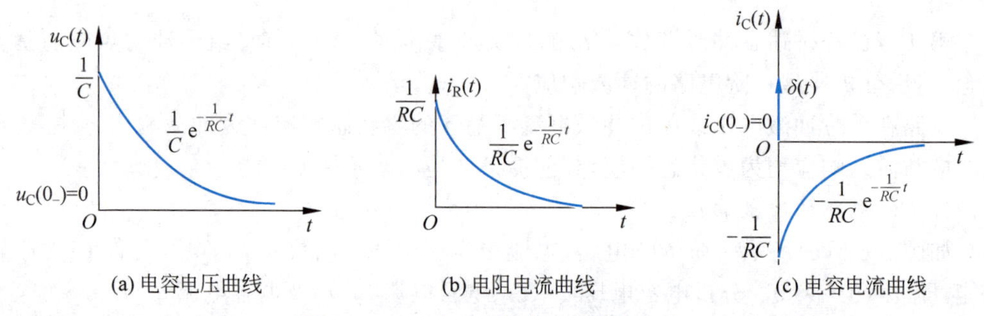

图 5-6-6　一阶 RC 电路冲激响应曲线

2. RL 电路的冲激响应

如图 5-6-7(a)所示一阶 RL 电路，电压源为单位冲激函数 $\delta(t)$，电感元件 L 无原始储能(即 $i_L(0_-)=0$)。下面分析电流 $i_L(t)$、电阻电压 $u_R(t)$ 和电感电压 $u_L(t)$ 的变化规律。

根据单位冲激函数性质，电压源仅在 $0_-\sim0_+$ 时作用于电路，其余时刻均为零。而 0_- 时刻电感元件 L 的电流 $i_L(0_-)=0$，为开路状态。电路可以分两个阶段进行分析，第一阶段为 $0_-\sim0_+$ 时刻，第二阶段为 $t\geqslant0_+$。

第一阶段，由于 $i_L(0_-)=0$，电感为开路状态，电压源电压 $\delta(t)$ 全部施加在电感两

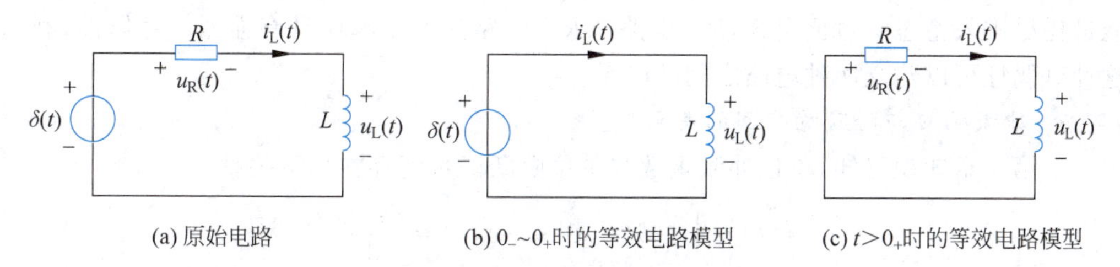

图 5-6-7 ***RL*** **电路的冲激响应**

端，电阻两端电压为 0。因此，电路可等效为图 5-6-7(b)。$0_-\sim 0_+$ 时刻，单位冲激电压施加于电感两端，由于冲激电压取值无穷大，电感电流将发生突变。

$t=0_+$ 时，电感电流

$$i_L(0_+)=i_L(0_-)+\frac{1}{L}\int_{0_-}^{0_+}\delta(t)\mathrm{d}t=\frac{1}{L} \tag{5-6-18}$$

可见，在第一阶段，电感通过冲激电压建立了磁场，获得了能量。

第二阶段，电压源相当于短路，电路可等效为图 5-6-7(c)。$t\geqslant 0_+$ 时，电路的状态变化体现为电感元件 L 通过电阻 R 释放能量的过程，其分析方法与零输入响应完全相同。因此，可直接写出电感电流

$$i_L(t)=i_L(0_+)\mathrm{e}^{-\frac{R}{L}t}\varepsilon(t)=\frac{1}{L}\mathrm{e}^{-\frac{R}{L}t}\varepsilon(t) \tag{5-6-19}$$

式(5-6-19)即一阶 RL 电路在单位冲激电压激励下的冲激响应电流。由此，可直接得到电阻上的冲激响应电压

$$u_R(t)=i_L(t)R=\frac{R}{L}\mathrm{e}^{-\frac{R}{L}t}\varepsilon(t) \tag{5-6-20}$$

由图 5-6-7(a)，利用 KVL 可得到电感电压的冲激响应

$$u_L(t)=\delta(t)-u_R(t)=\delta(t)-\frac{R}{L}\mathrm{e}^{-\frac{R}{L}t}\varepsilon(t) \tag{5-6-21}$$

各冲激响应信号的曲线如图 5-6-8 所示。

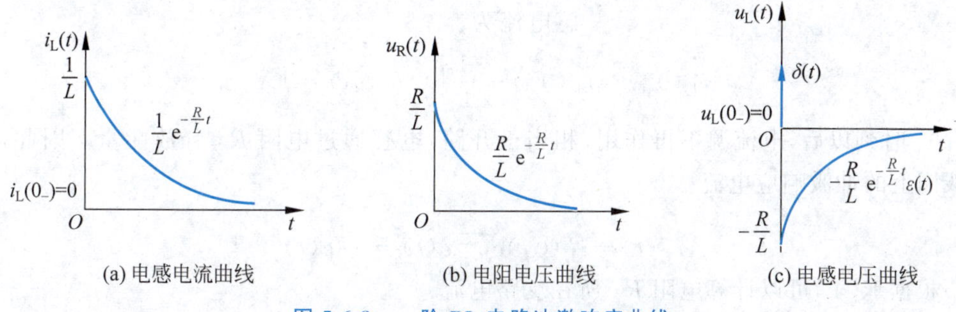

图 5-6-8 **一阶** ***RL*** **电路冲激响应曲线**

分析一阶 RC 电路与一阶 RL 电路的冲激响应，可以发现，在冲激电压或冲激电流的激励下，一阶动态电路的状态变化分两个阶段：第一阶段是动态元件在瞬间获得能量的阶段；第二阶段是激励源失去作用，表现为动态元件通过电阻元件释放能量的阶段，直至

能量耗尽进入稳态。对比可知，RL 电路与 RC 电路的冲激响应具有强烈的对偶性，利用这种对偶性可以建立两种电路之间的联系。

3. 冲激响应与阶跃响应间的关系

由第 4 章知识可知，单位冲激函数与单位阶跃函数间存在如下关系：

$$\varepsilon(t)=\int_{-\infty}^{t}\delta(t')\mathrm{d}t',\quad \delta(t)=\frac{\mathrm{d}\varepsilon(t)}{\mathrm{d}t}$$

任意线性电路的冲激响应与阶跃响应之间也存在类似的依从关系。设冲激响应用 $h(t)$表示，阶跃响应用 $g(t)$表示，则

$$h(t)=\frac{\mathrm{d}g(t)}{\mathrm{d}t},\quad g(t)=\int_{-\infty}^{t}h(t')\mathrm{d}t'$$

上述关系读者可自行证明，或者可以利用一阶电路的阶跃响应和冲激响应进行验证。注意，这种关系对任意阶线性动态电路都是成立的。

基于上述冲激响应与阶跃响应之间的依从关系，线性动态电路的冲激响应可由已知的阶跃响应对时间变量求导获得；线性动态电路的阶跃响应也可由已知的冲激响应积分求得。

5.6.4　一阶电路冲激响应的应用

前面介绍了冲激响应的概念，并分析了最基本的一阶 RC 电路与一阶 RL 电路的冲激响应。对于复杂一阶线性电路冲激响应的分析，可以借助戴维南等效、诺顿等效和叠加定理等分析方法。

【例 5-6-3】 如例图 5-6-3 所示 RL 一阶电路，已知电流源 $i_S(t)=\delta(t)$，$L=1\mathrm{H}$，$R_1=R_2=1\Omega$，求电路的零状态响应 $i_L(t)$、$u_L(t)$。

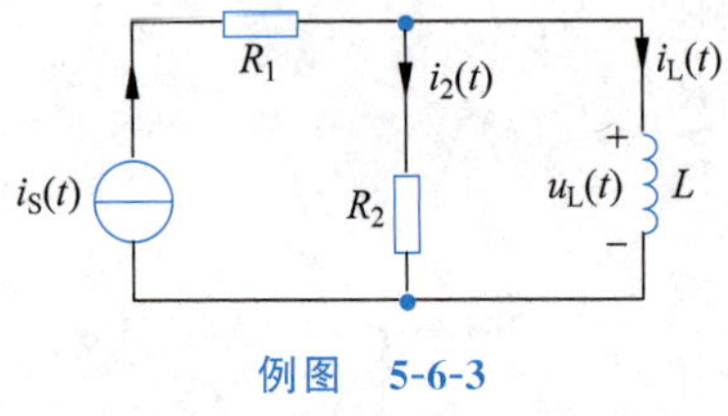

例图　5-6-3

解：根据题设，在 0_- 时刻 $i_L(0_-)=0$，电感处于开路状态。$t=0$ 时，冲激电流源通过 R_1、R_2 形成回路，在 R_2 上产生冲激电压 $\delta(t)$。冲激电压施加于电感两端，强迫其电流发生突变，0_+ 时刻的电感电流为

$$i_L(0_+)=i_L(0_-)+\frac{1}{L}\int_{0_-}^{0_+}\delta(t)\mathrm{d}t=1\mathrm{A}$$

0_+ 时刻以后，电流源不再作用，相当于开路，电感通过电阻 R_2 释放能量。因此，电感线圈上的冲激响应电流

$$i_L(t)=i_L(0_+)\mathrm{e}^{-\frac{R_2}{L}t}\varepsilon(t)=\mathrm{e}^{-t}\varepsilon(t)$$

根据 KCL，可以计算电阻 R_2 所在支路电流

$$i_2(t)=i_S(t)-i_L(t)=\delta(t)-\mathrm{e}^{-t}\varepsilon(t)$$

电感电压，即电阻 R_2 的端电压

$$u_L(t)=i_2(t)R_2=[\delta(t)-\mathrm{e}^{-t}\varepsilon(t)]R_2$$

前面曾经提到，通过冲激响应可以了解电路的基本属性，同时还可以方便地得到电

路对任意激励信号的零状态响应。另外，由电路冲激响应 $h(t)$ 可以求得其阶跃响应 $g(t)$。电路对于任意激励信号 $s(t)$ 的零状态响应 $r(t)$，可以利用卷积运算得到

$$r(t)=h(t)*s(t)=\int_{-\infty}^{t}h(\tau)s(t-\tau)\mathrm{d}\tau$$

【思考与练习】

5-6-1　利用图5-6-1中 RC 电路单位阶跃响应 $u_C(t)$ 与图5-6-5中 RC 电路的单位冲激响应 $u_C(t)$ 的分析结果，验证冲激响应与阶跃响应的相互关系。

5-6-2　若将例图5-6-3中激励电流源换为 $i_S(t)=\varepsilon(t)$，重新分析相应的零状态响应 $i_L(t)$、$u_L(t)$。

5.7　二阶电路

本节重点介绍二阶电路的基本特征、零输入响应和冲激响应。动态电路对任意激励信号的零状态响应均可借助冲激响应和卷积计算求得，将零输入响应与零状态响应叠加即可得到二阶电路的全响应。

5.7.1　二阶电路及其特征

在数学上，二阶电路的输入-输出方程表现为二阶线性微分方程；在物理结构上，二阶电路包含两个独立的动态元件，可以是一个电感与一个电容、两个电感或两个电容。注意，电路是否为二阶电路不能仅根据包含动态元件的数量来判断。若电路中包含一个电感与一个电容，则电路必为二阶电路；若电路中包含多个电容或多个电感，则需根据相互之间的连接关系来判断，若经串联、并联后可合并为一个电容或电感，则电路为一阶电路；若经串联、并联简化为最简形式后仍存在两个独立的电容或电感，则电路为二阶电路；若独立电容或电感数大于两个，则电路为高阶电路。

在一阶电路中，仅包含一个独立的动态元件，它可以吸收独立源提供的能量加以储存，储存的能量也可以通过电阻回路进行释放。在二阶电路中，由于存在两个独立的动态元件，二者均可以一定的形式储存能量和释放能量，但其在动态过渡过程中存在能量交互的现象，即两个动态元件交互地释放和吸收能量，在响应信号波形上体现为一定的振荡现象。二阶电路的能量交互现象所遵循的规律取决于具体电路结构和元件参数的配置。

包含一个电容元件与一个电感元件的 RLC 串联电路和 RLC 并联电路是最基本的二阶电路。任意 RLC 串联电路由一对串联的电感、电容与一个含源电阻网络组成，其电路模型如图5-7-1(a)所示。将含源电阻网络经戴维南等效，可以得到 RLC 串联电路的通用模型，如图5-7-1(b)所示。而任意 RLC 并联电路由一对并联的电感、电容与一个含源电阻网络组成，其电路模型如图5-7-2(a)所示。将含源电阻网络经诺顿等效，可以得到 RLC 并联电路的通用模型，如图5-7-2(b)所示。

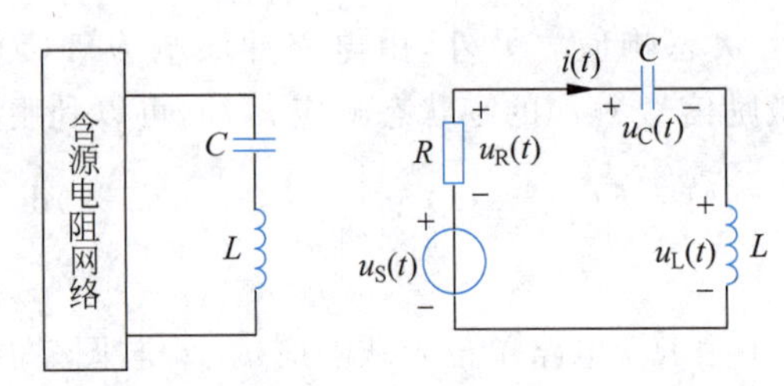

图 5-7-1 *RLC* 串联电路的一般模型

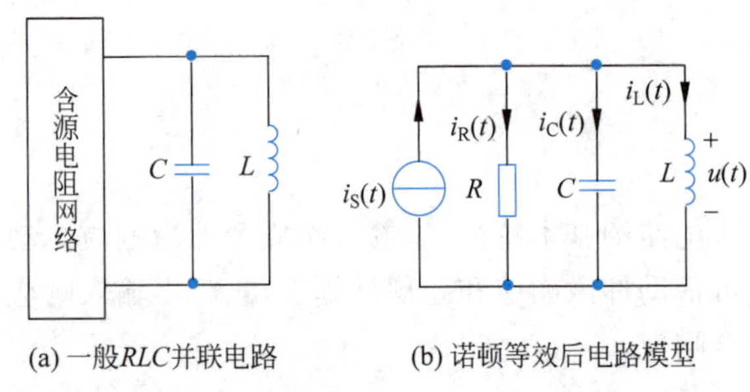

图 5-7-2 *RLC* 并联电路的一般模型

如图 5-7-1(b)所示 *RLC* 串联电路，根据 KVL 列出电路方程：

$$u_R(t)+u_C(t)+u_L(t)=u_S(t) \tag{5-7-1}$$

由于 $i(t)=C\dfrac{du_C(t)}{dt}$，故

$$u_R(t)=i(t)R=RC\frac{du_C(t)}{dt},\quad u_L(t)=L\frac{di(t)}{dt}=LC\frac{d^2u_C(t)}{dt^2}$$

将上述关系代入式(5-7-1)并整理，得到 *RLC* 串联电路的输入-输出方程：

$$LC\frac{d^2u_C(t)}{dt^2}+RC\frac{du_C(t)}{dt}+u_C(t)=u_S(t) \tag{5-7-2}$$

如图 5-7-2(b)所示 *RLC* 并联电路，根据 KCL 列出电路方程：

$$i_R(t)+i_C(t)+i_L(t)=i_S(t) \tag{5-7-3}$$

由于 $u(t)=L\dfrac{di_L(t)}{dt}$，故

$$i_R(t)=\frac{u(t)}{R}=\frac{L}{R}\frac{di_L(t)}{dt},\quad i_C(t)=C\frac{du(t)}{dt}=LC\frac{d^2i_L(t)}{dt^2}$$

将上述关系代入式(5-7-3)并整理，得到 *RLC* 并联电路的输入-输出方程：

$$LC\frac{d^2i_L(t)}{dt^2}+\frac{L}{R}\frac{di_L(t)}{dt}+i_L(t)=i_S(t) \tag{5-7-4}$$

在式(5-7-2)和式(5-7-4)二阶微分方程的基础上，根据初始条件和激励信号即可求解 *RLC* 串联电路和 *RLC* 并联电路的零输入响应和零状态响应。

5.7.2 二阶电路的零输入响应

本节介绍 RLC 串联电路和 RLC 并联电路两种典型二阶电路的零输入响应。

1. RLC 串联电路的零输入响应[①]

令如图 5-7-1(b)所示电路中的电压源 $u_S(t)=0$，此时 RLC 串联电路可简化为如图 5-7-3 所示电路。对应的输入-输出方程式(5-7-2)简化为齐次微分方程：

$$LC\frac{\mathrm{d}^2u_C(t)}{\mathrm{d}t^2}+RC\frac{\mathrm{d}u_C(t)}{\mathrm{d}t}+u_C(t)=0 \tag{5-7-5}$$

根据初始条件 $u_C(0_+)$ 及 $u_C'(0_+)=\frac{1}{C}i(0_+)$，求解式(5-7-5)即可确定 RLC 串联电路的零输入响应 $u_C(t)$。进而可求出 $i(t)$、$u_R(t)$和 $u_L(t)$。

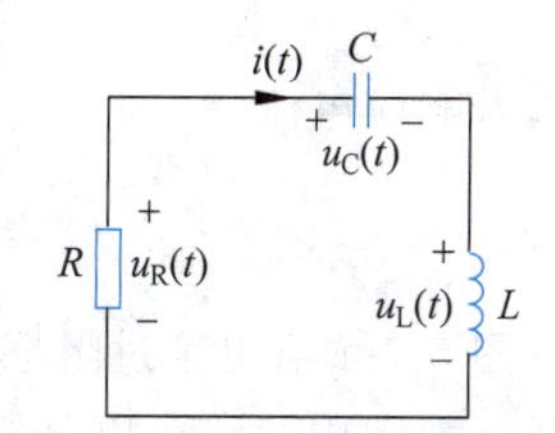

图 5-7-3 RLC 串联电路的零输入响应

齐次微分方程式(5-7-5)的特征方程为

$$LCs^2+RCs+1=0 \tag{5-7-6}$$

解得其两个特征根为

$$s_{1,2}=-\frac{R}{2L}\pm\sqrt{\left(\frac{R}{2L}\right)^2-\frac{1}{LC}} \tag{5-7-7}$$

由式(5-7-7)可见，特征根的取值依赖于 R、L、C 的取值，可分为三种情况：

(1) 当$\left(\frac{R}{2L}\right)^2>\frac{1}{LC}$，即 $R>2\sqrt{\frac{L}{C}}$ 时，特征根 s_1、s_2 互不相等，且均为负实数；

(2) 当$\left(\frac{R}{2L}\right)^2=\frac{1}{LC}$，即 $R=2\sqrt{\frac{L}{C}}$ 时，特征根 s_1、s_2 为重根，且为负实数；

(3) 当$\left(\frac{R}{2L}\right)^2<\frac{1}{LC}$，即 $R<2\sqrt{\frac{L}{C}}$ 时，特征根 s_1、s_2 为互共轭的复数，且实部为负数。

定义 $R_d=2\sqrt{\frac{L}{C}}$ 为串联电路的阻尼电阻，则 $R>R_d$ 时(情况 1)，称为过阻尼状态；$R<R_d$ 时(情况 3)，称为欠阻尼状态；$R=R_d$ 时(情况 2)，称为临界阻尼状态。

假设 $u_C(0_+)=0$，$i(0_+)=I_0$，即电感元件具有原始储能$\frac{1}{2}LI_0^2$，下面分别对三种情况的零输入响应进行分析。

1) 过阻尼状态$\left(R>2\sqrt{\frac{L}{C}}\right)$

此状态下，特征根 s_1、s_2 互不相等，且均为负实数。式(5-7-5)的通解可以写成如下形式：

$$u_C(t)=A_1\mathrm{e}^{s_1t}+A_2\mathrm{e}^{s_2t} \tag{5-7-8}$$

根据初始条件 $u_C(0_+)=0$，$i(0_+)=I_0$，得

① RLC 串联电路零输入响应的 Multisim 仿真实例参见附录 A 例 2-5。

$$\begin{cases} u_C(0_+) = A_1 + A_2 = 0 \\ i(0_+) = C\dfrac{\mathrm{d}u_C(t)}{\mathrm{d}t}\bigg|_{t=0_+} = CA_1 s_1 + CA_2 s_2 = I_0 \end{cases}$$

解得

$$A_1 = \frac{I_0}{Cs_1 - Cs_2}, \quad A_2 = -\frac{I_0}{Cs_1 - Cs_2}$$

所以，零输入响应电压

$$u_C(t) = \frac{I_0}{Cs_1 - Cs_2}(\mathrm{e}^{s_1 t} - \mathrm{e}^{s_2 t})\varepsilon(t)$$

零输入响应电流

$$i(t) = C\frac{\mathrm{d}u_C(t)}{\mathrm{d}t} = \frac{I_0}{s_1 - s_2}(s_1\mathrm{e}^{s_1 t} - s_2\mathrm{e}^{s_2 t})\varepsilon(t)$$

图 5-7-4 给出了过阻尼状态时零输入响应电压 $u_C(t)$ 与零输入响应电流 $i(t)$ 的典型曲线。由图中曲线可以分析 RLC 串联电路的动态过渡过程：在 0 时刻，电流 $i(t)$ 取最大值 I_0，电容电压 $u_C(t)=0$，此时电感元件具有最大原始储能，电容元件无储能。在 $[0,t_m]$ 时段，电流 $i(t)$ 逐渐减小，而电容电压 $u_C(t)$ 逐渐上升，这表明电感元件逐渐释放能量，而电容元件在不断吸收能量，同时电阻元件在耗能。在 t_m 时刻，电感元件原始储能全部释放完毕，电容元件储能达到峰值。在 $[t_m, 2t_m]$ 时段，电流 $i(t)$ 反转极性且电流取值再次增加，而电容元件电压逐渐下降，这表明电容元件开始释放能量，而电感元件再次吸收能量，同时电阻元件在耗能。在 $2t_m$ 时刻，电感元件储能再次达到某个较小的峰值。在 $2t_m$ 时刻以后，电流 $i(t)$ 和电容电压 $u_C(t)$ 逐渐减衰减至 0，表明二者同时释放能量，不再出现能量交互现象，二者所释放的能量被电阻元件全部消耗。可见，在过阻尼状态下，RLC 串联电路中电感元件与电容元件存在能量交互的现象，但交互次数有限，不会出现振荡现象。其主要原因在于，电阻元件取值过大，耗能快。

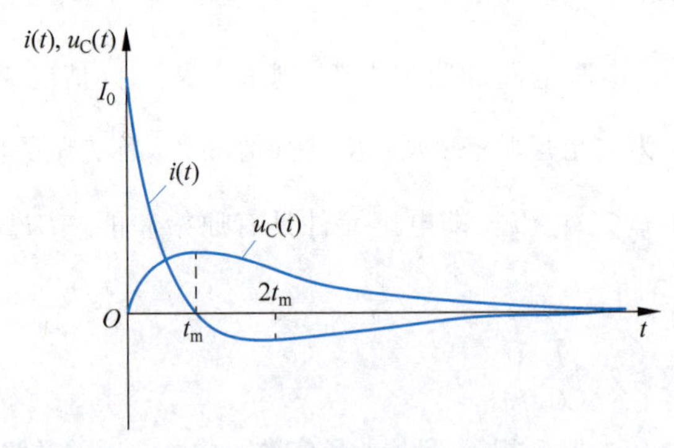

图 5-7-4 *RLC* 串联电路过阻尼状态的零输入响应曲线

2）临界阻尼状态$\left(R = 2\sqrt{\dfrac{L}{C}}\right)$

此状态下，特征根 s_1、s_2 为重根，$s_1 = s_2 = s = -\dfrac{R}{2L}$，且为负实数。式(5-7-5)的通解

可以写成如下形式：

$$u_C(t)=(A_1+A_2t)e^{st} \tag{5-7-9}$$

根据初始条件 $u_C(0_+)=0, i(0_+)=I_0$，得

$$\begin{cases} u_C(0_+)=A_1=0 \\ i(0_+)=C\dfrac{du_C(t)}{dt}\bigg|_{t=0_+}=CA_1s+CA_2=I_0 \end{cases}$$

解得

$$A_1=0, A_2=\frac{I_0}{C}$$

所以，零输入响应电压

$$u_C(t)=\frac{I_0}{C}te^{st}\varepsilon(t)$$

零输入响应电流

$$i(t)=C\frac{du_C(t)}{dt}=(I_0e^{st}+I_0ste^{st})\varepsilon(t)$$

图 5-7-5 给出了临界阻尼状态时零输入响应电压 $u_C(t)$ 与零输入响应电流 $i(t)$ 的典型曲线。对比图 5-7-5 与图 5-7-4 可知，在临界阻尼状态 *RLC* 串联电路的动态过渡过程与过阻尼状态非常相似，即电感元件与电容元件存在有限的能量交互现象，仍不会出现振荡现象。此时的过渡点 $t_m=-\dfrac{1}{s}=2\dfrac{L}{R}$。注意，电阻元件 R 取值处于临界值，若电阻值稍小，则电路将进入欠阻尼状态，反之，则进入过阻尼状态。

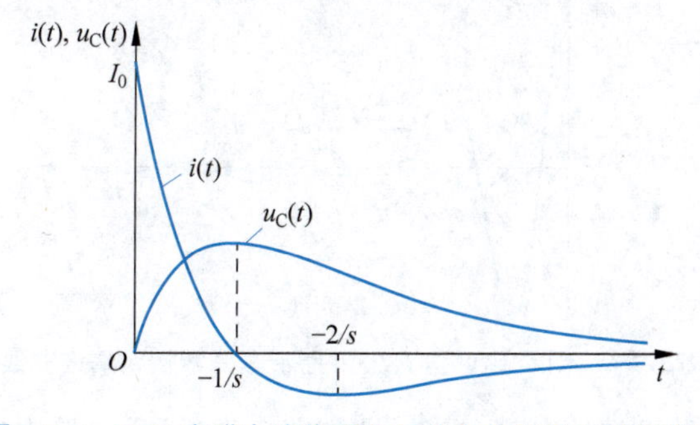

图 5-7-5 *RLC* 串联电路临界阻尼状态的零输入响应曲线

3）欠阻尼状态 $\left(R<2\sqrt{\dfrac{L}{C}}\right)$

此状态下，特征根 $s_{1,2}=\alpha\pm j\omega_d$ 为互共轭的复数，且实部为负数。其中，$\alpha=-\dfrac{R}{2L}$，$\omega_d=\sqrt{\dfrac{1}{LC}-\left(\dfrac{R}{2L}\right)^2}$。式(5-7-5)的通解可以写成如下形式：

$$u_C(t)=[A_1\cos(\omega_d t)+A_2\sin(\omega_d t)]e^{\alpha t} \tag{5-7-10}$$

根据初始条件 $u_C(0_+)=0, i(0_+)=I_0$，得

$$\begin{cases} u_C(0_+)=A_1=0 \\ i(0_+)=C\left.\dfrac{du_C(t)}{dt}\right|_{t=0_+}=CA_1\alpha+CA_2\omega_d=I_0 \end{cases}$$

解得

$$A_1=0,\quad A_2=\frac{I_0}{C\omega_d}$$

所以,零输入响应电压

$$u_C(t)=\frac{I_0}{C\omega_d}e^{\alpha t}\sin(\omega_d t)\varepsilon(t)$$

零输入响应电流

$$i(t)=C\,\frac{du_C(t)}{dt}=\left[\frac{\alpha I_0}{\omega_d}e^{\alpha t}\sin(\omega_d t)+I_0 e^{\alpha t}\cos(\omega_d t)\right]\varepsilon(t)$$

图 5-7-6 给出了欠阻尼状态时零输入响应电压 $u_C(t)$与零输入响应电流 $i(t)$的典型曲线。由图可知,在欠阻尼状态下,$u_C(t)$与 $i(t)$出现周期振荡现象,其振荡角频率为 ω_d,振荡周期为 $2\pi/\omega_d$,但二者的包络(幅度)呈指数下降。这表明,在欠阻尼状态下,电容元件与电感元件周期性地交换能量,但由于电阻元件不断消耗能量,二者的储能随时间推移而不断衰减直至全部被电阻元件消耗。出现振荡现象的原因在于电阻元件的阻值较小,耗能较慢。

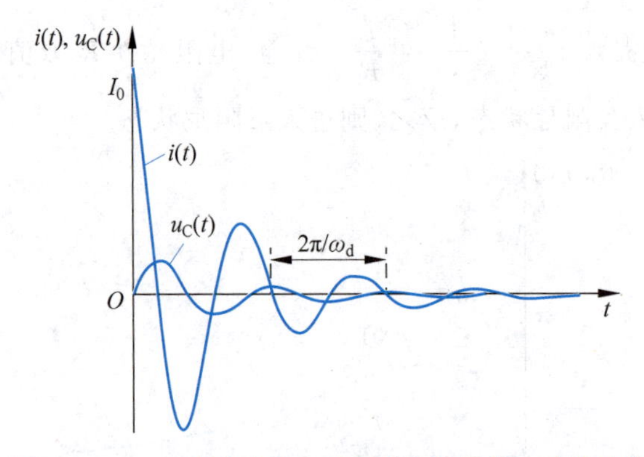

图 5-7-6 *RLC* 串联电路欠阻尼状态的零输入响应曲线

欠阻尼状态的一种极端情况是 $R=0$,即如图 5-7-3 所示电路中的电阻元件为短路元件。此时,RLC 串联电路简化为仅包含电容 C 和电感 L 的串联电路,相应参数为

$$\alpha=-\frac{R}{2L}=0,\quad \omega_d=\sqrt{\frac{1}{LC}-\left(\frac{R}{2L}\right)^2}=\sqrt{\frac{1}{LC}}$$

容易求得零输入响应如下:

零输入响应电压

$$u_C(t)=\frac{I_0}{C\omega_d}\sin(\omega_d t)\varepsilon(t)=I_0\sqrt{\frac{L}{C}}\sin(\omega_d t)\varepsilon(t)$$

零输入响应电流

$$i(t)=C\frac{\mathrm{d}u_{\mathrm{C}}(t)}{\mathrm{d}t}=I_0\cos(\omega_{\mathrm{d}}t)\varepsilon(t)$$

可见，在这种极端情况下电路的零输入响应为等幅简谐波。其物理实质为，电容元件 C 与电感元件 L 周期性地交换能量，交换周期 $T_{\mathrm{d}}=2\pi/\omega_{\mathrm{d}}=2\pi\sqrt{LC}$。由于没有耗能元件，电路的储能不会衰减，在任意瞬时，电容元件 C 与电感元件 L 的储能之和为原始储能 $\frac{1}{2}LI_0^2$，读者可自行验证。

2. *RLC* 并联电路的零输入响应

令如图 5-7-2(b)所示电路中的电流源 $i_{\mathrm{S}}(t)=0$，此时 *RLC* 并联电路可简化为如图 5-7-7 所示电路。对应的输入-输出方程式(5-7-4)简化为齐次微分方程：

$$LC\frac{\mathrm{d}^2i_{\mathrm{L}}(t)}{\mathrm{d}t^2}+\frac{L}{R}\frac{\mathrm{d}i_{\mathrm{L}}(t)}{\mathrm{d}t}+i_{\mathrm{L}}(t)=0 \tag{5-7-11}$$

根据初始条件 $i_{\mathrm{L}}(0_+)$ 及 $i_{\mathrm{L}}'(0_+)=\frac{1}{L}u(0_+)$，求解式(5-7-11)即可确定 *RLC* 并联电路的零输入响应 $i_{\mathrm{L}}(t)$，进而可求出 $u(t)$、$i_{\mathrm{R}}(t)$ 和 $i_{\mathrm{C}}(t)$。

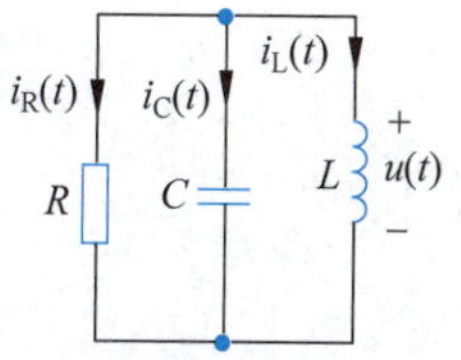

图 5-7-7 *RLC* 并联电路的零输入响应

齐次微分方程式(5-7-11)的特征方程为

$$LCs^2+\frac{L}{R}s+1=0 \tag{5-7-12}$$

解得其两个特征根为

$$s_{1,2}=-\frac{1}{2CR}\pm\sqrt{\left(\frac{1}{2CR}\right)^2-\frac{1}{LC}}=-\frac{G}{2C}\pm\sqrt{\left(\frac{G}{2C}\right)^2-\frac{1}{LC}} \tag{5-7-13}$$

由式(5-7-13)可见，特征根的取值依赖于 G(即 $1/R$)、L、C 的取值，可分为三种情况：

(1) 当 $\left(\frac{G}{2C}\right)^2>\frac{1}{LC}$，即 $G>2\sqrt{\frac{C}{L}}$ 时，特征根 s_1、s_2 互不相等，且均为负实数。

(2) 当 $\left(\frac{G}{2C}\right)^2=\frac{1}{LC}$，即 $G=2\sqrt{\frac{C}{L}}$ 时，特征根 s_1、s_2 为重根，且为负实数，即 $s_1=s_2=s=-\frac{G}{2C}$。

(3) 当 $\left(\frac{G}{2C}\right)^2<\frac{1}{LC}$，即 $G<2\sqrt{\frac{C}{L}}$ 时，特征根 s_1、s_2 为互共轭的复数，且实部为负数，即 $s_{1,2}=-\frac{G}{2C}\pm\sqrt{\left(\frac{G}{2C}\right)^2-\frac{1}{LC}}=\alpha\pm\mathrm{j}\omega_{\mathrm{d}}$。

定义 $G_{\mathrm{d}}=2\sqrt{\frac{C}{L}}$ 为 *RLC* 并联电路的阻尼电导，则 $G>G_{\mathrm{d}}$ 时(情况 1)，称为过阻尼状态；$G<G_{\mathrm{d}}$ 时(情况 3)，称为欠阻尼状态；$G=G_{\mathrm{d}}$ 时(情况 2)，称为临界阻尼状态。

由上述分析可见，*RLC* 并联电路与 *RLC* 串联电路有着强烈的对偶性。借助这种对偶性，假设 $i_L(0_+)=0, u(0_+)=U_0$，即电容元件具有原始储能，直接给出三种情形的零输入响应。具体分析过程读者可自行完成。

1）过阻尼状态$\left(G>2\sqrt{\dfrac{C}{L}}\right)$

零输入响应电流

$$i_L(t)=\frac{U_0}{Ls_1-Ls_2}(e^{s_1t}-e^{s_2t})\varepsilon(t)$$

零输入响应电压

$$u(t)=L\frac{di_L(t)}{dt}=\frac{U_0}{s_1-s_2}(s_1e^{s_1t}-s_2e^{s_2t})\varepsilon(t)$$

零输入响应电流 $i_L(t)$ 与零输入响应电压 $u(t)$ 的曲线如图 5-7-8 所示。

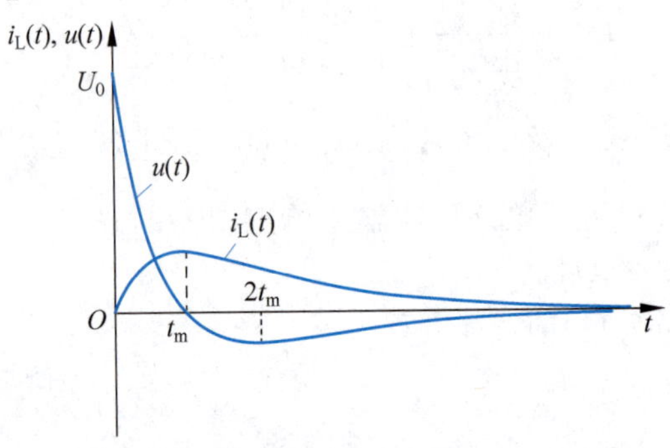

图 5-7-8　*RLC* 并联电路过阻尼状态的零输入响应曲线

2）临界阻尼状态$\left(G=2\sqrt{\dfrac{C}{L}}\right)$

零输入响应电流

$$i_L(t)=\frac{U_0}{L}te^{st}\varepsilon(t)$$

零输入响应电压

$$u(t)=L\frac{di_L(t)}{dt}=(U_0e^{st}+U_0ste^{st})\varepsilon(t)$$

零输入响应电流 $i_L(t)$ 与零输入响应电压 $u(t)$ 的曲线如图 5-7-9 所示。

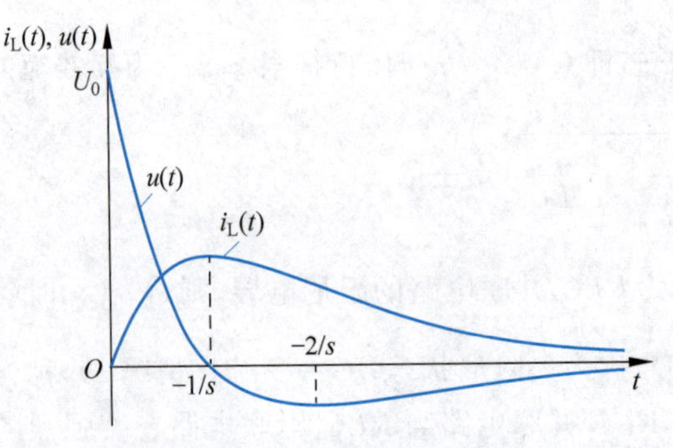

图 5-7-9　*RLC* 并联电路临界阻尼状态的零输入响应曲线

3）欠阻尼状态$\left(G<2\sqrt{\frac{C}{L}}\right)$

零输入响应电流

$$i_{\mathrm{L}}(t)=\frac{U_0}{L\omega_{\mathrm{d}}}\mathrm{e}^{\alpha t}\sin(\omega_{\mathrm{d}}t)\varepsilon(t)$$

零输入响应电压

$$u(t)=L\frac{\mathrm{d}i_{\mathrm{L}}(t)}{\mathrm{d}t}=\left[\frac{\alpha U_0}{\omega_{\mathrm{d}}}\mathrm{e}^{\alpha t}\sin(\omega_{\mathrm{d}}t)+U_0\mathrm{e}^{\alpha t}\cos(\omega_{\mathrm{d}}t)\right]\varepsilon(t)$$

零输入响应电流 $i_{\mathrm{L}}(t)$与零输入响应电压 $u(t)$的曲线如图 5-7-10 所示。

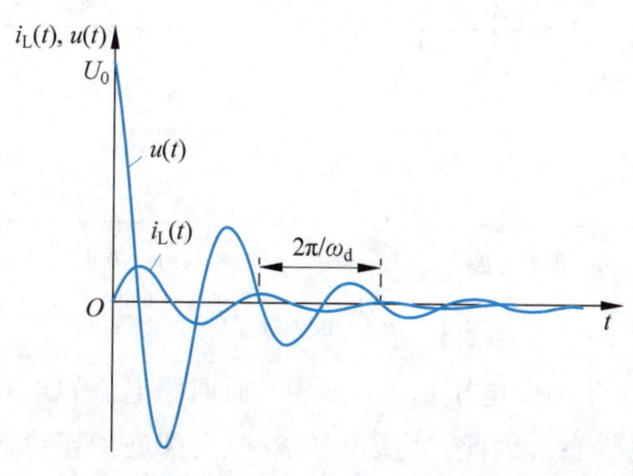

图 5-7-10　*RLC* 并联电路欠阻尼状态的零输入响应曲线

与 *RLC* 串联电路类似，并联电路在欠阻尼状态下的极端情况为 $G=0$ 或 $R=\infty$，即如图 5-7-7 所示电路中的电阻元件为开路元件。此时，*RLC* 并联电路简化为仅包含电容 C 电感 L 的并联电路，相应参数为 $\alpha=-\frac{G}{2C}=0,\omega_{\mathrm{d}}=\sqrt{\frac{1}{LC}}$。容易求得零输入响应如下：

零输入响应电流

$$i_{\mathrm{L}}(t)=U_0\sqrt{\frac{C}{L}}\sin(\omega_{\mathrm{d}}t)\varepsilon(t)$$

零输入响应电压

$$u(t)=L\frac{\mathrm{d}i_{\mathrm{L}}(t)}{\mathrm{d}t}=U_0\cos(\omega_{\mathrm{d}}t)\varepsilon(t)$$

可见，在这种极端情况下电路的零输入响应也为等幅简谐波。其物理实质为，电容元件 C 与电感元件 L 周期性地交换能量，交换周期 $T_{\mathrm{d}}=2\pi/\omega_{\mathrm{d}}=2\pi\sqrt{LC}$。由于没有耗能元件，电路的储能不会衰减，在任意瞬时，电容元件 C 与电感元件 L 的储能之和为原始储能$\frac{1}{2}CU_0^2$，读者可自行验证。

5.7.3　二阶电路的冲激响应

5.7.2 节分析了 *RLC* 串联电路和 *RLC* 并联电路的零输入响应，说明了二阶电路中的动态元件之间存在能量交互的过程，其动态过渡过程的变化规律与元件参数紧密相关。在分析二阶电路全响应时，还必须分析电路在激励源作用下的零状态响应①。若求出电路的单位冲激响应，则可以了解电路基本属性，同时可以利用冲激响应方便地求出电路对任意激励信号的零状态响应。因此，本节内容主要分析 *RLC* 串联电路与 *RLC* 并联电路的冲激响应。

1. *RLC* 串联电路的冲激响应

如图 5-7-11(a)所示 *RLC* 串联电路，电压源为单位冲激函数 $\delta(t)$。在 0_- 时刻，电容 C 的端电压 $u_C(0_-)=0$，回路电流 $i(0_-)=0$，即电容 C 与电感 L 均处于零状态，无原始储能。下面分析电路的响应电压 $u_C(t)$ 和响应电流 $i(t)$。

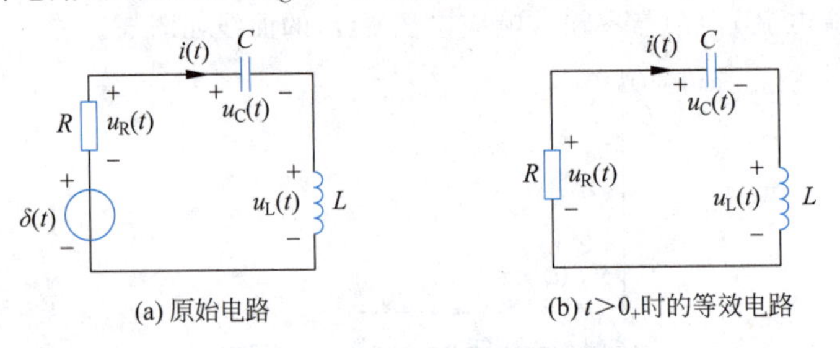

(a) 原始电路　　(b) $t>0_+$时的等效电路

图 5-7-11　*RLC* 串联电路的冲激响应

由于 0_- 时刻，电容 C 的端电压 $u_C(0_-)=0$，而回路电流 $i(0_-)=0$，电容 C 处于短路状态，电感 L 处于开路状态。因此，冲激电压 $\delta(t)$ 全部施加于电感 L 端，致使电感电流产生突变。0_+ 时刻，回路电流可计算如下：

$$i(0_+)=i(0_-)+\frac{1}{L}\int_{0_-}^{0_+}\delta(t)\mathrm{d}t=\frac{1}{L} \tag{5-7-14}$$

可见，在冲激电压源的作用下电感元件瞬间获得初始能量，能量为$\frac{1}{2}Li^2(0_+)=\frac{1}{2L}$。由于回路电流为有限值，电容在 0_+ 时刻的电压仍为 0，即 $u_C(0_+)=0$。

当 $t>0_+$ 时，冲激电压源失去作用，相当于短路，电路可等效为图 5-7-11(b)。因此，电感元件将通过电阻 R、电容 C 释放能量，进入一个动态的过渡过程。该过渡过程与 5.2.7 节介绍的 *RLC* 串联电路的零输入响应过程完全一致，根据 R、L、C 参数配置同样分为过阻尼、临界阻尼和欠阻尼三种情况。所以，此处直接给出三种情况下的响应信号如下：

1) 过阻尼状态$\left(R>2\sqrt{\frac{L}{C}}\right)$

零输入响应电压

$$u_C(t)=\frac{1}{L(Cs_1-Cs_2)}(\mathrm{e}^{s_1t}-\mathrm{e}^{s_2t})\varepsilon(t)$$

零输入响应电流

$$i(t)=C\frac{\mathrm{d}u_C(t)}{\mathrm{d}t}=\frac{1}{L(s_1-s_2)}(s_1\mathrm{e}^{s_1t}-s_2\mathrm{e}^{s_2t})\varepsilon(t)$$

① *RLC* 并联电路的零状态响应(阶跃响应)的 Multisim 仿真实例参见附录 A 例 2-6。

2）临界阻尼状态$\left(R=2\sqrt{\frac{L}{C}}\right)$

零输入响应电压

$$u_{\mathrm{C}}(t)=\frac{1}{LC}t\mathrm{e}^{st}\varepsilon(t)$$

零输入响应电流

$$i(t)=C\frac{\mathrm{d}u_{\mathrm{C}}(t)}{\mathrm{d}t}=\frac{1}{L}(\mathrm{e}^{st}+st\mathrm{e}^{st})\varepsilon(t)$$

3）欠阻尼状态$\left(R<2\sqrt{\frac{L}{C}}\right)$

零输入响应电压

$$u_{\mathrm{C}}(t)=\frac{1}{LC\omega_{\mathrm{d}}}\mathrm{e}^{\alpha t}\sin(\omega_{\mathrm{d}}t)\varepsilon(t)$$

零输入响应电流

$$i(t)=C\frac{\mathrm{d}u_{\mathrm{C}}(t)}{\mathrm{d}t}=\left[\frac{\alpha}{L\omega_{\mathrm{d}}}\mathrm{e}^{\alpha t}\sin(\omega_{\mathrm{d}}t)+\frac{1}{L}\mathrm{e}^{\alpha t}\cos(\omega_{\mathrm{d}}t)\right]\varepsilon(t)$$

2. *RLC* 并联电路的冲激响应

如图 5-7-12(a)所示为 *RLC* 并联电路，电流源为单位冲激函数 $\delta(t)$。在 0_- 时刻，电容 C 的端电压 $u(0_-)=0$，电感电流 $i_{\mathrm{L}}(0_-)=0$，即电容 C 与电感 L 均处于零状态，无原始储能。下面分析电路的响应电流 $i_{\mathrm{L}}(t)$ 和响应电压 $u(t)$。

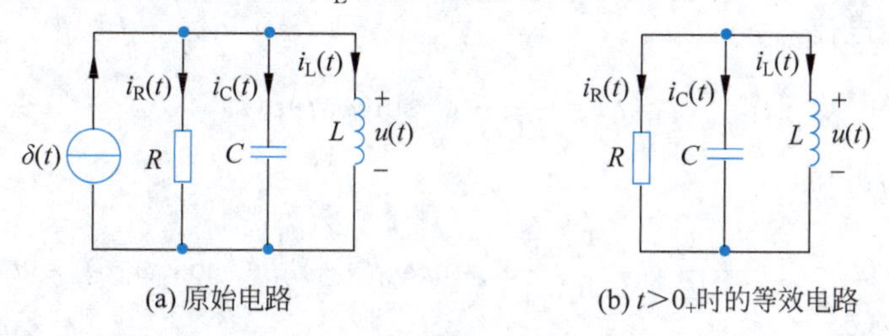

图 5-7-12 *RLC* 并联电路的冲激响应

由于 0_- 时刻，电容 C 的端电压 $u(0_-)=0$，而电感电流 $i_{\mathrm{L}}(0_-)=0$，电容 C 处于短路状态，电感 L 处于开路状态。因此，冲激电流 $\delta(t)$ 全部通过电容 C 支路，致使电容电压产生突变。0_+ 时刻，电容端电压可计算如下：

$$u(0_+)=u(0_-)+\frac{1}{C}\int_{0_-}^{0_+}\delta(t)\mathrm{d}t=\frac{1}{C} \tag{5-7-15}$$

可见，在冲激电流源的作用下电容元件瞬间获得初始能量，能量为$\frac{1}{2}Cu^2(0_+)=\frac{1}{2C}$。由于电容端电压取有限值，电感电流在 0_+ 时刻仍为 0，即 $i_{\mathrm{L}}(0_+)=0$。

当 $t>0_+$ 时，冲激电流源失去作用，相当于开路，电路可等效为图 5-7-12(b)。因此，电容元件将通过电阻 R、电感 L 释放能量，进入一个动态的过渡过程。该过渡过程与 5.7.2 节介绍的 *RLC* 并联电路的零输入响应过程完全一致，根据 R、L、C 参数配置同样分为过阻尼、临界阻尼和欠阻尼三种情况。所以，此处直接给出三种情况下的响应信号如下：

1）过阻尼状态$\left(G=\dfrac{1}{R}>2\sqrt{\dfrac{C}{L}}\right)$

零输入响应电流

$$i_L(t)=\frac{1}{C(Ls_1-Ls_2)}(e^{s_1t}-e^{s_2t})\varepsilon(t)$$

零输入响应电压

$$u(t)=L\frac{di_L(t)}{dt}=\frac{1}{C(s_1-s_2)}(s_1e^{s_1t}-s_2e^{s_2t})\varepsilon(t)$$

2）临界阻尼状态$\left(G=\dfrac{1}{R}=2\sqrt{\dfrac{C}{L}}\right)$

零输入响应电流

$$i_L(t)=\frac{1}{LC}te^{st}\varepsilon(t)$$

零输入响应电压

$$u(t)=L\frac{di_L(t)}{dt}=\frac{1}{C}(e^{st}+ste^{st})\varepsilon(t)$$

3）欠阻尼状态$\left(G=\dfrac{1}{R}<2\sqrt{\dfrac{C}{L}}\right)$

零输入响应电流

$$i_L(t)=\frac{1}{LC\omega_d}e^{\alpha t}\sin(\omega_d t)\varepsilon(t)$$

零输入响应电压

$$u(t)=L\frac{di_L(t)}{dt}=\left[\frac{\alpha}{C\omega_d}e^{\alpha t}\sin(\omega_d t)+\frac{1}{C}e^{\alpha t}\cos(\omega_d t)\right]\varepsilon(t)$$

【思考与练习】

5-7-1　结合电路元件之间的能量交互过程，对比分析二阶电路零输入响应与一阶电路零输入响应的异同。

5-7-2　将图 5-7-11 与图 5-7-12 二阶电路中激励信号换为单位阶跃信号，求解对应的零状态响应信号。

习题

5-1　如题图 5-1 所示电路，开关已经闭合很久，$t=0$ 时断开开关，求 $t>0$ 时的电感电流 $i_L(t)$。

5-2　如题图 5-2 所示电路，开关接在 a 点已经很久，$t=0$ 时开关接至 b 点，求 $t>0$ 时的电容电压 $u_C(t)$。

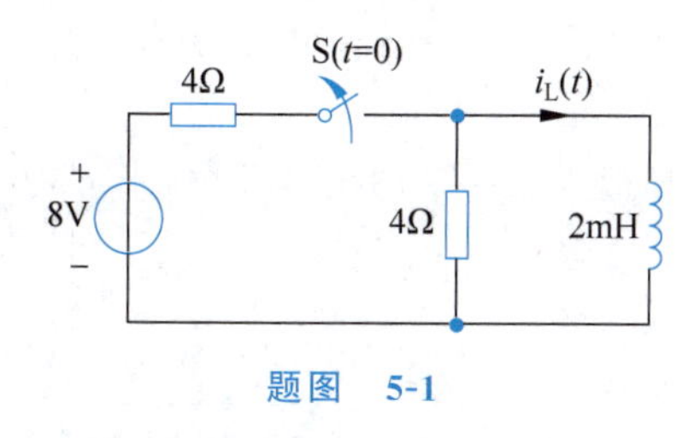

题图 5-1

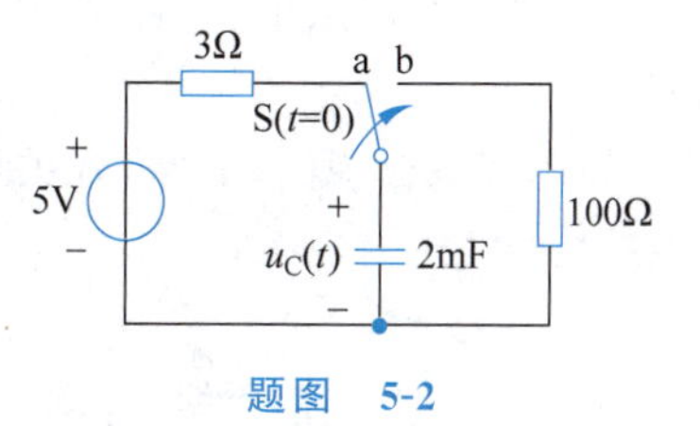

题图 5-2

5-3 如题图 5-3 所示电路，开关已经闭合很久，$t=0$ 时断开开关，求 $t>0$ 时的电流 $i(t)$。

5-4 如题图 5-4 所示电路，开关已经闭合很久，$t=0$ 时断开开关，求 $t>0$ 时的电容电压 $u_C(t)$ 和电流 $i(t)$。

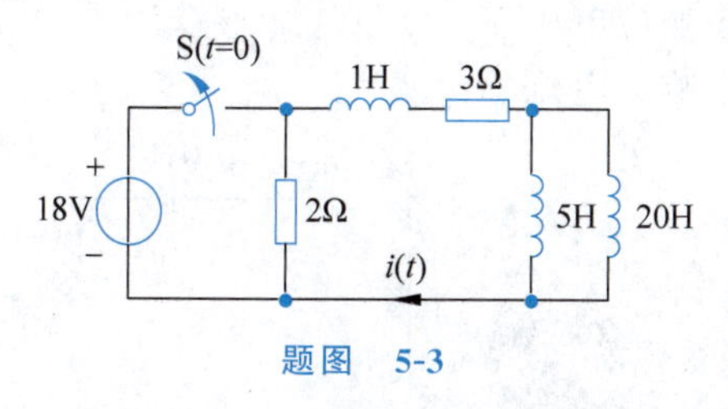

题图 5-3

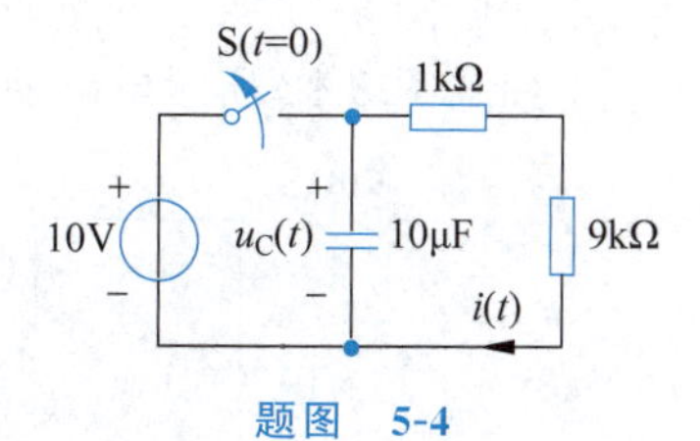

题图 5-4

5-5 求如题图 5-5 所示电路从电容端口向左看的等效电阻，进而求电路的零输入响应 $u_C(t)$。已知 $R_1=200\Omega$，$R_2=300\Omega$，$C=50\mu F$，$u_C(0_-)=100V$。

5-6 如题图 5-6 所示电路，在换路前已工作了很长时间，求零输入响应电流 $i(t)$。

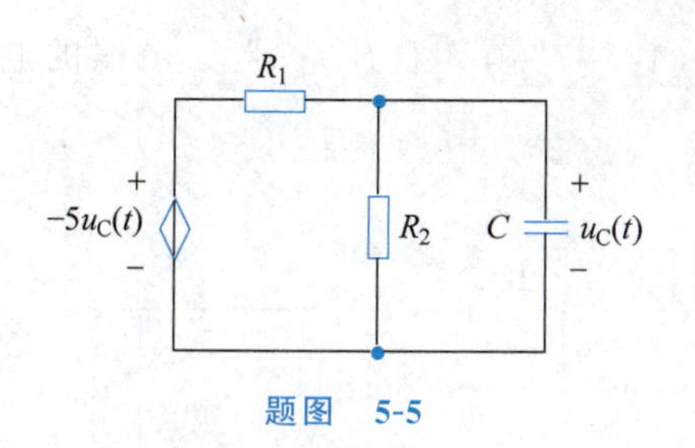

题图 5-5

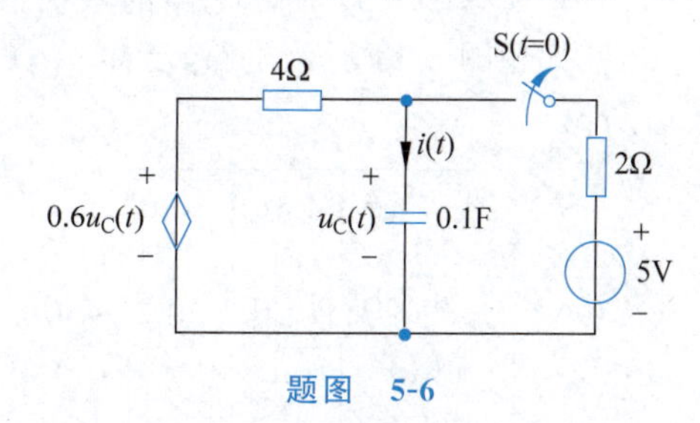

题图 5-6

5-7 如题图 5-7 所示电路，已知 $i_L(0_+)=2A$，$u_C(0_+)=20V$，$R=9\Omega$，$L=1H$，$C=0.05F$，求：(1)零输入响应电压 $u_C(t)$；(2)零输入响应电流 $i_L(t)$。

5-8 如题图 5-8 所示电路，已知 $R_1=10\Omega$，$R_2=10\Omega$，$L=1H$，$R_3=10\Omega$，$R_4=10\Omega$，$U_S=15V$，设换路前电路已工作了很长时间，求零输入响应电流 $i_L(t)$。

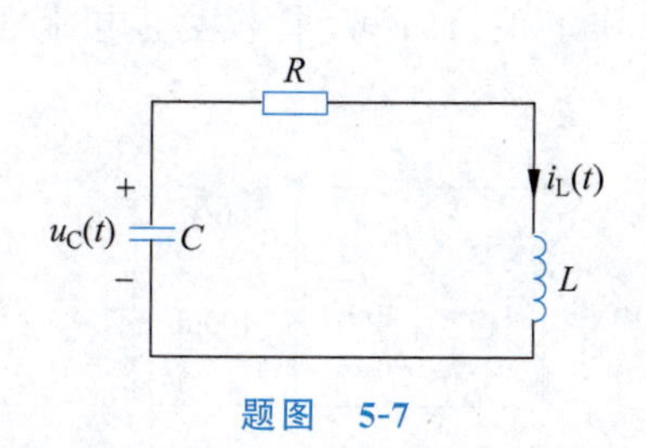

题图 5-7

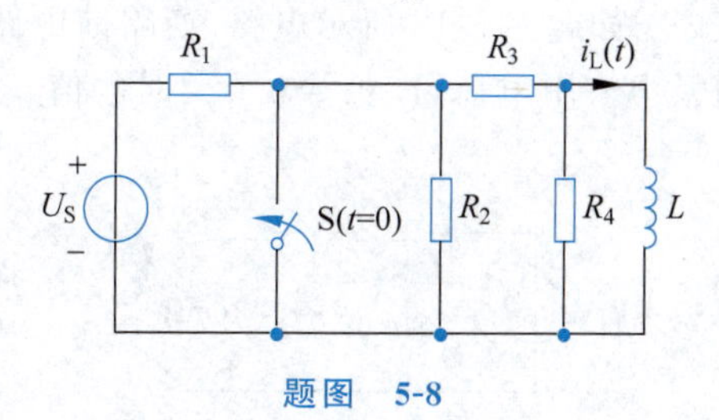

题图 5-8

5-9　如题图 5-9 所示电路，开关已经断开很久，$t=0$ 时闭合开关，求 $t>0$ 时的电感电流 $i_L(t)$。

5-10　如题图 5-10 所示电路，开关已经断开很久，$t=0$ 时闭合开关，求 $t>0$ 时的电容电压 $u_C(t)$。

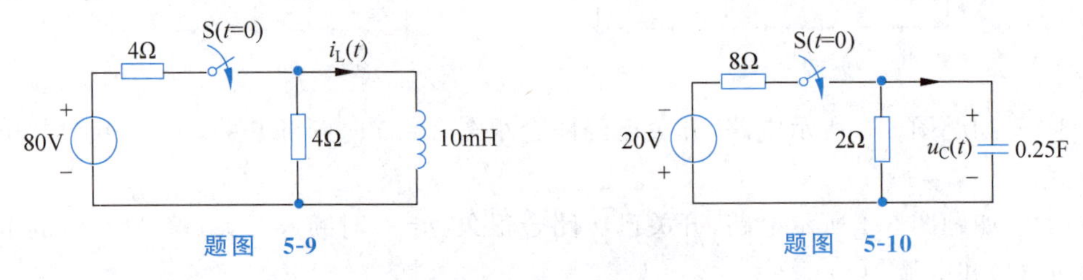

题图　5-9　　　题图　5-10

5-11　求如题图 5-11 所示电路的零状态响应电压 $u_C(t)$和电流 $i(t)$。

5-12　求如题图 5-12 所示电路的零状态响应电流 $i(t)$。

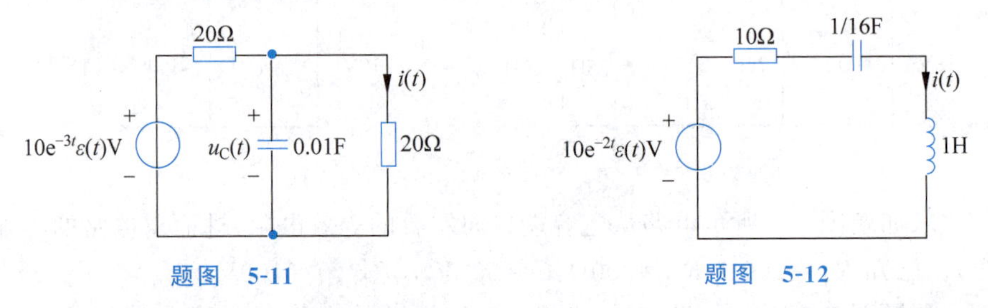

题图　5-11　　　题图　5-12

5-13　求如题图 5-13 所示电路的零状态响应电压 $u_C(t)$。

5-14　如题图 5-14 所示电路，已知 $u_C(0_-)=12\text{V}$，$t=0$ 闭合开关，求 $t>0$ 时的电容电压 $u_C(t)$。

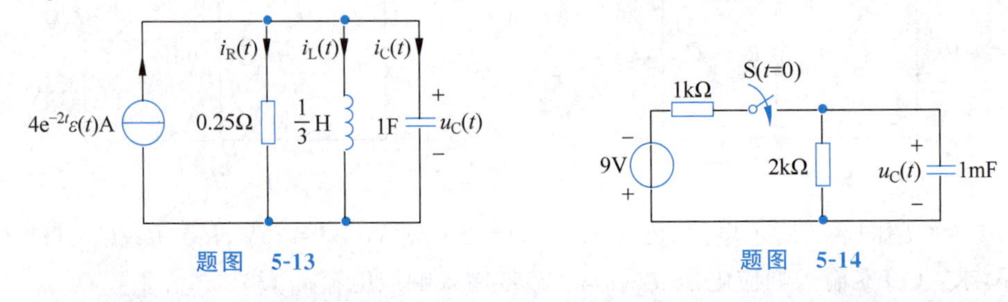

题图　5-13　　　题图　5-14

5-15　如题图 5-15 所示电路，开关切换前电路已经稳定，$t=0$ 时闭合开关，求 $t=5\text{ms}$ 时的电感电流 $i_L(t)$。

5-16　如题图 5-16 所示电路，换路前电路已工作了很长时间，求电容上电荷量的初始值以及电容上电荷量在 $t=0.02\text{s}$ 时的值。

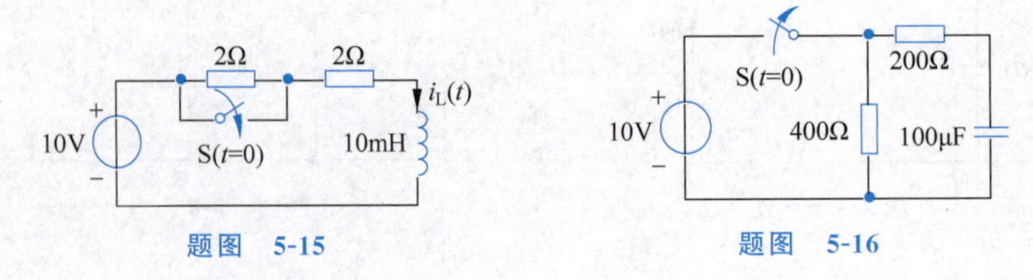

题图　5-15　　　题图　5-16

5-17 如题图 5-17 所示电路，换路前电路已工作了很长时间，开关 S_1 和 S_2 同时开、闭，以切断电源并接入放电电阻 R_f，试选择 R_f 的取值，以便同时满足下列要求：

(1) 放电电阻端电压的初始值不超过 500V；

(2) 放电过程在 1s 内基本结束。

5-18 如题图 5-18 所示电路，已知 $i_{L1}(0_-)=20A$，$i_{L2}(0_-)=5A$，求：(1) $i(t)$；(2)$u(t)$；(3)$i_{L1}(t)$，$i_{L2}(t)$；(4)各电阻从 $t=0$ 到 $t\to 0$ 时所消耗的能量；(5)$t\to\infty$时电感中的能量。

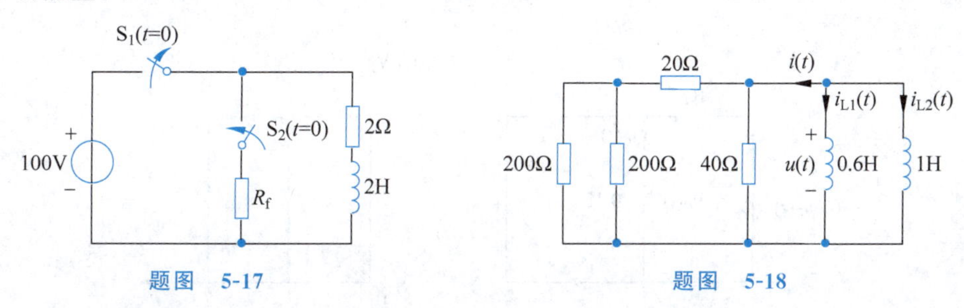

题图 5-17　　题图 5-18

5-19 求如题图 5-19 所示电路换路后的零状态响应电流 $i(t)$。

5-20 将如题图 5-20 所示电路中电容端口左方的部分电路转换成戴维南模型，然后求解电容电压的零状态响应电压 $u_C(t)$。

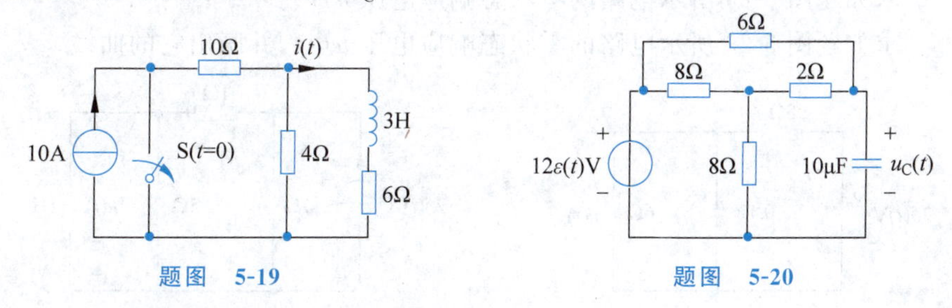

题图 5-19　　题图 5-20

5-21 求如题图 5-21 所示电路的零状态响应电压 $u_C(t)$。

5-22 求如题图 5-22 所示电路的零状态响应电流 $i_L(t)$和电压 $u_C(t)$；将受控源的控制变量 $i_C(t)$改为电容电压 $u_C(t)$，重新求解 $i_L(t)$。

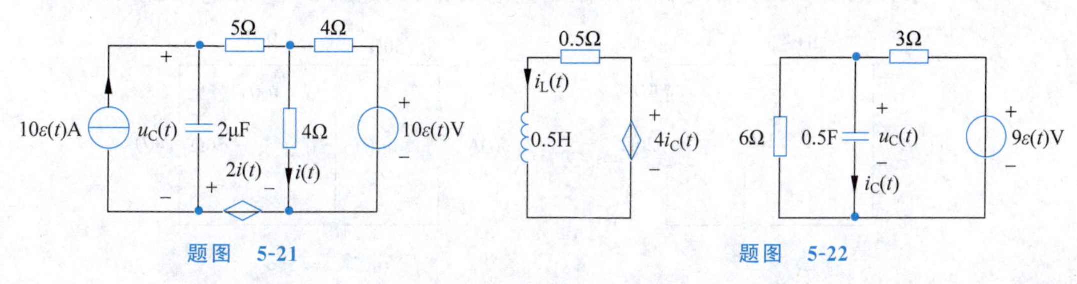

题图 5-21　　题图 5-22

5-23 如题图 5-23(a)所示电路，电流源电流 $i_S(t)$的波形如题图 5-23(b)所示，求零状态响应电压 $u(t)$，并画出它的曲线。

5-24 求如题图 5-24(a)所示电路在下列两种情况下的电容电流 $i_C(t)$：(1)$u_C(0_-)=6V$，$u_S(t)=0V$；(2)$u_C(0_-)=0V$，$u_S(t)$如题图 5-24(b)所示。

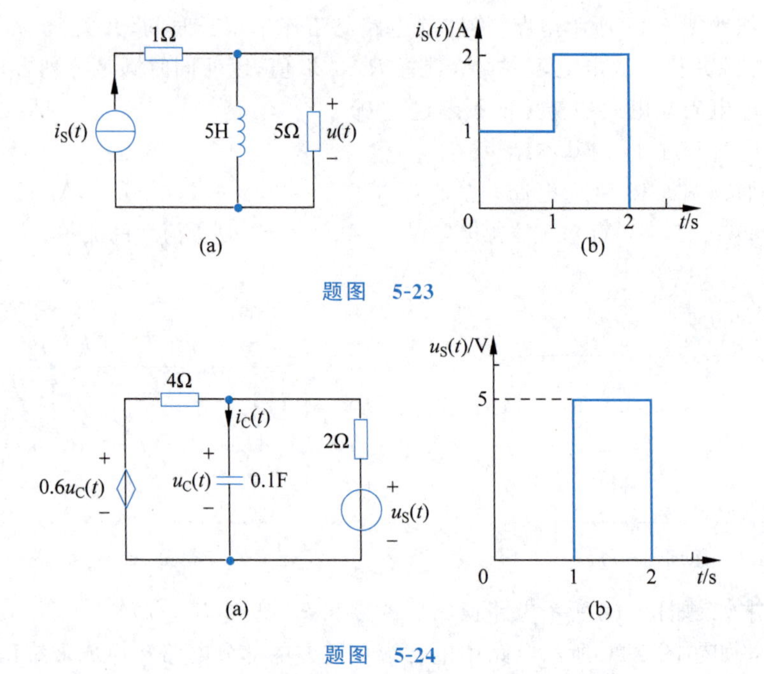

题图 5-23

题图 5-24

5-25 求如题图 5-25 所示电路的零状态响应电压 $u(t)$。

5-26 求如题图 5-26 所示电路的零状态响应电压 $u(t)$，并画出它的曲线。

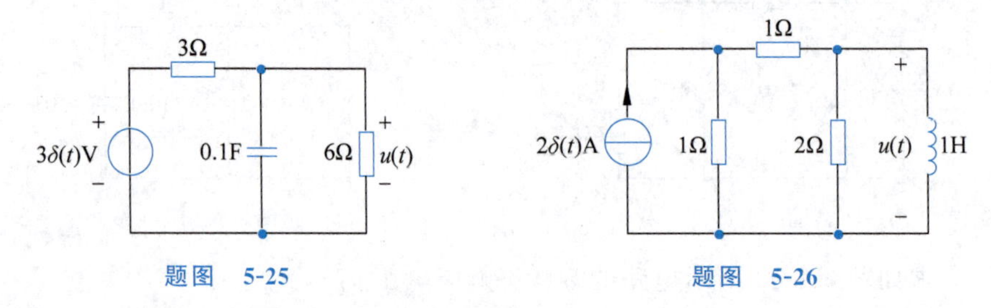

题图 5-25

题图 5-26

5-27 求如题图 5-27 所示电路的零状态响应电流 $i(t)$。

5-28 求如题图 5-28 所示电路的冲激响应电压 $u(t)$、电压 $u_1(t)$和电压 $u_2(t)$。

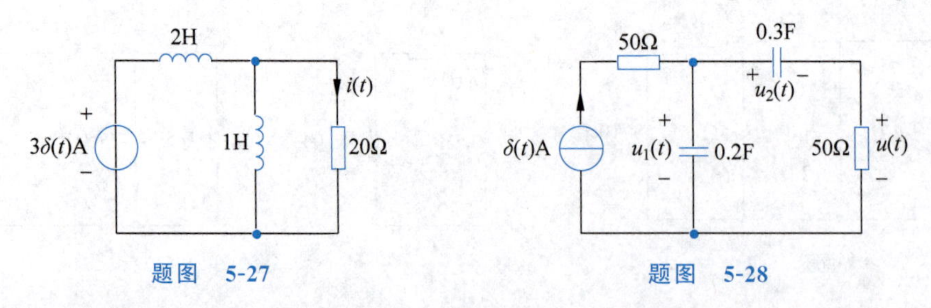

题图 5-27

题图 5-28

5-29 如题图 5-29 所示电路，在 $t=0$ 时先断开关 S_1 使电容充电，到 $t=0.1$s 时再闭合开关 S_2，求响应 $u_C(t)$和 $i_C(t)$，并画出它们的曲线。

5-30 求如题图 5-30 所示电路中的电流 $i(t)$。设换路前电路处于稳定状态。

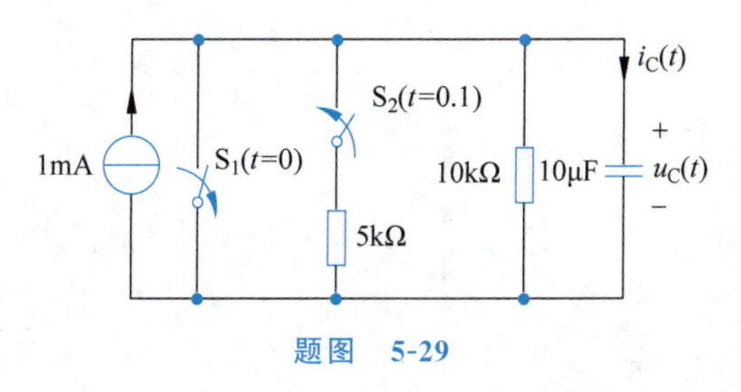

题图 5-29

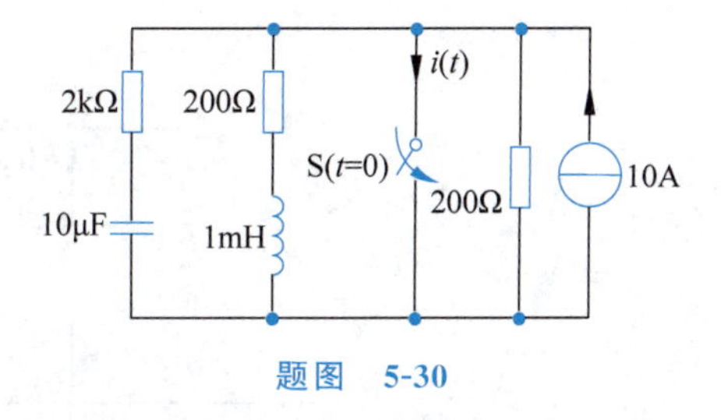

题图 5-30

5-31 如题图 5-31 所示电路，换路前已处于稳定状态，求开关闭合后的全响应 $u_C(t)$，并画出它的曲线。

5-32 如题图 5-32 所示电路将进行两次换路，试用三要素法求解电路中电容的电压响应 $u_C(t)$ 和电流响应 $i_C(t)$，并绘出 $u_C(t)$ 和 $i_C(t)$ 的曲线。

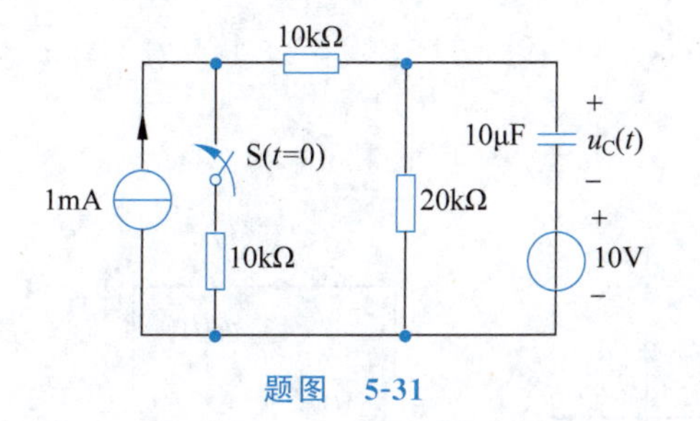

题图 5-31

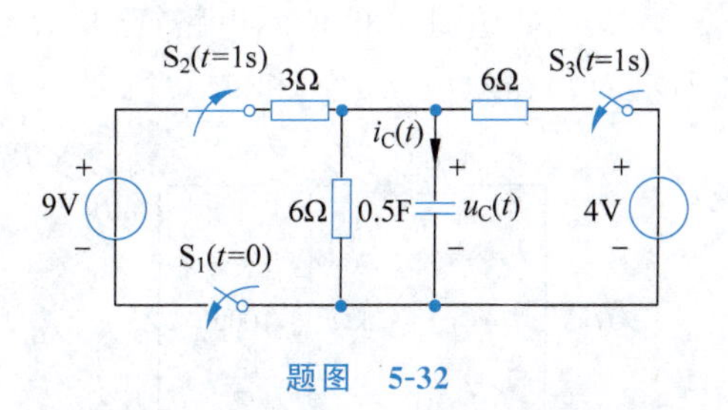

题图 5-32

5-33 试用三要素法求解如题图 5-33 所示电路的电容电压 $u_C(t)$（全响应），并根据两个电容电压的取值求解电容电流 $i_{C_1}(t)$ 和 $i_{C_2}(t)$。设换路前电路处于稳定状态。

5-34 如题图 5-34 所示电路，换路前已处于稳定状态，$t=0$ 时断开开关 S，求电压 $u(t)$。

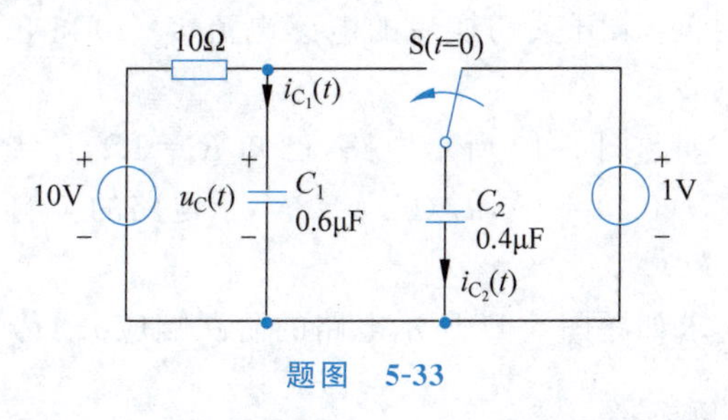

题图 5-33

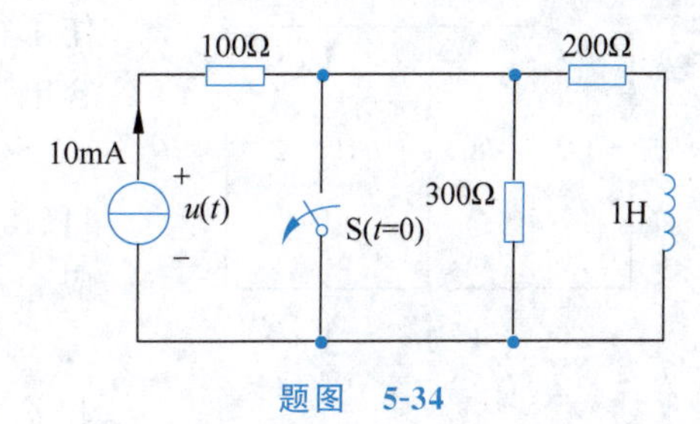

题图 5-34

5-35 如题图 5-35 所示电路，换路前已处于稳定状态，在 $t=0$ 时，将开关 S 断开，已知 $R_1=8\Omega$，$R_2=12\Omega$，$C=50\mu\text{F}$，用三要素法求换路后的 $u_C(t)$ 和 $i_C(t)$。

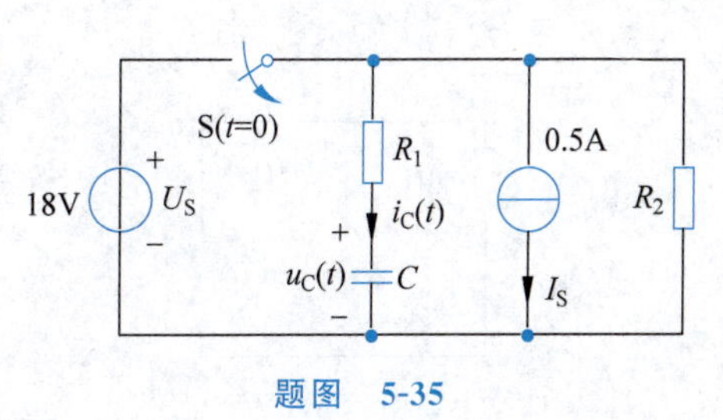

题图 5-35

5-36 如题图 5-36(a)所示含有受控源的电路，已知 $R=6\Omega$，$L=0.5\text{H}$，$g_m=0.25\text{S}$，电压源的电压 $u_S(t)$ 为如题图 5-36(b)所示的指数脉冲，电感电流的初始值为零，求电感电流 $i_L(t)$。

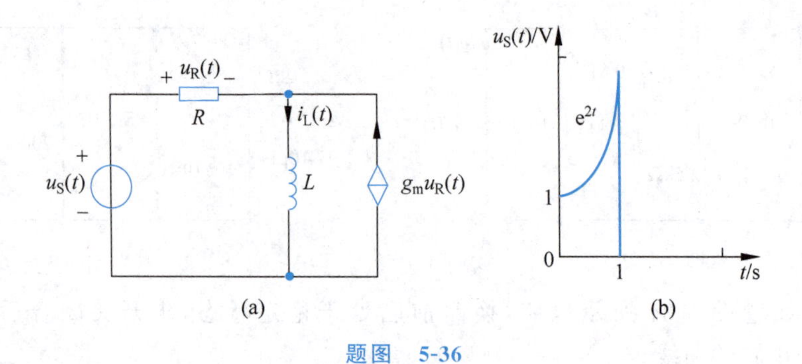

题图　5-36

5-37　如题图 5-37(a)所示电路，电压源电压 $u_S(t)$ 的波形如题图 5-37(b)所示，求零状态响应电流 $i_C(t)$。

5-38　如题图 5-38 所示电路，已知 $R=1\Omega, L=1\text{H}, C=1\text{F}, i(0_+)=4\text{A}, u_C(0_+)=4\text{V}$，求 $i(t)$、$u_C(t)$、$u_R(t)$ 和 $u_L(t)$。

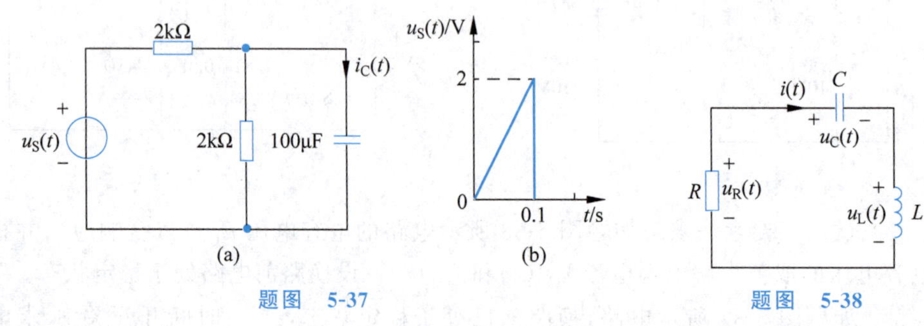

题图　5-37　　　　题图　5-38

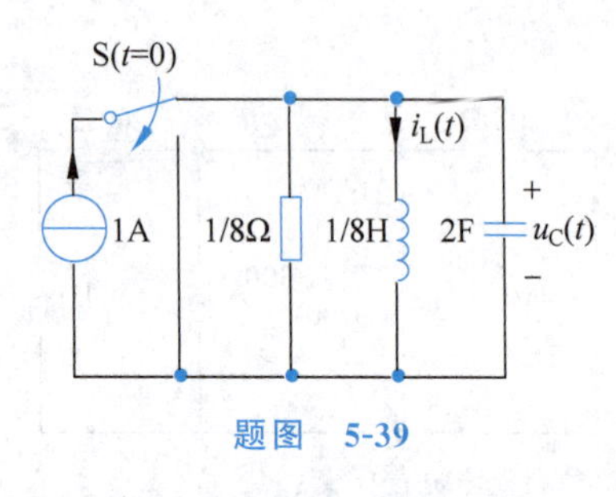

题图　5-39

5-39　如题图 5-39 所示电路，在开关切换前已工作了很长时间，求开关切换后的电感电流 $i_L(t)$ 和电容电压 $u_C(t)$。

5-40　如题图 5-40 所示电路，已知 $R=1\Omega, L=1\text{H}, C=1\text{F}, i(0_+)=2\text{A}, u_C(0_+)=2\text{V}$，求电路的全响应 $i(t)$、$u_C(t)$。

5-41　求如题图 5-41 所示电路的阶跃响应 $i_L(t)$ 和 $u_C(t)$。

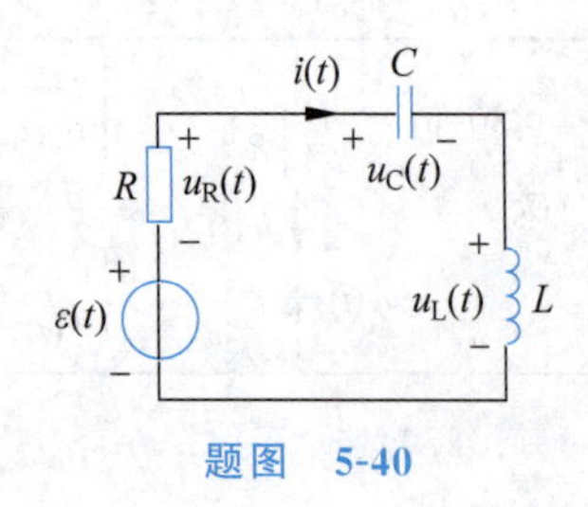

题图　5-40

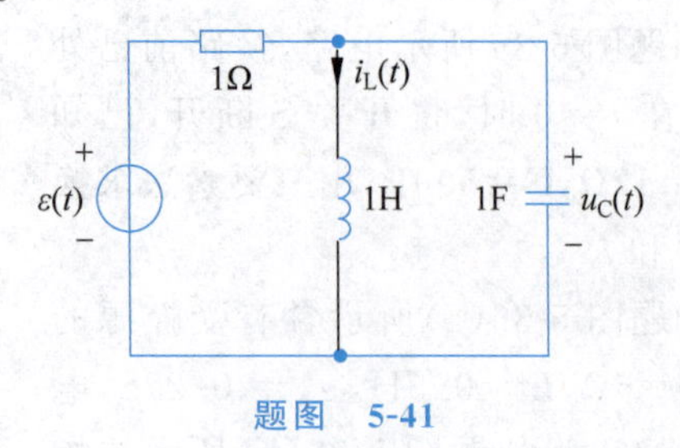

题图　5-41

第6章 正弦交流电路

内容提要：正弦交流电路是由正弦交流电源激励的电路。一般线性电路在接通正弦交流电源较长时间以后，响应的自由分量已接近于零，这时电路中的任意响应只包含强制分量，即电路处于正弦稳态，此时的正弦交流电路称为正弦稳态电路。正弦交流电路的基本理论和分析方法是学习交流电子电路的重要基础。

本章讲述正弦交流电路的基本概念和正弦稳态电路的相量分析方法。主要内容包括：电路基本定理和电路元件方程的相量形式，阻抗、导纳、有功功率、无功功率、视在功率、复功率和功率因数的概念，提高功率因数的意义和方法，以及最大功率的传输等问题。

重点：正弦量的相量表示法；*RLC* 串、并联电路的电压、电流及功率；正弦稳态电路的一般分析方法。

难点：正弦量的相量表示和复杂正弦稳态电路的分析与计算。

6.1 正弦交流电压与电流

一个直流电压源 U_S 作用于电路时，电路中的电压、电流的大小和方向是不随时间变化的，如图 6-1-1(a)所示。

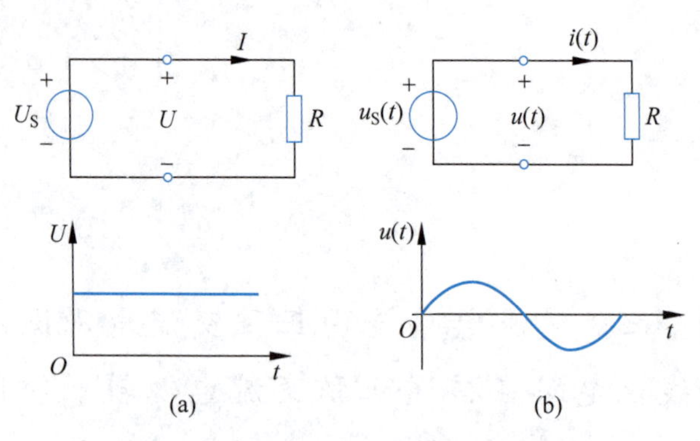

图 6-1-1　直流电路与正弦交流电路

一个正弦交流电压源 $u_S(t)$ 作用于电路时，电路中的电压 $u(t)$ 和电流 $i(t)$ 都将随时间按正弦规律变化，如图 6-1-1(b)所示。由于正弦电压和电流的取值都是随时间周期性变化的，所以图 6-1-1(b)所标的电压和电流方向为参考方向。

正弦交流电除了易于产生、传输和转换外，同频率正弦量的和或差仍为同一频率的正弦量，正弦量的导数或积分也为同一频率的正弦量。因此，当一个或几个同频率的正弦电源作用于线性电路时，电路中各部分的电压和电流都是同一频率的正弦量。此外，由于任一周期性变化的量，都可以用傅里叶级数分解为直流分量和一系列不同频率的正弦分量的叠加，因此，只要掌握了正弦交流电路的分析方法，便可运用叠加定理分析任意非正弦周期电源激励的线性电路。

6.1.1 正弦量的三要素

正弦交流电路中，电压、电流、电动势均为时间的正弦函数，分别用小写字母 $u(t)$、$i(t)$、$e(t)$ 表示它们的瞬时值。图 6-1-2 给出了一个正弦电压 $u(t)$ 的波形图。图中，T 是电压 $u(t)$ 变化一周所需的时间，称为周期，其单位为秒(s)。电压 $u(t)$ 每秒完成周期性变化的次数称为频率，用 f 表示，即

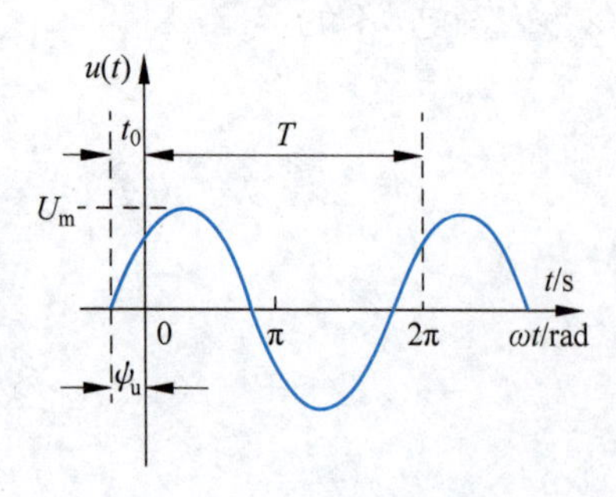

图 6-1-2　正弦电压波形图

$$f=\frac{1}{T} \tag{6-1-1}$$

频率的单位是赫兹(Hz)。我国和大多数国家都采用 50Hz 作为电力系统的供电频率，有些国家(如美国、日本等)采用 60Hz，这种频率习惯上称为工频。在各

种不同的技术领域内会使用不同频率的正弦电源或信号。例如，飞机上常用400Hz的供电电源；实验室中常用信号源的频率为20Hz～20kHz；无线广播电台的发射频率中波段为500～1800kHz，短波段为2.3～23MHz；全球移动通信系统（Global System for Mobile Communications，GSM）的频率在850MHz、900MHz、1800MHz和1900MHz附近；第五代移动通信技术（Fifth Generation Mobile Communication Technology，5G）的频率主要集中在450MHz～6GHz的Sub6G（低于6GHz）频段和24～52GHz的毫米波频段；在无线通信中使用的频率可高达300GHz。

对于如图6-1-2所示的正弦电压 $u(t)$，其瞬时值可用正弦函数表示，即

$$u(t)=U_m\sin\omega(t+t_0)=U_m\sin(\omega t+\psi_u) \tag{6-1-2}$$

式中，U_m 称为幅值，ω 称为角频率，ψ_u 称为初始相位（简称"初相"）。给定 U_m、ω 和 ψ_u 的取值，则电压 $u(t)$ 与时间 t 的正弦函数关系就是唯一确定的。对于正弦电流，也有与式(6-1-2)相同的表示形式和性质。因此，称幅值、角频率和初始相位为正弦量的三要素。

1. 角频率

角频率 ω 在数值上等于单位时间内正弦函数辐角的增长值，它的单位为弧度每秒(rad/s)。由于在一个周期 T 秒内辐角变化 2π 弧度，所以

$$\omega=\frac{2\pi}{T}=2\pi f \tag{6-1-3}$$

角频率 ω、周期 T、频率 f 都是表示正弦量变化快慢的物理量，式(6-1-3)反映了三者之间的关系。

2. 幅值

由于正弦函数的最大值为1，所以 U_m 为瞬时电压 $u(t)$ 的最大值，也称为幅值，通常用带下标的大写字母表示，正弦电流和电动势的幅值分别用 I_m、E_m 表示。

3. 初始相位

正弦函数的辐角 $(\omega t+\psi_u)$ 表示正弦函数随时间 t 变化的进程，称为正弦量的相位角，简称相位。$t=0$ 时的相位 ψ_u 称为初始相位。初始相位的单位为弧度(rad)，有时也可用度(°)表示。通常把初始相位的取值范围限定为 $[-\pi,+\pi]$。

【例6-1-1】 已知正弦交流电流 $i(t)$ 的辐值 $I_m=10$A，频率 $f=50$Hz，初始相位 $\psi_i=-45°$。(1)求此电流的周期和角频率；(2)写出电流 $i(t)$ 的三角函数表达式并画出波形图。

解：(1) $T=\dfrac{1}{f}=\dfrac{1}{50}\text{s}=0.02\text{s}=20\text{ms}$

$$\omega=2\pi f=2\times3.14\times50\text{rad/s}=314\text{rad/s}$$

(2) 三角函数表达式

$i(t)=I_m\sin(\omega t+\psi_i)=10\sin(314t-45°)$A

波形图若以 ωt（单位为rad）为横坐标，则电流 $i(t)$ 的波形如例图6-1-1所示。

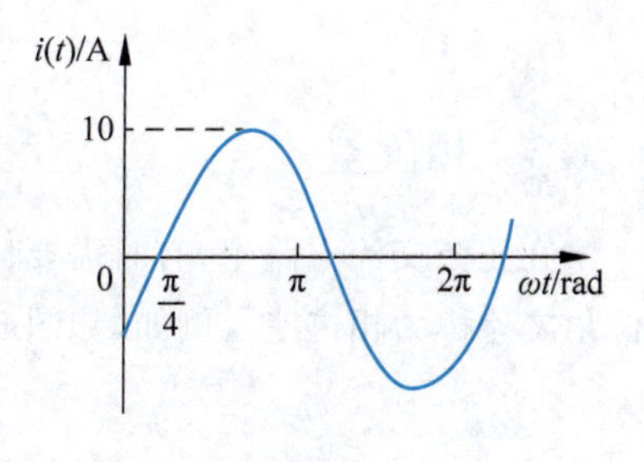

例图 6-1-1

6.1.2 有效值

工程中，正弦电压、电流和电动势的大小常用有效值来计量。有效值是按照周期电流 $i(t)$ 与直流电流 I 热效应相等的观点来定义的。

假设周期电流 $i(t)$ 流过电阻 R，在一个周期 T 时间内产生的热量（以焦耳为单位）为

$$Q_{\mathrm{AC}}=\int_0^T Ri^2(t)\mathrm{d}t$$

直流电流 I 流过同一电阻 R，在相同的 T 时间内产生的热量（以焦耳为单位）为

$$Q_{\mathrm{DC}}=RI^2T$$

若周期电流 $i(t)$ 产生的热量 Q_{AC} 与直流电流 I 产生的热量 Q_{DC} 相等，则此直流电流的数值 I 称为周期电流 $i(t)$ 的有效值。因此，周期电流 $i(t)$ 与其有效值 I 的关系为

$$\int_0^T Ri^2(t)\mathrm{d}t=RI^2T$$

由此可求得周期电流 $i(t)$ 的有效值

$$I=\sqrt{\frac{1}{T}\int_0^T i^2(t)\mathrm{d}t} \tag{6-1-4}$$

因此，有效值也称为均方根值。式(6-1-4)适用于周期性变化的量，但不能用于非周期量。

对于正弦电流 $i(t)=I_{\mathrm{m}}\sin\omega t$，其有效值

$$I=\sqrt{\frac{1}{T}\int_0^T I_{\mathrm{m}}^2\sin^2\omega t\mathrm{d}t}=\sqrt{\frac{I_{\mathrm{m}}^2}{T}\int_0^T\frac{1-\cos2\omega t}{2}\mathrm{d}t}=\sqrt{\frac{I_{\mathrm{m}}^2}{T}\cdot\frac{T}{2}}=\frac{I_{\mathrm{m}}}{\sqrt{2}}\approx0.707I_{\mathrm{m}} \tag{6-1-5}$$

该结论同样适用于正弦交流电压和电动势，即

$$U=\frac{U_{\mathrm{m}}}{\sqrt{2}},\quad E=\frac{E_{\mathrm{m}}}{\sqrt{2}}$$

在正弦交流电路的分析、计算和实际应用中，通常电压或电流的大小都是指有效值。例如，正弦交流电压 220V，是指电压有效值为 220V，其幅值为 $U_{\mathrm{m}}=\sqrt{2}\times220\approx310\mathrm{V}$。

【例 6-1-2】 已知正弦电流 $i(t)=10\sin(314t-45^\circ)\mathrm{A}$，求此电流的有效值。

解：由正弦电流 $i(t)$ 的表达式可知，电流的幅值 $I_{\mathrm{m}}=10\mathrm{A}$，所以其有效值

$$I=\frac{I_{\mathrm{m}}}{\sqrt{2}}=\frac{10}{\sqrt{2}}\mathrm{A}\approx7.07\mathrm{A}$$

6.1.3 相位差

在正弦交流电路中，有时需要比较两个同频率正弦量的相位。两个同频率正弦量的相位角之差称为相位差。例如，如图 6-1-3 所示，正弦电压 $u(t)$ 和电流 $i(t)$ 可分别表示为

$$u(t)=U_{\mathrm{m}}\sin(\omega t+\psi_{\mathrm{u}})$$

$$i(t)=I_{\mathrm{m}}\sin(\omega t+\psi_{\mathrm{i}})$$

则 $u(t)$ 和 $i(t)$ 的相位差为

$$\varphi=(\omega t+\psi_u)-(\omega t+\psi_i)=\psi_u-\psi_i \quad (6\text{-}1\text{-}6)$$

即两个同频率正弦量的相位差等于它们的初始相位之差。若两个正弦量的相位差不为零，则说明它们不同时达到零值或最大值。

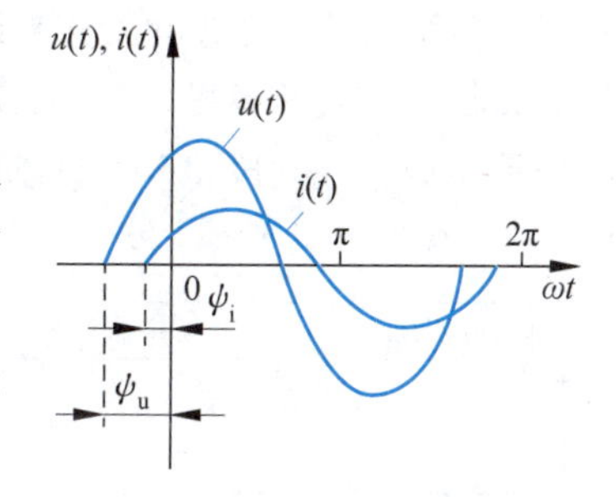

图 6-1-3　正弦电流和电压波形图

若 $\psi_u>\psi_i$，则电压 $u(t)$ 比电流 $i(t)$ 先达到正的最大值，此时称 $u(t)$ 在相位上比电流 $i(t)$ 超前 φ 角，或者电流 $i(t)$ 比电压 $u(t)$ 滞后 φ 角。

若两个同频率正弦量的初始相位相同（相位差为零），则称这两个正弦量同相；反之，若两个同频率正弦量的相位差是180°，则称这两个正弦量反相。

【应用拓展】

在移动通信系统中广泛涉及对正弦信号的处理，以下简要介绍移动通信系统的发展与频谱相关的知识。

第一代移动通信技术（First Generation Mobile Communication Technology，1G）是以模拟信号为传输载体的蜂窝无线电话系统，主要解决语音通信的问题，其使用模拟信号调制技术，传输速率约为2.4kb/s。第二代移动通信技术（Second Generation Mobile Communication Technology，2G）以数字语音传输技术为核心，最大传输速率可达236kb/s。1G和2G最大的区别就是从模拟信号调制转变为数字信号调制。两者所使用的频段主要集中在800～900MHz，也有少数在更低或更高频率的频段。第三代移动通信技术（Third Generation Mobile Communication Technology，3G），又称为国际移动通信2000（International Mobile Telecommunications-2000，IMT-2000），是支持高速数据传输的蜂窝移动通信技术，发展了图像、音乐和视频流等高带宽多媒体通信业务，最高理论传输速率为14.4Mb/s，频段主要集中在2GHz。值得一提的是在1G和2G阶段，我国没有自主的移动通信标准，2000年，中国提交的时分同步码分多址（Time Division-Synchronous Code Division Multiple Access，TD-SCDMA）标准获得国际电信联盟（International Telecommunication Union，ITU）的批准，成为3G的标准之一，从而使TD-SCDMA标准成为第一个由中国提出的，以我国知识产权为主、被国际上广泛接受和认可的无线通信国际标准，意义十分重大。第四代移动通信技术（Fourth Generation Mobile Communication Technology，4G），又称为高级国际移动通信（International Mobile Telecommunications-Advanced，IMT-Advanced），是专为移动互联网设计的通信技术，在网络传输速率、带宽和稳定性上相比之前的技术都有了跳跃式的提升，传输速率可达100Mb/s，其主要使用了2G和3G的频段，并有所扩展。

5G又称为国际移动通信2020（International Mobile Telecommunications-2020，IMT-2020），其主要特点是超宽带、超高速度、超低延时，其最高理论传输速率为10Gb/s，即为4G传输速率的100倍左右。

2019年6月6日，中国移动、中国电信、中国联通、中国广电四家正式获得5G商用牌照。目前国内5G频谱可以分为四个频段。第一部分是700MHz频段,60MHz带宽;第二部分是2.6GHz频段,160MHz带宽;第三部分是3.5GHz频段,300MHz带宽;第四部分是4.9GHz频段,160MHz带宽,国内5G频谱分配如图6-1-4所示。

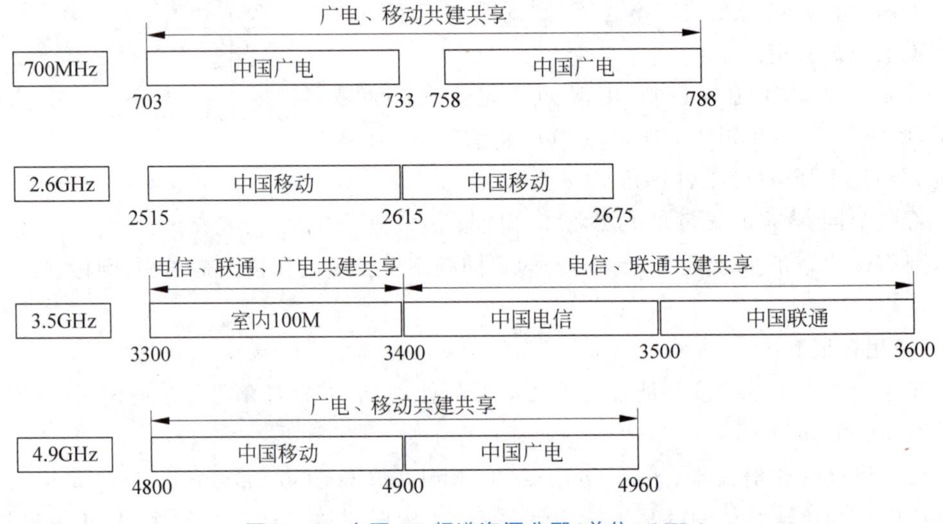

图6-1-4　中国5G频谱资源分配(单位:MHz)

在700MHz频段,中国广电和中国移动共建共享,双方可以使用这60MHz的带宽。由于频率低,这部分信号覆盖非常远,但网速不是非常高,只能用于大范围覆盖。

在2.6GHz频段,有160MHz的带宽,由中国移动专享,这部分的频率相对700MHz高了很多,所以通信速率快很多,但覆盖范围小一些。

在3.5GHz频段,共有3段频率,其中3300～3400GHz由中国电信、中国联通和中国广电三家共享,用于室内5G覆盖,3400～3500GHz归中国电信使用,而3500～3600GHz归中国联通使用。国际上使用最多的也是3.5GHz频段,这是公认最优质的5G频谱资源。

在4.9GHz频段,中国移动拥有100MHz的带宽,中国广电拥有60MHz的带宽。

全球5G的总体频谱资源可以分为以下两个频率范围(Frequency Range,FR),如图6-1-5所示。

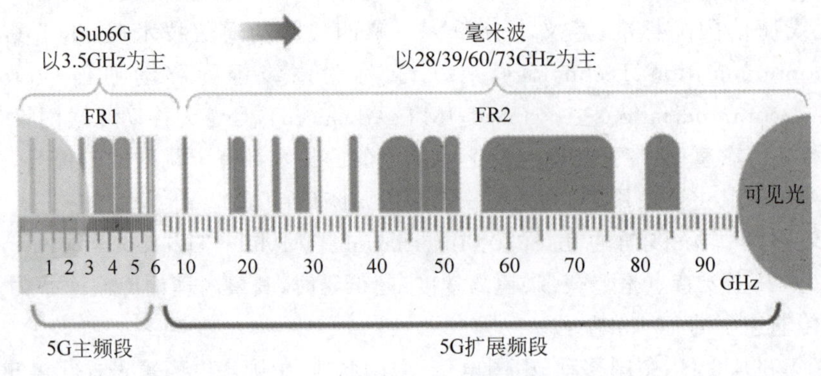

图6-1-5　全球5G总体频谱资源分配

FR1：450～6000MHz，即Sub6G频段，也就是所说的低频频段，是5G的主用频段；其中3GHz以下的频段称为Sub3G，其余频段称为C-band。Sub6G频段的最大系统带宽为100MHz。

FR1的优点是频率低，绕射能力强，覆盖效果好，是当前5G的主用频段。

FR2：24250～52600MHz，即毫米波频段，也就是所说的高频频段，为5G的扩展频段，这部分频谱资源十分丰富。当前版本毫米波定义的频段只有四个，全部为时分双工(Time Division Duplex，TDD)模式，最大系统带宽为400MHz。

FR2的优点是超大带宽，频谱干净，干扰较小，作为5G后续的扩展频段。

在未来的无线通信标准中，这些频率范围可能将被扩展或者会增加新的频率范围。

值得一提的是，2022年国家知识产权局知识产权发展研究中心发布相关报告指出，当前全球声明的5G标准必要专利共21万余件，涉及4.7万项专利族，其中，中国声明1.8万项专利族，占比接近40%，排名世界第一。而前10位排名中，中国厂商占了4位，分别是华为、中兴、大唐、OPPO，其中，华为声明5G标准必要专利族6500余项，占比14%，居全球首位。在移动通信领域，中国实现了“1G空白、2G跟随、3G突破、4G同步、5G引领”的跨越。

【思考与练习】

6-1-1　已知 $i_1(t)=5\sin 314t\,\text{A}$，$i_2(t)=15\sin(942t+90^\circ)\,\text{A}$，则 $i_2(t)$ 比 $i_1(t)$ 超前90°吗？为什么？

6-1-2　正弦量的最大值和有效值是否随时间变化？它们的大小与频率、相位角是否有关系？

6-1-3　将在交流电路中使用的220V、100W白炽灯接在220V的直流电源上，则白炽灯的发光亮度是否发生变化？为什么？

6-1-4　交流电的有效值就是它的均方根值，在什么条件下它的幅值与有效值之比是$\sqrt{2}$？

6-1-5　有一个直流耐压为220V的交、直流通用电容器，能否把它接在220V交流电源上使用？为什么？

6-1-6　基于应用拓展部分的内容说明移动通信1G～5G系统频谱变化的趋势是怎样的？请结合当前世界科学技术发展现状说明你对我国移动通信技术发展的感想，并进行反思和讨论。

6.2 正弦量的相量表示法

在分析正弦交流电路时，常会遇到正弦量的加、减、求导及积分等运算。如果正弦电压和电流都用时间的正弦函数表示，运算过程会比较烦琐，因此常用相量表示。

正弦量的相量表示就是用复数表示同频率的正弦量，它将大大简化正弦交流电路的分析和计算。

6.2.1 复数及其运算

一个复数 A 可以表示为代数形式

$$A=a+\mathrm{j}b \tag{6-2-1}$$

式中，a 为 A 的实部，b 为 A 的虚部，$\mathrm{j}=\sqrt{-1}$ 为虚数单位。

复数 A 可以用复平面上的有向线段 OA 表示，其在实轴的投影为实部 a，在虚轴的投影为虚部 b，如图 6-2-1 所示。矢量 OA 的长度就是复数的模，用 r 表示；矢量 OA 与实轴正向的夹角 ψ 称为复数的辐角，其基本关系如下：

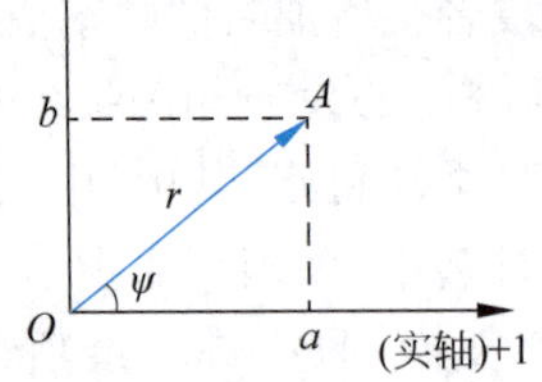

图 6-2-1 复数的相量表示

$$\begin{cases} r=\sqrt{a^2+b^2} \\ \psi=\arctan\dfrac{b}{a} \end{cases} \tag{6-2-2}$$

$$\begin{cases} a=r\cos\psi \\ b=r\sin\psi \end{cases} \tag{6-2-3}$$

所以，复数 A 又可表示为

$$A=r\cos\psi+\mathrm{j}r\sin\psi=r(\cos\psi+\mathrm{j}\sin\psi) \tag{6-2-4}$$

利用欧拉公式 $\cos\psi+\mathrm{j}\sin\psi=\mathrm{e}^{\mathrm{j}\psi}$，复数 A 还可以表示为指数形式

$$A=r\mathrm{e}^{\mathrm{j}\psi} \tag{6-2-5}$$

在电路分析中常简写成极坐标形式，即

$$A=r\angle\psi \tag{6-2-6}$$

复数的相加(或相减)一般采用代数形式。设有两个复数 $A_1=a_1+\mathrm{j}b_1$ 和 $A_2=a_2+\mathrm{j}b_2$，则两个复数之和为

$$\begin{aligned} A&=A_1+A_2 \\ &=(a_1+a_2)+\mathrm{j}(b_1+b_2) \end{aligned} \tag{6-2-7}$$

两复数相加可以在复平面上用平行四边形法则辅助求和。由图 6-2-2 可知，以矢量 OA_1 和 OA_2 为邻边作平行四边形，其对角线 OA 恰好是表示复数 $A=A_1+A_2$ 的矢量。

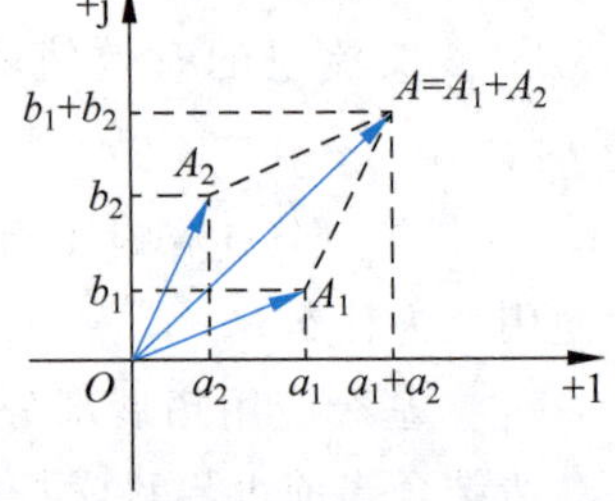

图 6-2-2 复数相加的几何意义

复数的乘法和除法运算，一般采用指数(或极坐标)形式较为方便。设有两个复数 $A_1=r_1\angle\psi_1$ 和 $A_2=r_2\angle\psi_2$，则

$$A_1\cdot A_2=r_1\angle\psi_1\cdot r_2\angle\psi_2=r_1r_2\angle(\psi_1+\psi_2) \tag{6-2-8}$$

$$\frac{A_1}{A_2}=\frac{r_1\angle\psi_1}{r_2\angle\psi_2}=\frac{r_1}{r_2}\angle(\psi_1-\psi_2) \tag{6-2-9}$$

若复数 $A=r\angle\psi$，由于 $\mathrm{j}=1\angle 90°$，所以二者相乘 $\mathrm{j}A=r\angle(\psi+90°)$ 相当于矢量 OA 在复平面上逆时针旋转 90°；而 $\dfrac{A}{\mathrm{j}}=-\mathrm{j}A=r\angle(\psi-90°)$，相当于矢量 OA 在复平面上顺时针旋转 90°，如图 6-2-3 所示。

【例 6-2-1】 已知复数 $A_1=6+\mathrm{j}8$，$A_2=4+\mathrm{j}4$，计算它们的和 A_1+A_2、差 A_1-A_2、积 $A_1\cdot A_2$ 以及商 $\dfrac{A_1}{A_2}$。

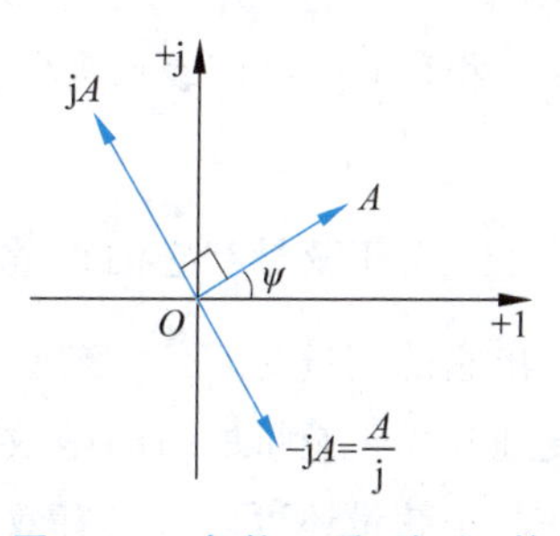

图 6-2-3 复数 A 乘、除以 j 的几何意义

解： $A_1+A_2=(6+\mathrm{j}8)+(4+\mathrm{j}4)=10+\mathrm{j}12$

$$A_1-A_2=(6+\mathrm{j}8)-(4+\mathrm{j}4)=2+\mathrm{j}4$$

复数的乘、除运算常采用极坐标形式，即

$$A_1=6+\mathrm{j}8=10\angle 53.1^\circ$$

$$A_2=4+\mathrm{j}4=5.656\angle 45^\circ$$

所以

$$A_1\cdot A_2=(10\times 5.656)\angle(53.1^\circ+45^\circ)=56.56\angle 98.1^\circ$$

$$\frac{A_1}{A_2}=\frac{10}{5.656}\angle(53.1^\circ-45^\circ)=1.77\angle 8.1^\circ$$

6.2.2 正弦量的相量

在分析正弦稳态电路时，由于电路中所有的电压、电流都是同一频率的正弦量，而且它们的频率往往是已知的，因此，通常只需要分析未知支路电压和电流的幅值和初始相位两个要素。

正弦量的相量表示就是利用幅值和初始相位两个要素，采用复数形式表示正弦量。例如，对于正弦电压 $u(t)=U_\mathrm{m}\sin(\omega t+\psi_\mathrm{u})$，以幅值 U_m 为模，以初始相位 ψ_u 为辐角，构成一个复数，记作 $\dot{U}_\mathrm{m}$，即

$$\dot{U}_\mathrm{m}=U_\mathrm{m}\mathrm{e}^{\mathrm{j}\psi_\mathrm{u}}=U_\mathrm{m}\angle\psi_\mathrm{u} \tag{6-2-10}$$

复数 $\dot{U}_\mathrm{m}$ 即为正弦电压 $u(t)$ 的相量，上面的小圆点是用来与一般复数相区别的标记，以强调它与一个正弦量相联系。在运算过程中，相量与一般复数完全相同。

相量 $\dot{U}_\mathrm{m}$ 在复平面上可以用长度为 U_m 且与实轴正向夹角为 ψ_u 的矢量表示，如图 6-2-4(a)所示；有时为了简便，实轴和虚轴可以省略不画，仅给出零相位参考线，如图 6-2-4(b)所示，这种表示相量的图称为相量图。

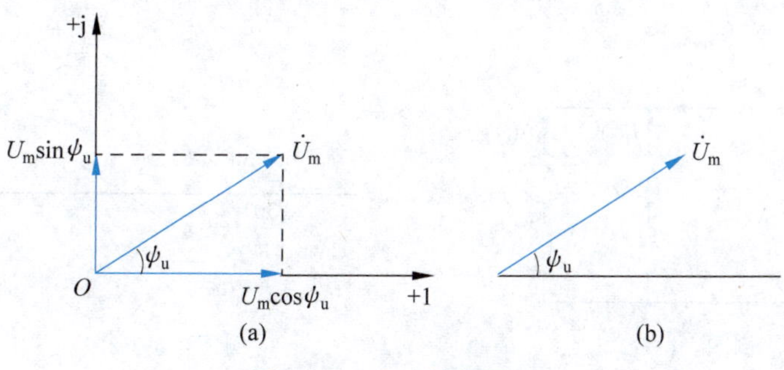

图 6-2-4 电压的相量图

相量 $\dot{U}_{\mathrm{m}}$ 也可表示为实部与虚部之和的形式，即

$$\dot{U}_{\mathrm{m}}=U_{\mathrm{m}}\cos\psi_{\mathrm{u}}+\mathrm{j}U_{\mathrm{m}}\sin\psi_{\mathrm{u}} \tag{6-2-11}$$

一个正弦量与它的相量是一一对应的。若已知正弦量 $u(t)=U_{\mathrm{m}}\sin(\omega t+\psi_{\mathrm{u}})$，可以写出它的相量为 $\dot{U}_{\mathrm{m}}=U_{\mathrm{m}}\angle\psi_{\mathrm{u}}$；反之，若已知相量 $\dot{U}_{\mathrm{m}}=U_{\mathrm{m}}\angle\psi_{\mathrm{u}}$ 和角频率 ω，也可以方便地写出正弦量的时间函数表达式 $u(t)=U_{\mathrm{m}}\sin(\omega t+\psi_{\mathrm{u}})$。

正弦量还可以采用有效值相量表示。有效值相量，是以正弦量的有效值为模，以初始相位为辐角。对于正弦电压 $u(t)=U_{\mathrm{m}}\sin(\omega t+\psi_{\mathrm{u}})=\sqrt{2}U\sin(\omega t+\psi_{\mathrm{u}})$，其有效值相量记为 $\dot{U}=U\angle\psi_{\mathrm{u}}=\dfrac{U_m}{\sqrt{2}}\angle\psi_{\mathrm{u}}$。显然，$\dot{U}_{\mathrm{m}}$ 和 $\dot{U}$ 的关系满足：$\dot{U}_{\mathrm{m}}=\sqrt{2}\dot{U}$ 或 $\dot{U}=\dfrac{1}{\sqrt{2}}\dot{U}_{\mathrm{m}}$。有效值相量同样可以画出相量图。为了区分两种相量，式(6-2-10)中定义的相量又称为正弦量的幅值相量。在正弦稳态电路分析中，有效值相量使用得更为普遍。

【例 6-2-2】 例图 6-2-2(1)所示正弦交流电路，已知电流

$$i_1(t)=I_{1\mathrm{m}}\sin(\omega t+\psi_1)=10\sqrt{2}\sin(314t-30^\circ)\mathrm{A}$$

$$i_2(t)=I_{2\mathrm{m}}\sin(\omega t+\psi_2)=20\sqrt{2}\sin(314t+30^\circ)\mathrm{A}$$

求总电流 $i(t)$，并画出相量图。

解：由于 $i_1(t)$、$i_2(t)$为同频率的正弦量，所以可用相量求解。由电流 $i_1(t)$、$i_2(t)$的三角函数表达式可以得到其相量形式为

$$\dot{I}_{1\mathrm{m}}=I_{1\mathrm{m}}\angle\psi_1=10\sqrt{2}\angle(-30^\circ)\mathrm{A}=10\sqrt{2}(\cos30^\circ-\mathrm{j}\sin30^\circ)\mathrm{A}=(5\sqrt{6}-\mathrm{j}5\sqrt{2})\mathrm{A}$$

$$\dot{I}_{2\mathrm{m}}=I_{2\mathrm{m}}\angle\psi_2=20\sqrt{2}\angle30^\circ\mathrm{A}=20\sqrt{2}(\cos30^\circ+\mathrm{j}\sin30^\circ)\mathrm{A}=(10\sqrt{6}+\mathrm{j}10\sqrt{2})\mathrm{A}$$

根据基尔霍夫定律的相量形式(参见 6.3.2 节)可得

$$\begin{aligned}\dot{I}_{\mathrm{m}}&=\dot{I}_{1\mathrm{m}}+\dot{I}_{2\mathrm{m}}=(5\sqrt{6}-\mathrm{j}5\sqrt{2})\mathrm{A}+(10\sqrt{6}+\mathrm{j}10\sqrt{2})\mathrm{A}\\&=(15\sqrt{6}+\mathrm{j}5\sqrt{2})\mathrm{A}\approx37.42\angle10.89^\circ\mathrm{A}\end{aligned}$$

对应的相量图如例图 6-2-2(2)所示。

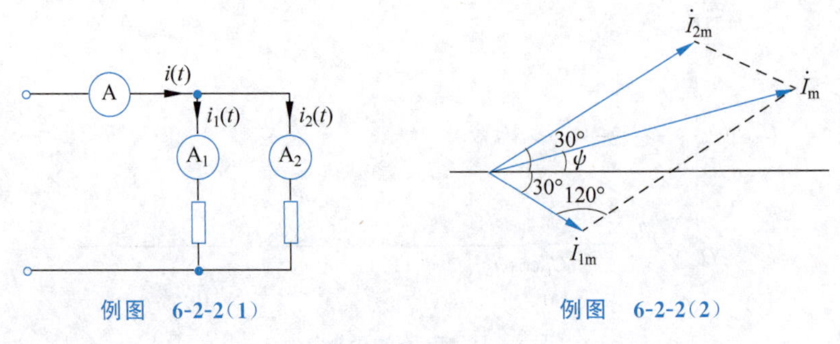

例图 6-2-2(1)　　例图 6-2-2(2)

由于 $i(t)$为同频率($\omega=314\mathrm{rad/s}$)的正弦量，所以 $i(t)$的三角函数表达式为

$$i(t)=I_{\mathrm{m}}\sin(\omega t+\psi)=37.42\sin(314t+10.89^\circ)\mathrm{A}$$

若用交流电流表测量例图 6-2-1 电路中的电流，因为电流表的读数为有效值，所以，表 A_1 的读数为 $I_1=10\text{A}$，表 A_2 的读数为 $I_2=20\text{A}$，而表 A 的读数为

$$I=\frac{I_{\text{m}}}{\sqrt{2}}=\frac{37.42}{\sqrt{2}}\text{A}\approx 26.46\text{A}$$

工程上，常常分析正弦电流(或电压)的有效值。对于如例图 6-2-1 所示电路，如果求电流表 A 的读数，可用有效值相量运算，也可用有效值相量作出相量图。因为

$$\dot{I}_{\text{m}}=\dot{I}_{1\text{m}}+\dot{I}_{2\text{m}}$$

上式两边同除以$\sqrt{2}$，则有

$$\dot{I}=\dot{I}_1+\dot{I}_2 \tag{6-2-12}$$

【例 6-2-3】 对于例 6-2-2，由已知条件可得有效值相量 $\dot{I}_1=10\angle(-30°)\text{A}$，$\dot{I}_2=20\angle 30°\text{A}$，作相量图如例图 6-2-3 所示，用几何的方法求总电流 $i(t)$。

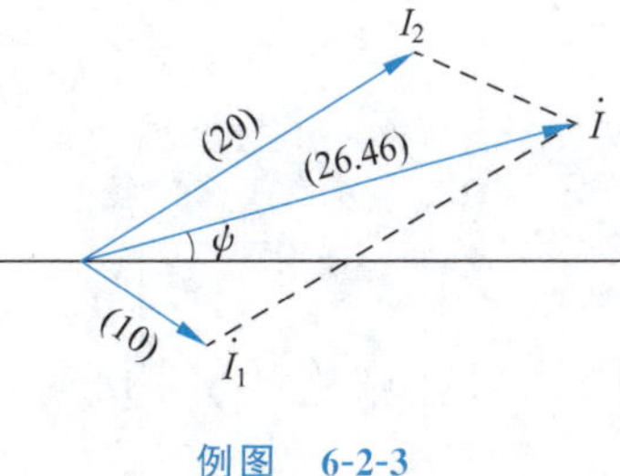

例图 6-2-3

解：利用相量图和平行四边形法则，可求得有效值相量 $\dot{I}$，即

$$\begin{aligned}\dot{I}&=\dot{I}_1+\dot{I}_2=[10\angle(-30°)+20\angle 30°]\text{A}\\&=26.46\angle 10.89°\text{A}\end{aligned}$$

由有效值相量 $\dot{I}$ 可写出电流 $i(t)$ 的三角函数表达式为

$$i(t)=\sqrt{2}I\sin(\omega t+\psi)=26.46\sqrt{2}\sin(314t+10.89°)\text{A}$$

【思考与练习】

6-2-1 不同频率的几个正弦量能否用相量表示在同一幅图上？为什么？

6-2-2 正弦交流电压的有效值为 220V，初相角 $\psi=30°$，判断下列各式是否正确：

(1) $u(t)=220\sin(\omega t+30°)\text{V}$； (2) $U=220\angle 30°\text{V}$；

(3) $\dot{U}=220\text{e}^{\text{j}30°}\text{V}$； (4) $U=\sqrt{2}\times 220\sin(\omega t+30°)\text{V}$；

(5) $u=220\angle 30°\text{V}$； (6) $u=\sqrt{2}\times 220\angle 30°\text{V}$。

6-2-3 已知 $\dot{I}=10\angle 30°\text{A}$，将下列各相量用对应的时间函数(角频率为 ω)来表示：(1)$\dot{I}$；(2)$\text{j}\dot{I}$；(3)$-\text{j}\dot{I}$。

6.3 电路基本定律的相量形式

利用相量分析正弦稳态电路，一方面需要明确各种元件在相量形式下的电压-电流关系，即元件 VCR 的相量形式；另一方面需要确立电路中各支路电压和支路电流之间在相量形式下的基本约束关系，即基尔霍夫定律的相量形式。

6.3.1 电路元件VCR的相量形式

1. 电阻元件

线性电阻元件在任意时刻其两端的电压与电流关系服从欧姆定律。在如图6-3-1(a)所示的电压-电流关联参考方向下，设电流为

$$i(t)=I_m\sin(\omega t+\psi_i)=\sqrt{2}I\sin(\omega t+\psi_i)$$

则电阻两端的电压为

$$u_R(t)=i(t)R=I_mR\sin(\omega t+\psi_i)=\sqrt{2}IR\sin(\omega t+\psi_i) \tag{6-3-1}$$

显然，$u_R(t)$是一个与$i(t)$同频率且同相位的正弦量。同相位是指电压初始相位

$$\psi_u=\psi_i \tag{6-3-2}$$

电阻元件的电流、电压波形如图6-3-1(b)所示，由图可知，二者同时过零，且同时达到峰值。

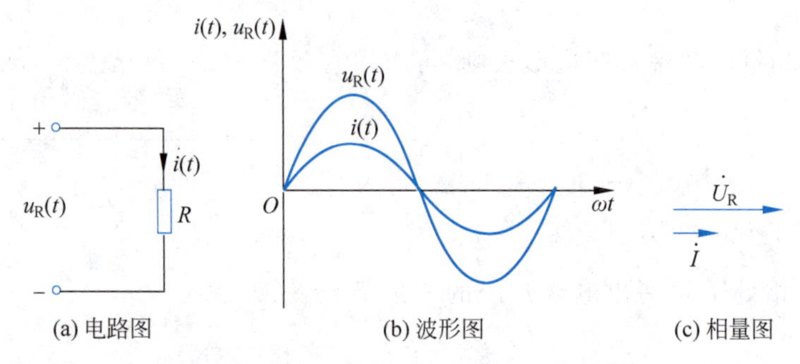

图6-3-1 电阻元件与对应的波形图和相量图

由式(6-3-1)可知，电阻元件电压的最大值和有效值分别为

$$U_{Rm}=I_mR \tag{6-3-3}$$

$$U_R=IR \tag{6-3-4}$$

电流的有效值相量为$\dot{I}=I\angle\psi_i$，电阻元件电压的有效值相量为

$$\dot{U}_R=U_R\angle\psi_u=IR\angle\psi_i=\dot{I}R \tag{6-3-5}$$

式(6-3-5)表明，在有效值相量形式下，线性电阻元件的VCR仍满足欧姆定律。对于线性电阻元件，其电压相量与电流相量之间的关系如图6-3-1(c)所示。不难验证，当采用幅值相量时，线性电阻元件的VCR同样满足欧姆定律，即$\dot{U}_{Rm}=\dot{I}_mR$。

【例6-3-1】 已知交流电压$u(t)=311\sin(314t-60°)$V，作用在20Ω的电阻两端，写出其电流瞬时函数表达式。

解：由交流电压的时域形式可得电压的有效值$U=\dfrac{U_m}{\sqrt{2}}=\dfrac{311}{\sqrt{2}}\text{V}=220\text{V}$，并计算得到电流的有效值$I=\dfrac{U}{R}=\dfrac{220}{20}\text{A}=11\text{A}$。根据线性电阻元件电流和电压同相位的关系，可得

$$i(t)=11\sqrt{2}\sin(314t-60°)\text{A}$$

2. 电感元件

设线性电感元件两端的电压 $u_L(t)$ 和电流 $i(t)$ 的参考方向如图 6-3-2(a)所示，为关联参考方向。若电感元件的电流 $i(t)=I_m\sin(\omega t+\psi_i)=\sqrt{2}I\sin(\omega t+\psi_i)$，则电感元件两端的电压为

$$\begin{aligned}u_L(t)&=L\frac{\mathrm{d}i(t)}{\mathrm{d}t}=I_m\omega L\sin(\omega t+\psi_i+90^\circ)\\&=\sqrt{2}I\omega L\sin(\omega t+\psi_i+90^\circ)\end{aligned}\tag{6-3-6}$$

显然，$u_L(t)$ 也是一个与 $i(t)$ 同频率的正弦量，但在相位上电压比电流超前 90°，或者称电流滞后电压 90°。式(6-3-6)中，电感元件电压的最大值为 $U_{Lm}=I_m\omega L$，有效值则可写作 $U_L=I\omega L$。

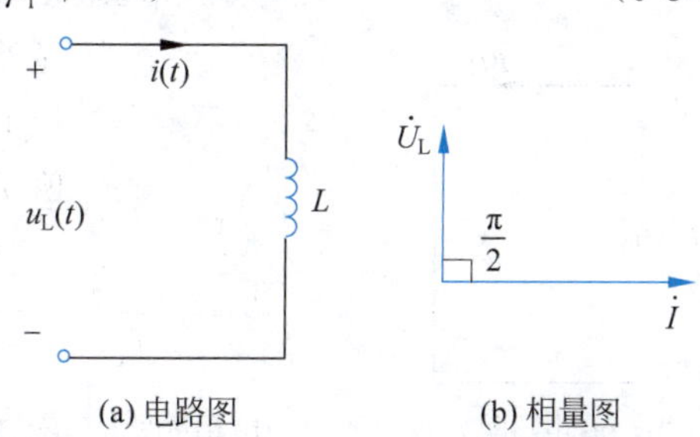

图 6-3-2　电感元件与对应的相量图

令

$$X_L=\omega L=2\pi fL\tag{6-3-7}$$

称 X_L 为电感元件的感抗，则 $U_{Lm}=I_mX_L$，$U_L=IX_L$。可见，感抗 X_L 和电阻一样具有阻碍交流电流通过的能力。不同于电阻，感抗 X_L 的取值与频率 f 有关。对于给定的电感 L，频率 f 越高，感抗 X_L 越大；频率 f 越低，X_L 越小。若频率 f 减小到零，则感抗 $X_L=0$，这意味着对直流而言，电感元件可视作短路。可见，电感元件具有阻高频电流、通低频电流的特性。

电感元件电流的有效值相量为 $\dot{I}=I\angle\psi_i$，由式(6-3-6)可得电感元件电压的有效值相量

$$\dot{U}_L=I\omega L\angle(\psi_i+90^\circ)=\mathrm{j}\omega LI\angle\psi_i=\mathrm{j}\omega L\dot{I}\tag{6-3-8}$$

式(6-3-8)表明，在有效值相量形式下，电感元件的 VCR 与电阻元件相似，形式上也满足欧姆定律。电感元件电压与电流的相量图如图 6-3-2(b)所示。若采用幅值相量，则有 $\dot{U}_{Lm}=\mathrm{j}\omega L\dot{I}_m$，同样满足欧姆定律。

【例 6-3-2】 已知一个线性电感元件，$L=35\text{mH}$，将其接到 $u(t)=311\sin\omega t\,\text{V}$ 的正弦交流电源上，分别求出电源频率为 50Hz 和 50kHz 时电感元件中的电流有效值。

解：当电源频率为 50Hz 时，可得

$$X_L=2\pi fL=2\pi\times50\times35\times10^{-3}\Omega=11\Omega$$

$$I=\frac{U}{X_L}=\frac{311/\sqrt{2}}{11}\text{A}\approx\frac{220}{11}\text{A}=20\text{A}$$

当电源频率为 50kHz 时，可得

$$X_L=2\pi fL=2\pi\times50\times35\Omega\approx11\text{k}\Omega$$

$$I=\frac{U}{X_L}=\frac{311/\sqrt{2}}{11}\text{mA}\approx20\text{mA}=0.02\text{A}$$

3. 电容元件

设线性电容元件两端的电压 $u_C(t)$ 和电流 $i(t)$ 的参考方向如图 6-3-3(a)所示，为关联参考方向。若电容元件的电压 $u_C(t)=U_{Cm}\sin(\omega t+\psi_u)=\sqrt{2}U_C\sin(\omega t+\psi_u)$，则电容元件的电流

$$i(t)=C\frac{\mathrm{d}u_C(t)}{\mathrm{d}t}=U_{Cm}\omega C\sin(\omega t+\psi_u+90°)$$
$$=\sqrt{2}U_C\omega C\sin(\omega t+\psi_u+90°) \tag{6-3-9}$$

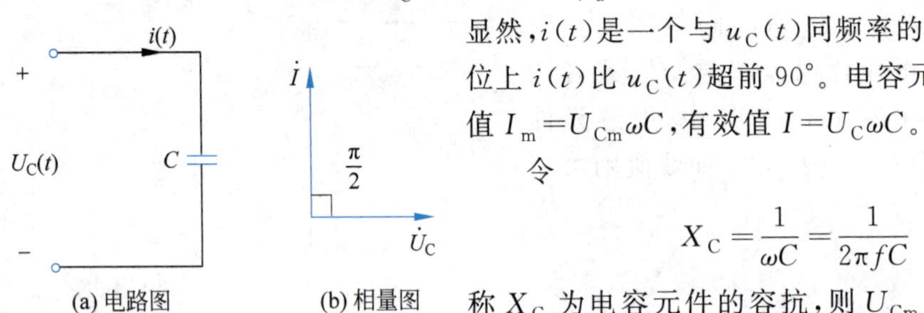

图 6-3-3　电容元件与对应的相量图

显然，$i(t)$ 是一个与 $u_C(t)$ 同频率的正弦量，但在相位上 $i(t)$ 比 $u_C(t)$ 超前 90°。电容元件电流的最大值 $I_m=U_{Cm}\omega C$，有效值 $I=U_C\omega C$。

令

$$X_C=\frac{1}{\omega C}=\frac{1}{2\pi fC} \tag{6-3-10}$$

称 X_C 为电容元件的容抗，则 $U_{Cm}=I_mX_C$，$U_C=IX_C$。显然，容抗 X_C 和电阻一样具有阻碍交流电流通过的能力。与电阻不同，容抗 X_C 与频率 f 有关。对于给定的电容 C，f 越高，X_C 越小；f 越低，X_C 越大；如果 $f=0$（直流），$X_C\to\infty$，电容元件可视作开路。可见，电容元件具有阻低频电流、通高频电流的特性。

电容元件电压的有效值相量为 $\dot{U}_C=U_C\angle\psi_u$，由式(6-3-9)可得电容元件电流的有效值相量

$$\dot{I}=U_C\omega C\angle(\psi_u+90°)=\mathrm{j}\omega CU_C\angle\psi_u=\mathrm{j}\omega C\dot{U}_C$$

显然

$$\dot{U}_C=\frac{1}{\mathrm{j}\omega C}\dot{I} \tag{6-3-11}$$

式(6-3-11)表明，在有效值相量形式下，电容元件的 VCR 与电阻元件相似，形式上也满足欧姆定律。电容元件电压与电流的相量图如图 6-3-3(b)所示。若采用幅值相量，则有 $\dot{U}_{Cm}=\frac{1}{\mathrm{j}\omega C}\dot{I}_m$，同样满足欧姆定律。

【例 6-3-3】 已知一个电容元件，$C=580\mu\mathrm{F}$，分别接于频率为 50Hz 和 50kHz、电压有效值 $U=22\mathrm{mV}$ 的正弦交流信号源上，求其容抗和电流有效值分别为多少？

解： 当 $f=50\mathrm{Hz}$ 时，可得

$$X_C=\frac{1}{2\pi fC}=\frac{1}{314\times580\times10^{-6}}\Omega\approx5.5\Omega$$

$$I=\frac{U}{X_C}=\frac{22\times10^{-3}}{5.5}\mathrm{A}=4\mathrm{mA}$$

当 $f=50\mathrm{kHz}$ 时，可得

$$X_C = \frac{1}{2\pi fC} = 5.5 \times 10^{-3}\,\Omega$$

$$I = \frac{U}{X_C} = \frac{22 \times 10^{-3}}{5.5 \times 10^{-3}}\text{A} = 4\text{A}$$

计算结果表明,电容元件在低频时容抗大,在高频时容抗小,与电感元件的感抗特性相反。

6.3.2 基尔霍夫定律的相量形式

正弦稳态电路中,各支路的电压和电流都是同频率的正弦量,采用相量分析正弦稳态电路具有显著优势。若 KCL 和 KVL 在相量形式下仍然成立,将为正弦稳态电路的相量分析提供有力的支撑。

1. KCL 的相量形式

对于电路中任一节点,若与其连接的支路有 n 条,假设各支路电流参考方向均为流入(或流出)节点,则根据 KCL,可得

$$\sum_{k=1}^{n} i_k(t) = 0 \tag{6-3-12}$$

当电路处于正弦稳态时,所有激励和响应都是同频率的正弦量。设任一支路 k 的电流为 $i_k(t) = I_{km}\sin(\omega t + \psi_{ki})$,则其幅值相量为 $\dot{I}_{km} = I_{km}\angle\psi_{ki}$。反之,利用幅值相量 $\dot{I}_{km}$,也可以求出 $i_k(t)$。具体计算方法为:因为 $i_k(t) = \text{Im}[\dot{I}_{km}e^{j\omega t}]$,其中 Im[·]表示对复数取虚部的运算,因此,式(6-3-12)可以表示为

$$\sum_{k=1}^{n} i_k(t) = \sum_{k=1}^{n}\{\text{Im}[\dot{I}_{km}e^{j\omega t}]\} = 0$$

将上式中的取虚部运算与求和运算交换次序,可得

$$\sum_{k=1}^{n} i_k(t) = \text{Im}\left[\sum_{k=1}^{n}(\dot{I}_{km}e^{j\omega t})\right] = \text{Im}\left[\left(\sum_{k=1}^{n}\dot{I}_{km}\right)e^{j\omega t}\right] = 0$$

其几何意义为:任意时刻旋转相量 $\left(\sum_{k=1}^{n}\dot{I}_{km}\right)e^{j\omega t}$ 在虚轴上的投影恒等于零。注意,$e^{j\omega t}$ 的轨迹在单位圆上,大小恒为 1。由此可以断定相量 $\sum_{k=1}^{n}\dot{I}_{km}$ 必然等于零,即

$$\sum_{k=1}^{n}\dot{I}_{km} = 0 \tag{6-3-13a}$$

基于有效值相量与幅值相量的关系,即 $\dot{I}_k = \frac{\dot{I}_{km}}{\sqrt{2}}$,可进一步得出

$$\sum_{k=1}^{n}\dot{I}_k = 0 \tag{6-3-13b}$$

以上两式可表述为:在正弦稳态电路中,任一节点流入(或流出)的各支路电流幅值

相量(或有效值相量)的代数和必等于零。这表明：基尔霍夫电流定律在相量形式下仍然成立。

例如，如图 6-3-4(a)所示 *RLC* 并联电路，设外加电压 $u(t)=u_{\mathrm{m}}\sin\omega t$，电路已进入稳态，则流经电阻、电感和电容的电流分别为

$$i_{\mathrm{R}}(t)=I_{\mathrm{Rm}}\sin\omega t$$

$$i_{\mathrm{L}}(t)=I_{\mathrm{Lm}}\sin(\omega t-90^{\circ})$$

$$i_{\mathrm{C}}(t)=I_{\mathrm{Cm}}\sin(\omega t+90^{\circ})$$

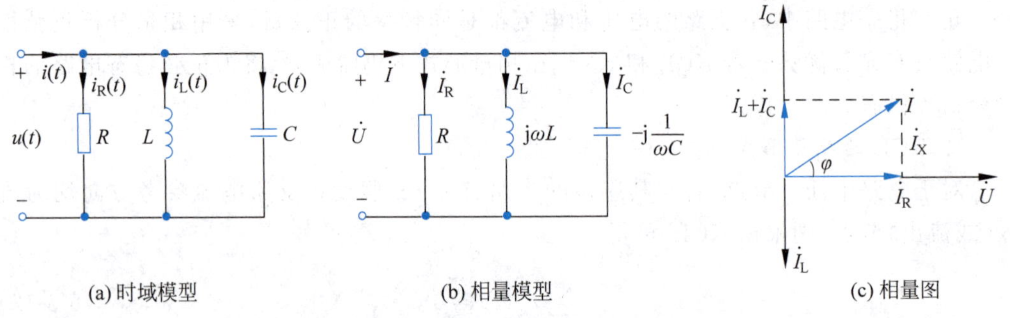

图 6-3-4 *RLC* 并联电路及其相量图

根据 KCL 可列出

$$i(t)=i_{\mathrm{R}}(t)+i_{\mathrm{L}}(t)+i_{\mathrm{C}}(t) \tag{6-3-14}$$

正弦稳态时，$i_{\mathrm{R}}(t)$、$i_{\mathrm{L}}(t)$、$i_{\mathrm{C}}(t)$与外加电压 $u(t)$为同频率的正弦量，故均可用相量表示。另外，在相量形式下，电阻、电感和电容的 VCR 均满足欧姆定律。将图 6-3-4(a)所示电路时域模型中的所有电压、电流均采用有效值相量表示，将所有元件依照相量形式 VCR 进行标注，可将原电路转换为如图 6-3-4(b)所示的相量模型。在相量形式下，根据 KCL，可得

$$\dot{I}=\dot{I}_{\mathrm{R}}+\dot{I}_{\mathrm{L}}+\dot{I}_{\mathrm{C}} \tag{6-3-15}$$

根据各元件电压、电流的相量关系，可画出电流的相量关系，如图 6-3-4(c)所示。由图可知，电阻中电流 $\dot{I}_{\mathrm{R}}$、电抗中电流 $\dot{I}_{\mathrm{X}}=\dot{I}_{\mathrm{L}}+\dot{I}_{\mathrm{C}}$ 与总电流 $\dot{I}$ 组成一个直角三角形，称为电流三角形，而

$$\dot{I}=I\angle\varphi \tag{6-3-16}$$

其中

$$I=\sqrt{I_{\mathrm{R}}^{2}+(I_{\mathrm{C}}-I_{\mathrm{L}})^{2}} \tag{6-3-17}$$

$$\varphi=\arctan\frac{I_{\mathrm{C}}-I_{\mathrm{L}}}{I_{\mathrm{R}}} \tag{6-3-18}$$

2. KVL 的相量形式

对于电路中的任一回路，若其中含有 n 条支路，假设沿着回路顺时针(或逆时针)绕行方向各支路电压参考方向一致，根据 KVL，可得

$$\sum_{k=1}^{n} u_k(t)=0 \tag{6-3-19}$$

当电路处于正弦稳态时,所有激励和响应都是同频率的正弦量。设任一支路 k 的电压为 $u_k(t)=U_{km}\sin(\omega t+\psi_{ku})$,则其幅值相量为 $\dot{U}_{km}=U_{km}\angle\psi_{ku}$。反之,利用幅值相量 $\dot{U}_{km}$,也可以求出 $u_k(t)$。具体计算方法为:由 $u_k(t)=\mathrm{Im}[\dot{U}_{km}\mathrm{e}^{\mathrm{j}\omega t}]$,故式(6-3-19)可表示为

$$\sum_{k=1}^{n} u_k(t)=\sum_{k=1}^{n}\{\mathrm{Im}\,[\dot{U}_{km}\mathrm{e}^{\mathrm{j}\omega t}]\}=0$$

将上式中的取虚部运算与求和运算交换次序,可得

$$\sum_{k=1}^{n} u_k(t)=\mathrm{Im}\left[\sum_{k=1}^{n}(\dot{U}_{km}\mathrm{e}^{\mathrm{j}\omega t})\right]=\mathrm{Im}\left[\left(\sum_{k=1}^{n}\dot{U}_{km}\right)\mathrm{e}^{\mathrm{j}\omega t}\right]=0$$

其几何意义为:任意时刻旋转相量 $\left(\sum_{k=1}^{n}\dot{U}_{km}\right)\mathrm{e}^{\mathrm{j}\omega t}$ 在虚轴上的投影恒等于零。因为 $\mathrm{e}^{\mathrm{j}\omega t}$ 的轨迹在单位圆上,大小恒为1,由此可以断定相量 $\sum_{k=1}^{n}\dot{U}_{km}$ 必然等于零,即

$$\sum_{k=1}^{n}\dot{U}_{km}=0 \tag{6-3-20a}$$

基于有效值相量与幅值相量的关系,即 $\dot{U}_k=\dfrac{\dot{U}_{km}}{\sqrt{2}}$,可进一步得出

$$\sum_{k=1}^{n}\dot{U}_{k}=0 \tag{6-3-20b}$$

以上两式可表述为:在正弦稳态电路的任一回路中,沿着任一选定的回路参考方向所计算的各支路电压幅值相量(或有效值相量)的代数和恒等于零。这表明基尔霍夫电压定律在相量形式下仍然成立。

例如,如图6-3-5(a)所示的 RLC 串联电路,设电流 $i(t)=I_{\mathrm{m}}\sin\omega t$,电路已进入稳态,则该电流分别在电阻、电感和电容上产生的电压降为

$$u_{\mathrm{R}}(t)=u_{\mathrm{Rm}}\sin\omega t$$
$$u_{\mathrm{L}}(t)=u_{\mathrm{Lm}}\sin(\omega t+90°)$$
$$u_{\mathrm{C}}(t)=u_{\mathrm{Cm}}\sin(\omega t-90°)$$

根据 KVL 可列出

$$u(t)=u_{\mathrm{R}}(t)+u_{\mathrm{L}}(t)+u_{\mathrm{C}}(t) \tag{6-3-21}$$

由于 $u_{\mathrm{R}}(t)$、$u_{\mathrm{L}}(t)$、$u_{\mathrm{C}}(t)$都是与电流 $i(t)$同频率的正弦量,故均可用相量表示。将电路转换为如图6-3-5(b)所示相量模型。在相量形式下,根据 KVL 可得

$$\dot{U}=\dot{U}_{\mathrm{R}}+\dot{U}_{\mathrm{L}}+\dot{U}_{\mathrm{C}} \tag{6-3-22}$$

根据各元件电压、电流的相量关系,可画出电压的相量关系,如图6-3-5(c)所示。由图可知,电阻电压 $\dot{U}_{\mathrm{R}}$、电抗电压 $\dot{U}_X=\dot{U}_{\mathrm{L}}+\dot{U}_{\mathrm{C}}$,与外加总电压 $\dot{U}$ 组成一个直角三角形,

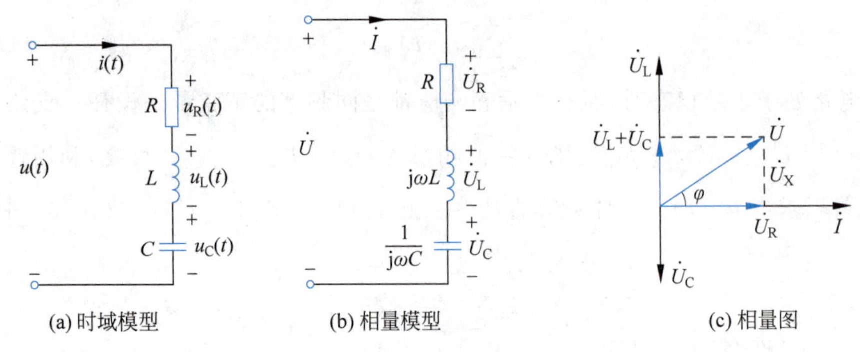

图 6-3-5 *RLC* 串联电路及其相量图

称为电压三角形，而

$$\dot{U}=U\angle\varphi \tag{6-3-23}$$

其中

$$U=\sqrt{U_{\mathrm{R}}^2+(U_{\mathrm{L}}-U_{\mathrm{C}})^2} \tag{6-3-24}$$

$$\varphi=\arctan\frac{U_{\mathrm{L}}-U_{\mathrm{C}}}{U_{\mathrm{R}}} \tag{6-3-25}$$

【思考与练习】

6-3-1 如图 6-3-2(a)所示电路，正弦电压 $u_{\mathrm{L}}(t)$与电流 $i_{\mathrm{L}}(t)$的相位之间的关系如何？

6-3-2 如图 6-3-4(a)所示电路，当正弦交流电压 $u(t)$的有效值不变，而频率增高时，电阻、电感和电容元件上的电流将如何变化？

6-3-3 求解题 6-3-2 的依据是否为：在正弦交流电路中，频率越高，则感抗越大、容抗越小而电阻不变？

6-3-4 判断下列各表达式是否正确：

(1) $R=\dfrac{u}{i}$； (2) $X_{\mathrm{L}}=\dfrac{U}{\omega L}$； (3) $\mathrm{j}X_{\mathrm{C}}=\dfrac{\dot{U}_{\mathrm{C}}}{\dot{I}}$；

(4) $-\mathrm{j}X_{\mathrm{C}}=\dfrac{\dot{U}_{\mathrm{C}}}{\dot{I}}$； (5) $X_{\mathrm{L}}=\dfrac{U_{\mathrm{L}}}{I}$； (6) $I=\dfrac{\dot{U}_{\mathrm{L}}}{\mathrm{j}X_{\mathrm{L}}}$；

(7) $\dot{I}=\dfrac{\dot{U}_{\mathrm{L}}}{-\mathrm{j}X_{\mathrm{L}}}$； (8) $\dot{I}=\dfrac{\dot{U}_{\mathrm{C}}}{\mathrm{j}X_{\mathrm{C}}}$。

6.4 阻抗和导纳

在正弦稳态电路中，为了用统一的参数表示无源元件和无源二端网络中电压相量和电流相量的关系，引入阻抗和导纳的概念。

6.4.1 阻抗

对于如图 6-4-1(a)所示的单端口无源网络 N,内部可以包含任意数量的无源元件,元件之间可以采用各种可能的连接方式。若令端口电压相量

$$\dot{U}=U\angle\psi_{\mathrm{u}} \tag{6-4-1}$$

端口电流相量

$$\dot{I}=I\angle\psi_{\mathrm{i}} \tag{6-4-2}$$

则其阻抗定义为

$$Z\overset{\text{def}}{=}\frac{\dot{U}}{\dot{I}}=\frac{U}{I}\angle(\psi_{\mathrm{u}}-\psi_{\mathrm{i}})$$

$$=|Z|\angle\varphi_{Z} \tag{6-4-3}$$

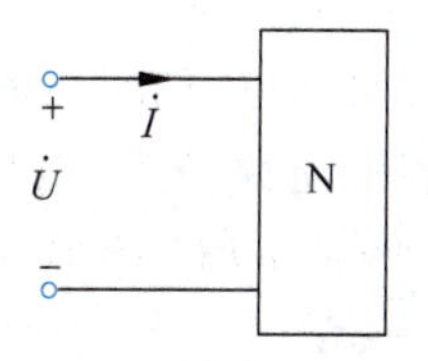

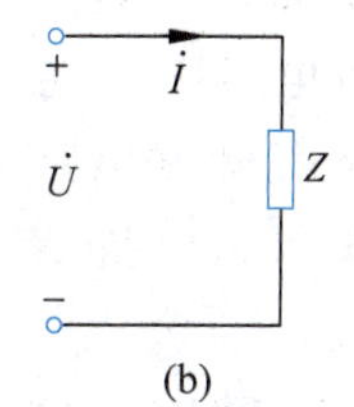

图 6-4-1 由线性元件组成的单端口网络及其阻抗表示

式中,$|Z|$称为阻抗模,单位为欧姆(Ω),表示对电流的阻碍作用;φ_Z 称为阻抗角,用来表示电压与电流间的相位差。

由式(6-4-3)可以得出

$$|Z|=\frac{U}{I} \tag{6-4-4}$$

$$\varphi_Z=\psi_{\mathrm{u}}-\psi_{\mathrm{i}} \tag{6-4-5}$$

上述两个公式既表达了该网络端口处电压有效值与电流有效值之间的大小关系,也表明了该网络端口处电压与电流的相位关系。

利用欧拉公式,阻抗可以转换为另一种表示形式

$$Z=R+\mathrm{j}X=|Z|\cos\varphi_Z+\mathrm{j}\,|Z|\sin\varphi_Z \tag{6-4-6}$$

式中,实部 $R=|Z|\cos\varphi_Z$ 为电阻,虚部 $X=|Z|\sin\varphi_Z$ 为电抗。阻抗模$|Z|$、阻抗角 φ_Z 与电阻 R、电抗 X 之间的关系可以通过图 6-4-2 所示的阻抗三角形表示。

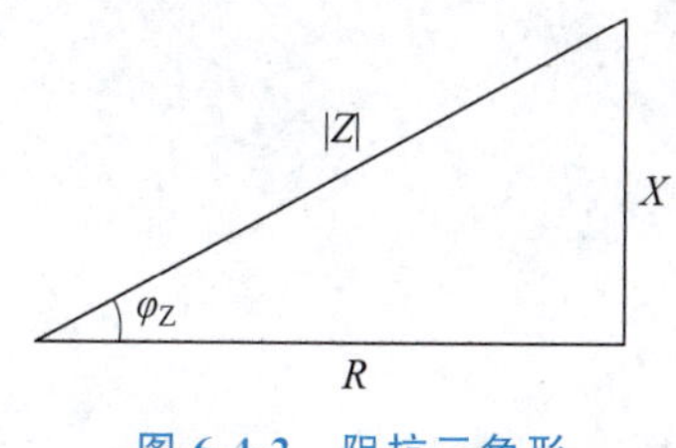

图 6-4-2 阻抗三角形

最为简单的无源网络 N 只包含一个电阻、一个电感或一个电容。根据阻抗的定义,由元件的相量形式 VCR 可知,电阻元件的阻抗 $Z_{\mathrm{R}}=R$,为实数,阻抗模$|Z_{\mathrm{R}}|=R$,取值与正弦激励的角频率 ω 无关,阻抗角 $\varphi_{Z_{\mathrm{R}}}=0°$;电感元件的阻抗 $Z_{\mathrm{L}}=\mathrm{j}\omega L$,为纯虚数,阻抗模$|Z_{\mathrm{L}}|=\omega L=X_{\mathrm{L}}$,取值与正弦激励的角频率 ω 成正比,阻抗角 $\varphi_{Z_{\mathrm{L}}}=90°$;电容元件的阻抗 $Z_{\mathrm{C}}=\frac{1}{\mathrm{j}\omega C}=-\mathrm{j}X_{\mathrm{C}}$,为纯虚数,阻抗模$|Z_{\mathrm{C}}|=\frac{1}{\omega C}=X_{\mathrm{C}}$,取值与正弦激励的角频率 ω 成反比,阻抗角 $\varphi_{Z_{\mathrm{C}}}=-90°$。

对于一般化的无源网络 N,其阻抗可以根据定义进行计算和分析。例如图 6-3-5(b)所示的 RLC 串联电路,其阻抗

$$Z=\frac{\dot{U}}{\dot{I}}=R+\mathrm{j}\omega L+\frac{1}{\mathrm{j}\omega C}=R+\mathrm{j}\left(\omega L-\frac{1}{\omega C}\right)=R+\mathrm{j}(X_L-X_C)$$

显然,RLC 串联电路的阻抗 $Z=R+\mathrm{j}X$ 是角频率 ω 的函数,其电阻 R 与 ω 无关,但电抗 $X=X_L-X_C$ 随 ω 变化而改变。当 $X_L>X_C$ 时,电抗 $X>0$,RLC 串联电路呈现感性电路特征,电压相位超前电流相位($0°<\varphi_Z<90°$);反之,当 $X_C>X_L$ 时,电抗 $X<0$,RLC 串联电路呈现容性电路特征,电压相位落后电流相位($-90°<\varphi_Z<0°$);当 $X_C=X_L$ 时,电抗 $X=0$,此时 RLC 串联电路呈纯电阻性电路特征,电压与电流同相位($\varphi_Z=0°$)。

【例 6-4-1】 如图 6-3-5(a)所示电路,已知 $R=30\Omega$,$L=2.55\mathrm{mH}$,$C=0.0796\mu\mathrm{F}$,电源电压有效值 $U=5\mathrm{V}$,频率 $f=10\mathrm{kHz}$,求电流相量 $\dot{I}$ 和各元件上的电压相量。

解:感抗

$$X_L=\omega L=2\pi fL=2\pi\times10\times10^3\times2.55\times10^{-3}\Omega\approx160\Omega$$

容抗

$$X_C=\frac{1}{\omega C}=\frac{1}{2\pi fC}=\frac{1}{2\pi\times10\times10^3\times0.0796\times10^{-6}}\Omega\approx200\Omega$$

电抗

$$X=X_L-X_C=(160-200)\Omega=-40\Omega$$

阻抗

$$Z=R+\mathrm{j}X=(30-\mathrm{j}40)\Omega=50\angle-53.1°\Omega$$

令电源电压为参考相量,即 $\dot{U}=5\angle0°\mathrm{V}$,则

电流相量

$$\dot{I}=\dot{U}/Z=5\angle0°/50\angle-53.1°\mathrm{A}=0.1\angle53.1°\mathrm{A}$$

电阻电压相量

$$\dot{U}_R=\dot{I}R=30\times0.1\angle53.1°\mathrm{V}=3\angle53.1°\mathrm{V}$$

电感电压相量

$$\dot{U}_L=\mathrm{j}\dot{I}\omega L=\mathrm{j}160\times0.1\angle53.1°\mathrm{V}=16\angle143.1°\mathrm{V}$$

电容电压相量

$$\dot{U}_C=-\mathrm{j}\dot{I}\frac{1}{\omega C}=-\mathrm{j}200\times0.1\angle53.1°\mathrm{V}=20\angle-36.90°\mathrm{V}$$

若令电流为参考相量,即

$$\dot{I}=I\angle0°=0.1\angle0°\mathrm{A}$$

则

$$\dot{U}_R=\dot{I}R=30\times0.1\angle0°\mathrm{V}=3\angle0°\mathrm{V}$$

$$\dot{U}_L=\mathrm{j}\dot{I}\omega L=\mathrm{j}160\times0.1\angle0°\mathrm{V}=16\angle90°\mathrm{V}$$

$$\dot{U}_{\mathrm{C}}=-\mathrm{j}\dot{I}\ \frac{1}{\omega C}=-\mathrm{j}200\times 0.1\angle 0^{\circ}\mathrm{V}=20\angle -90^{\circ}\mathrm{V}$$

$$\dot{U}=\dot{I}Z=0.1\angle 0^{\circ}\times 50\angle -53.1^{\circ}\mathrm{V}=5\angle -53.1^{\circ}\mathrm{V}$$

由此可见，改用电流作参考相量后，仅使各电压相量沿逆时针方向旋转了53.1°，而对各有效值和相位差并无影响。

6.4.2 导纳

导纳定义为阻抗 Z 的倒数，用 Y 表示，即

$$Y\overset{\text{def}}{=}\frac{1}{Z}=\frac{\dot{I}}{\dot{U}}=\frac{I}{U}\angle(\psi_{\mathrm{i}}-\psi_{\mathrm{u}})=|Y|\angle\varphi_{\mathrm{Y}} \tag{6-4-7}$$

式中，$|Y|$ 为导纳模，单位是西门子(S)，φ_{Y} 称为导纳角。因此，导纳也是一个复数。数值上满足 $|Y|=\frac{1}{|Z|}$，$\varphi_{\mathrm{Y}}=-\varphi_{\mathrm{Z}}$。

与阻抗相似，导纳也可以转换为另一种表示形式：

$$Y=G+\mathrm{j}B=|Y|\cos\varphi_{\mathrm{Y}}+\mathrm{j}|Y|\sin\varphi_{\mathrm{Y}} \tag{6-4-8}$$

式中，实部 $G=|Y|\cos\varphi_{\mathrm{Y}}$ 为电导，虚部 $B=|Y|\sin\varphi_{\mathrm{Y}}$ 为电纳。导纳模 $|Y|$、导纳角 φ_{Y} 与电导 G、电纳 B 之间的关系可以通过图 6-4-3 所示的导纳三角形表示。

根据导纳的定义，由相量形式 VCR 可知，电阻元件的导纳 $Y_{\mathrm{R}}=\frac{1}{R}=G$，为实数，取值与正弦激励角频率 ω 无关，导纳模 $|Y_{\mathrm{R}}|=\frac{1}{R}=G$，导纳角 $\varphi_{Y_{\mathrm{R}}}=0^{\circ}$；电感元件的导纳 $Y_{\mathrm{L}}=\frac{1}{\mathrm{j}\omega L}$，为纯虚数，导纳模 $|Y_{\mathrm{L}}|=\frac{1}{\omega L}=\frac{1}{X_{\mathrm{L}}}$，取值与正弦激励角频率 ω 成反比，导纳角 $\varphi_{Y_{\mathrm{L}}}=-90^{\circ}$；电容元件的导纳 $Y_{\mathrm{C}}=\mathrm{j}\omega C$，为纯虚数，导纳模 $|Y_{\mathrm{C}}|=\omega C=\frac{1}{X_{\mathrm{C}}}$，取值与正弦激励角频率 ω 成正比，导纳角 $\varphi_{Y_{\mathrm{C}}}=90^{\circ}$。

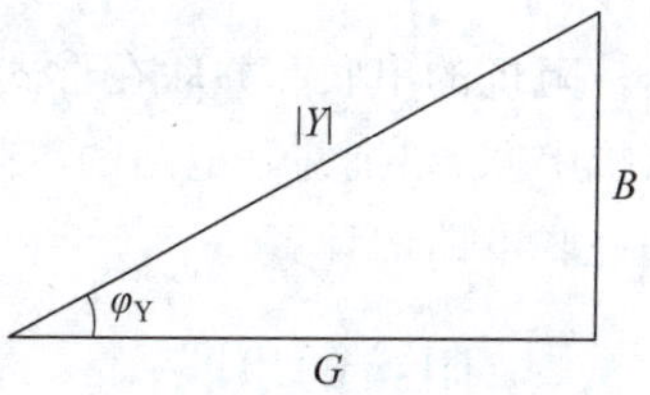

图 6-4-3 导纳三角形

对于一般化的无源网络 N，其导纳可以根据定义进行计算和分析。例如，图 6-3-4(b)所示的 RLC 并联电路，其导纳

$$\begin{aligned}Y&=\frac{\dot{I}}{\dot{U}}=\frac{1}{R}+\frac{1}{\mathrm{j}\omega L}+\mathrm{j}\omega C=G+\mathrm{j}\left(\omega C-\frac{1}{\omega L}\right)\\&=G+\mathrm{j}(B_{\mathrm{C}}-B_{\mathrm{L}})=G+\mathrm{j}B\end{aligned}$$

式中，$B_{\mathrm{C}}=\omega C$ 称为容纳，$B_{\mathrm{L}}=\frac{1}{\omega L}$ 称为感纳。RLC 并联电路的电纳 B 同样随角频率 ω 而变化。当 $B>0$ 时，RLC 并联电路呈现容性电路特征，电流相位超前电压相位($0^{\circ}<\varphi_{\mathrm{Y}}<90^{\circ}$)；当 $B<0$ 时，RLC 并联电路呈现感性电路特征，电流相位落后电压相位($-90^{\circ}<\varphi_{\mathrm{Y}}<0^{\circ}$)；当 $B=0$ 时，RLC 并联电路呈现纯电阻性电路特征，电流与电压同相

位($\varphi_Y=0°$)。

对于给定的单口网络 N,其阻抗 $Z=R+\mathrm{j}X$ 与导纳 $Y=G+\mathrm{j}B$ 互为倒数,二者之间的转换关系为

$$Y=\frac{1}{Z}=\frac{1}{R+\mathrm{j}X}=\frac{R-\mathrm{j}X}{R^2+X^2}=G+\mathrm{j}B$$

$$Z=\frac{1}{Y}=\frac{1}{G+\mathrm{j}B}=\frac{G-\mathrm{j}B}{G^2+B^2}=R+\mathrm{j}X$$

显然

$$G=\frac{R}{R^2+X^2},\quad B=-\frac{X}{R^2+X^2},\quad R=\frac{G}{G^2+B^2},\quad X=-\frac{B}{G^2+B^2}$$

【思考与练习】

6-4-1　分别写出图 6-3-4(a)和图 6-3-5(a)的阻抗和导纳表达式。

6-4-2　已知电路的等效阻抗为

(1) $Z=(0.8-\mathrm{j}0.6)\Omega$;　　(2) $Z=\sqrt{2}\angle 45°\Omega$;　　(3) $Z=(5+\mathrm{j}12)\Omega$

求电路的等效电导和等效电纳。

6.5　阻抗的串联和并联

阻抗的串联和并联在形式上与电阻的串联与并联有一定的相似性。本节首先介绍阻抗串联、阻抗并联电路的等效阻抗(或等效导纳)及其分压、分流公式,然后介绍阻抗的串并联电路的计算。

6.5.1　阻抗的串联

两个阻抗相串联的电路如图 6-5-1 所示。根据 KVL,总的电压相量可表示为

$$\dot{U}=\dot{U}_1+\dot{U}_2=\dot{I}Z_1+\dot{I}Z_2=\dot{I}(Z_1+Z_2)\tag{6-5-1}$$

根据阻抗的定义,两个阻抗 Z_1 和 Z_2 串联后的等效阻抗

$$Z=\frac{\dot{U}}{\dot{I}}=\frac{\dot{I}(Z_1+Z_2)}{\dot{I}}=Z_1+Z_2$$

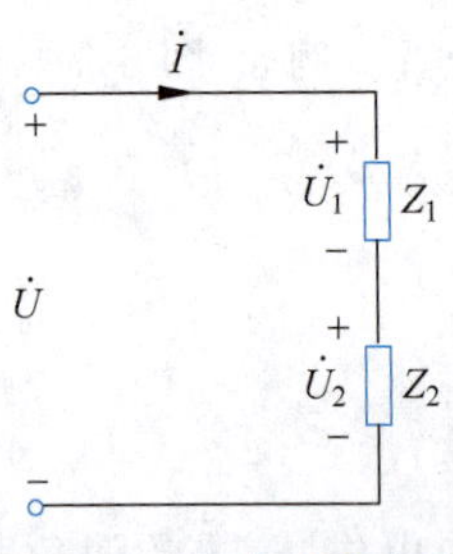

图 6-5-1　阻抗串联电路

可见,两个阻抗串联后的等效阻抗为两个阻抗的和,与电阻串联后的等效电阻在形式上一致。另外,两个串联阻抗的电压相量可以利用分压公式的相量形式进行计算,即

$$\dot{U}_1=\dot{I}Z_1=\frac{\dot{U}}{Z}Z_1=\frac{Z_1}{Z_1+Z_2}\dot{U}$$

$$\dot{U}_2=\dot{I}Z_2=\frac{\dot{U}}{Z}Z_2=\frac{Z_2}{Z_1+Z_2}\dot{U}$$

对于 n 个阻抗串联的情况,其等效阻抗可表示为

$$Z=\sum_{k=1}^{n}Z_k=\sum_{k=1}^{n}(R_k+\mathrm{j}X_k)=\sum_{k=1}^{n}R_k+\mathrm{j}\sum_{k=1}^{n}X_k=|Z|\angle\varphi_Z \tag{6-5-2}$$

其中

$$|Z|=\sqrt{\left(\sum_{k=1}^{n}R_k\right)^2+\left(\sum_{k=1}^{n}X_k\right)^2} \tag{6-5-3}$$

$$\varphi_Z=\arctan\frac{\sum_{k=1}^{n}X_k}{\sum_{k=1}^{n}R_k} \tag{6-5-4}$$

【例 6-5-1】 设两个阻抗 $Z_1=(6.16+\mathrm{j}9)\Omega$ 和 $Z_2=(2.5-\mathrm{j}4)\Omega$，串联接在 $\dot{U}=220\angle30^\circ\mathrm{V}$ 的电源上，如例图 6-5-1 所示。用相量法求解电路中的电流 $\dot{I}$ 和各个阻抗上的电压 $\dot{U}_1$ 和 $\dot{U}_2$，并画出相量图。

解：串联后的等效阻抗

$$Z=Z_1+Z_2=\sum_{k=1}^{2}R_k+\mathrm{j}\sum_{k=1}^{2}X_k$$
$$=[(6.16+2.5)+\mathrm{j}(9-4)]\Omega$$
$$=10\angle30^\circ\Omega$$

电路中的电流相量

$$\dot{I}=\frac{\dot{U}}{Z}=22\angle0^\circ\mathrm{A}$$

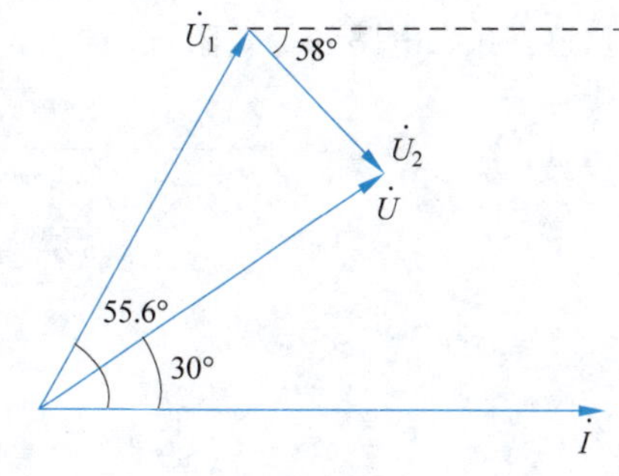

例图 6-5-1

两个阻抗上的电压相量

$$\dot{U}_1=\dot{I}Z_1=22\times(6.16+\mathrm{j}9)\mathrm{V}=239.8\angle55.6^\circ\mathrm{V}$$

$$\dot{U}_2=\dot{I}Z_2=22\times(2.5-\mathrm{j}4)\mathrm{V}=103.6\angle-58^\circ\mathrm{V}$$

可画出该电路的相量图如例图 6-5-1 所示。

6.5.2 阻抗的并联

两个阻抗相并联的电路如图 6-5-2 所示。根据 KCL，总的电流相量可表示为

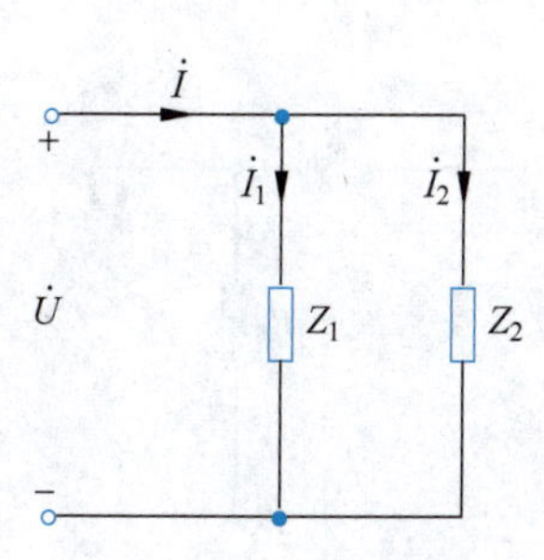

图 6-5-2 阻抗并联电路

$$\dot{I}=\dot{I}_1+\dot{I}_2=\frac{\dot{U}}{Z_1}+\frac{\dot{U}}{Z_2}=\dot{U}\left(\frac{1}{Z_1}+\frac{1}{Z_2}\right) \tag{6-5-5}$$

根据阻抗的定义，两个阻抗 Z_1 和 Z_2 并联后的等效阻抗

$$Z=\frac{\dot{U}}{\dot{I}}=\frac{1}{\frac{1}{Z_1}+\frac{1}{Z_2}}=\frac{Z_1Z_2}{Z_1+Z_2}$$

可见，两个阻抗并联后的等效阻抗与电阻并联后的等效电阻在形式上一致。另外，两个并联阻抗的电流相量与总电

流相量满足以下关系：

$$\dot{I}_1=\frac{\dot{U}}{Z_1}=\frac{Z\dot{I}}{Z_1}=\frac{Z_2}{Z_1+Z_2}\dot{I} \tag{6-5-6}$$

$$\dot{I}_2=\frac{\dot{U}}{Z_2}=\frac{Z\dot{I}}{Z_2}=\frac{Z_1}{Z_1+Z_2}\dot{I} \tag{6-5-7}$$

式(6-5-6)与式(6-5-7)即为并联电路中电流分流公式的相量形式。

对于 n 个阻抗并联的情况，其等效阻抗可表示为

$$Z=\frac{1}{\sum_{k=1}^{n}\frac{1}{Z_k}} \tag{6-5-8}$$

【例 6-5-2】 如例图 6-5-2 所示电路，已知 $Z_1=(5+\mathrm{j}5)\Omega$，$Z_2=(5-\mathrm{j}5)\Omega$，$\dot{U}=220\angle 0°\mathrm{V}$，求 $\dot{I}$、$\dot{I}_1$、$\dot{I}_2$，并画出相量图。

解：并联电路的等效阻抗

$$Z=\frac{Z_1Z_2}{Z_1+Z_2}=\frac{5\sqrt{2}\angle 45°\times 5\sqrt{2}\angle -45°}{5+\mathrm{j}5+5-\mathrm{j}5}\Omega=\frac{50}{10}\Omega=5\Omega$$

电路中的电流相量

$$\dot{I}=\frac{\dot{U}}{Z}=\frac{220\angle 0°}{5}\mathrm{A}=44\angle 0°\mathrm{A}$$

两个支路的电流相量分别为

$$\dot{I}_1=\frac{\dot{U}}{Z_1}=\frac{220\angle 0°}{5\sqrt{2}\angle 45°}\mathrm{A}=22\sqrt{2}\angle -45°\mathrm{A}$$

$$\dot{I}_2=\frac{\dot{U}}{Z_2}=\frac{220\angle 0°}{5\sqrt{2}\angle -45°}\mathrm{A}=22\sqrt{2}\angle 45°\mathrm{A}$$

可画出该电路的相量图如例图 6-5-2 所示。

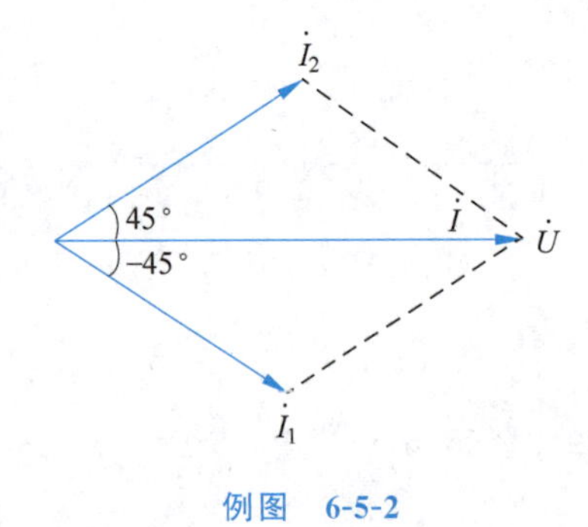

例图 6-5-2

【例 6-5-3】 一个电阻和一个感性负载并联的电路，由 $\dot{U}=230\angle 0°\mathrm{V}$ 的正弦电源供电，如例图 6-5-3 所示。已知电阻 $R_1=120\Omega$，感性负载的阻抗 $Z_2=(48+\mathrm{j}64)\Omega$，若输电线路的电阻 $R=5\Omega$，求：(1)电路的等效阻抗 Z；(2)电流 $\dot{I}$、$\dot{I}_1$、$\dot{I}_2$ 以及输电线路的电压降 $\dot{U}_\mathrm{R}$；(3)画出各电压、电流的相量图。

解：(1) 这是一个包含阻抗串、并联结构的电路，其等效阻抗

$$Z=R+\frac{R_1Z_2}{R_1+Z_2}=\left(5+\frac{120\times 80\angle 53.1°}{120+(48+\mathrm{j}64)}\right)\Omega$$

$$\approx 57.68\angle 29.62°\Omega$$

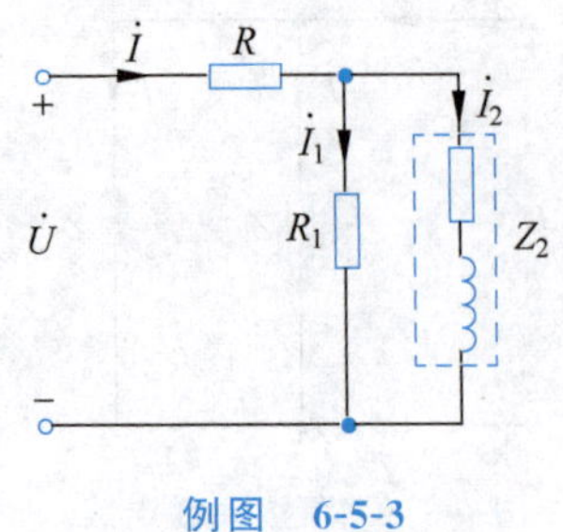

例图 6-5-3

(2) 端口电流

$$\dot{I}=\frac{\dot{U}}{Z}=\frac{230\angle 0^\circ}{57.68\angle 29.62^\circ}\text{A}\approx 3.99\angle -29.62^\circ\text{A}$$

利用分流公式可求得

$$\dot{I}_1=\frac{Z_2}{R_1+Z_2}\dot{I}=\frac{80\angle 53.1^\circ}{120+(48+\text{j}64)}\times 3.99\angle -29.62^\circ\text{A}\approx 1.77\angle 2.66^\circ\text{A}$$

$$\dot{I}_2=\frac{R_1}{R_1+Z_2}\dot{I}=\frac{120\times 3.99\angle -29.62^\circ}{179.8\angle 20.85^\circ}\text{A}\approx 2.66\angle -50.47^\circ\text{A}$$

也可先用分压公式计算 $\dot{U}_2$,即

$$\dot{U}_2=\frac{R_1\ /\!/\ Z_2}{R+R_1\ /\!/\ Z_2}\dot{U}=\frac{53.39\angle 32.28^\circ}{57.68\angle 29.62^\circ}\times 230\angle 0^\circ\text{V}\approx 212.89\angle 2.66^\circ\text{V}$$

然后求得

$$\dot{I}_1=\frac{\dot{U}_2}{R_1}=\frac{212.89\angle 2.66^\circ}{120}\text{A}\approx 1.77\angle 2.66^\circ\text{A}$$

$$\dot{I}_2=\frac{\dot{U}_2}{Z_2}=\frac{212.89\angle 2.66^\circ}{80\angle 53.13^\circ}\text{A}\approx 2.66\angle -50.74^\circ\text{A}$$

输电线路的电压降

$$\dot{U}_\text{R}=R\dot{I}=5\times 3.99\angle -29.62^\circ\text{V}=19.95\angle -29.62^\circ\text{V}$$

(3) 电压电流的相量图如例图 6-5-4 所示。

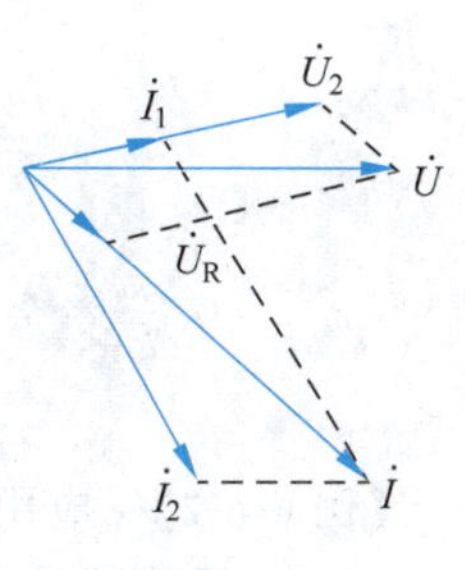

例图 6-5-4

【思考与练习】

6-5-1 用下列各式表示 RC 串联电路的电压和电流,判断对错。

(1) $i(t)=\dfrac{u(t)}{|Z|}$; (2) $I=\dfrac{U}{R+X_\text{C}}$; (3) $\dot{I}=\dfrac{U}{R-\text{j}\omega C}$;

(4) $I=\dfrac{U}{|Z|}$; (5) $u(t)=u_\text{R}(t)+u_\text{C}(t)$; (6) $U=U_\text{R}+U_\text{C}$;

(7) $\dot{U}=\dot{U}_\text{R}+\dot{U}_\text{C}$; (8) $u(t)=Ri(t)+\dfrac{1}{C}\int i(t)\text{d}t$。

6-5-2 已知 RL 串联电路的阻抗为 $Z=(4+\text{j}3)\Omega$,求该电路的电阻和感抗各为多少?并求电压与电流之间的相位差。

6-5-3 比较阻抗串联和并联的分析方法与电阻串联和并联的分析方法之间的相关性。

6.6 正弦稳态电路的相量分析

正弦稳态电路和直流电路一样,也可以利用叠加定理、戴维南定理、支路分析法、节点分析法和回路分析法等方法进行分析计算。与直流电路不同的是:分析正弦稳态电路时,所有电压和电流用相量表示,电阻、电感和电容要用相应的阻抗或导纳来表示。下面

举例说明。

【例 6-6-1】 如例图 6-6-1 所示电路，已知 $\dot{U}_1=230\angle 0°\text{V}$，$\dot{U}_2=227\angle 0°\text{V}$，$Z_1=(0.1+\text{j}0.5)\Omega$，$Z_2=(0.1+\text{j}0.5)\Omega$，$Z_3=(5+\text{j}5)\Omega$，用支路电流法求电流 $\dot{I}_3$。

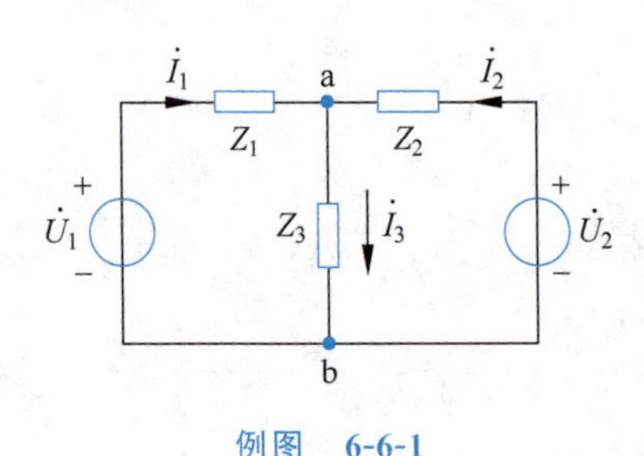

例图 6-6-1

解：选择节点 a 作为独立节点，左、右两个网孔作为独立回路，应用基尔霍夫定律可列出相量方程：

$$\begin{cases}\dot{I}_1+\dot{I}_2-\dot{I}_3=0\\ Z_1\dot{I}_1+Z_3\dot{I}_3=\dot{U}_1\\ Z_2\dot{I}_2+Z_3\dot{I}_3=\dot{U}_2\end{cases}$$

代入已知条件，可得

$$\begin{cases}\dot{I}_1+\dot{I}_2-\dot{I}_3=0\\ (0.1+\text{j}0.5)\dot{I}_1+(5+\text{j}5)\dot{I}_3=230\angle 0°\\ (0.1+\text{j}0.5)\dot{I}_2+(5+\text{j}5)\dot{I}_3=227\angle 0°\end{cases}$$

解得

$$\dot{I}_3=31.3\angle -46.1°\text{A}$$

【例 6-6-2】 应用戴维南定理计算例 6-6-1 中的电流 $\dot{I}_3$。

解：应用戴维南定理，可将例图 6-6-1 所示电路简化为例图 6-6-2(1)所示的等效电路。等效电源的电压 $\dot{U}_0$ 可根据例图 6-6-2(2)求得

$$\begin{aligned}\dot{U}_0&=\frac{\dot{U}_1-\dot{U}_2}{Z_1+Z_2}Z_2+\dot{U}_2\\&=\left[\frac{230\angle 0°-227\angle 0°}{2\times(0.1+\text{j}0.5)}\times(0.1+\text{j}0.5)+227\angle 0°\right]\text{V}\\&=228.85\angle 0°\text{V}\end{aligned}$$

等效电源的内阻抗 Z_0 可根据例图 6-6-2(2)(b)求得

$$Z_0=\frac{Z_1Z_2}{Z_1+Z_2}=\frac{Z_1}{2}=\frac{0.1+\text{j}0.5}{2}\Omega=(0.05+\text{j}0.25)\Omega$$

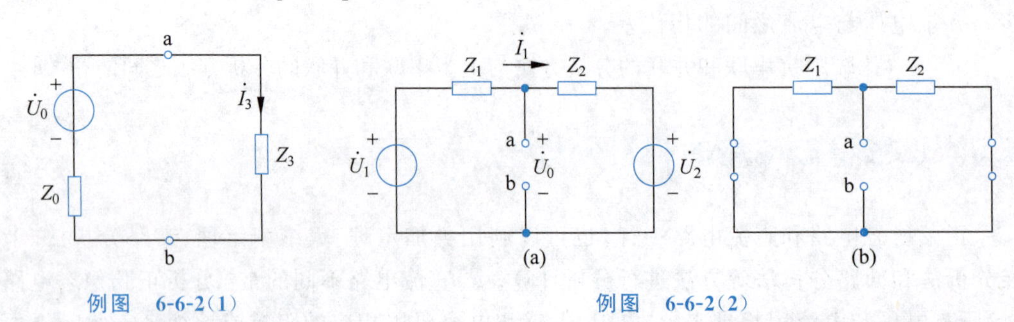

例图 6-6-2(1)　　例图 6-6-2(2)

由例图 6-6-2 可得

$$\dot{I}_3=\frac{\dot{U}_0}{Z_0+Z_3}=\frac{228.85\angle 0^\circ}{(0.05+\mathrm{j}0.25)+(5+\mathrm{j}5)}\mathrm{A}=31.3\angle-46.1^\circ\mathrm{A}$$

【例 6-6-3】 如例图 6-6-3 所示电路，电源及各元件的相量形式表达式都已标注在电路图上，用节点分析法求各支路的电流相量 $\dot{I}_1$、$\dot{I}_2$、$\dot{I}_{C1}$、$\dot{I}_{C2}$ 和 $\dot{I}_L$。

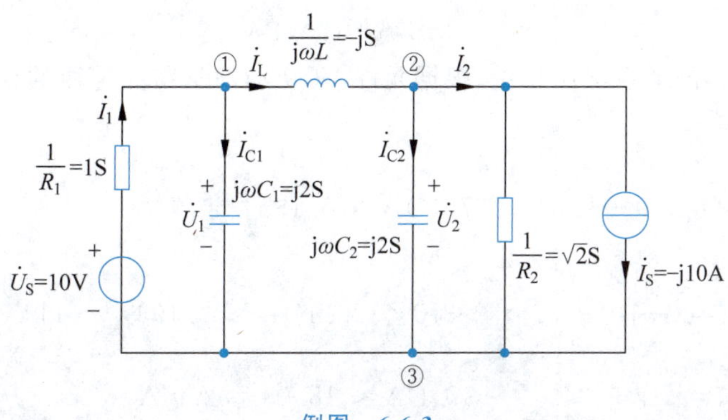

例图 6-6-3

解：由题图可知，电路的节点总数为 $n=3$，所以独立节点数 $n_i=n-1=2$。选节点③为参考节点，以节点①、②的节点电压相量 $\dot{U}_1$ 和 $\dot{U}_2$ 为待求变量，建立相量形式的节点电压方程如下：

$$\begin{cases}Y_{11}\dot{U}_1+Y_{12}\dot{U}_2=\dot{I}_{S11}\\Y_{21}\dot{U}_1+Y_{22}\dot{U}_2=\dot{I}_{S22}\end{cases}$$

其中，自导纳为

$$Y_{11}=\frac{1}{R_1}+\mathrm{j}\omega C_1+\frac{1}{\mathrm{j}\omega L}=(1+\mathrm{j}2-\mathrm{j}1)\mathrm{S}=(1+\mathrm{j})\mathrm{S}$$

$$Y_{22}=\frac{1}{R_2}+\mathrm{j}\omega C_2+\frac{1}{\mathrm{j}\omega L}=(\sqrt{2}+\mathrm{j}2-\mathrm{j}1)\mathrm{S}=(\sqrt{2}+\mathrm{j})\mathrm{S}$$

互导纳为

$$Y_{12}=Y_{21}=-\frac{1}{\mathrm{j}\omega L}=-(-\mathrm{j})\mathrm{S}=\mathrm{j}\mathrm{S}$$

流入节点①、②的电流源的电流相量为

$$\dot{I}_{S11}=\frac{\dot{U}_S}{R_1}=10\mathrm{A}$$

$$\dot{I}_{S22}=-\dot{I}_S=-(-\mathrm{j}10)\mathrm{A}=\mathrm{j}10\mathrm{A}$$

代入上述数值的节点方程为

$$\begin{cases}(1+\mathrm{j})\dot{U}_1+\mathrm{j}\dot{U}_2=10\\ \mathrm{j}\dot{U}_1+(\sqrt{2}+\mathrm{j}1)\dot{U}_2=\mathrm{j}10\end{cases}$$

求解该方程组,可得节点电压相量

$$\dot{U}_1=9.342\angle-37.1^\circ\mathrm{V}$$

$$\dot{U}_2=3.575\angle120.4^\circ\mathrm{V}$$

利用以上解得的节点电压相量,根据元件 VCR 和基尔霍夫定律的相量形式,可求得各支路电流相量为

$$\dot{I}_1=\frac{\dot{U}_S-\dot{U}_1}{R_1}=(10-9.342\angle37.1^\circ)\mathrm{A}\approx6.185\angle65.7^\circ\mathrm{A}$$

$$\dot{I}_2=\dot{I}_S+\frac{\dot{U}_2}{R_2}=(-\mathrm{j}10+\sqrt{2}\times3.375\angle120.4^\circ)\mathrm{A}\approx6.193\angle-114.4^\circ\mathrm{A}$$

$$\dot{I}_{C1}=\mathrm{j}\omega C_1\dot{U}_1=\mathrm{j}2\times9.342\angle-37.1^\circ\mathrm{A}\approx18.68\angle52.9^\circ\mathrm{A}$$

$$\dot{I}_{C2}=\mathrm{j}\omega C_2\dot{U}_2=\mathrm{j}2\times3.575\angle120.4^\circ\mathrm{A}=7.15\angle210.4^\circ\mathrm{A}=7.15\angle-149.6^\circ\mathrm{A}$$

$$\dot{I}_L=\frac{\dot{U}_1-\dot{U}_2}{\mathrm{j}\omega L}=-\mathrm{j}(9.342\angle-37.1^\circ-3.375\angle120.4^\circ)\mathrm{A}\approx12.69\angle-133.1^\circ\mathrm{A}$$

【例 6-6-4】 如例图 6-6-4 所示正弦稳态电路,已知 $R=10\Omega,L_1=20\mathrm{mH},L_2=10\mathrm{mH},C_1=50\mu\mathrm{F},C_2=50/6\mu\mathrm{F}$,电源电压 $u_S(t)=100\sqrt{2}\sin(2000t+36.9^\circ)\mathrm{V}$,用回路分析法求各支路电流的相量形式。

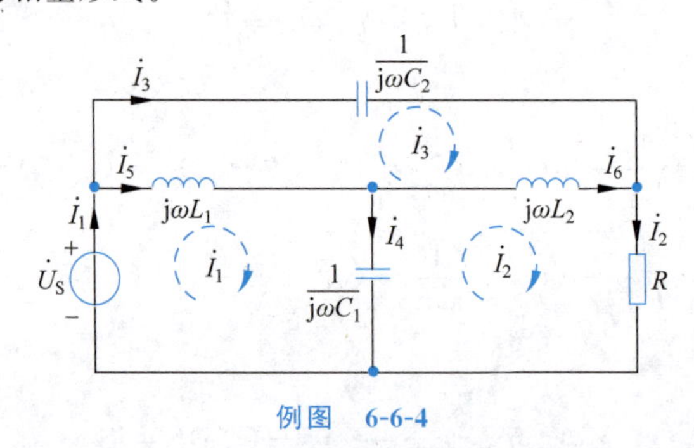

例图 6-6-4

解:将已知电压源的电压表示为相量形式,可得

$$\dot{U}_S=100\angle36.9^\circ\mathrm{V}=(80+\mathrm{j}60)\mathrm{V}$$

求出各电感、电容的阻抗为

$$\mathrm{j}\omega L_1=\mathrm{j}2000\times20\times10^{-3}\Omega=\mathrm{j}40\Omega$$

$$\mathrm{j}\omega L_2=\mathrm{j}2000\times10\times10^{-3}\Omega=\mathrm{j}20\Omega$$

$$\frac{1}{\mathrm{j}\omega C_1}=\frac{1}{\mathrm{j}2000\times50\times10^{-6}}\Omega=-\mathrm{j}10\Omega$$

$$\frac{1}{\mathrm{j}\omega C_2}=\frac{1}{\mathrm{j}2000\times(50/6)\times10^{-6}}\Omega=-\mathrm{j}60\Omega$$

选择3个网孔作为独立回路，则各网孔的电流相量分别等于支路电流相量 $\dot{I}_1$、$\dot{I}_2$、$\dot{I}_3$，写出相量形式的网孔电流方程如下：

$$\begin{cases}Z_{11}\dot{I}_1+Z_{12}\dot{I}_2+Z_{13}\dot{I}_3=\dot{U}_{S11}\\ Z_{21}\dot{I}_1+Z_{22}\dot{I}_2+Z_{23}\dot{I}_3=\dot{U}_{S22}\\ Z_{31}\dot{I}_1+Z_{32}\dot{I}_2+Z_{33}\dot{I}_3=\dot{U}_{S33}\end{cases}$$

其中，自阻抗为

$$Z_{11}=\mathrm{j}\omega L_1+\frac{1}{\mathrm{j}\omega C_1}=(\mathrm{j}40-\mathrm{j}10)\Omega=\mathrm{j}30\Omega$$

$$Z_{22}=R+\mathrm{j}\omega L_2+\frac{1}{\mathrm{j}\omega C_1}=(10+\mathrm{j}20-\mathrm{j}10)\Omega=(10+\mathrm{j}10)\Omega$$

$$Z_{33}=\mathrm{j}\omega L_1+\mathrm{j}\omega L_2+\frac{1}{\mathrm{j}\omega C_2}=(\mathrm{j}40+\mathrm{j}20-\mathrm{j}60)\Omega=0\Omega$$

互阻抗为

$$Z_{12}=Z_{21}=-\frac{1}{\mathrm{j}\omega C_1}=-(-\mathrm{j}10)\Omega=\mathrm{j}10\Omega$$
$$Z_{23}=Z_{32}=-\mathrm{j}\omega L_2=-\mathrm{j}20\Omega$$
$$Z_{31}=Z_{13}=-\mathrm{j}\omega L_1=-\mathrm{j}40\Omega$$

各网孔的电压源相量电压升的代数和为

$$\dot{U}_{S11}=\dot{U}_S=(80+\mathrm{j}60)\mathrm{V}$$

$$\dot{U}_{S22}=\dot{U}_{S33}=0$$

故网孔电流方程为

$$\begin{cases}\mathrm{j}30\dot{I}_1+\mathrm{j}10\dot{I}_2-\mathrm{j}40\dot{I}_3=80+\mathrm{j}60\\ \mathrm{j}10\dot{I}_1+(10+\mathrm{j}10)\dot{I}_2-\mathrm{j}20\dot{I}_3=0\\ -\mathrm{j}40\dot{I}_1-\mathrm{j}20\dot{I}_2+0\times\dot{I}_3=0\end{cases}$$

求解该方程组，可得各网孔电流相量为

$$\dot{I}_1=2\mathrm{A}=2\angle0^\circ\mathrm{A}$$

$$\dot{I}_2=-4\mathrm{A}=4\angle180^\circ\mathrm{A}$$

$$\dot{I}_3=(-1+\mathrm{j}2)\mathrm{A}\approx2.236\angle116.6^\circ\mathrm{A}$$

支路电流相量 $\dot{I}_1$、$\dot{I}_2$、$\dot{I}_3$ 分别等于以上三个网孔电流相量。根据相量形式的KCL，可求得其余三条支路的电流相量为

$$\dot{I}_4=\dot{I}_1-\dot{I}_2=[2-(-4)]\text{A}=6\text{A}=6\angle 0^\circ\text{A}$$

$$\dot{I}_5=\dot{I}_1-\dot{I}_3=[2-(-1+\text{j}2)]\text{A}=(3-\text{j}2)\text{A}\approx 3.6\angle -33.7^\circ\text{A}$$

$$\dot{I}_6=\dot{I}_2-\dot{I}_3=[-4-(-1+\text{j}2)]\text{A}=(-3-\text{j}2)\text{A}\approx 3.6\angle -146.3^\circ\text{A}$$

本节讨论的4个例题将曾用于电阻电路的支路电流法、戴维南定理、节点分析法和回路分析法推广应用于正弦稳态电路的相量分析中。基于同样的道理，也可以将电阻电路分析中的叠加定理、诺顿定理、星形电阻网络与三角形电阻网络的等效变换和实际电源的等效变换方法推广应用于正弦稳态电路的相量分析中。

【思考与练习】

6-6-1　比较正弦稳态电路的分析方法与直流线性电阻电路的分析方法。

6-6-2　根据如例图6-6-4所示正弦稳态电路的相量模型，画出对应的时域电路模型，并写出各支路电流的时间函数表达式。

6.7　正弦稳态电路的功率

正弦交流电路的主要作用之一是实现电能的传输与分配，计算并分析正弦稳态电路的功率具有重要意义。在正弦交流电路中，由于存在电容和电感等储能元件，能量在电源与电路其他部分之间往往存在往返交换的现象。为了充分揭示正弦交流电路中的能量传输与分配原理，引入平均功率、有功功率、无功功率、视在功率、复功率和功率因数等概念。

本节讲解正弦稳态电路中各种功率的概念和计算方法，并将各种功率通过功率三角形建立联系。

6.7.1　瞬时功率和平均功率

如图6-7-1(a)所示无源网络N，其端口电压 $u(t)$ 与电流 $i(t)$ 参考方向一致，正弦激励条件下，其相量模型如图6-7-1(b)所示，其中，$Z=|Z|\angle\varphi_Z=R+\text{j}X$ 表示网络N的阻抗。设 $u(t)=\sqrt{2}U\sin(\omega t+\varphi_u)$，$i(t)=\sqrt{2}I\sin(\omega t+\varphi_i)$，则网络N吸收的瞬时功率为

$$\begin{aligned}p(t)&=u(t)i(t)=2UI\sin(\omega t+\varphi_u)\sin(\omega t+\varphi_i)\\&=UI[\cos(\varphi_u-\varphi_i)-\cos(2\omega t+\varphi_u+\varphi_i)]\\&=UI\cos(\varphi_u-\varphi_i)-UI\cos(2\omega t+\varphi_u+\varphi_i)\end{aligned}\qquad(6\text{-}7\text{-}1)$$

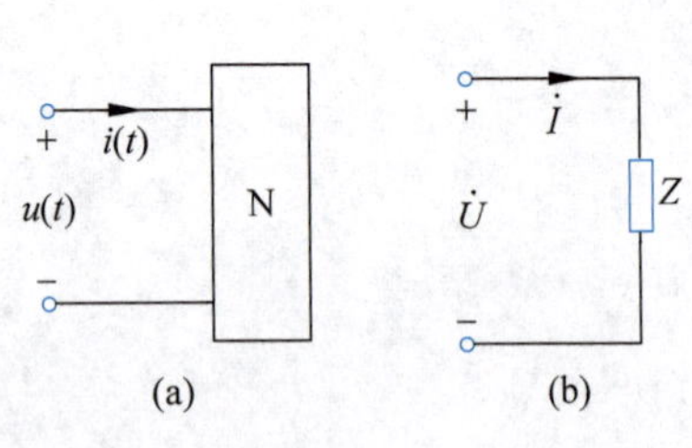

图6-7-1　正弦激励无源网络N及其相量模型

可见，瞬时功率 $p(t)$ 以角频率 2ω 进行周期性变化。其中，$\varphi_u-\varphi_i$ 为电压 $u(t)$ 与电流 $i(t)$ 的相位差，也是网络N的阻抗角 φ_Z，即 $\varphi_Z=\varphi_u-\varphi_i$。

瞬时功率 $p(t)$ 与网络N的性质密切相关。若网络N呈现纯电阻性，即 $\varphi_Z=\varphi_u-\varphi_i=0$，则 $p(t)=UI-UI\cos(2\omega t+2\varphi_u)\geqslant 0$，这反映了电阻性网络耗能的基本特征。若网络N呈现纯电感性或纯电容性，即 $\varphi_Z=\varphi_u-\varphi_i=\pm 90^\circ$，则瞬时功率为余弦周期

函数 $p(t)=-UI\cos(2\omega t+\varphi_u+\varphi_i)$。当 $p(t)>0$ 时，网络从外部吸收能量；当 $p(t)<0$ 时，网络向外部输出能量，这反映了纯电感性或纯电容性网络储能但不耗能的特征。对于一般网络 N，其阻抗角 $0°<\varphi_Z=\varphi_u-\varphi_i<90°$ 或 $-90°<\varphi_Z=\varphi_u-\varphi_i<0°$，阻抗 Z 既有电阻，也有电抗，此时 $p(t)$ 同样存在正、负极性交替的现象，但在一个周期内网络吸收的能量大于向外部输出的能量，这反映出此类网络兼具耗能和储能两种特征。

为了评估网络 N 在正弦激励下的电能消耗，在瞬时功率 $p(t)$ 的基础上提出了平均功率的概念。网络 N 吸收的平均功率定义为

$$\begin{aligned}P&=\frac{1}{T}\int_0^T p(t)\mathrm{d}t=\frac{1}{T}\int_0^T [UI\cos(\varphi_u-\varphi_i)-UI\cos(2\omega t+\varphi_u+\varphi_i)]\mathrm{d}t\\&=UI\cos(\varphi_u-\varphi_i)=UI\cos\varphi_Z\end{aligned}\tag{6-7-2}$$

式中，$T=\frac{2\pi}{\omega}$ 为正弦激励的周期。平均功率的单位为瓦特(W)。网络 N 吸收的平均功率体现其消耗正弦交流电能对外做功的能力。因此，平均功率也称为有功功率。有功功率是进行负载测量和电能计量的基础。

由式(6-7-2)可知，在电压有效值 U 和电流有效值 I 已知的情况下，网络 N 吸收的平均功率 P 取决于阻抗角的余弦值 $\cos\varphi_Z=\cos(\varphi_u-\varphi_i)$。电工学中将阻抗角的余弦值定义为网络 N 的功率因数

$$\lambda=\cos\varphi_Z=\cos(\varphi_u-\varphi_i)\tag{6-7-3}$$

因此，网络 N 的阻抗角也称为功率因数角。

由于阻抗角的取值范围为 $-90°\leqslant\varphi_Z\leqslant+90°$，所以，功率因数的取值范围为 $0\leqslant\lambda\leqslant1$。根据阻抗的知识可知，电阻性网络的功率因数 $\lambda=1$，纯电感性或纯电容性网络的功率因数 $\lambda=0$。工程中，利用交流仪表可以快速测出电压有效值 U、电流有效值 I 和功率因数 λ，从而计算出平均功率

$$P=\lambda UI\tag{6-7-4}$$

由于电感元件和电容元件为储能元件，不消耗电能，因此，网络 N 吸收的平均功率即为网络中电阻元件吸收的平均功率。以图 6-3-5 所示 RLC 串联电路为例，由电压三角形可求得电阻电压有效值为 $U_R=U\cos\varphi$，所以 RLC 串联电路吸收的平均功率

$$P=\lambda UI=UI\cos\varphi=U_R I=I^2R=\frac{U_R^2}{R}\tag{6-7-5}$$

式(6-7-5)说明 RLC 串联电路吸收的平均功率等于电阻 R 吸收的平均功率。因此，通过计算网络 N 中电阻元件的平均功率即可求得网络 N 的平均功率。

6.7.2 无功功率

通过对正弦稳态电路瞬时功率的分析可以发现，若网络 N 由于存在电感、电容等储能元件而呈现感性或容性，将导致网络与外部电路之间发生周期性的能量交换，这种能量流不做功，不被网络消耗。为了定量分析网络中这种不做功的能量流，引入无功功率的概念。

如图 6-7-1 所示无源网络 N 及其相量模型，设 $u(t)=\sqrt{2}U\sin(\omega t+\varphi_u)$，$i(t)=\sqrt{2}I\sin(\omega t+\varphi_i)$，则 $\dot{U}=U\angle\varphi_u$，$\dot{I}=I\angle\varphi_i$，$\varphi_Z=\varphi_u-\varphi_i$。阻抗 Z 可视作电阻 R 与电抗 X 的串联，电阻 R 上的电压相量 $\dot{U}_R=U_R\angle\varphi_i$，电抗 X 上的电压相量取决于电抗的极性：若 $X>0$，电抗呈感性，$\dot{U}_X=U_X\angle(\varphi_i+90°)$；若 $X<0$，电抗呈容性，$\dot{U}_X=U_X\angle(\varphi_i-90°)$。$\dot{U}_R$、$\dot{U}_X$ 与 $\dot{U}$ 构成如图 6-3-5(c)所示的电压三角形，因此 $U_R=U\cos(\varphi_u-\varphi_i)$，$U_X=|U\sin(\varphi_u-\varphi_i)|$。

对式(6-7-1)中网络 N 吸收的瞬时功率 $p(t)$ 做进一步推导，分解出电阻 R 与电抗 X 上的瞬时功率如下：

$$\begin{aligned}p(t)&=UI\cos(\varphi_u-\varphi_i)-UI\cos(2\omega t+\varphi_u+\varphi_i)\\&=\underbrace{U\cos(\varphi_u-\varphi_i)}_{U_R}I[1-\cos(2\omega t+2\varphi_i)]+\underbrace{U\sin(\varphi_u-\varphi_i)}_{\pm U_X}I\sin(2\omega t+2\varphi_i)\\&=\underbrace{U_R I[1-\cos(2\omega t+2\varphi_i)]}_{\text{电阻}R\text{上的瞬时功率}}\pm\underbrace{U_X I\sin(2\omega t+2\varphi_i)}_{\text{电抗}X\text{上的瞬时功率}}\end{aligned}\tag{6-7-6}$$

由式(6-7-6)可见，电阻 R 上的瞬时功率表示为电阻消耗功率的函数形式，其平均值即为网络 N 吸收的平均功率(有功功率)$P=UI\cos(\varphi_u-\varphi_i)=U_R I$；电抗上的瞬时功率可以表示为

$$p_X(t)=UI\sin(\varphi_u-\varphi_i)\sin(2\omega t+2\varphi_i)=\pm U_X I\sin(2\omega t+2\varphi_i)\tag{6-7-7}$$

式中，当电抗 $X>0$，即网络 N 呈感性时，式(6-7-7)取"+"号；当电抗 $X<0$，即网络 N 呈容性时，式(6-7-7)取"−"号。由此可见，网络 N 与外部交换能量时瞬时功率表现为一个角频率为 2ω 的正弦函数，其振幅为 $UI\sin(\varphi_u-\varphi_i)$。

网络 N 吸收的无功功率定义为网络与外部交换能量时电抗吸收瞬时功率的最大值，通常用符号 Q 表示，即

$$Q=UI\sin(\varphi_u-\varphi_i)=UI\sin\varphi_Z\tag{6-7-8}$$

无功功率的单位为乏(Var)。无功功率在正弦交流供电系统中受到广泛重视，是影响电源效用、供电质量和用电效率的重要因素。

对于感性网络，$0°<\varphi_Z\leqslant 90°$，$Q=UI\sin\varphi_Z>0$，即感性网络总是吸收无功功率；对于容性网络，$-90°\leqslant\varphi_Z<0°$，$Q=UI\sin\varphi_Z<0$，即容性网络总是发出无功功率；对于电阻网络，$\varphi_Z=0°$，$Q=UI\sin\varphi_Z=0$，即电阻网络既不吸收无功功率也不发出无功功率。

6.7.3 视在功率

如图 6-7-1(a)所示无源网络 N，在正弦激励条件下，假设电路已进入稳态。设 $u(t)=\sqrt{2}U\sin(\omega t+\varphi_u)$，$i(t)=\sqrt{2}I\sin(\omega t+\varphi_i)$，则网络 N 的视在功率定义为电压有效值 U 和电流有效值 I 的乘积，用符号 S 表示，即

$$S=UI\tag{6-7-9}$$

视在功率的单位为伏安(V·A)。

网络 N 的视在功率 S 与有功功率 P、无功功率 Q 以及阻抗角 φ_Z 之间满足以下关系：

$$P=S\cos\varphi_Z \tag{6-7-10}$$

$$Q=S\sin\varphi_Z \tag{6-7-11}$$

$$S=\sqrt{P^2+Q^2} \tag{6-7-12}$$

$$\tan\varphi_Z=\frac{Q}{P} \tag{6-7-13}$$

显然，P、Q、S 构成一个直角三角形，可以用图 6-7-2 所示的功率三角形来表示。如图 6-7-3 所示，阻抗三角形、电压三角形与功率三角形相似，这三个三角形有助于理解和分析网络中阻抗、电压和功率之间的关系。

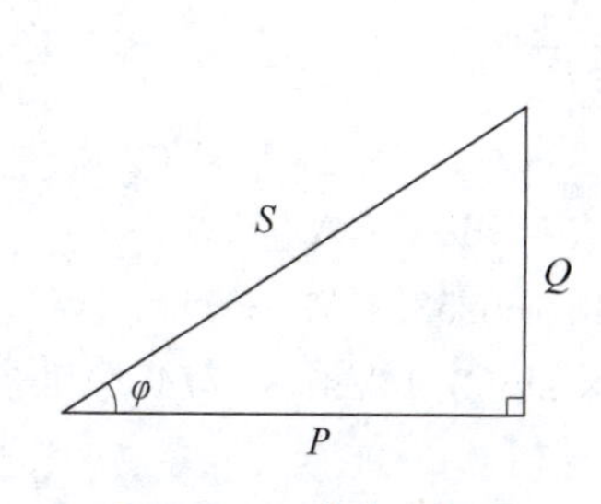

图 6-7-2 功率三角形

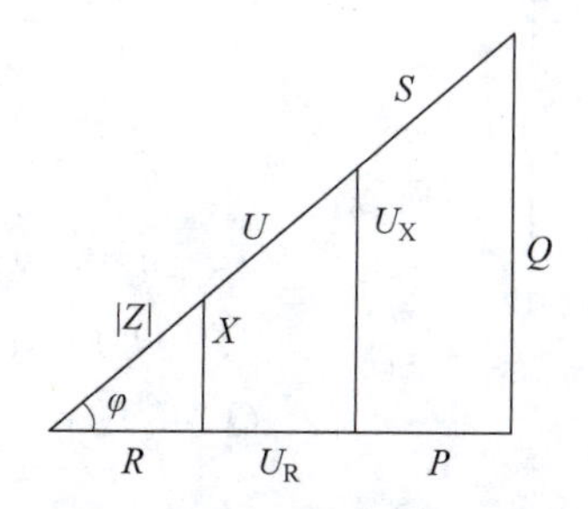

图 6-7-3 功率、电压、阻抗三角形

6.7.4 复功率

复功率在正弦稳态电路功率分析中是一个非常有用的辅助计算量，它将有功功率、无功功率、视在功率和功率因数统一地联系起来。

如图 6-7-1 所示无源网络 N 及其相量模型。假设 $u(t)=\sqrt{2}U\sin(\omega t+\varphi_u)$，$i(t)=\sqrt{2}I\sin(\omega t+\varphi_i)$，则 $\dot{U}=U\angle\varphi_u$，$\dot{I}=I\angle\varphi_i$，$\varphi_Z=\varphi_u-\varphi_i$。网络 N 吸收的复功率定义为电压相量 $\dot{U}$ 与电流相量的共轭复数 $\dot{I}^*$ 的乘积，用符号 $\tilde{S}$ 表示，即

$$\tilde{S}=\dot{U}\dot{I}^*=UI\angle(\varphi_u-\varphi_i)=UI\angle\varphi_Z=S\angle\varphi_Z \tag{6-7-14}$$

式中，$\dot{I}^*=I\angle(-\varphi_i)$是电流相量 $\dot{I}$ 的共轭复数。可见，复功率是一个以视在功率 S 为模，以网络阻抗角 φ_Z 为相角的复数量。复功率的单位为伏·安(V·A)。

利用欧拉公式，可将式(6-7-14)所示复功率 $\tilde{S}$ 转换为

$$\tilde{S}=S\angle\varphi_Z=S\cos\varphi_Z+\mathrm{j}S\sin\varphi_Z=P+\mathrm{j}Q \tag{6-7-15}$$

显然，复功率 $\tilde{S}$ 的实部等于平均功率 P，虚部等于无功功率 Q。

由式(6-7-14)和式(6-7-15)可见，利用电压相量 $\dot{U}$ 和电流相量 $\dot{I}$ 求出复功率 $\tilde{S}$，即可间接求得平均功率 P、无功功率 Q、视在功率 S 以及功率因数 λ 等参数。

下面简单分析网络 N 吸收的复功率与网络参数之间的关系。设网络 N 的端口等效

阻抗为 $Z=R+\mathrm{j}X$，等效导纳为 $Y=G+\mathrm{j}B$，则复功率 $\widetilde{S}$ 计算如下：

$$\widetilde{S}=\dot{U}\dot{I}^{*}=Z\dot{I}\dot{I}^{*}=ZI^{2}=RI^{2}+\mathrm{j}XI^{2} \tag{6-7-16}$$

$$\widetilde{S}=\dot{U}\dot{I}^{*}=\dot{U}(\dot{U}Y)^{*}=\dot{U}\dot{U}^{*}Y^{*}=Y^{*}U^{2}=GU^{2}-\mathrm{j}BU^{2} \tag{6-7-17}$$

式中，$\dot{U}^{*}$ 为电压相量 $\dot{U}$ 的共轭复数，Y^{*} 为等效导纳 Y 的共轭复数，且 $(\dot{U}Y)^{*}=\dot{I}^{*}$。

【例 6-7-1】 RL 串联电路如例图 6-7-1 所示，已知 $R=30\Omega$，$X_{\mathrm{L}}=40\Omega$，$u(t)=220\sqrt{2}\sin(\omega t+20^{\circ})\mathrm{V}$，求有功功率 P、无功功率 Q 和视在功率 S。

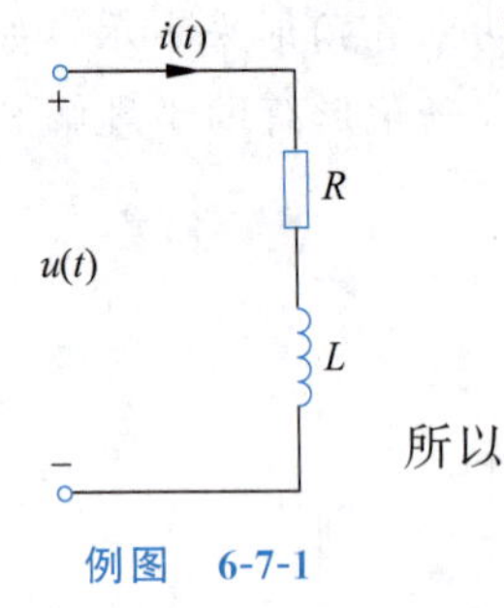

例图 6-7-1

解：由已知条件可得

$$I=\frac{U}{\sqrt{R^{2}+X_{\mathrm{L}}^{2}}}=4.4\mathrm{A}$$

$$\varphi=\arctan\frac{X_{\mathrm{L}}}{R}=53.1^{\circ}$$

所以

$$S=UI=220\times4.4\mathrm{V\cdot A}=968\mathrm{V\cdot A}$$

$$P=UI\cos\varphi=220\times4.4\times\cos53.1^{\circ}\mathrm{W}\approx580.8\mathrm{W}$$

$$Q=UI\sin\varphi=220\times4.4\times\sin53.1^{\circ}\mathrm{Var}\approx774.4\mathrm{Var}$$

或

$$P=RI^{2}=30\times4.4^{2}\mathrm{W}\approx580.8\mathrm{W}$$

$$Q=X_{\mathrm{L}}I^{2}=40\times4.4^{2}\mathrm{Var}\approx774.4\mathrm{Var}$$

【例 6-7-2】 一个实际线圈可用电阻 R 和电感 L 的串联作为其电路模型，如例图 6-7-1 所示。若线圈接于频率为 50Hz、电压有效值为 100V 的正弦交流电源上，测得流过线圈的电流 $I=2\mathrm{A}$，有功功率 $P=40\mathrm{W}$，计算线圈的参数 R、L 及功率因数 $\cos\varphi$。

解：由已知条件可得

$$R=\frac{P}{I^{2}}=\frac{40}{2^{2}}\Omega=10\Omega$$

$$|Z|=\frac{U}{I}=\frac{100}{2}\Omega=50\Omega$$

$$X_{\mathrm{L}}=\sqrt{|Z|^{2}-R^{2}}=\sqrt{50^{2}-10^{2}}\,\Omega\approx48.99\Omega$$

$$L=\frac{X_{\mathrm{L}}}{2\pi f}=\frac{48.99}{2\times3.14\times50}\mathrm{H}\approx0.156\mathrm{H}=156\mathrm{mH}$$

$$\cos\varphi=\frac{P}{S}=\frac{P}{UI}=\frac{40}{100\times2}=0.2$$

或

$$\cos\varphi=\frac{R}{|Z|}=\frac{10}{50}=0.2$$

【思考与练习】

6-7-1 如例图 6-7-1 所示电路，已知 $f=50\mathrm{Hz}$，求电阻和电感在 $t=1\times10^{-3}\mathrm{s}$ 时吸收

的功率。

6-7-2 画出如图 6-7-1 所示无源二端网络 N 的端口等效导纳参数 G、B、$|Y|$ 为三边构成的导纳三角形，并说明它是否与功率三角形相似。

6.8 功率因数的提高

目前，电力系统广泛采用正弦交流电，家用电器、办公设备、科研仪器以及工农业生产所用电气设备大多采用正弦交流供电方式。由于线圈等感性元件的广泛使用，实际用电设备的功率因数一般不高。例如，日光灯的功率因数约为 0.5；工农业生产中大量使用的异步电动机空载时的功率因数约为 0.2；交流电焊机的功率因数只有 0.3～0.4；交流电磁铁的功率因数甚至低至 0.1。上述设备的大量使用，会引起巨大的电能损耗，降低电源设备的效用，甚至对供电系统构成安全隐患。

6.8.1 提高功率因数的意义

1. 使电源设备得到充分利用

一般交流电源设备（发电机等）都是根据额定电压 U_N 和额定电流 I_N 进行设计、制造和使用的。给定额定电压 U_N，负载电流不允许超过额定电流 I_N，否则电流过载，将导致电源故障。假设负载的额定电压为 U_N，功率因数为 λ，当负载电流达到电源额定电流 I_N 时，电源设备供给负载的有功功率 $P=\lambda U_N I_N$。显然，若负载的功率因数 $\lambda<1$，则电源的潜力就不能得到充分发挥。在交流供电系统中，变压器在交流电的变电、输电和配电过程中担负着重要作用。例如，额定容量 $S_N=U_N I_N=100\text{kV}\cdot\text{A}$ 的变压器，若负载的功率因数 $\lambda=1$，则负载电流达到变压器额定值 I_N 时，变压器输出的有功功率 $P=\lambda S_N=S_N=100\text{kW}$；若负载的功率因数 $\lambda=0.2$，则负载电流达到变压器额定值 I_N 时，变压器输出的有功功率只能达到 $P=\lambda S_N=20\text{kW}$。显然，这时变压器的额定容量远没有得到充分利用，效率仅为 20%。可见，提高负载的功率因数 λ，可以提高电源设备的利用率。

2. 降低线路损耗和线路压降

电能在传输过程中会产生线路损耗和线路压降，电源设备与负载之间输电线上的损耗可表示为 $\Delta P=I^2R_1$（R_1 为线路电阻），线路压降可表示为 $\Delta U=R_1 I$，而线路电流 $I=P/U\lambda$。由此可见，当电源电压 U 和有功功率 P 一定时，提高功率因数 λ 可以使线路电流减小，从而降低传输线上的损耗 ΔP，提高传输效率；同时，线路上的压降 ΔU 减小，使负载的端电压变化减小，会提高供电质量；或在相同的线路损耗情况下，节约用铜量，因为功率因数 λ 提高，在 P 一定时，电流 I 减小，传输导线可以减小线径，故节约了铜材。

6.8.2 提高功率因数的方法

提高功率因数的方法除了正确选用异步电动机的容量、减少轻载和空载以外，主要采用在感性负载两端并联电容器的方法对无功功率进行补偿。如图 6-8-1(a)所示，设负载的端电压为 $\dot{U}$，未并联电容时，感性负载的电流为 $\dot{I}_1$，线路上的电流也为 $\dot{I}_1$，并联电容后，感性负载的电流 $\dot{I}_1$ 不变，而线路上的电流变为 $\dot{I}=\dot{I}_1+\dot{I}_C$。图 6-8-1(b)所示的相量图表明，在感性负载的两端并联适当的电容，可使电压 $\dot{U}$ 与线路电流 $\dot{I}$ 的相位差 φ 变小，未并联电容时是 φ_1，而并接电容后为 φ_2，$\varphi_2<\varphi_1$，故 $\cos\varphi_2>\cos\varphi_1$，即功率因数提高了。同时可以看到，线路电流也由 $\dot{I}_1$ 减小为 $\dot{I}$。这时有一部分能量互换发生在感性负载与电容器之间，减轻了电源的负担，因而使电源设备的容量得到充分利用，线路上的损耗和压降也减少了。

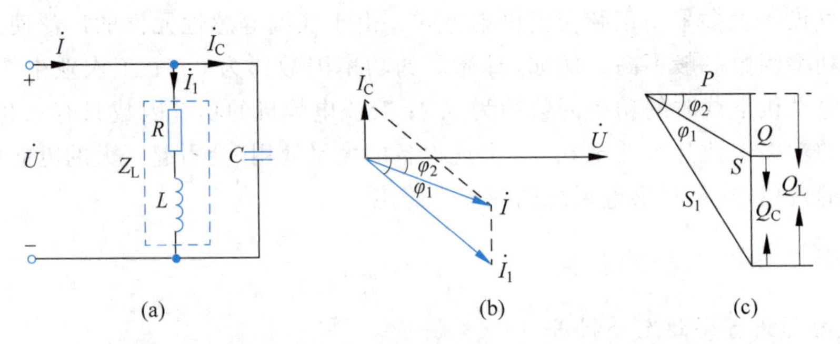

图 6-8-1　感性负载并联电容器提高功率因数的原理图

图 6-8-1(c)表示并联电容前后功率三角形的变化。未并入电容时，电路的无功功率

$$Q_L=UI_1\sin\varphi_1=UI_1\frac{\sin\varphi_1\cos\varphi_1}{\cos\varphi_1}=P\tan\varphi_1 \tag{6-8-1}$$

而并入电容后，电路的无功功率

$$Q=UI\sin\varphi_2=P\tan\varphi_2 \tag{6-8-2}$$

因此，电容补偿的无功功率

$$Q_C=Q_L-Q=P(\tan\varphi_1-\tan\varphi_2) \tag{6-8-3}$$

又因为

$$Q_C=I_C^2X_C=\frac{U^2}{X_C}=\omega CU^2 \tag{6-8-4}$$

所以，需并联的电容器的电容量

$$C=\frac{Q_C}{\omega U^2}=\frac{P}{2\pi fU^2}(\tan\varphi_1-\tan\varphi_2) \tag{6-8-5}$$

式中，P 为负载所吸收的有功功率，U 为负载的端电压，φ_1 和 φ_2 分别为补偿前和补偿后的功率因数角。

【例 6-8-1】 某正弦交流电源额定容量 $S_N=20\text{kV}\cdot\text{A}$，额定电压 $U_N=220\text{V}$，频率 $f=50\text{Hz}$。求：(1)该电源的额定电流 I_N；(2)该电源若连接功率因数为 $\cos\varphi_1=0.5$、功率为 40W 的荧光灯，最多可供给多少盏灯？此时线路的电流为多少？(3)若将电路的功率因数提高到 $\cos\varphi_2=0.9$，此时线路的电流为多少？需并联多大的电容？

解：(1) 由已知条件可得额定电流

$$I_N=\frac{S_N}{U_N}=\frac{20\times10^3}{220}\text{A}\approx 91\text{A}$$

(2) 设荧光灯的盏数为 n，即 $nP=S_N\cos\varphi_1$，则

$$n=\frac{S_N\cos\varphi_1}{P}=\frac{20\times10^3\times0.5}{40}\text{盏}=250\text{盏}$$

此时，线路电流为额定电流，即 $I_1=I_N=91\text{A}$。

(3) 因为电路总的有功功率 $P=n\times40=250\times40\text{W}=10\text{kW}$，故此时电路中的电流

$$I=\frac{P}{U\cos\varphi_2}=\frac{10\times10^3}{220\times0.9}\text{A}\approx50.5\text{A}$$

因为 $\cos\varphi_1=0.5$，可得 $\varphi_1=60°$，则 $\tan\varphi_1=1.731$；而 $\cos\varphi_2=0.9$，可得 $\varphi_2=25.8°$，则 $\tan\varphi_2=0.483$，于是所需电容器的电容量

$$C=\frac{P}{2\pi fU^2}(\tan\varphi_1-\tan\varphi_2)=\frac{10\times10^3}{2\pi\times50\times220^2}(1.731-0.483)\mu\text{F}\approx820\mu\text{F}$$

由以上计算可知，随着功率因数由0.5提高到0.9，线路电流由91A下降到50.5A，因而电源得到了有效利用，且仍有潜力供给其他负载。

【思考与练习】

6-8-1 在感性负载两端并联补偿电容器后，线路的总电流、总功率以及负载电流是否会发生变化？为什么？

6-8-2 提高功率因数时，如将电容器并联在电源端(输电线始端)，是否能取得预期效果？为什么？

6-8-3 功率因数提高后，线路电流减小了，电度表会走得慢(省电)吗？

6.9 负载获得最大功率的条件

电路设计的主要目的之一是使信号源输出给负载的功率为最大。当不必计较其传输效率时，常常要研究使负载获得最大功率的条件。例如在如图6-9-1所示的串联电路中，$\dot{U}_S$ 为信号源的电压相量，$Z_S=R_S+jX_S$ 为信号源的内阻抗，$Z_L=R_L+jX_L$ 为负载阻抗。

设电源参数已定，则负载吸收的功率将取决于负载阻抗。图6-9-1电路中的电流相量可表示为

$$\dot{I}=\frac{\dot{U}_S}{Z_S+Z_L}=\frac{\dot{U}_S}{(R_S+R_L)+j(X_S+X_L)} \tag{6-9-1}$$

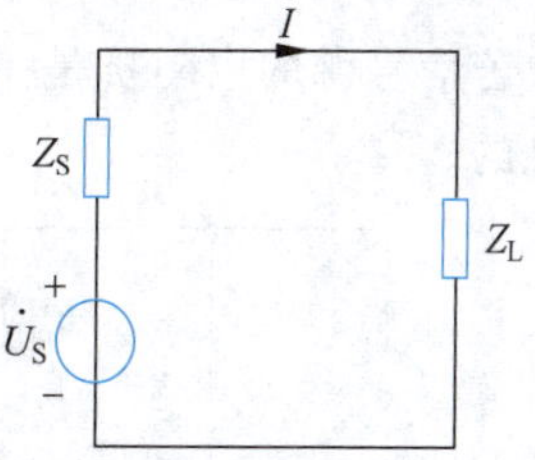

电流的有效值

$$I=\frac{U_S}{\sqrt{(R_S+R_L)^2+(X_S+X_L)^2}} \tag{6-9-2}$$

负载吸收的功率

$$P_L=I^2R=\frac{U_S^2R}{(R_S+R_L)^2+(X_S+X_L)^2} \tag{6-9-3}$$

$\dot{I}$ Z_S Z_L + $\dot{U}_S$ −

图6-9-1 研究负载获得最大功率条件的串联电路

若负载的电抗 X_L 是可变的，由式(6-9-3)可知，负载吸收的功率 P 是 X 的函数，而当电路的电抗 $X_S+X_L=0$，即 $X_L=-X_S$ 时，负载的电抗与信号源的电抗大小相等、性质相反，负载吸收的功率为最大，其值为

$$P_{Lm}=\frac{U_S^2R_L}{(R_S+R_L)^2} \tag{6-9-4}$$

若负载的电抗和电阻均可变，则负载吸收的功率是 X_L 和 R_L 的函数。首先使 $X_L=-X_S$，这时负载吸收的功率达到极大值 P_{Lm}，如式(6-9-4)所示，此功率极大值仍为 R_L 的函数。

令 $\frac{dP_{Lm}}{dR_L}=0$，即

$$\frac{d}{dR_L}\left[\frac{U_S^2R_L}{(R_S+R_L)^2}\right]=\frac{(R_S+R_L)^2U_S^2-U_S^2R_L\times 2(R_S+R_L)}{(R_S+R_L)^4}=0$$

可得

$$(R_S+R_L)^2-2R_L(R_S+R_L)=0$$

解得

$$R_L=R_S \tag{6-9-5}$$

因此，当负载的电抗和电阻均可变时，负载吸收最大功率的条件为

$$X_L=-X_S,\quad R_L=R_S$$

即

$$R_L+jX_L=R_S-jX_S$$

或

$$Z_L=Z_S^* \tag{6-9-6}$$

由此得出结论：当负载阻抗与信号源的内阻抗互为共轭复数时，负载吸收的功率为最大。这就是通常所说的负载与信号源匹配的状态，这种匹配称为共轭匹配。

在共轭匹配状态下，负载获得的最大功率

$$P_{Lm}=\frac{U_S^2R_L}{(R_S+R_L)^2}=\frac{U_S^2}{4R_S} \tag{6-9-7}$$

若信号源的内阻抗是一个纯电阻，则为了使负载能获得最大功率，负载也应该是电阻性的。

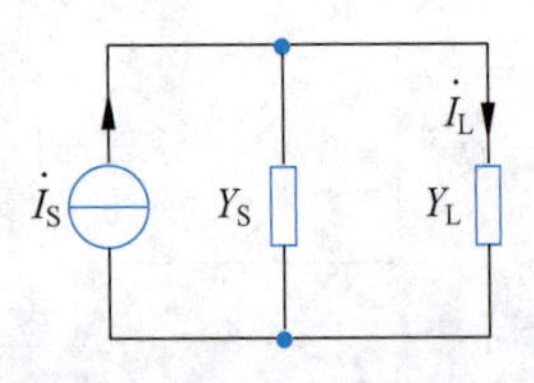

图 6-9-2 研究负载获得最大功率条件的并联电路

对于如图 6-9-2 所示并联电路，$\dot{I}_S$ 为信号源的电流相量，$Y_S=G_S+jB_S$ 为信号源的内导纳，$Y_L=G_L+jB_L$ 为负载导纳。同理，可以得到负载获得最大功率的条件为

$$G_L=G_S,\quad B_L=-B_S$$

即负载导纳与信号源的内导纳满足共轭匹配条件，或写作

$$Y_L = Y_S^* \tag{6-9-8}$$

此时，负载获得的最大功率可以表示为

$$P_{Lm} = \frac{I_S^2 G_L}{(G_S + G_L)^2} = \frac{I_S^2}{4G_S} \tag{6-9-9}$$

对于普通电路，为了分析最大功率传输问题，可以利用戴维南定理或诺顿定理将负载之外的有源网络进行等效变换，得到图 6-9-1 或图 6-9-2 所示的简化电路模型，再利用式(6-9-6)～式(6-9-9)的结论计算负载获得的最大功率。

【例 6-9-1】 如例图 6-9-1 所示电路，已知 $\dot{U}_S = 20\angle 30°\text{V}$，$Z_1 = (0.5 - j0.5)\Omega$，若使负载 Z_2 获得最大功率，Z_2 的取值应该是多少？此时获得的最大功率是多少？回路电流 $\dot{I}_1$ 是多少？

解：当负载获得最大功率时应满足共轭匹配条件，即

$$Z_2 = Z_1^*$$

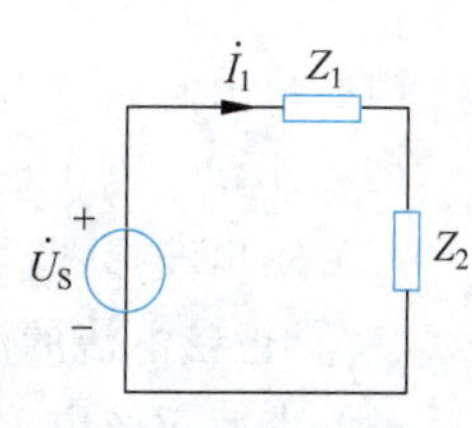

例图 6-9-1

由已知条件 $Z_1 = (0.5 - j0.5)\Omega$，可得

$$Z_2 = Z_1^* = (0.5 + j0.5)\Omega$$

此时负载 Z_2 获得最大功率，其值

$$P_{max} = \frac{U_S^2}{4R_S} = \frac{20^2}{4 \times 0.5}\text{W} = 200\text{W}$$

此时的回路电流

$$\dot{I}_1 = \frac{\dot{U}_S}{Z_1 + Z_2} = \frac{20\angle 30°}{(0.5 - j0.5) + (0.5 + j0.5)}\text{A} = 20\angle 30°\text{A}$$

【例 6-9-2】 如例图 6-9-2 所示电路，已知 $\dot{I}_S = 2\angle 0°\text{A}$，求负载 Z 获得的最大功率是多少？

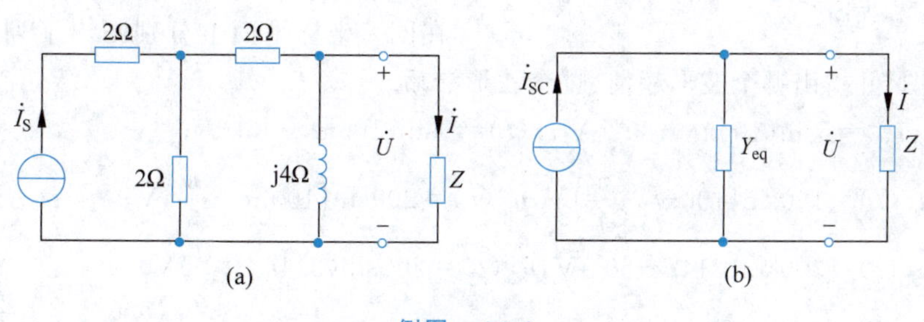

例图 6-9-2

解：首先建立例图 6-9-2(a)中端口左侧有源网络的诺顿等效电路，变换后的电路如例图 6-9-2(b)所示，其中

$$\dot{I}_{SC} = \frac{1}{2}\dot{I}_S = 1\angle 0°A, \quad Y_{eq} = (0.25 - j0.25)\text{S}$$

满足最佳匹配条件时，可得

$$Y = \frac{1}{Z} = Y_{eq}^* = (0.25 + j0.25)\text{S}$$

此时，负载 Z 获得的最大功率

$$P_{\max}=\frac{I_{SC}^{2}}{4G_{eq}}=\frac{1^{2}}{4\times 0.25}W=1W$$

【思考与练习】

6-9-1　如例图 6-9-2(a)所示电路，求负载 Z 获得最大功率时 R_L 的取值。

6-9-2　如例图 6-9-2(a)所示电路，求：(1)负载获得最大功率时 Z 由什么元件组成？(2)若 Z 为纯电阻，其获得的最大功率是多少？

习题

6-1　已知正弦电压的幅值为 310V，频率为 50Hz，初相为 $\frac{\pi}{4}$rad。

(1) 写出此正弦电压的时间函数表达式；

(2) 计算 t 为 0、0.0025s、0.0075s、0.0100s、0.0125s 和 0.0175s 时的电压瞬时值；

(3) 绘出波形图。

6-2　正弦电流的波形如题图 6-2 所示。

(1) 求此正弦电流的幅值、周期、频率、角频率和初相；

(2) 写出此正弦电流的时间函数表达式。

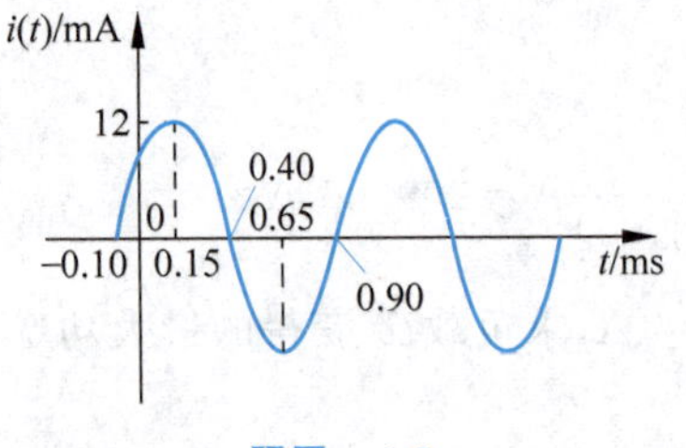

题图　6-2

6-3　对于如题图 6-2 所示的电流波形，如将纵坐标轴

(1) 向右移 0.10ms；

(2) 向左移 0.10ms；

(3) 向左移 0.20ms，

写出对应于上述各种情况的正弦电流函数式。

6-4　在同一坐标平面上分别画出下列各组正弦量的波形图，并指出哪个波形超前、哪个波形滞后。

(1) $i_1(t)=5\sin(100\pi t+30°)A$，$i_1(t)=3\sin(100\pi t-45°)A$；

(2) $u_1(t)=100\sin\left(100\pi t-\frac{\pi}{4}\right)V$，$u_2(t)=200\sin\left(100\pi t-\frac{\pi}{3}\right)V$；

(3) $u_1(t)=300\sin(314t-60°)V$，$u_2(t)=200\sin(314t+30°)V$。

6-5　已知两正弦电压 $u_1(t)=20\sin\left(314t-\frac{\pi}{6}\right)V$，$u_2(t)=100\sin\left(342t+\frac{\pi}{3}\right)V$。

(1) 在同一坐标平面上绘出它们的波形图；

(2) 将纵坐标轴向右移动 $\frac{1}{600}$s 后，两正弦电压的初相位是多少？

6-6　如题图 6-6 所示电路。

(1) 设 $i_S(t)=1\sin(314t+135°)\varepsilon(t)A$，求零状态

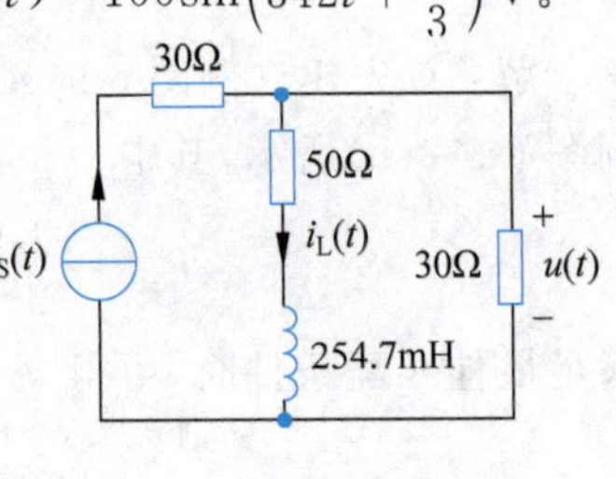

题图　6-6

响应电压 $u(t)$；

(2) 设 $i_S(t)=1\sin(314t-45°)\varepsilon(t)$A,求零状态响应电压 $u(t)$；

(3) 设 $i_S(t)=1\sin(314t-45°)\varepsilon(t)$A,$i_L(0_-)=1$A,求电压 $u(t)$(全响应)。

6-7 将下列各正弦量表示成有效值相量,并绘出相量图。

(1) $i_1(t)=2\sin(\omega t-27°)$A,$i_2(t)=3\sin\left(\omega t+\dfrac{\pi}{4}\right)$A；

(2) $u_1(t)=100\sin\left(314t+\dfrac{3\pi}{4}\right)$V,$u_2(t)=250\sin314t$V。

6-8 写出对应于下列各有效值相量的正弦时间函数表达式,并绘出相量图。

(1) $\dot{I}_1=10\angle72°$A,$\dot{I}_2=5\angle-150°$A；

(2) $\dot{U}_1=200\angle120°$V,$\dot{U}_2=300\angle0°$V。

6-9 求下列各组同频率电流之和。其中(1)、(2)用相量表示,(3)用时间函数表达式表示。

(1) $\dot{I}_1=5\angle17°$A,$\dot{I}_2=7\angle-42°$A；

(2) $\dot{I}_1=4\angle125°$A,$\dot{I}_2=2.5\angle-55°$A；

(3) $i_1(t)=1.4\sin\left(314t-\dfrac{\pi}{2}\right)$A,$i_2(t)=2.3\sin\left(314t+\dfrac{\pi}{6}\right)$A。

6-10 如题图 6-10 所示电路为某网络的一部分,求其电感电压相量 $\dot{U}_L$。

6-11 如题图 6-11 所示电路,若电流 $i(t)=1\sin314t$A,求电压 $u_R(t)$、$u_L(t)$、$u_C(t)$和 $u(t)$,并绘出波形图和相量图。

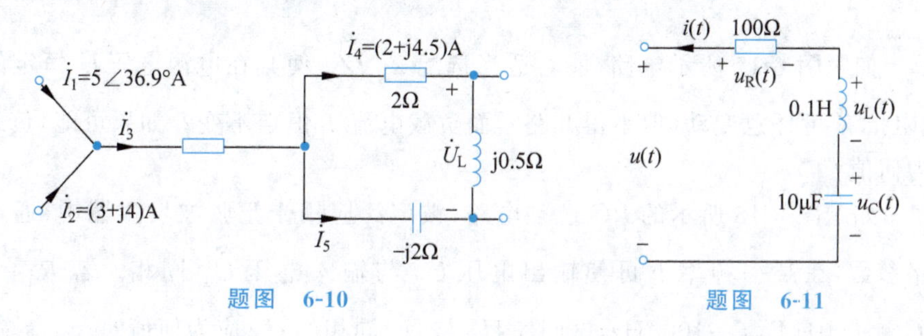

题图 6-10　　　　题图 6-11

6-12 如题图 6-12 所示电路,已知电容端电压相量为 $100\angle0°$V。求 $\dot{I}$ 和 $\dot{U}$,并绘出相量图。

6-13 已知下列各负载电压相量和电流相量,求各负载的等效电阻和等效电抗,并说明负载的性质。

(1) $\dot{U}=(86.6+j5)$V,$\dot{I}=(86.6+j5)$A；

(2) $\dot{U}=100\angle120°$V,$\dot{I}=5\angle60°$A；

(3) $\dot{U}=-100\angle30°$V,$\dot{I}=-5\angle-60°$A。

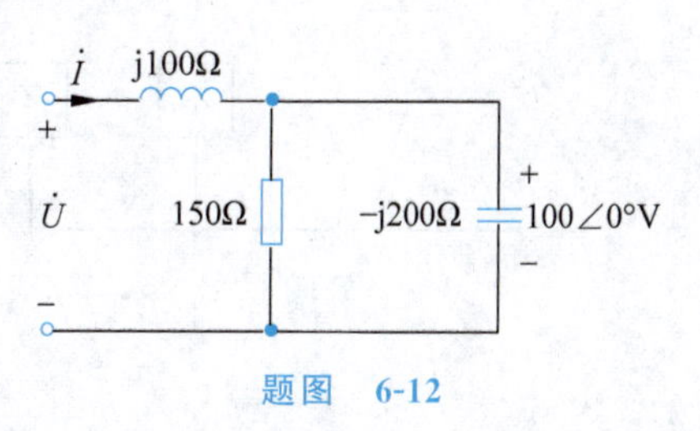

题图 6-12

6-14　求如题图 6-14 所示两电路的等效阻抗 Z。

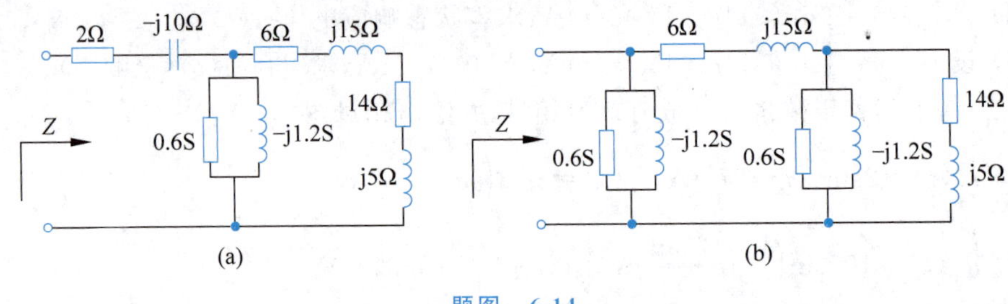

题图　6-14

6-15　如题图 6-15 所示电路，已知 $R_1=10\Omega, X_C=17.32\Omega, I_1=5A, U=120V, U_L=50V, \dot{U}$ 与 $\dot{I}$ 同相。求 R、R_2 和 X_L。

6-16　如题图 6-16 所示电路，已知 $U=380V, f=50Hz$，电路在下列三种不同的开关状态下：(1)开关 S_1 断开、S_2 闭合；(2)开关 S_1 闭合、S_2 断开；(3)开关 S_1、S_2 均闭合，电流表读数均为 0.5A。绘出电路的相量图，并借助相量图求 L 与 R 的值。(注：电流表内阻可视为零。)

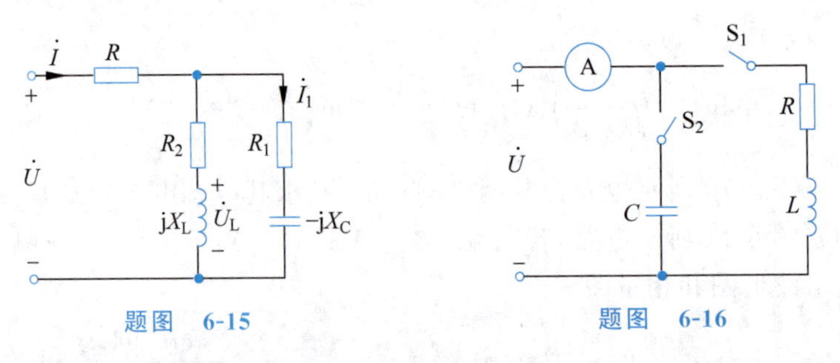

题图　6-15　　　　题图　6-16

6-17　如题图 6-17 所示电路，能否适当选配 Z_1、Z_2 使其在电源电压 U 恒定的条件下，负载阻抗 Z 可任意变动(但不得开路)，而负载电流 $\dot{I}$ 恒定不变？如果可能，负载中的电流将为何值？

6-18　如题图 6-18 所示的 RC 选频电路，被广泛应用于正弦波发生器中，通过恰当选择电路参数，在某一频率下可使输出电压 $\dot{U}_2$ 与输入电压 $\dot{U}_1$ 同相。若 $R_1=R_2=250k\Omega, C_1=0.01\mu F, f=1000Hz$，试问使 $\dot{U}_2$ 与 $\dot{U}_1$ 同相的 C_2 应为何值？

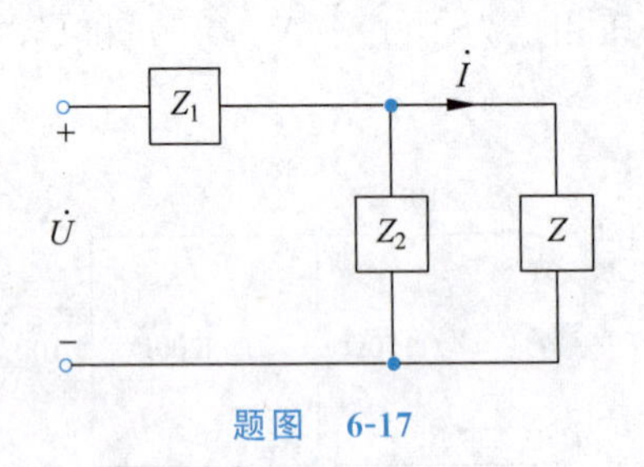

题图　6-17

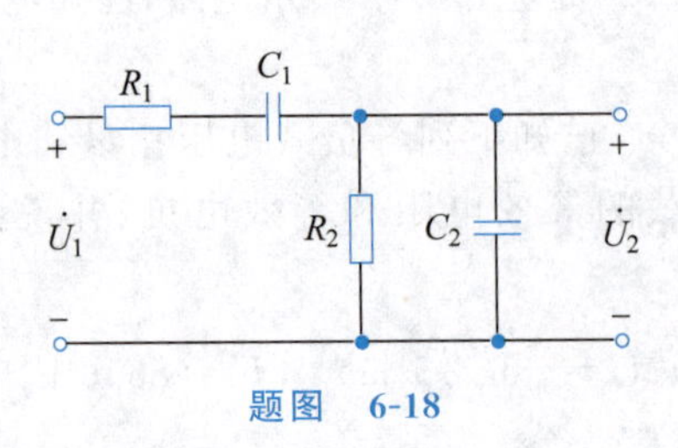

题图　6-18

6-19 如题图 6-19 所示简单选频电路，当频率等于某一特定值 ω_0 时，U_2 与 U_1 之比为最大，求 ω_0 与电路参数 R、C 之间的关系式。

6-20 如题图 6-20 所示为在工频下测量线圈参数(R 和 L)的电路。测量时调节可变电阻使电压表(设内阻为无穷大)的读数最小。若此时电源电压为 100V，$R_1=5\Omega$，$R_2=15\Omega$，$R_3=6.5\Omega$，电压表读数是 30V，求 R 和 L 的值。

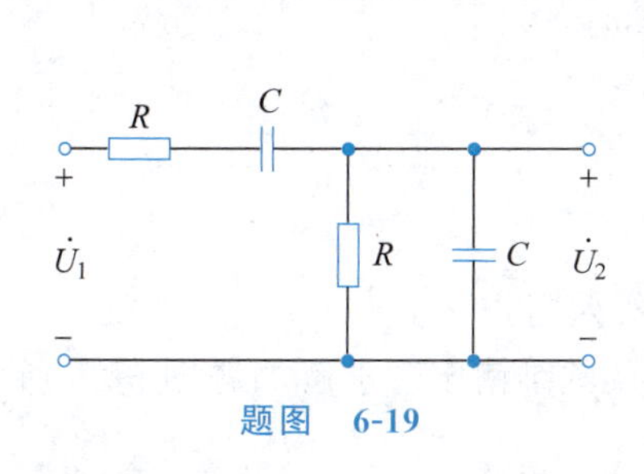

题图 6-19

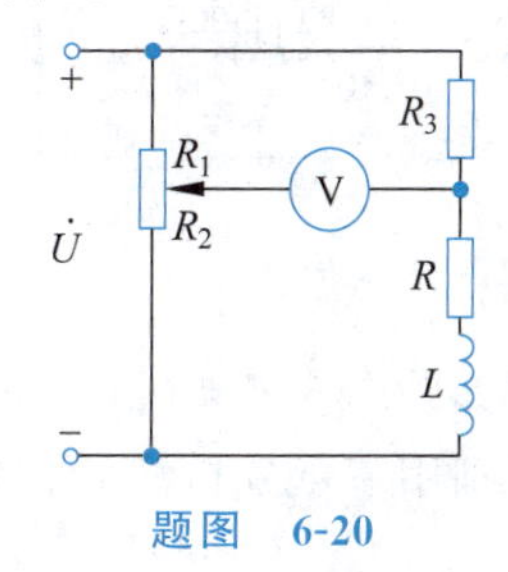

题图 6-20

6-21 求如题图 6-21 所示电路中的电压相量 $\dot{U}_{ab}$。

6-22 求如题图 6-22 所示电路中各节点对地的电压相量。

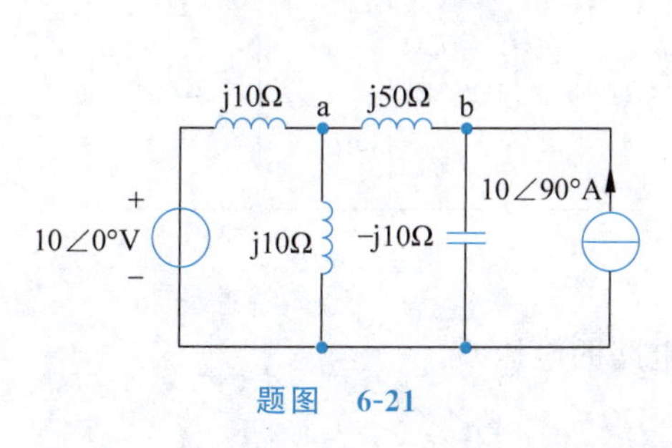

题图 6-21

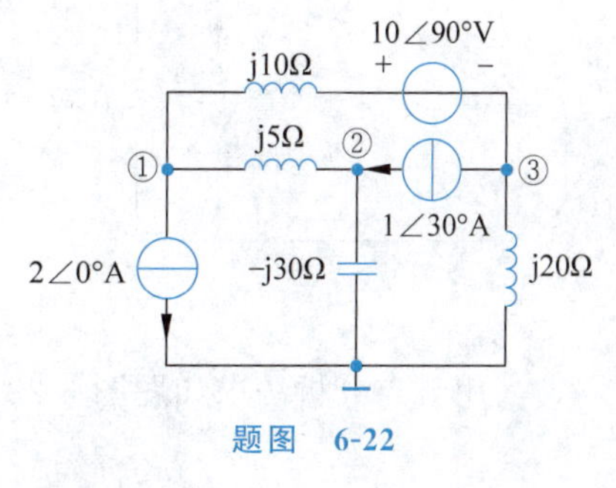

题图 6-22

6-23 写出如题图 6-23 所示电路的节点电压方程。

6-24 如题图 6-24 所示电路，用节点分析法求电压相量 $\dot{U}_C$，用回路分析法求电流相量 $\dot{I}_1$ 和 $\dot{I}_2$。

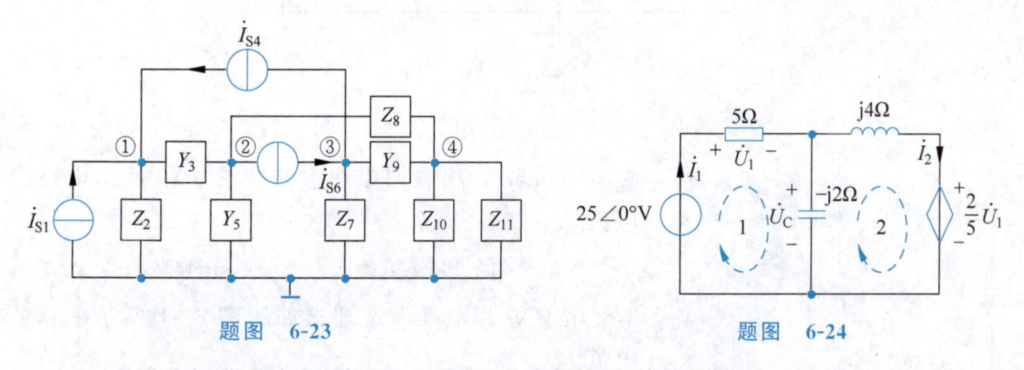

题图 6-23　　题图 6-24

6-25 用叠加定理求如题图 6-25 所示电路的各支路电流相量。

6-26 用回路分析法求如题图 6-26 所示电路的各支路电流相量。

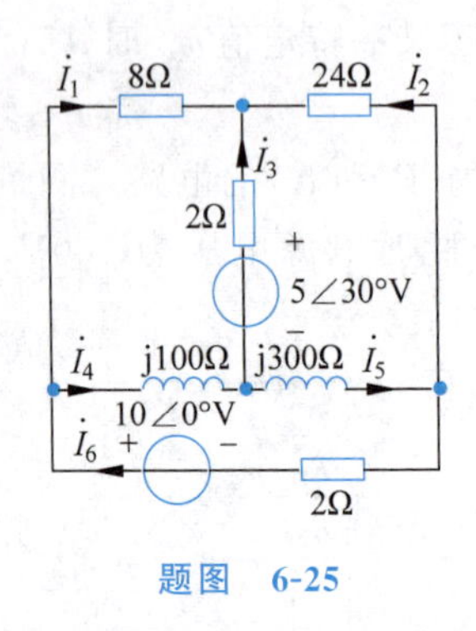

题图 6-25

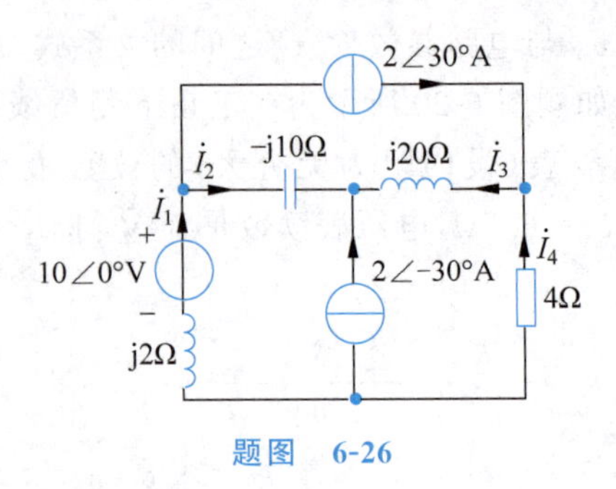

题图 6-26

6-27 求如题图 6-27 所示电路的端口等效阻抗 Z。

6-28 分别用节点分析法、回路分析法及戴维南定理求解如题图 6-28 所示电路的电流相量 $\dot{I}$。

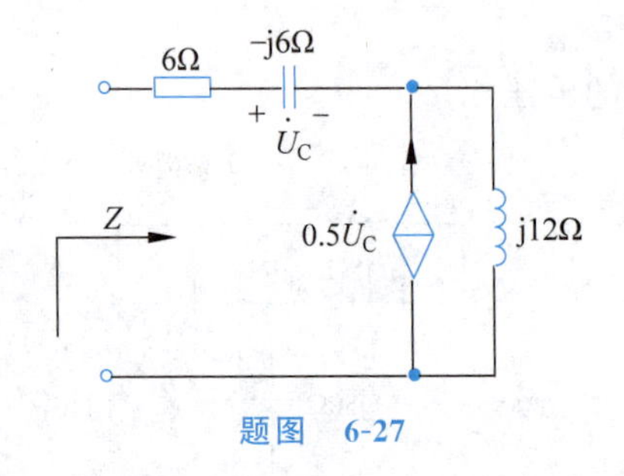

题图 6-27

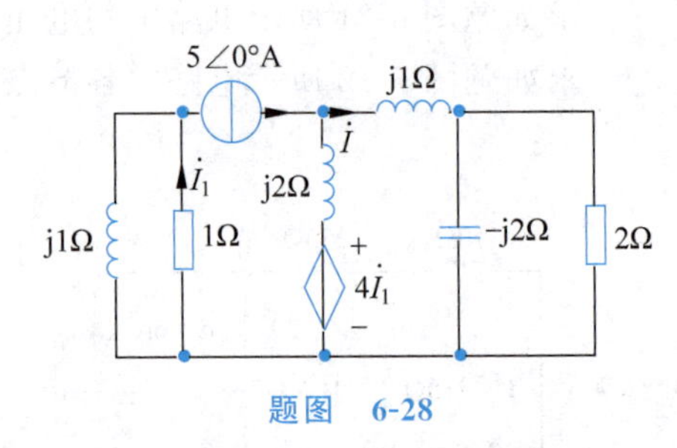

题图 6-28

6-29 用节点分析法求如题图 6-29 所示电路的电压 $\dot{U}$。

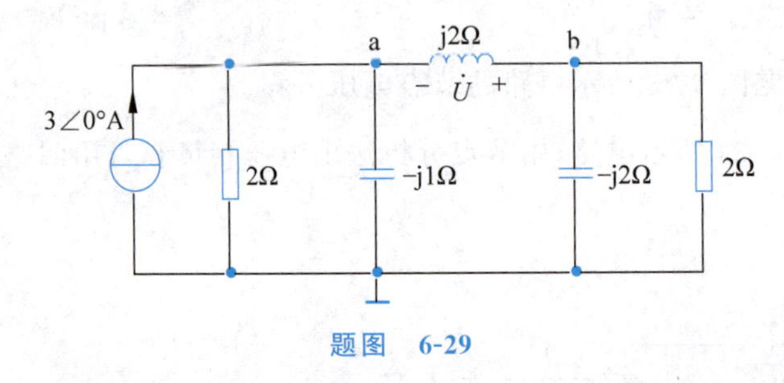

题图 6-29

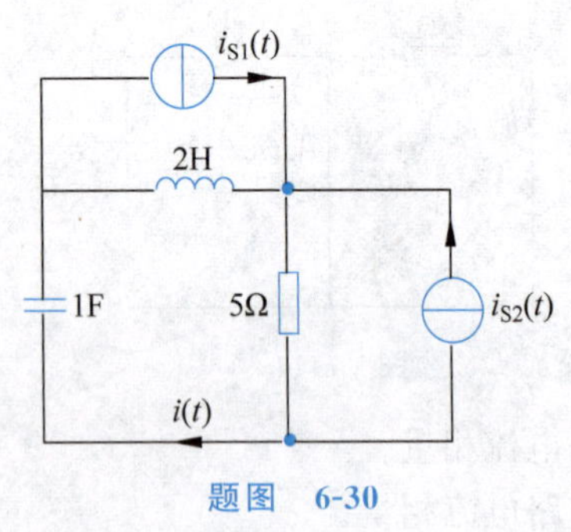

题图 6-30

6-30 已知 $i_{S1}(t)=\sqrt{2}\sin(5t+30°)$ A，$i_{S2}(t)=0.5\sqrt{2}\sin 5t$ A，用叠加原理求如题图 6-30 所示电路的电流 i。

6-31 已知 $u_{S1}(t)=8\sqrt{2}\sin 4t$ V，$u_{S2}(t)=3\sqrt{2}\sin 4t$ V，用戴维南定理求如题图 6-31 所示电路的电流 i。

6-32 求如题图 6-32 所示电路对 AB 端口的诺顿等效电路。

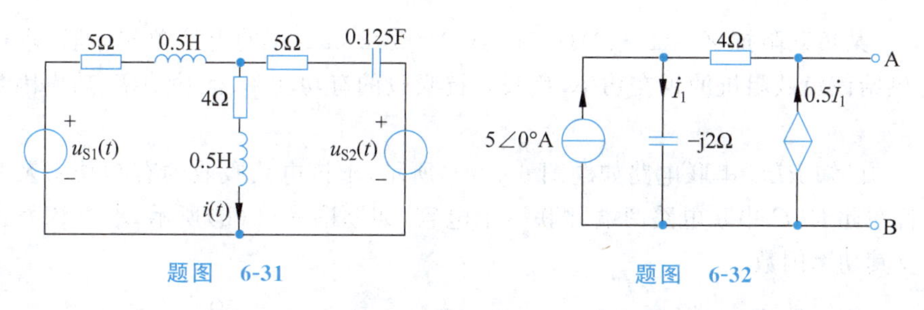

题图 6-31　　　　题图 6-32

6-33　用支路电流法求如题图 6-33 所示电路的各支路电流相量及各电源发出的功率。

6-34　将一电阻为 10Ω 的线圈与一可变电容元件串联，接于 220V 的工频电源上，调节电容，使线圈和电容元件的端电压均等于 220V，绘出此电路的相量图，并计算电路消耗的功率。

6-35　如题图 6-35 所示电路的右半部分表示一个处于平衡状态（$I_g=0$）的电桥电路，求：(1)R 和 X 的值；(2)$\dot{I}$ 和 $\dot{U}$；(3)电路吸收的功率 P。

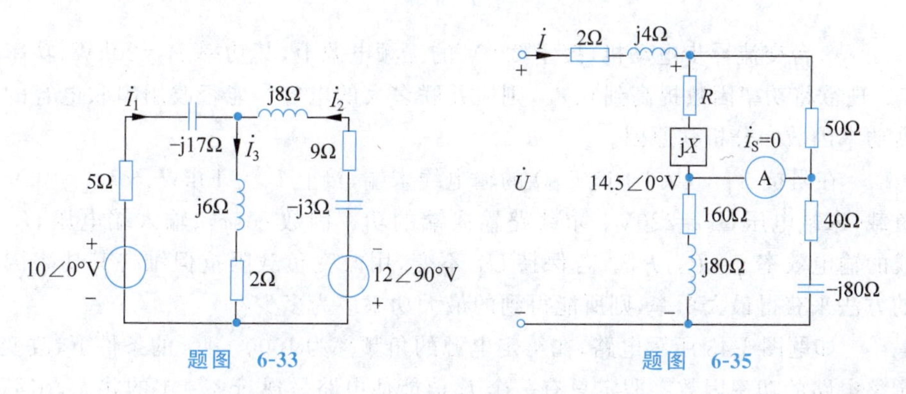

题图 6-33　　　　题图 6-35

6-36　一个电感性负载在工频正弦电压源激励下吸收的平均功率为 1000W，其端电压有效值为 220V，通过该负载的电流为 5A，求其串联等效参数 $R_{串}$、$L_{串}$ 和并联等效参数 $R_{并}$、$L_{并}$。

6-37　求如题图 6-37 所示电路吸收的总复功率 $\tilde{S}$ 和功率因数。

6-38　用三只电流表测定一电容性负载 Z 功率的电路如题图 6-38 所示，设其中电流表 A_1 的读数为 7A，电流表 A_2 的读数为 2A，电流表 A_3 的读数为 6A，端口电压有效值为 220V，画出电流、电压的相量图，并计算负载 Z 所吸收的平均功率及其功率因数。

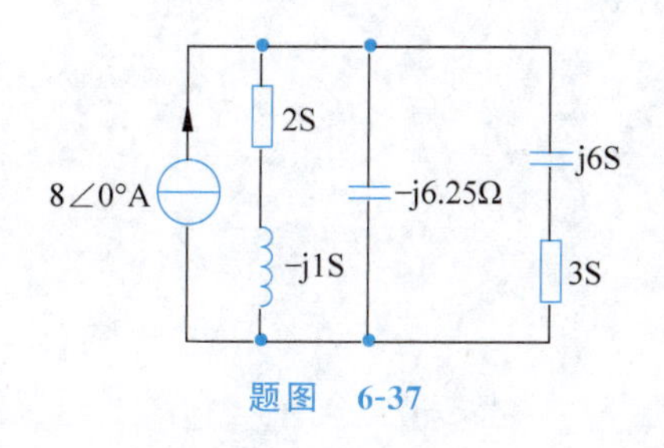

题图 6-37

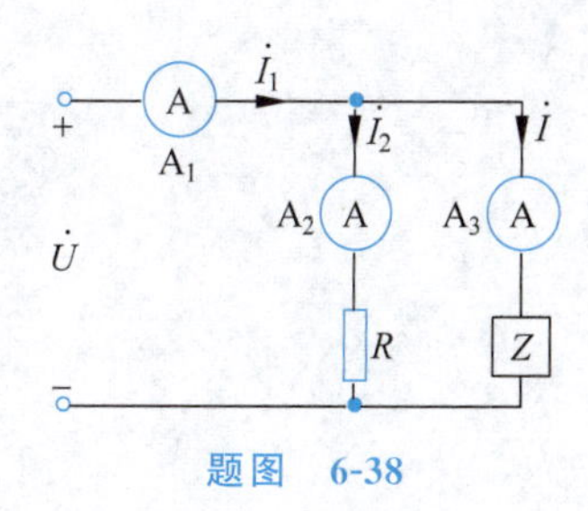

题图 6-38

6-39　某负载阻抗 $Z=(2+\mathrm{j}2)\Omega$，与 $i_S(t)=5\sqrt{2}\sin 2t\,\mathrm{A}$ 的电流源相串联，求电流源 $i_S(t)$ 提供给该负载阻抗的视在功率，负载阻抗吸收的有功功率、无功功率、功率因数和复功率。

6-40　已知 RLC 串联电路如题图 6-40(a)所示，求该电路吸收的有功功率及其功率因数。若在此 RLC 串联电路两端并联一个电容，如题图 6-40(b)所示，求电源发出的有功功率及其功率因数。

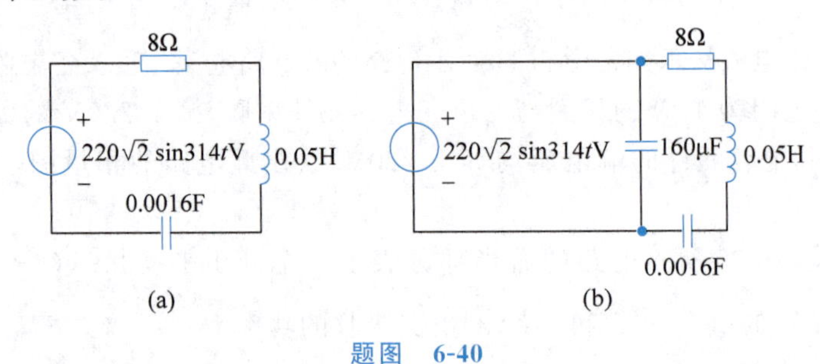

题图　6-40

6-41　一台交流异步电动机，接于 220V 的工频电源上，其功率 $P=20\mathrm{kW}$，功率因数为 0.7。现欲将功率因数提高到 0.85，则应并联多大的电容？能否改用串联电容的办法来提高功率因数？分析其原因。

6-42　在阻抗 $Z_1=(0.1+\mathrm{j}0.2)\Omega$ 的输电线末端，接上 $P_2=10\mathrm{kW}$、$\cos\varphi_2=0.9$ 的电感性负载，末端电压 $U_2=220\mathrm{V}$。求线路输入端的功率因数 $\cos\varphi_1$、输入端电压 U_1 以及输电线的输电效率 $\eta=P_2/P_1$。若保持 U_1 不变，用改变负载阻抗但维持其功率因数角不变的方法来获得最大功率，则所能得到的最大功率应为多少？

6-43　如题图 6-43 所示电路，在给定电源的角频率为 1000rad/s 的条件下，改变电感 L 以调整电路的功率因数。假定只有一个 L 值能使电路呈现 $\cos\varphi=1$ 的状态，求满足此条件的 R 值，进而求当电路 $\cos\varphi=1$ 时的 L 值和电路的总阻抗 Z。

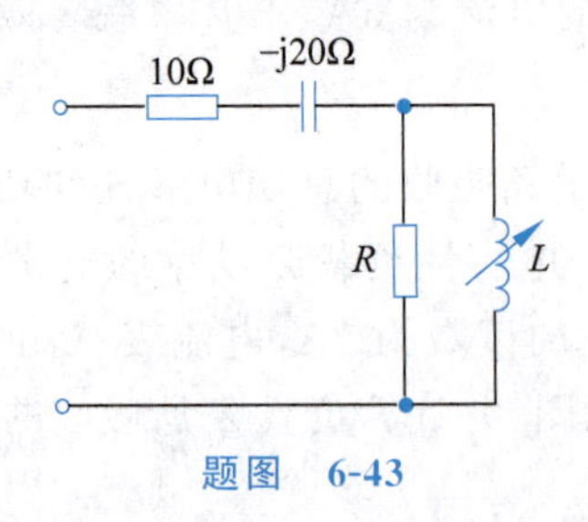

题图　6-43

第7章 交流电路的频率特性

内容提要：在通信与信息系统中，需要传输或处理的信号通常不是单一频率的正弦信号，而是由丰富的频率成分构成的。当正弦激励的频率不同时，同一电路的响应也会不同。频率的量变可能引起电路的质变，这是动态电路本身特性的反映。正因为如此，动态电路可以完成电阻电路不能完成的任务，如滤波、选频、移相和谐振等。为了实现对信号的有效传输、加工和处理，有必要研究电路在不同频率信号作用下响应的变化规律和特点，即研究电路的频率特性。本章将讨论 RC 电路和 RLC 串、并联谐振电路的频率特性，了解它们的选频和滤波作用，并分析串、并联谐振电路的性质和特点。

重点：RC 低通、高通、带通、带阻、全通网络的频率特性；RLC 串、并联谐振电路的谐振条件、特点及参数。

难点：RC 电路及其幅频特性和相频特性的分析；RLC 串、并联谐振电路的品质因数。

7.1 RC 电路的频率特性

当电路包含动态元件时，由于容抗和感抗都是频率的函数，因此不同频率的正弦信号作用于电路时，即使其幅值和初相相同，响应信号的幅值和初相都将随之变化。电路响应随激励频率而变化的特性称为电路的频率特性或频率响应。

在电路分析中，电路的频率特性用网络函数来描述，其定义为响应相量与激励相量之比，即

$$H(\mathrm{j}\omega)=\frac{\text{响应相量}}{\text{激励相量}} \tag{7-1-1}$$

式中，ω 为角频率，激励相量和响应相量可以均为幅值相量，也可以均为有效值相量。网络函数 $H(\mathrm{j}\omega)$是由电路的结构和参数所决定的，反映了电路自身的特性。网络函数又称为频率响应函数，描述了激励相量为 $1\angle 0°$时响应相量随频率变化的情况。

$H(\mathrm{j}\omega)$是 ω 的复函数，可写为

$$H(\mathrm{j}\omega)=|H(\mathrm{j}\omega)|\mathrm{e}^{\mathrm{j}\theta(\omega)} \tag{7-1-2}$$

式中，$|H(\mathrm{j}\omega)|$是 ω 的实函数，表征电路响应与激励的幅值比（振幅比或有效值比）随 ω 变化的特性，称为电路的幅频特性；$\theta(\omega)$也是 ω 的实函数，表征电路响应与激励的相位差（相移）随 ω 变化的特性，称为电路的相频特性。幅频特性和相频特性统称为电路的频率特性。习惯上常把$|H(\mathrm{j}\omega)|$和 $\theta(\omega)$随 ω 变化的情况用曲线表示，分别称为幅频特性曲线和相频特性曲线。

纯电阻网络的网络函数是与频率无关的，这类网络的频率特性通常是不需要研究的。研究含有动态元件的网络频率特性才是有意义的。

仅由电阻元件和电容元件按各种连接方式组成的电路称为 RC 电路，其能起到选频或滤波的作用，在工程实践中有着广泛的应用。下面讨论简单的 RC 低通、高通、带通、带阻及全通网络的频率特性。

7.1.1 RC 低通网络

如图 7-1-1(a)所示电路为 RC 低通网络，其中 $\dot{U}_1$ 为激励相量，$\dot{U}_2$ 为响应相量，其网络函数

$$H(\mathrm{j}\omega)=\frac{\dot{U}_2}{\dot{U}_1}=\frac{\dfrac{1}{\mathrm{j}\omega C}}{R+\dfrac{1}{\mathrm{j}\omega C}}=\frac{1}{1+\mathrm{j}\omega RC}$$

令 $\omega_{\mathrm{C}}=\dfrac{1}{RC}$，则

$$H(\mathrm{j}\omega)=\frac{1}{1+\dfrac{\mathrm{j}\omega}{\omega_{\mathrm{C}}}} \tag{7-1-3}$$

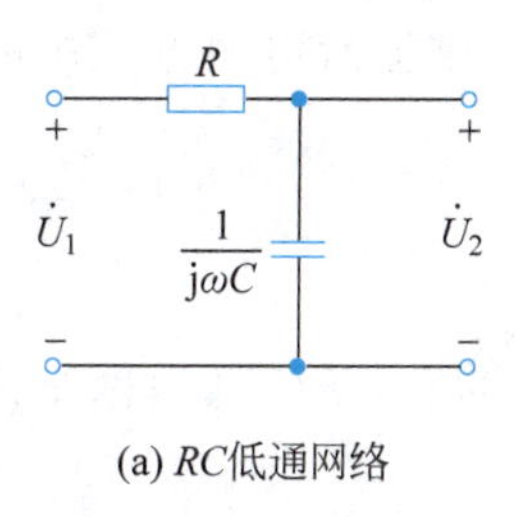

(a) RC低通网络

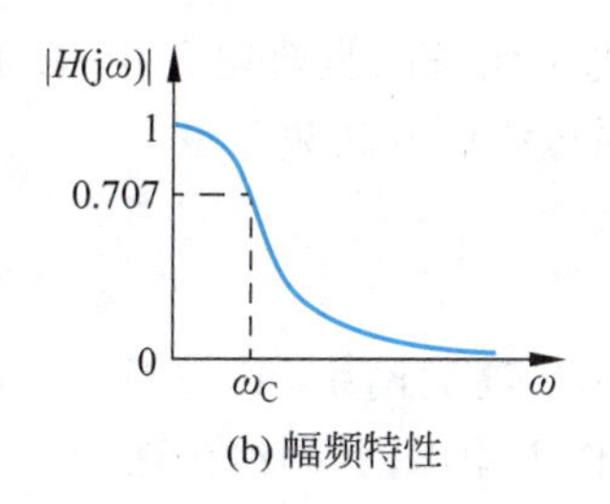

(b) 幅频特性

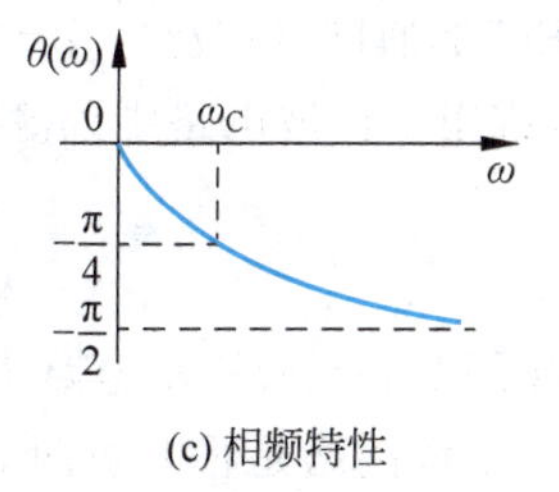

(c) 相频特性

图 7-1-1　*RC* 低通网络及其频率特性

其幅频特性和相频特性分别为

$$|H(\mathrm{j}\omega)|=\frac{1}{\sqrt{1+\left(\frac{\omega}{\omega_C}\right)^2}} \tag{7-1-4a}$$

$$\theta(\omega)=-\arctan\frac{\omega}{\omega_C} \tag{7-1-4b}$$

由式(7-1-4)可知,当

$$\omega=0(\text{直流})\text{时,可得}\ |H(\mathrm{j}\omega)|=1,\theta(\omega)=0$$

$$\omega=\omega_C=\frac{1}{RC}\text{时,可得}\ |H(\mathrm{j}\omega)|=\frac{1}{\sqrt{2}},\theta(\omega)=-\frac{\pi}{4}$$

$$\omega\to\infty\ \text{时,可得}\ |H(\mathrm{j}\omega)|\to 0,\theta(\omega)\to-\frac{\pi}{2}$$

其幅频特性与相频特性曲线分别如图 7-1-1(b)、(c)所示。

由图 7-1-1(b)可以看出,此 *RC* 电路对输入频率较低的信号有较大的输出,而对输入频率较高的信号则衰减较大。这表明图 7-1-1(a)所示 *RC* 电路具有使直流和低频信号易于通过,而抑制较高频率信号的作用,常称为 *RC* 低通网络或 *RC* 低通滤波电路。由于网络函数 $|H(\mathrm{j}\omega)|$ 表达式中 $\mathrm{j}\omega$ 的阶数最高为 1,故又称为一阶低通网络。

当 $\omega=\omega_C=\frac{1}{RC}$ 时,网络函数的幅值为最大幅值的 $\frac{1}{\sqrt{2}}$,即

$$|H(\mathrm{j}\omega_C)|=\frac{1}{\sqrt{2}}|H(\mathrm{j}\omega)|_{\max}$$

当 $\omega<\omega_C$ 时,输出信号的幅值不小于最大输出信号幅值的 70.7%,工程上认为这部分信号能顺利通过该网络,所以把 $0\sim\omega_C$ 的频率范围称为通频带。当 $\omega>\omega_C$ 时,输出信号的幅值小于最大输出信号幅值的 70.7%,则认为这部分信号不能顺利通过该网络,所以把 $\omega>\omega_C$ 的频率范围称为阻带。ω_C 是通带和阻带的分界点,称为截止频率或 −3dB 频率。由于网络的输出功率与输出电压(或电流)的平方成正比,当 $\omega=\omega_C$ 时,网络输出功率为最大输出功率的一半,即比峰值功率小 3dB,因此,ω_C 又称为半功率点频率。

至于如图 7-1-1(c)所示的相频特性,则由式(7-1-4b)可知:随着 ω 由零向∞接近,相移角 θ 单调地趋向 $-\pi/2$。θ 总是为负,说明输出电压的相位总是滞后于输入电压,滞后的角度介于 $0\sim-\pi/2$ 之间,具体的数值取决于 ω_C,因此这种类型的 *RC* 电路又称为滞后网络。

RC 低通网络广泛应用于电子设备的整流电路中，以滤除整流后电源电压中的交流分量，或用于检波电路中以滤除检波后的高频分量。

7.1.2 *RC* 高通网络

如图 7-1-2(a)所示电路为 *RC* 高通网络，其与图 7-1-1(a)所示 *RC* 低通网络的不同之处在于该网络是将电阻两端作为输出，其网络函数为

$$H(\mathrm{j}\omega)=\frac{\dot{U}_2}{\dot{U}_1}=\frac{R}{R+\frac{1}{\mathrm{j}\omega C}}=\frac{1}{1+\frac{1}{\mathrm{j}\omega RC}}$$

令 $\omega_C=\frac{1}{RC}$，则

$$H(\mathrm{j}\omega)=\frac{1}{1+\frac{\omega_C}{\mathrm{j}\omega}} \tag{7-1-5}$$

其幅频特性和相频特性分别为

$$|H(\mathrm{j}\omega)|=\frac{1}{\sqrt{1+\left(\frac{\omega_C}{\omega}\right)^2}} \tag{7-1-6a}$$

$$\theta(\omega)=\arctan\frac{\omega_C}{\omega} \tag{7-1-6b}$$

由式(7-1-6)可知，当

$$\omega=0 \text{ 时，可得 } |H(\mathrm{j}\omega)|=0,\theta(\omega)=\frac{\pi}{2}$$

$$\omega=\omega_C \text{ 时，可得 } |H(\mathrm{j}\omega)|=\frac{1}{\sqrt{2}},\theta(\omega)=\frac{\pi}{4}$$

$$\omega\to\infty \text{ 时，可得 } |H(\mathrm{j}\omega)|\to 1,\theta(\omega)\to 0$$

其幅频特性曲线和相频特性曲线分别如图 7-1-2(b)、(c)所示。由于该 *RC* 电路具有使高频信号易于通过而抑制低频信号的作用，故也常称其为高通滤波电路。

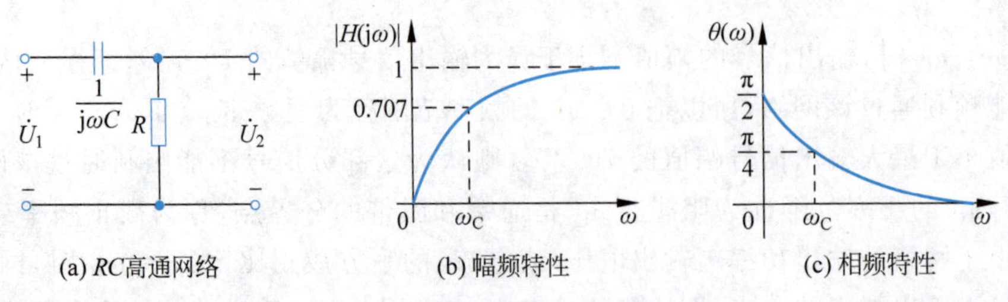

(a) *RC*高通网络　(b) 幅频特性　(c) 相频特性

图 7-1-2　*RC* 高通网络及其频率特性

显然，此 *RC* 电路为一阶高通网络。ω_C 为截止频率或半功率点频率。$\omega>\omega_C$ 的频率范围为通频带；$0\sim\omega_C$ 的频率范围为阻带。*RC* 高通网络对于低频信号有阻隔作用，在多级交流放大电路中，常用作耦合电路。

7.1.3 RC 带通网络

如图 7-1-3(a)所示电路为 RC 带通网络，其网络函数为

$$H(\mathrm{j}\omega)=\frac{\dot{U}_2}{\dot{U}_1}=\frac{\dfrac{R\cdot\dfrac{1}{\mathrm{j}\omega C}}{R+\dfrac{1}{\mathrm{j}\omega C}}}{R+\dfrac{1}{\mathrm{j}\omega C}+\dfrac{R\cdot\dfrac{1}{\mathrm{j}\omega C}}{R+\dfrac{1}{\mathrm{j}\omega C}}}=\frac{\dfrac{R}{1+\mathrm{j}\omega RC}}{R+\dfrac{1}{\mathrm{j}\omega C}+\dfrac{R}{1+\mathrm{j}\omega RC}}=\frac{1}{3+\mathrm{j}\left(\omega RC-\dfrac{1}{\omega RC}\right)} \tag{7-1-7}$$

当 $\omega RC-\frac{1}{\omega RC}=0$，即 $\omega=\omega_0=\frac{1}{RC}$ 时，$H(\mathrm{j}\omega_0)=\frac{1}{3}$。一般称 ω_0 为中心频率。

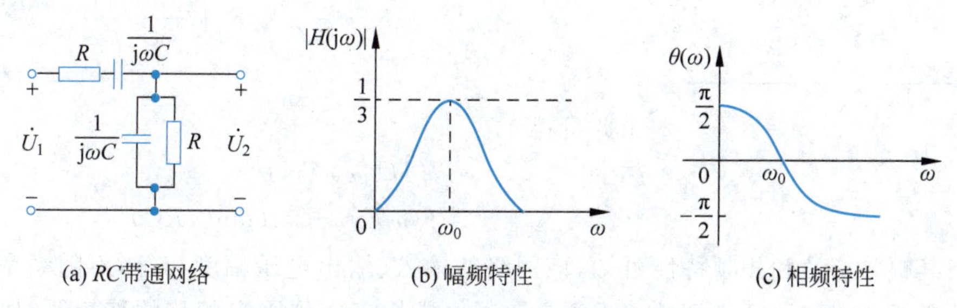

(a) RC带通网络　(b) 幅频特性　(c) 相频特性

图 7-1-3　RC 带通网络及其频率特性

RC 带通网络的幅频特性和相频特性曲线分别如图 7-1-3(b)、(c)所示。由幅频特性曲线可知，电路对 $\omega=\omega_0$ 附近的信号有较大的输出，因而具有带通滤波的作用。带通网络可求得两个截止频率，即下截止频率 $\omega_{C1}=0.3/RC$ 和上截止频率 $\omega_{C2}=3.3/RC$。如图 7-1-3(a)所示的 RC 带通网络常用作 RC 低频振荡器中的选频电路(文氏电桥)，以产生某一频率的正弦信号。

7.1.4 RC 带阻网络

如图 7-1-4(a)所示电路为 RC 带阻网络中的双 T 网络，其网络函数为

$$H(\mathrm{j}\omega)=\frac{1}{1+\dfrac{4}{\mathrm{j}\left(\omega RC-\dfrac{1}{\omega RC}\right)}} \tag{7-1-8}$$

当 $\omega=\omega_0=\frac{1}{RC}$ 时，$H(\mathrm{j}\omega_0)=0$。

RC 带阻网络的幅频特性和相频特性曲线分别如图 7-1-4(b)、(c)所示。由幅频特性曲线可知，电路在频率 $\omega=\omega_0$ 附近输出信号有较大的衰减，因此具有带阻滤波的作用。工程中常用 RC 带阻网络来抑制较强干扰信号的影响。

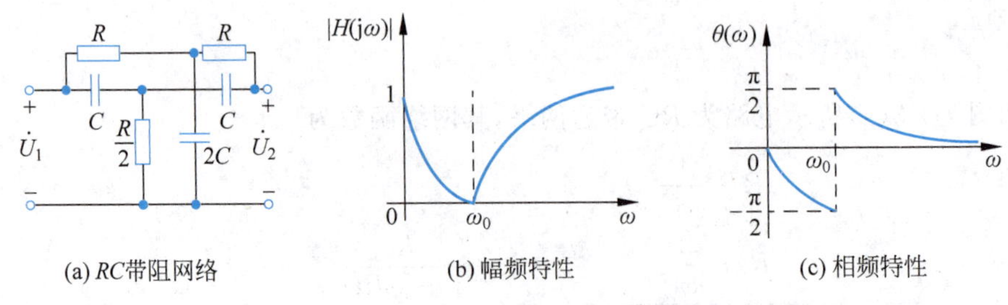

(a) RC带阻网络　　(b) 幅频特性　　(c) 相频特性

图 7-1-4　RC 带阻网络及其频率特性

7.1.5　RC 全通网络

如图 7-1-5 所示电路为 RC 全通网络(也称为移相网络),其网络函数为

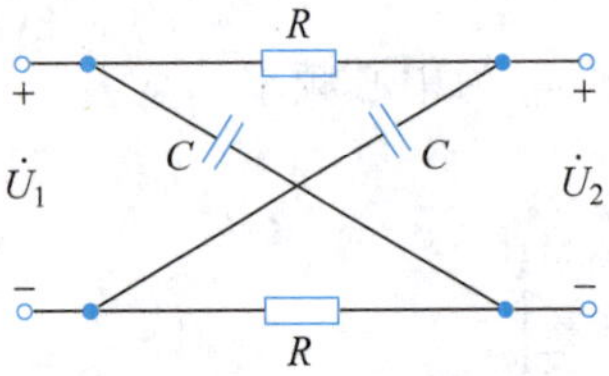

$$H(\mathrm{j}\omega)=\frac{\dot{U}_2}{\dot{U}_1}=\frac{\dfrac{1}{\mathrm{j}\omega C}}{R+\dfrac{1}{\mathrm{j}\omega C}}-\frac{R}{R+\dfrac{1}{\mathrm{j}\omega C}}=\frac{1-\mathrm{j}\omega RC}{1+\mathrm{j}\omega RC} \tag{7-1-9}$$

图 7-1-5　RC 全通网络

由此可得

$$|H(\mathrm{j}\omega)|=1 \tag{7-1-10a}$$

$$\theta(\omega)=-2\arctan(\omega RC) \tag{7-1-10b}$$

由其幅频特性和相频特性可知,该网络的输入、输出电压幅度相等,不随频率变化,而相移随频率在 0°～180°变化。RC 全通网络常用于实现固定相移的移相器,如 90°或 45°的移相器。

【应用拓展】

声波在单位时间内的振动次数称为频率,单位为 Hz。一般把声音的频率分为高频、中频和低频三个频带。正常人耳能听到声音的频率是 20～20000Hz,低于 20Hz 的称为次声波,高于 20000Hz 的称为超声波(例如,蝙蝠通过口或鼻发出超声波,并用耳朵接收超声波的回声,从而感知周围的障碍物以及寻找食物等),超声波和次声波都是人耳听不到的。人在 20 岁以前随年龄的增长,人耳听觉感知能力逐渐提高,60 岁以后感知能力逐渐下降,即产生听力损失,其所能听到的声波频率范围会变小,如下降到 50～10000Hz。而且,老年人听力损失的特点是:首先损失对高频信号的听觉,然后逐渐向低频发展。但是,有些年轻人耳朵的听力不是很好,是因为长时间佩戴耳塞或者大声听音乐导致的,所以应该注意用耳卫生,避免听力损害。

为了使人能够享受音箱系统回放的不同频段的美妙声音,分频器应运而生,它是音箱内的一种电路装置,用来将输入的模拟音频信号分离成高音和低音(或高音、中音和低音)等不同部分,然后分别送入相应的高音和低音(或高音、中音和低音)扬声器单元中重放。之所以这样做,是因为单一的扬声器很难完美地将声音的各个频段完整地重放出来(对于某些号称性能良好的全频段扬声器,其实际性能也无法达到完美)。

分频器是音箱的“大脑”,对音质的好坏至关重要。功放输出的音乐信号必须经过分频器中的各滤波元件处理，让特定频率的信号通过。科学、合理和严谨地设计好音箱的分频器，才能有效地修饰扬声器单元的不同特性，优化组合，使各单元扬长避短，淋漓尽致地发挥出各自应有的潜能，使各频段的频响趋于平滑、声相准确，以此使各扬声器播放出来的音乐层次分明、舒适自然。

从电路结构来看，分频器本质上是一种滤波网络，高音通道使用高通滤波器，只让高频信号通过而阻止低频信号；低音通道正好相反，其使用低通滤波器，只让低频信号通过而阻止高频信号；中音通道则是一个带通滤波器，除了一低一高两个分频点之间的频率可以通过，高频成分和低频成分都将被阻止。在实际的分频器中，有时为了平衡高、低音单元之间的灵敏度差异，还要加入衰减电阻。另外，有些分频器中还加入了由电阻、电容构成的阻抗补偿网络，其目的是使音箱的阻抗曲线平坦一些，以便于功放驱动。图 7-1-6 为丹麦·丹拿和国产耳机品牌漫步者的两款高低音二分频器。

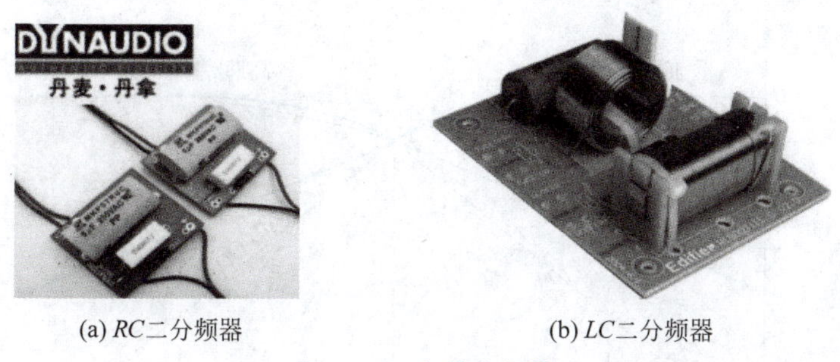

(a) RC二分频器　　(b) LC二分频器

图 7-1-6　音箱分频器

分频器可以由电阻 R 和电容 C、电感 L 和电容 C 构成，也可以由多种元件构成。图 7-1-7 为只采用电阻 R 和电容 C 以及只采用电感 L 和电容 C 两种元件构成的二分频网络。

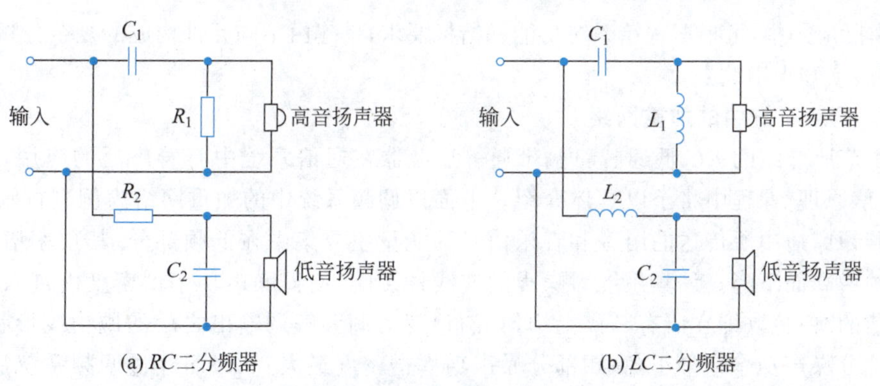

(a) RC二分频器　　(b) LC二分频器

图 7-1-7　二分频原理图

对于图 7-1-7(a)所示的一阶二分频 RC 网络，无论是高通滤波器还是低通滤波器，其截止频率 f_C 和元件 RC 的关系均可表示为

$$f_C = \frac{1}{2\pi RC}$$

对于图 7-1-7(b)所示的二阶二分频 LC 网络，无论是高通滤波器还是低通滤波器，其截止频率 f_C 和元件 LC 的关系均可表示为

$$f_C=\frac{1}{2\pi\sqrt{LC}}$$

分频器的一个重要参数是分频斜率，也称滤波器的衰减斜率，是指在分频点以外的音频信号，每经过一个倍频程时电平值的递增/递减幅度(例如，50～100Hz 是 1 个倍频程，50～200Hz 是 2 个倍频程，以此类推)。具体的斜率数值，一般都会被设定为－6dB/Oct(一阶)、－12dB/Oct(二阶)、－18dB/Oct(三阶)、－24dB/Oct(四阶)等。如果把一阶分频网络串联起来，可构成二阶、三阶或更高阶的分频网络。阶数越高，分频点附近的幅频特性曲线斜率就越大。较常用的是二阶分频斜率，即－12dB/Oct，在分频点以外的音频信号，频率每相隔一个倍频程，音频信号幅度会衰减 12dB。高阶分频器可增加斜率，但相移大；低阶分频器能产生较平缓的斜率和很好的瞬态响应，但幅频特性较差。高低音二分频器的频率响应曲线如图 7-1-8 所示。

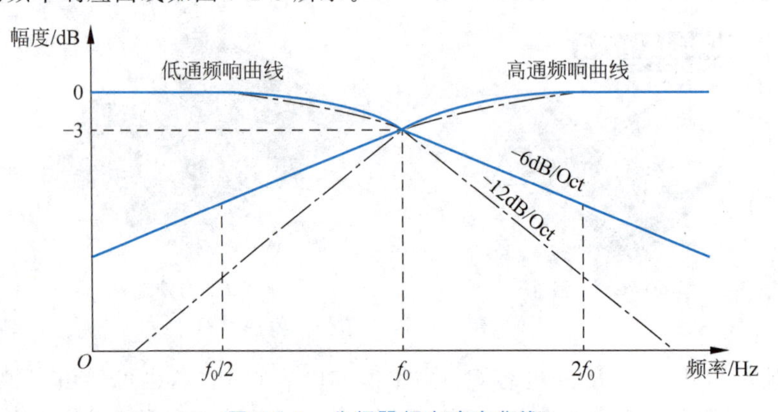

图 7-1-8　分频器频率响应曲线

实际应用中，可根据音箱系统功能和指标要求，搭建由不同元件构成的复杂分频网络。

【后续知识串联】

◇ 调频系统中的加重网络

本节所介绍的 *RC* 低通、高通、带通等滤波器在通信系统中有着广泛的应用，在后续的“通信原理”课程中将予以具体介绍。下面以调频系统中的加重网络为例进行阐释。

调频广播中所传送的语音和音乐信号的能量主要集中在低频部分，其功率谱密度随频率的增高而下降。调频系统对噪声的非线性影响，使得噪声功率谱密度由进入调频系统之前的“白色”(即在所有频谱上均匀分布)变为调频解调输出之后的抛物线形状(即在低频部分噪声功率谱最小，高频部分噪声功率谱密度最大)。因而经过调频系统后，高频分量的信噪比变得很“差”。而人耳的特殊构造恰恰对声音及语音信号的高频分量更为敏感。由此可知，“差”的高频分量传输质量严重影响了人耳的主观感受①。

为了提升高频分量的信噪比，在调频系统中广泛采用加重技术，具体包括预加重和去加重。图 7-1-9 为引入加重技术的调频系统框图，如图所示，信号在进入 FM 调制器之前，先经过预加重滤波，在 FM 解调之后，再进行去加重滤波。预加重和去加重的设计思

① 周炯磐，庞沁华，续大我，吴伟陵. 通信原理[M]. 3 版. 北京：北京邮电大学出版社，2008：94-95.

想是保持输出信号不变，有效降低高频分量的输出噪声，以达到提高语音和音乐信号质量的目的[①]。

图 7-1-9 引入加重技术的调频系统结构图

所谓“预加重”就是在调制器前加入一个 RC 高通滤波网络，人为地提升高频分量。“预加重”在提升高频分量输出信噪比的同时，也会引起信号频率失真，因而在解调后接入一个“去加重”网络，抵消“预加重”网络对信号失真的影响。显然，为了使传输信号不失真，应该满足 $H_d(f)=[H_p(f)]^{-1}$。预加重网络和去加重网络的结构如图 7-1-10 所示。

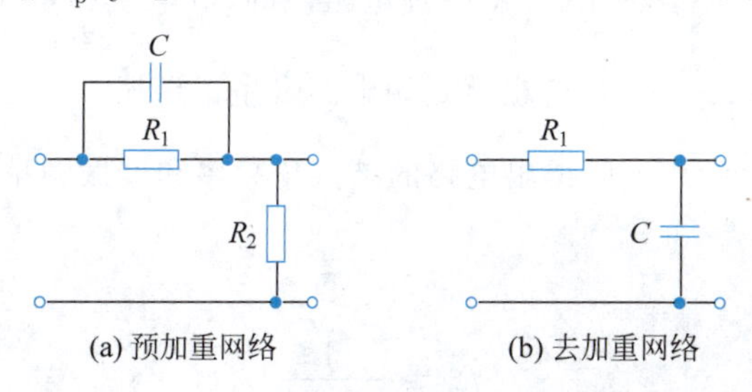

图 7-1-10 加重网络

加重技术不仅在调频系统中得到了实际应用，而且常用在音频传输和录音系统中。例如，录音和放音设备中广泛应用的杜比降噪系统就采用了加重技术。

【思考与练习】

7-1-1 若 RLC 串联电路的输出电压取自电容，则该电路具有高通、低通和带通三种性质中的哪一种？

7-1-2 分析 RC 并联电路的幅频特性和相频特性。

7.2 串联谐振电路

对于任意一个由电阻、电容和电感组成的无源二端网络，当施加正弦激励时，其端口电压与端口电流的相位一般是不同的。当端口电压相量 $\dot{U}$ 与电流相量 $\dot{I}$ 同相时，电路呈纯电阻性，这种现象称为谐振。

在如图 7-2-1 所示 RLC 串联电路中，若电流相量 $\dot{I}$ 与电源电压相量 $\dot{U}_S$ 同相位，则该电路发生了谐振，这种在 RLC 串联电路中发生的谐振称为串联谐振。

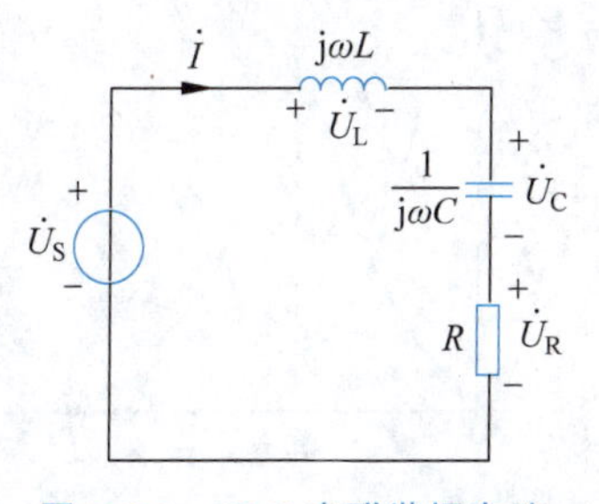

图 7-2-1 *RLC* 串联谐振电路

---

① 曾兴雯，刘乃安，陈健. 通信电子线路[M]. 北京：科学出版社，2006：266-267.

7.2.1 串联谐振的条件和谐振频率[①]

在如图 7-2-1 所示 RLC 串联电路中，电路的等效阻抗为

$$Z=R+\mathrm{j}\left(\omega L-\frac{1}{\omega C}\right)=\sqrt{R^2+\left(\omega L-\frac{1}{\omega C}\right)^2}\angle\arctan\frac{\omega L-\dfrac{1}{\omega C}}{R} \qquad (7\text{-}2\text{-}1)$$

通过调节元件参数(L、C)或改变电压源角频率 ω，使电抗 $X=X_L-X_C=0$，即

$$\omega L=\frac{1}{\omega C} \qquad (7\text{-}2\text{-}2)$$

这时电路的阻抗 $Z_0=R+\mathrm{j}X=R$ 是纯电阻性的，故电流相量 $\dot{I}$ 与电源电压相量 $\dot{U}_S$ 同相位($\varphi=\arctan\dfrac{X_L-X_C}{R}=0°$)，也就是说电路发生了谐振。

由谐振条件式(7-2-2)，可以得出电路的谐振角频率和谐振频率分别为

$$\omega_0=\frac{1}{\sqrt{LC}} \qquad (7\text{-}2\text{-}3)$$

$$f_0=\frac{1}{2\pi\sqrt{LC}} \qquad (7\text{-}2\text{-}4)$$

当元件参数 L、C 一定时，谐振频率 f_0 为固定值，故 f_0 又称为电路的固有频率或自然频率。对于频率已知的正弦激励源，若要使电路发生谐振，可以用改变电路元件参数(L 或 C)的方法来实现，称为调谐。

7.2.2 串联谐振的特征

当发生串联谐振时，RLC 串联电路呈现以下特征。

(1) 电路的阻抗模 $|Z|=\sqrt{R^2+(X_L-X_C)^2}=R$，达到最小值。因此，在电源电压有效值 U_S 不变的情况下，电路中的电流将在谐振频率点 f_0 达到最大值，即 $I=I_0=\dfrac{U_S}{R}$。

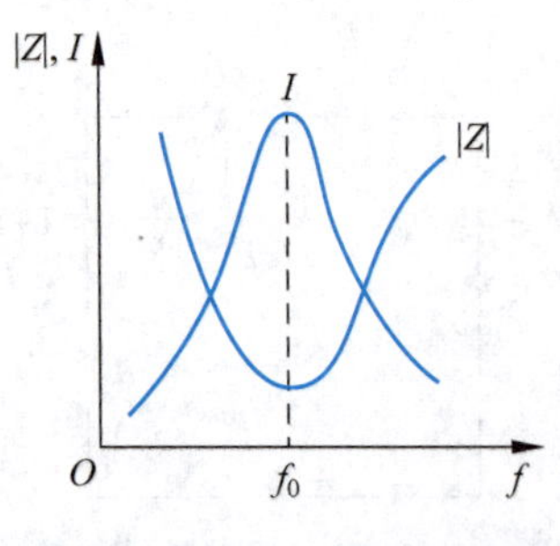

图 7-2-2 $|Z|$ 和 I 的串联谐振特性曲线

图 7-2-2 是 RLC 串联电路的阻抗和电流随频率变化的曲线。

(2) 由于电路中电流相量 $\dot{I}$ 与电源电压相量 $\dot{U}_S$ 同相位(阻抗角 $\varphi=0°$)，因此电路对电源呈现纯电阻性。此时，电源供给电路的能量全被电阻消耗掉，电源与电路之间不发生能量的交换，能量的交换只发生在电感与电容之间。

(3) 由于 $X_L=X_C$，于是 $U_L=U_C$。而 $\dot{U}_L$ 与 $\dot{U}_C$ 在相位上相反，互相抵消，对整个电路不起作用($\dot{U}_L+\dot{U}_C=0$)，

① 串联谐振电路的 Multisim 仿真实例参见附录 A 例 2-7。

因此,电源电压 $\dot{U}_S=\dot{U}_R$。但是 $\dot{U}_L$ 与 $\dot{U}_C$ 的单独作用不容忽视,因为

$$\begin{cases} U_L = X_L I = X_L \dfrac{U}{R} \\ U_C = X_C I = X_C \dfrac{U}{R} \end{cases} \tag{7-2-5}$$

当 $X_L=X_C\gg R$ 时,电感和电容的电压会大大超过电源电压 U_S,故串联谐振又称为电压谐振。如果电压过高,可能会破坏电感线圈和电容器的绝缘,导致电路故障。因此,在电力工程中一般应避免发生串联谐振。在无线电工程中,则常利用串联谐振来获得较高电压以便提取有用信号,电容或电感元件上的电压常高于电源电压几十倍或几百倍。

U_L 或 U_C 与电源电压 U_S 的比值,通常用 Q 来表示

$$Q=\frac{U_C}{U_S}=\frac{U_L}{U_S}=\frac{1}{\omega_0 CR}=\frac{\omega_0 L}{R} \tag{7-2-6}$$

式中,ω_0 为谐振角频率,Q 称为电路的品质因数。

由式(7-2-6)可知,在串联谐振时电容或电感元件上的电压是电源电压的 Q 倍。例如,若 $Q=100$,$U_S=6\text{V}$,则在谐振时电容元件和电感元件上的电压均高达 600V。

7.2.3 串联谐振电路的特殊物理量

1. 特征阻抗

串联谐振时的感抗或容抗称为特征阻抗,用 ρ 来表示,即

$$\rho=\omega_0 L=\frac{1}{\omega_0 C}=\sqrt{\frac{L}{C}} \tag{7-2-7}$$

2. 品质因数

(1) 从能量角度考虑,品质因数定义为

$$Q=2\pi\times\frac{\text{谐振时电路中的电磁场总能量}}{\text{谐振时一周期内电路中损耗的能量}} \tag{7-2-8}$$

为了维持谐振电路中的电磁振荡,电源必须不断供给能量以补偿电路中电阻 R 消耗的能量,与谐振电路中所存储的电磁场总能量相比,维持一定能量的振荡所需功率越小,则谐振电路的"品质"越好,即 Q 值越大。

(2) 从电路参数考虑,品质因数等于特征阻抗与电阻之比,即

$$Q=\frac{\rho}{R}=\frac{\sqrt{\dfrac{L}{C}}}{R} \tag{7-2-9}$$

由此可得

$$Q=\frac{I_0\rho}{I_0 R}=\frac{U_{L0}}{U_S}=\frac{U_{C0}}{U_S}$$

显然,Q 值等于谐振时电感(或电容)电压有效值高出电源电压有效值的倍数。电路 Q 值越大,电感(或电容)电压有效值越高。

(3) 从频率特性考虑,图 7-2-3 为电流谐振曲线,表示电流随频率变化的曲线。

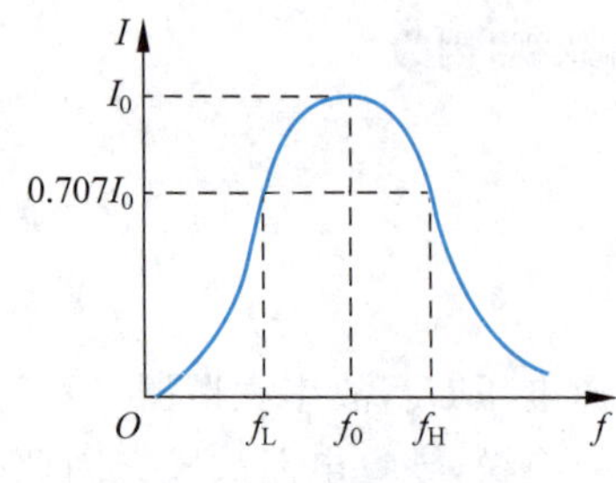

图 7-2-3 电流谐振曲线

电流下降到 $0.707I_0$（即 $I_0/\sqrt{2}$）时所对应的两个频率点 f_L 和 f_H 之间的宽度称为通频带，即

$$f_{BW}=f_H-f_L=\frac{f_0}{Q} \tag{7-2-10}$$

转换为角频率形式，可得

$$\omega_{BW}=\omega_H-\omega_L=\frac{\omega_0}{Q} \tag{7-2-11}$$

由此可知，Q 越大，通频带 $f_{BW}(\omega_{BW})$ 越窄，电路选择性越好。因此，Q 值是评价电路选择性的重要指标。

7.2.4 串联谐振的应用

串联谐振在无线电工程中的应用很多，例如在接收机中用于选择信号。图 7-2-4 为无线电接收机中的典型输入电路，它的作用是将需要接收的信号选出来，而将不需要的信号尽量抑制掉。

无线电接收机输入电路的主要部分是天线线圈 L_1 和由电感线圈 L 与可变电容器 C 组成的串联谐振电路。当不同频率的电磁波信号经过天线时，线圈中便感应出不同频率的电动势。电路中的电流是各个不同频率的电动势 e_1、e_2、e_3 所产生的电流的叠加。若调节电容 C，使电路谐振在某电台的信号频率 f_1 处，则电路对该电台信号源 e_1 的阻抗最小，该频率的信号电流最大，在电容的两端就会得到最高的输出电压，经过放大后，扬声器便能播放该电台的节目声音。而对于其他电台的信号频率 $f_2,f_3,\cdots,f_n$，电路不发生谐振，阻抗很大，故其电流受到抑制，电容上输出的电压很小。因此，调节电容 C 的值，电路就会对不同的频率发生谐振，从而达到选择电台的目的。谐振电路的 Q 值越大，则选频特性越好。

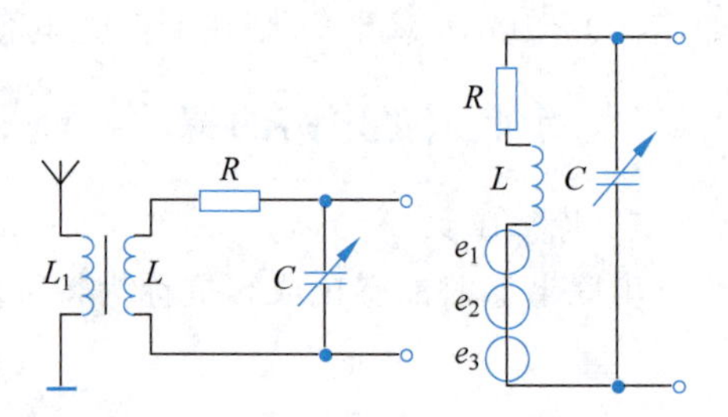

图 7-2-4 无线电广播、电视机接收回路

【例 7-2-1】 电路如例图 7-2-1 所示，已知 $u_S(t)=10\sqrt{2}\cos\omega t\,\text{V}$，求：

（1）频率 ω 为何值时，电路发生谐振？

（2）电路谐振时 U_L 和 U_C 为何值？

（3）通频带 ω_{BW}。

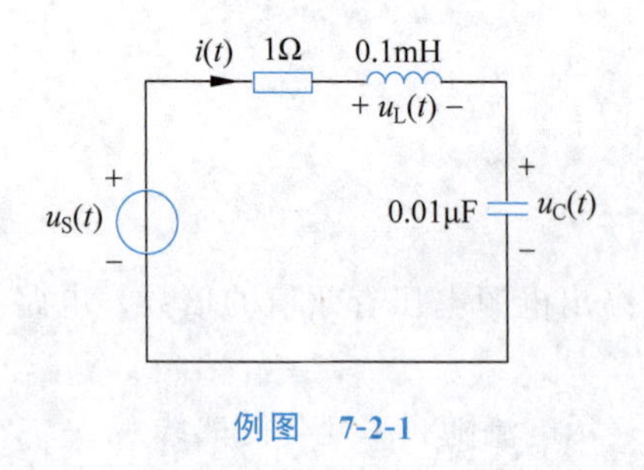

例图 7-2-1

解：当电路发生串联谐振时，

（1）电压源的角频率

$$\omega=\omega_0=\frac{1}{\sqrt{LC}}=\frac{1}{\sqrt{10^{-4}\times10^{-8}}}\text{rad/s}=10^6\,\text{rad/s}$$

（2）电路的品质因数

$$Q=\frac{\omega_0L}{R}=100$$

则

$$U_L = U_C = QU_S = 100 \times 10\text{V} = 1000\text{V}$$

(3) 通频带

$$\omega_{BW} = \frac{\omega_0}{Q} = \frac{10^6}{100}\text{rad/s} = 10^4\text{rad/s}$$

【例 7-2-2】 将一线圈($L=4$mH,内阻 $R=50\Omega$)与电容器($C=160$pF)串联接在 $U_S=25$V 的电源上。求:(1)若当 $f_0=200$kHz 时发生谐振,电路中的电流与电容器上的电压;(2)当频率增加 10%时,电路中的电流与电容器上的电压。

解:(1) 当 $f_0=200$kHz 电路发生谐振时,可得

$$X_L = 2\pi f_0 L = 2 \times 3.14 \times 200 \times 10^3 \times 4 \times 10^{-3}\Omega \approx 5000\Omega$$

$$X_C = \frac{1}{2\pi f_0 C} = \frac{1}{2 \times 3.14 \times 200 \times 10^3 \times 160 \times 10^{-12}}\Omega \approx 5000\Omega$$

$$I_0 = \frac{U}{R} = \frac{25}{50}\text{A} = 0.5\text{A}$$

$$U_C = X_C I_0 = 5000 \times 0.5\text{V} = 2500\text{V}(> U_S)$$

(2) 当频率增加 10%时,可得 $f_1 = 1.1 \times f_0 = 220$kHz

$$X_L = 2\pi f_1 L = 2 \times 3.14 \times 220 \times 10^3 \times 4 \times 10^{-3}\Omega \approx 5500\Omega$$

$$X_C = \frac{1}{2\pi f_1 C} = \frac{1}{2 \times 3.14 \times 220 \times 10^3 \times 160 \times 10^{-12}}\Omega \approx 4500\Omega$$

$$|Z| = \sqrt{50^2 + (5500-4500)^2}\Omega \approx 1000\Omega(> R)$$

$$I = \frac{U_S}{|Z|} = \frac{25}{1000}\text{A} = 0.025\text{A}(< I_0)$$

$$U_C = X_C I = 4500 \times 0.025\text{V} = 112.5\text{V}(< 2500\text{V})$$

由以上计算可知,当偏离谐振频率 10%时,I 和 U_C 都显著减小了。

【思考与练习】

7-2-1 $X_L(\omega)$和 $X_C(\omega)$的曲线是怎样的? RLC 串联电路的 $X(\omega)$曲线又是怎样的?

7-2-2 例图 7-2-1 所示电路中,$U_C > U_S$,即电路中的部分电压大于电源电压,试分析原因。

7-2-3 RLC 串联谐振电路中,已知 $L=200\mu$H,$C=200$pF,$R=12.5\Omega$,求谐振频率和品质因数 Q。当电源电压有效值为 1mV 时,求谐振电流 I_0 和电容上的电压 U_C。

7-2-4 试分析 RLC 串联电路发生谐振时能量的消耗和互换情况。

7.3 并联谐振电路

对于任意一个由电阻、电容和电感并联组成的无源二端网络,当施加正弦激励时,若端口电压和端口电流同相位,称该电路发生了并联谐振。

7.3.1 *RLC* 并联谐振电路

RLC 并联谐振是与 *RLC* 串联谐振相对应的一种谐振形式，如图 7-3-1(a)所示为一种典型的 *RLC* 并联谐振电路。

1. *RLC* 并联谐振的条件和谐振频率

如图 7-3-1(a)所示电路，该电路的导纳可以表示为

$$Y(\mathrm{j}\omega)=G+\mathrm{j}B=G+\mathrm{j}(B_{\mathrm{C}}-B_{\mathrm{L}})=G+\mathrm{j}\left(\omega C-\frac{1}{\omega L}\right) \tag{7-3-1}$$

当发生谐振时，导纳的虚部为零，即 $\omega C-\frac{1}{\omega L}=0$。因此，可解得并联谐振时的角频率和固有频率分别为

$$\omega_0=\frac{1}{\sqrt{LC}} \tag{7-3-2}$$

$$f_0=\frac{\omega_0}{2\pi}=\frac{1}{2\pi\sqrt{LC}} \tag{7-3-3}$$

式中，f_0 也称为电路的自然频率。

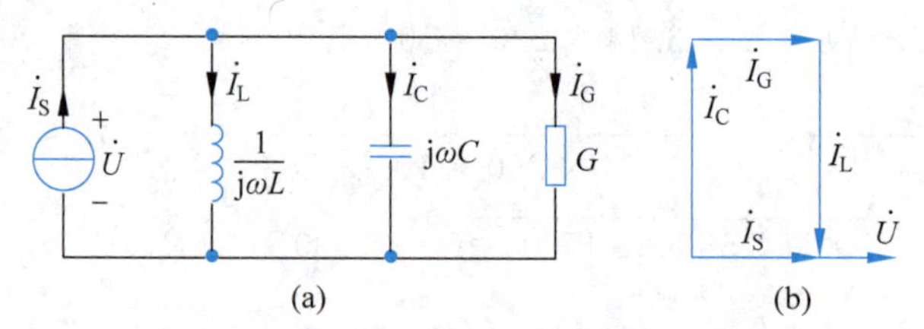

图 7-3-1　*RLC* 并联谐振电路及其相量图

由式(7-3-2)和式(7-3-3)可知，*RLC* 并联电路的谐振频率由 *L*、*C* 决定，与 *R* 无关。另一方面，并联谐振的条件与串联谐振的条件基本相同，即相同的电感和电容接成 *RLC* 并联电路或者 *RLC* 串联电路时，对应的谐振频率相等。

2. *RLC* 并联谐振的特征及应用

RLC 并联谐振的特征如下：

(1) 电流与电压同相位，电路呈纯电阻性。

对于图 7-3-1(a)所示电路，当发生并联谐振时，满足

$$\mathrm{Im}[Y(\mathrm{j}\omega_0)]=0,\quad \arg[Y(\mathrm{j}\omega_0)]=0$$

$$Y(\mathrm{j}\omega_0)=G+\mathrm{j}\left(\omega_0 C-\frac{1}{\omega_0 L}\right)=G$$

式中，arg[·]表示取辐角运算。由此可知，谐振时输入导纳 $Y(\mathrm{j}\omega)$ 的模值达到最小值 $|Y(\mathrm{j}\omega_0)|=G$，而输入阻抗 $Z(\mathrm{j}\omega)$ 的模值达到最大值 $|Z(\mathrm{j}\omega_0)|=\frac{1}{G}=R$。显然，此时端电压的有效值达到最大值 $U(\omega_0)=\frac{I_S}{|Y(\mathrm{j}\omega_0)|}=\frac{I_S}{G}$(其中，$I_S$ 表示电流源电流的有效值)。

(2) 电感电流与电容电流大小相等,相位相反,并联总电流为零。

对于图 7-3-1(a)所示电路,并联谐振时可以求得电感和电容的电流相量和有效值为

$$\dot{I}_{\mathrm{L}}(\omega_0)=\frac{\dot{U}}{\mathrm{j}\omega_0 L}=-\mathrm{j}\,\frac{1}{\omega_0 LG}\dot{I}_{\mathrm{S}}=-\mathrm{j}Q\dot{I}_{\mathrm{S}} \tag{7-3-4}$$

$$\dot{I}_{\mathrm{C}}(\omega_0)=\mathrm{j}\omega_0 C\dot{U}=\mathrm{j}\,\frac{\omega_0 C}{G}\dot{I}_{\mathrm{S}}=\mathrm{j}Q\dot{I}_{\mathrm{S}} \tag{7-3-5}$$

$$I_{\mathrm{L}}(\omega_0)=I_{\mathrm{C}}(\omega_0)=QI_{\mathrm{S}} \tag{7-3-6}$$

式中,Q 为并联谐振电路的品质因数,其表达式如式(7-3-7)所示。

由式(7-3-4)~式(7-3-6)可知,并联谐振时,$\dot{I}_{\mathrm{L}}(\omega_0)+\dot{I}_{\mathrm{C}}(\omega_0)=0$,流过电感的电流与流过电容的电流代数和为零。而电感电流 I_{L} 和电容电流 I_{C} 往往大于电路的总电流 I_{S},因此并联谐振又称为电流谐振。

(3) 电感或电容的支路电流有可能大大超过总电流。

从能量角度考虑,品质因数的定义可以参见式(7-2-8)。对于图 7-3-1(a)所示电路,电感支路(或电容支路)的电流有效值(或幅值)与总电流有效值(或幅值)之比为电路的品质因数,其值为

$$Q=\frac{I_{\mathrm{L}}(\omega_0)}{I_{\mathrm{S}}}=\frac{I_{\mathrm{C}}(\omega_0)}{I_{\mathrm{S}}}=\frac{1}{\omega_0 LG}=\frac{\omega_0 C}{G}=\frac{1}{G}\sqrt{\frac{C}{L}}=\frac{R}{\sqrt{\frac{L}{C}}}=\frac{R}{\rho} \tag{7-3-7}$$

式中,$\rho=\omega_0 L=\dfrac{1}{\omega_0 C}=\sqrt{\dfrac{L}{C}}$ 为特征阻抗。由式(7-3-7)可知,并联谐振时,通过电感或电容的电流是总电流 I_{S} 的 Q 倍。若 $Q\gg 1$(注:Q 值一般可达几十或几百),则 $I_{\mathrm{L}}=I_{\mathrm{C}}\gg I_{\mathrm{S}}$。

比较式(7-3-7)与式(7-2-9)可知,并联谐振时的品质因数与串联谐振时的品质因数在形式上互为倒数。

RLC 并联谐振电路的相量图如图 7-3-1(b)所示。

并联谐振可以用来选频。例如,在如图 7-3-1(a)所示电路中,若输入信号源含有多个不同频率的信号,当并联电路对其中某一频率的信号发生谐振时,会对其呈现高阻抗,从而在并联谐振电路两端得到高电压,而对其他频率的信号呈现低阻抗,电压则很低。因此,可以在并联谐振电路的两端把所需频率的信号选出来,同时能将其他频率的信号抑制掉,这样就达到了选频的目的。选频特性的好坏同样由品质因数 Q 决定,Q 值越大,选频特性越好。

在电路设计中,利用 *RLC* 并联谐振电路在谐振频率点的高阻抗特性,也可以实现对特定频率信号的滤波或有效抑制。如例图 7-3-1 所示电路为典型电路之一,此处电阻 R 相当于无穷大,*RLC* 电路发生并联谐振时阻抗为 R,相当于开路。假设信号源 $u_{\mathrm{S}}(t)$ 中包含丰富的频率成分,通过合理选择元件参数 L、C,使电路谐振在频率点 f_0,即可实现对 $u_{\mathrm{S}}(t)$ 中频率成分 f_0 的有效抑制。

【例 7-3-1】 如例图 7-3-1 所示电路，已知 $L=200\mathrm{mH}$，输入信号中含有 $f_0=200\mathrm{Hz}$、$f_1=400\mathrm{Hz}$、$f_2=1000\mathrm{Hz}$、$f_3=2000\mathrm{Hz}$ 的四种频率成分，若要将频率为 f_0 的信号成分滤除，则应选取多大的电容？

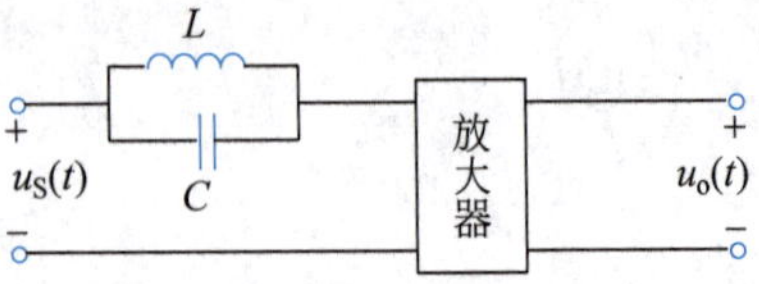

例图 7-3-1

解：由图示电路可知，当 LC 并联电路在 f_0 频率下发生并联谐振时，可滤除此频率信号。因此，由并联谐振条件 $f_0=\dfrac{1}{2\pi\sqrt{LC}}$，可得

$$C=\frac{1}{(2\pi f_0)^2L}=\frac{1}{(2\pi\times 200)^2\times 200\times 10^{-3}}\mathrm{F}\approx 3.17\times 10^{-6}\mathrm{F}=3.17\mu\mathrm{F}$$

7.3.2 *LC* 并联谐振电路

工程中，常用到电感线圈与电容器直接并联的电路，而实际的电感线圈总存在电阻，所以可以使用 R 与 L 的串联组合表示电感线圈。因此，当电感线圈与电容器并联时，等效的电路模型如图 7-3-2(a)所示。

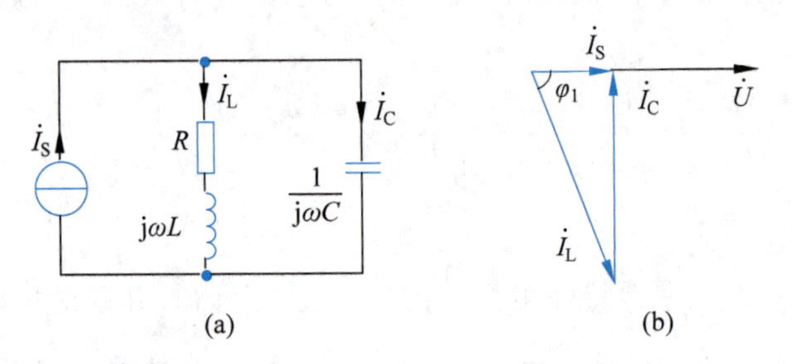

图 7-3-2 *LC* 并联谐振电路及其相量图

1. *LC* 并联谐振的条件和谐振频率

对于如图 7-3-2(a)所示电路，其导纳可以表示为

$$\begin{aligned}Y(j\omega)&=j\omega C+\frac{1}{R+j\omega L}\\&=\frac{R}{R^2+(\omega L)^2}+j\left(\omega C-\frac{\omega L}{R^2+(\omega L)^2}\right)\\&=G+jB\end{aligned}\tag{7-3-8}$$

发生谐振时，导纳的虚部为零，即 $\mathrm{Im}[Y(j\omega)]=0$。因此，若谐振角频率为 ω_0，则

$$\omega_0 C-\frac{\omega_0 L}{R^2+(\omega_0 L)^2}=0\tag{7-3-9}$$

可以解得

$$\omega_0=\sqrt{\frac{1}{LC}-\left(\frac{R}{L}\right)^2}=\frac{1}{LC}\sqrt{1-\frac{CR^2}{L}}\tag{7-3-10}$$

则谐振固有频率为

$$f_0=\frac{\omega_0}{2\pi}=\frac{1}{2\pi LC}\sqrt{1-\frac{CR^2}{L}} \tag{7-3-11}$$

注意，与式(7-3-2)和式(7-3-3)不同，此时 ω_0 或 f_0 的取值与电阻、电感和电容的取值均有关系。

2. *LC* 并联谐振的特征

由式(7-3-10)可知，图 7-3-2(a)所示电路发生谐振需要一定的条件。若电路参数满足 $R<\sqrt{\frac{L}{C}}$，则 $\frac{1}{LC}-\left(\frac{R}{L}\right)^2>0$，$\omega_0$ 的取值为实数，可以发生谐振；而若 $R>\sqrt{\frac{L}{C}}$，则 $\frac{1}{LC}-\left(\frac{R}{L}\right)^2<0$，$\omega_0$ 的取值为虚数，电路不会发生谐振。另外，R 取值的变化会影响谐振频率的值。

一般情况下，线圈电阻 $R\ll\omega L$，等效导纳可以进行如下的近似计算：

$$Y(\mathrm{j}\omega)=\frac{R}{R^2+(\omega L)^2}+\mathrm{j}\left(\omega C-\frac{\omega L}{R^2+(\omega L)^2}\right)\approx\frac{R}{(\omega L)^2}+\mathrm{j}\left(\omega C-\frac{1}{\omega L}\right) \tag{7-3-12}$$

由式(7-3-11)可以粗略计算此时的谐振角频率：

$$\omega_0\approx\frac{1}{\sqrt{LC}} \tag{7-3-13}$$

利用式(7-3-11)所得到的结果，可以进一步将图 7-3-2(a)所示电路等效转换为标准的 *RLC* 并联电路，如图 7-3-3 所示。其中，等效电导 $G_e=\frac{R}{(\omega L)^2}$。

对应的品质因数可表示为

$$Q=\frac{\omega_0 C}{G_e}=\frac{\omega_0 C}{R/(\omega_0 L)^2}=\frac{\omega_0^3 CL^2}{R}=\frac{\omega_0 L}{R} \tag{7-3-14}$$

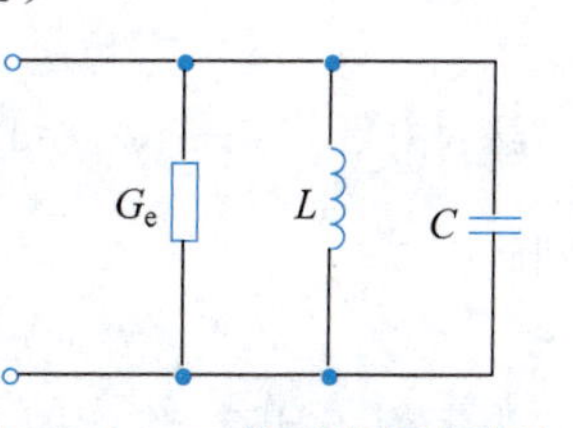

图 7-3-3 *LC* 并联谐振电路的等效电路

LC 并联谐振的特征如下：

(1) 电路发生谐振时，输入阻抗很大。

输入阻抗可表示为

$$Z(\mathrm{j}\omega_0)=\frac{R^2+(\omega_0 L)^2}{R}\approx\frac{(\omega_0 L)^2}{R}=\frac{L}{RC}$$

对应的导纳可表示为

$$Y(\mathrm{j}\omega_0)=\frac{R}{R^2+(\omega L)^2}\approx\frac{RC}{L}$$

(2) 电流一定时，端电压较高。

端电压可表示为

$$U_S=I_S Z(\mathrm{j}\omega_0)=I_S\frac{L}{RC}$$

(3) 支路电流是总电流的 Q 倍。

设 $R\ll\omega L$，则

$$I_L \approx I_C \approx \frac{U}{\omega_0 L} = U\omega_0 C$$

$$\frac{I_L}{I_S} \approx \frac{I_C}{I_S} = \frac{U/\omega_0 L}{U(RC/L)} = \frac{1}{\omega_0 RC} = \frac{\omega_0 L}{R} = Q$$

$$I_L \approx I_C = QI_S$$

可以证明，该电路发生谐振时的输入导纳不是最小值（即输入阻抗不是最大值），谐振时的端电压也不是最大值。该电路只有当 $R \ll \sqrt{\frac{L}{C}}$ 时，其发生谐振时的特征才和 7.3.1 节中讨论的典型 RLC 并联谐振电路的特征接近。

LC 并联谐振电路的相量图如图 7-3-2(b)所示。

【例 7-3-2】 如例图 7-3-2(a)所示电路，内阻 $R_1 = 10\Omega$ 的线圈 L 与电容 C 构成并联电路，当发生谐振时，电路的品质因数 $Q_1 = 100$，如果再并联一个 $R_2 = 100\text{k}\Omega$ 的电阻，求此时电路的品质因数 Q_2。

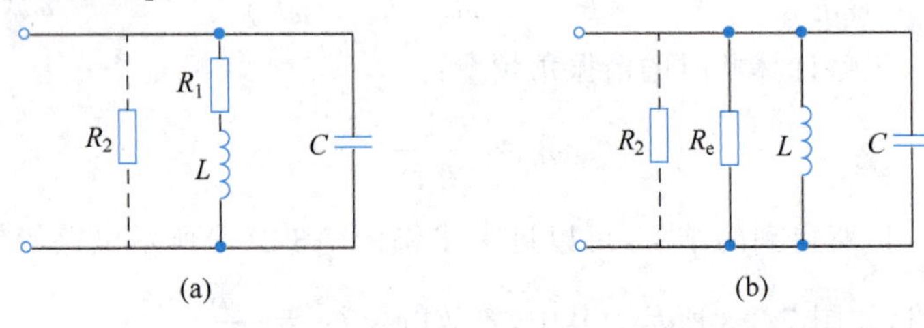

例图 7-3-2

解：由已知条件 $Q_1 = 100$ 和 LC 并联谐振电路品质因数的计算公式 $Q_1 = \frac{\omega_0 L}{R_1}$，可以得到

$$\omega_0 L = R_1 Q_1 = 10 \times 100\Omega = 1000\Omega \gg R_1$$

为了便于计算，将例图 7-3-2(a)所示电路转化为例图 7-3-2(b)所示的等效电路，其中

$$R_e \approx \frac{(\omega_0 L)^2}{R_1} = \frac{10^6}{10}\Omega = 100\text{k}\Omega$$

则 R_e 和 R_2 的等效电阻为

$$R_{eq} = R_2 \text{ // } R_e = \frac{100 \times 100}{100 + 100}\text{k}\Omega = 50\text{k}\Omega$$

因此，利用标准 RLC 并联谐振电路品质因数的计算公式(7-3-7)，可得

$$Q_2 = \frac{R_{eq}}{\omega_0 L} = \frac{50 \times 10^3}{1000} = 50$$

【例 7-3-3】 如例图 7-3-3 所示电路，已知 $R_S = 50\text{k}\Omega$，$U_S = 100\text{V}$，当 $\omega_0 = 10^6\text{Hz}$ 时发生谐振，品质因数 $Q = 100$，谐振时线圈获得最大功率，求：(1) L、C、R 的值；(2)谐振时的 I_0、U 和线圈获得的最大功率 P_{max}。

解：

(1) 由已知条件及 LC 并联谐振电路品质因数的计算公式可得 $Q=\frac{\omega_0 L}{R}=100$。将电路右端的 LC 并联电路转换为标准的 RLC 并联电路，则等效电阻

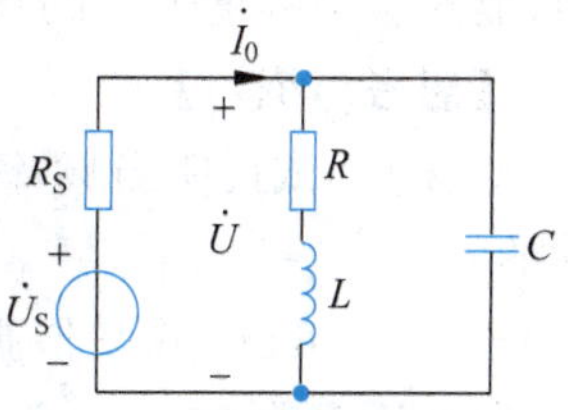

例图 7-3-3

$$R_e=\frac{(\omega_0 L)^2}{R}$$

为了获得最大功率，根据最大功率传输定理，应满足 $R_e=R_S$，即

$$R_e=\frac{(\omega_0 L)^2}{R}=R_S=50\text{k}\Omega$$

另外，由式(7-3-13)给出的谐振角频率基本公式可知 $\omega_0\approx\frac{1}{\sqrt{LC}}$。

由上述公式联立方程求解，可得

$$\begin{cases}R=5\Omega\\L=0.5\text{mH}\\C=0.002\mu\text{F}\end{cases}$$

(2) 当发生谐振时

$$U=\frac{U_S}{2}=\frac{100}{2}\text{V}=50\text{V}$$

$$I_0=\frac{U_S}{2R_S}=\frac{100}{2\times50\times10^3}\text{A}=1\times10^{-3}\text{A}$$

$$P_{max}=UI_0=50\times1\times10^{-3}\text{W}=0.05\text{W} \text{ 或 } P_{max}=\frac{U_S^2}{4R_S}=\frac{100^2}{4\times50\times10^3}\text{W}=0.05\text{W}$$

【后续知识串联】

◇ 匹配滤波器与并联谐振

本节所介绍的并联谐振电路在通信系统中有着广泛的应用，在后续的“通信原理”课程中将予以具体介绍。下面以最佳接收机系统中的匹配滤波器为例进行阐释。

匹配滤波器是最佳接收机的主要构成部分，其通过与发送信号相匹配，获得最大的瞬时输出信号功率与平均噪声功率比，是某一特定时刻获得最大输出信噪比的线性滤波器①。数字通信系统中只传送有限的几种信号，接收机的任务是从几种备用信号中做出选择，输出信噪比是选择正确与否的关键指标，因而匹配滤波器在数字信号的最佳接收中具有举足轻重的地位。

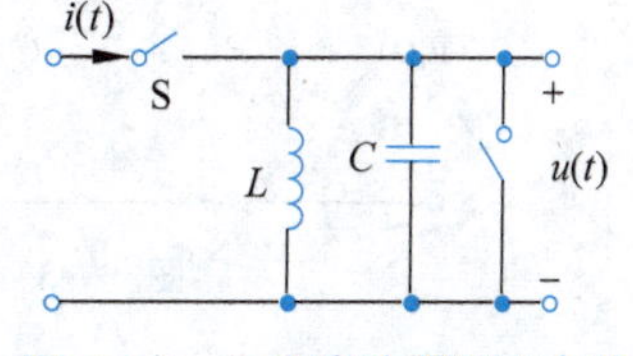

图 7-3-4 匹配滤波器实现电路

采用 LC 谐振滤波器实现对矩形包络信号匹配的电路如图 7-3-4 所示。其中，LC 构成并联式谐振滤波

① 樊昌信，曹丽娜. 通信原理[M]. 7 版. 北京：国防工业出版社，2012：264-265.

器，能对包络幅度恒定的特定频率输入信号谐振，从而获得最大瞬时输出信号功率。

【思考与练习】

7-3-1　试说明当频率低于和高于谐振频率时，*RLC* 并联电路是电容性还是电感性的？

7-3-2　*RLC* 并联谐振电路中，已知 $L=25\text{mH}$，$C=0.1\mu\text{F}$，$R=20\text{k}\Omega$，求谐振频率 f_0 和品质因数 Q。

习题

7-1　求如题图 7-1 所示各电路的转移电流比，并画出幅频和相频特性曲线。

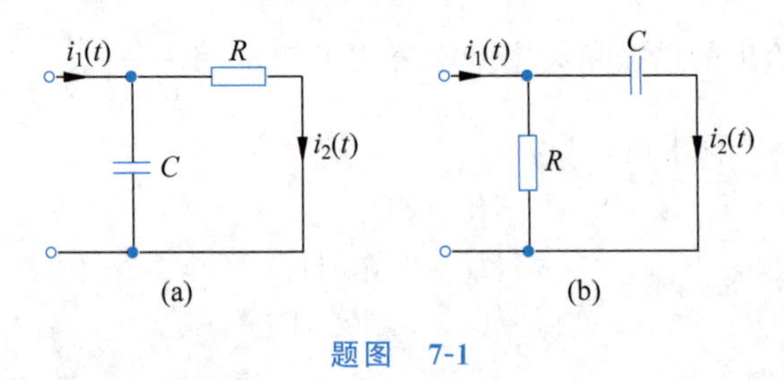

题图　7-1

7-2　求如题图 7-2 所示电路的转移电压比，并画出幅频特性曲线。

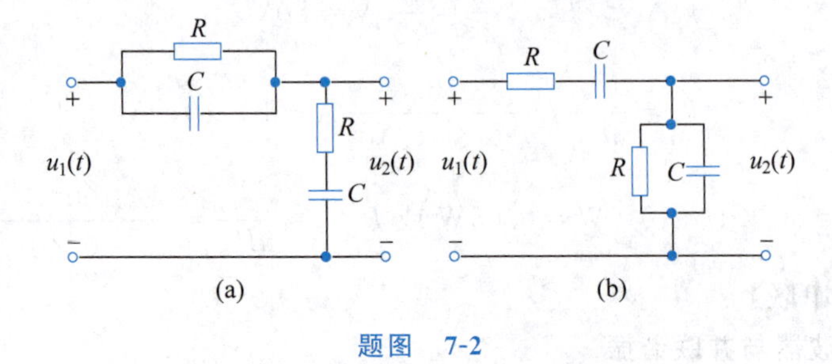

题图　7-2

7-3　求如题图 7-3 所示电路的转移电压比，并画出幅频特性曲线。

7-4　如题图 7-4 所示电路，已知 $u_S(t)=10\cos10^5t\,\text{V}$，求 $i(t)$、$u_R(t)$、$u_L(t)$、$u_C(t)$。

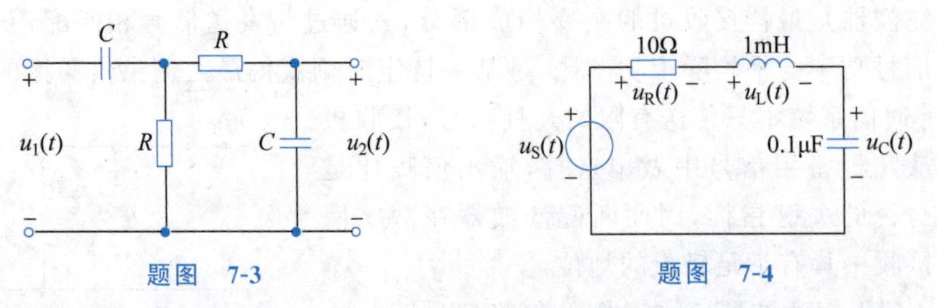

题图　7-3　　　　题图　7-4

7-5　*RLC* 串联电路中，已知 $L=320\mu\text{H}$，若电路的谐振频率需覆盖中波无线电广播频率(550kHz～1.8MHz)。求可变电容 C 的取值范围。

7-6 RLC 串联电路中，已知 $R=20\Omega$，$L=0.1\text{mH}$，$C=100\text{pF}$，求谐振频率 ω_0、品质因数 Q 和通频带 ω_{BW}。

7-7 RLC 串联电路中，已知 $u_S(t)=\sqrt{2}\sin(10^6 t+40°)\text{V}$，电路谐振时，$I=0.1\text{A}$，$U_C=100\text{V}$，求 R、L、C 的值及品质因数 Q。

7-8 RLC 串联电路中，已知 $L=100\text{mH}$，$R=3.4\Omega$，若电路在输入信号频率为 400Hz 时发生谐振，求电容 C 的值和品质因数 Q。

7-9 如题图 7-9 所示谐振电路中，已知 $u_S(t)=20\sqrt{2}\sin 1000t\,\text{V}$，电流表读数为 20A，电压表读数为 200V，求 R、L、C 的值。

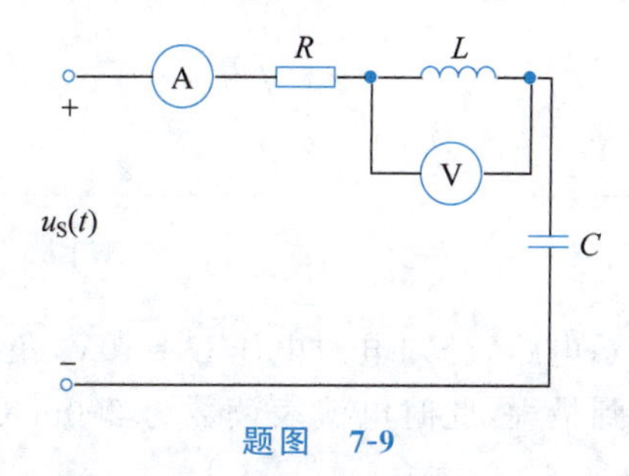

题图 7-9

7-10 RLC 串联电路中，已知 $L=50\text{H}$，$C=100\text{pF}$，$Q=141.3$，电源 $U_S=1\text{mV}$，求电路的谐振频率 f_0、谐振时的电容电压 U_C 和通频带 ω_{BW}。

7-11 RLC 串联电路中，已知端电压 $u(t)=14.14\sin(2500t+10°)\text{V}$，当 $C=8\mu\text{F}$ 时，电路吸收的功率为最大且 $P_{max}=100\text{W}$，求电感 L 和品质因数 Q 的值。

7-12 RLC 并联电路中，已知 $L=40\text{mH}$，$C=0.25\mu\text{F}$。当电阻：(1)$R=8000\Omega$；(2)$R=800\Omega$；(3)$R=80\Omega$ 时，计算电路的谐振角频率、品质因数和通频带 ω_{BW}，并画出电流 $i_R(t)$、$i_L(t)$、$i_C(t)$的频率特性曲线。

7-13 RLC 并联电路中，已知 $R=10\text{k}\Omega$，$L=1\text{mH}$，$C=0.1\text{pF}$，$i_S(t)=10\cos(\omega t+30°)\text{A}$，$\omega=10^8\text{rad/s}$。求 $u(t)$、$i_R(t)$、$i_L(t)$、$i_C(t)$。

7-14 求如题图 7-14 所示各电路的谐振角频率的表达式。

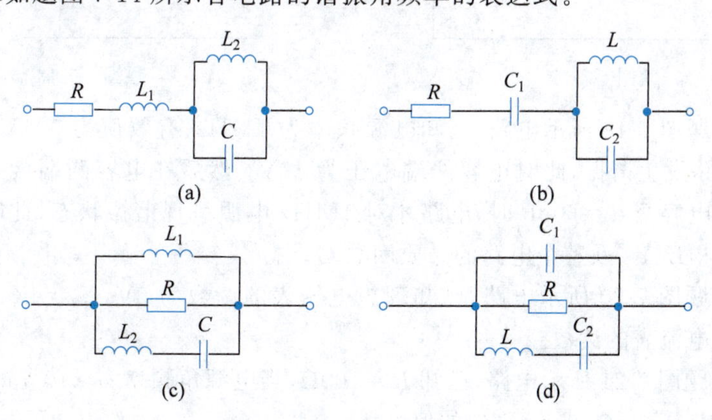

题图 7-14

7-15　如题图 7-15 所示电路,(1)求并联谐振角频率的表达式,并说明电路各参数间应满足什么条件才能实现并联谐振;(2)当 $R_1=R_2=\sqrt{L/C}$ 时,试问电路的工作状态如何?

7-16　如题图 7-16 所示电路,已知电源电压 $U=10\text{V}$,角频率 $\omega=3000\text{rad/s}$。调节电容 C 使电路发生谐振,谐振电流 $I_0=100\text{mA}$,谐振电容电压 $U_{C0}=200\text{V}$,求 R、L、C 的值及品质因数 Q。

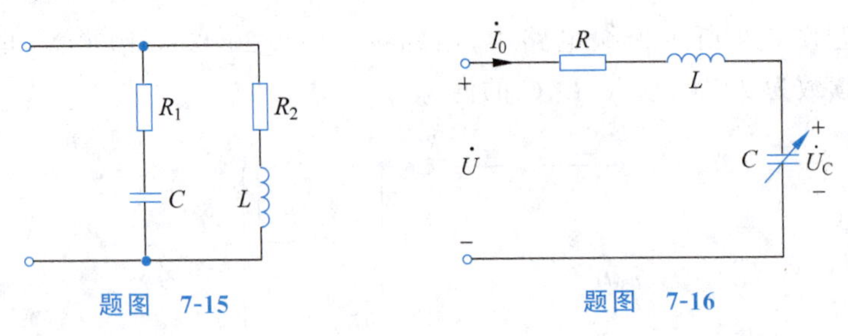

题图　7-15　　　　题图　7-16

7-17　如题图 7-17 所示电路,已知电源电压 $\dot{U}=10\text{V}$,角频率 $\omega=5000\text{rad/s}$。调节电容 C 使电路中的电流达到最大,此时电流表读数为 200mA,电压表读数为 600V。求 R、L、C 的值及品质因数 Q。

7-18　如题图 7-18 所示电路,(1)若使电路中的电感线圈与电容器串联谐振于 3.5MHz,且特性阻抗为 1kΩ,应该如何选择 L 和 C 的值?(2)若电路的品质因数为 50,输入电压为 U_S,求电路的通频带 f_{BW} 和电容的输出电压 U_C;(3)若电容两端接上数值等于特性阻抗 10 倍的负载电阻 R_L,重新计算这时的谐振频率、有载品质因数、电容电压与输入电压之比以及通频带,从而归纳添加负载电阻对串联电路的影响。

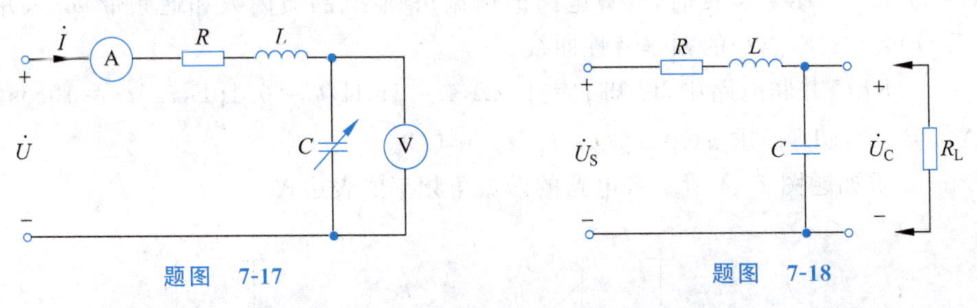

题图　7-17　　　　题图　7-18

7-19　如题图 7-19 所示电路,已知电源频率为 1MHz,有效值为 0.1V,当电容 C 调至 80pF 时电路发生谐振,此时电容两端电压为 10V;然后在电容两端接入一未知导纳 Y_X,重新调整电容至 $C=60\text{pF}$ 时,电路才对 1MHz 电源呈现谐振状态,此时电容两端的电压为 8V。求 L、Y_x 及整个电路的品质因数 Q。

7-20　如题图 7-20 所示电路,已知理想电压表的读数为 5V,$X_C=X_L=100\Omega$,$R=10\text{k}\Omega$,求理想电流表的读数。

7-21　如题图 7-21 所示电路,已知 $R=100\Omega$,当电源角频率 $\omega=10^5\text{rad/s}$ 时,电路的输入阻抗 $Z=500\angle0°\Omega$,求 L 和 C 的值。

7-22　如题图 7-22 所示电路,已知 $R_1=20\text{k}\Omega$,$L=150\mu\text{H}$,$C=675\text{pF}$,

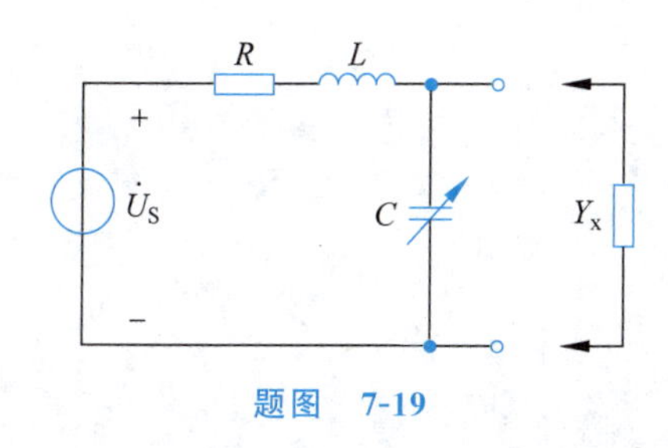

题图 7-19

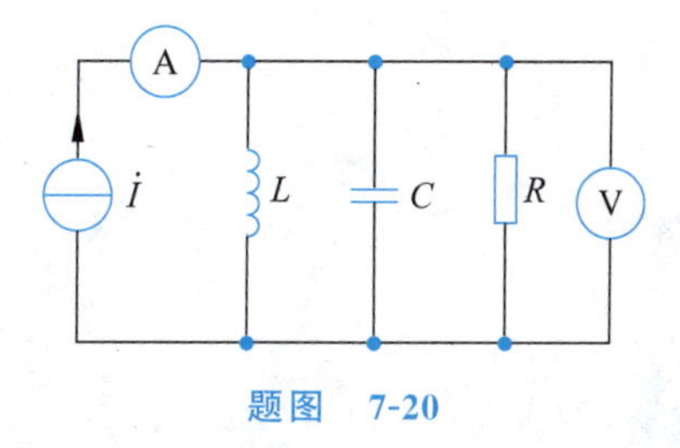

题图 7-20

(1) 求此并联谐振电路的谐振频率 f_0、品质因数 Q 及通频带 f_{BW}；

(2) 若在电路两端并联 $R_L=20\text{k}\Omega$ 的负载，重新计算整个电路的谐振频率、品质因数及通频带 f_{BW}；

(3) 在电路两端并联 $R_L=20\text{k}\Omega$ 负载后，若将电路的品质因数维持在25，而不改变谐振频率值，应如何选择电容及电感的值。

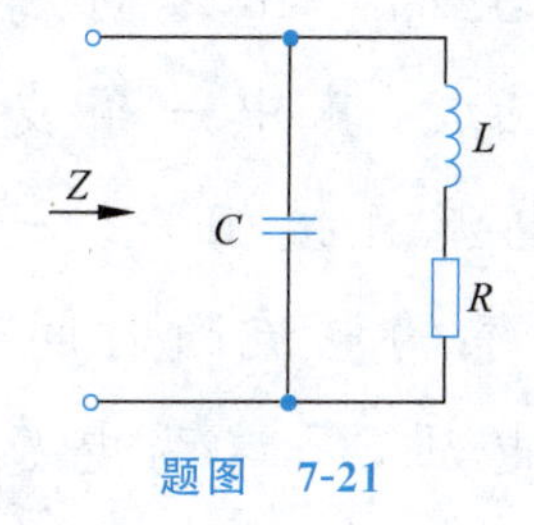

题图 7-21

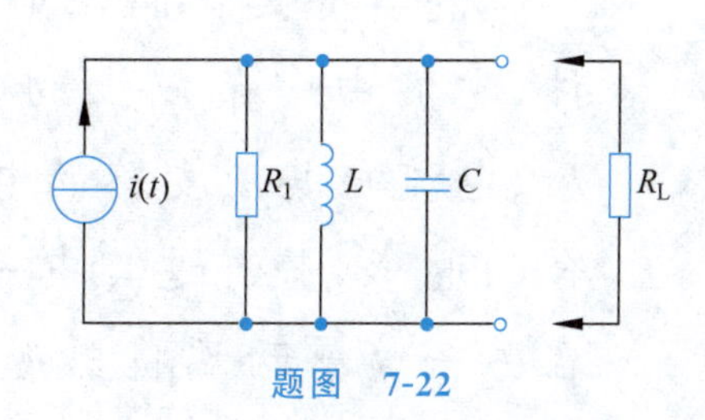

题图 7-22

第8章 含耦合电感的电路

内容提要：耦合电感和理想变压器同属耦合元件，它们由一条以上的支路组成，其中一条支路的电压、电流与其他支路的电压、电流直接相关。一对相耦合的电感，若流过其中一个电感的电流随时间变化，则在另一电感两端将出现感应电压，而这两电感间可能并无导线直接相连，这就是电磁学中所说的互感现象。这种现象在直流稳态电路中不会出现。

本章介绍磁耦合的原理、互感的概念、互感线圈同名端的定义和确定方法，以及耦合系数的定义；讨论耦合电感线圈的串联、并联以及含有耦合电感电路的分析方法；以理想变压器为例讨论耦合电路的具体分析方法。

重点：互感的概念以及同名端的含义；耦合电感的串联与并联；含有耦合电感电路的分析方法；理想变压器的电压、电流以及阻抗变换关系。

难点：耦合电感的去耦等效变换；含有耦合电感电路的分析与计算；理想变压器的阻抗变换特性。

8.1 耦合电感元件

耦合电感是线性电路中一类重要的多端元件。首先回忆一下独立电感线圈的磁感应特性。如图 8-1-1 所示，设独立电感线圈绕得很紧密，其匝数为 N，线圈中的电流为 $i(t)$，线圈各匝都与相同的磁通 $\varphi(t)$ 相交链，则磁通链 $\psi(t)=N\varphi(t)$。当线圈周围的媒质为非铁磁物质时，$\psi(t)$ 与 $i(t)$ 呈线性关系，即 $\psi(t)=Li(t)$，其中电感 L 是一个与电流、时间无关的常量。

当电感中的电流随时间变化时，其两端会出现感应电压，称为自感电压。由于电感中的电流 $i(t)$ 与磁通 $\varphi(t)$ 符合右手螺旋法则，如图 8-1-1 所示，当电压与电流处于关联参考方向时，感应电压的参考方向和磁通的参考方向也符合右手螺旋法则。根据电磁感应定律，感应电压等于磁通链的变化率，由此可导出感应电压与电流的关系为

$$u(t)=\frac{\mathrm{d}\psi(t)}{\mathrm{d}t}=L\frac{\mathrm{d}i(t)}{\mathrm{d}t}$$

耦合电感元件是通过磁场相互约束的若干电感元件的集合，是构成耦合电感线圈电路模型的基本元件。耦合电感元件可分为线性耦合电感元件和非线性耦合电感元件，本章只讨论线性耦合电感元件。

二端口耦合电感元件是通过磁场联系相互约束的两电感元件的集合。图 8-1-2 表示一个二端口耦合电感元件，电感线圈的匝数分别为 N_1、N_2。由于两电感线圈彼此靠近，当通过它们的电流为时变电流 $i_1(t)$ 和 $i_2(t)$ 时，每个电感线圈电流所产生的时变磁通量不仅与其本身交链，还将有一部分与临近的电感线圈相交链。因此，在每个电感线圈中，不仅存在由于其本身电流变化所产生的感应电压，还将存在由于临近电感线圈的电流变化而产生的感应电压，从而导致两电感线圈及其所属电路的相互影响，这就是耦合的含义。

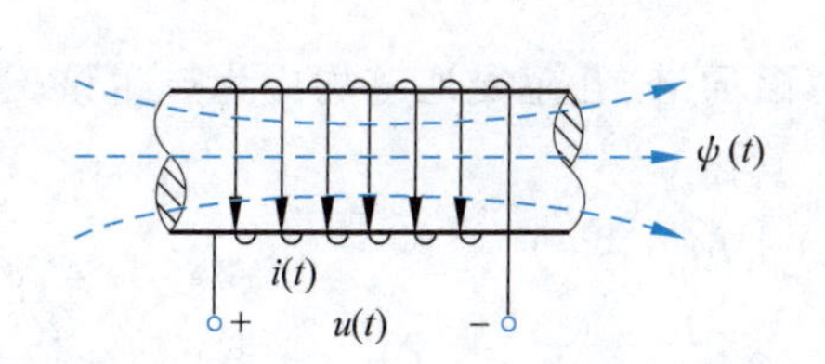

图 8-1-1 自感线圈的磁通链与感应电压

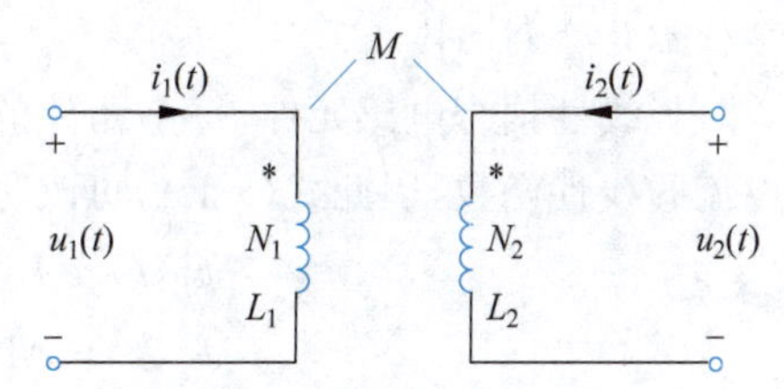

图 8-1-2 二端口耦合电感元件

1. 磁通的分布

用 ϕ_{11} 表示通过线圈 1 由 $i_1(t)$ 产生的自磁通，ϕ_{22} 表示通过线圈 2 由 $i_2(t)$ 产生的自磁通，ϕ_{21} 表示由 $i_1(t)$ 产生的而通过线圈 2 的互磁通，ϕ_{12} 表示由 $i_2(t)$ 产生的而通过线圈 1 的互磁通。

2. 磁通链的分布

两线圈的磁通均为自磁通和互磁通的叠加，所以各线圈的磁通链均可以表示为两个分量之和，即

$$\psi_1(t)=[\phi_{11}(t)+\phi_{12}(t)]N_1=\phi_{11}(t)N_1+\phi_{12}(t)N_1=\psi_{11}(t)+\psi_{12}(t)$$
$$\psi_2(t)=[\phi_{22}(t)+\phi_{21}(t)]N_2=\phi_{22}(t)N_2+\phi_{21}(t)N_2=\psi_{22}(t)+\psi_{21}(t) \tag{8-1-1}$$

式中，$\psi_{11}(t)$和$\psi_{22}(t)$分别表示1、2两电感元件的总磁通链中由各自元件电流本身所产生的分量，称为自感磁通链；$\psi_{12}(t)$和$\psi_{21}(t)$分别表示1、2两电感元件的总磁通链中由另一元件电流所产生的分量，称为互感磁通链。

注意：式(8-1-1)中每个元件的总磁通链与自感磁通链、互感磁通链的参考方向是完全一致的。但自感磁通链与互感磁通链是由不同电流产生的，当两元件电流同时为正时，两者可能是相互加强的，也可能是相互减弱的，即当自感磁通链为正时，互感磁通链可以为正，也可以为负。

3. 自感系数和互感系数

$\psi_{11}(t)$和$\psi_{22}(t)$与各自的电流之比称为它们的自感系数，即

$$L_1=\frac{\psi_{11}(t)}{i_1(t)}=\frac{\phi_{11}(t)N_1}{i_1(t)}$$
$$L_2=\frac{\psi_{22}(t)}{i_2(t)}=\frac{\phi_{22}(t)N_2}{i_2(t)} \tag{8-1-2}$$

而$\psi_{12}(t)$与线圈2的电流$i_2(t)$的比值用M_{12}表示，称为互感系数，反映电流$i_2(t)$对线圈1的影响。同理，$\psi_{21}(t)$与线圈1的电流$i_1(t)$的比值用M_{21}表示，也称为互感系数，反映$i_1(t)$对线圈2的影响，即

$$M_{12}=\frac{\psi_{12}(t)}{i_2(t)}=\frac{\phi_{12}(t)N_1}{i_2(t)}$$
$$M_{21}=\frac{\psi_{21}(t)}{i_1(t)}=\frac{\phi_{21}(t)N_2}{i_1(t)} \tag{8-1-3}$$

注意：自感系数和互感系数均是与磁通链、电流无关的常量。在国际单位制中，二者的单位都是亨利(H)。

对于线性耦合电感元件，每个元件的自感磁通链、互感磁通链均应为产生该磁通链的电流的线性函数，因此式(8-1-1)可改写为

$$\psi_1(t)=L_1i_1(t)+M_{12}i_2(t)$$
$$\psi_2(t)=M_{21}i_1(t)+L_2i_2(t) \tag{8-1-4}$$

当两个线圈处在相同的环境下时，两个互感系数近似相等，即

$$M_{12}=M_{21}$$

所以可以统一用M表示。将此关系代入式(8-1-4)得

$$\psi_1(t)=L_1i_1(t)+Mi_2(t)$$
$$\psi_2(t)=Mi_1(t)+L_2i_2(t) \tag{8-1-5}$$

互感系数M说明了一个线圈中的电流在另一个线圈中建立磁场的能力，M越大说明这种能力越强。

根据磁通链与感应电压的关系，可以进一步得到如下关系式：

$$u_1(t)=\frac{\mathrm{d}\psi_1(t)}{\mathrm{d}t}=L_1\frac{\mathrm{d}i_1(t)}{\mathrm{d}t}+M\frac{\mathrm{d}i_2(t)}{\mathrm{d}t}$$
$$u_2(t)=\frac{\mathrm{d}\psi_2(t)}{\mathrm{d}t}=M\frac{\mathrm{d}i_1(t)}{\mathrm{d}t}+L_2\frac{\mathrm{d}i_2(t)}{\mathrm{d}t} \tag{8-1-6}$$

式中，$u_1(t)$和$i_1(t)$、$u_2(t)$和$i_2(t)$分别取关联参考方向。这就是二端口耦合电感元件电压与电流的关系式。它是一对联立的常系数线性微分方程，表明两耦合电感元件中每个元件的端口电压都由自感电压和互感电压组成，自感电压取决于该元件的自感和电流对时间的变化率，互感电压取决于互感和另一元件中的电流对时间的变化率。

4. 同名端

注意，耦合电感元件中各个元件的自感恒为正，但互感既可为正，也可为负，需要根据两元件电流同时为正时，每个元件中的互感磁通链与自感磁通链是相互加强，还是相互减弱进行判断，但实际中进行该判断相对复杂，所以常用的方法是以“同名端”进行标记，并用“*”“•”“△”等符号表示。一般线圈绕行方向一致的端子称为同名端，而绕行方向不一致的端子称为异名端。根据同名端以及两电感元件电流的参考方向便可判断互感的正负，其判断原则为：当两电感元件电流的参考方向都是从同名端进入（或离开）元件时，互感为正；否则，互感为负。图 8-1-3 表示同名端的两种不同情况。

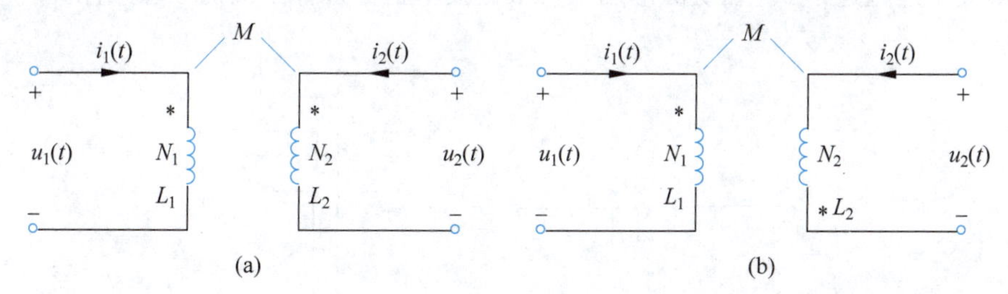

图 8-1-3　同名端的两种不同情况

按照以上判断规则，若两个电感元件中一个电感元件的电流从同名端进入元件，另一个电感元件的电流从非同名端进入元件时，互感即为负值，则感应电压与线圈电流的关系式(8-1-6)变为

$$u_1(t)=\frac{\mathrm{d}\psi_1(t)}{\mathrm{d}t}=L_1\frac{\mathrm{d}i_1(t)}{\mathrm{d}t}-M\frac{\mathrm{d}i_2(t)}{\mathrm{d}t}$$
$$u_2(t)=\frac{\mathrm{d}\psi_2(t)}{\mathrm{d}t}=L_2\frac{\mathrm{d}i_2(t)}{\mathrm{d}t}-M\frac{\mathrm{d}i_1(t)}{\mathrm{d}t} \tag{8-1-7}$$

若电感元件 2 中没有电流通过，则该元件中将无自感电压，电感元件 1 中将无互感电压。此时，互感的正负可根据元件 1 中的电流和元件 2 的互感电压（即元件端电压）的参考方向是否均由同名端进入（或离开）元件而定。

5. 耦合系数

两个线圈之间耦合的程度通常用耦合系数 K 来表示，其定义式为

$$K=\sqrt{\frac{\phi_{21}(t)}{\phi_{11}(t)}\cdot\frac{\phi_{12}(t)}{\phi_{22}(t)}} \tag{8-1-8}$$

式中，磁通的比值 $\phi_{21}(t)/\phi_{11}(t)$ 表示线圈 1 中电流所产生的磁通有多少通过了线圈 2，比值越大说明线圈 1 和线圈 2 耦合越紧。同理，比值 $\phi_{12}(t)/\phi_{22}(t)$ 表示线圈 2 和线圈 1 的耦合程度。因此，可以用两个比值的几何平均值来描述两个线圈相互耦合的程度。

将式(8-1-2)和式(8-1-3)代入式(8-1-8)，可得到耦合系数与自感系数、互感系数的关系式为

$$K=\frac{M}{\sqrt{L_1L_2}} \tag{8-1-9}$$

由于一般情况下 $\phi_{21}(t)\leqslant\phi_{11}(t)$，$\phi_{12}(t)\leqslant\phi_{22}(t)$，所以 $K\leqslant1$。

当 $K=1$ 时，两个线圈处于耦合最紧的情况，无漏磁，这种耦合称为全耦合。此时互感系数为最大，即

$$M=\sqrt{L_1L_2} \tag{8-1-10}$$

当 K 趋近于 1 时，属于强耦合(紧耦合)；当 K 远离 1 接近 0 时，属于弱耦合(松耦合)。K 的大小与两线圈的结构、相对位置和周围的磁介质有关，而与线圈电流的大小无关。若两个线圈靠得很紧或密绕在一起，如图 8-1-4(a)所示，则 K 值接近于 1；反之，若两个线圈相隔很远，或者它们的轴线相互垂直时，如图 8-1-4(b)所示，两线圈耦合最弱，则 K 值很小或趋近于 0。在实际应用中可根据技术指标选择不同的互感元件。

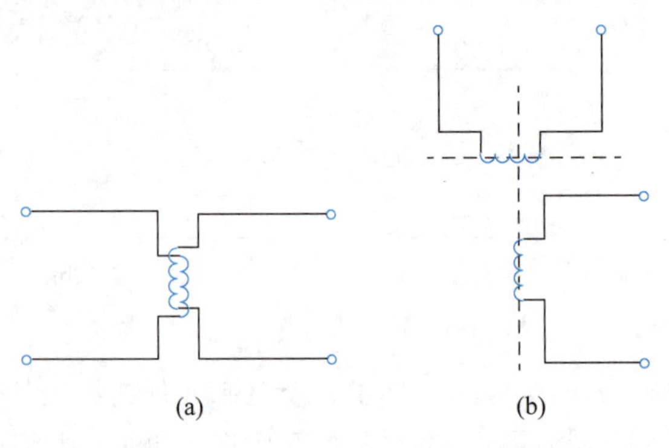

图 8-1-4　互感线圈的耦合系数与位置的关系

在电力变压器和无线电技术中，为了更有效地传输功率或信号，需要采用紧耦合，通过采用高磁导率的铁芯等措施，可使 K 值接近于 1。在通信等领域，为了获得理想的频率特性，有时需要采用松耦合，以避免线圈之间的相互干扰。通常可以采用有效的屏蔽措施。例如，收音机中常使用多个中频变压器(俗称中周)，其使用了金属屏蔽外壳，把外壳接地，可减小相互干扰。此外，还可以通过合理的布置线圈的相对位置来达到控制 K 值的目的。

另外，也可以通过推导得出线圈匝数与自感系数的关系：

$$\frac{L_1}{L_2}=\left(\frac{N_1}{N_2}\right)^2=n^2$$

$$\sqrt{\frac{L_1}{L_2}}=n \tag{8-1-11}$$

【应用拓展】

在供电和用电系统中，电流取值通常从几安到几万安，电压取值通常从几伏到几百万伏，如果直接测量会影响系统工作或非常危险。采用电压互感器和电流互感器（如图 8-1-5 所示）可以将一次侧高电压和大电流变换到二次侧低电压、小电流，并实现电气隔离。互感器与测量仪表和计量装置配合，可以测量一次侧系统（由电源设备、送电线路、变压器、断路器、负载设备等组成的系统，是被测量的对象）的电压、电流和电能；与继电保护和自动化装置配合，可以构成对电网各种故障的电气保护和自动控制。互感器性能的好坏，直接影响电力系统测量、计量的准确性和继电保护装置动作的可靠性。

(a) 电压互感器

(b) 电流互感器

图 8-1-5 互感器

【思考与练习】

8-1-1 根据同名端及电感元件电流的参考方向如何判断互感的正、负？

8-1-2 若两个电感元件中的一个无电流通过，则如何判断互感的正、负？

8-1-3 举例说明电子设备如何通过合理布置耦合线圈的相对位置来达到控制耦合系数 K 值的目的。

8.2 含耦合电感电路的计算

分析含有耦合电感元件的电路，重点是掌握这类多端元件的特性，即耦合电感的电压不仅与本电感的电流有关（自感电压），还与其他耦合电感的电流有关（互感电压），这种情况类似于含有电流控制电压源的电路，所以在分析和计算含耦合电感的电路时，应当注意因互感的作用而出现的一些特殊问题。

分析含有耦合电感的电路一般采用的方法有直接列方程分析法和等效电路分析法两类。在分析中应注意以下特殊性。

(1) 耦合电感上的电压-电流关系式的形式与其同名端位置有关，与其电压、电流的参考方向有关。这一点是正确列写方程及正确进行去耦等效的关键。

(2) 在正弦稳态电路中所采用的各种方法，都可用于此类电路。但需注意：由于耦合电感上的电压是自感电压与互感电压之和，因此使用列方程分析法时，多采用回路分析法，不宜直接使用节点分析法（节点分析法中，所列写的节点电压方程实质是电流方程，不宜考虑互感电压，这时可把耦合电感的电流也作为方程变量列写方程，然后增加耦合电感的电压-电流关系式作为补充方程）。

(3) 使用去耦等效电路进行分析时，耦合电感转换为了纯电感，则可以使用正弦稳态电路中的各种方法分析计算。

(4) 应用戴维南定理进行分析时，等效内阻抗应按含受控源电路的内阻抗求解。但当负载与有源二端网络内部有耦合电感存在时，戴维南定理不宜使用。

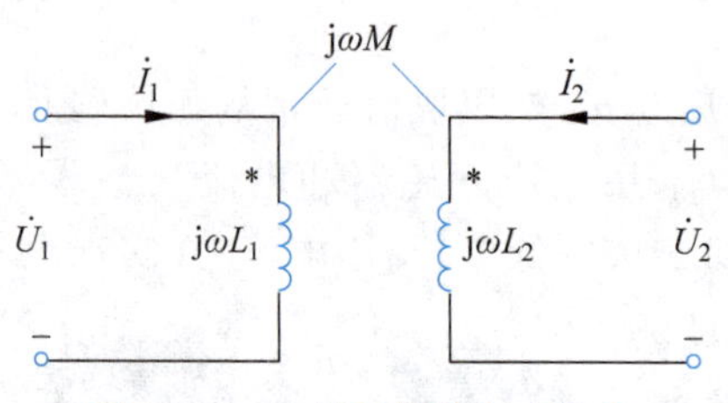

图 8-2-1　二端口耦合电感元件

耦合电感主要工作在正弦稳态电路中，其相量模型如图 8-2-1 所示。其中自感系数和互感系数都用复阻抗表示，其电压-电流关系相应转换为复系数的代数方程：

$$\begin{aligned}\dot{U}_1 &= \mathrm{j}\omega L_1\dot{I}_1 + \mathrm{j}\omega M\dot{I}_2 \\ \dot{U}_2 &= \mathrm{j}\omega M\dot{I}_1 + \mathrm{j}\omega L_2\dot{I}_2\end{aligned} \tag{8-2-1}$$

该式即为端口电压相量与电流相量之间的关系。耦合电感在电路中的连接方式不同，其电路特性也有所不同，下面将根据耦合电感的不同连接方式分别进行分析。

8.2.1　耦合电感元件的串联

耦合电感元件串联时，根据两线圈的连接方式不同，分为顺串和反串两种。下面分别予以分析。

1. 顺串

图 8-2-2 表示有互感耦合的两线圈相串联的正弦电流电路。如图所示，同一电流依次从两个线圈的“ * ”端流入，或者说将非同名端相接的串联，称为顺串（正向串联）。其电压-电流关系为

$$\begin{aligned}u(t) &= u_1(t) + u_2(t) = L_1\frac{\mathrm{d}i(t)}{\mathrm{d}t} + M\frac{\mathrm{d}i(t)}{\mathrm{d}t} + L_2\frac{\mathrm{d}i(t)}{\mathrm{d}t} + M\frac{\mathrm{d}i(t)}{\mathrm{d}t} \\ &= (L_1 + L_2 + 2M)\frac{\mathrm{d}i(t)}{\mathrm{d}t} = L_{\mathrm{eq}}\frac{\mathrm{d}i(t)}{\mathrm{d}t}\end{aligned} \tag{8-2-2}$$

式中，L_{eq} 为耦合电感顺串后的等效电感，即 $L_{\mathrm{eq}} = L_1 + L_2 + 2M$。可以看出，顺串使等效电感增大。

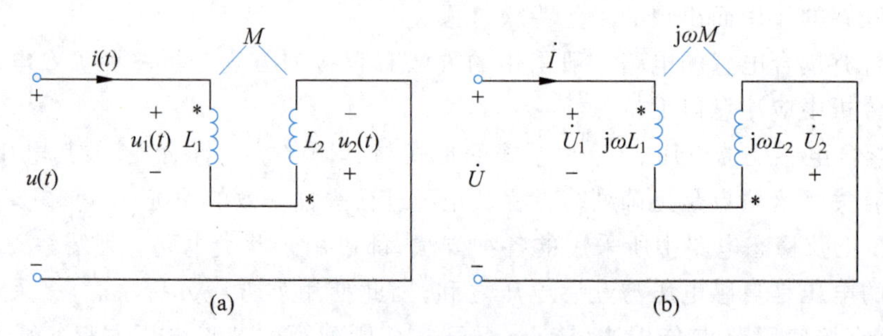

图 8-2-2　耦合电感的顺串

若将上述关系使用相量形式表示，则可以得到

$$\dot{U} = \dot{U}_1 + \dot{U}_2 = (\mathrm{j}\omega L_1 + \mathrm{j}\omega L_2 + 2\mathrm{j}\omega M)\dot{I} = Z\dot{I} \tag{8-2-3}$$

式中，等效阻抗为

$$Z = \mathrm{j}\omega L_1 + \mathrm{j}\omega L_2 + 2\mathrm{j}\omega M \tag{8-2-4}$$

可见，顺串使等效阻抗增大。

2. 反串

将两同名端相接的串联称为反串,图 8-2-3 表示耦合电感反串的电路和相量模型。其电压-电流关系为

$$u(t)=u_1(t)+u_2(t)=L_1\frac{\mathrm{d}i(t)}{\mathrm{d}t}-M\frac{\mathrm{d}i(t)}{\mathrm{d}t}+L_2\frac{\mathrm{d}i(t)}{\mathrm{d}t}-M\frac{\mathrm{d}i(t)}{\mathrm{d}t}$$
$$=(L_1+L_2-2M)\frac{\mathrm{d}i(t)}{\mathrm{d}t}=L_{\mathrm{eq}}\frac{\mathrm{d}i(t)}{\mathrm{d}t} \tag{8-2-5}$$

式中,L_{eq} 为耦合电感反串后的等效电感,即 $L_{\mathrm{eq}}=L_1+L_2-2M$。可以看出,反串使等效电感减小。

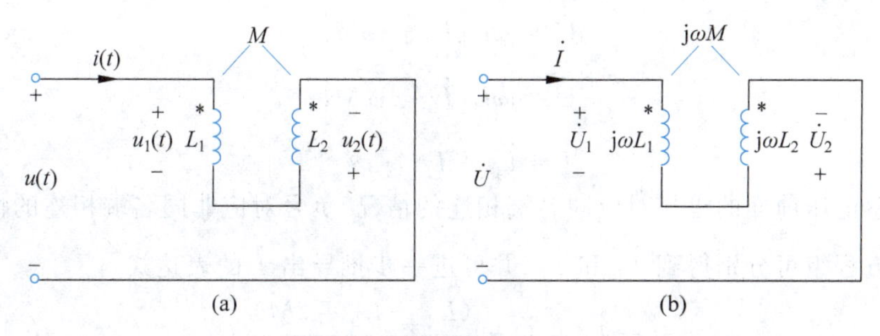

图 8-2-3 耦合电感的反串

上述关系对应的相量形式可以表示为

$$\dot{U}=\dot{U}_1+\dot{U}_2=(\mathrm{j}\omega L_1+\mathrm{j}\omega L_2-2\mathrm{j}\omega M)\dot{I}=Z\dot{I} \tag{8-2-6}$$

其中,等效阻抗为

$$Z=\mathrm{j}\omega L_1+\mathrm{j}\omega L_2-2\mathrm{j}\omega M \tag{8-2-7}$$

可见,反串使等效阻抗减小。

由以上分析可知,顺串时的等效电感大于两电感之和,这是互感磁通链与自感磁通链相互加强导致的。反串时的等效电感小于两自感之和,这是互感磁通链与自感磁通链相互削弱导致的。注意,即使在反串时两元件串联的等效电感也不可能为负值,即

$$L_{\mathrm{eq}}=L_1+L_2-2\mid M\mid\geqslant 0 \tag{8-2-8}$$

因此

$$\mid M\mid\leqslant\frac{1}{2}(L_1+L_2) \tag{8-2-9}$$

即两电感元件间的互感不大于两元件自感的算术平均值。

8.2.2 耦合电感元件的并联

具有互感的线圈也可以并联,图 8-2-4(a)、(b)分别表示两种不同连接方式的相量模型,图 8-2-4(a)为同名端相连,图 8-2-4(b)为非同名端相连。

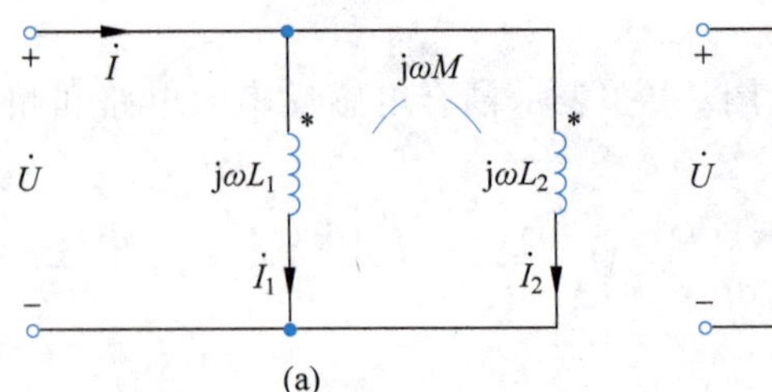

(a)

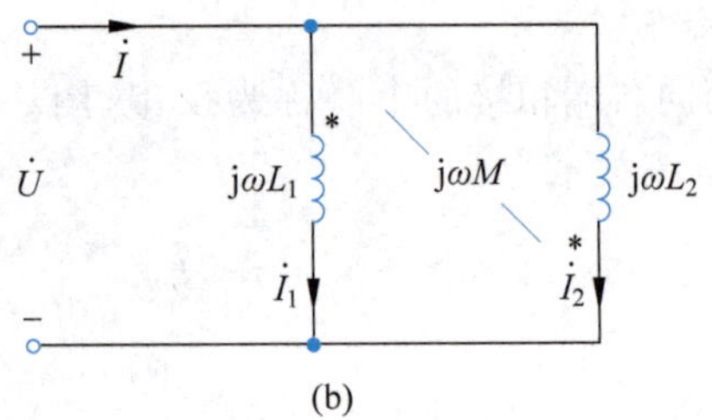

(b)

图 8-2-4　耦合电感的并联

在正弦电流的情况下，根据 KCL 和 KVL，可列出以下方程：

$$\begin{cases}\dot{U}=\mathrm{j}\omega L_1\dot{I}_1\pm\mathrm{j}\omega M\dot{I}_2\\ \dot{U}=\mathrm{j}\omega L_2\dot{I}_2\pm\mathrm{j}\omega M\dot{I}_1\\ \dot{I}=\dot{I}_1+\dot{I}_2\end{cases}\tag{8-2-10}$$

该式中互感电压前面的正号对应同名端相连的情况，负号对应非同名端相连的情况。

求解方程组可分别得到 $\dot{I}_1$ 和 $\dot{I}_2$，并可进一步推导出 $\dot{I}$ 的表达式

$$\dot{I}=\dot{I}_1+\dot{I}_2=\frac{(L_1+L_2\mp 2M)}{\mathrm{j}\omega(L_1L_2-M^2)}\dot{U}\tag{8-2-11}$$

由此可得等效阻抗为

$$Z=\frac{\dot{U}}{\dot{I}}=\mathrm{j}\omega\frac{L_1L_2-M^2}{L_1+L_2\mp 2M}=\mathrm{j}\omega L_{\mathrm{eq}}\tag{8-2-12}$$

即对于图 8-2-4(a)同名端相连电路的等效电感为

$$L_{\mathrm{eq}}=\frac{L_1L_2-M^2}{L_1+L_2-2M}\tag{8-2-13}$$

对于图 8-2-4(b)非同名端相连电路的等效电感为

$$L_{\mathrm{eq}}=\frac{L_1L_2-M^2}{L_1+L_2+2M}\tag{8-2-14}$$

由上述分析可知，同名端相连时的等效电感远大于非同名端相连时的等效电感。这是因为同名端相连时互感磁通链与自感磁通链相互加强，而非同名端相连时互感磁通链与自感磁通链相互削弱。注意，在任何情况下，等效电感都不可能为负值，即

$$L_{\mathrm{eq}}=\frac{L_1L_2-M^2}{L_1+L_2\mp 2M}\geqslant 0\tag{8-2-15}$$

由前面的结论可知，式(8-2-15)中分母恒为正值，故有

$$L_1L_2-M^2\geqslant 0\tag{8-2-16}$$

即

$$|M|\leqslant\sqrt{L_1L_2}\tag{8-2-17}$$

由此可知，两元件间的互感不仅不大于两元件自感的算术平均值，而且还不大于两元件自感的几何平均值。互感的最大极限值为$\sqrt{L_1L_2}$。而在这之前定义了衡量两元件

间耦合程度的量——耦合系数

$$K=\frac{M}{\sqrt{L_1L_2}}$$

这也进一步证明了耦合系数 $K\leqslant 1$ 的结论。

8.2.3 耦合电感的去耦等效电路(互感消去法)

当耦合电感中的两个线圈有公共端时,它可由一个T形等效电路来代替,该等效电路由无耦合的三个电感组成,称为去耦等效电路或无互感等效电路。其等效条件可推导如下。

如图8-2-5(a)所示电路,其中与“1”“2”两个端点相接的两个电感有一对同名端连在一起,记为“3”端。

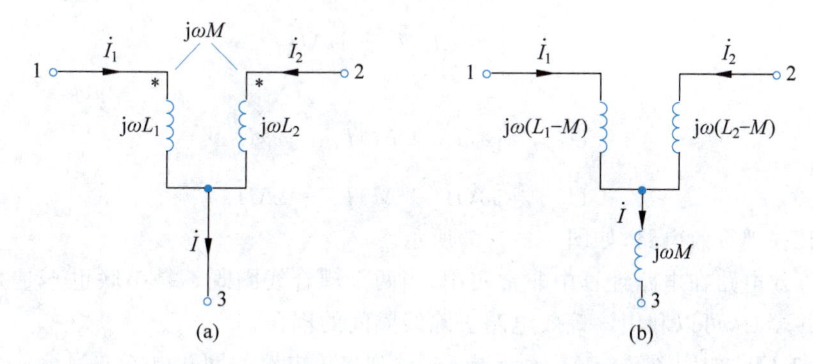

图8-2-5 同名端相连的耦合电感及其去耦等效电路

根据互感电压与同名端的关系,可得端点间电压:

$$\begin{cases}\dot{U}_{1,3}=\mathrm{j}\omega L_1\dot{I}_1\pm\mathrm{j}\omega M\dot{I}_2\\\dot{U}_{2,3}=\mathrm{j}\omega L_2\dot{I}_2\pm\mathrm{j}\omega M\dot{I}_1\end{cases}\tag{8-2-18}$$

根据各支路电流的关系

$$\dot{I}=\dot{I}_1+\dot{I}_2$$

可得

$$\begin{cases}\dot{U}_{1,3}=\mathrm{j}\omega L_1\dot{I}_1+\mathrm{j}\omega M(\dot{I}-\dot{I}_1)=\mathrm{j}\omega(L_1-M)\dot{I}_1+\mathrm{j}\omega M\dot{I}\\\dot{U}_{2,3}=\mathrm{j}\omega L_2\dot{I}_2+\mathrm{j}\omega M(\dot{I}-\dot{I}_2)=\mathrm{j}\omega(L_2-M)\dot{I}_2+\mathrm{j}\omega M\dot{I}\end{cases}\tag{8-2-19}$$

由该式可得到相应的去耦等效电路,如图8-2-5(b)所示,即在“1”“2”“3”端点之间可以用该图所示的等效电路代替,而保持端点上的电压与电流不变,图8-2-5(b)所示电路已等效为3个独立电感相连的形式,此时不再含有互感,可用正弦稳态电路的一般方法分析计算。

同理,对于两个电感非同名端相连的情况,如图8-2-6(a)所示,由端点间的电压关系得到

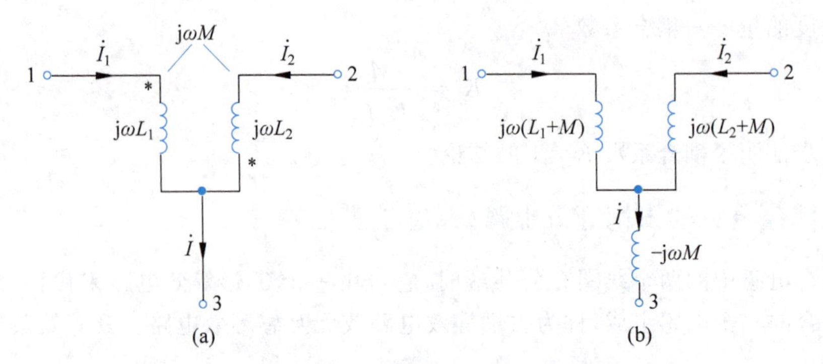

图 8-2-6　非同名端相连的耦合电感及其去耦等效电路

$$\begin{cases}\dot{U}_{1,3}=\mathrm{j}\omega L_1\dot{I}_1-\mathrm{j}\omega M\dot{I}_2\\ \dot{U}_{2,3}=\mathrm{j}\omega L_2\dot{I}_2-\mathrm{j}\omega M\dot{I}_1\end{cases}\tag{8-2-20}$$

可推出

$$\begin{cases}\dot{U}_{1,3}=\mathrm{j}\omega(L_1+M)\dot{I}_1-\mathrm{j}\omega M\dot{I}\\ \dot{U}_{2,3}=\mathrm{j}\omega(L_2+M)\dot{I}_2-\mathrm{j}\omega M\dot{I}\end{cases}\tag{8-2-21}$$

从而得到其去耦等效电路，如图 8-2-6(b)所示。

去耦等效电路在电路计算中非常实用，当两个耦合线圈既不是串联也不是并联而具有一个公共端时，可以利用该等效电路去除线圈间的耦合。

【例 8-2-1】 如例图 8-2-1(a)所示电路，试列出该电路的网孔电流方程组。

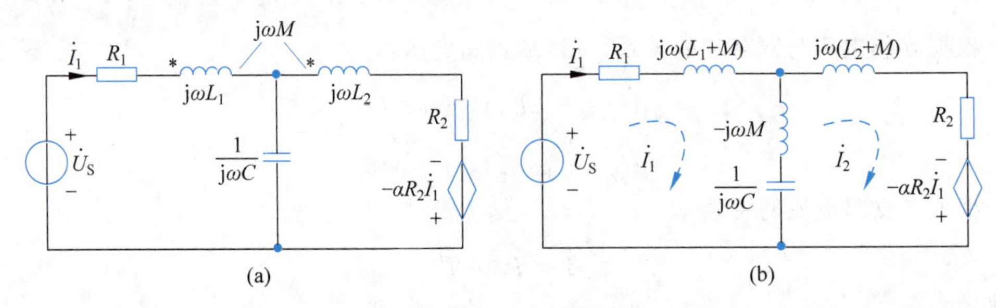

例图　8-2-1

解：分析可知，例图 8-2-1(a)中含有耦合电感，两电感为非同名端相连接，为了便于列出网孔电流方程，可以使用互感消去法得到去耦等效电路，如例图 8-2-1(b)所示，由此可以列出网孔电流方程

$$\begin{cases}\left[R_1+\mathrm{j}\omega(L_1+M)-\mathrm{j}\omega M+\dfrac{1}{\mathrm{j}\omega C}\right]\dot{I}_1+\left(-\dfrac{1}{\mathrm{j}\omega C}+\mathrm{j}\omega M\right)\dot{I}_2=\dot{U}_{\mathrm{S}}\\ \left[R_2+\mathrm{j}\omega(L_2+M)-\mathrm{j}\omega M+\dfrac{1}{\mathrm{j}\omega C}\right]\dot{I}_2+\left(-\dfrac{1}{\mathrm{j}\omega C}+\mathrm{j}\omega M\right)\dot{I}_1=-\alpha R_2\dot{I}_1\end{cases}$$

由于受控源的控制量就是网孔电流，所以直接解方程即可求得网孔电流。

例 8-2-1 使用了网孔电流法求解，那么是否可以直接使用节点电压法求解呢？应该说原则上是可以的，但是如果直接对例图 8-2-1(a)列写节点电压方程则比较烦琐，因为不能直接写出互感元件的支路电导，须先将其支路电流列入 KCL 方程，再用节点电压将支路电流表示出来。而对于例图 8-2-1(b)所示的去耦等效电路，则可以选择节点电压法方便地求解。

【例 8-2-2】 如例图 8-2-2(a)所示含有耦合电感元件的正弦电流电路，已知 $R_1=6\Omega$，$R_2=6\Omega$，$\omega L_1=10\Omega$，$\omega L_2=10\Omega$，$\omega M=5\Omega$，$\dot{U}_S=10\angle 60°$，求该电路的戴维南等效电路。

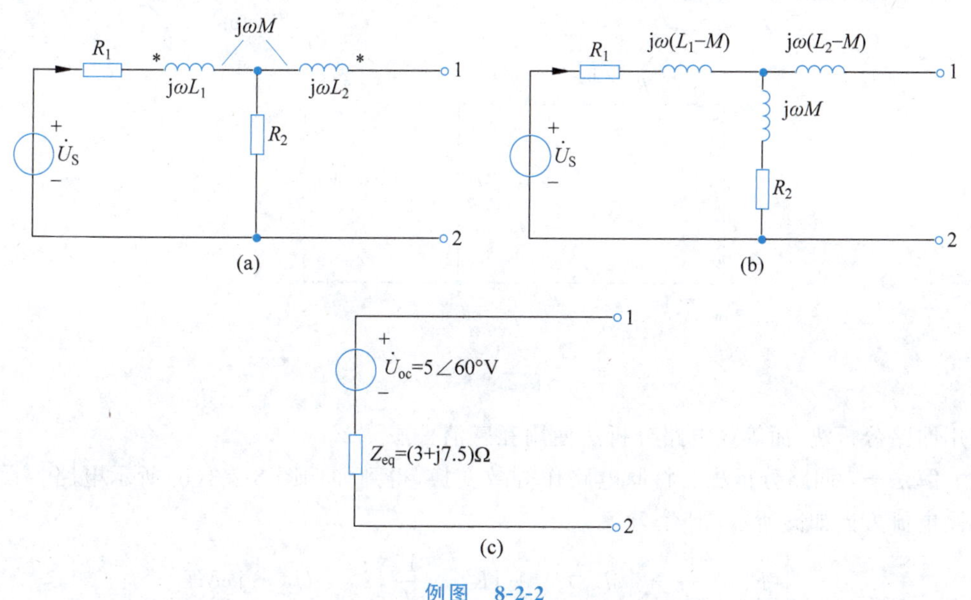

例图 8-2-2

解：利用互感消去的思想把原电路进行去耦等效，可以得到如例图 8-2-2(b)所示的电路，分析该电路可知，"1""2"两端口的开路电压为

$$\dot{U}_{oc}=\dot{U}_{1,2}=\frac{R_2+j\omega M}{R_1+j\omega(L_1-M)+R_2+j\omega M}\dot{U}_S$$
$$=\frac{6+j5}{6+j5+6+j5}\dot{U}_S=\frac{1}{2}\dot{U}_S=5\angle 60°\text{V}$$

等效阻抗为

$$Z_{eq}=[R_1+j\omega(L_1-M)]\,/\!/\,(R_2+j\omega M)+j\omega(L_2-M)$$
$$=[(6+j5)\,/\!/\,(6+j5)+j5]\Omega=(3+j2.5+j5)\Omega$$
$$=(3+j7.5)\Omega$$

因此，该电路的戴维南等效电路如例图 8-2-2(c)所示。

【例 8-2-3】 如例图 8-2-3 所示电路，已知 $u_S(t)=12\sqrt{2}\cos 1000t\,\text{V}$，$R=2\Omega$，$C=200\mu\text{F}$，$L_1=4\text{mH}$，$L_2=7\text{mH}$，$M=1\text{mH}$，求各支路电流 $\dot{I}_1$、$\dot{I}_2$、$\dot{I}$。

解：由已知条件可知，$\omega=1000\text{Hz}$，则$\frac{1}{\omega C}=5\Omega$，$\omega L_1=4\Omega$，$\omega L_2=7\Omega$，$\omega M=1\Omega$。下面分别使用直接列方程分析法和等效电路分析法进行求解。对于直接列方程分析法本题

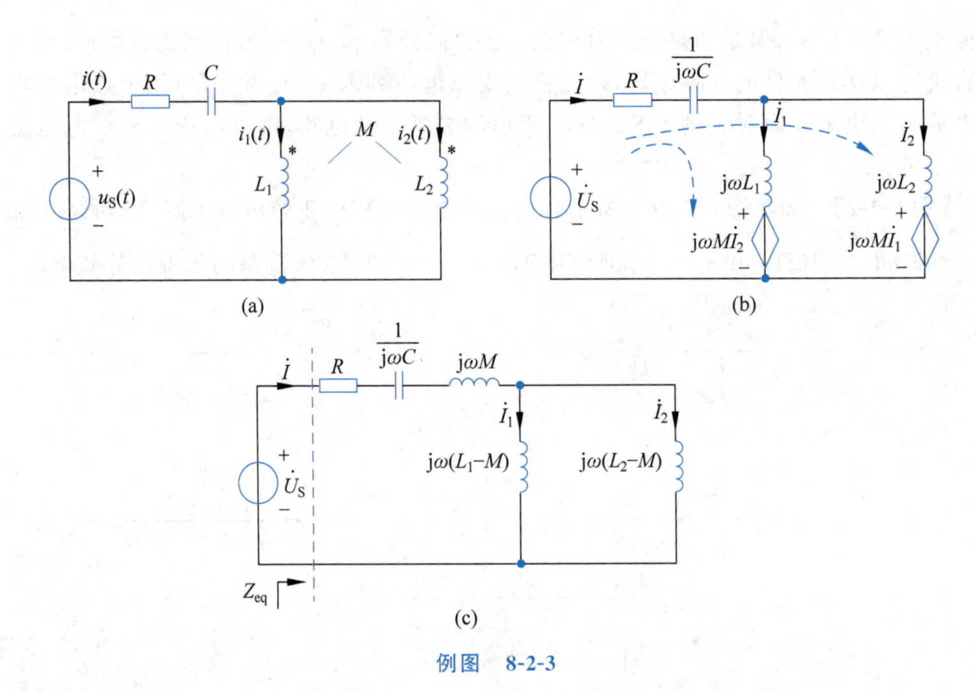

例图　8-2-3

使用回路分析法,而等效电路分析法使用互感消去法。

解法一:回路分析法。将原电路作等效变换,得到如例图 8-2-3(b)所示电路。设两回路电流方向如图所示,则有

$$\begin{cases}\left(R+\dfrac{1}{j\omega C}+j\omega L_1\right)\dot I_1+\left(R+\dfrac{1}{j\omega C}\right)\dot I_2=\dot U_S-j\omega M\dot I_2\\\left(R+\dfrac{1}{j\omega C}\right)\dot I_1+\left(R+\dfrac{1}{j\omega C}+j\omega L_2\right)\dot I_2=\dot U_S-j\omega M\dot I_1\end{cases}$$

代入数值,得

$$\begin{cases}(2-j5+j4)\dot I_1+(2-j5)\dot I_2=\dot U_S-j\dot I_2\\(2-j5)\dot I_1+(2-j5+j7)\dot I_2=\dot U_S-j\dot I_1\end{cases}$$

解方程组得

$$\dot I_1=\frac{4}{\sqrt2}\angle45^\circ\mathrm{A},\dot I_2=\frac{2}{\sqrt2}\angle45^\circ\mathrm{A},\dot I=\dot I_1+\dot I_2=\frac{6}{\sqrt2}\angle45^\circ\mathrm{A}$$

解法二:互感消去法。利用互感消去的思想可得到如例图 8-2-3(c)所示电路,再选用正弦稳态电路中的任一种方法分析即可。本题应用阻抗串、并联等效法,可得等效阻抗为

$$\begin{aligned}Z_{eq}&=R+\frac{1}{j\omega C}+j\omega M+j\omega(L_1-M)\ /\!/\ j\omega(L_2-M)\\&=\left(2-j5+j1+\frac{j3\times j6}{j3+j6}\right)\Omega=(2-j2)\Omega\end{aligned}$$

则

$$\dot{I}=\frac{\dot{U}_{\mathrm{S}}}{Z_{\mathrm{eq}}}=\frac{12\angle 0^{\circ}}{2-\mathrm{j}2}\mathrm{A}=\frac{6}{\sqrt{2}}\angle 45^{\circ}\mathrm{A}$$

再由并联电路分流公式得

$$\dot{I}_{1}=\frac{\mathrm{j}6}{\mathrm{j}3+\mathrm{j}6}\dot{I}=\frac{4}{\sqrt{2}}\angle 45^{\circ}\mathrm{A}$$

$$\dot{I}_{2}=\frac{\mathrm{j}3}{\mathrm{j}3+\mathrm{j}6}\dot{I}=\frac{2}{\sqrt{2}}\angle 45^{\circ}\mathrm{A}$$

【思考与练习】

8-2-1 正弦稳态电路中所采用的各种方法是否可直接用于含耦合电感的电路,在使用中应该注意什么问题?

8-2-2 常见的耦合电感元件的连接方式有哪几种?

8-2-3 举例说明含有耦合电感电路的常用分析方法有哪几种?

8.3 理想变压器

铁芯变压器是常见的实际变压器,也是电子设备中的重要器件,它不仅可以变换电压和电流,还可以变换阻抗,故变压器又称为变量器。

对于变压器,从电路分析的角度需首先将其模型化、理想化。理想变压器是实际变压器的理想化模型,是对互感元件的理想科学抽象,是极限情况下的耦合电感。理想变压器必须具备三个理想化条件:

(1) 理想变压器不消耗能量。虽然这在实际中无法实现,但是,只要导线电阻的能量损失(铜损)和磁芯的磁滞、涡流引起的能量损失(铁损)远小于变压器所传输的功率,这些损耗就可忽略不计。

(2) 理想变压器无漏磁通,即耦合系数 $K=1$。这一假定的实际背景是:若制成铁芯的磁性材料具有高导磁率,则漏磁通可忽略不计。

(3) 每一绕组的自感系数均为无限大。这意味着需要假定每一绕组的匝数为无限多。显然,这也是难以实现的,不过只要变压器的匝数足够多,自感系数就可以很大,便可视为近似满足条件。

本节主要讨论线性变压器,即磁通与电流呈线性关系,理想变压器是一种线性非时变元件。

8.3.1 理想变压器的电路模型

理想变压器的磁耦合关系如图 8-3-1 所示。图中两个线圈绕在铁芯上,一般情况下左侧连接电源的线圈(匝数 N_1)称为初级或一次绕组,右侧连接负载的线圈(匝数 N_2)称为次级或二次绕组。其工作原理为:当一次绕组接上交流电压 $u_1(t)$时,一次绕组中

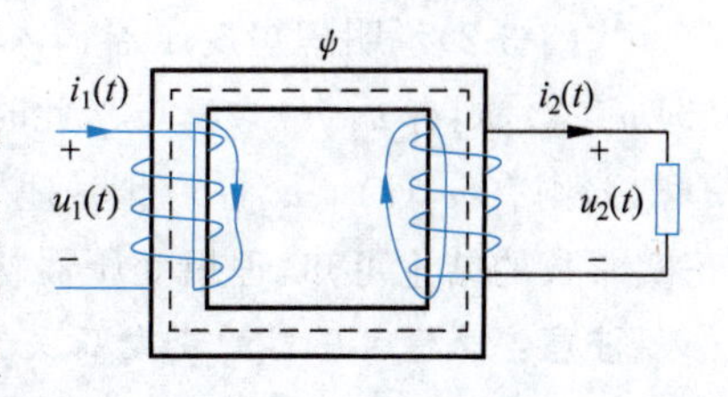

图 8-3-1 理想变压器的磁耦合

便有电流 $i_1(t)$通过。

一次绕组的磁动势 $N_1i_1(t)$产生的磁通除有很少一部分泄漏外，绝大部分通过铁芯而闭合，从而在二次绕组中感应出电动势。若二次绕组接有负载，则二次绕组中就有电流 $i_2(t)$通过。二次绕组的磁动势 $N_2i_2(t)$也产生磁通，其绝大部分也通过铁芯而闭合。因此，铁芯中的磁通是由一次绕组的磁动势和二次绕组的磁动势共同产生的，其值为 $N_1i_1(t)+N_2i_2(t)$。

理想变压器的电路符号如图 8-3-2(a)所示，其形状与耦合电感相似，同名端“*”仍然表示两个线圈磁耦合的关系。但理想化使其有了本质的变化，其不再具有通常互感的含义，也不再用自感系数 L_1、L_2 和互感系数 M 来表征，唯一的参数是 N_1 与 N_2 之比，称为匝比或变比。由于变压器主要工作在正弦稳态电路中，其相量模型如图 8-3-2(b)所示，两个电路模型的电压和电流参考方向是可以任意设定的。

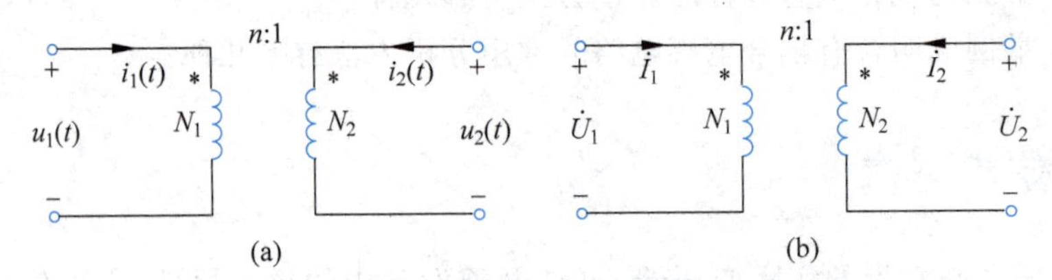

图 8-3-2　理想变压器的电路模型

8.3.2　理想变压器的特性

理想变压器是一种理想化的电路模型，它的特性可归纳如下。

1. 变电压

理想变压器的一个重要特性是变电压。设电压 $u_1(t)$、$u_2(t)$的参考极性如图 8-3-2 所示，则有

$$\frac{u_1(t)}{u_2(t)}=\frac{N_1}{N_2}=n \tag{8-3-1}$$

式中，$n=\dfrac{N_1}{N_2}$称为匝比或变比，为正实常数，是理想变压器的唯一参数。

同理，正弦稳态下变电压特性的相量形式为

$$\frac{\dot{U}_1}{\dot{U}_2}=\frac{N_1}{N_2}=n \tag{8-3-2}$$

式(8-3-2)说明理想变压器输入端和输出端的电压比等于匝比，若绕组匝数 $N_1>N_2$(即 $n>1$)，则有 $u_1(t)>u_2(t)$，此时理想变压器为降压变压器；若绕组匝数 $N_1<N_2$(即 $n<1$)，则有 $u_1(t)<u_2(t)$，此时理想变压器为升压变压器。另外，由式(8-3-2)以及 n 为正实常数的结论可知，理想变压器初级和次级的电压同相。

注意：理想变压器的变电压关系与两绕组中电流参考方向的假设无关，但与电压极性的设置有关，若 $u_1(t)$、$u_2(t)$参考方向的“+”极性端一个设在同名端，一个设在异名

端，如图 8-3-3 所示，则此时 $u_1(t)$ 与 $u_2(t)$ 之比为

$$\frac{u_1(t)}{u_2(t)}=-\frac{N_1}{N_2}=-n \tag{8-3-3}$$

2. 变电流

理想变压器的另一个重要特性是变电流。设电流的参考方向与同名端之间的关系如图 8-3-2 所示，即电流均从同名端流入，则

$$\frac{i_1(t)}{i_2(t)}=-\frac{N_2}{N_1}=-\frac{1}{n} \tag{8-3-4}$$

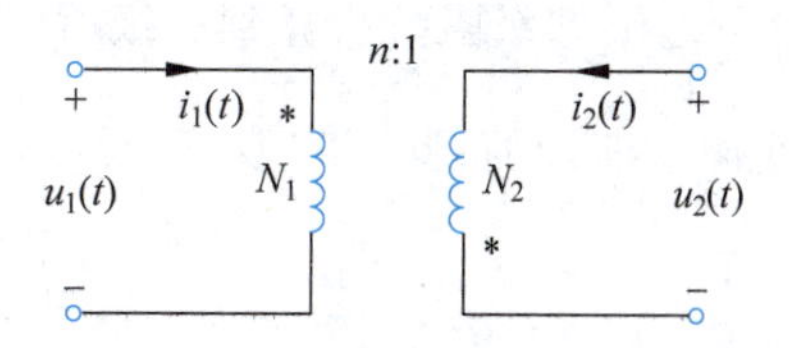

图 8-3-3 理想变压器变电压关系的另一种配置

同理，正弦稳态下变电流特性的相量形式为

$$\frac{\dot{I}_1}{\dot{I}_2}=-\frac{N_2}{N_1}=-\frac{1}{n} \tag{8-3-5}$$

即电流比等于负的匝比倒数。

注意：理想变压器的变电流关系与两绕组上电压参考方向的假设无关，但与电流参考方向的设置有关，若 $i_1(t)$、$i_2(t)$ 的参考方向一个是从同名端流入，一个是从同名端流出，如图 8-3-4 所示，则此时 $i_1(t)$ 与 $i_2(t)$ 之比为

$$\frac{i_1(t)}{i_2(t)}=\frac{N_2}{N_1}=\frac{1}{n} \tag{8-3-6}$$

另外，理想变压器的变电压和变电流特性只与初、次级线圈的匝比有关，所以其变电压和变电流特性是相互独立的。

由以上理想变压器电压和电流的关系，可得理想变压器的等效受控源电路模型，如图 8-3-5 所示。

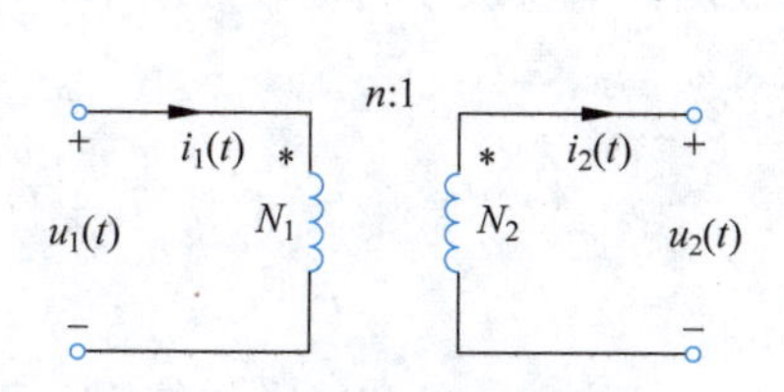

图 8-3-4 理想变压器变电流关系图的另一种配置

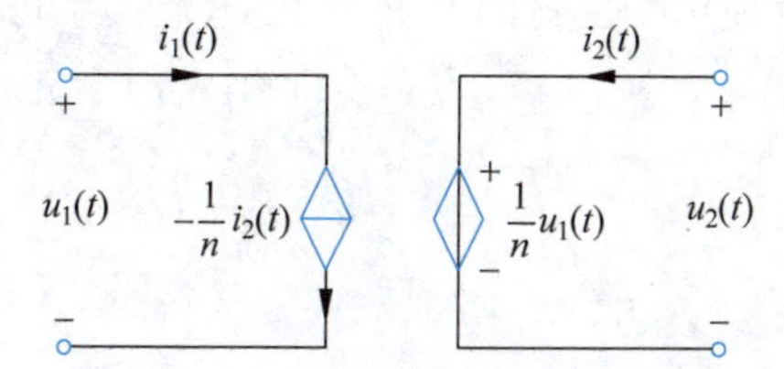

图 8-3-5 理想变压器的等效受控源电路模型

3. 变阻抗

如图 8-3-6(a)所示，当理想变压器次级接有阻抗为 Z_L 的负载时，由理想变压器的变电压、变电流关系可得初级端的输入阻抗为

$$Z_i=\frac{\dot{U}_1}{\dot{I}_1}=\frac{n\dot{U}_2}{-\frac{\dot{I}_2}{n}}=n^2\left(-\frac{\dot{U}_2}{\dot{I}_2}\right)=n^2 Z_L \tag{8-3-7}$$

由此可知，理想变压器初级输入端口的等效阻抗与负载阻抗呈正比，比例系数是变

压器匝比的平方。次级阻抗 Z_L 折合到初级的等效电路如图 8-3-6(b)所示。换言之，理想变压器具有阻抗变换的功能，次级阻抗折算到初级后，扩大为 n^2 倍，而初级电流 $\dot{I}_1$ 保持不变；初级阻抗折算到次级后，缩小为 $1/n^2$，即 $|Z_L|=\frac{1}{n^2}|Z_i|$。利用这一特性便于实现阻抗匹配的目的。

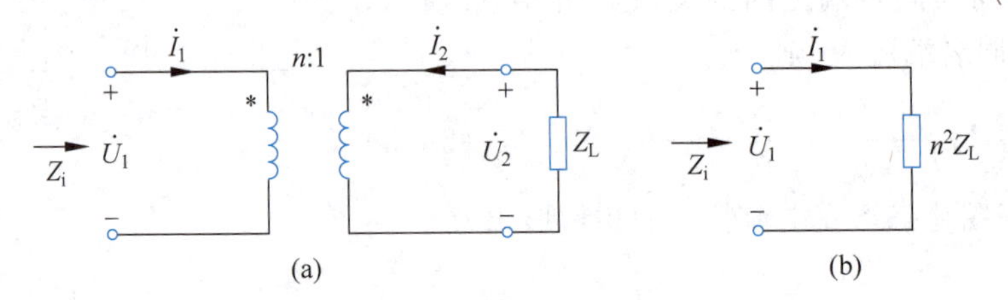

图 8-3-6　理想变压器的阻抗变换

若负载为纯电阻 R_L 时，初级端的输入阻抗也变为纯电阻性，其值为

$$R_i=\frac{u_1(t)}{i_1(t)}=\frac{nu_2(t)}{-\frac{i_2(t)}{n}}=n^2\left[-\frac{u_2(t)}{i_2(t)}\right]=n^2R_L \tag{8-3-8}$$

在实际电路中，理想变压器的阻抗变换特性得到广泛的应用。例如，在电信工程中常利用理想变压器来变换阻抗以达到匹配传输的目的。在晶体管收音机中把输出变压器接在扬声器和功率放大器之间，使放大器得到最佳负载，从而使负载获得最大功率，这也是利用了变压器的阻抗变换特性。

注意：理想变压器的阻抗变换性质只改变阻抗的大小，不改变阻抗的性质。

4. 传输能量

由理想变压器的变电压、变电流关系可得，初级端口与次级端口吸收的功率之和为

$$\begin{aligned}p&=u_1(t)i_1(t)+u_2(t)i_2(t)\\&=u_1(t)i_1(t)+\frac{1}{n}u_1(t)\times[-ni_1(t)]=0\end{aligned} \tag{8-3-9}$$

式(8-3-9)表明：

(1) 理想变压器既不储能，也不耗能，在电路中只起传递信号和能量的作用。若在理想变压器的次级接上负载，则初级电源提供的功率将全部传输到负载上，即理想变压器本身消耗的功率为零。

(2) 理想变压器的特性方程为代数关系，因此它是无记忆的多端元件。

综上所述，理想变压器是一种线性非时变无损耗元件。它的唯一作用是按匝比 n 变换电压、电流和阻抗，也就是说，表征理想变压器的参数仅仅是匝比 n。而且理想变压器是一种即时元件，它并不储存能量。实际应用中，用高磁导率的铁磁材料作铁芯的实际变压器，在绕制线圈时如果能使两个绕组的耦合系数 K 接近于1，则实际变压器的性能将接近于理想变压器，可近似地当作理想变压器来分析和计算。

【例 8-3-1】 一个理想变压器的额定值如下：一、二次绕组电压有效值分别为 2400V

和 120V，视在功率为 9.6kV·A，二次绕组有 50 匝。求：(1)理想变压器的匝比；(2)初级的匝数；(3)一次绕组和二次绕组的额定电流值。

解：(1) 由已知条件可知，这是一个降压变压器，因为

$$U_1 = 2400\text{V} > U_2 = 120\text{V}$$

由理想变压器的变电压特性可得

$$n = \frac{\dot{U}_1}{\dot{U}_2}$$

由理想变压器一、二次绕组电压同相的结论可计算得

$$n = \frac{2400}{120} = 20$$

(2) 由

$$n = \frac{N_1}{N_2}$$

可得

$$N_1 = nN_2 = 20 \times 50\ 匝 = 1000\ 匝$$

(3) 由

$$S = U_1 I_1 = U_2 I_2 = 9.6\text{kV}\cdot\text{A}$$

可得

$$I_1 = \frac{9600}{U_1} = \frac{9600}{2400}\text{A} = 4\text{A}$$

$$I_2 = \frac{9600}{U_2} = \frac{9600}{120}\text{A} = 80\text{A}$$

【例 8-3-2】 如例图 8-3-2(a)所示电路，已知 $\dot{U}_S = 10\angle 0°\text{V}$，$R_1 = 1\Omega$，负载 $R_2 = 50\Omega$，求负载的端电压 $\dot{U}_2$。

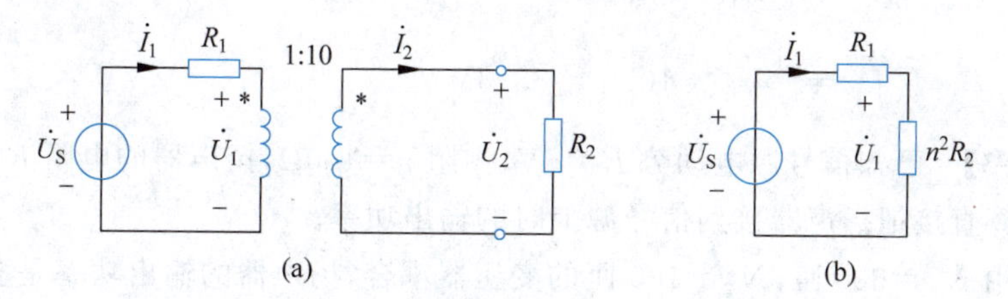

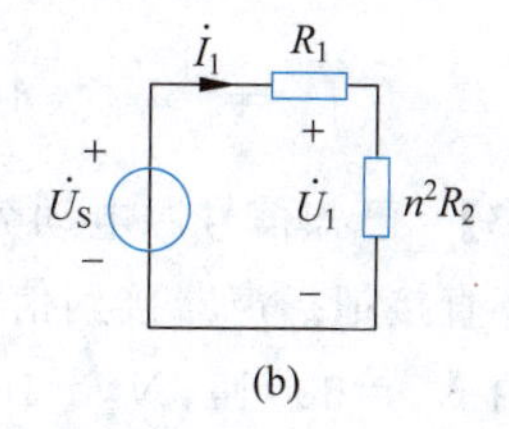

例图 8-3-2

解：**解法一** 网孔分析法。

由图示电路可列出方程组

$$\begin{cases} \dot{I}_1 R_1 + \dot{U}_1 = \dot{U}_S \\ \dot{I}_2 R_2 = \dot{U}_2 \end{cases}$$

代入数值后可得

$$\begin{cases}\dot{I}_1 \times 1 + \dot{U}_1 = 10\angle 0^\circ \\ \dot{I}_2 \times 50 = \dot{U}_2\end{cases}$$

利用理想变压器的电压、电流变换特性可得

$$\dot{U}_2 = \frac{1}{n}\dot{U}_1 = 10\dot{U}_1$$

$$\dot{I}_2 = n\dot{I}_1 = \frac{1}{10}\dot{I}_1$$

其中，匝比 $n = \frac{1}{10}$。

利用理想变压器的变电压关系可得

$$\dot{U}_2 = 10\dot{U}_1 = 10(10\angle 0^\circ - \dot{I}_1) = 100 - 10\dot{I}_1 = 100 - 10 \times 10\dot{I}_2 = 100 - \frac{100}{50}\dot{U}_2$$

解得

$$\dot{U}_2 \approx 33.3\text{V}$$

解法二 阻抗变换法。

利用阻抗变换关系将次级电阻转换到初级，可得

$$R_{i2} = n^2 R_2 = \frac{50}{100}\Omega = 0.5\Omega$$

从而可以得到等效初级电路如图 8-3-1(b)所示。由此可得

$$\dot{I}_1(R_1 + R_{i2}) = \dot{U}_S$$

$$\dot{I}_1 R_{i2} = \dot{U}_1$$

所以

$$\dot{U}_1 = \dot{U}_S \frac{R_{i2}}{R_1 + R_{i2}} = 10\angle 0^\circ \frac{0.5}{1 + 0.5}\text{V} \approx 3.33\text{V}$$

$$\dot{U}_2 = \frac{1}{n}\dot{U}_1 = 10\dot{U}_1 = 33.3\text{V}$$

【例 8-3-3】 已知信号源电动势 $E = 6\text{V}$，内阻 $r = 100\Omega$，扬声器的电阻 $R = 8\Omega$。

(1) 计算直接把扬声器接到信号源上时的输出功率。

(2) 若用 $N_1 = 300$ 匝，$N_2 = 100$ 匝的变压器耦合，扬声器的输出功率是多少？

(3) 为使扬声器的输出功率达到最大，匝比应为多少？此时输出功率是多少？

解：(1) 如例图 8-3-2(a)所示，当直接把扬声器接到信号源上时，扬声器的输出功率

$$P = I^2 R = \left(\frac{E}{R + r}\right)^2 R = \left(\frac{6}{8 + 100}\right)^2 \times 8\text{mW} = 25\text{mW}$$

(2) 如例图 8-3-3(b)所示，当通过变压器耦合时，输出功率可利用变压器的输入等效电路或输出等效电路来计算。

解法一 从一次侧(输入)等效电路看，扬声器的初级端输入阻抗

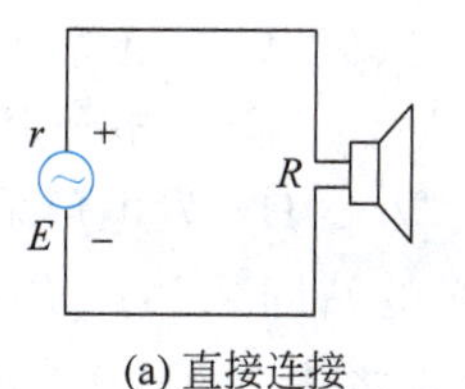

(a) 直接连接

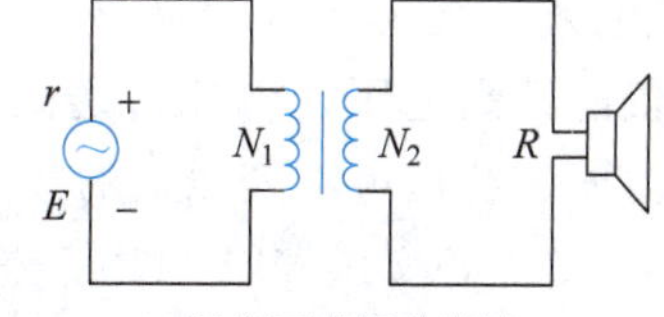

(b) 经变压器耦合连接

例图 8-3-3

$$R'=\left(\frac{N_1}{N_2}\right)^2 R=\left(\frac{300}{100}\right)^2\times 8\Omega=72\Omega$$

此时扬声器的输出功率

$$P=\left(\frac{E}{R'+r}\right)^2 R'=\left(\frac{6}{72+100}\right)^2\times 72\text{mW}\approx 88\text{mW}$$

解法二 从二次侧(输出)等效电路看,等效信号源的电动势和内阻分别为

$$E'=\left(\frac{N_2}{N_1}\right)E=\left(\frac{100}{300}\right)\times 6\text{V}=2\text{V}$$

$$r'=\left(\frac{N_2}{N_1}\right)^2 r=\left(\frac{100}{300}\right)^2\times 100\Omega\approx 11.1\Omega$$

此时扬声器的输出功率

$$P=\left(\frac{E'}{r'+R}\right)^2 R=\left(\frac{2}{11.1+8}\right)^2\times 8\text{mW}\approx 88\text{mW}$$

(3) 若使扬声器的输出功率达到最大,要求其一次侧输入阻抗 $R'=r=100\Omega$,即满足阻抗匹配条件。

因为

$$R'=\left(\frac{N_1}{N_2}\right)^2 R=\left(\frac{N_1}{N_2}\right)^2\times 8\Omega=100\Omega$$

所以

$$\frac{N_1}{N_2}=\sqrt{\frac{R'}{R}}=\sqrt{100/8}\approx 3.54$$

此时扬声器的输出功率

$$P=\left(\frac{E}{R'+r}\right)^2 R'=\left(\frac{6}{100+100}\right)^2\times 100\text{mW}=90\text{mW}$$

由以上三种情况的结果可知,对于第一种情况,扬声器的电阻 $R=8\Omega$,与信号源内阻 $r=100\Omega$ 相差甚远,不匹配,若直接接上,输出功率较小;对于第二种情况,若经变压器耦合,无论从输入等效电路还是从输出等效电路看,负载阻抗与内阻(72Ω 与 100Ω 或 8Ω 与 11.1Ω)都比较接近,输出功率增大;对于第三种情况,当满足阻抗匹配条件时,扬声器的输出功率可以达到最大。

【应用拓展】

现实生活中用到的变压器按照用途可分为电力变压器、电源变压器、音频变压器、中频变压器和高频变压器等,它们在结构、体积、电压等级、容量和工作频率等方面差异显著。

电力变压器是电力系统的主要设备之一,在发电、变电、配电等环节发挥着重要作用,电力变压器不仅能升高电压把电能传送到用电地区,还能把电压降低为各级使用电压,以满足用电的需要。我国电力变压器的额定频率为 50Hz,发电厂采用的升压变压器电压等级有 6.3kV/10.5kV、10.5kV/110kV 等;变电站间采用的电压等级有 220kV/110kV、110kV/10.5kV 等;配电用降压变压器电压等级为 35kV/0.4kV、10.5kV/0.4kV 等。图 8-3-7 所示为两种典型的电力变压器。

电源变压器是面向各种行业电子设备、仪器仪表、家用电器等应用的变压器,根据所需要的电压和功率等级不同,以及安装位置和整机内部的空间大小等特点,采用的电源变压器种类、外形和参数也各不相同,图 8-3-8 给出了两种典型的电源变压器。利用电源变压器把 220V、50Hz 的交流电变换为适用的电压等级,再通过二极管桥路整流、电容器滤波和直流稳压,形成不同额定电压的直流电,供各种电子设备使用。

(a) 油浸式电力变压器

(b) 干式电力变压器

图 8-3-7 电力变压器

(a) E型电源变压器

(b) R型电源变压器

图 8-3-8 典型电源变压器

音频变压器又称低频变压器,其工作频率在音频范围,一般为 10Hz~20kHz,在无线电通信、广播电视、自动控制等领域中作为电压放大和功率输出等电路的元件。为保证音频信号失真较小,要求音频变压器在工作频带内具有均匀的频率响应。因此,应尽量选用磁通密度较大的高硅钢片来做铁芯,绕制工艺上尽量增加初级线圈匝数、降低变压器的漏感,以便得到较好的低频特性,同时还要减少线间的分布电容,提升高频性能。图 8-3-9 所示为音频输出变压器和音频隔离变压器。

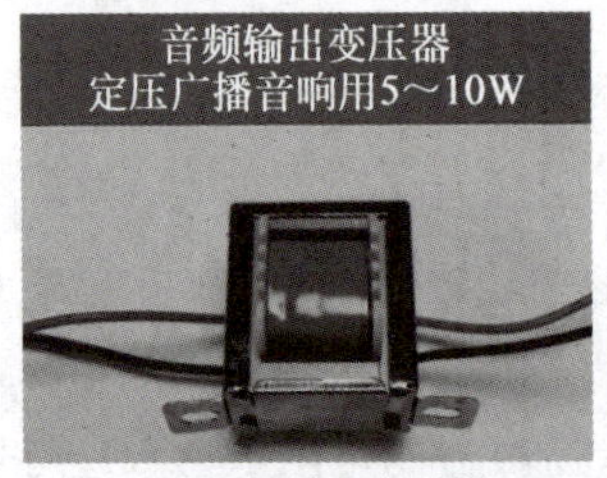

(a) 音频输出变压器

(b) 音频隔离变压器

图 8-3-9 典型音频变压器

图 8-3-10 中频变压器

中频变压器(又称中周)是超外差式接收装置特有的一种具有固定谐振回路的变压器,谐振回路可以借助微调电容器或磁芯在一定范围内微调,以便达到准确的谐振频率。图 8-3-10 为常见的中频变压器。中频变压器有单调谐回路和双调谐回路两种,在超外差式接收电路中用于选频和级间耦合。选频是指在杂乱的信号中,选出有用的信号频率,并把选出的信号传送到后级电路进行处理。例如,在调幅收音机中,天线感应的各频率电台信号经过混频处理后,通过中频变压器选出465kHz中频附近的有用信号进行放大,同时抑制其余频率的信号成分,从而输出清晰的目标电台信号,并避免其他电台信号的干扰。

高频变压器是指工作频率超过10kHz的电源变压器,主要在高频开关电源中用作电源变压器,也常在高频逆变电源和高频逆变焊机中用作逆变电源变压器。按工作频率高低,可分为几个档次:10～50kHz、50～100kHz、100～500kHz、0.5～1MHz和10MHz以上。图8-3-11所示为高频变压器。

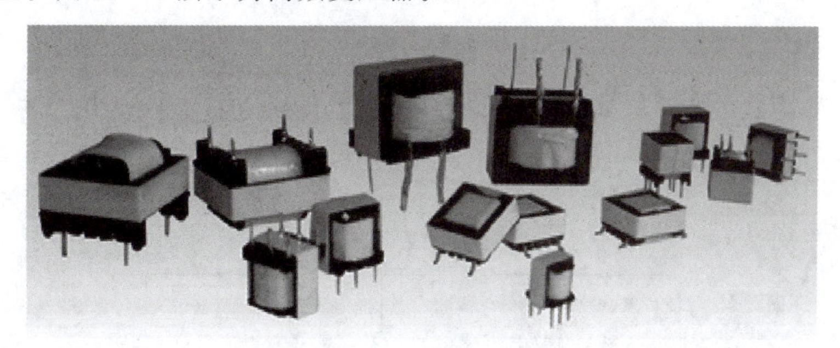

图 8-3-11　高频变压器

【思考与练习】

8-3-1　理想变压器必须具备的三个理想化条件是什么?试解释其含义。

8-3-2　以晶体管收音机或其他电器为例,说明变压器的阻抗变换特性在实际生活中是如何应用的。

8-3-3　一个理想变压器,已知$U_1=220\text{V}$,$I_1=5\text{A}$,$U_2=110\text{V}$,则I_2以及该变压器的匝比n为多少?

8-3-4　一个理想变压器,匝比$n=\dfrac{1}{10}$,其次级接有阻抗为$Z_L=(3+\text{j}4)\Omega$的负载,求其初级端的输入阻抗是多少?

习题

8-1　求如题图8-1所示电路中ab端的等效电感。

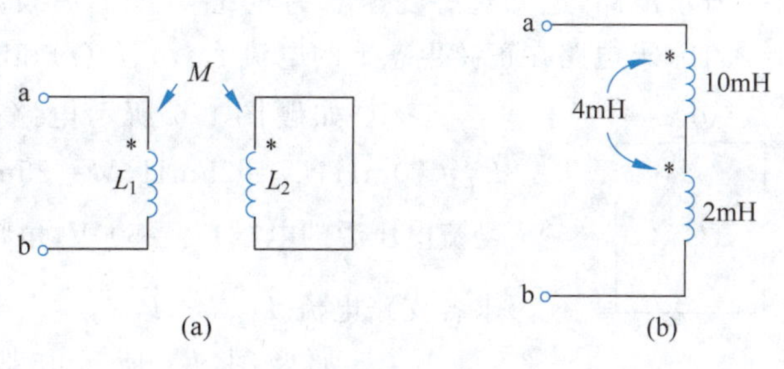

题图　8-1

8-2　求如题图 8-2 所示各电路中端口 ab 处的等效阻抗 Z_{eq}，设角频率为 ω。

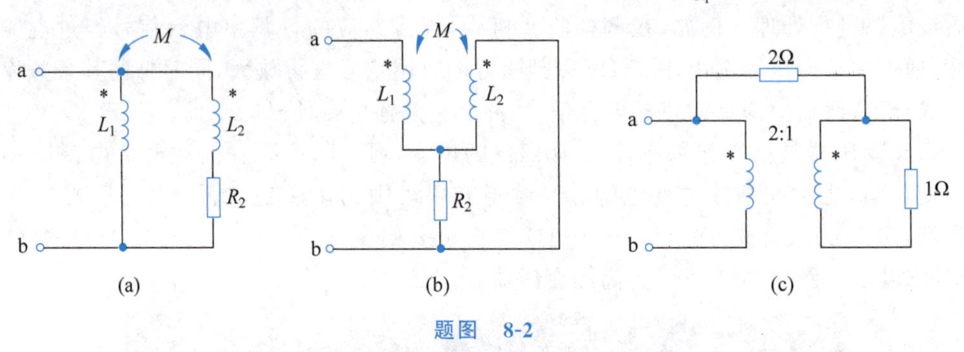

题图　8-2

8-3　如题图 8-3 所示电路，已知 $R_1=3\Omega, R_2=10\Omega, \omega L_1=4\Omega, \omega L_2=17.3\Omega, \omega M=2\Omega, \dot{U}_S=20\angle 30°$，求电流 $\dot{I}$。

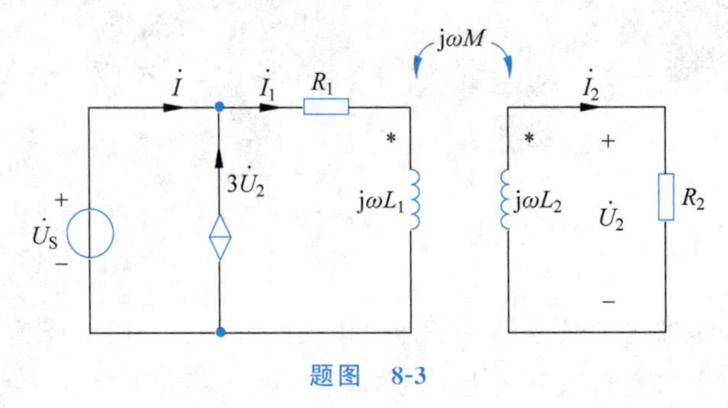

题图　8-3

8-4　求如题图 8-4 所示一端口网络的戴维南等效电路。

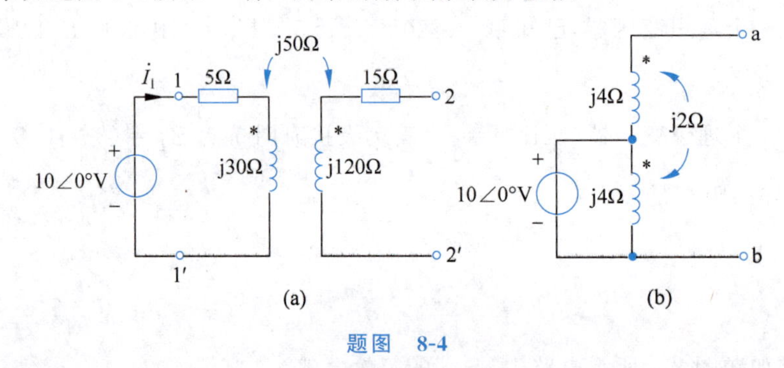

题图　8-4

8-5　如题图 8-5 所示电路，已知理想变压器的匝比 $n=10, u_1(t)=100\sin(314t+30°)$V，$R=10\Omega, C=0.1$F，求电路在正弦稳态下的电流 $i_1(t)$、$i_2(t)$ 和电压 $u_2(t)$。

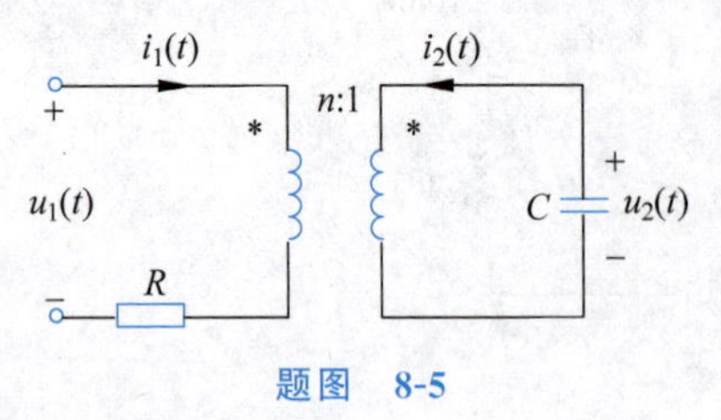

题图　8-5

8-6　如题图 8-6 所示电路，已知 $R_1=50\Omega$，$L_1=70$mH，$L_2=25$mH，$M=25$mH，$C=1\mu$F，正弦交流电压源的电压 $U_S=500$V，角频率 $\omega=10^4$rad/s，求各支路电流 $\dot{I}_1$、$\dot{I}_2$、$\dot{I}_3$。

8-7　如题图 8-7 所示电路，已知 $R_1=3\Omega$，

$\omega L_1=20\Omega, R_2=4\Omega, \omega L_2=30\Omega, \omega M=15\Omega, R_3=50\Omega$，正弦交流电压源电压 $\dot{U}_S=220\angle 0°\text{V}$，求各支路电流 $\dot{I}_1$、$\dot{I}_2$、$\dot{I}_3$。

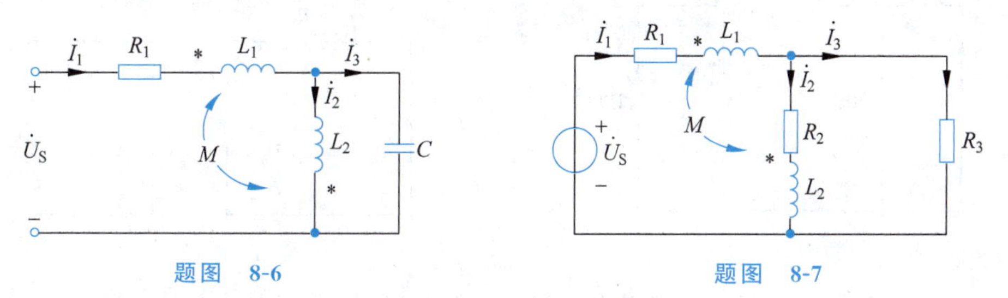

题图 8-6　　题图 8-7

8-8　如题图 8-8 所示电路，已知 $R_1=R_2=2\Omega, \omega L_1=\omega L_2=4\Omega, \omega M=2\Omega, R_L=1\Omega$，$\dot{U}_S=10\angle 0°\text{V}$，求负载 R_L 上的电压 U_{R_L}。

8-9　如题图 8-9 所示电路，已知 $R_1=4\Omega, R_2=5\Omega, \omega L_1=\omega L_2=6\Omega, \omega M=2\Omega, \frac{1}{\omega C}=3\Omega$，$\dot{U}_{S1}=12\angle 0°\text{V}$，$\dot{U}_{S2}=10\angle 53.1°\text{V}$，求流过 R_2 的电流 $\dot{I}$。

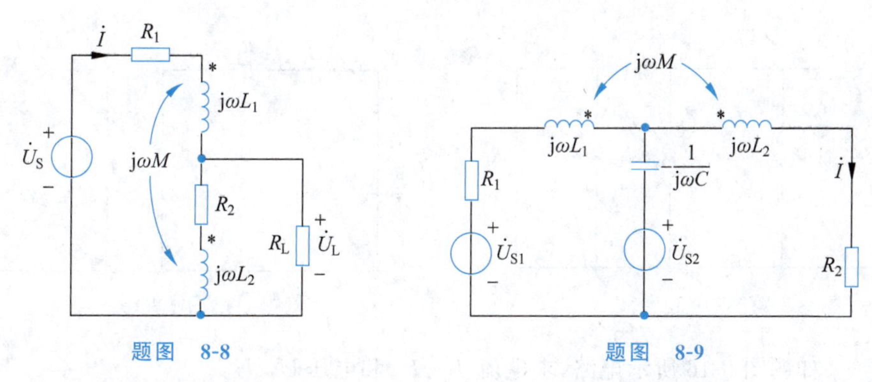

题图 8-8　　题图 8-9

8-10　如题图 8-10 所示含理想变压器的电路，已知 $R_1=2\Omega, Z_C=-\text{j}1\Omega, Z_2=\text{j}2\Omega$，$R_2=1\Omega$，正弦电流源的电流相量 $\dot{I}_S=10\angle 0°\text{A}$，求电压 U_2。

8-11　求题图 8-11 所示电路中 4Ω 电阻消耗的功率。

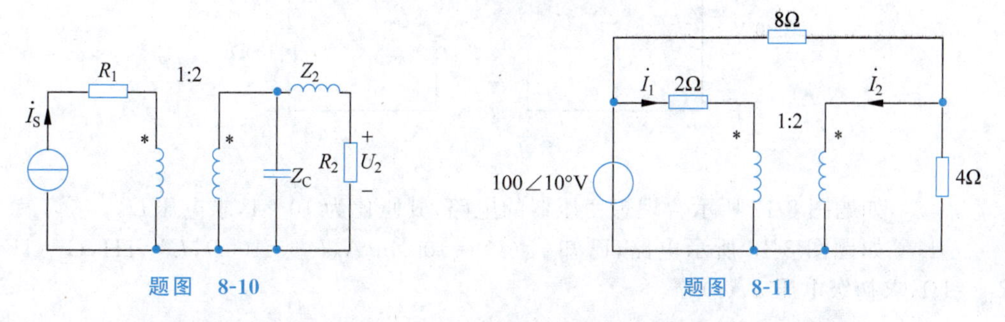

题图 8-10　　题图 8-11

8-12　如题图 8-12 所示含理想变压器的电路，要使 10Ω 电阻获得最大功率，求理想变压器的匝比 n。

8-13　如题图 8-13 所示电路，已知电源电压 $\dot{U}_S=12\angle 0°\text{V}$，内阻抗 $R_S=3\Omega$，$R_L=20\Omega$，求理想变压器的匝比 n 为多少时，负载 R_L 可获得最大功率？求此最大功率。

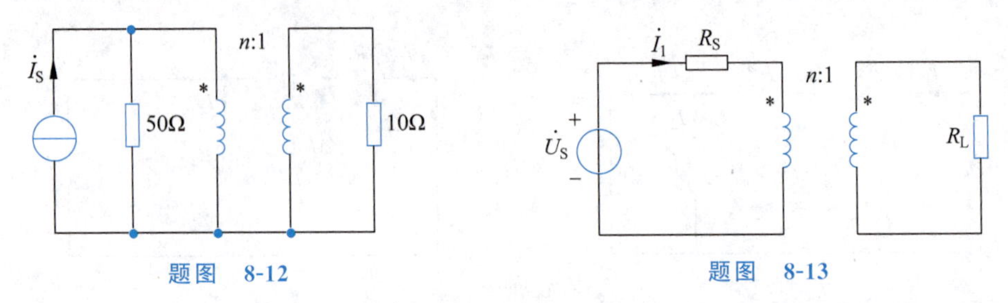

题图　8-12　　　　题图　8-13

8-14　如题图 8-14 所示含理想变压器的电路，已知 $R_1=60\Omega$，$\omega L=30\Omega$，$1/\omega C=8\Omega$，$R_L=5\Omega$，$\dot{U}_S=20\angle 0°\text{V}$，求当负载 R_L 获得最大功率时，理想变压器的匝比 n 应是多大？求此最大功率。

8-15　如题图 8-15 所示电路，已知 $\dot{U}=10\angle 0°\text{V}$，$R_1=1\Omega$，$R_2=1000\Omega$，电感 L 的电抗 $X_L=\omega L=1000\Omega$，$n=10$，求 $\dot{I}_1$。

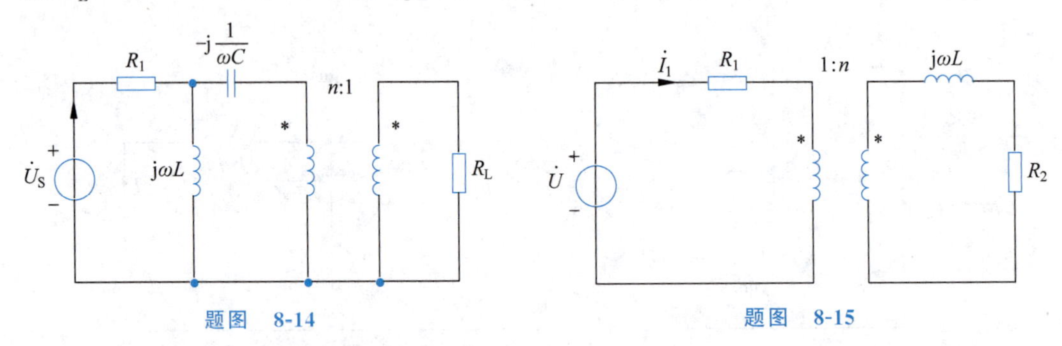

题图　8-14　　　　题图　8-15

8-16　如题图 8-16 所示电路，求电流 $\dot{I}_1$、$\dot{I}_2$ 和电压 $\dot{U}_1$、$\dot{U}_2$。

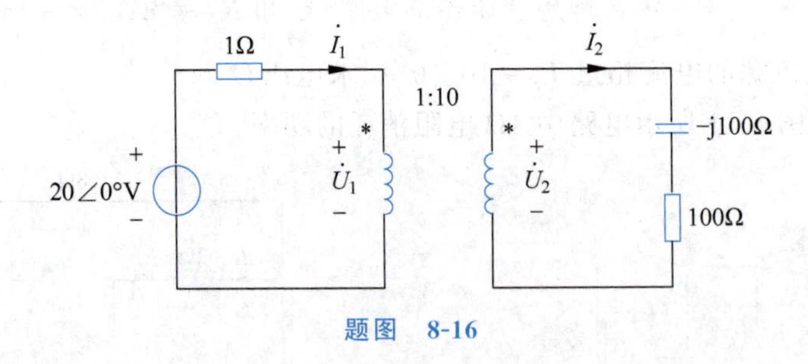

题图　8-16

8-17　如题图 8-17 所示含理想变压器的电路，其匝比为 10∶1，求电压 $\dot{U}_2$。

8-18　如题图 8-18 所示电路，已知 $i_S(t)=100\sin t\,\text{A}$，$R_1=100\Omega$，$L=1\text{H}$，$C=1\text{F}$，$R_L=1\Omega$，求初级电压 $u_1(t)$。

8-19　如题图 8-19 所示含理想变压器的电路，已知 $i_S(t)=\sin 10^3 t\,\text{A}$，$u_S(t)=10\sin 10^3 t\,\text{V}$，求电流 $i_1(t)$。

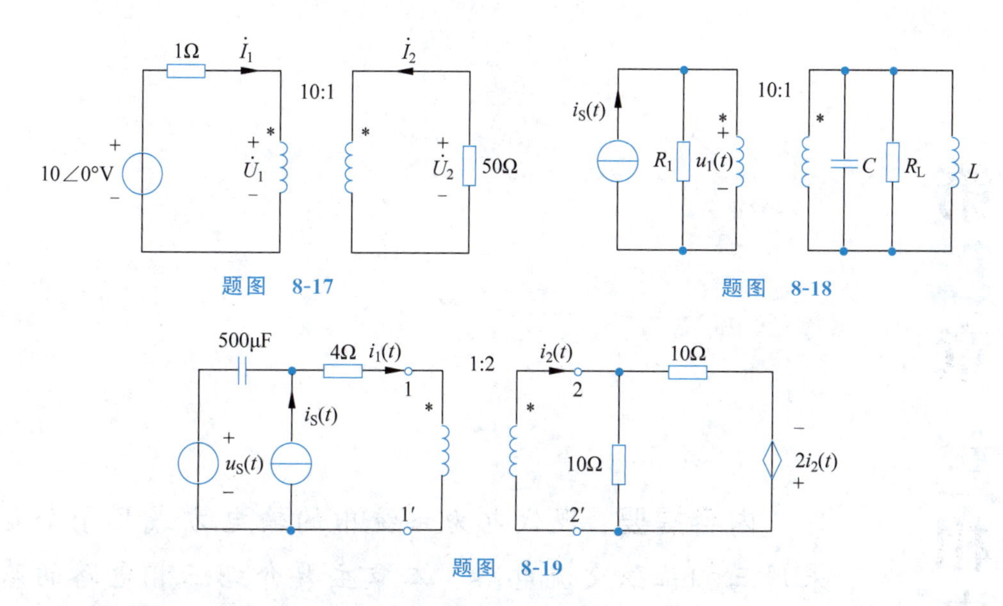

题图 8-17

题图 8-18

题图 8-19

8-20 如题图 8-20 所示电路，已知 $\dot{U}=10\angle0°\text{V}$，$R_1=1\Omega$，$R_2=1\Omega$，电感 C 的电抗 $X_C=1\Omega$，$n=2$，求理想变压器的初级电压相量 $\dot{U}_1$。

8-21 如题图 8-21 所示电路，已知 $R_1=2\Omega$，$R_2=10\Omega$，端口输入阻抗 $Z_{ab}=8\Omega$，求理想变压器的匝比 n。

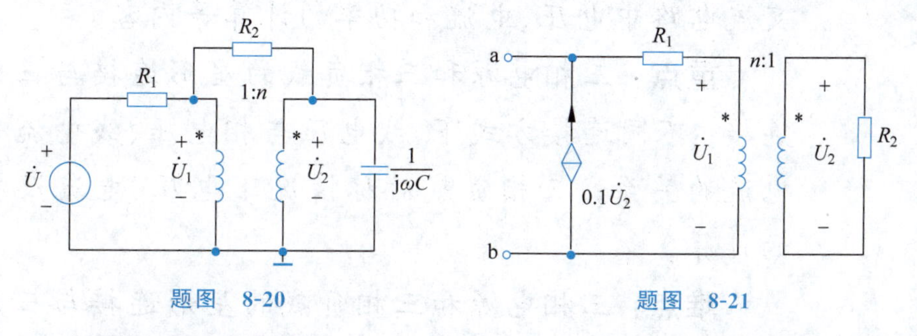

题图 8-20

题图 8-21

8-22 如题图 8-22 所示电路，求：(1)电流 $i_1(t)$、电压 $u_{ab}(t)$ 和 $u_{cd}(t)$；(2)ab 以左部分的戴维南等效电路。

8-23 如题图 8-23 所示电路，已知 $\dot{U}_S=10\angle0°\text{V}$，$R_1=100\Omega$，$R_2=100\Omega$，负载 $R_L=10\Omega$，若使负载 R_L 获得最大功率，求满足条件的匝比 n 和此时 R_L 获得的最大功率。

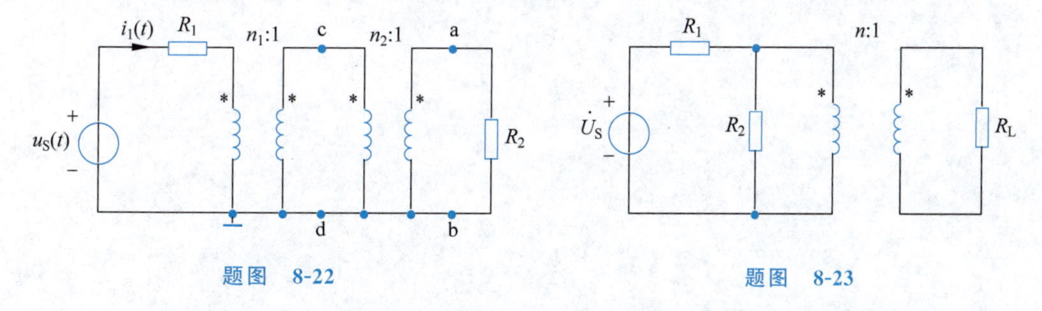

题图 8-22

题图 8-23

第9章 三相电路

内容提要：现代电力系统中的输电方式几乎全是采用三相正弦交流电路。本章主要介绍三相电路的基本工作原理和应用实例。具体介绍三相电源的基本概念、三相电源和三相负载的星形连接与三角形连接方式，三相交流电路中电压和电流的基本关系，对称三相交流电路中电压、电流和功率的计算等内容。

重点：三相电源和三相负载的星形连接与三角形连接；不同连接方式下，线电压与相电压、线电流与相电流的关系；三相负载对称情况下电压、电流及功率的计算。

难点：三相电源和三相负载的星形连接与三角形连接的特点；三相负载不对称时电压、电流及功率的计算。

9.1 三相电源

9.1.1 三相对称电动势

三相交流电一般是由三相交流发电机产生的，图 9-1-1(a)为三相交流发电机的示意图。在发电机定子中嵌有三组相同的绕组 AX、BY、CZ，分别称为 A 相、B 相、C 相绕组。它们在空间相隔 120°。当转子磁极匀速旋转时，在各绕组中都将产生正弦感应电动势，这些电动势的幅值相等、频率相同、相位互差 120°，相当于三个独立的交流电源，如图 9-1-1(b)所示。这样的三相电动势称为对称三相电动势，其瞬时值分别为

$$\begin{cases} e_A(t)=E_m\sin\omega t \\ e_B(t)=E_m\sin(\omega t-120^\circ) \\ e_C(t)=E_m\sin(\omega t-240^\circ)=E_m\sin(\omega t+120^\circ) \end{cases} \tag{9-1-1}$$

若以相量形式表示，则

$$\begin{cases} \dot{E}_A=E\angle 0^\circ \\ \dot{E}_B=E\angle -120^\circ \\ \dot{E}_C=E\angle -240^\circ=E\angle 120^\circ \end{cases} \tag{9-1-2}$$

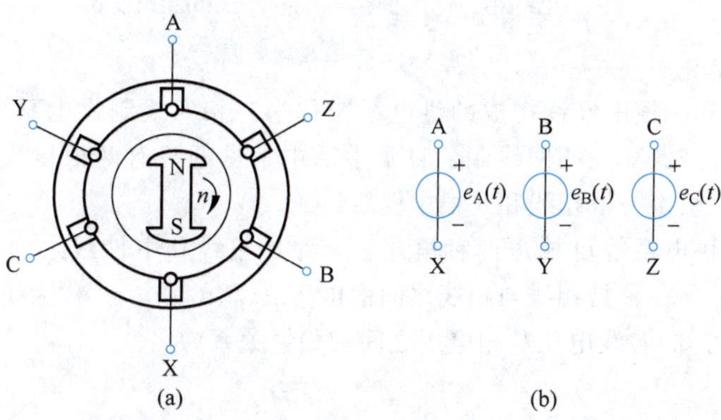

图 9-1-1 三相交流发电机

三相对称电动势的时域波形图和相量图如图 9-1-2 所示。

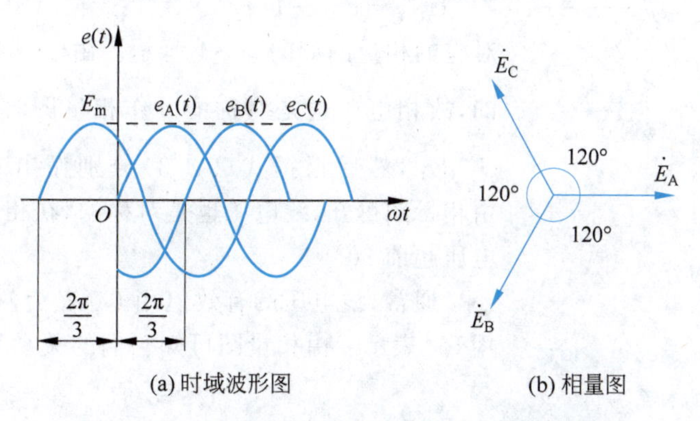

图 9-1-2 三相对称电动势的时域波形图和相量图

三相交流电在某一确定时间内到达最大值时,相位排列的先后顺序称为相序。一般分为正相序和负相序。所谓正相序(即顺相序)表示 A 相超前 B 相 120°,B 相超前 C 相 120°,C 相又超前 A 相 120°;反之,称为负相序或逆相序。

9.1.2 三相四线制电源

如果把发电机三相绕组的末端 X、Y、Z 连接成一点 N,而把始端 A、B、C 作为与外电路相连接的端点,这种连接方式称为电源的星形连接,如图 9-1-3 所示。N 点称为电源中性点,从电源中性点引出的导线称为中性线(或零线),有时中性线接地,又称为地线,工程中的裸导线可涂淡蓝色标志。从始端 A、B、C 引出的三根导线称为端线或相线,俗称火线,常用 A、B、C 表示,工程中的裸导线可分别涂黄、绿、红三种颜色标志。

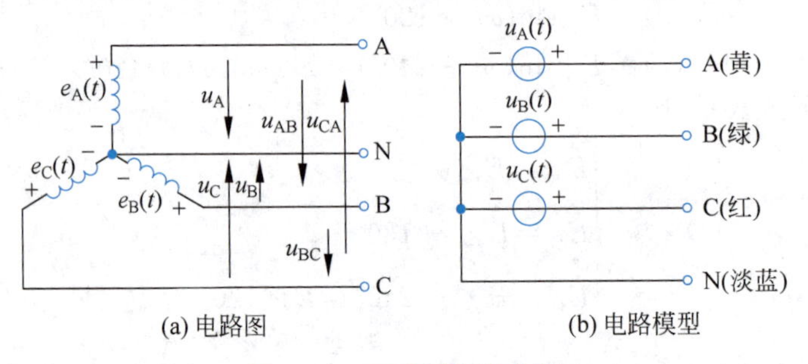

(a) 电路图　(b) 电路模型

图 9-1-3 三相四线制电源

由三根相线和一根中性线构成的供电系统称为三相四线制供电系统。通常低压供电网都采用 380V/220V 三相四线制。日常生活中常见的只有两根导线的供电线路,则是其中的一相,一般由一根相线和一根中性线组成。

三相四线制供电系统可输送两种电压:一种是相线和中性线之间的电压 u_A、u_B、u_C,称为相电压;另一种是相线与相线之间的电压 u_{AB}、u_{BC}、u_{CA},称为线电压。

由图 9-1-3 可知,各线电压与相电压之间的相量关系为

$$\begin{cases}\dot{U}_{AB}=\dot{U}_A-\dot{U}_B\\ \dot{U}_{BC}=\dot{U}_B-\dot{U}_C\\ \dot{U}_{CA}=\dot{U}_C-\dot{U}_A\end{cases} \tag{9-1-3}$$

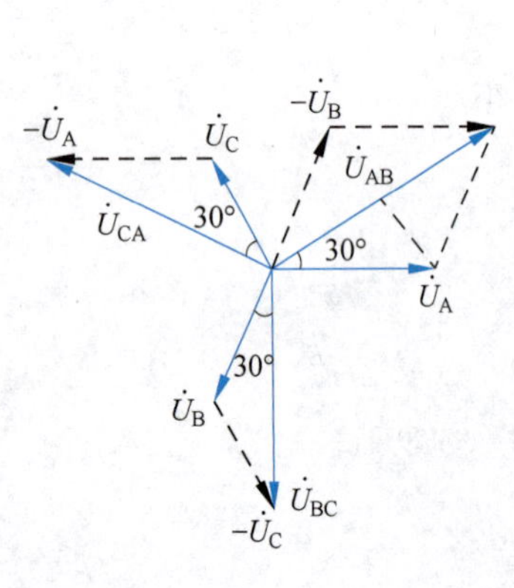

图 9-1-4 三相电源各电压相量之间的关系

对应的相量图如图 9-1-4 所示。由于三相电动势是对称的,故相电压也是对称的。作相量图时,可先作出 $\dot{U}_A$、$\dot{U}_B$、$\dot{U}_C$,然后根据式(9-1-3)分别作出 $\dot{U}_{AB}$、$\dot{U}_{BC}$、$\dot{U}_{CA}$。由相量图可知,线电压也是对称的,在相位上比对应的相电压超前 30°。

通常,线电压的有效值用 U_l 表示,相电压的有效值用 U_p 表示。由相量图可知它们的关系为

$$U_l=\sqrt{3}U_p \tag{9-1-4}$$

设线电压 $U_l=U_{AB}=U_{BC}=U_{CA}$，相电压 $U_p=U_A=U_B=U_C$，则有

$$\dot{U}_l=\sqrt{3}\dot{U}_p\angle 30° \tag{9-1-5}$$

由此可知，电源三相绕组星形连接时，幅度方面，线电压是对应相电压的$\sqrt{3}$倍；相位方面，线电压较对应的相电压超前 30°[①]。三相四线制电源可为负载提供两种电压，若相电压 $U_p=220\text{V}$，则线电压 $U_l=\sqrt{3}\times 220\approx 380\text{V}$。同时得到两种三相对称电压是三相四线制电源供电的优点之一。一般情况下，负载可根据其额定电压来决定选择何种接法。

【应用拓展】

三相交流电主要来自火力发电、水力发电、核能发电、风力发电、太阳能发电等方式。火力、水力、核能、风力发电原理基本相同，分别将热能、势能、核能、风能转换为动力，通过动力驱动交流发电机转动而产生交流电，火力发电和风力发电的原理分别如图 9-1-5 和图 9-1-6 所示。太阳能发电有所不同，其利用硅晶板将太阳能转换为直流电进行储存，然后通过逆变器将直流电转换为交流电并网输出，其原理如图 9-1-7 所示。交流发电机是利用原动力驱动转子旋转，转子上面绕有励磁绕组产生磁场，当转子转动时，磁场穿过定子绕组，使定子绕组磁通量发生变化，在定子绕组内产生交流感应电动势，根据三个绕组在定子铁芯内镶嵌排列的位置和顺序而感应出三相正弦交流电。我国的三相交流电源频率为 50Hz，单相电压有效值为 220V，线间电压有效值为 380V。

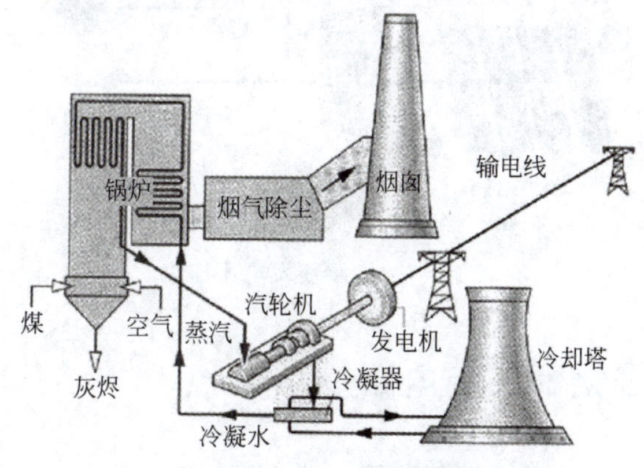

图 9-1-5 火力发电原理图

【思考与练习】

9-1-1 将图 9-1-1(a)中三相发电机的三个绕组连接成星形时，如果误将 X、Y、C 连接为一点，是否也可以产生对称的三相电动势？为什么？

9-1-2 三相四线制供电系统，频率 $f=50\text{Hz}$，相电压 $U_p=220\text{V}$，以 u_A 为参考正弦量，求线电压 u_{AB}、u_{BC}、u_{CA} 的三角函数表达式。

9-1-3 某三相发电机绕组作星形连接，每相额定电压为 220V，投入运行时测得电压 $U_A=U_B=U_C=220\text{V}$，但线电压只有 $U_{AB}=380\text{V}$，而 $U_{BC}=U_{CA}=220\text{V}$，试分析原因。

① 三相电路的 Multisim 仿真实例参见附录 A 例[2-8]。

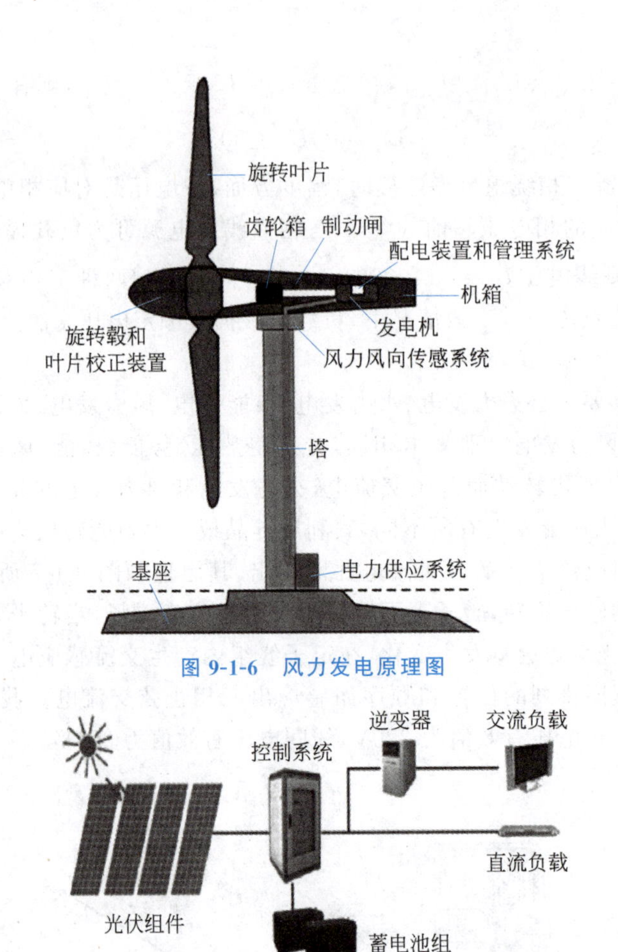

图 9-1-6　风力发电原理图

图 9-1-7　太阳能发电原理图

9.2　负载星形连接的三相电路

负载星形连接的三相交流电路的连接方式如图 9-2-1 所示。三相负载 $Z_{A'}$、$Z_{B'}$、$Z_{C'}$ 的末端连接成一点 N′，称为负载中性点，并接在电源中性线上。三相负载的首端分别与三相火线相连接。流过各相负载的电流称为相电流，如图中 $\dot{I}_{A'}$、$\dot{I}_{B'}$、$\dot{I}_{C'}$ 所示，其方向与对应的相电压方向一致。流过火线的电流称为线电流，如图中 $\dot{I}_A$、$\dot{I}_B$、$\dot{I}_C$ 所示，其方向从电源指向负载。

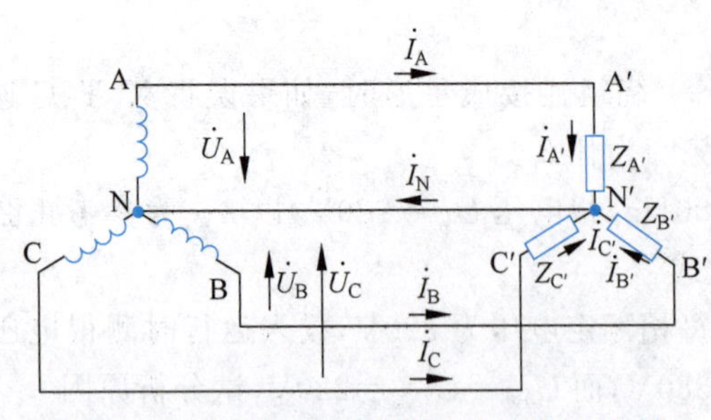

图 9-2-1　负载星形连接的三相四线制电路

9.2.1 负载对称的星形连接

负载对称是指三相负载的阻抗相等，即 $Z_{A'}=Z_{B'}=Z_{C'}=R+jX$。具体是指，三相负载电阻相等($R_{A'}=R_{B'}=R_{C'}=R$)，三相负载电抗相等($X_{A'}=X_{B'}=X_{C'}=X$)并且性质相同(同为感抗或容抗)。

图 9-2-1 所示电路的特点为：各相负载所承受的电压是电源相电压 $\dot{U}_p=\frac{\dot{U}_1}{\sqrt{3}}\angle-30°$，即，幅度方面，各相电压为相应的线电压的 $1/\sqrt{3}$ 倍；相位方面，各相电压滞后于相应的线电压 30°，而相电流 $\dot{I}_p$ 等于线电流 $\dot{I}_1$，即 $\dot{I}_p=\dot{I}_1$。由于相电压是三相对称的，负载也是三相对称的，所以每相电流的大小及每相电流与电压的相位差是相等的，即

$$I_{A'}=I_{B'}=I_{C'}=I_p=\frac{U_p}{\sqrt{R^2+X^2}} \tag{9-2-1}$$

$$\varphi_{A'}=\varphi_{B'}=\varphi_{C'}=\varphi=\arctan\frac{X}{R} \tag{9-2-2}$$

在负载对称的三相电路中，三相电流也是对称的。显然各相电流的计算可简化为一相(单相电路)的计算，其他的两相电流可根据对称关系推出。对应的相量图如图 9-2-2 所示。注意：图中 φ 表示各相电流与相应相电压之间的相位差，而不是表示每相电流的初相位。每相电流的初相位应是各相电流对统一的直角坐标的相位角。根据基尔霍夫电流定律，对中性点 N′列节点电流方程可得

$$I_N=I_{A'}+I_{B'}+I_{C'}=0 \tag{9-2-3}$$

因为三相电流对称，故中性线电流为零。中性线无电流流过则可省去中性线，成为星形连接的三相三线制电路，如图 9-2-3 所示，即三相对称负载可省去中性线。三个相电流借助于各相火线及各相负载互成回路。在任一瞬时，在负载中性点 N′上流进的相电流之和与流出的相电流之和是相等的。

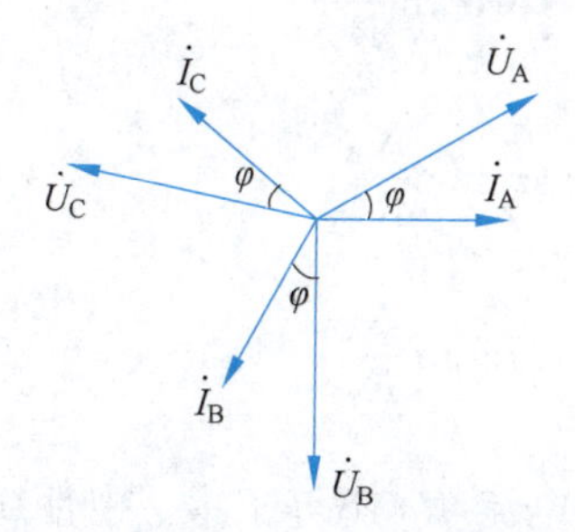

图 9-2-2 负载星形连接(对称负载)的相量图

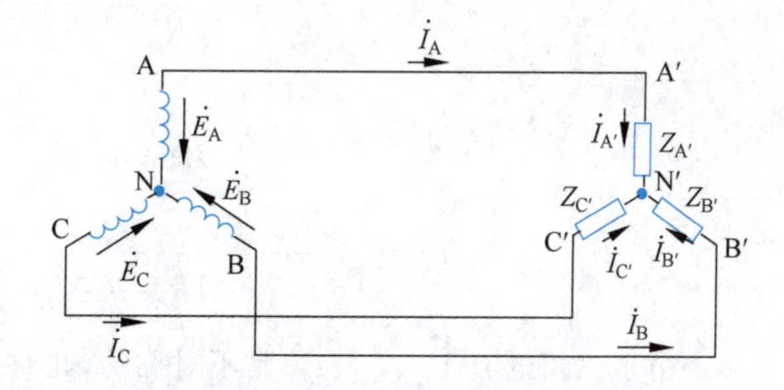

图 9-2-3 星形连接的三相三线制电路

【例 9-2-1】 如图 9-2-3 所示电路中的负载为星形连接三相对称负载，负载的阻抗为 $20\angle30°\Omega$，电源线电压 $u_{AB}=380\sqrt{2}\sin(\omega t+30°)$V，求：负载各相电流 i_A、i_B、i_C 及其相量形式 $\dot{I}_A$、$\dot{I}_B$、$\dot{I}_C$，并画出相量图。

解：因为三相对称负载星形连接，相电流等于线电流，负载每相电压等于电源相电压，在对称三相电路中，只需计算一相。

由已知条件可知线电压的相量

$$\dot{U}_{AB}=\sqrt{3}\dot{U}_A\angle 30°=380\angle 30°\text{V}$$

则相电压

$$\dot{U}_A=220\angle 0°\text{V}$$

负载各相电流的相量形式为

$$\dot{I}_A=\frac{\dot{U}_A}{Z}=\frac{220\angle 0°}{20\angle 30°}\text{A}=11\angle -30°\text{A}$$

$$\dot{I}_B=\dot{I}_A\angle -120°=11\angle -150°\text{A}$$

$$\dot{I}_C=\dot{I}_A\angle 120°=11\angle 90°\text{A}$$

负载各相电流的时域形式为

$$i_A(t)=11\sqrt{2}\sin(\omega t-30°)\text{A}$$

$$i_B(t)=11\sqrt{2}\sin(\omega t-150°)\text{A}$$

$$i_C(t)=11\sqrt{2}\sin(\omega t+90°)\text{A}$$

相量图如例图 9-2-1 所示。

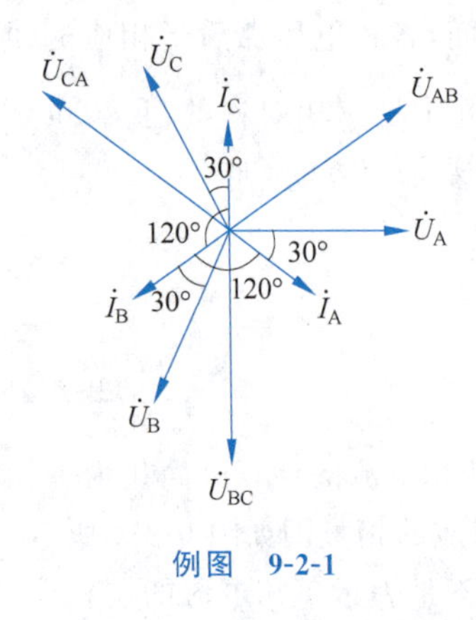

例图 9-2-1

9.2.2 负载不对称的星形连接

当各相负载的阻抗大小或性质不相同时，三相负载是不对称的。在有中性线的情况下，即如图 9-2-1 所示三相四线制电路中，每相负载所承受的电压仍为电源相电压，线电流等于负载的相电流。由于负载不对称，各相电流的大小及相应相电压的相位差也不相同，所以，应按单相电路的计算方法，分别对每相进行计算，即

$$I_A=\frac{U_A}{|Z_{A'}|}=\frac{U_A}{\sqrt{R_{A'}^2+X_{A'}^2}},\quad \varphi_{A'}=\arctan\frac{X_{A'}}{R_{A'}} \tag{9-2-4}$$

$$I_B=\frac{U_B}{|Z_{B'}|}=\frac{U_B}{\sqrt{R_{B'}^2+X_{B'}^2}},\quad \varphi_{B'}=\arctan\frac{X_{B'}}{R_{B'}} \tag{9-2-5}$$

$$I_C=\frac{U_C}{|Z_{C'}|}=\frac{U_C}{\sqrt{R_{C'}^2+X_{C'}^2}},\quad \varphi_{C'}=\arctan\frac{X_{C'}}{R_{C'}} \tag{9-2-6}$$

由于三相电流 $\dot{I}_A$、$\dot{I}_B$、$\dot{I}_C$ 是不对称的，此时中性线电流 $\dot{I}_N$ 不等于零。中性线电流可表示为

$$\dot{I}_N=\dot{I}_A+\dot{I}_B+\dot{I}_C=I_N\angle\varphi \tag{9-2-7}$$

根据图 9-2-4 所示相量图，I_N 和 φ_N 可表示为

$$I_N=\sqrt{(\Sigma I_K\cos\varphi_K)^2+(\Sigma I_K\sin\varphi_K)^2} \tag{9-2-8}$$

$$\varphi_{\mathrm{N}} = \arctan \frac{\Sigma I_{\mathrm{K}} \sin\varphi_{\mathrm{K}}}{\Sigma I_{\mathrm{K}} \cos\varphi_{\mathrm{K}}} \tag{9-2-9}$$

式中，I_{K} 为各相电流 I_{A}、I_{B}、I_{C}，φ_{K} 为各相电流对统一的直角坐标的相位角。

由此可知，当负载不对称时，只要有中性线，负载的端电压总是等于电源相电压，电源相电压是三相对称的，因此各相负载都能正常工作，只是各相电流不对称，中性线电流不为零。

若中性线断开，如图 9-2-5 所示，中性线电流无法通过，强迫负载改变原来的工作状态，中点 N 与 N′之间出现的电压 $U_{\mathrm{N'N}}$ 称为中性点电压，可用 $\dot{U}_{\mathrm{N}}$ 表示，$\dot{U}_{\mathrm{N}}$ 的大小和相位可根据节点电压法求得，即

$$\dot{U}_{\mathrm{N}} = \frac{\dfrac{\dot{U}_{\mathrm{A}}}{Z_{\mathrm{A'}}} + \dfrac{\dot{U}_{\mathrm{B}}}{Z_{\mathrm{B'}}} + \dfrac{\dot{U}_{\mathrm{C}}}{Z_{\mathrm{C'}}}}{\dfrac{1}{Z_{\mathrm{A'}}} + \dfrac{1}{Z_{\mathrm{B'}}} + \dfrac{1}{Z_{\mathrm{C'}}}} \tag{9-2-10}$$

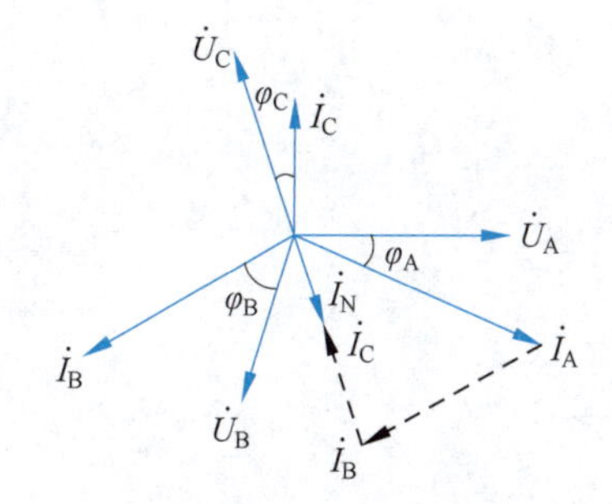

图 9-2-4 不对称负载相量图

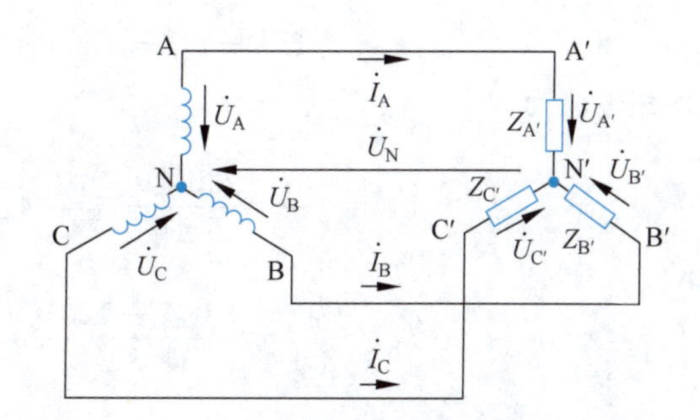

图 9-2-5 星形连接不对称负载在中性线断开后的电路

根据 KVL 可得每相负载电压为

$$\dot{U}_{\mathrm{A'}} = \dot{U}_{\mathrm{A}} - \dot{U}_{\mathrm{N}} \tag{9-2-11}$$

$$\dot{U}_{\mathrm{B'}} = \dot{U}_{\mathrm{B}} - \dot{U}_{\mathrm{N}} \tag{9-2-12}$$

$$\dot{U}_{\mathrm{C'}} = \dot{U}_{\mathrm{C}} - \dot{U}_{\mathrm{N}} \tag{9-2-13}$$

显然，$\dot{U}_{\mathrm{A'}}$、$\dot{U}_{\mathrm{B'}}$、$\dot{U}_{\mathrm{C'}}$ 不对称。这样会使负载某一相(或两相)的电压升高，而另两相(或一相)的电压降低。严重时会使电压高的那相负载损坏，而电压低的负载不能正常工作。

对于低压配电系统，负载对称是特殊情况，而负载不对称则是一般情况，所以中性线的作用是在三相不对称负载星形连接时，三相负载成为互不影响的独立回路，从而保证负载正常工作。为避免中性线断开，需采用机械强度较高的导线作为中性线，并且中性线上不允许安装熔断器及开关。因为一旦熔断器熔断，中性线作用就失去了。此外，在电路设计和安装过程中应尽量考虑三相负载平衡。因为三相负载不平衡会导致出现较大的中性线电流，从而在中性线上产生较大的阻抗压降而导致三相负载上的电压不对称。

【例 9-2-2】 如例图 9-2-2(1)所示电路,已知三相负载 $Z_{A'}=5\angle 0°\Omega$,$Z_{B'}=5\angle 30°\Omega$,$Z_{C'}=5\angle -30°\Omega$,三相负载作星形连接后,接在线电压为 380V 的三相四线制电源上,求:

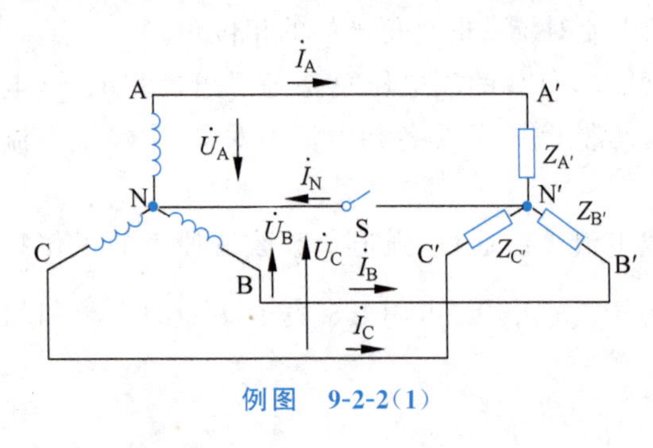

例图 9-2-2(1)

(1)开关 S 闭合时各相电流 $\dot{I}_A$、$\dot{I}_B$、$\dot{I}_C$ 及中性线电流 $\dot{I}_N$,并画出各相电压和电流的相量图。(2)开关 S 断开时各相负载电压 $\dot{U}_{A'}$、$\dot{U}_{B'}$、$\dot{U}_{C'}$ 的大小,并画出电压相量图(A 相为参考相)。

解:(1) S 闭合,即有中性线,此时负载各相电压等于电源各相电压。因为电源相电压是对称的,所以负载各相电压为

$$\dot{U}_{A'}=\dot{U}_A=220\angle 0°\text{V}$$

$$\dot{U}_{B'}=\dot{U}_B=220\angle -120°\text{V}$$

$$\dot{U}_{C'}=\dot{U}_C=220\angle 120°\text{V}$$

负载各相电流为

$$\dot{I}_A=\frac{\dot{U}_{A'}}{Z_{A'}}=\frac{220\angle 0°}{5\angle 0°}\text{A}=44\angle 0°\text{A}$$

$$\dot{I}_B=\frac{\dot{U}_{B'}}{Z_{B'}}=\frac{220\angle -120°}{5\angle 30°}\text{A}=44\angle -150°\text{A}$$

$$\dot{I}_C=\frac{\dot{U}_{C'}}{Z_{C'}}=\frac{220\angle 120°}{5\angle -30°}\text{A}=44\angle 150°\text{A}$$

中线电流为

$$\begin{aligned}\dot{I}_N&=\dot{I}_A+\dot{I}_B+\dot{I}_C=(44\angle 0°+44\angle -150°+44\angle 150°)\text{A}\\&=[44+44\cos(-150°)+\text{j}44\sin(-150°)+44\cos 150°+\text{j}44\sin 150°]\text{A}\\&=(44-44\sqrt{3})\text{A}\approx -32.2\text{A}=32.2\angle 180°\text{A}\end{aligned}$$

由结果可知,中性线电流不为零,但每相负载电压均为电源相电压,负载可以正常工作。

所对应的相量图如例图 9-2-2 所示。

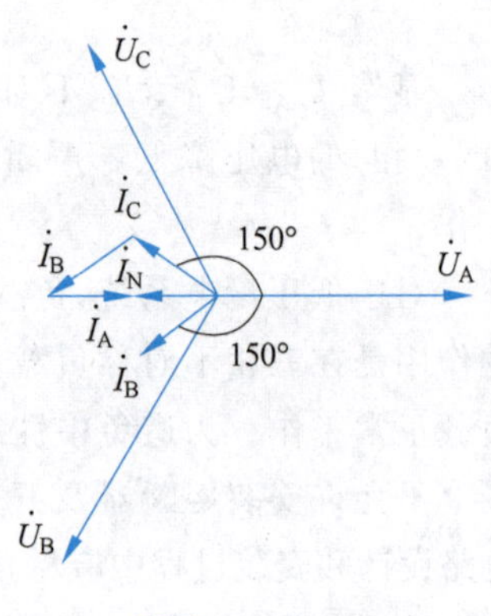

例图 9-2-2(2)

(2) 当 S 断开时,三相负载不对称。负载中性点 N′与电源中性点 N 之间存在的电压为

$$\dot{U}_{N'N}=\frac{\dfrac{\dot{U}_A}{Z_{A'}}+\dfrac{\dot{U}_B}{Z_{B'}}+\dfrac{\dot{U}_C}{Z_{C'}}}{\dfrac{1}{Z_{A'}}+\dfrac{1}{Z_{B'}}+\dfrac{1}{Z_{C'}}}=-58.9\text{V}=58.9\angle 180°\text{V}$$

负载各相电压为

$$\dot{U}_{A'}=\dot{U}_A-\dot{U}_N=(220\angle 0°-58.9\angle 180°)\text{V}=278.9\angle 0°\text{V}$$

$$\dot{U}_{B'}=\dot{U}_B-\dot{U}_N=(220\angle -120°-58.9\angle 180°)\text{V}=197\angle -104.2°\text{V}$$

$$\dot{U}_{C'}=\dot{U}_C-\dot{U}_N=220\angle 120°-58.9\angle 180°\text{V}=197\angle 104.2°\text{V}$$

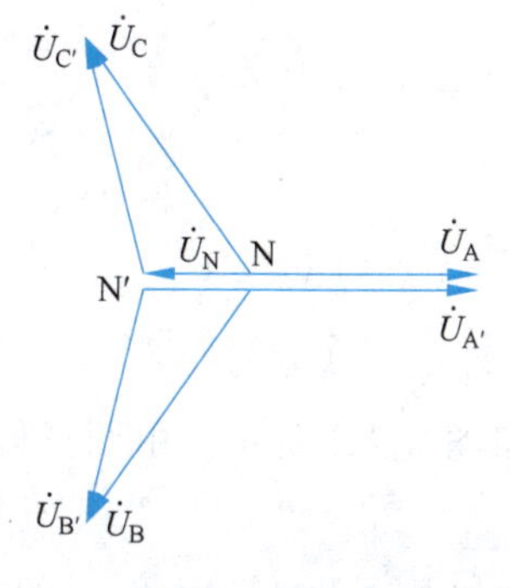

例图 9-2-2(3)

由此可见，三相负载上的电压已经不对称，A相负载上电压大于电源相电压220V，而B、C两相负载电压小于220V，致使负载均不能正常工作，这是实际使用中不允许出现的故障。

所对应的相量图如例图9-2-2(3)所示。

【思考与练习】

9-2-1 什么是三相负载、单相负载和单相负载的三相连接？三相交流电动机有三根电线接到电源的A、B、C三端，称为三相负载，电灯有两根电源线，试问为什么不称两相负载，而称单相负载？

9-2-2 如图9-2-1所示电路，为什么中性线上不接开关，也不接熔断器？

9-2-3 为什么电灯开关一定要接在相线(火线)上？

9-2-4 判断下列表述是否正确：

(1) 当负载作星形连接时，必须有中性线；

(2) 当负载作星形连接时，线电流必等于相电流；

(3) 当负载作星形连接时，线电压必为相电压的$\sqrt{3}$倍；

(4) 若电动机每相绕组的额定电压为380V，当对称三相电源的线电压为380V时，电动机绕组应采用星形连接才能正常工作。

9.3 负载三角形连接的三相电路

将三相负载首、尾端依次连接构成一个闭合电路，然后将三个连接点与三相电源的火线连接构成负载三角形连接的三相电路，如图9-3-1所示。不论负载对称与否，每相负载所承受的电压均为电源的线电压。线电流、相电流的方向如图9-3-1所示。负载三角形连接只能构成三相三线制电路。

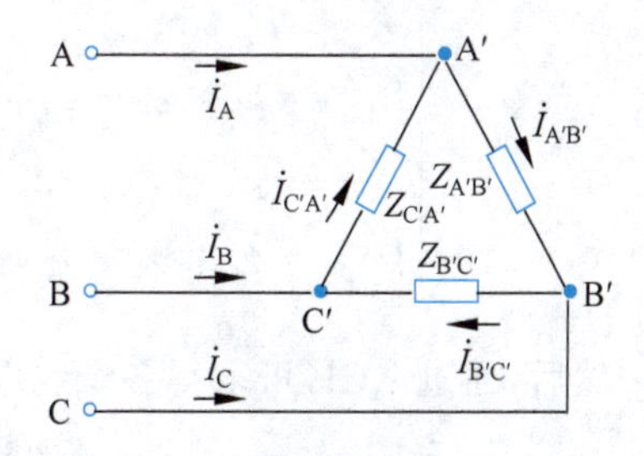

图 9-3-1 负载的三角形连接

9.3.1 负载对称的三角形连接

当三相负载对称时，每相负载均承受电源的线电压，构成对称三相交流电路。因此，相电流、线电流也都是三相对称的。每相电流为

$$I_{A'B'}=I_{B'C'}=I_{C'A'}=I_p=\frac{U_l}{|Z|} \tag{9-3-1}$$

负载相电流与负载相电压的相位差为

$$\varphi_{A'B'}=\varphi_{B'C'}=\varphi_{C'A'}=\varphi=\arctan\frac{X}{R} \tag{9-3-2}$$

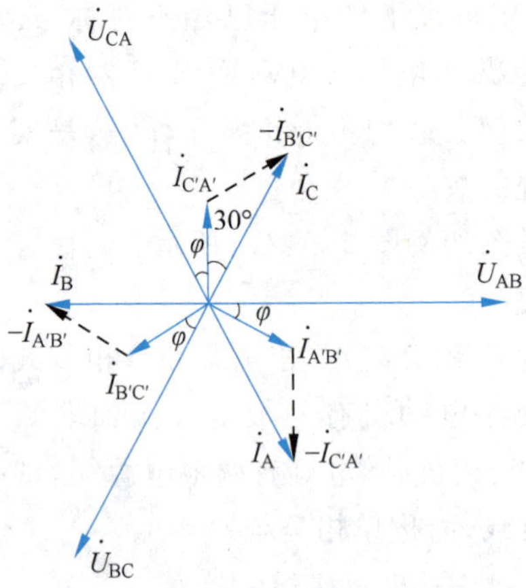

相电流与线电流之间的关系可通过列 KCL 方程组求得，即

$$\left.\begin{aligned}\dot I_A&=\dot I_{A'B'}-\dot I_{C'A'}\\ \dot I_B&=\dot I_{B'C'}-\dot I_{A'B'}\\ \dot I_C&=\dot I_{C'A'}-\dot I_{B'C'}\end{aligned}\right\} \tag{9-3-3}$$

图 9-3-2 负载对称的三角形连接电路的相量图

相应的相量图如图 9-3-2 所示。由图可知，此时线电流可表示为

$$\dot I_l=\sqrt{3}\dot I_p\angle-30° \tag{9-3-4}$$

由此可知，当负载对称并进行三角形连接时，每相负载的相电压 U_p 等于电源的线电压 U_l。线电流和相电流的关系为：幅度方面，各线电流为相应相电流的$\sqrt{3}$倍；相位方面，各线电流滞后于相应的相电流 30°。

9.3.2 负载不对称的三角形连接

当负载不对称时，负载的相电流 $\dot I_{A'B'}$、$\dot I_{B'C'}$、$\dot I_{C'A'}$ 和电源的线电流 $\dot I_A$、$\dot I_B$、$\dot I_C$ 也是不对称的，因此，每相电路应分别进行计算，即

$$\begin{cases}\dot I_{A'B'}=I_{A'B'}\angle-\varphi_{A'B'}=\dfrac{U_{AB}}{\sqrt{R_{A'B'}^2+X_{A'B'}^2}}\angle-\arctan\dfrac{X_{A'B'}}{R_{A'B'}}\\ \dot I_{B'C'}=I_{B'C'}\angle-\varphi_{B'C'}=\dfrac{U_{BC}}{\sqrt{R_{B'C'}^2+X_{B'C'}^2}}\angle-\arctan\dfrac{X_{B'C'}}{R_{B'C'}}\\ \dot I_{C'A'}=I_{C'A'}\angle-\varphi_{C'A'}=\dfrac{U_{CA}}{\sqrt{R_{C'A'}^2+X_{C'A'}^2}}\angle-\arctan\dfrac{X_{C'A'}}{R_{C'A'}}\end{cases} \tag{9-3-5}$$

然后，通过 KCL 可求得各个线电流为

$$\dot I_A=\dot I_{A'B'}-\dot I_{C'A'},\quad \dot I_B=\dot I_{B'C'}-\dot I_{A'B'},\quad \dot I_C=\dot I_{C'A'}-\dot I_{B'C'}$$

负载三角形连接时，尽管负载不对称，但每相负载上所承受的电压总是等于电源的线电压。而由于电源的线电压对称，所以负载均能正常工作。

【思考与练习】

9-3-1 三个对称负载，先后构成星形连接和三角形连接，并由同一对称电源供电，比

较两种接线方式的相电流哪个大？线电流哪个大？

9-3-2 判断下列表述是否正确：

(1) 负载作三角形连接时，线电流必为相电流的$\sqrt{3}$倍；

(2) 在三相三线制电路中，无论负载是何种连接法，也不管三个相电流是否对称，三个线电流之和总为零；

(3) 三相负载作三角形连接时，若测出三个相电流相等，则三个线电流也必然相等。

9.4 三相电路的功率

三相电路的功率与单相电路一样，分为有功功率、无功功率和视在功率等。三相电路中无论负载采用何种接法，三相的有功功率、无功功率和视在功率分别等于各相负载的有功功率、无功功率和视在功率之和。

1. 三相负载不对称

当三相负载不对称时，每相负载的有功功率、无功功率和视在功率均不相等，要分别进行计算。

三相负载星形连接时，总的有功功率

$$P = P_A + P_B + P_C = U_A I_{A'} \cos\varphi_{A'} + U_B I_{B'} \cos\varphi_{B'} + U_C I_{C'} \cos\varphi_{C'} \tag{9-4-1}$$

三相负载三角形连接时，总的有功功率

$$P = P_A + P_B + P_C = U_{AB} I_{A'B'} \cos\varphi_{A'B'} + U_{BC} I_{B'C'} \cos\varphi_{B'C'} + U_{CA} I_{C'A'} \cos\varphi_{C'A'} \tag{9-4-2}$$

2. 三相负载对称

当三相负载对称时，每相负载的有功功率、无功功率和视在功率均相等，所以总的有功功率

$$P = 3P_p = 3U_p I_p \cos\varphi_p \tag{9-4-3}$$

式中，P_p、U_p、I_p 和 $\cos\varphi_p$ 分别为每相功率、相电压、相电流和功率因数。

在工程上，测量线电压、线电流比较方便。若用电源线电压、线电流表示，则星形连接时：

$$I_{A'} = I_{B'} = I_{C'} = I_p = I_l$$

$$U_A = U_B = U_C = U_P = \frac{U_l}{\sqrt{3}}$$

可得

$$P = 3U_p I_p \cos\varphi_p = 3\frac{U_l}{\sqrt{3}} I_l \cos\varphi_p = \sqrt{3} U_l I_l \cos\varphi_p$$

三角形连接时：

$$I_{A'B'} = I_{B'C'} = I_{C'A'} = I_p = \frac{I_l}{\sqrt{3}}$$

$$U_{AB}=U_{BC}=U_{CA}=U_P=U_l$$

可得

$$P=3U_pI_p\cos\varphi_p=3U_l\frac{I_l}{\sqrt{3}}\cos\varphi_p=\sqrt{3}U_lI_l\cos\varphi_p$$

因此,无论负载是星形连接还是三角形连接,对称三相电路的有功功率均可表示为

$$P=\sqrt{3}U_lI_l\cos\varphi_p \tag{9-4-4}$$

同理,无功功率和视在功率可分别表示为

$$Q=\sqrt{3}U_lI_l\sin\varphi_p \tag{9-4-5}$$

$$S=\sqrt{P^2+Q^2}=\sqrt{3}U_lI_l \tag{9-4-6}$$

式中,U_l、I_l 分别为线电压、线电流,$\cos\varphi_p$ 为每相负载的功率因数。

【例 9-4-1】 如图 9-3-1 所示电路,已知三相负载对称,每相负载 $R=6\Omega$、$R_L=8\Omega$,接入三相三线制电源 $U_l=380V$ 上,比较在星形连接和三角形连接两种情况下的三相有功功率。

解:每相负载阻抗模

$$|Z|=\sqrt{R^2+X_L^2}=\sqrt{6^2+8^2}\Omega=10\Omega$$

负载星形连接时:

$$U_p=\frac{U_l}{\sqrt{3}}=\frac{380}{\sqrt{3}}V\approx 220V$$

$$I_p=I_l=\frac{U_p}{|Z|}=\frac{220}{10}A=22A$$

$$\cos\varphi_p=\frac{R}{|Z|}=\frac{6}{10}=0.6$$

$$P_Y=\sqrt{3}U_lI_l\cos\varphi_p=\sqrt{3}\times380\times22\times0.6kW\approx 8.7kW$$

负载三角形连接时:

$$U_p=U_l=380V$$

$$I_p=\frac{U_p}{|Z|}=\frac{380}{10}A=38A$$

$$I_l=\sqrt{3}I_p=\sqrt{3}\times38A\approx 66A$$

$$\cos\varphi_p=0.6$$

$$P_\triangle=\sqrt{3}U_lI_l\cos\varphi_p=\sqrt{3}\times380\times66\times0.6kW\approx 26.1kW$$

因此,

$$P_\triangle=3P_Y$$

由此可知,当电源的线电压不变时,三角形连接负载所吸收的功率是星形连接时的 3 倍。这是由于三角形连接时负载的相电压是星形连接时的$\sqrt{3}$倍,故相电流也变为原来的

$\sqrt{3}$倍，而此时线电流又是相电流的$\sqrt{3}$倍。因此，三角形连接时的线电流是星形连接时的3倍，有功功率也是星形连接时的3倍。

【例 9-4-2】 三相电动机三相绕组，每相绕组的额定电压为220V，每相绕组的阻抗$Z=(29.6+j20.6)\Omega$。试问：(1)将电动机分别接于线电压380V和线电压220V的电源上，三相绕组应如何连接？(2)求两种情况下的线电流和输入功率。(3)画出电压和电流的相量图。

解：(1) 当电源的线电压为380V时，三相负载应接成星形连接；当电源的线电压为220V时，三相负载应接成三角形连接，以保证每相电源的相电压等于负载的额定电压220V。

(2) 星形连接时，可得

$$I_l=I_p=\frac{U_{Yp}}{|Z|}=\frac{220}{\sqrt{29.6^2+20.6^2}}\text{A}\approx 6.1\text{A}$$

$$\cos\varphi_p=\frac{R}{|Z|}=\frac{29.6}{\sqrt{29.6^2+20.6^2}}\approx 0.825$$

$$\varphi_p=34°$$

$$P_Y=\sqrt{3}\times 380\times 6.1\times 0.825\text{kW}\approx 3.3\text{kW}$$

三角形连接时，可得

$$I_p=\frac{U_p}{|Z|}=\frac{220}{\sqrt{29.6^2+20.6^2}}\text{A}\approx 6.1\text{A}$$

$$I_l=\sqrt{3}I_p=\sqrt{3}\times 6.1\text{A}\approx 10.5\text{A}$$

$$P_{\triangle}=\sqrt{3}\times 220\times 10.5\times 0.825\text{kW}\approx 3.3\text{kW}$$

(3) 相量图如例图9-4-1所示。因为是三相对称电路，所以只需画出一相的相量图即可。

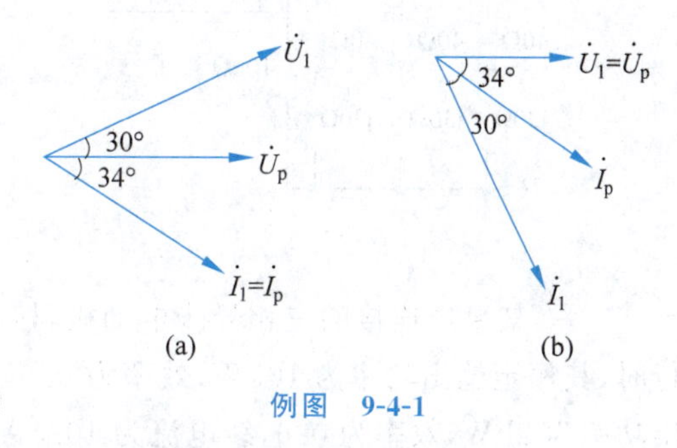

例图 9-4-1

以上结果表明，三相对称负载，无论采用星形连接还是三角形连接，只要负载的相电压不变，则负载的相电流和功率均不会变化，只是线电压和线电流发生了变化。

【思考与练习】

9-4-1 以下表述是否正确？为什么？

(1) 对称三相负载的功率因数角，对于星形连接是指相电压与相电流的相位差，对于三角形连接则是指线电压与线电流的相位差；

(2) 负载星形连接和三角形连接的三相电路，均可以实现三相三线制。

9-4-2 对称三相负载采用星形连接，每相阻抗为$(30+j40)\Omega$，将其接在线电压为380V的三相电源上，求负载所消耗的总功率是多少？

习题

9-1　功率为 2.4kW、功率因数为 0.6 的对称三相电感性负载与线电压为 380V 的供电系统相连，如题图 9-1 所示。(1)求线电流；(2)若负载为星形连接，求各相阻抗 Z_Y；(3)若负载为三角形连接，则各相阻抗 Z_Δ 应为多少？

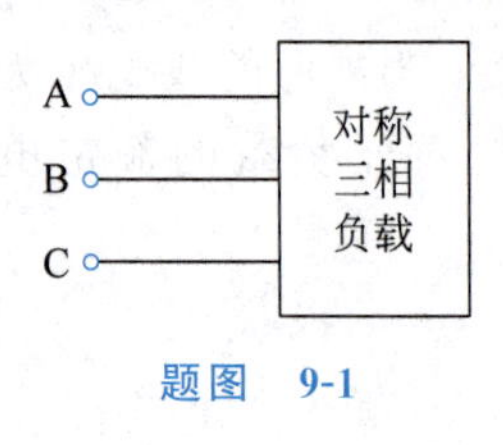

题图　9-1

9-2　在如题图 9-2 所示 380V/220V 的三相四线制供电系统中接有两个对称三相负载和一个单相负载。试问：(1)三个线电流为多大？(2)中性线上有无电流？若有，应为多大？

9-3　如题图 9-3 所示电路，已知 $\dot{U}_A = 220\angle 0°\text{V}$，$\dot{U}_B = 220\angle -120°\text{V}$，$\dot{U}_C = 220\angle 120°\text{V}$，$Z_1 = (0.1 + \text{j}0.17)\Omega$，$Z = (9 + \text{j}6)\Omega$。求负载的相电流 $\dot{I}_{A'B'}$ 和线电流 $\dot{I}_A$。

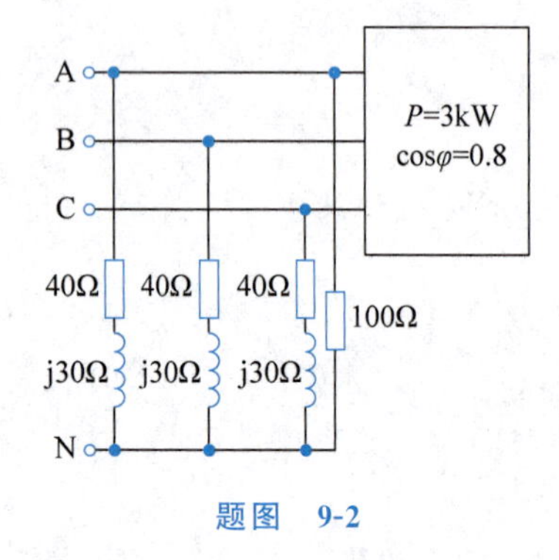

题图　9-2

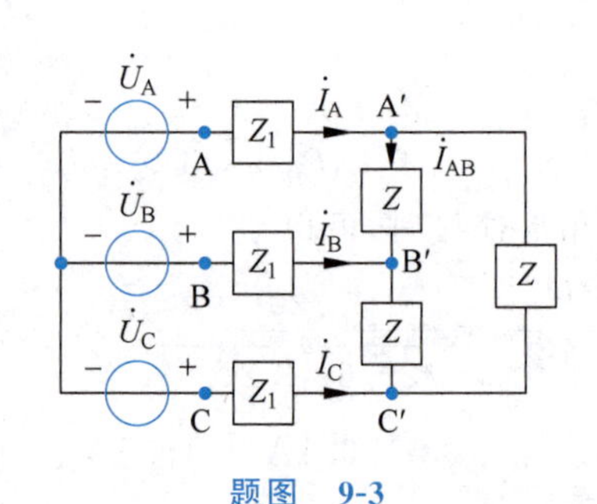

题图　9-3

9-4　某星形连接的三相异步电动机，接入电压为 380V 的电网中。当电动机满载运行时，其额定输出功率为 10kW，效率为 0.9，线电流为 20A；当电动机轻载运行时，其输出功率为 2kW，效率为 0.6，线电流为 10.5A。求在上述两种情况下的功率因数。

9-5　将每相阻抗为(3+j4)Ω 的对称三相负载与线电压为 380V 的对称三相电源进行无中性线的 Y-Y 连接，试解答下列问题：

(1) 若 A 相负载短路，如题图 9-5(a)所示，这时负载各相电压和线电流的有效值应为多少？画出各线电压和相电压的相量图；

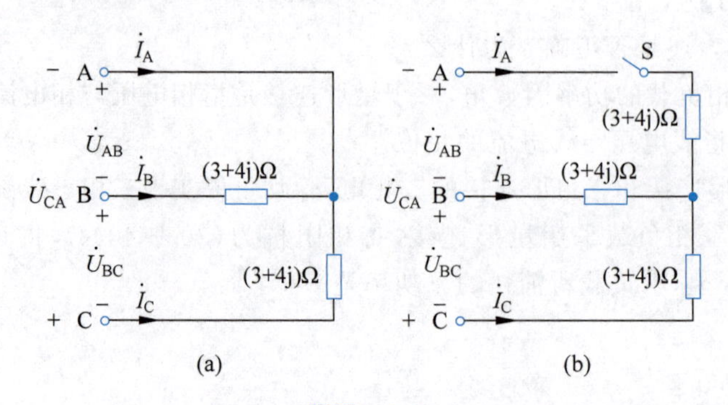

题图　9-5

(2) 若A相负载断开,如题图 9-5(b)所示,这时负载各相电压和各线电流的有效值应为多少?画出各相电压和线电压的相量图。

9-6 如题图 9-6 所示三相电路,已知 $\dot{U}_{AN}=220\angle 0°V$,$\dot{U}_{BN}=220\angle -120°V$,$\dot{U}_{CN}=220\angle 120°V$,$Z_A=(0.1+j0.17)\Omega$,$Z_B=(8+j3)\Omega$,$Z_C=(11+j17)\Omega$,试解答下列问题:

(1) 当开关S闭合时,求负载吸收的总复功率及中性线电流 $\dot{I}_{NN'}$;

(2) 当开关S断开时,求两中性点间的电压 $\dot{U}_{NN'}$ 和各相电压 $\dot{U}_{AN'}$、$\dot{U}_{BN'}$、$\dot{U}_{CN'}$,并画出 $\dot{U}_{AN}$、$\dot{U}_{BN}$、$\dot{U}_{CN}$、$\dot{U}_{NN'}$、$\dot{U}_{AN'}$、$\dot{U}_{BN'}$、$\dot{U}_{CN'}$ 的相量图。

9-7 如题图 9-7 所示电路采用线电压为 380V 的对称三相电源,线电压相量 $\dot{U}_{AB}$、$\dot{U}_{BC}$ 如图所示。求B、C两相所接白炽灯消耗的功率(设白炽灯电阻为线性电阻)。

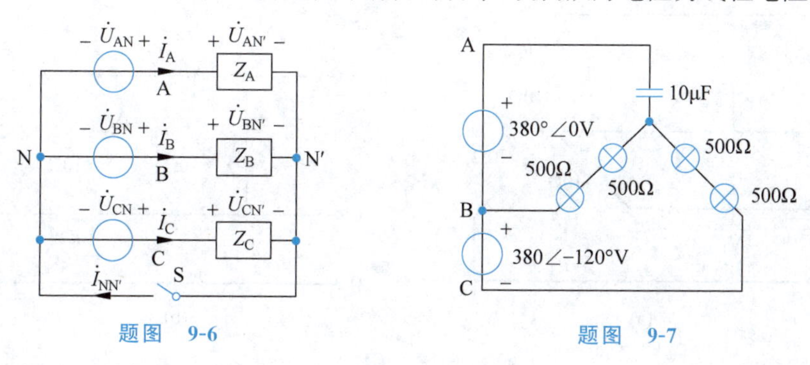

题图 9-6　　题图 9-7

9-8 已知对称三相负载采用三角形连接,若相电流 $\dot{I}_{CA}=5\angle 60°A$,求线电流 $\dot{I}_B$。

9-9 如题图 9-9 所示电路,已知三相对称电源的线电压 $u_{AB}(t)=380\sqrt{2}\sin(\omega t+30°)V$,$Z_1=(1+j2)\Omega$,$Z=(5+j6)\Omega$,求流经负载的各电流相量。(提示: $\arctan\frac{4}{3}=53.1°$)

9-10 如题图 9-10 所示对称三相电路,已知 $Z=(2+j2)\Omega$,$\dot{U}_A=220\angle 0°V$,求每相负载的相电流相量和线电流相量。

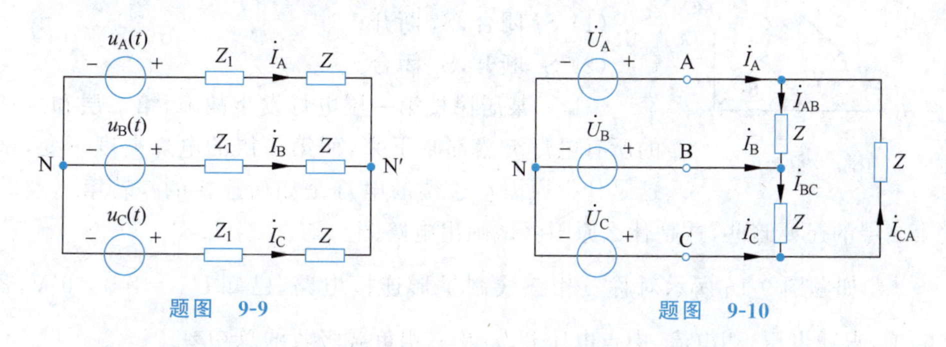

题图 9-9　　题图 9-10

9-11 如题图 9-11 所示对称三相电路,已知电源正相序且 $\dot{U}_{AB}=380\angle 0°V$,每相阻抗 $Z=(3+j4)\Omega$,求各相的电流相量。

9-12 如题图 9-12(a)(b)所示对称三相电路,已知电压表 V1 的读数为 380V,求电

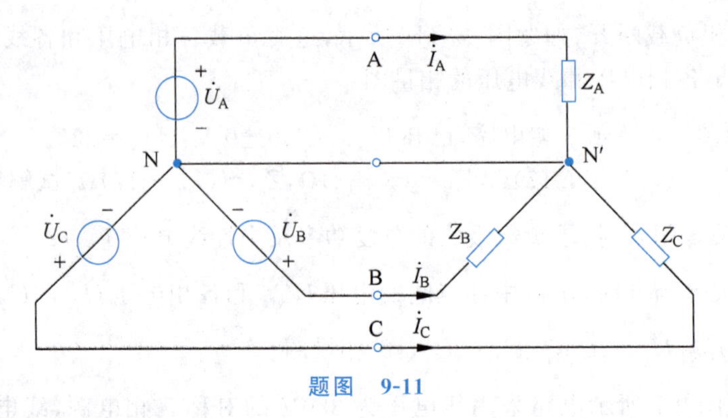

题图 9-11

路中各电压表和电流表的读数。

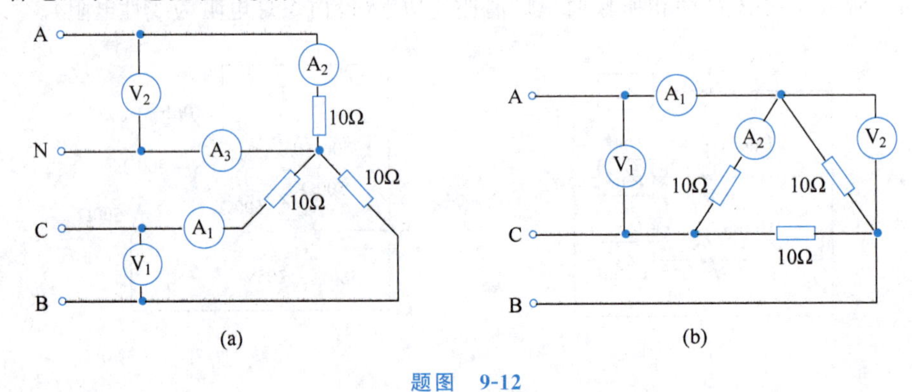

题图 9-12

9-13 线电压为 240V 的对称三相电源为三角形连接的不对称三相负载供电，该负载有两相阻抗同为(6−j24)Ω，另一相阻抗为−j24Ω，求负载吸收的总有功功率和总无功功率。

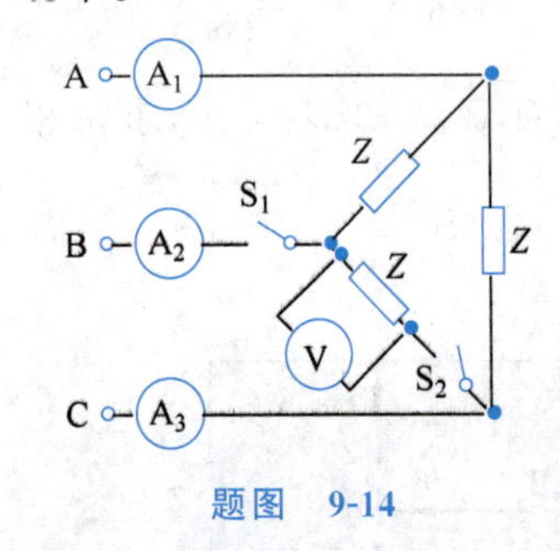

题图 9-14

9-14 如题图 9-14 所示电路，当 S_1、S_2 都闭合时，各电流表的读数均为 5A，电压表的读数为 220V，试问在下列两种情况下，各电表的读数应为多少？

(1) S_1 闭合，S_2 断开；

(2) S_1 断开，S_2 闭合。

9-15 某居民楼第一层电灯发生故障，第二层和第三层的所有电灯突然都暗下来，而第一层的电灯亮度不变，试问这是什么原因？这楼的电灯是如何连接的？若第三层的电灯比第二层的还要暗些，这是什么原因？试画出电路图。

9-16 如题图 9-16 所示对称三相三线制星形连接电路，已知 $\dot{U}_A=100\angle 0°\text{V}$，$Z=50\angle 60°\Omega$，求线电压、相电流、中点电压 $\dot{U}_{NN'}$ 及三相负载吸收的总功率。

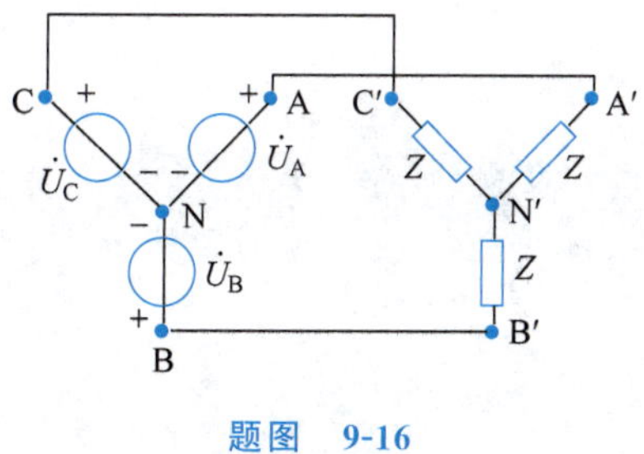

题图 9-16

9-17 如题图 9-17 所示三相不对称负载星形连接电路，已知对称三相电源 $\dot{U}_A=300\angle0°\text{V}$，$Z_A=10\Omega$，$Z_B=-\text{j}10\Omega$，$Z_C=10\Omega$，求各相的电流和中线电流。

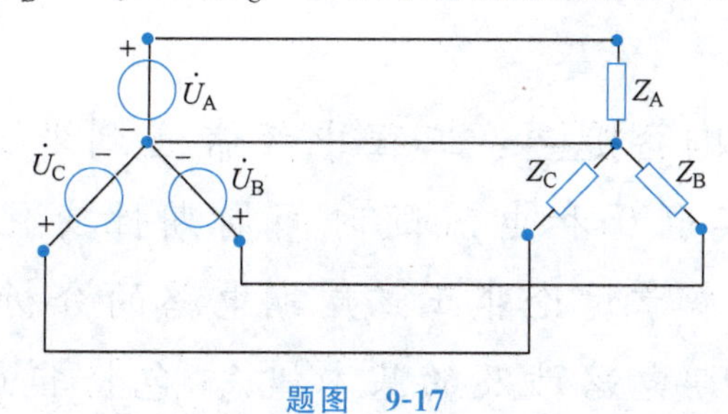

题图 9-17

第10章 非正弦周期电流电路的分析

内容提要：工程中经常遇到非正弦周期电流电路，其电压和电流随时间周期性变化，但并非正弦信号。本章讨论非正弦周期电路的分析方法；介绍非正弦周期电路涉及的基本概念，包括非正弦周期信号、谐波、有效值、平均功率、信号频谱等；在介绍非正弦周期信号分解方法的基础上，将讨论非正弦周期电流电路的谐波分析法，谐波分析法综合应用了线性叠加定理和前面章节所学的各种电路分析方法。

重点：傅里叶级数展开式的计算；非正弦周期信号的有效值、平均值和平均功率的计算方法；非正弦周期电流电路的分析方法——谐波分析法。

难点：傅里叶级数中系数的确定；不同谐波作用下的阻抗计算；非正弦周期电流电路的谐波分析方法。

10.1 非正弦周期信号

在生产实践中，除了会遇到前面讨论的正弦信号外，还会遇到非正弦信号。非正弦信号又可分为周期和非周期两种。当电路中激励和响应随时间按周期规律变化时，这种电路称为非正弦周期电路。在电力电子、自动控制、计算机等领域会大量用到非正弦周期的电压和电流信号。

产生非正弦周期量的原因有很多，如发电机由于内部结构的原因很难保证电压是理想的正弦波。严格来讲，它是一种非正弦的周期性电压。当电路中存在非线性元件(如整流元件或铁芯线圈)时，即使激励是正弦信号，其响应也是非正弦的。例如由晶体二极管构成的半波或全波整流电路，其输入是正弦信号，而输出是非正弦周期信号。在几个不同频率正弦电源的作用下，线性电路的响应也是非正弦的周期量。

非正弦周期信号具有以下特点：一是波形为非正弦波；二是按周期规律变化，即满足：$f(t)=f(t+kT)$，$k=0,1,2,\cdots$，其中 T 为周期。图 10-1-1 为一些典型的非正弦周期信号波形。

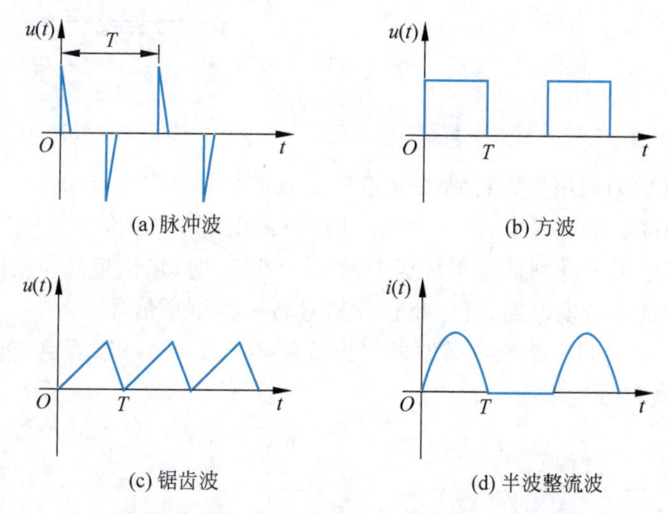

图 10-1-1 一些典型的非正弦周期信号

概括地讲，非正弦周期电流电路为线性电路在非正弦周期电源或直流电源与不同频率正弦电源的作用下达到稳态时的电路。

本章主要讨论在非正弦周期电流、电压信号的作用下，线性电路的稳态分析和计算方法。采用的方法为谐波分析法，其实质是通过利用傅里叶级数展开的方法，将非正弦周期信号分解为一系列不同频率的正弦量之和；再根据线性电路的叠加定理，分别计算在各个正弦量单独作用下电路中产生的同频率正弦电流分量和电压分量；最后，把所得分量按时域形式叠加得到电路在非正弦周期激励下的稳态电流和电压。

【后续知识串联】

◇ 产生矩形脉冲信号的施密特触发电路

本节介绍了非正弦信号，在后期“数字电子技术”课程中会学习用于产生非正弦信号的施密特触发电路[1]，其典型电路如图 10-1-2 所示。施密特触发电路是脉冲波形变换中经常使用的一种电路，它可以将信号整形成较为理想的矩形脉冲。

图 10-1-2 所示的施密特触发电路的电压传输特性如图 10-1-3 所示。它的输出电压 v_o 只有两个值，在输入信号 v_i 从低电压上升到高电压过程中，输出电压 v_o 的数值由低电压跃变到高电压时对应的输入信号 $v_i=V_{T+}$；在输入信号 v_i 从高电压下降到低电压过程中，输出电压数值由高电压跃变到低电压时对应的输入信号 $v_i'=V_{T-}$，以上两数值不同。并且由于电路在 v_o 数值变化时有正反馈，因此 v_o 数值变化极为迅速，所得的输出电压波形的边沿很陡峭。利用施密特触发电路的这些特性可以将边沿变化缓慢的信号波形整形为边沿陡峭的矩形波，并且能够很好地消除噪声。

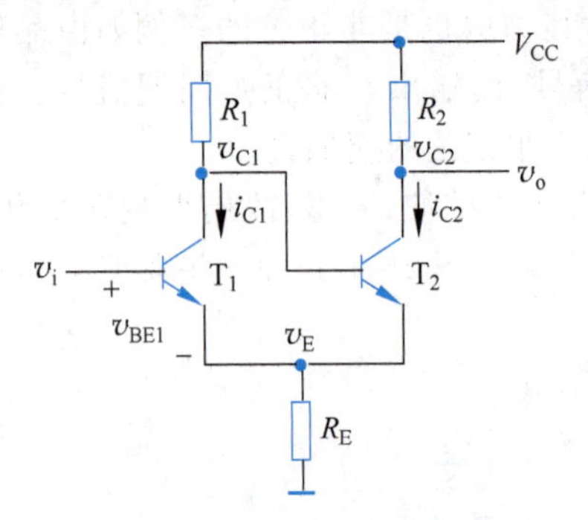

图 10-1-2　施密特触发电路

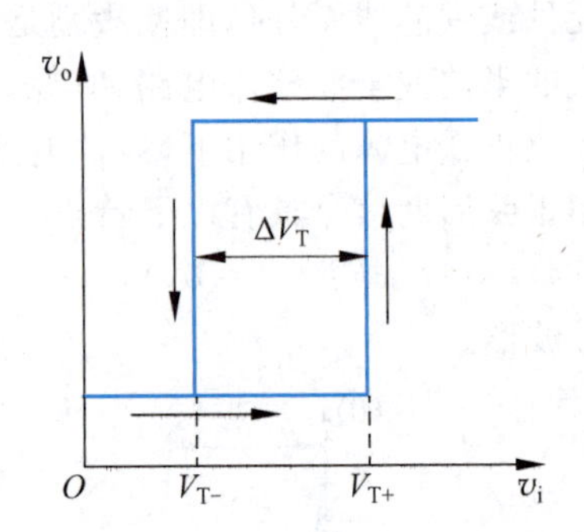

图 10-1-3　电路的电压传输特性

图 10-1-4 所示为利用施密特触发电路将正弦波转换为矩形波的例子。在正弦信号由低电平上升到高电平过程中，当 $v_i=V_{T+}$ 时，输出电压 v_o 由高电平跃变到低电平；在正弦波信号由高电平下降到低电平过程中，当 $v_i=V_{T-}$ 时，输出电压 v_o 由低电平跃变到高电平。借助施密特触发电路，可以将正弦信号转换为矩形信号。

图 10-1-5 所示为利用施密特触发电路消除噪声的例子，可以看到，通过采用施密特触发电路，噪声被很好地去除了。

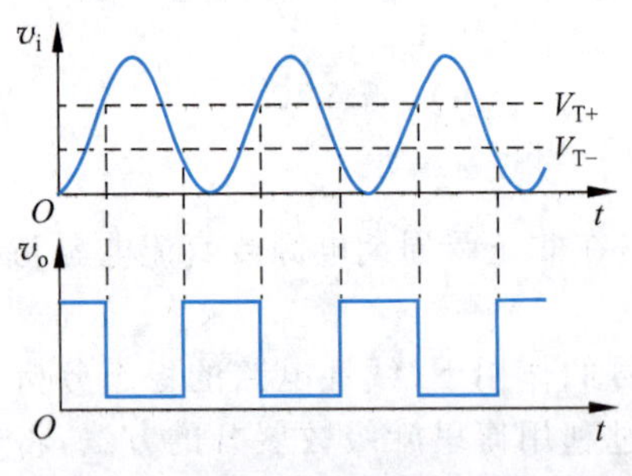

图 10-1-4　利用施密特触发器将正弦波转换为矩形波的示意图

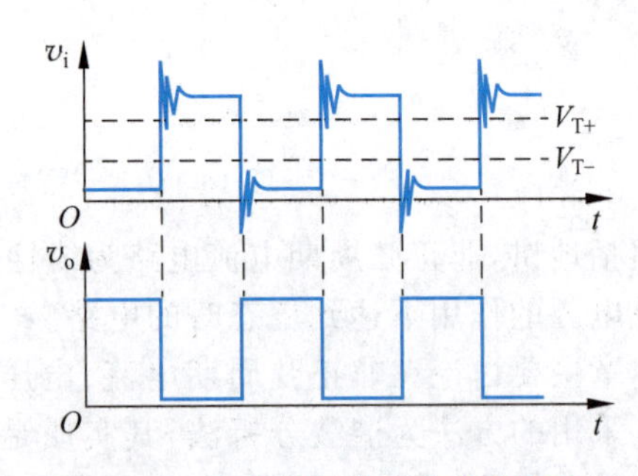

图 10-1-5　施密特触发电路消除噪声的示意图

① 阎石. 数字电子技术基础[M]. 6 版. 北京：高等教育出版社，2016：350-356.

【思考与练习】

10-1-1　产生非正弦周期量的原因是什么？

10-1-2　非正弦周期信号具有哪些特点？常见的非正弦周期信号有哪些？

10.2　非正弦周期信号的分解

如果给定的周期函数 $f(t)$ 满足狄里赫利条件(Dirichlet Condition)：

(1) 函数 $f(t)$ 在一个周期内绝对可积，即对于任意时刻 t_0，积分 $\int_{t_0}^{t_0+T}|f(t)|\mathrm{d}t$ 存在。

(2) 函数 $f(t)$ 在一个周期内连续或只有有限个间断点。

(3) 函数 $f(t)$ 在一个周期内只有有限个极大值和极小值。

则函数 $f(t)$ 可以展开为傅里叶级数，即

$$f(t)=\frac{a_0}{2}+\sum_{n=1}^{\infty}[a_n\cos(n\omega t)+b_n\sin(n\omega t)] \tag{10-2-1}$$

式中，$\omega=2\pi/T$，T 为 $f(t)$ 的周期，a_0、a_n、b_n 称为傅里叶系数，其计算公式如下：

$$a_0=\frac{2}{T}\int_{t_0}^{t_0+T}f(t)\mathrm{d}t \tag{10-2-2}$$

$$a_n=\frac{2}{T}\int_{t_0}^{t_0+T}f(t)\cos(n\omega t)\mathrm{d}t \tag{10-2-3}$$

$$b_n=\frac{2}{T}\int_{t_0}^{t_0+T}f(t)\sin(n\omega t)\mathrm{d}t \tag{10-2-4}$$

为了计算方便，通常将以上三式中的积分区间取为$[0,T]$或$[-0.5T,0.5T]$。

将式(10-2-1)中相同频率的正弦项和余弦项合并为一个正弦函数，即

$$a_n\cos(n\omega t)+b_n\sin(n\omega t)=A_n\sin(n\omega t+\theta_n) \tag{10-2-5}$$

式中

$$A_n=\sqrt{a_n^2+b_n^2},\quad \theta_n=\arctan\frac{a_n}{b_n} \tag{10-2-6}$$

此外，令

$$A_0=a_0$$

则函数 $f(t)$ 的傅里叶级数展开式又可表示为

$$f(t)=\frac{A_0}{2}+\sum_{n=1}^{\infty}A_n\sin(n\omega t+\theta_n) \tag{10-2-7}$$

同理，若将式(10-2-1)中相同频率的正弦项和余弦项合并为一个余弦函数，则

$$f(t)=\frac{A_0}{2}+\sum_{n=1}^{\infty}A_n\cos(n\omega t+\varphi_n) \tag{10-2-8}$$

式中，$\varphi_n=\theta_n-90°$，即 $\varphi_n=\arctan\dfrac{-b_n}{a_n}$。

式(10-2-7)表明,周期函数 $f(t)$可以表示为常数项$\frac{A_0}{2}$与很多不同频率的简谐分量之和。其中,$\frac{A_0}{2}$为周期函数 $f(t)$的恒定分量,也称为直流分量,它是函数 $f(t)$在一个周期内的平均值[参见式(10-2-2)]。与原周期函数周期相同的简谐分量 $A_1\sin(\omega t+\theta_1)$称为 $f(t)$的一次谐波或基波分量。其余的任意一个简谐分量 $A_n\sin(n\omega t+\theta_n)(n>1)$,其角频率 $n\omega$ 为基波角频率的 n 倍,称为 $f(t)$的 n 次谐波,而 A_n 为 n 次谐波的幅值,θ_n 为 n 次谐波的初相角。二次或二次以上的谐波可统称为高次谐波。将周期函数分解为傅里叶级数的方法是谐波分析的一种通用方法。

式(10-2-1)给出了周期信号傅里叶级数展开式的一般形式。若周期信号的波形具有某种对称性,则式(10-2-1)中的某些谐波成分可能为零,其傅里叶级数展开式将得到不同程度的简化。

下面介绍波形的对称性与谐波成分之间的关系。

(1) 奇函数:波形对称于原点的函数,即函数满足

$$f(t)=-f(t)$$

图 10-2-1 中的锯齿波的波形对称于原点,是奇函数。奇函数的傅里叶级数展开式可表示为

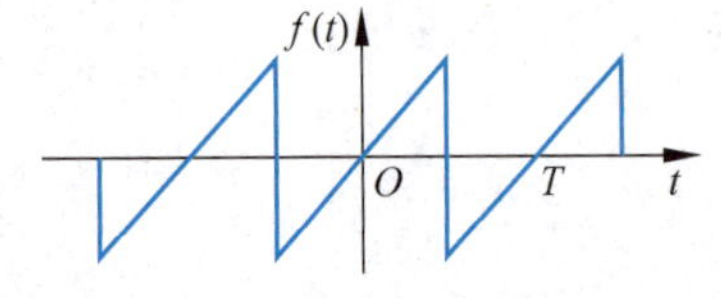

图 10-2-1 奇函数的波形示例

$$f(t)=\sum_{n=1}^{\infty}b_n\sin(n\omega t)$$

即奇函数的傅里叶级数展开式中只含有正弦项(属于奇函数类型的谐波分量),其谐波分量的系数为

$$a_0=0,\quad a_n=0$$

$$b_n=\frac{2}{T}\int_{t_0}^{t_0+T}f(t)\sin(n\omega t)\mathrm{d}t=\frac{4}{T}\int_0^{T/2}f(t)\sin(n\omega t)\mathrm{d}t,\quad n=1,2,3,\cdots$$

(2) 偶函数:波形对称于纵轴的函数,即函数满足

$$f(t)=f(-t)$$

图 10-2-2 中的矩形波的波形对称于纵轴,是偶函数。偶函数的傅里叶级数展开式可表示为

$$f(t)=\frac{a_0}{2}+\sum_{n=1}^{\infty}a_n\cos(n\omega t)$$

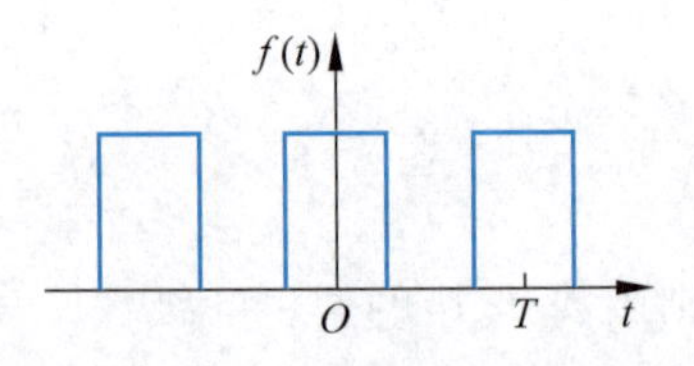

图 10-2-2 偶函数的波形示例

即偶函数的傅里叶级数展开式中不含正弦项,而含有恒定分量和余弦项(属于偶函数类型的谐波分量),其谐波分量的系数

$$b_n=0$$

$$a_n=\frac{2}{T}\int_{t_0}^{t_0+T}f(t)\cos(n\omega t)\mathrm{d}t=\frac{4}{T}\int_0^{T/2}f(t)\cos(n\omega t)\mathrm{d}t,\quad n=1,2,3,\cdots$$

(3) 奇谐函数:将前半个周期的波形向后移半个周期,则前、后半个周期的波形与横

轴对称(即沿横轴对折,前后半个周期的波形重合),具有这种波形的函数称为奇谐函数,又称为半波对称函数。其满足

$$f(t)=-f\left(t\pm\frac{T}{2}\right)$$

图10-2-3中的函数为奇谐函数。奇谐函数的傅里叶级数展开式可表示为

$$f(t)=\sum_{n=1}^{\infty}[a_n\cos(n\omega t)+b_n\sin(n\omega t)],\quad n=1,3,5,\cdots$$

即奇谐函数的傅里叶级数展开式中只含有奇次谐波,而不包含恒定分量和偶次谐波,这也是奇谐函数命名的依据。奇谐函数的特性也可称为奇次对称性。奇谐函数谐波分量的系数

$$a_n=\frac{2}{T}\int_{t_0}^{t_0+T}f(t)\cos(n\omega t)\mathrm{d}t$$

$$=\frac{4}{T}\int_{0}^{T/2}f(t)\cos(n\omega t)\mathrm{d}t,\quad n=1,3,5,\cdots$$

$$b_n=\frac{2}{T}\int_{t_0}^{t_0+T}f(t)\sin(n\omega t)\mathrm{d}t$$

$$=\frac{4}{T}\int_{0}^{T/2}f(t)\sin(n\omega t)\mathrm{d}t,\quad n=1,3,5,\cdots$$

$$a_n=0,\quad n=2,4,6,\cdots$$

$$b_n=0,\quad n=2,4,6,\cdots$$

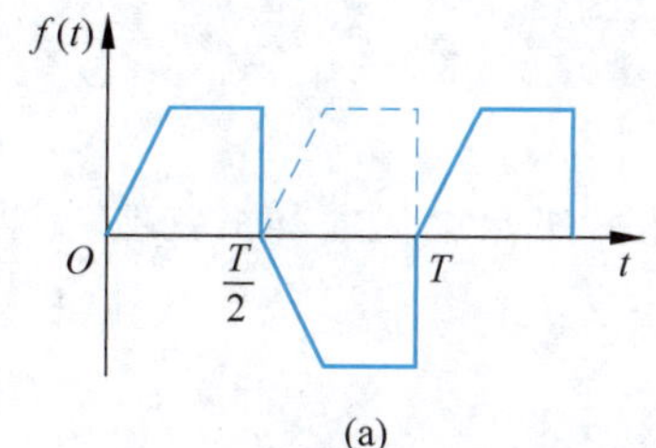

(a)

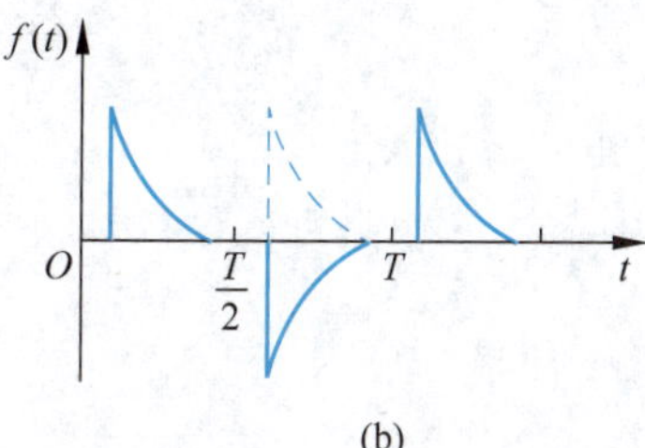

(b)

图10-2-3 奇谐函数的波形示例

注意:一个函数是奇函数还是偶函数,不仅与它的波形有关,还与计时起点的选择有关;而一个函数是否是奇谐函数,只与波形本身的形状有关,与计时起点的选择无关。在分析非正弦周期信号的谐波成分时,应巧妙地选择计时起点,使波形具有多重对称性,减少谐波成分,简化展开式。另外,在一个周期内平均值为零的波形,其傅里叶级数展开式中不含恒定分量。

对于那些对称性并不明显的波形,如某些锯齿波,可以先进行一些处理(如移动横轴或纵轴),使其具有某种对称性,以便简化分析。

归纳如下:

工程中的一些非正弦周期信号常具有某种对称性,在对其进行傅里叶级数展开时,

可先根据波形的对称性,直观地判断出某些谐波分量是否存在,从而简化傅里叶级数展开的计算过程。具体可参考以下几种情况:

(1) 周期函数的波形在横轴上、下部分包围的面积相等,此时,函数的平均值等于零,即无恒定分量。

(2) 周期函数为奇函数,其傅里叶级数中只含有正弦项,不含恒定分量和余弦项。

(3) 周期函数为偶函数,其傅里叶级数中不含正弦项,只含有恒定分量和余弦项。

(4) 周期函数为奇谐函数,其傅里叶级数中不含恒定分量和偶次谐波,只含奇次谐波。

因此,利用信号波形的对称性可以判断非正弦周期函数所含有的频率分量。例如,对于图 10-2-4 中几种周期函数的波形,由波形的对称性可知,图 10-2-4(a)为偶函数,同时也是奇谐函数,所以其只含基波和奇次谐波的余弦分量;图 10-2-4(b)为奇函数,同时也是奇谐函数,所以其只含基波和奇次谐波的正弦分量。

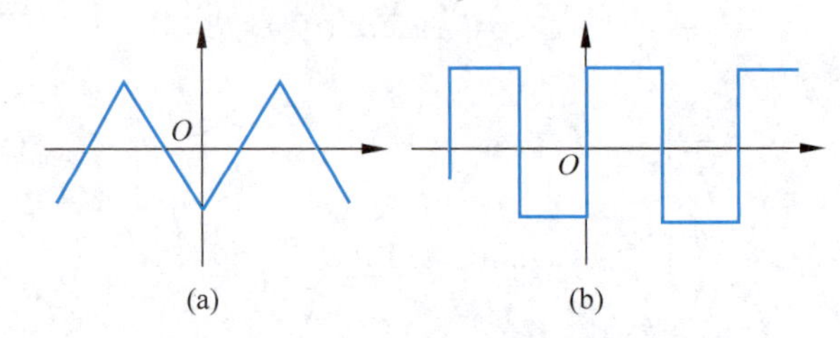

图 10-2-4　几种周期函数的波形

【例 10-2-1】 设 $f(x)$是以 2π 为周期的函数,它在$[-\pi,\pi)$上的表示式为

$$f(x)=x,\quad -\pi\leqslant x<\pi$$

求 $f(x)$的傅里叶级数展开式。

解:因为函数 $f(x)$是奇函数,所以它的傅里叶级数中只含有正弦项,不含恒定分量和余弦项。

由计算可得

$$a_0=0,\quad a_n=0,\quad n=1,2,3,\cdots$$

$$b_n=\frac{2}{\pi}\int_0^{\pi}x\sin nx\,\mathrm{d}x=\frac{2}{\pi}\left[-\frac{x}{n}\cos nx+\frac{1}{n^2}\sin nx\right]\Bigg|_0^{\pi}$$

$$=-\frac{2}{n}\cos n\pi=(-1)^{n+1}\frac{2}{n},\quad n=1,2,3,\cdots$$

根据收敛定理,得 $f(x)$的傅里叶级数展开式为

$$f(x)=2\left(\sin x-\frac{1}{2}\sin 2x+\frac{1}{3}\sin 3x-\cdots+\frac{(-1)^{n+1}}{n}\sin nx+\cdots\right)$$

$$-\infty<x<+\infty,\quad x\neq(2k-1)\pi,\quad k\in\mathbf{Z}$$

【例 10-2-2】 已知函数 $u(t)=|E\sin t|$,其中 E 是正常数,其波形如例图 10-2-2 所示,求 $u(t)$的傅里叶级数展开式。

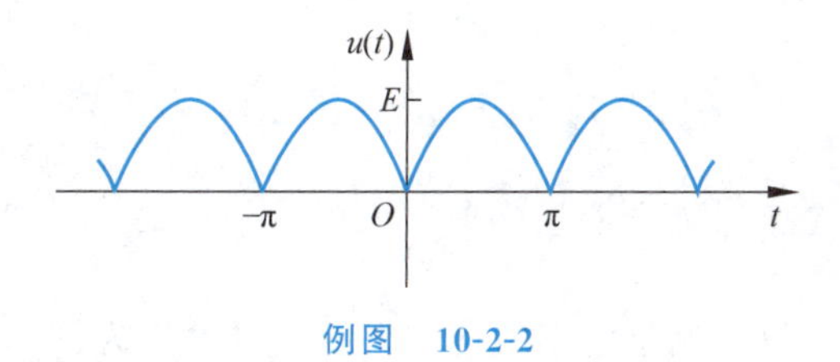

例图 10-2-2

解：因为函数 $u(t)$ 满足收敛定理的条件，而且在整个数轴上连续，所以它的傅里叶级数处处收敛到函数 $u(t)$。

因为函数 $u(t)$ 是偶函数，所以其傅里叶级数中不含正弦项。

由计算可得

$$b_n = 0,\quad n = 1,2,3,\cdots$$

$$a_0 = \frac{2}{\pi}\int_0^{\pi} u(t)\mathrm{d}t = \frac{2}{\pi}\int_0^{\pi} E\sin t\,\mathrm{d}t = \frac{4E}{\pi}$$

$$\begin{aligned}a_n &= \frac{2}{\pi}\int_0^{\pi} u(t)\cos nt\,\mathrm{d}t = \frac{2}{\pi}\int_0^{\pi} E\sin t\cos nt\,\mathrm{d}t\\ &= \frac{E}{\pi}\int_0^{\pi}[\sin(n+1)t - \sin(n-1)t]\mathrm{d}t\\ &= \frac{E}{\pi}\left[-\frac{\cos(n+1)t}{n+1} + \frac{\cos(n-1)t}{n-1}\right]\Bigg|_0^{\pi}\\ &= \frac{E}{\pi}\left[\frac{1-\cos(n+1)\pi}{n+1} + \frac{\cos(n-1)\pi - 1}{n-1}\right]\\ &= \begin{cases} 0, & n\text{ 为奇数}(n\neq 1)\\ -\dfrac{4E}{(n^2-1)\pi}, & n\text{ 为偶数}\end{cases}\end{aligned}$$

在上述 a_n 的计算中，$n\neq 1$，所以 a_1 要另外计算：

$$a_1 = \frac{2}{\pi}\int_0^{\pi} u(t)\cos t\,\mathrm{d}t = \frac{2}{\pi}\int_0^{\pi} E\sin t\cos t\,\mathrm{d}t = 0$$

由此可得，$u(t)$ 的傅里叶级数展开式为

$$\begin{aligned}u(t) &= \frac{4E}{\pi}\left(\frac{1}{2} - \frac{1}{2^2-1}\cos 2t - \frac{1}{4^2-1}\cos 4t - \cdots - \frac{1}{4m^2-1}\cos 2mt - \cdots\right)\\ &= \frac{4E}{\pi}\left(\frac{1}{2} - \frac{1}{1\times 3}\cos 2t - \frac{1}{3\times 5}\cos 4t - \cdots - \frac{1}{(2m-1)\times(2m+1)}\cos 2mt - \cdots\right),\\ &\quad -\infty < t < +\infty\end{aligned}$$

【思考与练习】

10-2-1 如何根据非正弦周期信号的对称性，判断其谐波分量的构成？

10-2-2 设 $f(x)$ 是以 π 为周期的函数，其在 $[-\pi/2,\pi/2)$ 的表达式为 $f(x)=2x$，$-\pi/2\leqslant x<\pi/2$，求 $f(x)$ 的傅里叶级数展开式。

10.3 非正弦周期函数的有效值、平均值和平均功率

10.3.1 有效值

周期电压、电流的有效值就是它们的均方根值。以电流为例，周期电流的有效值

$$I=\sqrt{\frac{1}{T}\int_0^T i^2(t)\mathrm{d}t} \tag{10-3-1}$$

任意周期函数均可展开为傅里叶级数，设周期电流可展开为如下形式：

$$i(t)=I_0+\sum_{n=1}^{\infty}I_{nm}\sin(n\omega t+\theta_n) \tag{10-3-2}$$

将式(10-3-2)代入有效值的定义式(10-3-1)，得

$$I=\sqrt{\frac{1}{T}\int_0^T\left[I_0+\sum_{n=1}^{\infty}I_{nm}\sin(n\omega t+\theta_n)\right]^2\mathrm{d}t}$$

积分号内的平方式展开有以下几种情况：

$$\frac{1}{T}\int_0^T I_0^2\mathrm{d}t=I_0^2$$

$$\frac{1}{T}\int_0^T I_{nm}^2\sin^2(n\omega t+\theta_n)\mathrm{d}t=\frac{I_{nm}^2}{2}$$

$$\frac{1}{T}\int_0^T 2I_0I_{nm}\sin(n\omega t+\theta_n)\mathrm{d}t=0$$

$$\frac{1}{T}\int_0^T 2I_{nm}I_{pm}\sin(n\omega t+\theta_n)\sin(p\omega t+\theta_p)\mathrm{d}t=0,\quad p\neq n$$

因此，周期电流 $i(t)$ 的有效值

$$I=\sqrt{I_0^2+\sum_{n=1}^{\infty}\frac{I_{nm}^2}{2}}=\sqrt{I_0^2+I_1^2+I_2^2+I_3^2+\cdots}=\sqrt{I_0^2+\sum_{n=1}^{\infty}I_n^2} \tag{10-3-3}$$

式中，$I_n=\dfrac{I_{nm}}{\sqrt{2}}$为 n 次谐波分量的有效值。

同理，任意非正弦周期电压 $u(t)$ 的有效值

$$U=\sqrt{U_0^2+\sum_{n=1}^{\infty}\frac{U_{nm}^2}{2}}=\sqrt{U_0^2+U_1^2+U_2^2+U_3^2+\cdots}=\sqrt{U_0^2+\sum_{n=1}^{\infty}U_n^2} \tag{10-3-4}$$

式中，$U_n=\dfrac{U_{nm}}{\sqrt{2}}$为 n 次谐波分量的有效值。

式(10-3-3)和式(10-3-4)表明，非正弦周期电流或电压的有效值等于其直流分量和各次谐波分量有效值平方之和的平方根。由此可以发现，在正弦电路中，正弦量的最大值与有效值之间存在$\sqrt{2}$倍的关系，而对于非正弦周期信号，其最大值与有效值之间不再具有这种简单的关系。

【例 10-3-1】 已知周期电流 $i(t)=1+5\sin(\omega t+16°)+10\sin(2\omega t+29°)+20\sin(3\omega t+39°)$mA，求其有效值。

解：由题目可知，周期电流的直流分量和各次谐波的幅值分别为

$$I_0=1\text{mA},\quad I_{1\text{m}}=5\text{mA},\quad I_{2\text{m}}=10\text{mA},\quad I_{3\text{m}}=20\text{mA}$$

根据周期电流有效值的计算公式可得

$$\begin{aligned}I&=\sqrt{I_0^2+\sum_{n=1}^{\infty}\frac{I_{n\text{m}}^2}{2}}=\sqrt{1^2+\frac{1}{2}\times5^2+\frac{1}{2}\times10^2+\frac{1}{2}\times20^2}\ \text{mA}\\&=\sqrt{1^2+\frac{1}{2}\times(25+100+400)}\ \text{mA}\\&\approx16.23\text{mA}\end{aligned}$$

另外，也可根据 $i(t)$ 的时间函数式直接按均方根值计算电流的有效值，即将本题目中的 $i(t)$ 直接代入公式 $I=\sqrt{\frac{1}{T}\int_0^T i^2(t)\,\mathrm{d}t}$ 求解即可。

10.3.2 平均值

周期量在一个周期内的平均值是直流分量，而在电工实践中经常遇到上下半周期对称的波形，如正弦波、余弦波、奇谐波等，这些波形在横轴上、下的面积相等，其平均值为零。为了进一步表示该类波形的特性，通常将周期函数的平均值定义为其取绝对值之后的平均值(有时也称为平均绝对值或均绝值)。以电流为例，其定义为

$$I_{\text{avg}}=\frac{1}{T}\int_0^T|i(t)|\,\mathrm{d}t \tag{10-3-5}$$

式中，取绝对值是将负值部分取反，即“全波整流”。此定义式的实质就是“全波整流”后的平均值。

【例 10-3-2】 计算正弦电流 $i(t)=I_\text{m}\sin\omega t$ 的有效值和平均值，并求其有效值与平均值之比。

解：由正弦电流的函数形式可知，其有效值

$$I=\frac{I_\text{m}}{\sqrt{2}}$$

根据式(10-3-5)计算其平均值

$$I_{\text{avg}}=\frac{1}{T}\int_0^T|I_\text{m}\sin\omega t|\,\mathrm{d}t=\frac{2}{T}\int_0^{T/2}I_\text{m}\sin\omega t\,\mathrm{d}t=\frac{2I_\text{m}}{T}\left(-\frac{1}{\omega}\right)\cos\omega t\Big|_0^{T/2}=\frac{2I_\text{m}}{\pi}$$

其有效值与平均值之比为

$$\frac{I}{I_{\text{avg}}}=\frac{I_\text{m}}{\sqrt{2}}\Big/\frac{\pi}{2I_\text{m}}=\frac{\pi}{2\sqrt{2}}\approx1.11$$

当使用不同类型的电工仪表(如磁电式、电磁式、电动式、整流式等)测量同一个非正弦周期电流或电压时，会得出不同的结果。例如，用磁电式仪表(直流仪表)测量时，所得的结果将是电流的恒定分量(直流分量)；用电磁式或电动式仪表测量时，所得的结果是

电流的有效值；用全波整流式仪表测量时，所得的结果是平均值。由此可见，在测量非正弦周期电流或电压时，要注意不同类型仪表的原理、结构以及仪表盘刻度的含义，以便选择合适的测量仪表。

10.3.3 平均功率

设二端网络输入端口的周期电压及周期电流分别为 $u(t)$ 和 $i(t)$，二者的参考方向一致，则此二端网络吸收的瞬时功率和平均功率分别为

$$p(t)=u(t)i(t) \tag{10-3-6}$$

$$P=\frac{1}{T}\int_0^T p(t)\mathrm{d}t=\frac{1}{T}\int_0^T u(t)i(t)\mathrm{d}t \tag{10-3-7}$$

若周期电压与电流均可展开为傅里叶级数，即

$$u(t)=U_0+\sum_{n=1}^{\infty}U_{nm}\sin(n\omega t+\alpha_n) \tag{10-3-8}$$

$$i(t)=I_0+\sum_{n=1}^{\infty}I_{nm}\sin(n\omega t+\beta_n) \tag{10-3-9}$$

将式(10-3-8)和式(10-3-9)代入平均功率的定义式(10-3-7)，可得

$$P=\frac{1}{T}\int_0^T\left\{\left[U_0+\sum_{n=1}^{\infty}U_{nm}\sin(n\omega t+\alpha_n)\right]\cdot\left[I_0+\sum_{n=1}^{\infty}I_{nm}\sin(n\omega t+\beta_n)\right]\right\}\mathrm{d}t \tag{10-3-10}$$

积分号内的乘积式展开有以下几种情况：

$$\frac{1}{T}\int_0^T U_0I_0\mathrm{d}t=U_0I_0$$

$$\frac{1}{T}\int_0^T U_0I_{nm}\sin(n\omega t+\beta_n)\mathrm{d}t=0$$

$$\frac{1}{T}\int_0^T I_0U_{nm}\sin(n\omega t+\alpha_n)\mathrm{d}t=0$$

$$\frac{1}{T}\int_0^T U_{nm}I_{pm}\sin(n\omega t+\alpha_n)\sin(p\omega t+\beta_n)\mathrm{d}t=0,\quad p\neq n$$

$$\begin{aligned}\frac{1}{T}\int_0^T U_{nm}I_{nm}\sin(n\omega t+\alpha_n)\sin(p\omega t+\beta_n)\mathrm{d}t&=\frac{1}{2}U_{nm}I_{nm}\cos(\alpha_n-\beta_n)\\&=U_nI_n\cos\varphi_n\end{aligned}$$

式中，U_n、I_n 分别为 n 次谐波电压和电流的有效值，$\varphi_n=\alpha_n-\beta_n$ 为 n 次谐波电压超前于 n 次谐波电流的相角。

因此，二端网络吸收的平均功率

$$P=U_0I_0+\sum_{n=1}^{\infty}U_nI_n\cos\varphi_n=P_0+\sum_{n=1}^{\infty}P_n \tag{10-3-11}$$

式中，$P_0=U_0I_0$ 为由电压、电流的直流分量计算得到的平均功率，$P_n=U_nI_n\cos\varphi_n$ 为由第 n 次谐波的电压、电流计算得到的平均功率。

以上分析表明，不同频率的电压与电流只构成瞬时功率，不能构成平均功率(其平均

功率总为零)，只有同频率的电压与电流才能构成平均功率。电路的平均功率等于直流分量和各次谐波分量各自产生的平均功率之和，即平均功率守恒。

若某电阻中流过的非正弦周期电流的有效值为 I，则该电阻吸收的平均功率为

$$P=P_0+\sum_{k=1}^{\infty}P_k=RI_0^2+\sum_{k=1}^{\infty}RI_k^2=RI^2$$

【例 10-3-3】 如例图 10-3-3 所示，已知该电路的端口电压 $u(t)$ 和电流 $i(t)$ 均为非正弦周期量，其表达式为

$$u(t)=10+100\sin\omega t+40\sin(2\omega t+30^\circ)\text{V}$$

$$i(t)=2+4\sin(\omega t+60^\circ)+2\sin(3\omega t+45^\circ)\text{A}$$

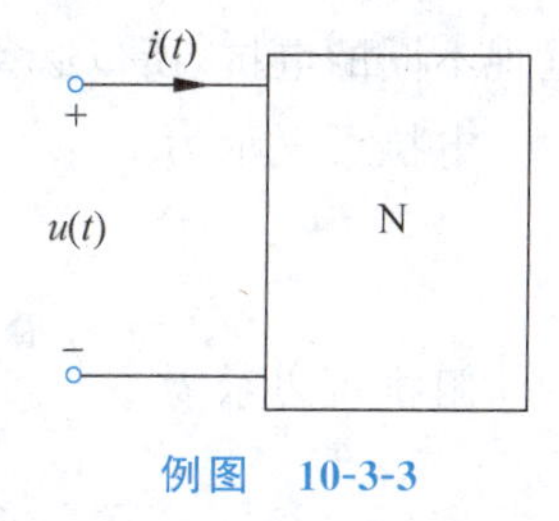

例图 10-3-3

求此二端网络吸收的平均功率 P。

解：二端网络吸收的平均功率

$$P=U_0I_0+\sum_{n=1}^{\infty}U_nI_n\cos\varphi_n=P_0+\sum_{n=1}^{\infty}P_n$$

$$=10\times2+\frac{100\times4}{2}\cos(0^\circ-60^\circ)\text{W}=120\text{W}$$

另外，非正弦周期电流电路的功率因数 λ 仍定义为平均功率 P 与视在功率 UI 之比，即

$$\lambda=\frac{P}{UI}$$

例 10-3-3 中，周期电压和周期电流的有效值分别为

$$U=\sqrt{U_0^2+\sum_{n=1}^{\infty}\frac{U_{nm}^2}{2}}=\sqrt{10^2+\frac{100^2}{2}+\frac{40^2}{2}}\text{V}\approx76.81\text{V}$$

$$I=\sqrt{I_0^2+\sum_{n=1}^{\infty}\frac{I_{nm}^2}{2}}=\sqrt{2^2+\frac{4^2}{2}+\frac{2^2}{2}}\text{A}\approx3.74\text{A}$$

则电路的功率因数

$$\lambda=\cos\varphi=\frac{P}{UI}=\frac{120}{76.81\times3.74}\approx0.42$$

【思考与练习】

10-3-1 不同频率的电压与电流是否可以产生平均功率，其值如何计算？

10-3-2 已知周期电流 $i(t)=1+\sin(\omega t+15^\circ)+10\sin(3\omega t+19^\circ)\text{mA}$，求其有效值。

10-3-3 计算正弦电压 $u(t)=2\sqrt{2}\sin3\omega t\,\text{V}$ 的平均值和有效值。

10-3-4 已知二端网络的端口电压 $u(t)=1+20\sin(2\omega t+10^\circ)\text{V}$，端口电流 $i(t)=5+2\sin(2\omega t+40^\circ)\text{A}$ 均为非正弦周期量，求该电路吸收的平均功率 P。

10.4 非正弦周期电流电路的计算

对非正弦周期电流电路进行分析时常采用谐波分析法，其具体分析步骤如下。

(1) 根据线性电路的叠加定理，非正弦周期信号作用下的线性电路稳态响应可以视

为一个恒定分量和多个正弦分量单独作用下各稳态响应分量的叠加。因此，非正弦周期信号作用下的线性电路稳态响应分析可以转化为直流电路和正弦电路的稳态分析。

(2) 应用电阻电路分析方法计算出恒定分量作用于线性电路时的稳态响应分量。利用直流稳态方法：对于直流分量而言，电感元件相当于短路，电容元件相当于开路，电路转化为纯电阻性电路。

(3) 应用相量法计算出不同频率正弦分量作用于线性电路时的稳态响应分量。在各次谐波单独作用时可以利用相量分析法，应当注意电感和电容元件对于不同频率的谐波呈现不同的电抗，所以必须分别计算各次谐波的响应。在进行计算时：

电抗可表示为

$$X_{Ln}=n\omega L \quad X_{Cn}=\frac{1}{n\omega C}$$

阻抗可表示为

$$Z_{Ln}=\mathrm{j}n\omega L=nZ_{L1} \quad Z_{Cn}=\frac{1}{\mathrm{j}n\omega C}=\frac{Z_{C1}}{n}$$

式中

$$Z_{L1}=\mathrm{j}\omega L, \quad Z_{C1}=\frac{1}{\mathrm{j}\omega C}$$

(4) 根据叠加定理，把恒定分量和各次谐波分量响应的瞬时值在时域进行叠加，即可得到线性电路在非正弦周期信号作用下的稳态响应。

注意：不能将代表不同频率的电流(电压)相量直接相加减，必须先将它们变为瞬时值后方可求其代数和。

【例 10-4-1】 如例图 10-4-1(1)所示电路，已知 $R=\omega L=\frac{1}{\omega C}=2\Omega$，$u(t)=10+100\sin\omega t+40\sin3\omega t\,\mathrm{V}$，求 $i(t)$、$i_L(t)$和 $i_C(t)$。

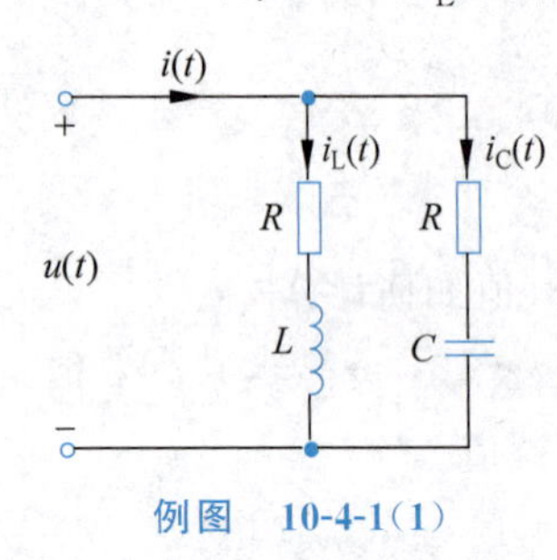

例图 10-4-1(1)

解：根据线性电路的叠加定理分别计算各电压分量单独作用时的响应。

(1) 10V 分量单独作用时：等效电路如例图 10-4-1(2)(a)所示，计算可得

$$I_{C0}=0, \quad I_0=I_{L0}=5\mathrm{A}$$

(2) $100\sin\omega t\,\mathrm{V}$ 分量单独作用时：等效电路如例图 10-4-1(2)(b)所示，计算可得

$$\dot{I}_{L1m}=\frac{100\angle0^\circ}{2+\mathrm{j}2}\mathrm{A}=25\sqrt{2}\angle-45^\circ\mathrm{A}$$

$$\dot{I}_{C1m}=\frac{100\angle0^\circ}{2-\mathrm{j}2}\mathrm{A}=25\sqrt{2}\angle45^\circ\mathrm{A}$$

$$\dot{I}_{1m}=\dot{I}_{L1m}+\dot{I}_{C1m}=50\angle0^\circ\mathrm{A}$$

(3) $40\sin 3\omega t$ V 分量单独作用时：等效电路如例图 10-4-1(2)(c)所示，计算可得

$$\dot{I}_{\mathrm{L3m}}=\frac{40\angle 0^{\circ}}{2+\mathrm{j}6}\mathrm{A}=4.5\sqrt{2}\angle -71.6^{\circ}\mathrm{A}$$

$$\dot{I}_{\mathrm{C3m}}=\frac{40\angle 0^{\circ}}{2-\mathrm{j}\,\dfrac{2}{3}}\mathrm{A}=13.5\sqrt{2}\angle 18.4^{\circ}\mathrm{A}$$

$$\dot{I}_{\mathrm{3m}}=\dot{I}_{\mathrm{L3m}}+\dot{I}_{\mathrm{C3m}}=20\angle 0.81^{\circ}\mathrm{A}$$

(4) 在时域进行叠加，可得

$$i_{\mathrm{L}}(t)=5+25\sqrt{2}\sin(\omega t-45^{\circ})+4.5\sqrt{2}\sin(3\omega t-71.6^{\circ})\mathrm{A}$$

$$i_{\mathrm{C}}(t)=25\sqrt{2}\sin(\omega t-45^{\circ})+13.5\sqrt{2}\sin(3\omega t+18.4^{\circ})\mathrm{A}$$

$$i(t)=5+50\sin\omega t+20\sin(3\omega t+0.81^{\circ})\mathrm{A}$$

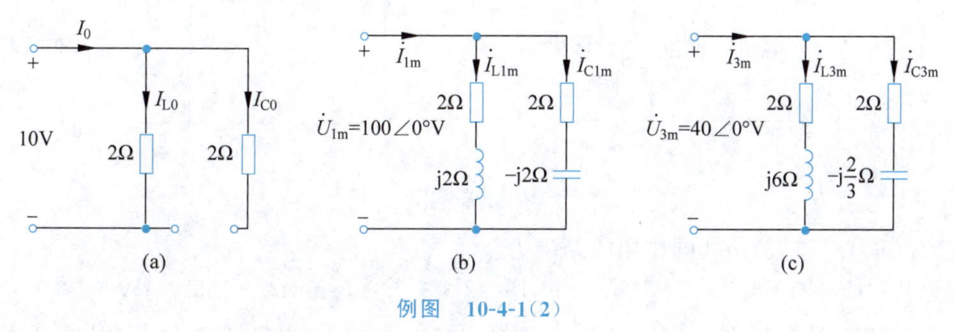

例图 10-4-1(2)

【例 10-4-2】 如例图 10-4-2(1)所示电路，已知 $u_{\mathrm{S}}(t)=2+10\sin 5t$ V，$i_{\mathrm{S}}(t)=4\sin 4t$ A，求 $i_{\mathrm{L}}(t)$。

解：根据线性电路的叠加定理分别计算各电压分量单独作用时的响应。

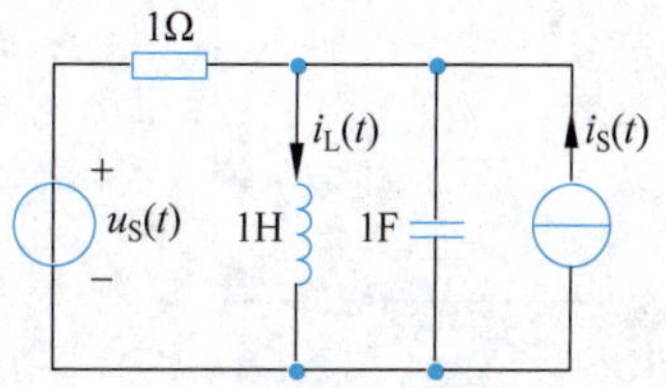

(1) $u_{\mathrm{S}}(t)$单独作用时：可将激励 $u_{\mathrm{S}}(t)$分解为 2V 分量和 $10\sin 5t$ V 分量两部分。

① 2V 分量单独作用时：等效电路如例图 10-4-2(2)(a)所示，计算可得

例图 10-4-2(1)

$$\dot{I}_{\mathrm{L0}}=2\mathrm{A}$$

② $10\sin 5t$ V 分量单独作用时：等效电路如例图 10-4-2(2)(b)所示，为便于计算，将电压源与电阻的串联支路转化为电流源与电阻并联电路的形式，如例图 10-4-2(2)(c)所示，计算可得

$$\dot{I}'_{\mathrm{L1m}}=\frac{-\mathrm{j}\,\dfrac{1}{5}}{1+\mathrm{j}5-\mathrm{j}\,\dfrac{1}{5}}\times 10\angle 0^{\circ}\mathrm{A}=0.41\angle -168.2^{\circ}\mathrm{A}$$

(2) $i_{\mathrm{S}}(t)$单独作用时：等效电路如例图 10-4-2(2)(d)所示，计算可得

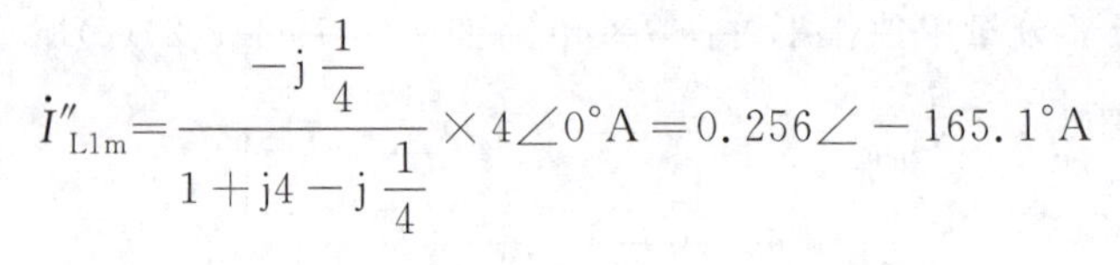

$$\dot{I}''_{\mathrm{L1m}}=\frac{-\mathrm{j}\,\dfrac{1}{4}}{1+\mathrm{j}4-\mathrm{j}\,\dfrac{1}{4}}\times 4\angle 0^{\circ}\mathrm{A}=0.256\angle-165.1^{\circ}\mathrm{A}$$

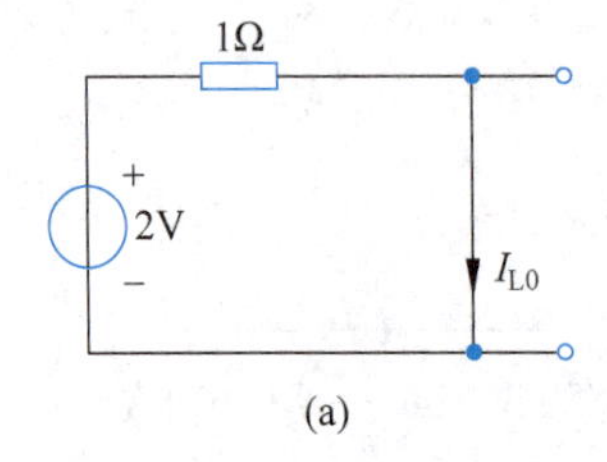

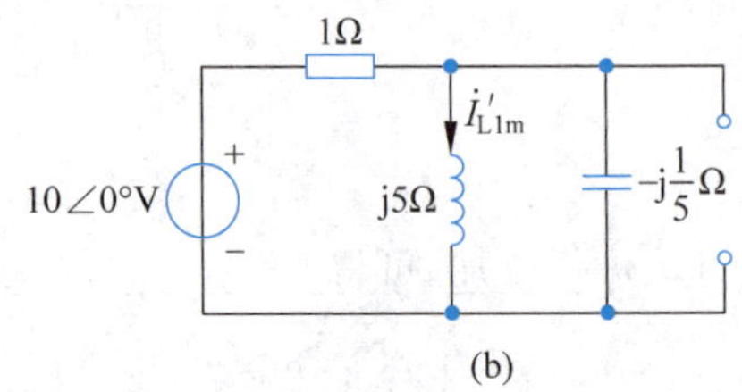

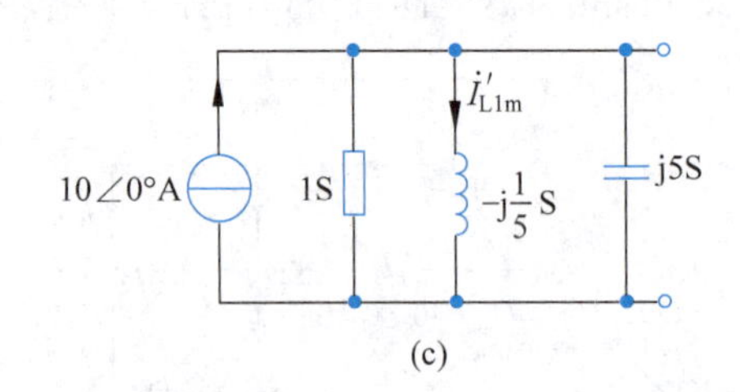

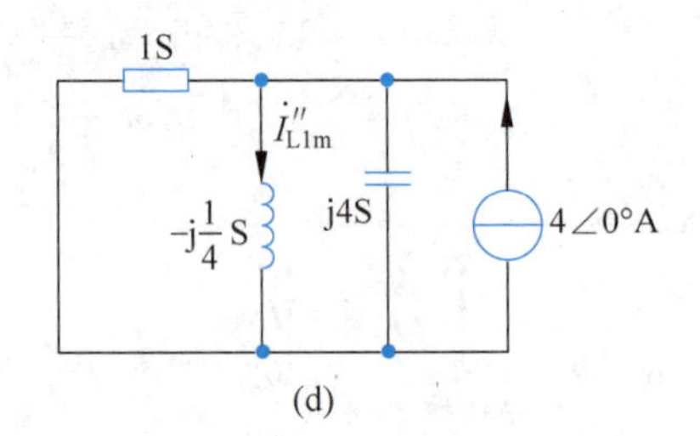

例图　10-4-2(2)

(3) $u_{\mathrm{S}}(t)$和$i_{\mathrm{S}}(t)$共同作用的结果为

$$i_{\mathrm{L}}(t)=2+0.41\sin(5t-168.2^{\circ})+0.256\sin(4t-165.1^{\circ})\mathrm{A}$$

【例 10-4-3】 如例图 10-4-3 所示电路，已知 $\omega=10^{4}\mathrm{rad/s}, L=1\mathrm{mH}, R=1\mathrm{k}\Omega$，若 $u_{\mathrm{o}}(t)$中不含基波，且与 $u_{\mathrm{i}}(t)$中的三次谐波完全相同，试确定参数 C_1 和 C_2。

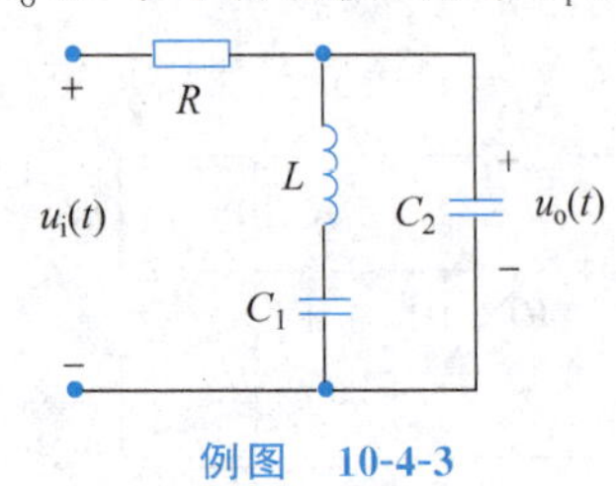

例图　10-4-3

解：因为 $u_{\mathrm{o}}(t)$中不含基波，所以 L、C_1 发生串联谐振，可得

$$C_1=\frac{1}{\omega^{2}L}=10\mu\mathrm{F}$$

同时，因为 $u_{\mathrm{o}}(t)$与 $u_{\mathrm{i}}(t)$中的三次谐波完全相同，所以 L、C_1、C_2 发生并联谐振，可得

$$\frac{C_1C_2}{C_1+C_2}=\frac{1}{(3\omega)^{2}L}\Rightarrow C_2=\frac{10}{9}\mu\mathrm{F}$$

【例 10-4-4】 如例图 10-4-4 所示电路，已知 $\omega=314\mathrm{rad/s}, R_1=R_2=10\Omega, L_1=0.106\mathrm{H}, L_2=0.0133\mathrm{H}, C_1=95.6\mu\mathrm{F}, C_2=159\mu\mathrm{F}, u_{\mathrm{S}}(t)=10+20\sqrt{2}\sin\omega t+10\sqrt{2}\sin 3\omega t\,\mathrm{V}$，求 $i_1(t)$及 $i_2(t)$。

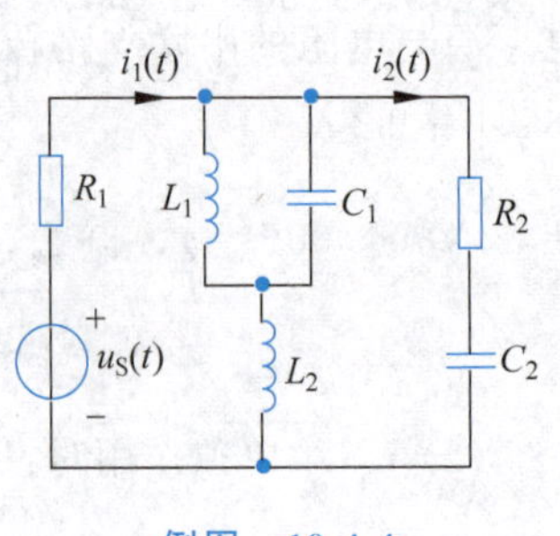

例图　10-4-4

解：根据线性电路的叠加定理分别计算各电压分量单独作用时的响应。

(1) 直流分量单独作用时，电容相当于开路，电感相当于短路，可得

$$I_{10}=\frac{U_{\mathrm{S0}}}{R_1}=\frac{10}{10}\mathrm{A}=1\mathrm{A}$$

$$I_{20}=0$$

(2) 基波分量单独作用时,L_1 与 C_1 并联的等效导纳为

$$\mathrm{j}\omega C_1+\frac{1}{\mathrm{j}\omega L_1}=\mathrm{j}(3\times10^{-2}-3\times10^{-2})\mathrm{S}=0$$

由此可知该并联支路相当于开路,可得

$$\dot{I}_{11\mathrm{m}}=\dot{I}_{21\mathrm{m}}=\frac{\dot{U}_{\mathrm{S1m}}}{R_1+R_2+\dfrac{1}{\mathrm{j}\omega C_2}}=\frac{20\sqrt{2}\angle 0^\circ}{10+10-\mathrm{j}20}\mathrm{A}=1\angle 45^\circ\mathrm{A}$$

基波分量单独作用时响应的时域解为

$$i_{11}(t)=i_{21}(t)=1\sin(\omega t+45^\circ)\mathrm{A}$$

(3) 三次谐波分量单独作用时,L_1 与 C_1 并联的等效阻抗为

$$\frac{1}{\mathrm{j}3\omega C_1+\dfrac{1}{\mathrm{j}3\omega L_1}}=-\mathrm{j}12.5\Omega$$

而电感 L_2 在三次谐波频率下的阻抗为 $\mathrm{j}3\omega L_2=\mathrm{j}12.5\Omega$,所以对三次谐波而言,$L_1$ 与 C_1 并联后再与 L_2 串联,发生了串联谐振,相当于短路。故

$$\dot{I}_{13\mathrm{m}}=\frac{\dot{U}_{\mathrm{S3m}}}{R_1}=\frac{10\sqrt{2}\angle 0^\circ}{10}\mathrm{A}=\sqrt{2}\angle 0^\circ\mathrm{A}$$

$$\dot{I}_{23\mathrm{m}}=0$$

三次谐波分量单独作用时响应的时域解为

$$i_{13}(t)=\sqrt{2}\sin 3\omega t\,\mathrm{A}$$

$$i_{23}(t)=0$$

(4) 将响应的直流分量和各次谐波分量单独作用时的正弦稳态响应叠加起来,即为电路的稳态解:

$$i_1(t)=I_{10}+i_{11}(t)+i_{13}(t)=1+\sin(\omega t+45^\circ)+\sqrt{2}\sin 3\omega t\,\mathrm{A}$$

$$i_2(t)=I_{20}+i_{21}(t)+i_{23}(t)=1\sin(\omega t+45^\circ)\mathrm{A}$$

【思考与练习】

10-4-1 对非正弦周期电路进行分析时,采用谐波分析法时应该注意什么?

10-4-2 对于谐波分析法,在应用叠加定理时,是否可以将代表不同频率的电流或电压相量直接相加减?为什么?

10.5 周期信号的频谱

一个非正弦周期函数可以展开成傅里叶级数,将傅里叶级数中每个正弦分量的振幅和初相角沿着频率轴分别画出来得到的图形称为信号的频谱图,简称频谱(Frequency Spectrum)。

周期信号的频谱分为幅值频谱和相位频谱。简而言之，二者是将周期信号的各谐波分量的幅值和初相分别按照它们的频率依次排列起来所构成的。信号的频谱对认识信号本身的特性具有重要意义，是电路设计的重要依据之一。

由前面的分析可知，周期信号 $f(t)$ 可展开为以下形式的傅里叶级数：

$$f(t)=\frac{A_0}{2}+\sum_{n=1}^{\infty}A_n\cos(n\omega t+\varphi_n) \tag{10-5-1}$$

或写为

$$f(t)=\sum_{n=-\infty}^{\infty}c_n e^{jn\omega t} \tag{10-5-2}$$

式中，$c_0=\frac{A_0}{2}$，$c_n=\frac{A_n}{2}e^{j\varphi_n}$，$n=(\pm1,\pm2,\pm3,\cdots)$，则直流分量$\frac{A_0}{2}$、各谐波分量的幅值 A_n 及其余弦函数的初相角 φ_n 所构成的集合包含了描述函数 $f(t)$ 的必要信息。函数 $f(t)$ 的这些信息，也可以借助频谱图更直观地进行表示。例如，设电流信号 $i(t)$ 展开的傅里叶级数为

$$\begin{aligned}i(t)&=\frac{\pi}{4}+\cos\omega t-\frac{1}{3}\cos3\omega t+\frac{1}{5}\cos5\omega t-\frac{1}{7}\cos7\omega t+\cdots\\&=\frac{\pi}{4}+\cos\omega t+\frac{1}{3}\cos(3\omega t+\pi)+\frac{1}{5}\cos5\omega t+\frac{1}{7}\cos(7\omega t+\pi)+\cdots\end{aligned} \tag{10-5-3}$$

则可以按以下原则绘出其频谱：

以谐波角频率 $n\omega$ 为横轴，在横坐标轴的各谐波角频率所对应的点上，作出一条条的垂直线，称为谱线。若每条谱线的高度表示该频率谐波的幅值(A_n)，则所作出的图形称为幅值频谱，如图 10-5-1(a)所示。若每条谱线的高度表示该频率谐波的初相角(φ_n)，则所作出的图形称为相位频谱，如图 10-5-1(b)所示。

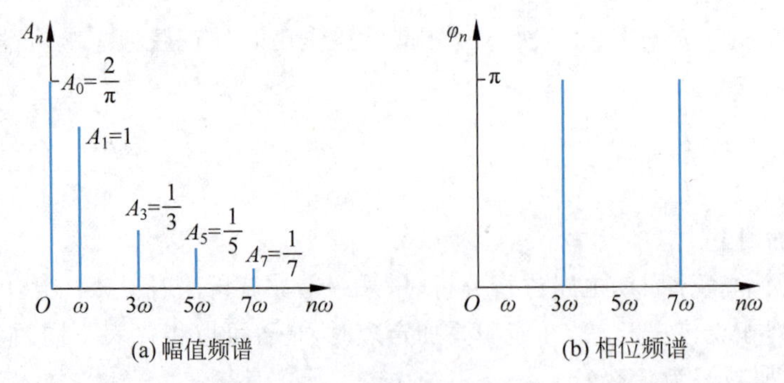

图 10-5-1　周期信号的频谱

注意：当对直流分量(即谐波次数 $n=0$ 的谐波分量)进行作图时，是以 A_0 作为谱线高度，而非直接使用函数的傅里叶展开式的系数$\frac{A_0}{2}$。

实际中，一般所说的频谱主要是指幅值频谱，以下为几种常见非正弦周期函数的幅值频谱。

(1) 方波的幅值频谱(如图 10-5-2 所示)。

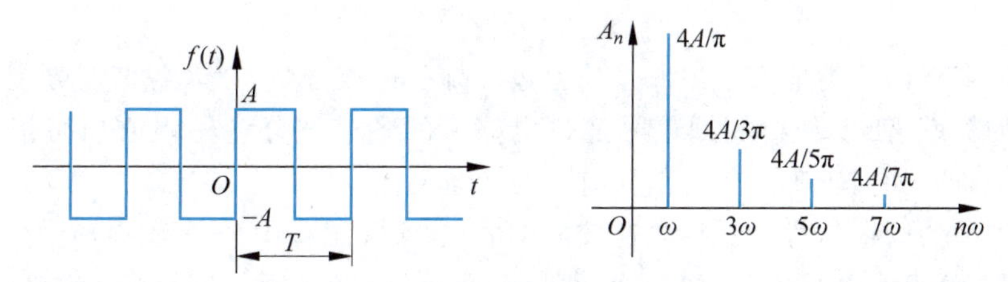

图 10-5-2　方波的波形与幅值频谱

(2) 三角波的幅值频谱(如图 10-5-3 所示)。

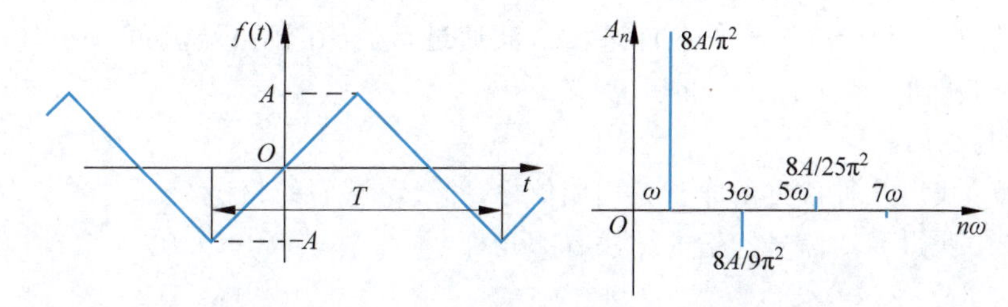

图 10-5-3　三角波的波形与幅值频谱

(3) 锯齿波的幅值频谱(如图 10-5-4 所示)。

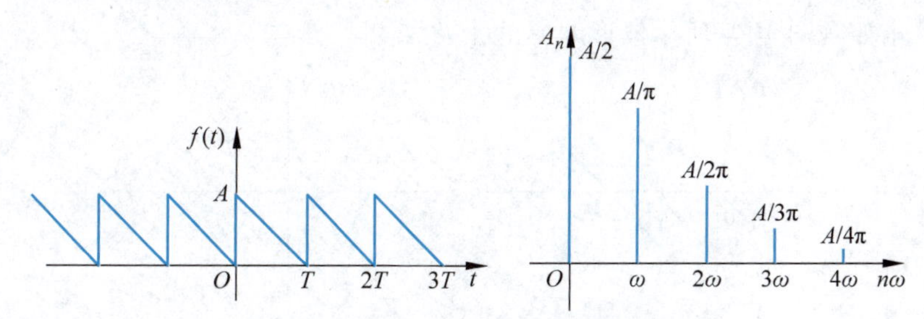

图 10-5-4　锯齿波的波形与幅值频谱

(4) 正弦全波整流的幅值频谱(如图 10-5-5 所示)。

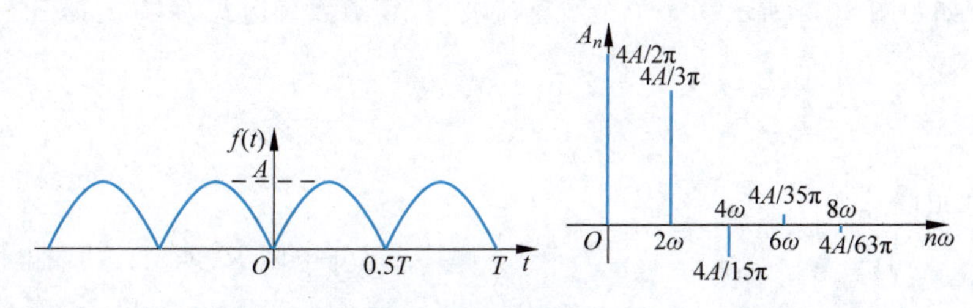

图 10-5-5　正弦全波整流的波形与幅值频谱

通过分析以上的频谱可知,周期信号的频谱具有以下特点:

(1) 离散性,即谱线的分布是离散的而不是连续的。

(2) 谐波性,即谱线在频率轴上的位置刻度一定是 ω 的整数倍,且任意两条谱线之间的间隔等于基波角频率的整数倍($\Delta\omega=n\omega$)。

(3) 收敛性,也称衰减性,即随着谐波次数的增加,各次谐波振幅的“总趋势”是减小的。

频谱图直观而清晰地表示出一个信号包含哪些谐波分量,以及各谐波分量所占的比重和相角的关系,便于分析周期信号通过电路后的各谐波分量的幅值和初相发生的变化。这对于研究如何正确地传输信号有重要的意义。

前面列举的周期信号的波形是比较简单的,在实际工程中会遇到 $f(t)$ 十分复杂的情况,此时利用傅里叶级数展开式找出它的频谱是十分困难的,有时不能确定波形 $f(t)$ 的解析表示式,这就无从计算它的傅里叶系数。在这种情况下,可以用实验的方法解决问题,即通过仪器测量来确定周期信号的频谱成分,通常可以使用频谱分析仪。该仪器中有一系列滤波器,每个滤波器只允许某一谐波通过,这样在输出端就可以分别测出各次谐波的幅度,从而得到待测信号的频谱。

【思考与练习】

10-5-1　找出几种常见的非正弦周期信号,并绘出它们的频谱。

10-5-2　获得周期信号频谱的方法有哪几种?

习题

10-1　求如题图 10-1 所示波形的傅里叶级数。

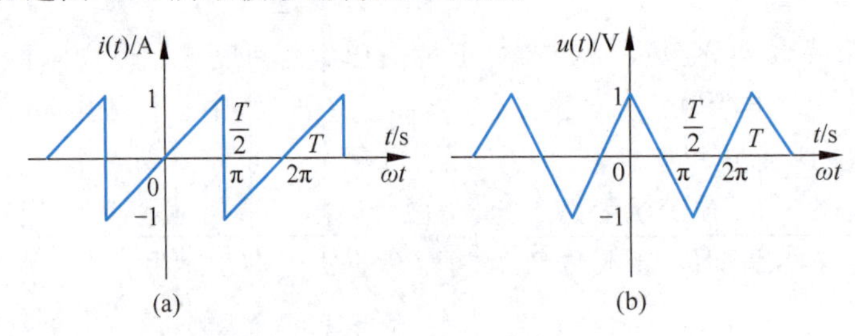

题图　10-1

10-2　如题图 10-2 所示为一个全波整流波形,其函数表达式为

$$\begin{cases} i(t)=I\sin\dfrac{\pi}{T}t, & 0<t<T \\ i(t+T)=i(t) \end{cases}$$

求 $i(t)$ 的傅里叶级数。

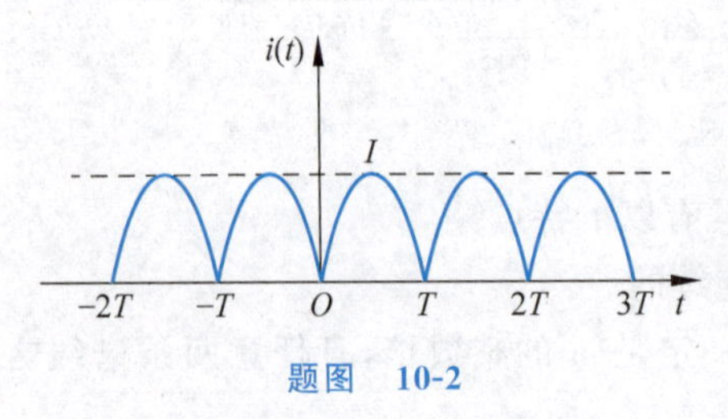

题图　10-2

10-3　已知电阻 $R=15\Omega$,其端电压 $u(t)=100+22.4\sin(\omega t-45°)+4.11\sin(3\omega t+65°)\text{V}$,求电压 $u(t)$ 的有效值和电阻消耗的平均功率。

10-4　有效值为 100V 的正弦电压加载到电感 L 两端,其电流有效值为 10A。当电压中含有三次谐波分量而有效值仍为 100V 时,电感电流有效值为 8A,求该电压基波和三次谐波的有效值。

10-5 一个 RLC 串联电路，已知外加电压 $u(t)=100\sin\omega t+50\sin(3\omega t-30°)$V，总电流 $i(t)=10\sin\omega t+1.75\sin(3\omega t-\theta_i)$A，$\omega=314$rad/s，$u(t)$和 $i(t)$为关联参考方向，求 R、L、C 及 θ_i 的值。

10-6 一个 RLC 串联电路，已知 $R=10\Omega$，$L=0.016$H，$C=80\mu$F，外加电压 $u(t)=10+50\sqrt{2}\sin(1000t+16°)+20\sqrt{2}\sin(2000t+39°)$V，求电路中的电流 $i(t)$及其有效值 I，以及电路消耗的功率。

10-7 一个 RLC 并联电路，已知 $R=100\Omega$，$L=0.05$H，$C=120\mu$F，外加电流 $i(t)=100+100\sqrt{2}\sin 800t+60\sqrt{2}\sin(1600t+30°)$A，求电路两端的电压 $u(t)$及其有效值 U，以及电路消耗的功率。

10-8 如题图 10-8 所示电路，已知输入电压 $u(t)=100\sin 314t+25\sin(3\times 314t)+10\sin(5\times 314t)$V，求两电路中的电流有效值和它们各自消耗的功率。

10-9 如题图 10-9 所示电路，已知 $R=1\Omega$，$L_1=6.366$mH，$L_2=3.183$mH，$C=4547\mu$F，$u(t)=3+2\sqrt{2}\sin\omega t$V，$\omega=314$rad/s，求支路电流 $i(t)$和电阻 R 吸收的功率。

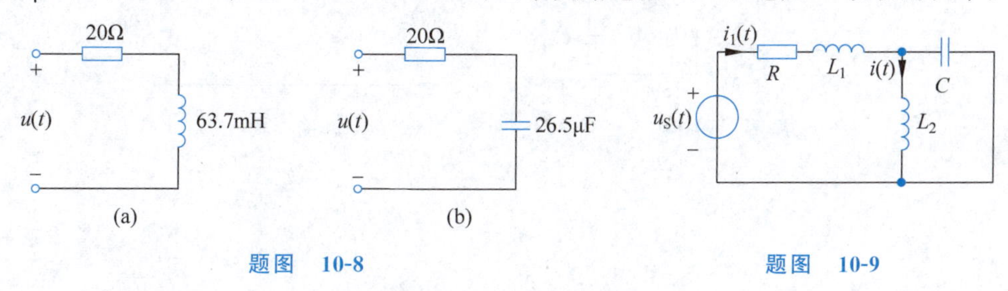

题图 10-8　　题图 10-9

10-10 如题图 10-10 所示电路，已知 $R=100\Omega$，$\omega L=\dfrac{1}{\omega C}=200\Omega$，$u(t)=20+200\sin\omega t+68.5\sin(2\omega t+30°)$V，求 $u_{ab}(t)$和 $u_R(t)$。

10-11 如题图 10-11 所示电路，已知 $R=1200\Omega$，$L=1$H，$C=4\mu$F，$u_S(t)=50\sqrt{2}\sin(314t+30°)$V，$i_S(t)=100\sqrt{2}\sin(942t+60°)$mA，求 $u_R(t)$和 U_R。

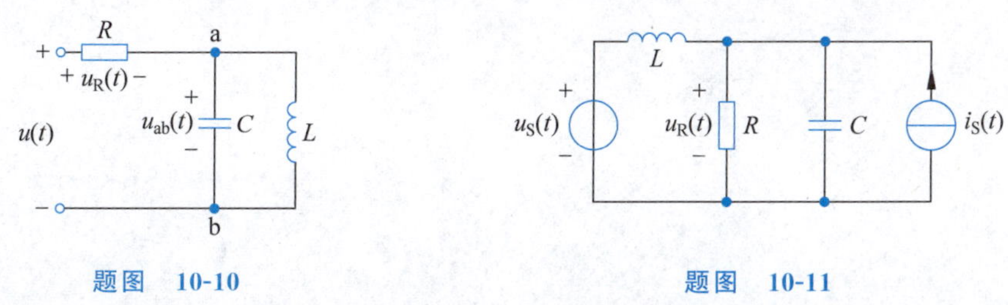

题图 10-10　　题图 10-11

10-12 如题图 10-12 所示电路，已知电感线圈的电阻 $r=8\Omega$，电感 $L=5$mH，外施电压 $u(t)$为非正弦周期函数，试问 R、C 取何值时能使总电流 $i(t)$与外施电压 $u(t)$的波形相同？

10-13 如题图 10-13 所示电路，已知 $R=8\Omega$，$C=0.2$F，$L=1$H，$u_S(t)=30\sin 5t$V，$i_S(t)=2\sin 10t$A，求 $u_C(t)$。

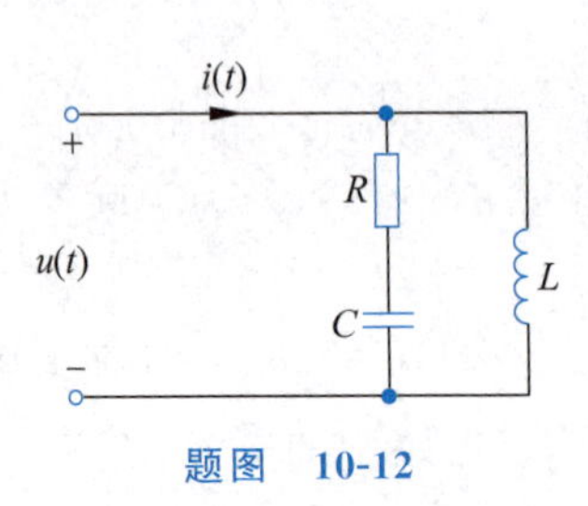

题图 10-12

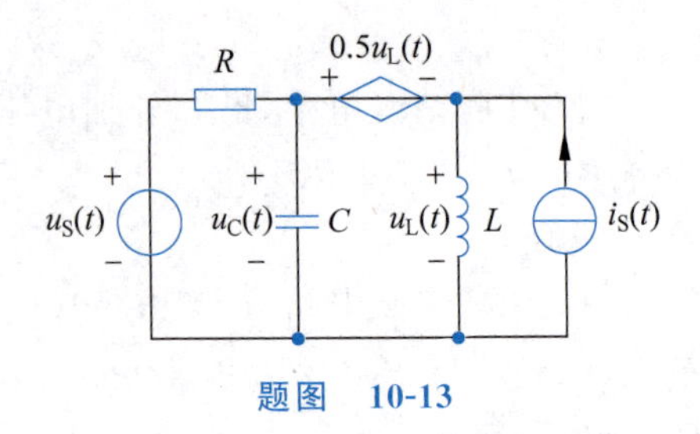

题图 10-13

10-14　如题图 10-14 所示电路，已知 $R_1=2\Omega$，$R_2=3\Omega$，$\omega L_1=4\Omega$，$\omega L_2=4\Omega$，$\omega M=1\Omega$，$\dfrac{1}{\omega C}=6\Omega$，$u(t)=10+10\sqrt{2}\sin\omega t\,\text{V}$，求电流 $i_1(t)$ 和 $i_2(t)$。

10-15　如题图 10-15 所示电路，要求负载中不含基波分量，但 4 次谐波分量能完全传送到负载。当 $\omega=1000\text{rad/s}$，$C=1\mu\text{F}$ 时，求 L_1 和 L_2 的值。

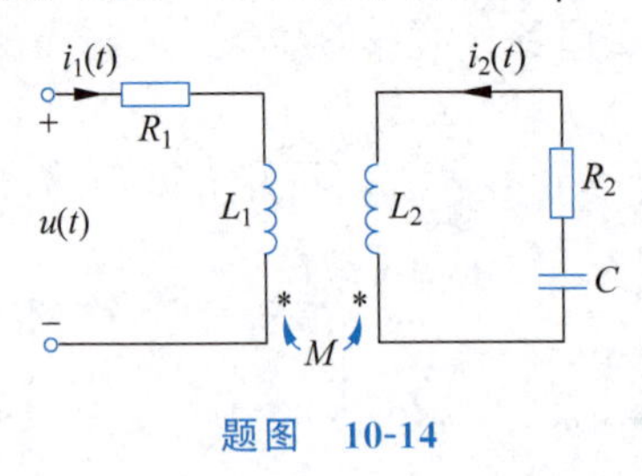

题图 10-14

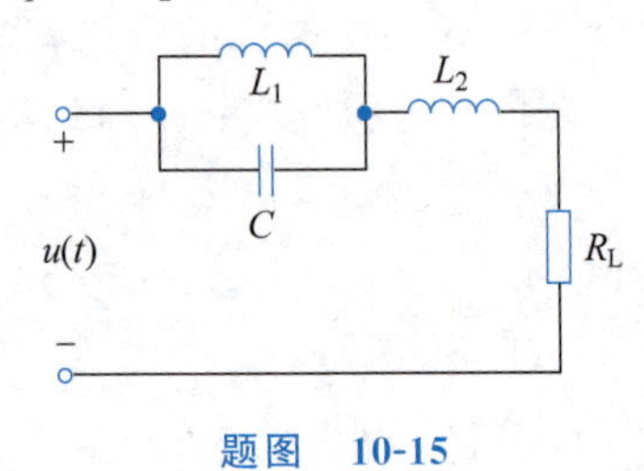

题图 10-15

附录A　电路的计算机辅助分析

A.1　电路仿真与常用软件

随着电子信息以及计算机技术的飞速发展，新型器件、新型电路层出不穷，电路设计的难度也持续增加，电子设计自动化(Electronic Design Automation，EDA)技术应运而生。EDA技术是以计算机为工具，采用硬件描述语言的表达方式，对数据库、计算数学、图论、图形学及拓扑逻辑、优化理论等进行科学、有效地融合，从而形成的一种电子系统专用的新技术，是计算机、信号处理和信号分析等技术相结合的最新成果。EDA技术不仅更好地保证了电子工程设计各级别的仿真、调试和纠错，为其发展带来强有力的技术支持，而且在电子、通信、化工、航空航天、生物等领域占有越来越重要的地位。

传统的教学方式已渐渐无法满足各类复杂电路和新型电路的理论和实践需求。而EDA软件作为一种具有强大设计、分析和仿真功能的工具，可以很好地解决这一问题。挑选合适的EDA软件用于电路仿真和分析是提高工作效率的关键，以下介绍几款常用的电路仿真软件。

1. Cadence

Cadence公司是老牌的EDA工具提供商，Cadence Allegro是Cadence推出的先进印制电路板(Printed Circuit Board，PCB)设计布线工具。Allegro提供了良好且交互的工作接口和强大完善的功能，为当前高速、高密度、多层的复杂PCB设计布线提供了完美的解决方案。它可以完成各种电子设计任务，包括专用集成电路(Application Specific Integrated Circuit，ASIC)设计、现场可编程门阵列(Field Programmable Gate Array，FPGA)设计和PCB设计等。

Cadence在仿真、电路图设计、自动布局布线、版图设计及验证等方面有着绝对的优势。Cadence包含的工具较多，几乎包括了EDA设计的各个方面。Cadence Allegro被大型信息技术公司广泛采用，特别是计算机主板厂商，因其功能强大，绘制大型电路板，如计算机主板、大型工控板、服务器主板等非常有效；也有部分公司采用其绘制手机电路板，效率和优势非常明显。

2. Altium Designer

Altium Designer是原Protel软件开发商Altium公司推出的一体化电子产品开发系统，主要运行于Windows操作系统。其通过把原理图设计、电路仿真、PCB绘制编辑、拓扑逻辑自动布线、信号完整性分析和设计输出等技术完美融合，为设计者提供了全新的解决方案，使设计者可以轻松进行设计，也使电路设计的质量和效率大大提高。

Altium Designer除了全面继承包括Protel 99SE、Protel DXP在内的一系列早期版

本的功能和优点外，还增加了许多改进和高端功能。该平台拓宽了板级设计的传统界面，全面集成了 FPGA 设计功能和片上可编程系统（System On Programmable Chip，SOPC）设计功能，从而允许工程设计人员将系统设计中的 FPGA 与 PCB 设计及嵌入式设计融合在一起。

3. Proteus

Proteus 软件是英国 Lab Center Electronics 公司出品的 EDA 工具软件，支持电路图设计、PCB 布线和电路仿真。Proteus 支持单片机应用系统的仿真和调试，使软硬件设计在制作 PCB 前能够得到快速验证，不仅节省成本，还缩短了单片机应用的开发周期。Proteus 是单片机工程师必须掌握的工具之一。

Proteus 从原理图布线、代码调试到单片机与外围电路协同仿真，一键切换到 PCB 设计，真正实现了从概念到产品的完整设计。它是将电路仿真软件、PCB 设计软件和虚拟模型仿真软件三者融为一体的设计平台。

4. LTspice

LTspice 是一款高性能仿真电路模拟器（Simulation Program with Integrated Circuit Emphasis，SPICE）软件、原理图捕获和波形查看器，集成增强功能和模型，简化了模拟电路的仿真。它是半导体制造商 Analog Devices 出品的基于 SPICE 的软件，功能强大，使用非常广泛。

在电路图仿真过程中，其自带的模型往往不能满足需求，而大的芯片供应商都会提供免费的 SPICE 模型供下载，LTspice 可以把这些模型导入 LTspice 中进行仿真。甚至一些厂商已经开始提供 LTspice 模型，直接支持 LTspice 的仿真。这也是 LTspice 电路图仿真软件在欧洲、美国、澳大利亚和中国广为使用的重要原因。

5. Simulink

Simulink 是 MATLAB 中的一种可视化电路仿真软件，是一种基于 MATLAB 的框图设计环境，是实现动态系统建模、仿真和分析的一个软件包，被广泛应用于线性系统、非线性系统、数字控制及数字信号处理的建模和仿真中。使用 Simulink 的好处在于：其数据处理十分有效、精细，运行速度较快；其数据的格式兼容性非常好，便于数据的后处理与分析，尤其是控制特性的研究和分析。

6. TINA-TI

德州仪器公司（Texas Instruments，TI）与 DesignSoft 公司联合提供了一款强大的电路仿真工具 TINA-TI。TINA-TI 适用于对模拟电路和开关式电源电路的仿真，是进行电路开发与测试的理想选择。TINA 基于 SPICE 引擎，是一款功能强大且易于使用的电路仿真工具；而 TINA-TI 则是完整功能版本的 TINA，并加载了 TI 公司的宏模型以及无源和有源器件模型。

TINA-TI 提供了多种分析功能，包括 SPICE 的所有传统直流、交流、瞬态、频域、噪声分析等功能。虚拟仪器非常直观且功能丰富，允许用户选择输入波形、探针电路节点电压和波形。TINA 的原理图捕捉非常直观，使用户真正能够“快速入门”。另外，TINA 具有广泛的后处理功能，允许用户设置输出结果的格式。

7. Multisim

Multisim是美国国家仪器(National Instruments,NI)公司推出的以Windows为基础的电路仿真软件工具,适用于板级的模拟/数字电路板的设计工作。它包含了电路原理图的图形输入、电路硬件描述语言输入方式,具有丰富的仿真分析能力。在模电、数电的复杂电路虚拟仿真方面,Multisim具有绝对的优势。

"电路分析基础"是电子与电气信息类专业一门重要的专业基础课,同时又是一门实践性很强的课程。在该类专业课程中引入计算机辅助分析的优点如下:

(1) 可以方便地设计和建立各种电路,并能快速准确地对电路性能进行仿真分析,与以往传统的电路设计过程相比较,节省了用实际元器件安装调试电路的过程,极大地提高了电路实验的设计质量。

(2) 在计算机上建立虚拟电路仿真实验室,可以降低实验成本,弥补硬件环境下实验教学的不足,改进电路课程实验教学的教学质量,具有实验效率高、设备费用低、界面友好、集成性强等明显优势,对更新实验教学方法、提高实验教学质量、改善实验教学效果具有非常重要的作用。

(3) 在教材中加入部分虚拟仿真实验例题,可以帮助学生进一步理解电路基本理论并学会使用EDA软件进行理论知识的交叉验证,以及解决实际电路设计和调试中的问题。

鉴于Multisim的强大功能和易用性,在"电路分析基础"课程学习中引入该工具,建立虚拟电路实验平台是对传统学习方法的有效补充。这种方式可以使理论学习和实验学习相结合,并使实验的方法和手段现代化,扩展实验容量,提高实验效率,节约实验资源。本书选取了多个简单、易于理解和仿真的例题,学生可以根据所学知识和能力自行选择,并以例题为基础设计实验方案,进行电路分析,进而开展复杂电路的设计和研究。通过这种方式能够激发学生自主学习的积极性,增强创新意识,实现理论与实践的有机融合。

下面将对Multisim的功能和使用方法进行简要的介绍。

A.2 Multisim概述

A.2.1 Multisim与EWB

Multisim的前身是加拿大交互图像技术(Interactive Image Technologies,IIT)公司于1988年推出的一种专门用于电子线路仿真和设计的EDA工具软件电子工作平台(Electronics Workbench,EWB)。EWB具有数字、模拟及数字/模拟混合电路的仿真能力,它具有界面直观、操作方便、分析功能强大、易学易用等突出优点,在电路设计和高校电类教学领域得到了广泛的应用。为了拓宽EWB软件的PCB功能,IIT公司又推出了自己的PCB设计软件模块——EWB Layout,可使EWB电路图文件方便地转换为PCB版图。

随着技术的发展,EWB的功能已不能满足电路设计和仿真的需要。IIT公司从EWB 6.0版本开始,对EWB进行了较大的改动,将专门用于电路级仿真和设计的模块更名为Multisim。Multisim在保留了EWB形象直观等优点的基础上,在很大程度上增强了软件的仿真测试和分析功能,也大大扩充了元件库中仿真元件的数目,特别是增加了若干与实际元件相对应的仿真元件模型，使得仿真设计的结果更精确、更可靠。Multisim 采用图形操作界面虚拟仿真了一个与实际情况非常相似的电子电路实验工作台，几乎可以完成在实验室进行的所有电子电路实验，已被广泛地应用于电子电路分析、设计、仿真等各项工作中。Multisim 不仅支持 MCU，还支持汇编语言和 C 语言为单片机注入程序。另外，IIT 公司还将 PCB 设计软件 EWB Layout 模块更名为 Ultiboard。同时，为了加强 Ultiboard 的布线能力，还开发了 Ultiroute 布线引擎。此外，IIT 公司还推出了一个专门用于通信电路分析与设计的模块——Commsim。目前，EWB 由 Multisim、Ultiboard、Ultiroute 和 Commsim 4 个软件模块组成，能完成从电路的仿真设计到 PCB 版图生成的全过程。同时，这 4 个模块彼此相互独立，可以分别使用。这 4 个 EWB 模块中最具特色的仍然是电路设计与仿真模块——Multisim。2001 年，IIT 公司推出了 Multisim 的升级版本 Multisim 2001。之后，又推出了具有代表性的 Multisim 9，它对先前的版本进行了许多改进，并得到了广泛的应用。截至 2022 年，Multisim 的最新版本为 Multisim 14.2，其功能进行了很大的扩充和完善，但各个版本最基本的操作大致相同。下面以目前应用较广的 Multisim 14.0 为例，介绍该仿真软件的特点与基本使用方法。

概括地讲，Multisim 主要具有以下几个特点：

(1) 系统高度集成，界面直观，操作方便。

Multisim 继承了 EWB 界面的特点，将电路原理图的创建、电路的仿真分析和结果的输出都集成到一个窗口中。整个操作界面就像一个实验平台，各种元器件和虚拟测试仪器均可直观地进行选取，操作简单，易学易用。

(2) 类型齐全的仿真。

Multisim 既可以分别对数字或模拟电路进行仿真，也可以将数字元件与模拟元件连接在一起进行仿真，还可以对射频（Radio Frequency，RF）电路进行仿真。此外，Multisim 还支持 VHDL/Verilog 语言的电路仿真，使得大规模可编程逻辑器件的设计和仿真与模拟电路、数字电路的设计和仿真融为一体。

(3) 丰富的元件库。

Multisim 提供了一个拥有上万个元件的元件数据库，并将它们分门别类地存放在不同的元件库中，如信号源库、基本元件库、晶体二极管库、晶体三极管库、运放库、TTL 器件库、CMOS 器件库、单元逻辑器件库及可编程逻辑器件库、数字模拟混合库、指示元件库、其他元器件库、数学控制模型库、机电元件库等。另外，还可以通过 IIT 公司网站进行仿真元件库升级。

(4) 强大的虚拟仪器仪表功能。

Multisim 提供了十几种虚拟测试仪器，包括数字万用表、函数信号发生器、功率表、示波器、波特图仪、数字信号发生器、逻辑分析仪、逻辑转换器、失真分析仪、频谱分析仪和网络分析仪等，其功能与实际仪表基本相同。通过这些虚拟测试仪器，既免去了购买实际仪器的昂贵费用，又使用户能够方便地掌握常用仪器的使用方法，进一步提升了软件的功能。

（5）强大的分析功能。

Multisim 提供了十几种电路仿真分析方法，如直流工作点分析、交流分析、失真分析、傅里叶分析、蒙特卡罗分析、噪声分析、瞬态分析、时域和频域分析等常规电路分析方法及多种高级分析方法，这些分析方法可以极大地满足实际电路设计的需要。

（6）丰富的输入输出接口。

Multisim 可以输入由 PSPICE 等其他电路仿真软件所创建的 SPICE 网表文件，并自动生成相应的电路原理图，也可以把 Multisim 环境下创建的电路原理图文件输出给 Protel 等常见的 PCB 软件进行印制电路板设计，Multisim 还可以将仿真结果输送到 MathCAD 和 Excel 等应用程序中。仿真还支持 XSPICE、导出至 LabVIEW、微控制器（Microcontroller Unit，MCU）、自动化 API、输入/输出 LabVIEW 等；在电路仿真时，可以为元器件设置人为故障。

针对不同的用户需要，Multisim 发行了多个版本，分为增强专业版（Power Professional）、专业版（Professional）、个人版（Personal）、教育版（Education）、学生版（Student）和演示版（Demo）等。各版本的功能有着明显的差异，目前我国院校用户所使用的 Multisim 以教育版为主。

A.2.2 Multisim 14 的基本界面

Multisim 14 的基本界面如图 A2-1 所示（以专业版为例），它主要由菜单栏、标准工具栏、主要工具栏、浏览工具栏、元器件工具栏、仿真工具栏、使用中的元件列表、探针工

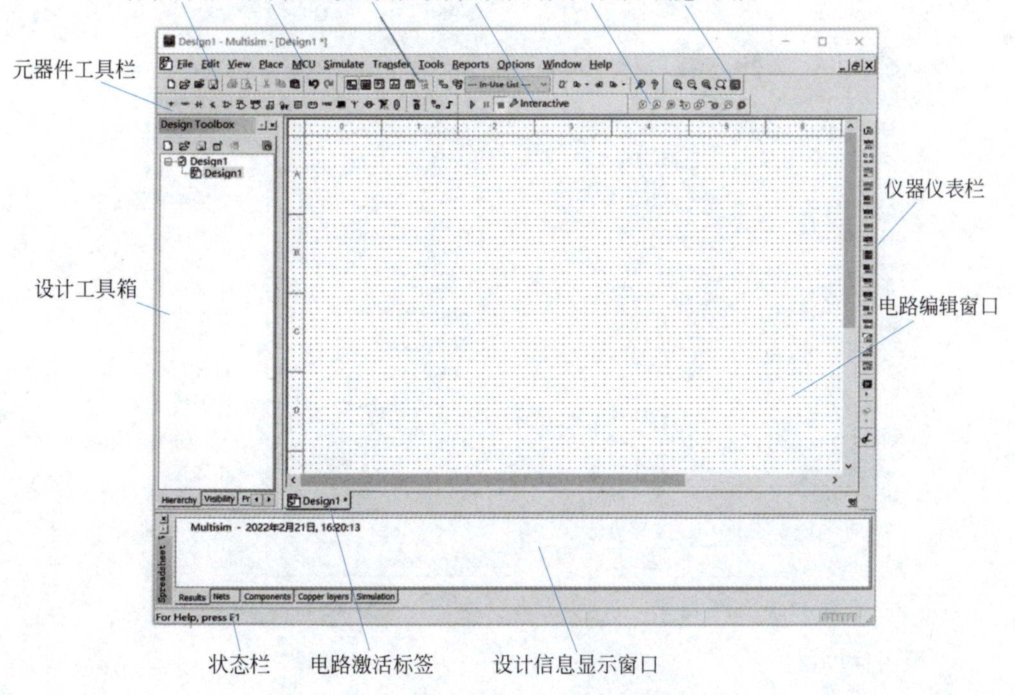

图 A2-1 Multisim 14 的基本界面

具栏、设计工具箱、仪器仪表栏、电路编辑窗口、电路激活标签、设计信息显示窗口和状态栏等组成。下面分别予以介绍。

1. 菜单栏

Multisim 14 的菜单栏(Menus)位于主窗口的最上方,菜单栏提供了 Multisim 几乎所有的操作命令,包括 File、Edit、View、Place、MCU、Simulate、Transfer、Tools、Reports、Options、Window 和 Help 共 12 个主菜单,如图 A2-2 所示,通过菜单可以对 Multisim 14 的所有功能进行操作,每个主菜单下都包含若干子菜单。用户可以从中找到电路文件的存取、电路的编辑、电路的仿真与分析以及在线帮助等各个操作命令。

File Edit View Place MCU Simulate Transfer Tools Reports Options Window Help

图 A2-2 菜单栏

1) 文件菜单

文件(File)菜单主要用于管理所创建的电路文件,各子菜单的功能如图 A2-3 所示。

2) 编辑菜单

编辑(Edit)菜单包括一些最基本的编辑操作命令(如 Cut、Copy、Paste、Undo 等命令),以及元器件的位置操作命令,如对元器件进行旋转和对称操作的定位(Orientation)等命令,各子菜单的功能如图 A2-4 所示。

图 A2-3 文件菜单

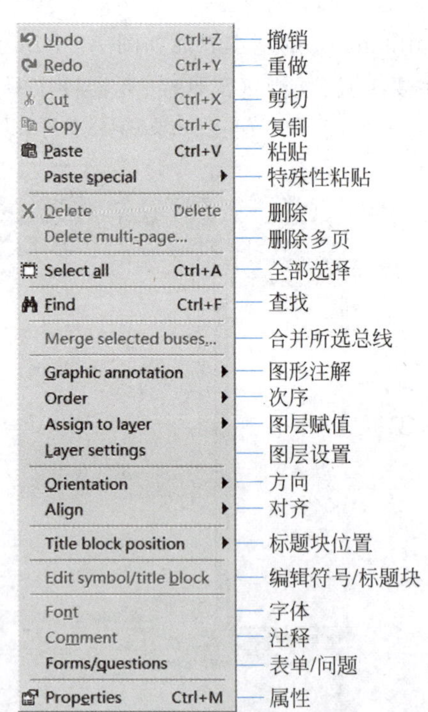

图 A2-4 编辑菜单

3) 视图菜单

视图(View)菜单包括调整窗口视图的命令,用于添加或隐藏工具条、元件库栏和状态栏,各子菜单的功能如图 A2-5 所示。

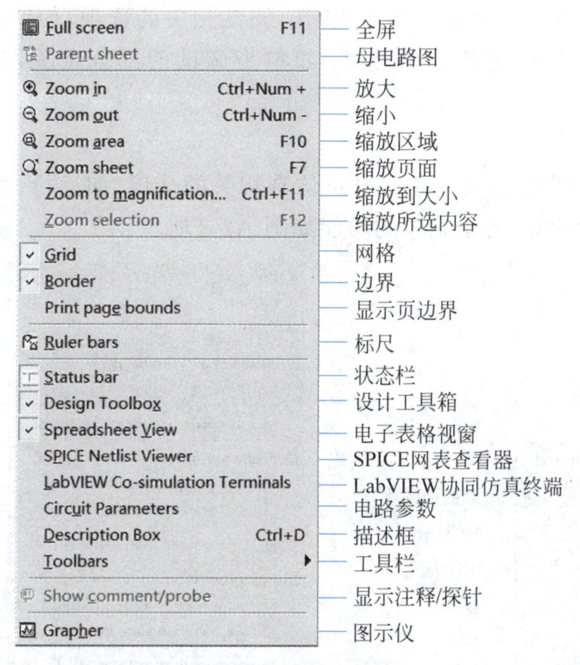

图 A2-5　视图菜单

4) 放置菜单

放置(Place)菜单包括放置元器件、节点、线、文本、标注等常用的绘图元素,同时包括创建新层次模块、层次模块替换、新建子电路等关于层次化电路设计的选项,各子菜单的功能如图 A2-6 所示。

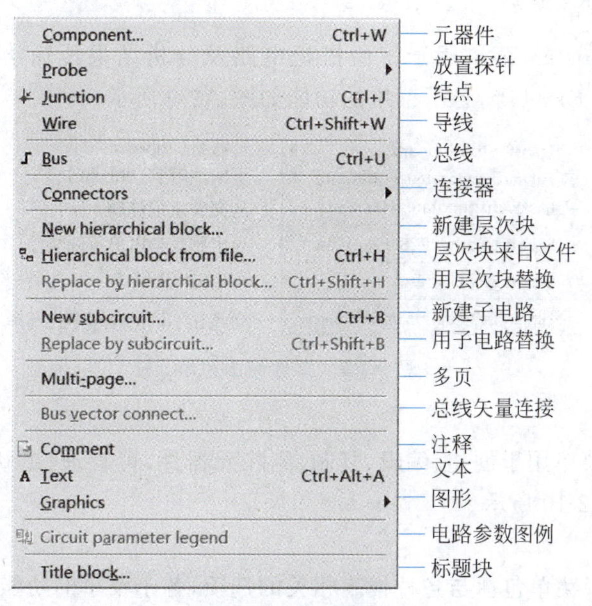

图 A2-6　放置菜单

5）微控制器菜单

微控制器(MCU)菜单包括一些与 MCU 调试相关的选项，如调试窗口、MCU 窗口等，该选项还包括一些调试状态的选项，如单步调试的部分选项，各子菜单的功能如图 A2-7 所示。

6）仿真菜单

仿真(Simulate)菜单包括一些与电路仿真相关的选项，如运行、暂停、停止、仪器、误差设置、交互仿真设置等，各子菜单的功能如图 A2-8 所示。

图 A2-7　微控制器菜单

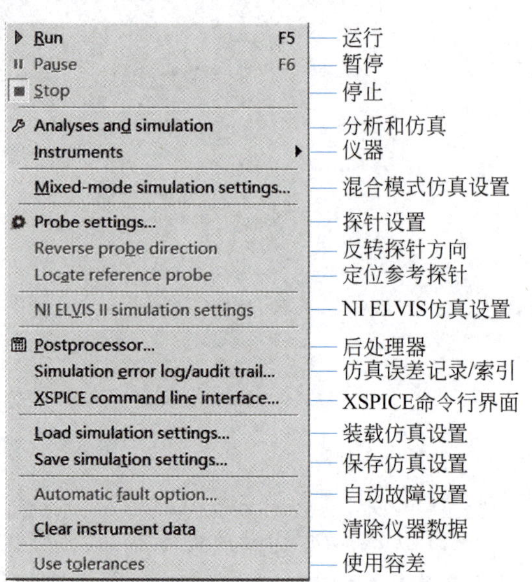

图 A2-8　仿真菜单

7）文件输出菜单

文件输出(Transfer)菜单用于将所搭建电路及分析结果传输给其他应用程序，如 PCB、MathCAD 和 Excel 等，各子菜单的功能如图 A2-9 所示。

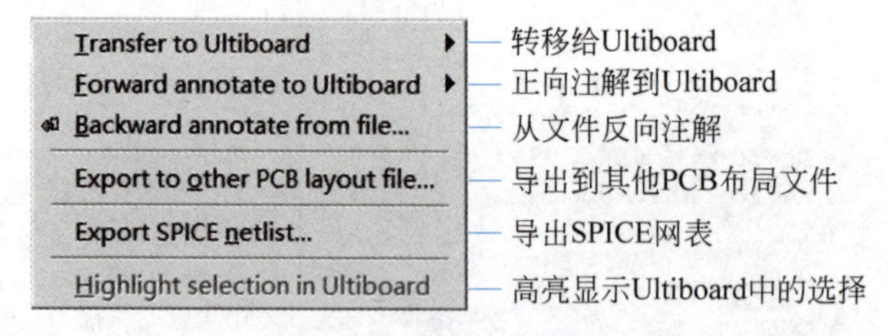

图 A2-9　文件输出菜单

8）工具菜单

工具(Tools)菜单用于创建、编辑、复制、删除元器件，可管理、更新元器件库等，各子菜单的功能如图 A2-10 所示。

9）报表菜单

报表(Reports)菜单包括与各种报表相关的选项，各子菜单的功能如图 A2-11 所示。

10）选项菜单

选项(Options)菜单可对程序的运行和界面进行设置，各子菜单的功能如图 A2-12 所示。

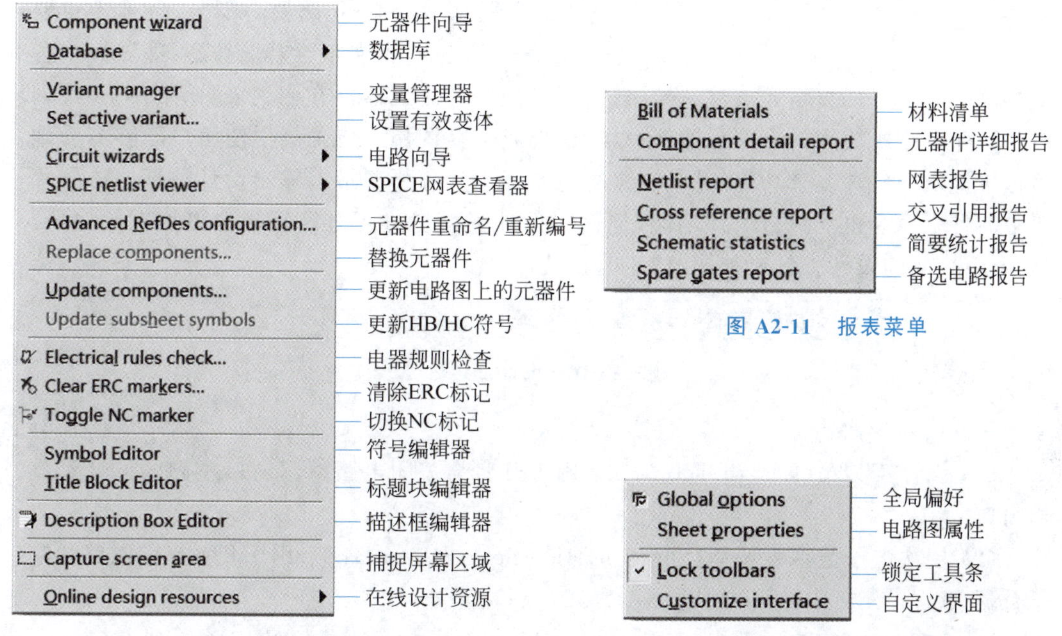

图 A2-11　报表菜单

图 A2-10　工具菜单

图 A2-12　选项菜单

11）窗口菜单

窗口(Window)菜单包括与窗口显示方式相关的选项，各子菜单的功能如图 A2-13 所示。

12）帮助菜单

帮助(Help)菜单提供帮助文件，按 F1 键也可获得帮助，各子菜单的功能如图 A2-14 所示。

图 A2-13　窗口菜单

图 A2-14　帮助菜单

2. 标准工具栏

标准工具栏如图 A2-15 所示，它包含了常用的基本按钮，与 Windows 的功能按钮基本相同，从左到右依次为：文件的创建、打开、保存、打印、预览、剪切、复制、粘贴、撤销、恢复。

图 A2-15　系统工具栏

3. 设计工具栏

设计工具栏是 Multisim 的核心部分，也称为主要工具栏，包含 Multisim 的一般性功能按钮，如界面中各个窗口的取舍、后处理、元器件向导、数据库管理器等。元器件在用列表(In Use List)列出了当前电路所使用的全部元器件，以供检查或重复调用。该工具栏使用户能够容易地运行所提供的各种复杂功能，进行电路的建立、仿真、分析并最终输出设计数据。虽然菜单中的各个命令也能执行设计功能，但使用设计工具栏进行电路设计会更加方便快捷。Multisim 14 的设计工具栏如图 A2-16 所示。

图 A2-16　设计工具栏

从左到右依次为：

(1) 设计工具箱(Design Toolbox)：用于开启与关闭电路编辑窗口左侧的设计工具箱窗口。

(2) 层次电子数据表按钮(Show or Hide Spreadsheet Bar)：用于开关当前电路的电子数据表。

(3) SPICE 网表查看器(SPICE Netlist Viewer)：用于查看 SPICE 网络列表。

(4) 图形编辑器/分析按钮(Grapher)：在出现的下拉菜单中选择将要进行的分析方法。

(5) 后分析按钮(Postprocessor)：用于进行对仿真结果的进一步操作。

(6) 层次项目按钮(Show or Hide the Design Toolbox)：用于显示或隐藏层次项目栏。

(7) 组件向导(Component Wizard)：用于将 SPICE 模型导入 Multisim 中。

(8) 数据库按钮(Database Manager)：可开启数据库管理对话框，对元件进行编辑。

(9)  --- In-Use List --- 当前使用中的所有元件的列表，通过下拉菜单显示当前电路窗口所使用的元件，可以选中列表中的某一元件并重复调用该元件到当前电路编辑窗口。

(10) 电气性能测试(Electrical Rules Checking)：用于检查电路连接的错误。

(11) 导入 Ultiboard(Transfer to Ultiboard)：用于把设计好的电路从 Multisim 转移到 Ultiboard 以进行 PCB 布局。

(12) 将 PCB 版图修正后反向标注到原理图(Back Annotate from Ultiboard)。

(13) 将原理图修正后前向标注到 PCB 版图(Forward Annotate)。

(14) 范例查找器(Find Examples)：通过使用关键词以及按照主题浏览，快速定位范例文件。

(15) 帮助(F1)：其功能等同于 Help 菜单栏中的帮助，可通过输入帮助主题查找信息。

4. 浏览工具栏

浏览工具栏(View Toolbar)包含了放大、缩小等调整显示窗口的按钮,如图 A2-17 所示。

图 A2-17 浏览工具栏

5. 元器件工具栏

元器件工具栏(Component Toolbar)实际上是用户在电路仿真中可以使用的所有元器件符号库,它与 Multisim 14 的元器件模型库对应,共有 18 个分类库,每个库中放置着同一类型的元器件。在取用其中的某一个元器件符号时,实质上是调用了该元器件的数学模型。元件工具栏是默认可见的,如果不可见,可单击设计工具栏的 Component 按钮,如图 A2-18 所示。

该工具栏从左到右依次为:电源/信号源库(Source)、基本元件库(Basic)、二极管库(Diode)、晶体管库(Transistor)、模拟元原件库(Analog)、TTL 元件库(TTL)、CMOS 元件库(CMOS)、混合数字元件库(Miscellaneous Digital)、模数混合元件库(Mixed)、指示器元件库(Indicator)、电源器件库(Power)、混合元件库(Miscellaneous)、高级外设器件库(Advanced Peripherals)、RF 射频元件库(RF-Components)、机电元件库(Electro-Mechanical)、NI 元器件库(NI Component)、接口元器件库(Connector)、微处理器元件库(MCU)、层次模块(Hierarchical Block)、总线(Bus)。

6. 仿真工具栏

仿真工具栏(Simulation Toolbar)提供了仿真和分析电路的快捷工具按钮,包括运行、暂停、停止和活动分析功能按钮,如图 A2-19 所示。

图 A2-18 元器件工具栏

图 A2-19 仿真工具栏

7. 探针工具栏

探针工具栏包含了在设计电路时放置各种探针的按钮,还能对探针进行设置,如图 A2-20 所示。

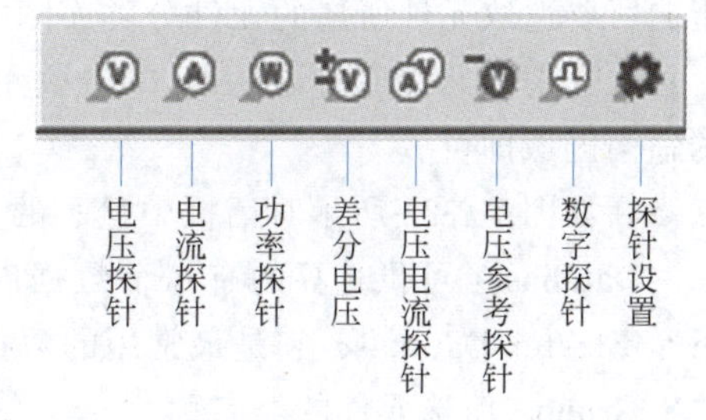

图 A2-20 探针工具栏

8. 仪器仪表栏

Multisim 14 提供了 21 种用来对电路工作状态进行测试的仪器、仪表,这些仪表的使用方法和外观与真实仪表相似。仪表工具栏是进行虚拟电子实验和电子设计仿真最快捷而又形象的特殊窗口。在仪器库中除为用户提供了实验室常用仪器仪表外,还有一类比较特殊的虚拟仪器——NI ELVIEmx 仪器,该仪器包含了 8 种实验室常用仪器,与 NI 公司的硬件——myDAQ 结合使用,可以通过 myDAQ 实现用 NI ELVIEmx 仪器测量实际的硬件电路,如图 A2-21 所示。

仪器仪表栏从上到下依次为万用表(Multimeter)、函数发生器(Function Generator)、功率计(Wattmeter)、双通道示波器(Oscilloscope)、四通道示波器(Four Channel

Oscilloscope)、波特图示仪(Bode Plotter)、频率计数器(Frequency Counter)、字发生器(Word Generator)、逻辑转换仪(Logic Converter)、逻辑分析仪(Logic Analyzer)、Ⅳ特性分析仪(Ⅳ-Analysis)、失真度分析仪(Distortion Analyzer)、频谱分析仪(Spectrum Analyzer)、网络分析仪(Network Analyzer)、安捷伦函数发生器(Agilent Function Generator)、安捷伦万用表(Agilent Multimeter)、逻辑转换器(Logic Converter)、安捷伦示波器(Agilent Oscilloscope)、Tektronix 示波器(Tektronix Oscilloscope)、NI ELVISmx 仪器、电流钳(Current Clamp)。为了操作方便,该工具栏一般是纵向排列并置于工作平台右侧,用户也可根据需要拖动到适当的位置。

图 A2-21 仪器仪表栏

9. 状态栏

一般位于窗口的最下方,用于显示当前操作的某些信息,同时也可以跟踪光标的轨迹并提示相关信息。

10. 电路编辑窗口

电路编辑窗口也称工作区或 Workspace,在该窗口中可进行电路的编辑、仿真分析及波形数据显示等一系列操作。

A.2.3 Multisim 14 电路设计与编辑的基本方法

A.2.3.1 创建电路

1. 元器件的操作

(1) 元件的选用:选取元件时,一般首先要知道该元件属于哪个元件库,然后将光标指向所要选取元件所属的元件分类库图标,即可找到该元件库,如图 A2-22 所示。

从选中的元件库对话框中,单击该元件,然后单击 OK 按钮,拖曳元件到电路工作区的适当区域即可。

在如图 A2-22 所示对话框中显示的所选元件的相关资料说明如下。

Database:可供选择的有 3 个数据库。根据需要选择某一层次的数据库,默认情况下是 Master Database,它是最常用的数据库。

Group:所选元件的类名称。

Family:所选元件类所包含的元件序列名称,也可称为分类库。

Component:分类库中所包含的元件名称列表。

(2) 元件的移动:单击选中某个元件或者选中一组元件进行拖曳即可移动该元件,元件被移动后,与其相连接的导线会自动重新排列。

(3) 元件的旋转、反转、复制和删除:先选中元件,然后右击选择相应操作或者利用菜单栏中的按钮进行操作。

(4) 元件的参数设置:选中元件后,双击该元件,在弹出的对话框中设定元件的标签(Label)、显示(Display)、数值(Value)和故障设置(Fault)等特性。

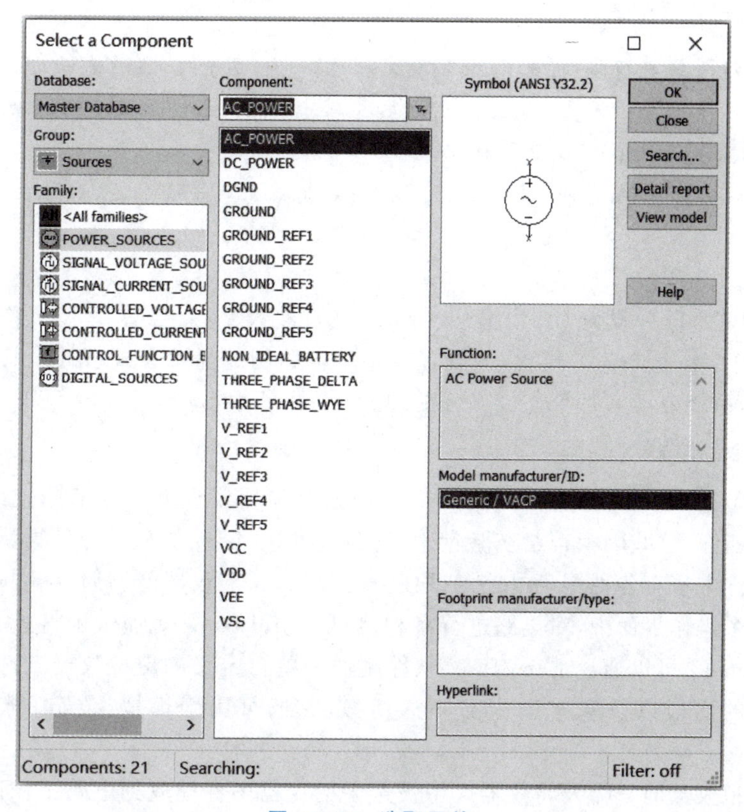

图 A2-22　选取元件

注意：

① 元件的各种特性参数的设置可通过双击元件弹出的对话框进行；

② 元件编号(Reference ID)通常由系统自动分配，必要时可以修改，但必须保证编号的唯一性；

③ 故障(Fault)选项可供人为设置元器件的隐含故障，包括开路(Open)、短路(Short)、漏电(Leakage)、无故障(None)等设置。

2. 导线的操作

在 Multisim 中线路的连接非常方便，一般有以下两种连接情况：

(1) 两元件之间的连接。只要将光标指针移近所要连接的元件引脚一端，光标指针自动变为一个小红点。单击并拖曳指针至另一元件的引脚，在出现一个小红点时单击，系统会自动连接这两个引脚之间的线路。

(2) 元件与某一线路的中间连接。从元件引脚开始，指针指向该引脚并单击，然后拖曳到所要连接的线路上再单击，系统不但自动连接这两个点，同时在所连接线路的交叉点上自动放置一个连接点。

另外，除了上述情况外，对于两条线交叉的情况，不会产生连接点，即两条交叉线并不相连接。

注意：

① 如果对导线进行编辑，如删除或改变颜色，可选定导线，然后右击进行编辑。

② 连接点是一个小圆点，存放在无源元件库中，一个连接点最多可以连接来自 4 个方向的导线，而且连接点可以赋予标识。

③ 向电路中插入元器件，可直接将元器件拖曳放置到导线上，然后释放，即可插入电路中。

3. 电路图选项的设置

Option 对话框可设置标识、编号、数值、模型参数、节点号等显示方式及有关栅格(Grid)、显示字体(Fonts)的设置，该设置对整个电路图的显示方式有效。其中节点号是连接电路时，系统自动为每个连接点分配的。

A.2.3.2 仪器的使用

实际实验过程中要使用各种仪器仪表，而这些仪器仪表大部分都比较昂贵，并且存在损坏的可能性，这些因素都给实验带来了困难。Multisim 仿真软件最具特色的功能之一便是该软件中带有各种用于电路测试任务的仪器，这些仪器能够逼真地与电路原理图放置在同一个操作界面中，对电路进行各种测试。Multisim 14 提供了将近 20 种虚拟仪器。Multisim 14 可以通过 LabVIEW 软件制作一些自定义的虚拟仪器。这些虚拟仪器与显示仪器的面板以及基本操作都非常相似，它们可用于模拟、数字、射频等电路的测试。

使用虚拟仪器时只需要将仪器库中被选中的仪器图标拖放到电路工作区中，然后将仪器图标中的连接端与相应电路的连接点相连。

设置仪器参数时，双击仪器图标，便会打开仪器面板。进行对话框的数据设置可操作仪器面板上的按钮和参数。例如要调整参数时，可根据测量或者观察结果改变仪器参数的设置。下面介绍几种最为常用的仪器。

1. 电压表和电流表

电压表和电流表是最常用的基本仪表。使用时从指示器按钮(Indicator)中选取。通过旋转操作可以改变其引出线的方向，双击电压表或电流表可以弹出对话框以设置参数。

2. 数字万用表

数字万用表又称数字多用表，与实验室中使用的数字万用表一样，是一种比较常用的仪器。该仪器能够完成交直流电压、交直流电流、电阻及电路中两点之间的分贝(dB)损耗的测量。与实际万用表相比，其优势在于能够自动调整量程。图 A2-23 为数字万用表的图标和操作界面。图中的＋、－两个端子用来与待测设备端点相连。与待测设备连接时要注意：

(1) 在测量电阻和电压时，应与待测的元器件并联。

(2) 在测量电流时，应串联在待测电路中。

数字万用表的具体使用步骤如下：

(1) 单击数字万用表工具栏按钮，将其图标放置在电路工作区中，双击图标打开仪器。

(2) 按照要求将仪器与电路相连接，并从界面中选择测量所用的选项(选择测量电压、电流或电阻等)。另外，如图 A2-23 所示，单击按钮 ~ ，表示选择测量交流，其测量值为有效值(Root Mean Square，RMS)；单击按钮 — ，表示选择测量直流，若使用该项来测量交流，则它的测量值为实际交流值的平均；按钮 Set... 用来对万用表的内部参数进行设置，单击该按钮将出现如图 A2-24 所示的对话框。

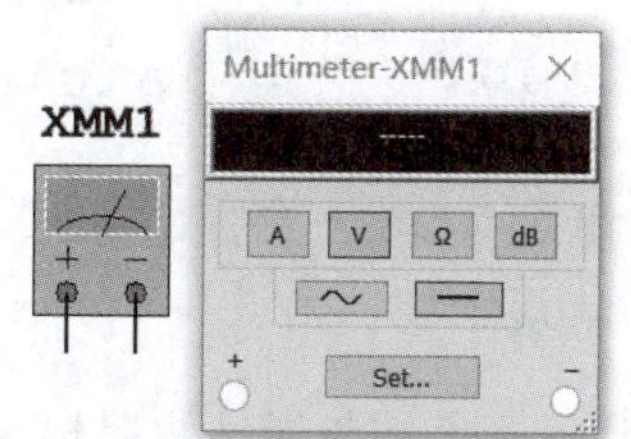

图 A2-23　数字万用表的图标与面板

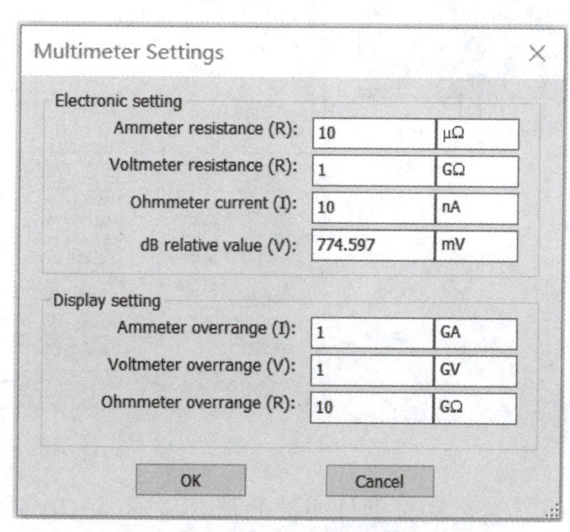

图 A2-24　万用表设置

设置窗口的 Electronic setting 说明如下。

① Ammeter resistance(R)：用于设置与电流表并联的内阻，该阻值的大小会影响电流的测量精度。

② Voltmeter resistance(R)：用于设置与电压表串联的内阻，该阻值大小会影响电压的测量精度。

③ Ohmmeter current(I)：用欧姆表测量时流过该表的电流值。

设置窗口的 Display setting 区说明如下。

① Ammeter overrange(I)：表示电流表的测量范围。

② Voltmeter overrange(V)：表示电压表的测量范围。

③ Ohmmeter overrange(R)：表示欧姆表的测量范围。

3. 示波器

Multisim 14 提供了两种示波器：双通道示波器(或称为双踪示波器)和四通道示波器。

(1) 双通道示波器图标和面板如图 A2-25 所示。

该仪器的图标上共有 6 个端子，分别为 A 通道的正负端、B 通道的正负端和外触发的正负端，连接时要注意它与显示仪器的不同。

① A、B 两个通道的正端分别只需要一根导线与待测点相连，测量的是该点与地之间的波形。

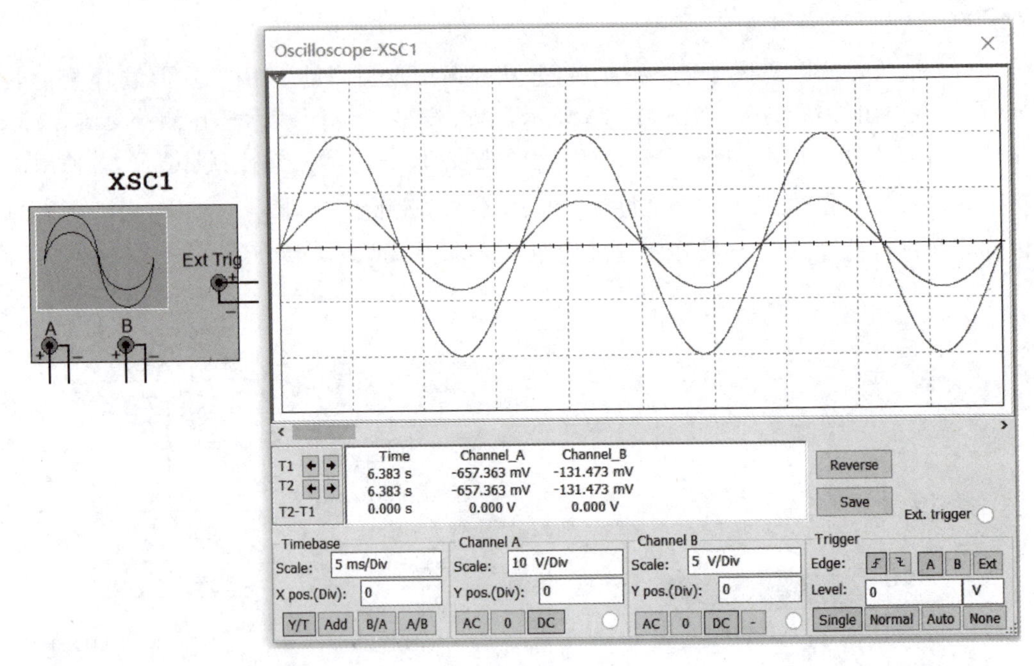

图 A2-25　双踪示波器的图标和面板

② 若需测量器件两端的信号波形，只需将 A 或 B 通道正负端与器件两端相连即可。

双通道示波器具体使用步骤如下：

① 单击双通道示波器工具栏按钮，将其图标放置在电路工作区中，双击图标打开仪器。

② 按照要求选择仪器与电路的连接方式。

双通道示波器的操作界面介绍如下：

① 仪器的上方有一个比较大的长方形区域为测量结果显示区。

② 单击左右箭头按钮 T1 ←→ 可改变垂直光标 1 的位置。

③ 单击左右箭头按钮 T2 ←→ 可改变垂直光标 2 的位置。

④ Reverse ：改变结果显示区的背景颜色（黑和白之间转换）。

⑤ Save ：以 ASCII 文件形式保存扫描数据。

（2）四通道示波器是 Multisim 14 中新增加的一种仪器，其图标和面板如图 A2-26 所示。它的使用方法与双通道示波器相似，但存在以下不同点：

① 将信号输入通道由 A、B 2 个增加到 A、B、C、D 4 个。

② 在设置各个通道 Y 轴输入信号的标度时，通过单击图 A2-27 中所示的通道选择按钮来选择要设置的通道。

③ 按钮 A+B> 相当于两通道信号中的 Add 按钮，即 X 轴按设置时间进行扫描，而 Y 轴方向显示 A、B 通道的输入信号之和。

④ 右击 A/B 按钮和 A+B 按钮后，出现如图 A2-28 所示的各通道运算方法选项集合。

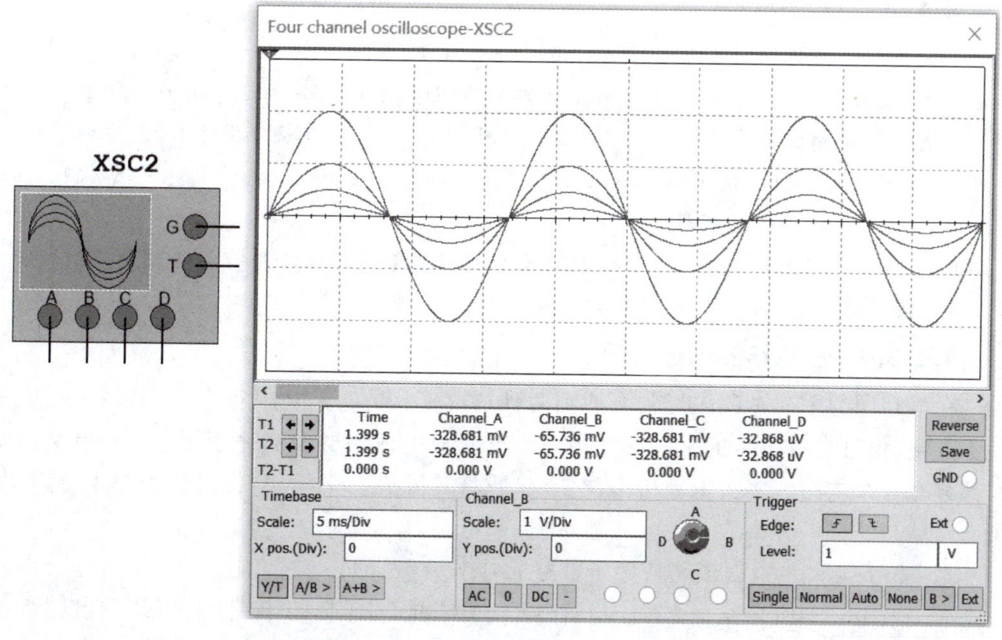

图 A2-26 四通道示波器的图标和面板

⑤ 右击 A 按钮，进行内部触发参考通道选择，如图 A2-29 所示。

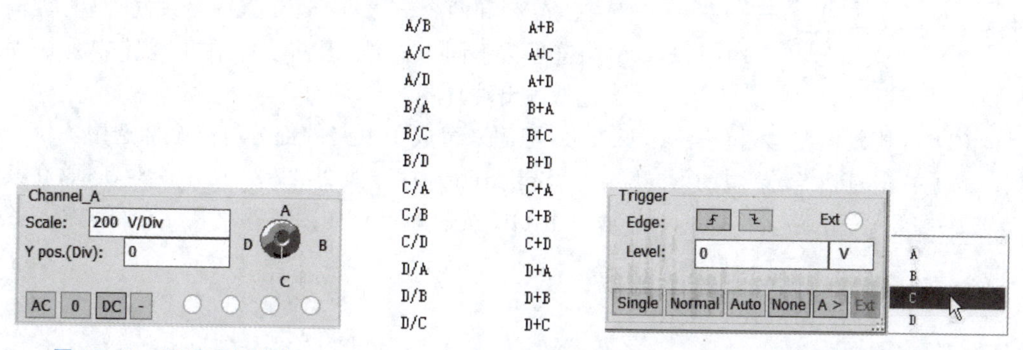

图 A2-27 通道选择按钮　图 A2-28 各通道运算方法选项集合　图 A2-29 内部触发参考通道选择

A.2.3.3 元器件库和元器件的创建与删除

在 Multisim 14 中可以通过以下方法编辑元器件。

(1) Create Component Wizard：用于创建和编辑新的元器件。

(2) Component Properties 对话框：用于编辑已有元器件，可通过 Database Manager 对话框打开该对话框。

Multisim 14 可以修改存储在 Multisim 元件库中的任何元器件，可以很容易地复制元器件信息或只改变封装细节而创建一个新的元器件，也可以创建自己的元器件并将它放进相应的数据库。当然，不可以编辑 Master Database(主数据库)，但是可以将其复制到 Corporate 或 User 数据库，然后修改它。

注意：

（1）建议尽可能修改一个已有的、相似的元器件，而不是创建一个新的元器件。

（2）存储在元件库中的每个元件都包括以下几类信息：General information（一般信息）、Symbol（符号编辑）、Model（元件模型）、Pin model（仿真时，用于描述引脚参数）、Footprint（封装引脚）、Electronic parameters of the component（元件的电气参数）、User fields（用于进一步定义元器件）。

（3）若修改了 Master Database 中的某个元器件信息，则只能将其存储到 Corporate 或 User 数据库，以防止 Master Database 受到影响。

A.2.3.4 子电路的创建与调用

在电路图的创建过程中经常会遇到两种情况：一是电路规模很大，全部显示在屏幕上不方便，但可先将电路的某一部分用一个框图加上适当的引脚来表示；二是电路的某一部分在一个电路或多个电路中多次使用，若将其圈成一个模块，使用起来将十分方便，子电路就是这样一种模块。

在 Multisim 14 中创建与使用子电路的基本步骤如下。

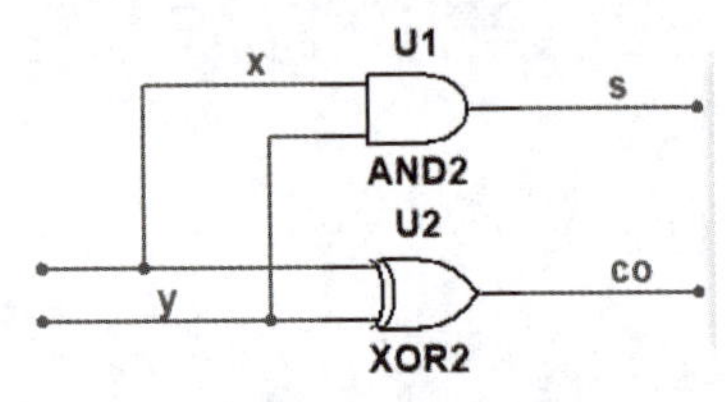

图 A2-30 半加器电路

（1）建立子电路部分的电路图，与其余电路部分相连接的端子上必须连接输入/输出端符号。如图 A2-30 所示为一个半加器电路，其中包括两个输入点（X 和 Y）和两个输出点（S 和 CO）。（注意：输入/输出端符号按不同方向放置，将决定在子电路中是输入端还是输出端）。

（2）按住鼠标左键，拉出一个长方形，把用来组成子电路的部分电路全部选中。

（3）右击，启动菜单中的 Replace by Subcircuit，打开如图 A2-31 所示的对话框，在其编辑栏中输入子电路名称，如 BanJia，单击 OK 按钮即得到如图 A2-32 所示的子电路。

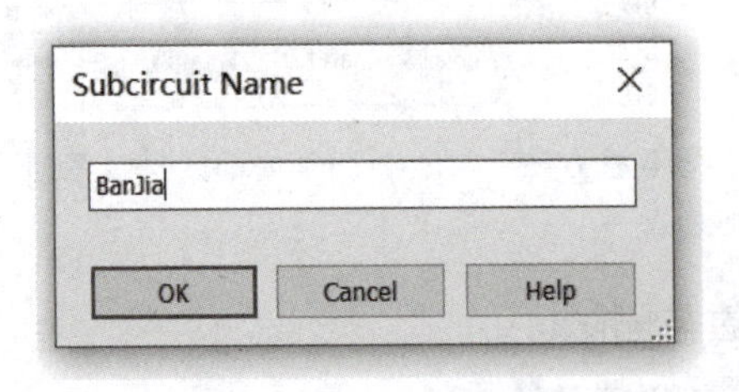

图 A2-31 子电路命名

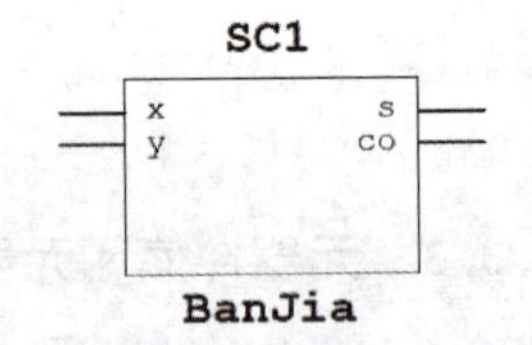

图 A2-32 创建子电路

（4）取出子电路，移至适当位置后，双击则出现如图 A2-33 所示的对话框，可在 RefDes 栏内输入该子电路的序号，若单击 Edit HB/SC 按钮，则可进入该子电路中重新编辑。

（5）调用子电路。单击 Place/New Subcircuit 命令或使用 Ctrl＋B 快捷键操作，出现如图 A2-31 所示的对话框，输入子电路名称，如 BanJia，即可在电路中放置该子电路的方块图。

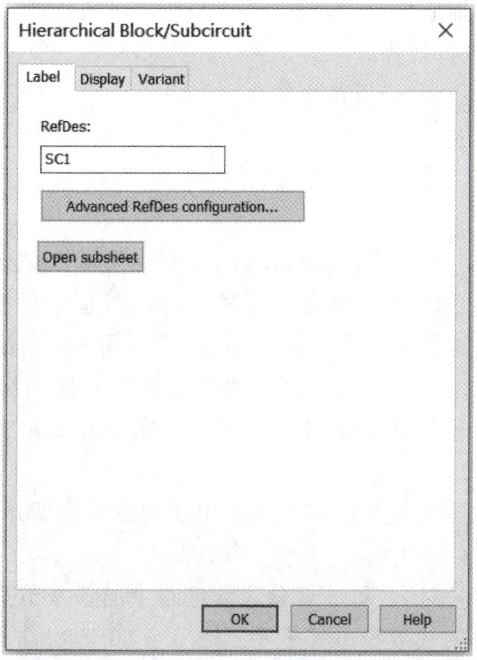

Hierarchical Block/Subcircuit
Label Display Variant
RefDes:
SC1
Advanced RefDes configuration...
Open subsheet
OK Cancel Help

图 A2-33　子电路设置

注意：这个子电路方块图就像是一般的电路组件，在电路图编辑时可类似元件的处理，但不能翻转和更改属性。在同一个电路中可以使用多个相同或不同的子电路。

A.2.3.5　帮助功能的使用

Multisim 14 提供了丰富的帮助功能，选择 Multisim Help 命令可调用和查阅有关的帮助内容。对于某一元器件或仪器，选中该对象，然后按 F1 键或单击工具栏的“Help”按钮，即可弹出与该对象相关的帮助内容。

A.2.3.6　基本分析方法

Multisim 14 提供了 19 种分析功能：直流工作点分析、交流分析、瞬态分析、傅里叶分析、噪声分析、失真分析、直流扫描分析、灵敏度分析、参数扫描分析、温度扫描分析、零-极点分析、传递函数分析、最坏情况分析、蒙特卡罗分析、线宽分析、批处理分析、用户自定义分析、噪声系数分析以及射频分析，这些分析工具可以对电路进行全面系统的分析。例如，直流工作点分析是在电路中电容开路和电感短路的情况下计算电路的静态工作点，它通常是对电路进一步分析的基础；交流分析是分析电路的频率特性；傅里叶分析用于分析一个时域信号的直流分量、基频分量和谐波分量；噪声分析用于分析噪声对电路的影响。

总之，应用 Multisim 14 进行仿真操作简单易学，对某一具体电路的仿真步骤可概括如下。

(1) 根据原理图放置元器件。

(2) 放置仪器仪表在需要观测的地方。

(3) 连接导线(注意接地)。

(4) 单击仿真开关进行仿真。

(5) 利用仪器仪表观察和分析仿真结果。

A.3 Multisim 电路设计与仿真实例①

Multisim 可以十分方便地进行电路设计,并利用分析工具对所设计的电路进行仿真,测试电路的有效性、可靠性和功能。同时也可以对理论的推导结果进行对比和验证。在电路设计和仿真过程中需要注意的是,虽然利用 Multisim 进行仿真时元件值可以任意设定,但若设计的是实际电路,则需要考虑实际元件的标称值,否则无法起到验证实际电路功能的目的。下面通过多个实例来介绍 Multisim 在电路仿真分析方面的应用。

【例 3-1】 基尔霍夫电流定律和基尔霍夫电压定律的仿真分析。

1. 理论知识

基尔霍夫电流定律(KCL):对于集总参数电路中的任一节点,在任一时刻,流出(或流入)该节点的所有电流的代数和恒等于零。

基尔霍夫电压定律(KVL):对于集总参数电路中的任一回路,在任一时刻,所有支路电压的代数和恒等于零。

2. Multisim 仿真

所搭建的测试电路如图 A3-1-1 和图 A3-1-2 所示。

(1) 由图 A3-1-1 中电流表的读数可知:对于节点 5 而言 $i_1+i_2=i_3$,即符合基尔霍夫电流定律。

(2) 由图 A3-1-2 中各电压表的读数可知:

回路 1(图中的外围回路):$u_1+u_2+v_1+v_2=0$;

回路 2:$u_1+v_1+u_3=0$;

回路 3:$u_2+v_2+u_3=0$;

即各回路均符合基尔霍夫电压定律。

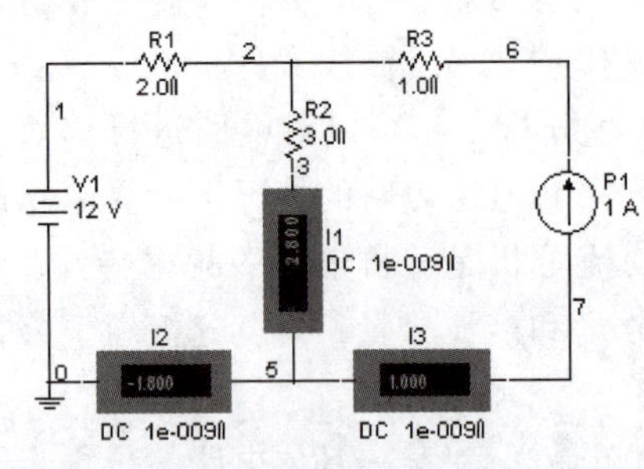

图 A3-1-1 KCL 定律仿真电路

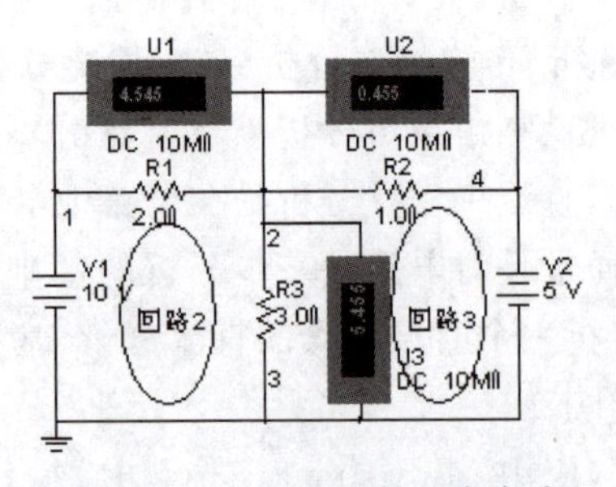

图 A3-1-2 KVL 定律仿真电路

① 为了便于兼容,部分实例采用了 Multisim 9 的符号或界面。

【例 3-2】 叠加定理的仿真分析。

1. 理论知识

线性电路中，各激励分别在任一元件上产生的响应的代数和，等于所有激励共同作用时在该元件上产生的响应，这就是叠加定理。

2. Multisim 仿真

叠加定理是电路理论中一个很重要的定理，可利用 Multisim 来验证。

以图 A3-2-1 所示电路为例，利用叠加定理求解电压源、电流源共同作用下 R_2 两端的电压。

首先，测量电压源 V_1 单独作用时 R_2 两端的电压值。此时应将电流源开路，在指示器按钮中取出电压表，电路连接如图 A3-2-2 所示。启动仿真开关，测得电压值为 $V'_{R_2}=4V$。

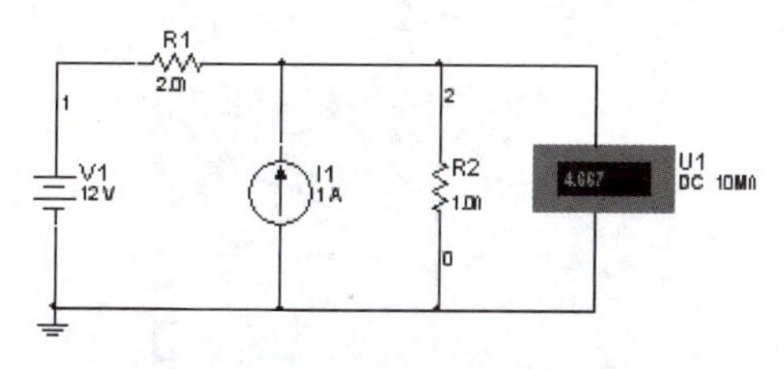

图 A3-2-1 叠加定理应用图

其次，测量电流源 I_1 单独作用时 R_2 两端的电压值，此时应将电压源短路，取出电压表，电路连接如图 A3-2-3 所示。启动仿真开关，测得电压值为 $V''_{R_2}=0.667V$。

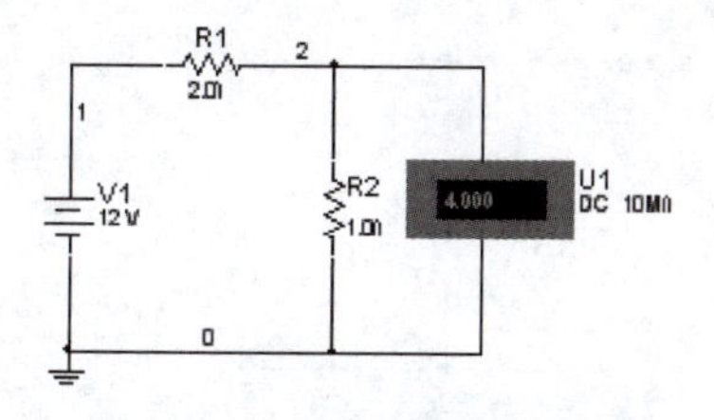

图 A3-2-2 电压源单独作用

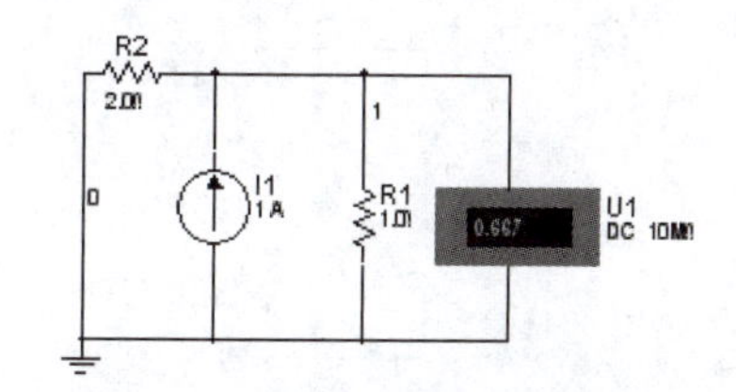

图 A3-2-3 电流源单独作用

最后，测量电压源、电流源共同作用时 R_2 两端的电压，等效电路如图 A3-2-1 所示，启动仿真开关，电压表的读数为 $V_{R_2}=4.667V$。

由以上测试数据可知，$V_{R_2}=V'_{R_2}+V''_{R_2}$，即验证了叠加定理。

【例 3-3】 戴维南定理与诺顿定理的仿真分析。

1. 理论知识

对于同一个线性电阻性有源二端网络而言，戴维南等效电路和诺顿等效电路的电阻 R_{eq} 相等，而激励之间存在关系：$R_{eq}=U_{oc}/I_{sc}$。也就是说，若线性有源二端网络仅由电阻元件、受控源和独立源构成，则无论通过计算或测量，求得有源二端网络的开路电压和短路电流，即可确定此网络的戴维南等效电路和诺顿等效电路。

2. Multisim 仿真

已知电路图和相应的 Multisim 仿真电路如图 A3-3-1 所示，下面用实验的方式求待测电路的戴维南等效电路和诺顿等效电路。

首先在端口“0，3”两端接一直流电压表，测量该有源二端网络的开路电压，测量结果为 $U_{oc}=35V$（如图 A3-3-2 所示）。然后将电压表转换为直流电流表，测量该有源二端网络的短路电流，测量结果为 $I_{sc}=14mA$（如图 A3-3-3 所示）。因此，等效电阻 $R_{eq}=U_{oc}/$

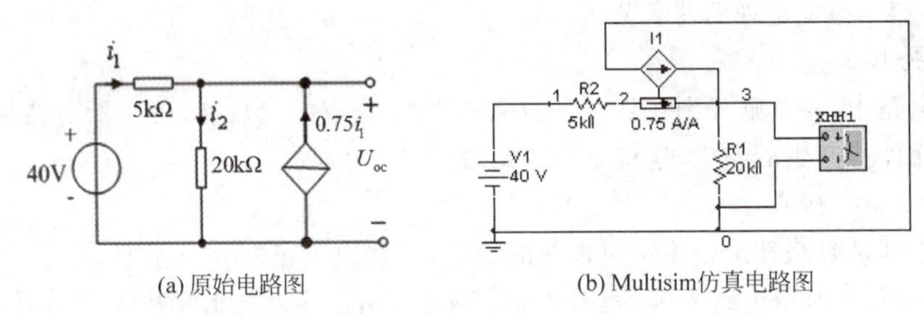

图 A3-3-1　戴维南定理和诺顿定理的仿真电路

$I_{sc}=(35/0.014)\text{k}\Omega=2.5\text{k}\Omega$。

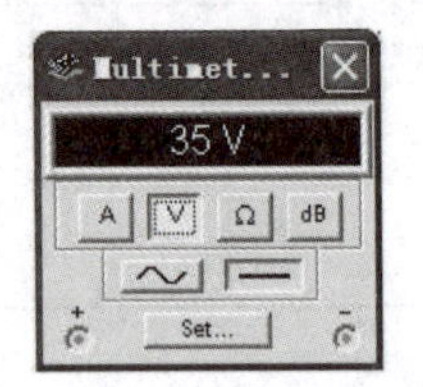

图 A3-3-2　开路电压值

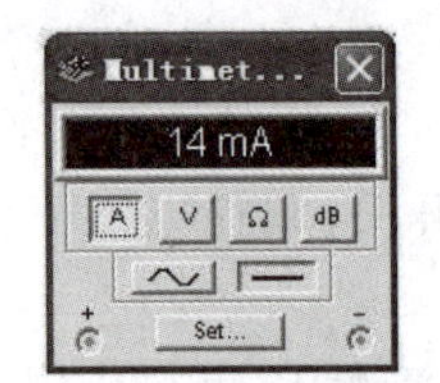

图 A3-3-3　短路电流值

由此可画出戴维南等效电路和诺顿等效电路如图 A3-3-4 所示。

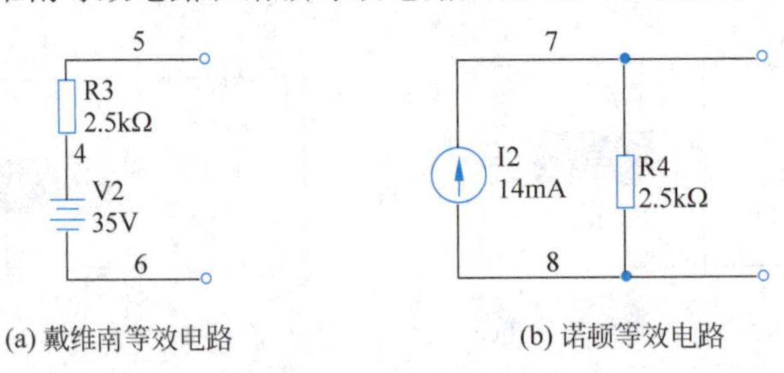

图 A3-3-4　戴维南和诺顿等效电路

【例 3-4】　*RC* 电路零输入响应的仿真分析。

1. 理论知识

在无输入激励的情况下，仅由动态元件原始储能引起的响应称为零输入响应。此时，电路中没有任何独立源，电路的动态过程体现为动态元件通过电阻、受控源等耗能元件构成的回路进行电磁能量释放。

如图 A3-4-1 所示电路，开关长期置于位置 1 上，若在 $t=0$ 时把它合到位置 2 上，试求电容器 C 上的电压 $U_C(t)$ 及放电电流 $i(t)$，已知 $R_1=1\text{k}\Omega$，$R_2=2\text{k}\Omega$，$R_3=3\text{k}\Omega$，$C=1\mu\text{F}$，电流源 $I=3\text{mA}$。

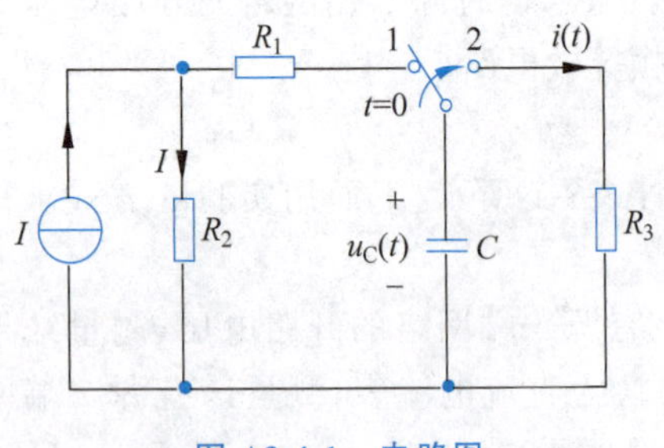

图 A3-4-1　电路图

2. 分析计算

解法一： 理论分析法。

由电路理论可知：对于仅包含一个动态元件的一阶电路，无论是 *RC* 电路，还是 *RL* 电路，其零输入响应均可表示为统一的表达形式：

$$零输入响应=初始值\times e^{-\frac{t}{\tau}},\quad t\geqslant 0_+$$

因此,为求解零输入响应,仅需求出相应电路变量的初始值和电路时间常数 τ 即可。具体求解过程可归纳为三个步骤:

(1) 根据电路模型、元件属性和原始状态确定待求电路变量的初始值。

(2) 根据换路后的电路模型确定电路的时间常数 τ。

(3) 根据上述公式写出零输入响应。

具体计算步骤如下。

(1) 由 $t=0_-$ 时的电路求 $u_C(0_-)$,此时电容 C 开路,所以

$$u_C(0_-)=IR_2=3\times 2\text{V}=6\text{V}$$

由换路定则可得

$$u_C(0_+)=6\text{V}$$

(2) $t=0_+$ 时,C 通过 R_3 放电:

$$\tau=R_3C=3\times 10^3\times 1\times 10^{-6}\text{s}=3\times 10^{-3}\text{s}$$

(3) 零输入响应为

$$u_C(t)=6e^{-\frac{t}{\tau}}=6e^{-\frac{1}{3}\times 10^3 t}\ \text{V},\quad t\geqslant 0_+$$

$$i(t)=-C\frac{du_C}{dt}=\frac{U}{R}e^{-\frac{t}{\tau}}=2\times e^{-\frac{1}{3}\times 10^3 t}\ \text{A},\quad t\geqslant 0_+$$

解法二:Multisim 仿真分析法。

作出本电路的 Multisim 仿真电路,如图 A3-4-2 所示。

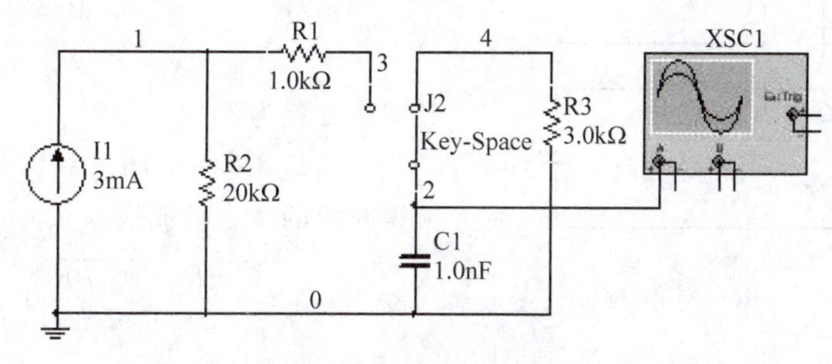

图 A3-4-2 仿真电路

在原电路图上添加双踪示波器,在节点“2”测量电压变化情况。双击示波器图标,启动仿真,再反复按下空格键,使按键“J2”反复地打开和闭合,这样就会在示波器的屏幕上观察到图 A3-4-3 所示的输出波形,即电容充放电的波形。

由理论知识可知,放电时间 $t=\tau$ 时,电容电压 u_C 衰减到初始值 U_0 的 36.8%,放电时间 $t=3\tau$ 时,电容电压 u_C 衰减到初始值 U_0 的 5%,由图中波形可知,放电时电容电压呈 e 指数规律变化,其中电压初始值 $u_C(0_+)=6\text{V}$,$\tau=3\text{ms}$,$u_C(t)=6e^{-\frac{t}{\tau}}=6e^{-\frac{1}{3}\times 10^3 t}\ \text{V}$,实验数据与理论结果基本相符。

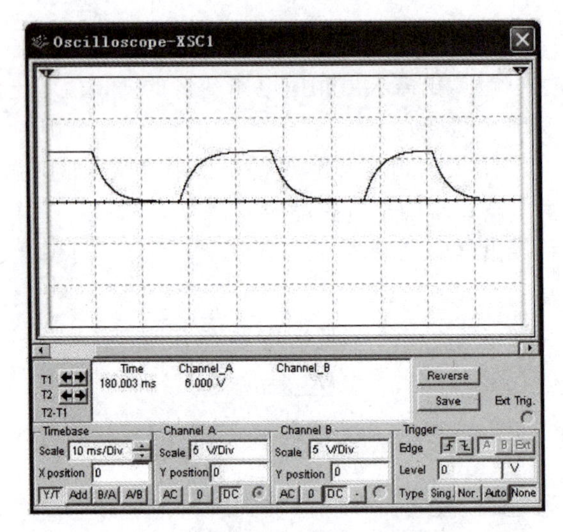

图 A3-4-3 电容充放电波形

【例 3-5】 *RLC* 串联电路零输入响应的仿真分析。

已知 $R=1.8\text{k}\Omega$，$L=2\text{mH}$，$C=3\text{nF}$，将三者串联起来后，加上 $U_S=2\text{V}$，$T=80\mu\text{s}$（即 $f=12500\text{Hz}$）的方波激励，计算并观察 $u_C(t)$。电路如图 A3-5-1 所示。

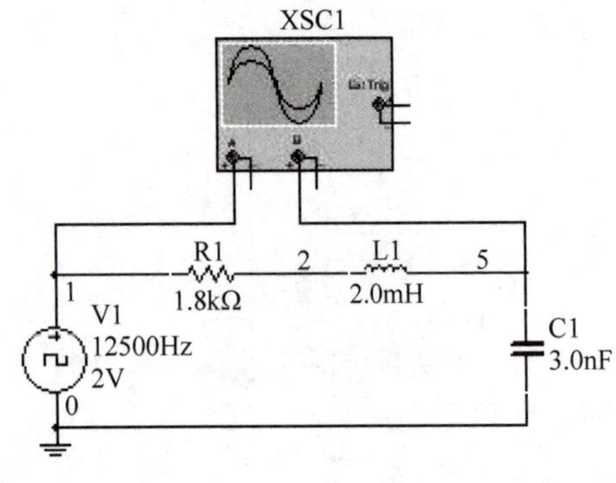

图 A3-5-1 *RLC* 串联电路

解法一：理论分析法。

由理论知识可得电路的微分方程为

$$LC\frac{\text{d}^2u_C(t)}{\text{d}t^2}+RC\frac{\text{d}u_C(t)}{\text{d}t}+u_C(t)=0 \tag{2-5-1}$$

其特征方程为

$$LCs^2+RCs+1=0$$

解得对应的 2 个特征根：

$$s_{1,2}=-\frac{R}{2L}\pm\sqrt{\left(\frac{R}{2L}\right)^2-\frac{1}{LC}}$$

特征根的取值取决于 R、L、C 的取值，定义 $R_d=2\sqrt{\frac{L}{C}}$ 为 *RLC* 串联电路的阻尼电阻，则 $R>R_d$ 时，称为过阻尼状态；$R<R_d$ 时，称为欠阻尼状态；$R=R_d$ 时，称为临界阻尼状态。

该例中 $R_d=2\sqrt{\frac{L}{C}}=1.633\text{k}\Omega$，而 $R=1.8\text{k}\Omega$，$R>R_d$，所以为过阻尼状态。

此状态下，特征根 s_1、s_2 互不相等，且均为负实数。齐次微分方程的通解可以表示为如下形式：

$$u_C(t)=A_1\text{e}^{s_1t}+A_2\text{e}^{s_2t},\quad t\geqslant 0_+$$

解法二：Multisim 仿真分析法。

在原电路中加入一双踪示波器(A 接电源，B 接电容)。从示波器上观察到的波形如图 A3-5-2 所示。

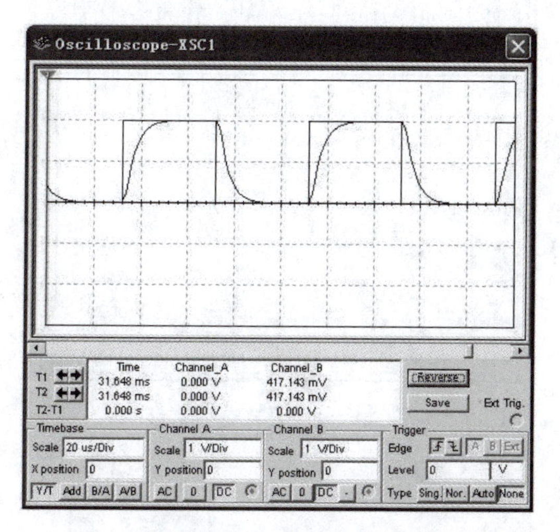

图 A3-5-2　过阻尼状态

注意：

(1) 如果将此题中的电阻改为 $R=300\Omega$，此时 $R<R_d$，为欠阻尼状态。零输入波形如图 A3-5-3 所示。

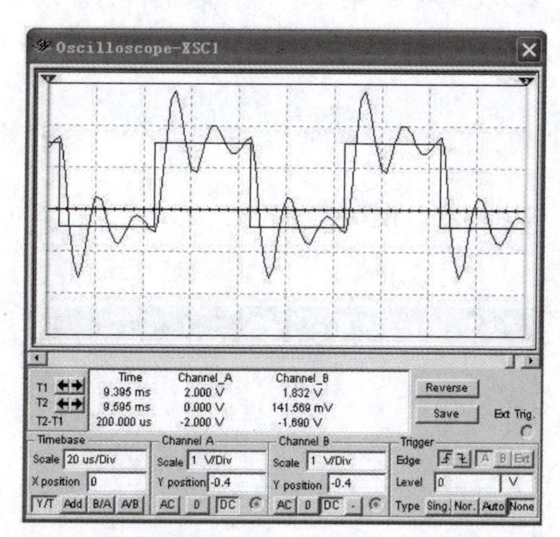

图 A3-5-3　欠阻尼状态

(2) 如果将此题中的电阻改为 $R=0\Omega$，将会出现等幅振荡，如图 A3-5-4 所示。

【例 3-6】 *RLC* 并联电路阶跃响应的仿真分析。

如图 A3-6-1 所示的 *RLC* 并联电路，求以 u_C 和 i_L 为输出时的阶跃响应。

首先，求 u_C 的阶跃响应，构建测试电路如图 A3-6-2 所示，其中 XFG1 是函数信号发生器，其设置如图 A3-6-3 所示。

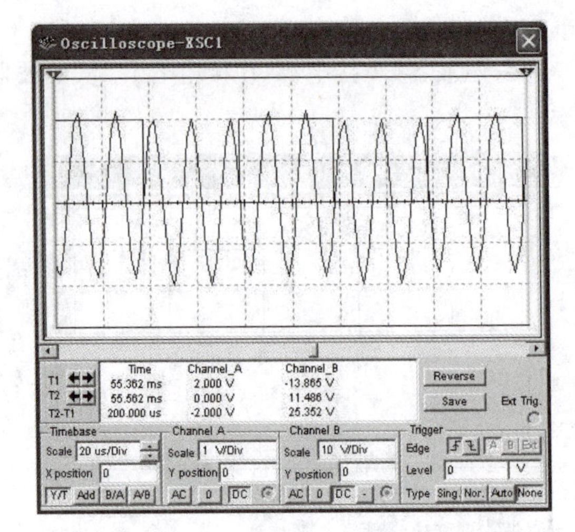

图 A3-5-4 等幅振荡波形

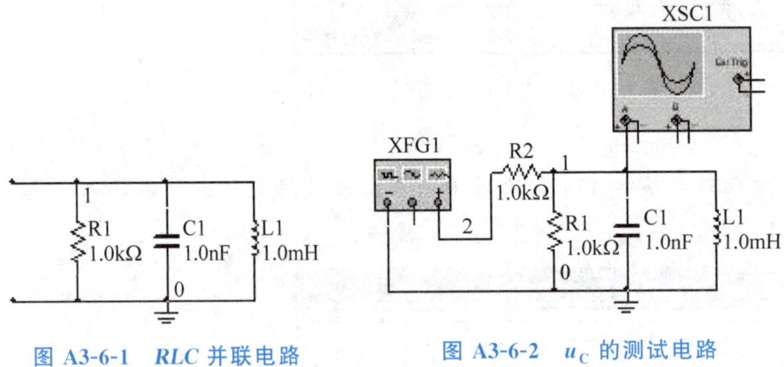

图 A3-6-1 *RLC* 并联电路

图 A3-6-2 u_C 的测试电路

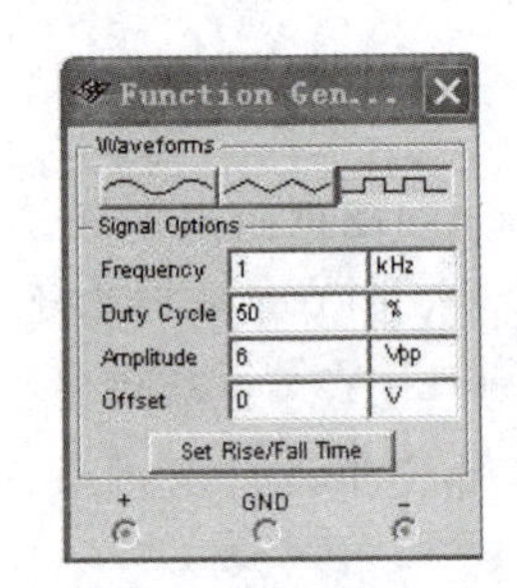

图 A3-6-3 函数信号发生器设置

对示波器进行相应设置，然后按动仿真开关，在示波器上显示出 u_C 的阶跃响应如图 A3-6-4 所示。

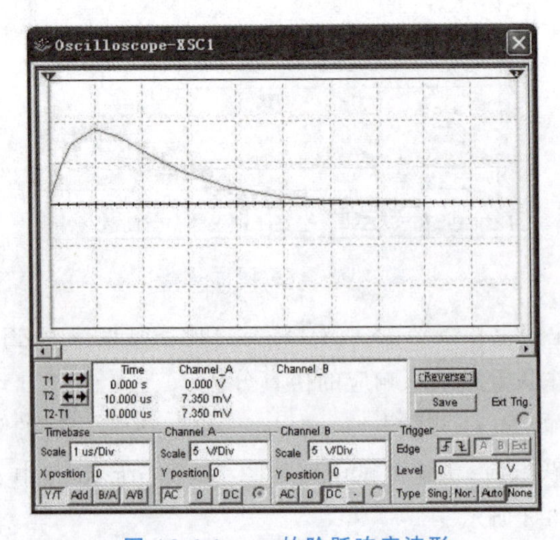

图 A3-6-4 u_C 的阶跃响应波形

然后，求 i_L 为输出时的阶跃响应。因为示波器只能显示电压波形，所以在测量 i_L 时，需要将电流分量转换为电压分量，只要在电感上串联一个很小的电阻即可，示波器接到电阻端，此时显示的即为 i_L 的波形，测试电路如图 A3-6-5 所示。

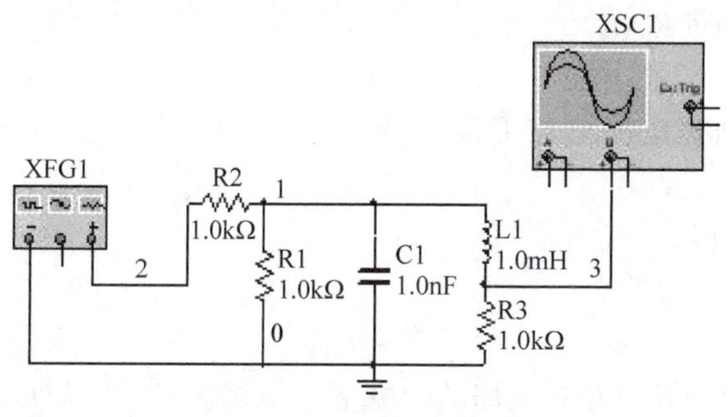

图 A3-6-5 i_L 的测试电路

打开示波器的面板，进行如下设置，按动仿真开关，在示波器上就会显示出 i_L 的阶跃响应的波形，如图 A3-6-6 所示。

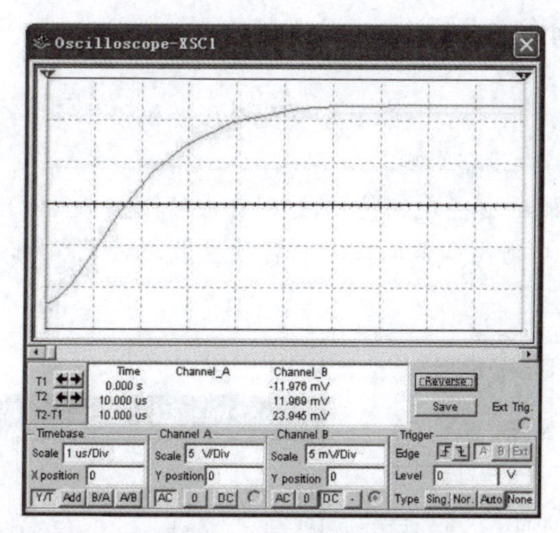

图 A3-6-6 i_L 的阶跃响应波形

【例 3-7】 *RLC* 串联谐振电路的仿真分析。

RLC 串联谐振电路如图 A3-7-1 所示，已知 $L=100\text{mH}$，$C=240\text{nF}$，$R=510\Omega$，外加交流电压源的幅值为 1V，频率为 1000Hz，求电路的谐振频率 f_0，品质因数 Q 和串联谐振电路的带宽 f_{BW}。

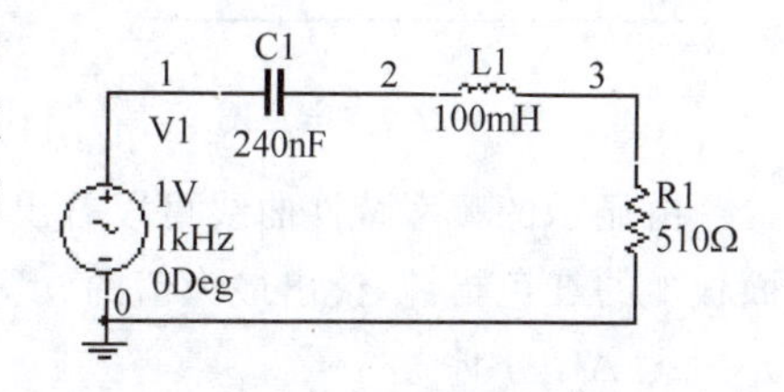

图 A3-7-1 电路图

解法一：理论分析法。

由电路理论可知，当 *RLC* 串联电路发生谐振时，谐振角频率

$$\omega_0=\frac{1}{\sqrt{LC}}=\frac{1}{\sqrt{100\times10^{-3}\times240\times10^{-9}}}\text{rad/s}\approx6424\text{rad/s}$$

谐振频率

$$f_0=\frac{\omega_0}{2\pi}=\frac{6424}{2\times 3.14}\text{kHz}\approx 1.023\text{kHz}$$

串联谐振电路的带宽

$$f_{BW}=f_H-f_L$$

式中，f_H 和 f_L 分别是电路电流下降为峰值的 0.707 倍（-3dB）时所对应的上下限频率。

品质因数 Q 的计算公式为

$$Q=\frac{f_0}{f_{BW}}$$

由于通过理论计算串联谐振电路的带宽 f_{BW} 比较复杂，所以可以通过测定谐振电路的特性曲线，从而直接或间接地得到。对于串联谐振电路来说，由于电阻两端的电压与流过的电流特性相同，故只需测量 R 两端的电压特性。所以可以结合 Multisim 仿真分析法来辅助进行求解。

解法二：Multisim 仿真分析法。

1. 用波特图仪测定

电路如图 A3-7-2 所示进行连接，其中交流电压源仅仅作为一个信号源放置，其幅度和频率的大小对频率特性没有影响。

打开波特图仪的面板，运行电路仿真，这时在波特图仪上显示出幅频特性曲线，如果显示曲线不便于观察，可适当调整面板上的各项参数。对于本例，面板参数的设置和曲线如图 A3-7-3 所示。

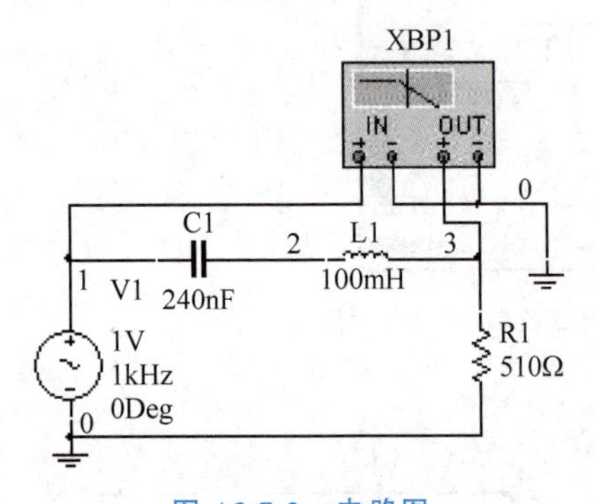

图 A3-7-2　电路图

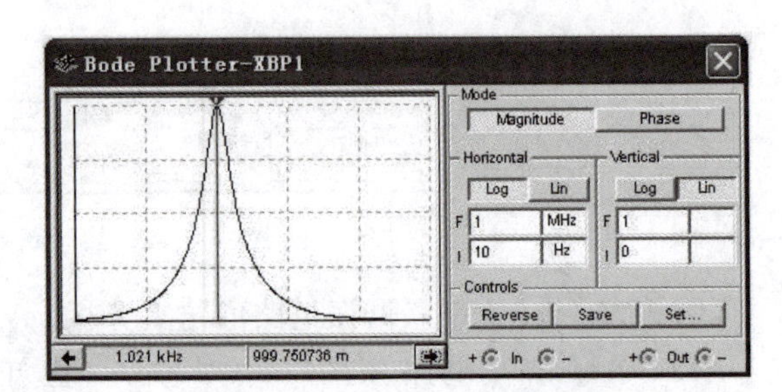

图 A3-7-3　波特图仪的显示

由显示的频率特性曲线可以看出，谐振频率 $f_0=1.023$kHz，再用光标拖动波特图仪面板上的红色指针，读出最大值的 0.707 所对应的两个频率，即为 f_H 和 f_L。

2. AC 分析

电路原理图如图 A3-7-1 所示，启动 Simulate 菜单中 Analyses 下的 AC Analysis 命令，在 AC Analysis 对话框中改动下列两项：Vertical scale 选中 Linear，Output Variables 为节点 3。单击 AC Analysis 对话框中的 Simulate 按钮，出现 Analysis Graphs 窗口形式，单击 Analysis Graphs 上的 (Show/Hide Cursors)按钮，会出现可移动的指

针，如图 A3-7-4 所示。

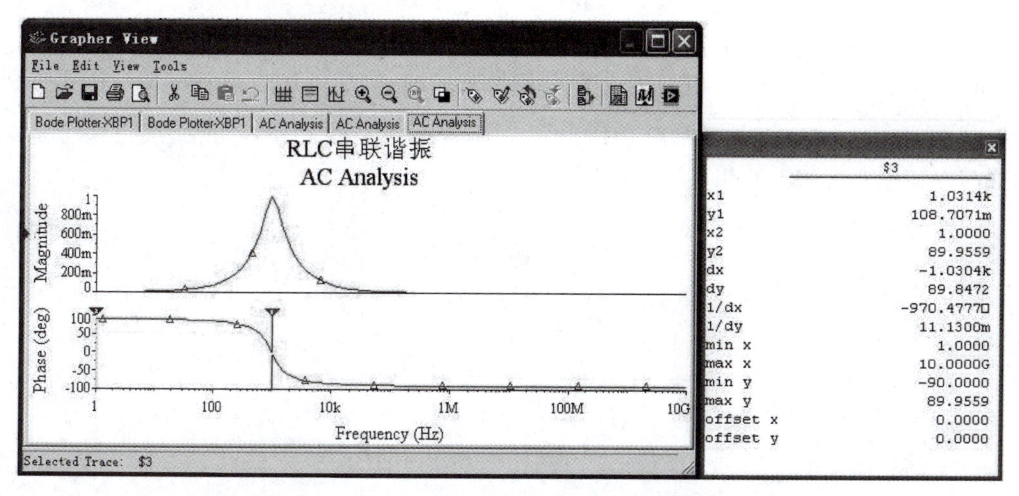

图 A3-7-4　*RLC* 串联谐振电路的频率响应

通过可以移动的指针读出 f_0、f_H 和 f_L，其结果与波特图仪基本一致，此时 $f_0=1031\text{Hz}$、$f_H=1.476\text{kHz}$、$f_L=712.642\text{Hz}$，则

带宽为：$f_{BW}=f_H-f_L=(1476-712.6)\text{Hz}=763.4\text{Hz}$

品质因数：$Q=\dfrac{f_0}{f_{BW}}=\dfrac{1031}{763.4}\approx 1.4$

【例 3-8】　三相电路的仿真分析。

现代电力系统中的输电方式几乎全是采用三相正弦交流电路。由电路理论可知，三相电路就是由三相电源和三相负载连接起来所组成的电路。根据三相电源、三相负载的对称性，三相电路可分为对称三相电路、非对称三相电路。根据电源和负载的连接方式，三相电路分为星形连接、三角形连接及混合型连接等。

本例对三相四线制电路进行分析。

设三相电源是由三个同频率、等振幅而相位依次相差120°的正弦电压按一定连接方式组成的电源，绘制一个三相电源如图 A3-8-1 所示，其中 A 相的初相角为 0°，B 相的初相角为−120°，C 相的初相角为 120°，本例中三相电压的振幅均采用 120V、频率为 60Hz。

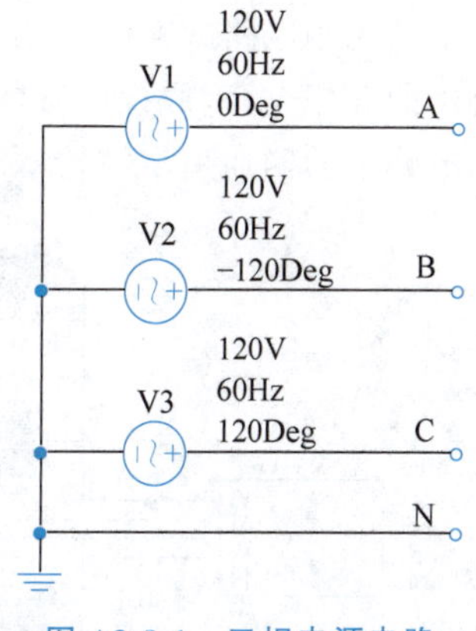

图 A3-8-1　三相电源电路

为了使电路图简单、直观，可把它创建成子电路形式。(子电路的创建过程参见 A.2.3.4 节：子电路的创建与调用)，创建的子电路如图 A3-8-2 所示。

分析一：线电压的测试。

1）理论分析法

三相四线制供电系统可提供两种电压：一种是相线和中性线之间的电压 u_A、u_B、u_C，称为相电压；另一种是相线与相线之间的电压 u_{AB}、u_{BC}、u_{CA}，称为线电压。

由图 A3-8-1 可知，各线电压与相电压之间的相量关系为

$$\dot{U}_{AB}=\dot{U}_{A}-\dot{U}_{B},\quad \dot{U}_{BC}=\dot{U}_{B}-\dot{U}_{C},\quad \dot{U}_{CA}=\dot{U}_{C}-\dot{U}_{A}$$

其相量图如图 A3-8-3 所示，由于三相电动势是对称的，故相电压也是对称的。作相量图时，可先作出 $\dot{U}_{A}$、$\dot{U}_{B}$、$\dot{U}_{C}$，然后分别作出 $\dot{U}_{AB}$、$\dot{U}_{BC}$、$\dot{U}_{CA}$。由相量图可知，线电压也是对称的，在相位上比相应的相电压超前 30°。

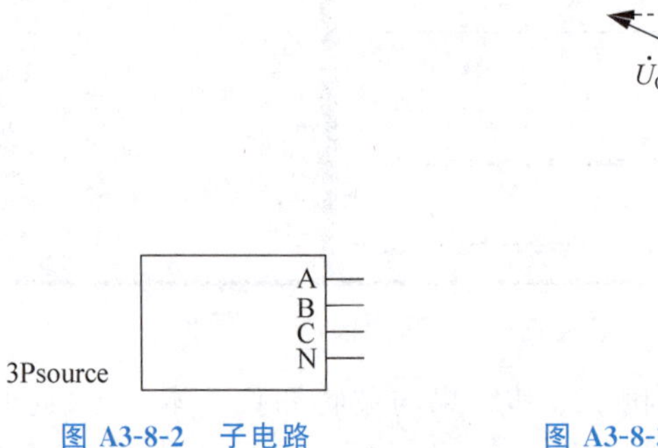

图 A3-8-2　子电路　　　　图 A3-8-3　三相电源各电压之间的相量关系

线电压的有效值用 U_l 表示，相电压的有效值用 U_p 表示。由相量图可知，其关系为

$$U_l=\sqrt{3}U_p$$

2）Multisim 仿真分析法

下面再利用实验仿真的方法测量线电压的值。

首先创建仿真电路如图 A3-8-4 所示。

由电压表的读数可知，线电压 $U_l=U_{AB}=U_{BC}=U_{CA}=207.847=\sqrt{3}U_p$，这与理论值完全吻合。

分析二：三相电相序的测量。

在三相电路的实际应用中，有时需要能够正确地判别三相电源的相序。如图 A3-8-1 所示的三相电路，假设原来的相序未知，在 Multisim 环境下可以通过观察如图 A3-8-5 所示电路中的四通道示波器 XSC1 上的波形来确定相序。

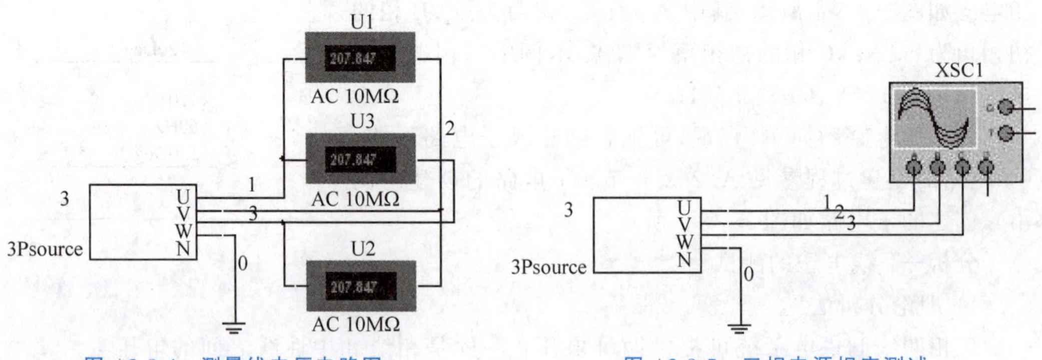

图 A3-8-4　测量线电压电路图　　　　图 A3-8-5　三相电源相序测试

四通道示波器的设置以及显示的三相电相序波形如图 A3-8-6 所示。

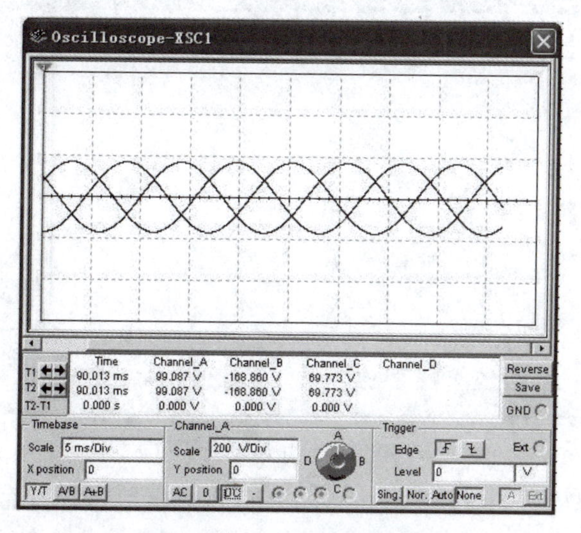

图 A3-8-6　三相电的相序波形

分析三：三相电路功率的测量。

测量三相电路的功率可以使用三只功率计分别测出三相负载的功率，然后将其相加得到，这就是电工学理论中的“三瓦法”；另外一种方法在电工学理论中也很常用，即所谓的“两瓦法”，其连接方法如图 A3-8-7 所示。

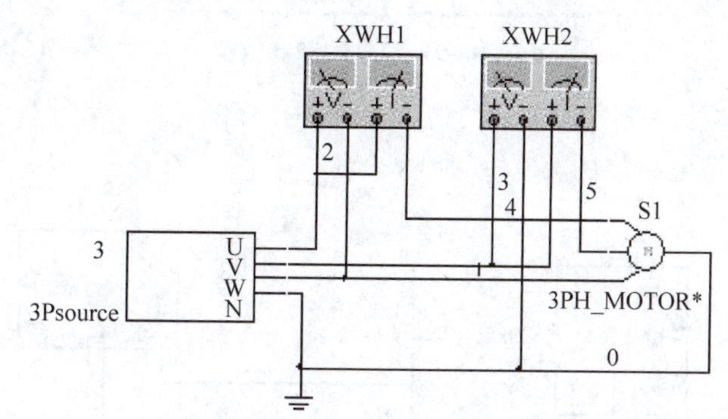

图 A3-8-7　三相电路的功率测量

这里选取三相电动机为负载，两个功率计的读数本身没有任何意义，两表的读数之和即等于三相负载的总功率。

编辑原理图时特别需要注意两个功率计的接法，从 Electro-Mechanical 元件库的 Output_Devices 元件箱中选取 3PH_MOTOR。如果直接接到相电压为 120V 的三相电源上，其功率将达到数千瓦，不太合理，可设法修改其相关模型参数。双击原理图上的 3PH_MOTOR，在其属性对话框中单击“Edit Model”按钮，出现如图 A3-8-8 所示的对话框，将其中的 R_1、R_2、R_3 所取的值改成 280 后，单击“Change Part Model”按钮即可，然后单击仿真开关。

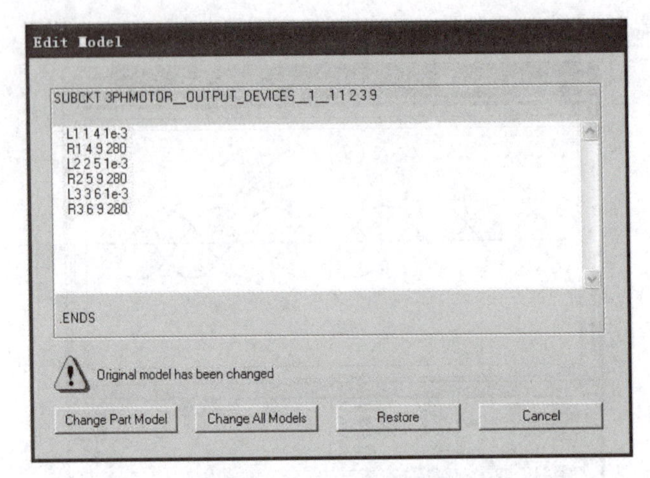

图 A3-8-8　Edit Model 对话框

两个功率计的读数如图 A3-8-9 所示，所以由此读数可计算总功率为(77.052＋51.424)W＝128.476W。

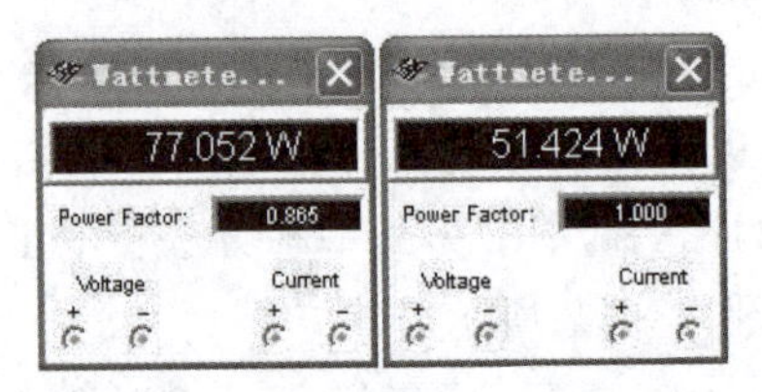

图 A3-9　两个功率计数值

【例 3-9】　晶体管单管放大电路的仿真分析。

某晶体管负反馈电路如图 A3-9-1 所示。

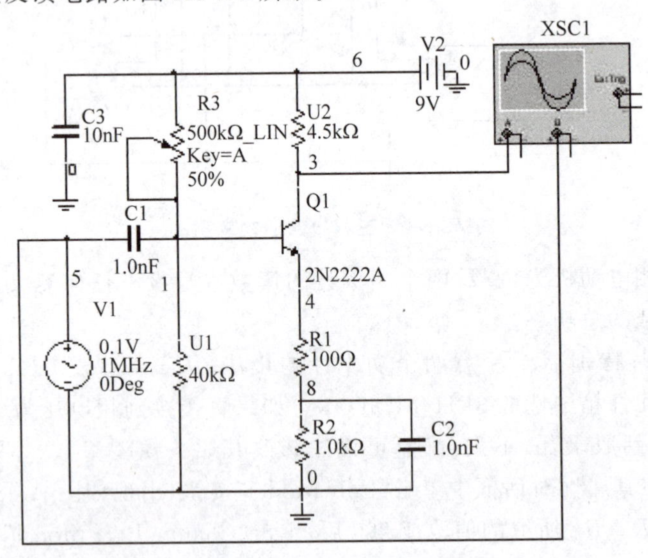

图 A3-9-1　负反馈电路

仅以此例说明 Multisim 在“模拟电子线路”等后续电子与电气信息类课程中的应用。

双击电路图中的示波器图标，即可打开示波器面板，如图 A3-9-2 所示。

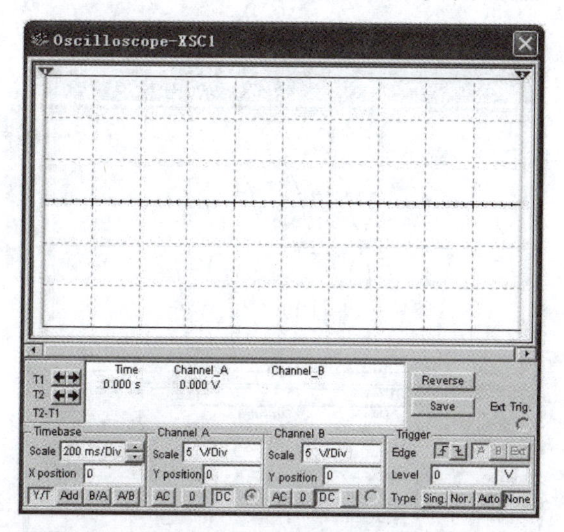

图 A3-9-2　示波器面板

启动电路仿真开关，示波器窗口中将显示出输入和输出两个波形。

为了看到较清楚的波形，需适当调节示波器面板上的基准时间(Time Base)和 A、B 两通道的 Scale 值，以方便观察。

电位器 R3 旁边标注的文字“Key＝A”表明按键盘上的“A”键，电位器的阻值按 5％速度增加；若要减少，按“Shift＋A”，阻值以 5％速度减少。电位器数值变动的大小直接以百分比形式显示在旁边。

启动仿真开关，反复按键盘上的“Shift＋A”键，观察示波器波形的变化，随着显示的电位器百分比的减少，输出波形产生的饱和失真越来越严重。波形如图 A3-9-3 所示。

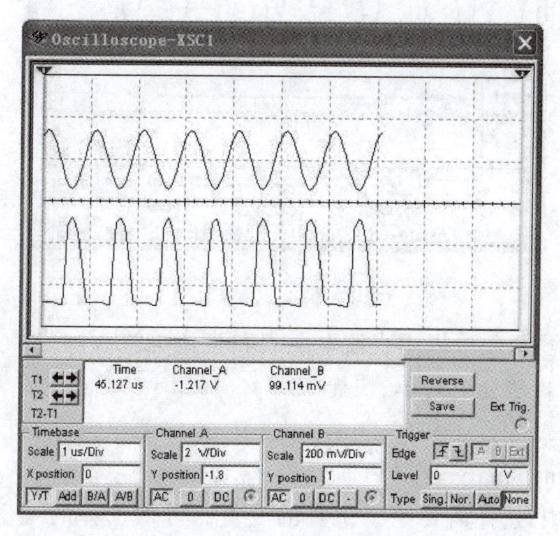

图 A3-9-3　饱和失真

反之，反复按“A”键，观察示波器波形的变化，随着电位器阻值百分比的增加，输出波形饱和失真减少，当数值适当时，输出波形不再失真，电路真正处于放大状态，如图 A3-9-4 所示。

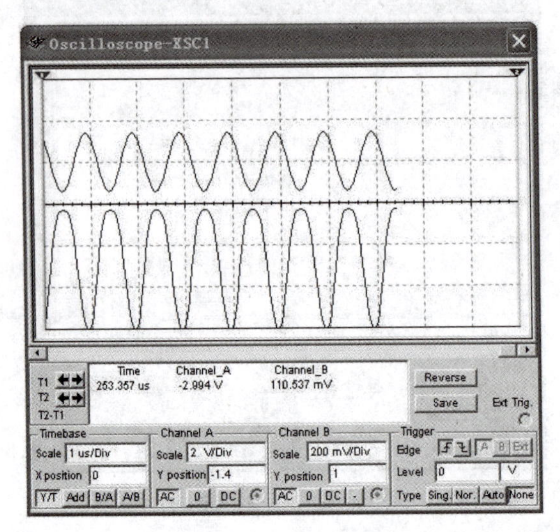

图 A3-9-4　放大状态

如果继续按“A”键，继续增大电位器阻值，从示波器上可观察到输出电压产生了截止失真，如图 A3-9-5 所示。

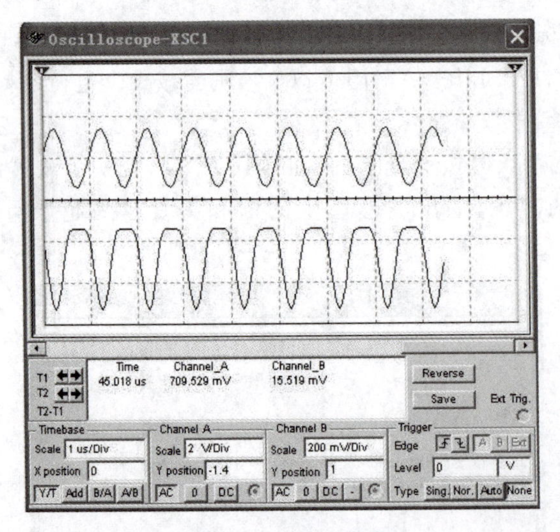

图 A3-9-5　截止失真

在 Multisim 环境下，还可以用直流电压表和直流电流表测定晶体管的静态工作点，但利用直流工作点分析法会更简单、快捷。

执行 Simulate→Analysis→DC Operating Point...菜单命令，打开如图 A3-9-6 所示的 DC Operating Point Analysis 对话框。

在 Output 页面中，选择需要用于仿真的变量。可供选择的变量一般包括所有节点

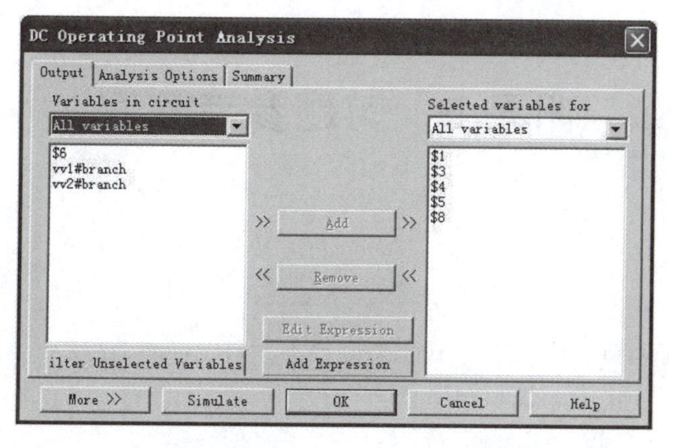

图 A3-9-6　DC Operating Point Analysis 对话框

的电压和流经电压源的电流，它们全部列在 Variables in circuit 栏中。先选中需要仿真的变量，单击"Add"按钮，则将这些变量移到右栏中。如果需要删除已移到右边的变量，也只需先选中，再单击"Remove"按钮。对于本例，不妨把所有的变量都选中，然后单击"Simulate"按钮，系统自动显示出结果，如图 A3-9-7 所示。

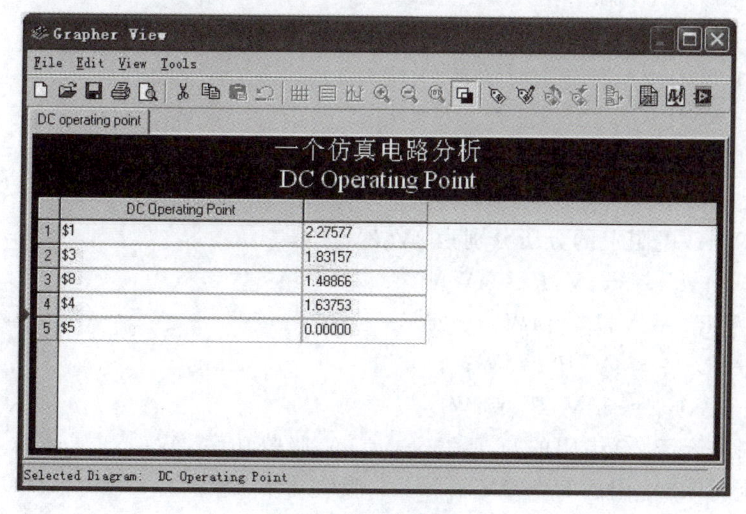

图 A3-9-7　仿真结果

附录B 习题参考答案

第 1 章

1-1 (a) $P=5\text{mW}$,(b) $P=-5\times10^{-6}\text{W}$,(c) $U=2\text{kV}$,(d) $U=2\text{V}$

1-2 $i_1(t)=i_3(t)-i_2(t)$,波形图略

1-3 $i=1\text{A}$

1-4 $P_a=-3\text{W},P_b=-8\text{W}$

1-5 $i_1=4\text{A},i_2=2\text{A},i_3=1\text{A}$

1-6 (a) $U_{ab}=1\text{V}$;(b) $U_R=7\text{V},R=7\Omega$;(c) KVL:$U_S=4\text{V}$;
(d) KVL:$U_R=-1\text{V},I=-0.5\text{A}$

1-7 $U_{gf}=U_{gc}+U_{cd}+U_{df}=0\text{V},U_{ag}=U_{ab}+U_{bc}+U_{cg}=-35\text{V}$,
$U_{db}=U_{dc}+U_{cb}=23\text{V},I_{cd}=-1.6\text{A}$

1-8 $U_{ac}=U_{bc}=5\text{V},U_{ad}=U_{ac}+U_{cd}=7\text{V}$

1-9 (a) $u_{ab}=iR+u_S$;(b) $u_{ab}=-iR+u_S$

1-10 $u_S=100\text{V}$

1-11 (1) 提供功率 30W;(2) −2A

1-12 2Ω、3Ω、4Ω 电阻上的分压分别为 2V、3V、4V

1-13 $i_1=-1\text{A},U_1=-4\text{V},P_1=4\text{W}$;
$i_2=1\text{A},U_2=4\text{V},P_2=4\text{W}$;
$i_3=1\text{A},U_3=-4\text{V},P_3=4\text{W}$;
$i_4=-1\text{A},U_4=-4\text{V},P_4=4\text{W}$

1-14 (a) 图中流经 2Ω 电阻的 $U_1=2\text{V},i_1=1\text{A}$,吸收功率 2W;
流经 3Ω 电阻的 $U_2=3\text{V},i_1=1\text{A}$,吸收功率 3W;
流经 7V 电压源的 $i_1=1\text{A}$,提供功率 7W;
流经 2V 电压源的 $i_1=1\text{A}$,提供功率−2W
(b) 图中流经 2Ω 电阻的 $U_3=4\text{V},i_1=2\text{A}$,吸收功率 8W;
流经 1Ω 电阻的 $U_4=3\text{V},i_2=3\text{A}$,吸收功率 9W;
流经 1A 电流源的 $U_1=7\text{V}$,提供功率 14W;
流经 1A 电流源的 $U_2=3\text{V}$,提供功率 3W

1-15 (1) $u_2=u_1-R_1i_1,i_2=i_1-\dfrac{u_2}{R_2}$;(2) $u_2=u_1\dfrac{R_2}{R_1+R_2}$;
(3) $u_2=u_1$;(4) $i_2=i_1,i_2=i_1\left(1+\dfrac{R_1}{R_2}\right)$

1-16 (a) 输入电路的功率 $P=32\text{W}$；电流源发出功率 $P_I=96\text{W}$；电阻消耗的功率 $P_R=128\text{W}$；显然输入电路的功率和电源发出功率都被电阻消耗了；

(b) 输入电路的功率 $P=-16\text{W}$；电流源发出功率 $P_I=48\text{W}$；电阻消耗功率 $P_R=32\text{W}$；显然电源发出功率被电阻消耗了 32W，还有 16W 输送给了外电路；

(c) 输入电路的功率 $P=-12\text{W}$；电流源发出功率 $P_I=24\text{W}$；电阻消耗功率 $P_R=12\text{W}$；满足 $P+P_I=P_R$；

(d) 输入电路的功率 $P=40\text{W}$；电流源发出功率 $P_I=-24\text{W}$；电阻消耗功率 $P_R=16\text{W}$；满足 $P+P_I=P_R$

1-17 $I_1=13.3\text{mA}, U_o=6.7\text{V}$

1-18 (a) $U=50\text{V}, U_I=60\text{V}$；(b) $U=2.5\text{V}, U_I=22.5\text{V}$

1-19 $I=1\text{A}$

1-20 $I=1\text{A}, U_{ab}=8\text{V}$

1-21 A 点电位为 0.5V

1-22 $U_3-U_4=U_x, I_1=I_2+1$

1-23 (1) $U=20\text{V}, I=-6\text{A}$；(2) $P=-40\text{W}$；(3) $P=-48\text{W}$

1-24 (1) 电源送出的电流 $I_S=1.5\text{A}$，开关两端的电压 $U_{ab}=0.5\text{V}$；

(2) 电源送出的电流 $I_S'=1.538\text{A}$，通过开关的电流 $I_S=0.231\text{A}$

1-25 $i=8.4\text{mA}$

1-26 略

第 2 章

2-1 200Ω，200Ω

2-2 由 $R=2\Omega+\dfrac{2R}{2+R}$ 得 $R=3.236\Omega$（另一负值电阻舍去）

2-3 (1) $R_{eq}=9\Omega$；(2) $R=13\Omega$

2-4 (a) $R_1=40\text{k}\Omega, R_2=20\text{k}\Omega, R_3=13.33\text{k}\Omega$；

(b) $R_1=37.5\text{k}\Omega, R_2=15\text{k}\Omega, R_3=25\text{k}\Omega$；

(c) $R_{12}=4.7\text{k}\Omega, R_{23}=7.05\text{k}\Omega, R_{31}=10.34\text{k}\Omega$；

(d) $R_{12}=270\Omega, R_{23}=648\text{k}\Omega, R_{31}=540\Omega$

2-5 $R=1.6\Omega$

2-6 当电阻器 R_2 或 R_3 短路时，保险丝的电流超过 6A，可能会烧断保险丝

2-7 电流源发出功率 $P_i=10U=10\times105\text{W}=1050\text{W}$；

电压源发出功率 $P_u=10I=10\times(-4.25)\text{W}=-42.5\text{W}$

2-8 (1) 题图 2-8(a) 中节点数 $n=5$，支路数 $b=11$，独立 KCL 方程数为 5，独立 KVL 方程数为 6；

题图 2-8(b) 中节点数 $n=7$，支路数 $b=12$，独立 KCL 方程数为 4，独立 KVL 方

程数为5；

(2) 题图2-8(a)中节点数 $n=4$，支路数 $b=12$，独立KCL方程数为3，独立KVL方程数为5；

题图2-8(b)中节点数 $n=5$，支路数 $b=9$，独立KCL方程数为4，独立KVL方程数为5

2-9 $i_5=-0.956\text{A}$

2-10 $U_1=5\text{V},U_2=2\text{V},U_3=3\text{V},U_4=-1\text{V},U_5=4\text{V}$

2-11 受控电压源输出功率 $P_c=1.6875\text{W}$

2-12 9.38A，8.75A，28.13A；1055W，984W，1125W，3164W

2-13 20mA，80mW

2-14 $I_1=4\text{A},I_2=2\text{A},I_3=5\text{A},U=8\text{V}$

2-15 电阻消耗功率 $P_1=600\text{W}$，6A电流源吸收功率 $P_2=480\text{W}$，受控源发出功率 $P_{发}=1080\text{W}$，故电路满足 $P_{吸}=P_1+P_2=P_{发}$

2-16 $U_1=3\text{V},U_2=2\text{V},U_3=3.5\text{V}$

2-17 $U=3\text{V}$

2-18 $U_1=2\text{V},U_2=-4\text{V}$

2-19 $u_1=-1\text{V},i_2=1.1\text{A}$

2-20 $u_1=0.345+1.345\sin\omega t\,\text{V},u_2=1.52+0.517\sin\omega t\,\text{V},u_3=0.379-0.621\sin\omega t\,\text{V}$

2-21 受控源吸收功率 $P_c=0.56\text{W}$

2-22 $U_a=2/3\text{V}$

2-23 $I_U=-0.5\text{A},I_V=1\text{A},I_W=-0.5\text{A}$

2-24 $U_a=14\text{V},U_b=-14\text{V}$

2-25 略

2-26 各激励源发出功率之和 $\sum P_S=3U_1+10I_2+5I_4=37.5\text{W}$

2-27 $R=0.833\Omega$

2-28 (1) $I_x=0.333\mu\text{A}$；(2) $I_x=0.333\mu\text{A}$；

(3) U_s/I_x 可以看成电源 U_S 看向网络的电阻

2-29 $U_1=2\text{V},U_2=-5\text{V},U_3$ 为任意值

2-30 (1) $R=4\Omega$；(2) 略

2-31 $R=5.730\Omega$

2-32 受控源输出的功率 $P=2U_xI_2=7.8\text{W}$

2-33 $I_1=8\text{A},I_2=0,I_3=2\text{A}$

2-34 $U=-1\text{V}$

2-35 $i(t)$为周期相同的方波，其幅度为7A

2-36 $u_{n1}^3+(u_{n1}-u_{n2})^2=12,-(u_{n1}-u_{n2})^2+u_{n3}^{3/2}=4$

2-37 $i=1.5\text{mA},u=6\text{V}$

2-38 $u=2\text{V},i=1\text{A}$ 或 $u=-4\text{V},i=4\text{A}$

第 3 章

3-1 $I=3A,U=3V$

3-2 $U=2I+10$

3-3 (1) $I_1=15A,I_2=10A,I_3=25A$；(2) $I_1=11A,I_2=16A,I_3=27A$

3-4 电流源：10A,36V,360W(发出)；2Ω 电阻：10A,20V,200W；4Ω 电阻：4A,16V,64W；5Ω 电阻：2A,10V,20W；电压源：4A,10V,40W(吸收)；1Ω 电阻：6A,6V,36W

3-5 $I_{cd}=0.714A,I_{ba}=1A,I_{ac}=I_{db}=0.857A,I_{ad}=I_{cb}=0.143A$

3-6 $I=1A,U=8V$

3-7 $u=4.5V$,受控源吸收功率 $P=-4.5W$

3-8 6A

3-9 (1) $i_x=37.5A$；(2) $i_x=40A$

3-10 $u=-31.5V$

3-11 (a) $R=1\Omega$；(b) $I=1A$；(c) $I_o=0.75A$

3-12 $I=-1A$

3-13 (a) 短路电流 $I_{sc}=1.143A$,等效电阻 $R_{eq}=1.167\Omega$,开路电压 $U_{oc}=1.334V$；
(b) 短路电流 $I_{sc}=0.267A$,等效电阻 $R_{eq}=0.75\Omega$,开路电压 $U_{oc}=0.2V$

3-14 $R_x=4.6\Omega$

3-15 $i=1.8mA$

3-16 (a) $U_x=2.857V$；(b) $U_x=12V$；(c) $U_x=0.266V$

3-17 (a) 短路电流 $I_{sc}=0.326A$,等效电阻 $R_{eq}=19.521\Omega$,开路电压 $U_{oc}=6.364V$；
(b) 短路电流 $I_{sc}=3A$,等效电阻 $R_{eq}=2\Omega$,开路电压 $U_{oc}=6V$

3-18 $I_x=-1A$

3-19 开路电压 $U_{oc}=25V$,短路电流 $I_{sc}=\frac{25}{6}A$,等效电阻 $R_{eq}=6\Omega$

3-20 $u=3V$

3-21 戴维南等效电路：开路电压为 24V,等效电阻为 5 Ω

3-22 $I=2A$

3-23 $I_x=3A$

3-24 (1) $i=2A$；(2) $R=5\Omega$

3-25 (a) 25.6W；(b) $R_L=4\Omega$ 时获得最大功率 $P_{max}=2.25W$

3-26 (1) $R=10\Omega$ 时获得最大功率为 35.156W；(2) 在 a、b 间并接一个理想电流源,其值 $i_S=3.75A$,方向由 a 指向 b,这样 R 中的电流将为零

3-27 (1) $R=3\Omega$；(2) 1.2kW；(3) 3kW；(4) 800W；(5) 31.58%

3-28 $U_2'=4V$

3-29 $I_2=0.2A$

3-30　$R_1=50\Omega$

3-31　$i=1\text{A}$

3-32　电流表的读数为 4A

3-33　略

第 4 章

4-1　$u_C(t)=\begin{cases}10^4 t\text{V}, & 0\leqslant t\leqslant 10\text{ms}\\ 100\text{V}, & t\geqslant 10\text{ms}\end{cases}$，波形图略

4-2　当 $0\leqslant t\leqslant 0.03\text{s}$ 时：$i_C(t)=0.667\text{mA}$，可得 $i_C(0.015)=0.667\text{mA}$；

当 $0.03\text{s}\leqslant t\leqslant 0.04\text{s}$ 时：$i_C(t)=-2\text{mA}$，可得 $i_C(0.035)=-2\text{mA}$。波形图略

4-3　$i_C(t)=\begin{cases}10\mu\text{A}, & 0\leqslant t<10\text{s}\\ 0, & 10\text{s}\leqslant t<30\text{s}\\ -10\mu\text{A}, & 30\text{s}\leqslant t<50\text{s}\\ 0, & 50\text{s}\leqslant t<70\text{s}\\ 10\mu\text{A}, & 70\text{s}\leqslant t\leqslant 80\text{s}\end{cases}$，波形图略

4-4　$i(0.012)=-1.145\text{A}$

4-5　$i_C(t)=4t\text{e}^{-2t}-2\text{e}^{-2t}\text{A}$，$i(t)=(2-2t)\text{e}^{-2t}\text{A}$

4-6　0.01s

4-7　$u_L(t)=\begin{cases}0.5\text{V}, & 0\leqslant t<1\text{s}\\ -0.5\text{V}, & 1\text{s}\leqslant t<3\text{s}\\ 0.5\text{V}, & 3\text{s}\leqslant t\leqslant 4\text{s}\end{cases}$，波形图略

4-8　10V，−10V

4-9　$u_L(0.01)=-1.0512\text{V}$

4-10　$u_L(t)=-2\text{e}^{-2t}\text{V}$，$u(t)=0$

4-11　电容能量：$E_C=2.25\times10^{-4}\text{J}$；电感能量：$E_L=\dfrac{1}{2}Li_L^2=10^{-3}\text{J}$

4-12　$R=100\Omega$

4-13　略

4-14　略

4-15　$i(t)=i_C(t)+i_L(t)=-10.5\sin 2t\,\text{A}$

4-16　$\dfrac{\text{d}u_L(t)}{\text{d}t}+\dfrac{R_1+R_2}{L}u_L(t)=0$

4-17　$L(R_2+R_3)\dfrac{\text{d}i_L(t)}{\text{d}t}+(R_1R_2+R_2R_3+R_1R_3-\alpha R_1R_3)i_L(t)+R_2u_S=0$

4-18　$\dfrac{\text{d}i_C(t)}{\text{d}t}+\dfrac{1}{CR_1}\left(1+\dfrac{R_1-\alpha R_2}{R_2+R_3}\right)i_C(t)=\dfrac{\text{d}i_S(t)}{\text{d}t}$

4-19 $\frac{d^2u_C(t)}{dt^2}+\frac{7}{8}\frac{du_C(t)}{dt}+\frac{1}{4}u_C(t)=-\frac{1}{2}\frac{di_S(t)}{dt}-\frac{3}{8}i_S(t)$

4-20 $\frac{d^2u_C(t)}{dt^2}+\frac{1}{RC}\frac{du_C(t)}{dt}+\frac{1}{LC}u_C(t)=\frac{1}{LC}u_S(t)$,

$\frac{d^2i_L(t)}{dt^2}+\frac{1}{RC}\frac{di_L(t)}{dt}+\frac{1}{LC}i_L(t)=\frac{1}{L}\frac{du_S(t)}{dt}+\frac{1}{RLC}u_S(t)$

4-21 $\frac{di_2(t)}{dt}+\frac{R_1+R_2}{R_1R_2C}i_2(t)=\frac{u_S(t)}{R_1R_2C}$

4-22 $\frac{d^2u_C(t)}{dt^2}+\frac{R_1R_2C+L}{R_1LC}\frac{du_C(t)}{dt}+\frac{R_1+R_2-2}{R_1LC}u_C(t)=\frac{R_1-2}{R_1LC}u_S(t)$

4-23 $u_C(0_+)=40V, u(0_+)=16V$

4-24 $i_L(0_-)=5mA, i_L(0_+)=5mA$

4-25 $u_C(0_+)=4V, i_L(0_+)=10mA$

4-26 $i(0_+)=0.25A$

4-27 $i_L(0_+)=50mA, i_L'(0_+)=-10^3A/s, u_C(0_+)=0V, u_C'(0_+)=5\times10^4V/s$

4-28 $u_C'(0_+)=0, i_L'(0_+)=4A/s$

4-29 $i_L(0_+)=1A, i_L'(0_+)=2.5A/s, u_C(0_+)=15V, u_C'(0_+)=-10^5V/s$

4-30 $i_L(0_+)=2A, i_L'(0_+)=200A/s$

4-31 $i_L(0_+)=3A, u_C(0_+)=-10V, i_L'(0_+)=-5A/s, u_C'(0_+)=10V/s$

4-32 $i_L(0_+)=\frac{4}{3}A, i_L'(0_+)=-\frac{4}{9}A/s$

4-33 略

4-34 $i(t)=\varepsilon(t)-0.25\varepsilon(t-1)A$

第 5 章

5-1 $i_L(t)=2e^{-2000t}A, t\geqslant0_+$

5-2 $u_C(t)=5e^{-5t}V, t\geqslant0_+$

5-3 $i(t)=6e^{-t}A, t\geqslant0_+$

5-4 $u_C(t)=10e^{-10t}V$; $t\geqslant0_+$; $i(t)=10^{-3}e^{-10t}A, t\geqslant0_+$

5-5 $R_{eq}=30\Omega, u_C(t)=100e^{-\frac{2000}{3}t}V, t\geqslant0_+$

5-6 $i(t)=-0.4167e^{-t}A, t\geqslant0_+$

5-7 $u_C(t)=60e^{-4t}-40e^{-5t}V, t\geqslant0_+$; $i_L(t)=12e^{-4t}-10e^{-5t}A, t\geqslant0_+$

5-8 $i_L(t)=\frac{1}{2}e^{-5t}A, t\geqslant0_+$

5-9 $i_L(t)=20\times(1-e^{-200t})A, t\geqslant0_+$

5-10 $u_C(t)=4\times(1-e^{-2.5t})V, t\geqslant0_+$

5-11 $u_C(t)=\frac{50}{7}\times(e^{-3t}-e^{-10t})V, t\geqslant 0_+$；$i(t)=\frac{5}{14}\times(e^{-3t}-e^{-10t})A, t\geqslant 0_+$

5-12 $i(t)=\frac{5}{3}\times(e^{-2t}-e^{-8t})A, t\geqslant 0_+$

5-13 $u_C(t)=2\times(e^{-t}-e^{-3t})V, t\geqslant 0_+$

5-14 $u_C(t)=-6+18e^{-\frac{3}{2}t}V, t\geqslant 0_+$

5-15 $i_L(t)=5-2.5e^{-200t}A, t\geqslant 0_+$

5-16 $u_C(t)=10e^{-\frac{10}{3}t}V, t\geqslant 0_+, q_C(0_+)=10^{-3}C, q_C(0.02)=10^{-3}e^{-\frac{1}{3}}C$

5-17 $8\Omega\leqslant R_f\leqslant 10\Omega$

5-18 (1) $i(t)=-25e^{-80t}A, t\geqslant 0_+$；(2) $u(t)=-750e^{-80t}V, t\geqslant 0_+$；

(3) $i_{L1}(t)=4.375+15.625e^{-80t}A, t\geqslant 0_+, i_{L2}(t)=-4.375+9.375e^{-80t}A$,

$t\geqslant 0_+$；(4) 略；(5) 略

5-19 $i(t)=4-4e^{-\frac{10}{3}t}A, t\geqslant 0_+$

5-20 $u_C(t)=9-9e^{-\frac{t}{3\times 10^{-5}}}V, t\geqslant 0_+$

5-21 $u_C(t)=62.5-62.5e^{-\frac{t}{12\times 10^{-6}}}V, t\geqslant 0_+$

5-22 $i_L(t)=24te^{-t}A, t\geqslant 0_+, u_C(t)=6(1-e^{-t})V, t\geqslant 0_+$；

$i_L(t)=48(1-e^{-t}-te^{-t})A, t\geqslant 0_+$

5-23 $u(t)=5e^{-t}\varepsilon(t)+5e^{-(t-1)}\varepsilon(t-1)-10e^{-(t-2)}\varepsilon(t-2)V$，曲线略

5-24 (a) $i_C(t)=-3.6e^{-6t}\varepsilon(t)A$；

(b) $i_C(t)=[2.5e^{-6(t-1)}\varepsilon(t-1)-2.5e^{-6(t-2)}\varepsilon(t-2)]A$

5-25 $u(t)=10e^{-5t}\varepsilon(t)V$，曲线略

5-26 $u(t)=\delta(t)-e^{-t}\varepsilon(t)V$，曲线略

5-27 $i(t)=1.5e^{-30t}\varepsilon(t)A$

5-28 $u(t)=5e^{-\frac{t}{6}}\varepsilon(t)V, u_1(t)=(2+3e^{-\frac{t}{6}})\varepsilon(t)V, u_2(t)=(2-2e^{-\frac{t}{6}})\varepsilon(t)V$

5-29 $u_C(t)=10(1-e^{-10t})[\varepsilon(t)-\varepsilon(t-0.1)]+(3.333+2.987e^{-30(t-0.1)})\varepsilon(t-0.1)V$,

$i_C(t)=e^{-10t}[\varepsilon(t)-\varepsilon(t-0.1)]-0.896e^{-30(t-0.1)}\varepsilon(t-0.1)mA$

曲线略

5-30 $i(t)=10+0.5e^{-50t}-5e^{-2\times 10^5 t}A, t\geqslant 0_+$

5-31 $u_C(t)=5+5e^{-10t}V, t\geqslant 0_+$，曲线略

5-32 $u_C(t)=6(1-e^{-t})[\varepsilon(t)-\varepsilon(t-1)]+3.793e^{-\frac{t-1}{1.5}}\varepsilon(t-1)V$,

$i_C(t)=3e^{-t}[\varepsilon(t)-\varepsilon(t-1)]+0.598e^{-\frac{t-1}{1.5}}\varepsilon(t-1)A$，曲线略

5-33 $u_C(t)=(10-3.6e^{-10^5 t})\varepsilon(t)V$,

$i_{C_1}(t)=-2.16\times10^{-6}\delta(t)+0.216e^{-10^5t}\varepsilon(t)\text{A}$,

$i_{C_2}(t)=2.16\times10^{-6}\delta(t)+0.144e^{-10^5t}\varepsilon(t)\text{A}$

5-34 $u(t)=2.2+1.8e^{-500t}\text{V}, t\geqslant0_+$

5-35 $u_C(t)=-6+24e^{-1000t}\text{V}, t\geqslant0_+$；$i_C(t)=-1.2e^{-1000t}\text{A}, t\geqslant0_+$

5-36 $i_L(t)=0.727(e^{2t}-e^{-0.75t})\varepsilon(t)-5.37[e^{2(t-1)}+e^{-0.75(t-1)}]\varepsilon(t-1)\text{A}$

5-37 $i_C(t)=[t-0.1(1-e^{-10t})]\varepsilon(t)-[(t-0.1)-0.1(1-e^{-10(t-0.11)})]\varepsilon(t-0.1)\text{V}$

5-38 $i(t)=\left[4\cos\left(\frac{\sqrt{3}}{2}t\right)-\frac{4}{\sqrt{3}}\sin\left(\frac{\sqrt{3}}{2}t\right)\right]e^{-\frac{1}{2}t}\varepsilon(t)\text{A}$,

$u_C(t)=\left[4\cos\left(\frac{\sqrt{3}}{2}t\right)+4\sqrt{3}\sin\left(\frac{\sqrt{3}}{2}t\right)\right]e^{-\frac{1}{2}t}\varepsilon(t)\text{V}$,

$u_R(t)=\left[4\cos\left(\frac{\sqrt{3}}{2}t\right)-\frac{4}{\sqrt{3}}\sin\left(\frac{\sqrt{3}}{2}t\right)\right]e^{-\frac{1}{2}t}\varepsilon(t)\text{V}$,

$u_L(t)=-8\cos\left(\frac{\sqrt{3}}{2}t\right)e^{-\frac{1}{2}t}\varepsilon(t)\text{V}$

5-39 $i_L(t)=(e^{-2t}-2te^{-2t})\varepsilon(t)\text{A}, u_C(t)=-\frac{1}{2}te^{-2t}\varepsilon(t)\text{V}$

5-40 略

5-41 略

第 6 章

6-1 (1) $u(t)=310\sin\left(314+\frac{\pi}{4}\right)\text{V}$；(2) 219V，310V，0V，−219V，−310V，0V；

(3) 波形图略

6-2 (1) 12mA，1ms，1000Hz，6280rad/s，$\frac{\pi}{5}$rad；(2) $i(t)=12\sin\left(6280t+\frac{\pi}{5}\right)\text{mA}$

6-3 (1) $i(t)=12\sin\left(6280t+\frac{2\pi}{5}\right)\text{mA}$；

(2) $i(t')=12\sin6280t'\text{mA}$；

(3) $i(t'')=12\sin\left(6280t''-\frac{\pi}{5}\right)\text{mA}$

6-4 (1) i_1 超前 i_2；(2) u_1 超前 u_2；(3) u_2 超前 u_1

6-5 (1) 波形图略；(2) $\varphi_{u_1}=0, \varphi_{u_2}=\frac{5\pi}{6}\text{rad}$

6-6 (1) $u(t)=[25\sin(314t+148^\circ)+8e^{-314t}]\varepsilon(t)\text{V}$；

(2) $u(t)=[25\sin(314t-32^\circ)-8e^{-314t}]\varepsilon(t)\text{V}$；

(3) $u(t)=[25\sin(314t-32^\circ)-8e^{-314t}]\varepsilon(t)\text{V}$

6-7 (1) $\dot{I}_1=\sqrt{2}\angle-27^\circ\text{A}, \dot{I}_2=2.12\angle\frac{\pi}{4}\text{A}$；(2) $\dot{U}_1=70.7\angle\frac{3\pi}{4}\text{V}, \dot{U}_2=176.8\angle0^\circ\text{V}$

相量图略

6-8　(1) $i_1(t)=10\sqrt{2}\sin(\omega t+72°)$A,$i_2(t)=5\sqrt{2}\sin(\omega t-150°)$A;

(2) $u_1(t)=200\sqrt{2}\sin(\omega t+120°)$V,$u_2(t)=300\sqrt{2}\sin\omega t$V

相量图略

6-9　(1) $10.5\angle-17.9°$A;(2) $1.5\angle125°$A;(3) $2.01\sin(314t-7.16°)$A

6-10　$\dot{U}_L=19.026\angle-87°$V

6-11　$u_R(t)=100\sin314t$V,$u_L(t)=31.4\sin(314t+90°)$V,

$u_C(t)=31.4\sin(314t-90°)$V,$u(t)=303.5\sin(314t-70.8°)$V

波形图和相量图略

6-12　$\dot{I}=0.834\angle36.9°$A,$\dot{U}=83.4\angle53.1°$V,相量图略

6-13　(1) $R=1\Omega$,$X=0$,纯电阻性负载;

(2) $R=10\Omega$,$X_L=17.3\Omega$,感性负载;

(3) $R=0\Omega$,$X_L=20\Omega$,感性负载

6-14　(a) $Z=(2.33-j9.35)\Omega$;(b) $Z=(0.317+j0.64)\Omega$

6-15　$R=2\Omega$,$R_2=10\Omega$,$X_L=5.774\Omega$

6-16　$L=1.21$H,$R=658.2\Omega$,相量图略

6-17　$\dot{I}=\dfrac{Z_2}{Z_1Z_2+(Z_1+Z_2)Z}\dot{U}$,可见 $Z_1=-Z_2$ 时,Z 可以任意变动;而 $\dot{I}$ 恒定不变,

可求得负载电流 $\dot{I}=\dfrac{\dot{U}}{Z}$

6-18　$C_2=40.5$pF

6-19　$\omega_0=\dfrac{1}{RC}$

6-20　$R=4.15\Omega$,$L=40.7$mH

6-21　$\dot{U}_{ab}=105.6\angle180°$V

6-22　节点①:$85\angle77.5°$V,节点②:$226.5\angle78.5°$V,节点③:$112\angle74.5°$V

6-23　节点①:$\left(\dfrac{1}{Z_2}+Y_3\right)\dot{U}_1-Y_3\dot{U}_2=\dot{I}_{S1}+\dot{I}_{S4}$;

节点②:$-Y_3\dot{U}_1+\left(Y_3+Y_5+\dfrac{1}{Z_8}\right)\dot{U}_2-\dfrac{1}{Z_8}\dot{U}_4=-\dot{I}_{S6}$;

节点③:$\left(\dfrac{1}{Z_7}+Y_9\right)\dot{U}_3-Y_9\dot{U}_4=\dot{I}_{S6}-\dot{I}_{S4}$;

节点④:$-\dfrac{1}{Z_8}\dot{U}_2-\dot{Y}_9\dot{U}_3+\left(\dfrac{1}{Z_8}+Y_9+\dfrac{1}{Z_{10}}+\dfrac{1}{Z_{11}}\right)\dot{U}_4=0$

6-24　$\dot{U}_C=22.36\angle-63.44°$V,$\dot{Z}_1=5\angle53.1°$A,$\dot{Z}_2=-5\sqrt{2}\angle8.1°$A

6-25　$\dot{I}_1=0.267\angle8.94°$A,$\dot{I}_2=0.303\angle-2.29°$A,$\dot{I}_3=0.0663\angle-53.91°$A,

$\dot{I}_4=0.07\angle-65.3°$A,$\dot{I}_5=0.014\angle-134.4°$A,$\dot{I}_6=0.294\angle-4.31°$A

6-26 $\dot{I}_1=2.37\angle 134.73°\text{A}, \dot{I}_2=3.47\angle 168.5°\text{A}, \dot{I}_3=1.7\angle -169.5°\text{A}, \dot{I}_4=0.693\angle 84.9°\text{A}$

6-27 $Z=42.4\angle 8.13°\Omega$

6-28 $\dot{I}=10\angle 0°\text{A}$

6-29 $\dot{U}=3.79\angle -161.56°\text{V}$

6-30 $i(t)=1.04\sqrt{2}\sin(5t+67.92°)\text{A}$

6-31 $i(t)=0.78\sqrt{2}\sin(4t-26.46°)\text{A}$

6-32 $\dot{I}_{sc}=3.16\angle -18.4°\text{A}, Z_{eq}=8-\text{j}4\Omega$

6-33 $\dot{I}_1=0.581\angle 90.4°\text{A}, \dot{I}_2=0.873\angle 59.9°\text{A}, \dot{I}_3=0.475\angle -158.5°\text{A}$；$P_1=-0.0406\text{W}, P_2=9.06\text{W}$

6-34 3630W

6-35 (1) $R=0, X=100\Omega$；(2) $\dot{I}=0.135\angle 14.9°\text{A}, \dot{U}=14.63\angle 2.31°\text{V}$；(3) $P=1.928\text{W}$

6-36 $R_{串}=40\Omega, L_{串}=58.3\text{mH}$；$R_{并}=48.4\Omega, L_{并}=336\text{mH}$

6-37 $\widetilde{S}=22-\text{j}4.4\text{V}\cdot\text{A}, \lambda=0.98$

6-38 $P=495\text{W}, \lambda=0.375$

6-39 视在功率 $S=50\sqrt{2}\text{V}\cdot\text{A}$，有功功率 $P=50\text{W}$，无功功率 $Q=50\text{Var}$，功率因数 $\lambda=0.707$(或$\sqrt{2}/2$)，复功率 $\widetilde{S}=(50+\text{j}50)\text{V}\cdot\text{A}$

6-40 (a) $P=1539\text{W}, \lambda=0.504$；(b) $P=1539\text{W}, \lambda=0.99$

6-41 $C=528\mu\text{F}$，原因略

6-42 $\cos\varphi_1=0.887, U_1=229\text{V}, \eta=97.5\%, P_{max}=59\text{kW}$

6-43 $R=40\Omega, L=40\text{mH}, Z=30\Omega$

第 7 章

7-1 (a) $\dfrac{1}{1+\text{j}\omega RC}$；(b) $\dfrac{\text{j}\omega RC}{1+\text{j}\omega RC}$；频率特性曲线略

7-2 (a) $\dfrac{(1-\omega^2R^2C^2)+\text{j}2\omega RC}{(1-\omega^2R^2C^2)+\text{j}3\omega RC}$；(b) $\dfrac{1}{(2-\omega^2R^2)+\text{j}\omega\left(RC+\dfrac{C}{R}\right)}$；幅频特性曲线略

7-3 $\dfrac{1}{3+\text{j}\left(\omega RC-\dfrac{1}{\omega RC}\right)}$；幅频特性曲线略

7-4 $i(t)=\sin 10^5 t\,\text{A}, u_R(t)=10\sin 10^5 t\,\text{V}, u_L(t)=100\sin\left(10^5 t+\dfrac{\pi}{2}\right)\text{V}$,

$u_C(t)=100\sin\left(10^5 t-\dfrac{\pi}{2}\right)\text{V}$

7-5 C 的范围为 $2.446\times10^{-11}\sim2.619\times10^{-10}$F

7-6 $\omega_0=10^7$ rad/s, $Q=50$, $\omega_{BW}=2\times10^5$ rad/s

7-7 $R=10\Omega$, $L=1$mH, $C=1$nF, $Q=100$

7-8 $C\approx1.58\mu$F, $Q\approx74$

7-9 $R=1\Omega$, $L=10$mH, $C=100\mu$F

7-10 $f_0=2.25$MHz, $U_C=141.3$mV, $\omega_{BW}=10^5$ rad/s

7-11 $L=0.02$H, $Q=50$

7-12 (1) $\omega_0=10^4$ rad/s, $Q=20$, $\omega_{BW}=5\times10^2$ rad/s;

(2) $\omega_0=10^4$ rad/s, $Q=2$, $\omega_{BW}=5\times10^3$ rad/s;

(3) $\omega_0=10^4$ rad/s, $Q=0.2$, $\omega_{BW}=5\times10^4$ rad/s

频率特性曲线略

7-13 $u(t)=10^5\sin(10^8t+30°)$V, $i_R(t)=10\sin(10^8t+30°)$A,

$i_L(t)=\sin(10^8t-60°)$A, $i_C(t)=\sin(10^8t+120°)$A

7-14 (a) $\omega_0=\dfrac{1}{\sqrt{\dfrac{L_1L_2}{L_1+L_2}C}}$; (b) $\omega_0=\dfrac{1}{\sqrt{L(C_1+C_2)}}$; (c) $\omega_0=\dfrac{1}{\sqrt{(L_1+L_2)C}}$;

(d) $\omega_0=\dfrac{1}{\sqrt{L\dfrac{C_1C_2}{C_1+C_2}}}$

7-15 (1) $\omega_0=\sqrt{\dfrac{R_2^2C-L}{LC(R_1^2C-L)}}=\sqrt{\dfrac{1}{LC}}\cdot\sqrt{\dfrac{\dfrac{L}{C}-R_2^2}{\dfrac{L}{C}-R_1^2}}R_1$,电路参数应保证$\dfrac{\dfrac{L}{C}-R_2^2}{\dfrac{L}{C}-R_1^2}>0$

即 R_1 和 R_2 的值同时大于$\sqrt{\dfrac{L}{C}}$或同时小于$\sqrt{\dfrac{L}{C}}$,才能实现并联谐振;

(2) 当 $R_1=R_2=\sqrt{\dfrac{L}{C}}$ 时, $\omega_0=\sqrt{\dfrac{1}{LC}}\times\dfrac{0}{0}$为不定式,即电路在任何频率下都谐振

7-16 $R=100\Omega$, $L=0.667$H, $C=0.1667\mu$F, $Q=20$

7-17 $R=50\Omega$, $L=0.6$H, $C=0.0667\mu$F, $Q=60$

7-18 (1) $L=45.5\mu$H, $C=45.5$pF;

(2) $f_{BW}=70$kHz, $U_C=50U_S$;

(3) $f_0=3.48$MHz, $Q'=8.36$, $\dfrac{U_C}{U_S}=8.36$, $f'_{BW}=416$kHz

7-19 $L=317\mu$H, $Y_x=1.26\times10^{-6}+\mathrm{j}0.126\times10^{-3}$S, $Q=80$

7-20 0.5mA

7-21 $L=2$mH, $C=0.04\mu$F

7-22 (1) $f_0=500$kHz, $Q=42.5$, $f_{BW}=11.9$kHz;

(2) $f_0=500\text{kHz}, Q=21, f_{BW}=23.58\text{kHz}$;

(3) $C=798\text{pF}, L=121\mu\text{H}$

第 8 章

8-1 (a) $L_{ab}=\dfrac{L_1L_2-M^2}{L_2}$; (b) $L_{ab}=2\text{mH}$

8-2 (a) $Z_{eq}=j\omega M+\dfrac{j\omega(L_1-M)[R_2+j\omega(L_2-M)]}{R_2+j\omega(L_1+L_2-2M)}$;

(b) $Z_{eq}=\dfrac{j\omega(L_1+L_2-M)R_2-\omega^2(L_1L_2-M^2)]}{R_2+j\omega L_2}$;

(c) $Z_{eq}=2\Omega$

8-3 $\dot{I}=8.9\angle157.8°\text{A}$

8-4 (a) $\dot{U}_{oc}=16.4\angle9.5°\text{V}, Z_{eq}=(28.2+j38.8)\Omega$;

(b) $\dot{U}_{oc}=15\angle0°\text{V}, Z_{eq}=j3\Omega$

8-5 $i_1(t)=9.53\sin(314t+47.6°)\text{A}$,

$i_2(t)=95.3\sin(314t-132.4°)\text{A}$,

$u_2(t)=3.04\sin(314t-42.3°)\text{V}$

8-6 $\dot{I}_1=\dot{I}_2=1.104\angle-83.66°\text{A}, \dot{I}_3=0$

8-7 $\dot{I}_1=2.963\angle-61.13°\text{A}, \dot{I}_2=2.504\angle-106.88°\text{A}, \dot{I}_3=2.166\angle-5.27°\text{A}$

8-8 $\dot{U}_{R_L}=\sqrt{5}\angle-26.57°\text{V}$

8-9 $\dot{I}=1.51\angle34.2°\text{A}$

8-10 $U_2=3.54\text{V}$

8-11 $P=1402.25\text{W}$

8-12 $n=\sqrt{5}$

8-13 $n=\sqrt{\dfrac{3}{20}}, P_{max}=12\text{W}$

8-14 $n=2, P_{max}=1.25\text{W}$

8-15 $\dot{I}_1=0.672\angle-42.3°\text{A}$

8-16 $\dot{I}_1=(8+j4)\text{A}, \dot{I}_2=(0.8+j0.4)\text{A}, \dot{U}_1=(12-j4)\text{V}, \dot{U}_2=(120-j40)\text{V}$

8-17 $\dot{U}_2=0.9998\text{V}$

8-18 $u_1(t)=5000\sin t\,\text{V}$

8-19 $i_1(t)=1.89\sin(10^3t+10.58°)\text{A}$

8-20 $\dot{U}_1=22.4\angle -63.4°\text{V}$

8-21 $n=0.472$

8-22 (1) $i_1(t)=\dfrac{1}{n_1^2n_2^2R_3+R_1}u_S(t)$，$u_{ab}(t)=\dfrac{n_1n_2R_3}{n_1^2n_2^2R_3+R_1}u_S(t)$，

$u_{cd}(t)=\dfrac{n_1n_2^2R_3}{n_1^2n_2^2R_3+R_1}u_S(t)$；

(2) $u_{oc}(t)=\dfrac{1}{n_1n_2}u_S(t)$，$Z_0=\dfrac{R_1}{n_1^2n_2^2}$

8-23 $n=\sqrt{5}\approx 2.236$，$P_{max}=0.125\text{W}$

第 9 章

9-1 (1) $I_1=6.077\text{A}$；(2) $Z_Y=(21.7+\text{j}28.9)\Omega$；(3) $Z_\triangle=(65+\text{j}86.6)\Omega$

9-2 (1) 11.93A，10.1A，10.1A；(2) 2.2A

9-3 $\dot{I}_{A'B'}=33.6\angle -5°\text{A}$，$\dot{I}_A=58.2\angle -35°\text{A}$

9-4 $\lambda_1=0.844$，$\lambda_2=0.482$

9-5 (1) 0V，380V，380V，131.6A，76A，76A；

(2) 0V，190V，190V，0A，38A，38A。相量图略

9-6 (1) $\tilde{S}=(8660+\text{j}5410)\text{V}\cdot\text{A}$，$\dot{I}_{NN'}=14.2\angle -113.4°\text{A}$；

(2) $\dot{U}_{NN'}=67.6\angle 98.8°\text{V}$，$\dot{U}_{AN'}=220\angle 17.67°\text{V}$，$\dot{U}_{BN'}=172.6\angle -134.2°\text{V}$，

$\dot{U}_{CN'}=284\angle 115.1°\text{V}$。相量图略

9-7 $P_B=169.7\text{W}$，$P_C=56.3\text{W}$

9-8 $\dot{I}_B=8.66\angle 150°\text{A}$

9-9 $\dot{I}_A=22\angle -53.1°\text{A}$，$\dot{I}_B=22\angle -173.1°\text{A}$，$\dot{I}_C=22\angle 66.9°\text{A}$

9-10 A相负载的相电流 $\dot{I}_{AB}=134.35\angle -15°\text{A}$，

B相负载的相电流 $\dot{I}_{BC}=134.35\angle -135°\text{A}$，

C相负载的相电流 $\dot{I}_{CA}=134.35\angle 105°\text{A}$，

A相的线电流 $\dot{I}_A=232.7\angle -45°\text{A}$，

B相的线电流 $\dot{I}_B=232.7\angle -165°\text{A}$，

C相的线电流 $\dot{I}_C=232.7\angle 75°\text{A}$

9-11 $\dot{I}_A=44\angle -83.13°\text{A}$，$\dot{I}_B=44\angle -203.13°=44\angle 156.87°\text{A}$，$\dot{I}_C=44\angle 36.87°\text{A}$

9-12 (a) V_1 表的读数380V是线电压，V_2 表的读数是火线与零线之间的相电压，值为220V；对称星形连接电路中 A_1 表的读数是线电流，应等于 A_2 表的读数相

电流，值为 220/10＝22A； A_3 表的读数是中线电流，对称情况下中线电流为零。

(b) 由于电路为三角形连接，所以 V_1 表的读数等于 V_2 表的读数，即 380V； A_2 表的读数是相电流，值为 380/10＝38A； A_1 表的读数是线电流，等于相电流的 $\sqrt{3}$ 倍，即 65.8A。

9-13 $P=1126.4\text{W}, Q=-6917.6\text{Var}$

9-14 (1) 5A，2.887A，2.887A，0V；(2) 4.33A，0A，4.33A，110V

9-15 略

9-16 $U_{AB}=U_{BC}=U_{CA}=173.2\text{V}, I_P=2\text{A}, U_{NN'}=0\text{V}, P=300\text{W}$

9-17 $\dot{I}_A=30\angle 0^\circ\text{A}, \dot{I}_B=30\angle -30^\circ\text{A}, \dot{I}_C=30\angle 120^\circ\text{A}$，中线电流为各相电流之和

第 10 章

10-1 (a) $i(t)=\frac{2}{\pi}(\sin\omega t-\frac{1}{2}\sin 2\omega t+\frac{1}{3}\sin 3\omega t-\frac{1}{4}\sin 4\omega t+\cdots)\text{A}$，

(b) $u(t)=\frac{8}{\pi^2}(\cos\omega t+\frac{1}{9}\cos 3\omega t+\frac{1}{25}\cos 5\omega t+\cdots)\text{V}$

10-2 $i(t)=\frac{2I}{\pi}(1-\frac{2}{3}\cos\omega t-\frac{2}{15}\cos 2\omega t-\cdots-\frac{2}{4n^2-1}\cos n\omega t-\cdots)\text{A}$

10-3 $U=101.3\text{V}, P=684.1\text{W}$

10-4 $U_0=77.14\text{V}, U_3=63.63\text{V}$

10-5 $R=10\Omega, L=31.86\text{mH}, C=318.34\mu\text{F}, \theta_i=99.3^\circ$

10-6 $i(t)=4.719\sqrt{2}\sin(1000t-3.29^\circ)+0.724\sqrt{2}\sin(2000t-29.776^\circ)\text{A}$，
$I=4.774\text{A}, P=227.945\text{W}$

10-7 $u(t)=1394.685\sqrt{2}\sin(800t-81.983^\circ)+333.744\sqrt{2}\sin(1600t-56.811^\circ)\text{V}$，
$U=1434.061\text{V}, P=20565.208\text{W}$

10-8 (a) $I=2.52\text{A}, P=127\text{W}$；
(b) $I=0.739\text{A}, P=10.922\text{W}$

10-9 $i(t)=3+4.434\sqrt{2}\sin(\omega t-161.171^\circ)\text{A}, P_R=12.583\text{W}$

10-10 $u_{ab}(t)=200\sin\omega t+54.8\sin(2\omega t-6.9^\circ)\text{V}, u_R(t)=20+41.1\sin(2\omega t+83.1^\circ)\text{V}$

10-11 $u_R(t)=75.789\sqrt{2}\sin(314t+6.632^\circ)+35.313\sqrt{2}\sin(942t-12.886^\circ)\text{V}$，
$U_R=83.612\text{V}$

10-12 $R=8\Omega, C=78.125\mu\text{F}$

10-13 $u_C(t)=3.028\sqrt{2}\sin(5t-81.793^\circ)+0.731\sqrt{2}\sin(10t-86.301^\circ)\text{V}$

10-14 $i_1(t)=5+2.121\sqrt{2}\sin(\omega t-61.762^\circ)\text{A}$，
$i_2(t)=0.588\sqrt{2}\sin(\omega t-118.072^\circ)\text{A}$

10-15 $L_1=1\text{H}, L_2=0.0667\text{H}$

参考文献

[1] 李翰荪. 电路分析基础[M]. 5 版. 北京：高等教育出版社，2017.
[2] 邱关源，罗先觉. 电路[M]. 6 版. 北京：高等教育出版社，2022.
[3] 周守昌. 电路原理[M]. 2 版. 北京：高等教育出版社，2004.
[4] 秦曾煌，姜三勇. 电工学(上册)[M]. 7 版. 北京：高等教育出版社，2009.
[5] 胡翔骏. 电路分析[M]. 3 版. 北京：高等教育出版社，2016.
[6] 上官右黎. 电路分析基础[M]. 北京：北京邮电大学出版社，2003.
[7] 童诗白，华成英. 模拟电子技术基础[M]. 5 版. 北京：高等教育出版社，2015.
[8] 阎石. 数字电子技术基础[M]. 6 版. 北京：高等教育出版社，2016.
[9] 罗杰. Verilog HDL 与 FPGA 数字系统设计[M]. 2 版. 北京：机械工业出版社，2022.
[10] 孙国霞. 信号与系统[M]. 北京：高等教育出版社，2016.
[11] 周炯磐，庞沁华，续大我，等. 通信原理[M]. 3 版. 北京：北京邮电大学出版社，2008.
[12] 曾兴雯，刘乃安，陈健. 通信电子线路[M]. 北京：科学出版社，2006.
[13] 樊昌信，曹丽娜. 通信原理[M]. 7 版. 北京：国防工业出版社，2012.
[14] 聂典. Multisim 9 计算机仿真在电子电路设计中的应用[M]. 北京：电子工业出版社，2007.
[15] 吕波，王敏. Multisim 14 电路设计与仿真[M]. 北京：机械工业出版社，2016.
[16] Nilsson J W，Riedel S A. Electric Circuits[M]. Ninth Edition. 北京：电子工业出版社，2012.
[17] Alexander C K，Sadiku M N O. Fundamentals of Electric Circuits[M]. Sixth Edition. 北京：机械工业出版社，2017.
[18] Hayt W H，Jr，Kemmerly J E，Durbin S M. Engineering Circuit Analysis[M]. Ninth Edition. 北京：世界图书出版公司，2022.